融合教材

风电场运行与检修

刘姝　主编

扫码获得

★本书配套PPT、视频和题库
★风电场专业资讯
★在线记录读书笔记

中国水利水电出版社
www.waterpub.com.cn
·北京·

内 容 提 要

本书针对高等院校向应用型转型发展等相关需求，采用专业理论与实验教学相结合的模式撰写而成，内容与风电场行业的新技术标准、规范等紧密结合，行业特色明显；同时面向风电场现场生产实际的需要，立足于风电场运维检修岗位基本技能教育，详细介绍了相关理论知识和技能操作。全书共有6章，主要内容包括绪论、风能资源评估与风电场选址、风电机组并网、风电机组运行控制、风电机组维护与故障检修、风电场管理与安全防护。

本书可作为高等学校相关专业的学生教材，也可供从事风力发电技术研究的技术人员阅读参考。

图书在版编目（CIP）数据

风电场运行与检修 / 刘姝主编. -- 北京 : 中国水利水电出版社, 2021.1
ISBN 978-7-5170-9281-0

Ⅰ. ①风… Ⅱ. ①刘… Ⅲ. ①风力发电－发电厂－电力系统运行－高等学校－教材②风力发电－发电厂－电力系统－检修－高等学校－教材 Ⅳ. ①TM614

中国版本图书馆CIP数据核字(2020)第266478号

书　　名	风电场运行与检修 FENGDIANCHANG YUNXING YU JIANXIU
作　　者	刘姝　主编
出版发行	中国水利水电出版社 （北京市海淀区玉渊潭南路1号D座　100038） 网址：www.waterpub.com.cn E-mail：sales@waterpub.com.cn 电话：（010）68367658（营销中心）
经　　售	北京科水图书销售中心（零售） 电话：（010）88383994、63202643、68545874 全国各地新华书店和相关出版物销售网点
排　　版	中国水利水电出版社微机排版中心
印　　刷	天津嘉恒印务有限公司
规　　格	184mm×260mm　16开本　13.75印张　335千字
版　　次	2021年1月第1版　2021年1月第1次印刷
印　　数	0001—3000册
定　　价	**56.00**元

本书编委会

主　　编　刘　姝

副 主 编　刘　岩　蒋洪亮　刘颖明　王晓东

参编人员　（按姓氏笔画排序）

马成林　王帅杰　孙　鹏　张　波　罗玉莹

郑天翔　姚　露　秦永波　蒋涵卫　韩文琪

序

风能作为一种清洁的可再生能源，越来越受到世界各国的重视。截至2019年年底，我国风电累计装机13.5万余台，装机容量达2.36亿kW，装机规模持续保持稳步增长态势。然而我国风电场大多地处偏远、机型复杂，且多需要野外作业，随着我国风能资源的不断开发利用，质保到期的风电机组数量将逐年增加，维护预防消缺迫在眉睫，预计今后若干年我国风电场维护检修工作量巨大。因此，培养理论素养高、实践能力强的风能专业技术人才已成为国内高等院校新能源专业的重点发展方向。

本书主编自2007年起从事风电机组的理论研究与实践工作，有着丰富的教学经验与风电场现场实践技术，因此本书内容与风电场行业的新技术标准紧密结合，行业特色明显；同时面向风电场现场生产实际的需要，立足于风电场运维检修岗位基本技能教育，详细介绍了相关理论知识和技能操作。本书深入浅出，详略得当，文字通俗易懂，是一本适用于应用型大学转型发展的专业图书，也可作为风电场运行维护人员的培训教材、高等院校相关专业师生的教学参考用书。相信本书的出版，能对高等院校新能源专业的发展起到促进作用，同时也能对我国风电专业技术人才的培养与成长起到积极作用！

沈阳工业大学　教授
中国可再生能源学会副理事长
中国可再生能源学会风能专业委员会主任

2020年9月

前　言

随着风电场装机容量的逐渐增大，对大型风电场的科学运行、维护工作越来越重要。提高风电机组利用率和供电可靠性是保证电能输出的有力保障。在高等院校向应用型大学转型发展的背景下，将专业知识和技能应用于所从事的社会实践，熟练掌握基本知识和技能已成为培养应用型人才的发展趋势。

本书共分为6章，内容包括绪论、风能资源评估与风电场选址、风电机组并网、风电机组运行控制、风电机组维护与故障检修以及风电场管理与安全防护。相信本书的出版可以对从事风电行业的技术人员有所帮助。

本书由刘姝主编。第1章由刘颖明编写；第2章由蒋洪亮编写；第3章由刘岩编写；第4章、第5章由刘姝编写；第6章由王晓东编写。同时，在本书的编写过程中，沈阳工程学院的多位研究生也参与了本书的资料收集、插图绘制、后期文字校对等工作，他们为本书的出版付出了辛勤的劳动和汗水，做出了重要贡献。

本书在编写过程中得到了和而泰科技有限公司、沈阳工业大学电气学院的大力支持，并提供了部分参考资料，在此深表感谢。本书在编写的过程中还参考了许多著作和论文，在此一并向相关文献的作者表示感谢。

由于风电场运行与检修技术涉及面广、发展变化快，作者水平有限，书中难免有不足之处，敬请读者批评指正。

作者

2020年9月

目　　录

第1章 绪论

1.1 风力发电概述

1.1.1 风能

风能是空气流动所产生的动能。由于地球表面各处受太阳辐射光照后气温变化不同且空气中水蒸气的含量不同，从而引起了各地气压差异，在水平方向上高压地区空气向低压地区流动，即形成风。

什么是风

风的产生主要是由于地球上各纬度所接收的太阳辐射强度不同而形成的。在赤道和低纬度地区，太阳高度角大，日照时间长，太阳辐射强度大，地面和大气接收的热量多，温度较高；在高纬度地区，太阳高度角小，日照时间短，地面和大气接受的热量小，温度低。这种高纬度与低纬度之间的温度差异，形成了南北之间的气压梯度，使空气做水平运动，风沿着水平气压梯度方向流动，即垂直于等压线从高压流向低压。

由于地球的自转，使空气水平运动发生偏向的力，称为地转偏向力（科氏力），这种力使北半球气流向右偏转，南半球气流向左偏转。所以地球大气运动除受气压梯度作用外，还受地转偏向力的影响。

实际上，地面风不仅受这两个力的支配，在很大程度上也受海洋、地形的影响。山隘和海峡不仅能改变气流运动的方向，还能使风速增大；而丘陵、山地的摩擦则使风速减小；孤立山峰却因海拔高使风速增大。因此，风向和风速的时空分布较为复杂。

海陆的差异对气流运动也会产生影响。在冬季，大陆比海洋冷，大陆气压比海洋高，风从大陆吹向海洋。夏季则相反，大陆比海洋热，风从海洋吹向内陆。这种随季节转换的风称为季风。

所谓的海陆风，就是白昼时，大陆上的气流受热膨胀上升至高空流向海洋，到海洋上空冷却下沉，在近地层海洋上的气流流向大陆，补偿大陆的上升气流，低层风从海洋吹向大陆称为海风，如图1-1（a）所示；夜间情况相反，低层风从大陆吹向海洋，称为陆风，如图1-1（b）所示。

在山区，白天山坡受热快，温度高于山谷上方同高度的空气温度，坡地上的暖

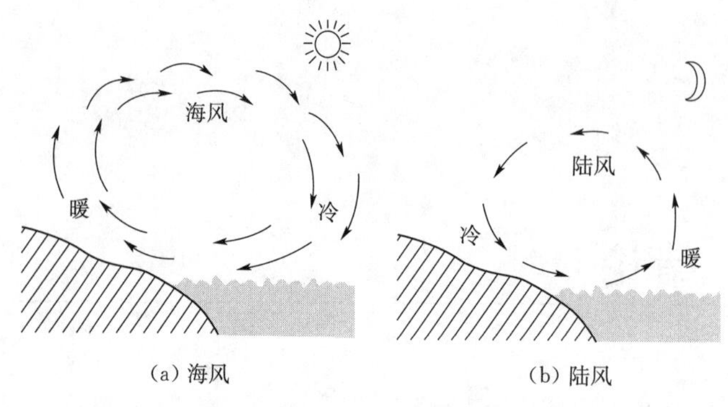

(a) 海风　　(b) 陆风

图1-1　海陆风形成示意图

空气从山坡流向谷地上方，谷地的空气则沿着山坡向上补充流失的空气，这时风由山谷吹向山坡，称为谷风，如图1-2（a）所示。夜间山坡因辐射冷却，其降温速度较快，冷空气沿坡地向下流入山谷，称为山风，如图1-2（b）所示。

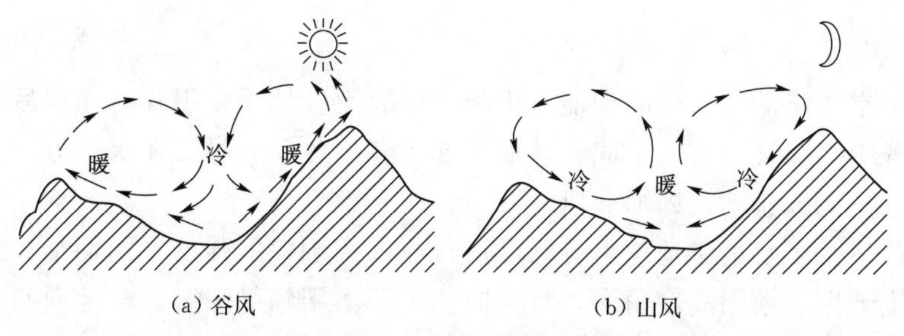

(a) 谷风　　(b) 山风

图1-2　山谷风形成示意图

此外，不同的地面情况对风也有影响，如城市、森林、冰雪覆盖等都会产生相应的影响；光滑地面或摩擦小的地面使风速增大，粗糙地面使风速减小等。

风能资源的优劣取决于风功率密度和可利用的风能年累积小时数。风功率密度是单位迎风面积可获得的风的功率，与风速的三次方和空气密度成正比关系，即

$$w = \frac{1}{2}\rho v^3 \tag{1-1}$$

式中　w——风功率密度，W/m^2；

ρ——空气密度，kg/m^3；

v——风速，m/s。

我国地域辽阔，风能资源丰富。根据年有效风功率密度大小和风速不小于3m/s的年累计小时数两个指标，将我国风能资源分为丰富区、较丰富区、可利用区和贫乏区。表1-1为我国风能资源分布情况。

表1-1　　我国风能资源分布情况

省（自治区）	风能资源 /(1×10^5kW)	省（自治区）	风能资源 /(1×10^5kW)
内蒙古	6178	山东	394
新疆	3433	江西	293
黑龙江	1723	江苏	238

续表

省（自治区）	风能资源 /(1×10^5kW)	省（自治区）	风能资源 /(1×10^5kW)
甘肃	1143	广东	195
吉林	638	浙江	164
河北	612	福建	137
辽宁	606	海南	64

我国风能资源的分布与天气气候背景有着非常密切的关系，我国风能资源丰富和较丰富的地区主要分布在两个大带里。第一是三北地区丰富区；第二是沿海及其岛屿丰富区。

1. 三北（东北、华北、西北）地区风能资源丰富区

三北地区风能资源丰富区，风功率密度在 200～300W/m^2 以上，有的可达 500W/m^{2}以上，如阿拉山口、达坂城、辉腾锡勒、锡林浩特的灰腾梁等，可利用的小时数在 5000h 以上，有的可达 7000h 以上。这一风能丰富带的形成，主要与三北地区处于中高纬度的地理位置有关。

2. 沿海及其岛屿风能资源丰富区

沿海及其岛屿风能资源丰富区，年有效风功率密度在 200W/m^{2}以上，风功率密度线平行于海岸线。沿海岛屿风功率密度在 500W/m^2 以上，如台山、平潭、东山、南鹿、大陈、嵊泗、南澳、马祖、马公、东沙等，可利用小时数为 7000～8000h。但是，在东南沿海，由于海岸向内陆是丘陵连绵，其风能丰富地区仅在海岸 50km 之内，再向内陆不但不是风能丰富区，反而成为全国最小风能区，风功率密度仅 50W/m^{2}左右，基本上是风能不能利用的地区。

沿海风能丰富带，其形成的天气气候背景与三北地区基本相同，所不同的是海洋与大陆是两种截然不同的物质所组成，两者的辐射与热力学过程都存在明显差异。大气与海洋间的能量交换也大不相同。海洋温度变化慢，具有明显的热惰性；大陆温度变化快，具有明显的热敏感性；冬季海洋较大陆温暖，夏季较大陆凉爽。这种海陆温差的影响，在冬季每当冷空气到达海上时风速增大，再加上海洋表面平滑，摩擦力小，一般风速比大陆增大 2～4m/s。

东南沿海又受台湾海峡的影响，每当冷空气南下到达时，由于狭管效应的结果使风速增大，这里是我国风能资源最佳的地区。

3. 内陆风能资源丰富区

除两个风能丰富带之外，其余地区的风功率密度一般在 100W/m^{2}以下，可利用小时数为 3000h 以下。但是在一些地区由于湖泊和特殊地形的影响，风能也较丰富，如鄱阳湖附近较周围地区风能大，湖南衡山、安徽黄山、云南太华山等地较平地风能大。但是这些只限于很小范围之内，不像两大带那样大的面积，特别是三北地区面积更大。

青藏高原海拔 4000.00m 以上，这里的风速比较大，但空气密度小，如在海拔 4000.00m 的空气密度大致为地面空气密度的 67%，也就是说，同样是 8m/s 的风

速，在平原上风功率密度为313.6W/m^2，而在海拔4000m处只为209.9W/m^2，虽然这里年平均风速在3～5m/s，其风能仍属一般地区。

1.1.2 风力发电的现状

1.1.2.1 国内风电概况

在我国，目前大多数的发电厂是用传统能源进行发电，这不仅对环境造成了污染，随着化石燃料的枯竭也将引起我国的能源危机，使我国能源问题面临严峻的挑战。寻求新的可替代能源及开发新能源发电技术，成为我国21世纪重大的研究课题，关系到我国未来科技与经济的发展，新能源是一个十分广阔的研究领域。

我国幅员辽阔，海岸线长，风能资源比较丰富。根据气象部门的资料，我国10m高度的陆地风能资源理论储量为32.26亿kW，估计10%可供开发，再考虑到实际风能扫掠面积为圆形与正方形的差别系数为0.785，则陆地风能实际可开发量约为2.53亿kW，近海风能资源大约为7.5亿kW，仅次于美国和俄罗斯，居世界第三位。

我国从20世纪70年代就将风能的开发利用列入“六五”国家科技攻关计划，但以离网型风电为主，主要解决常规电网覆盖不到的边远农牧民、岛屿居民的生产生活用电。在“七五”“八五”和“九五”期间，原国家计委和原国家科委分别组织了综合性风能科技攻关，内容涉及风能资源、风电机组空气动力学、结构动力学、电机、控制和材料等。我国的大型风电项目，从20世纪80年代中后期开始真正起步，最先引进的是定桨距恒速风电机组，90年代引进了变桨距恒速风电机组，近年来又引进和开发了变速恒频风电机组和直驱式风电机组。

我国风电呈现出了良好的发展势头，在2018年，我国风电新增装机容量21143万kW，同比增长了7.5%，占全球风电新增装机容量的41.2%；截至2018年年底，我国风电累计装机容量2.1亿kW，占全球风电累计装机容量的35.4%，继续驱动全球风电发展。此外，我国海上风电新增装机容量在2018年达到165万kW，同比增长42.7%，占全国新增装机容量的7.8%。截至2018年年底，我国海上风电累计装机容量达到444万kW，占全国累计装机总容量的2%。

截至2018年年底，全国六大区域中，华北地区累计装机容量6077万kW，占全国累计装机容量的29%，其中包括内蒙古14.6%、河北8.3%、山西5.7%等；西北地区累计装机容量5278万kW，占全国累计装机容量的25%，其中包括新疆9.5%，甘肃6.3%、宁夏5.1%等；华东地区累计装机容量3474万kW，占全国累计装机容量的17%，其中包括山东6.7%、江苏4.5%、福建1.7%等；中南地区累计装机容量2346万kW，占全国累计装机容量的11%，其中包括河南2.8%、广东2.3%、湖南2.3%等；东北地区累计装机容量2097万kW，占全国累计装机容量的10%，其中包括辽宁4.3%、黑龙江3.2%、吉林2.6%；西南地区累计装机容量1681万kW，占全国累计装机容量的8%，其中包括云南4.3%、贵州2.2%、四川1.4%等。

我国各省（自治区、直辖市）风电累计装机容量排名前五的省（自治区）分别为内蒙古、新疆、河北、山东和甘肃，合计占全国累计装机容量的 45.4%，如图 1-3 所示。

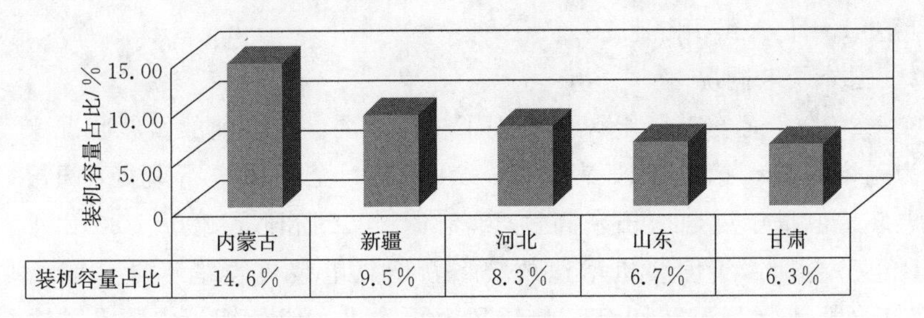

图 1-3　我国排名前五的省（自治区）累计装机容量占比

我国高海拔区域主要分布在云南、贵州、四川、青海、西藏五省（自治区）。2018 年，高海拔区域新增装机容量共计 2711MW，同比下降 10.6%。云南、贵州、四川三省同比分别下降 81.7%、3.1%和 26.3%；青海新增装机容量保持增长，同比增长 24.7%；西藏仅在 2013 年有装机。

我国风电在 2018 年有新增装机的整机制造企业共 22 家，新疆装机容量 2114 万 kW，其中，新疆金风科技股份有限公司（简称金风科技）新增装机容量达到 671 万 kW，市场份额达到 31.7%；其次为远景能源有限公司（简称远景能源）、明阳智慧能源集团股份公司（简称明阳智能）、国电联合动力技术有限公司（简称联合动力）、上海电气集团股份有限公司（简称上海电气），前 5 家市场份额合计达到 75%，如图 1-4 所示。

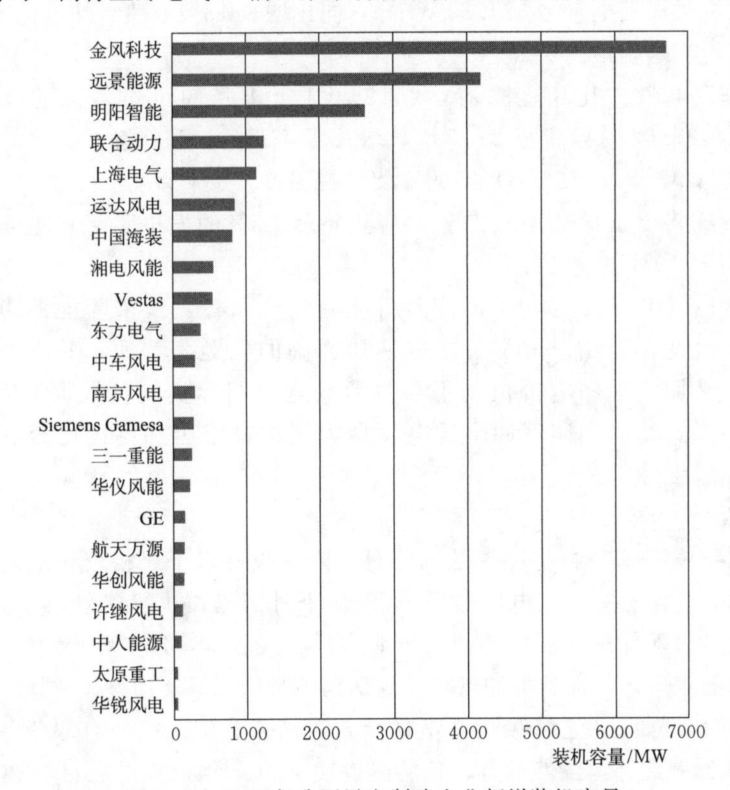

图 1-4　2018 年我国风电制造企业新增装机容量

我国风电有新增装机的开发企业在 2018 年共有 90 多家，其中前 15 家新增装机容量合计1526万kW，占比达到72%。截至2018年年底，前10家开发企业累计装机容量超过1.4亿kW，占比70%。

1.1.2.2　国外风电概况

2001—2019年，全球陆上风电实现了快速发展。从目前的发展状况来看，主要可以分为三个阶段。第一阶段是2001—2008年，全球风电行业处于迅速发展期，新增风电装机容量年复合增长率高达22.5%。第二阶段是2009—2012年，可以称为全球风电整合期，年度装机增速放缓，新增风电装机容量年复合增长率下降至5%；第三阶段是2013—2019年，全球风电再次进入成长期，中国是这次成长的重要贡献者，该阶段风电机组整机应用技术提升、风电场管理效率增强、度电成本优势逐步显现，新增风电装机年复合增长率达到7.49%。

世界各国风力发电量排行榜

2019年，全球陆上风电新增装机容量53.2GW，较2018年的46.8GW提升13.68%；累计装机容量达到621.3GW。预期2020年全球新增装机容量有望突破60GW，累计装机容量达到680GW以上。2020年中国陆上风电抢装，将成为全球新增装机容量的重要贡献者。

根据IEA（国际能源署）的数据，2019年1—11月OECD成员国风电发电量为744TW·h，同比增长12.3%，占总发电量7.71%。其中，美洲风电发电量为322.1TW·h，同比增长10.8%；亚洲和大洋洲发电量为30.6TW·h，同比增长18.7%；欧洲风电发电量为391.3TW·h，同比增长13%。值得注意的是，亚洲和大洋洲的发电量增幅最为显著。

从各类发电量占比角度来看，2019年1—11月的可再生能源发电占比由2018同期的27.04%提高至28.8%，增长了1.76个百分点。其中，风力发电2019年占比8.78%，较2018年的6.8%提升1.98个百分点。2020年可再生能源发电占比将继续保持增长态势，有望贡献30%的发电量，风电贡献发电量占比有望突破10%。

全球各地风电开发逐渐开始转向新能源竞价招标，未来新能源市场的机制将是平价。因此，补贴退坡是各国普遍要面临的问题。然而，并不是每一个国家都能实现从固定上网电价机制平稳过渡到竞价招标机制。根据GWEC数据，在中国、美国、德国和印度四个风电发展大国中，德国和印度已经遇到了发展瓶颈。

1. 德国

2017年，德国《可再生能源法》修订，降低投标水平。相较于之前规定的24个月执行期，公民所有的风电厂被授予了54个月的延长执行期限，也被授予了建设许可证。结果随着规则被取消，出价非常低，仅为38欧元/(MW·h)，虽然达到了可接受的水平，但拖延批准过程导致认购不足和市场活动整体放缓。

从2017年开始，超过170万kW的装机量尚未分配。2019年认购不足的比例上升至约60%。此外，虽然拥有较长的建设期，2017年核准的项目到2019年完成率仅为6%。于是，政府再次做出政策调整，对招标要求进行改革，但出现了新的问题。由于法律诉讼问题，11GW不能参与招标或对招标设置了限制，其中主要原

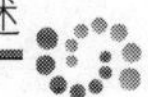

因是环境影响问题。在招标政策调整和环评的影响下，德国最大的本土主机商面临着几乎破产的局面，只能求助于地方政府。

2. 印度

印度在2017年首次对陆上风能进行拍卖。引入拍卖旨在完成2022年60GW陆上风电的装机目标，但现在来看很难达成。风能拍卖的认购不足，到2019年只有2.9GW被认购。并且，在拍卖后，如果中标者想要在古吉拉特邦签署PPA，会被要求匹配最低的出价。另外，印度也面临招标政策、土地使用以及电网问题，整体装机容量缩水8GW。

3. 美国

2019年12月19日，美国国会通过了一项支出和税收法案，将目前的陆上风电生产税收抵免再延长一年。如果2020年开始建设，将享受60%的生产税收抵免，相当于1.5美分/(kW·h)。这意味着美国将在2024年再次经历一轮抢装。

4. 未来全球陆上风电主要市场

直到2050年，亚洲将始终主导全球陆上风力发电设施，其次是北美和欧洲。我们认为，中国和美国是贡献装机容量的核心力量。受补贴政策影响，中国和美国的风电装机容量在2020年会出现临时性的增长，抢装结束后，预期全球每年的新增装机容量预期将保持在60GW以上。根据GWEC数据，到2023年全球风电累计装机容量有望达到900GW。

此外，对于海上风电，著名分析师伍德·麦肯齐（Wood Mackenzie）认为，到2028年，海上风电将占全球风电装机容量的25%，高于2018年年底的10%。

近年来随着风电技术的不断成熟，以及成本的不断下降，伍德·麦肯齐认为："在大多数主要国家中，海上风电能够变得比煤炭、天然气和核能更加便宜只是时间问题，而不是一个疑问。"

展望未来，到2028年，全球海上风电装机容量将达到近160GW，远高于2018年年底的22GW。

预计在未来十年中，大多数海上风能的增长将集中在适合固定在底部的海上风能地区。浮式海上风电预计仅占2019—2028年海上风能的一小部分。但是，浮式海上风电正在增强。如果新市场进入海上风电领域并且各国形成新的监管框架，那么到2030年，将在10个市场中部署多达10GW的浮式风电。

1.1.3 风力发电的意义

1. 提供国民经济发展所需的能源

能源是国民经济发展和人类生活必需的重要物质基础。我国能源面临最突出的问题是国内化石类能源供应严重不足。一项关于我国未来能源供需报告曾预测，2020年国内可供应常规能源的量不到2亿t标准煤，能源缺口将为4亿～5亿t，需要从国外进口。如果要减轻我国对石油和天然气进口的依赖，就必须调整能源结构，大规模开发可再生能源。可再生能源将作为主要的替代能源，而风力发电则是可再生能源发展的重点，市场广阔、前景光明，将为国民经济发展提供更充足的物质保证。

2. 减少温室气体排放

风力发电是当前既能获得能源，又能减少有害气体排放的最佳途径之一。目前我国的电能结构中 75%是火电，排放污染严重，增加风能等清洁能源发电比重刻不容缓。在减少温室气体二氧化碳和导致酸雨的二氧化硫等有害气体排放、保护环境、缓解全球气候变暖方面，风电是有效措施之一。

3. 提高能源利用率

常规能源发电虽然直接成本较低，但其成本还应包括运输、环境、资源等社会因素，加在一起要比风电高得多。研究表明，这方面的成本大约要高出 40%，并且这些外部成本多。

风电对于资源节约、环境保护的效益是十分显著的。以一个 10 万 kW 的风电场为例，粗略估算，风电场平均运行 14 天时间，其上网电量就足以补偿为了制造、安装和调试风力发电设备过程中所发生的直接能源消耗；风电场平均运行 108 天，其上网电量就足以补偿为制造这些设备的过程中使用原材料所发生的综合能耗；风电场平均运行 4.5 天，其上网电量就足以补偿为了运输这些设备而消耗的能量；风电场平均运行 126.5 天就可以完全补偿上述三部分能量消耗的总和。也就是说，建成一个 10 万 kW 风电场所消耗的能量，风电场平均运行 4 个月多一点就可以完全补偿。如果风电场寿命按 20 年计算，可以发出的电能相当于建设这样一个风电场所消耗能量的 58.8 倍。

4. 增加就业机会

风电产生的效益除了经济和环境效益以外，还有就业效益和脱贫致富等社会综合效益。

任何一个新兴工业都会为当地创造新的就业机会。据一项研究表明，生产同样的电力，风电比煤电多创造 27%的就业机会；比天然气联合发电多创造 66%的就业机会。

风能资源丰富的地区，通常都是自然条件比较恶劣的地区，发展经济的条件较差，风电有可能成为当地居民脱贫致富的有效手段。内蒙古辉腾锡勒风电场所在的县财政收入的 70%来自风电，与此同时，当地还发展了旅游业、特产加工业等，使得居民逐渐富裕起来。辉腾锡勒的经验已经推广到其他风能资源丰富但经济相对落后的甘肃安西、宁夏贺兰山、吉林通榆等地区，通过发展风电，加快大型风电场建设速度，有力促进了这些地区的经济发展。

综上所述，发展风电意义重大，既减少了对石油、煤炭等化石类能源的依赖，减少环境污染；又能创造就业，促进地区经济增长。风电是现代社会成熟的、效率最为显著的能源转换技术之一，具有无可比拟的优势。

双馈同步电机与异步电机的区别

1.2　典型风电机组介绍

同步发电机和异步发电机是常见的两种发电机分类方式。从风电应用角度，根据不同的应用场合和特点，风电机组主要的分类和特点见表 1-2。

表 1-2　　风电机组主要的分类和特点

发电机类型	异步发电机			同步发电机
	双馈	绕线式	双馈异步	低速永磁
使用场合	定桨距	变桨距	变速恒频	低速变速
特点	双速运行，保持较高的风能转换系数	转子电阻可调，保持平稳输出功率	有功功率、无功功率，电网功率因数可调	功率因数可达 1，调速范围宽

1.2.1　双馈风电机组

双馈风电机组本质上是一种绕线式感应发电机，按转子类型分为有刷和无刷两种。无刷发电机即为鼠笼型发电机，其励磁控制困难，无法最大限度实现风能转换，从而应用较少；有刷发电机即通常意义上的双馈异步发电机，其可以方便地进行转矩转速控制，工作于变速恒频状态，应用广泛。

1. *从励磁调节角度*

双馈风电机组通常采用交流励磁异步发电机，其转子具有独立的交流励磁绕组，可调量有三个：励磁电流幅值、励磁电流频率、励磁电流相位，从而可以灵活进行励磁控制，满足发电机运行性能需求。

2. *从机组组成角度*

双馈风电机组通常由两大部分组成，即发电机本体和冷却系统。发电机本体的核心组件是定子、转子和轴承；冷却系统主要包括水冷、空冷、空水冷三种结构类型。

3. *从电网连接角度*

双馈风电机组正常工作时，其定子绕组接入工频电网，转子绕组由相对独立的三相电源供电，保证频率、幅值、相位均可调节。从能量流动角度看，定子、转子都将参与向电网馈电，故称为“双馈”。具体地，可以进一步进行如下的工作过程分析和功率流向分析。

首先进行双馈机组变速恒频发电过程的简要分析。

如前所述，双馈机组实质上是励磁可调的异步发电机。当发电机的定子侧连接到频率为 f_1 的三相电网时，定子绕组将产生一个转速为 n_1 的旋转磁场（此转速通常称为“同步转速”），两者之间的关系式为

$$n_1 = 60f_1/p \tag{1-2}$$

式中　p——发电机的极对数。

类似地，若转子励磁绕组连接到频率为 f_2 的励磁电源时，转子绕组将产生一个转速为 n_2 的旋转磁场（此转速为旋转磁场相对于转子本身的转速），两者之间的关系式为

$$n_2 = 60f_2/p \tag{1-3}$$

记转子的转速为 n，考虑变速恒频的发电要求，即机组能在转子转速变化的情

况下，发出的电频率与三相电网 f_1 相同，从而上述两个旋转磁场应保持相对静止，因此关系式为

$$n_1 = n_1 \pm n_2 \tag{1-4}$$

即

$$f_1 = \frac{p}{60}n \pm f_2 \tag{1-5}$$

由式（1-4）和式（1-5）可见，通过调节励磁电流频率 f_1，可以保证转子转速 n 发生变化的情况下，定子输出电能保持电网频率 f_1 恒定，即“变速恒频”运行。然后分三种情形考虑。首先设定风轮输送给转子的机械功率为 P_m，且经磁场全部传送给定子，得到电磁功率 P_{em}，即有 $P_{em} = P_m$；根据感应发电机原理，输入给转子的电功率为 sP_{em}（s 为转差率）。

情形一：$n < n_1$ [亚同步运行，即转子转速小于同步转速，此时转差率 $s = (n_1 - n)/n_1 > 0$]

为了保证发电机发出的频率与电网频率一致，需要变频器向发电机转子提供正相序励磁，使得转子绕组产生的磁场旋转方向与转子机械旋转方向相同，从而有

$$n_1 = n + n_2$$

亚同步运行时的功率流向如图 1-5 所示。

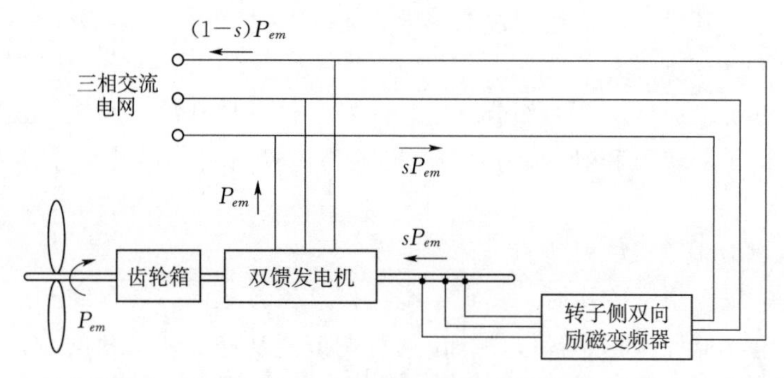

图 1-5　亚同步运行时的功率流向

在这种情况下，$sP_{em} > 0$，即转子从电网吸收功率 sP_{em}，经转子传送到定子的电磁功率为 P_{em}，从而经定子输出给三相电网的“净功率”为 $(1-s)sP_{em}$。

情形二：$n > n_1$ [超同步运行，即转子转速大于同步转速，此时转差率 $s = (n_1 - n)/n_1 < 0$]

为了保证发电机发出的频率与电网频率一致，需要变频器向发电机转子提供反相序励磁，使得转子绕组产生的磁场旋转方向与转子机械旋转方向相反，从而有

$$n_1 = n - n_2$$

超同步运行时的功率流向如图 1-6 所示。

在这种情形下，$sP_{em} < 0$，即转子向电网回馈功率 $|s|P_{em}$，经转子传送到定子的电磁功率仍为 P_{em}，从而定子输出给三相电网的“净功率”为 $(1+|s|)P_{em}$。

情形三：$n = n_1$

同步运行，即转子转速等于同步转速，此时转差率 $s = (n_1 - n)/n_1 = 0$，从而

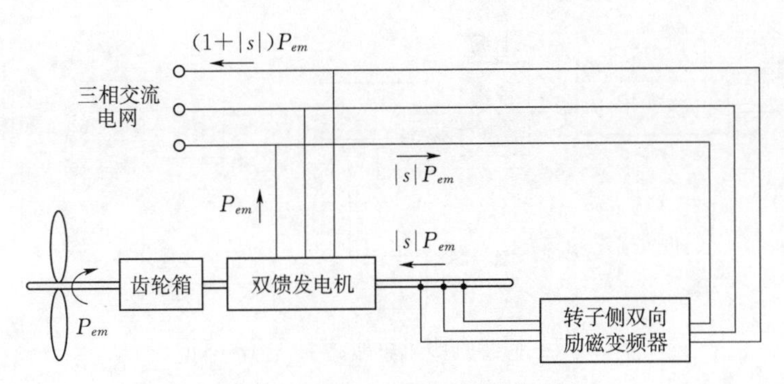

图 1-6 超同步运行时的功率流向

得到 $f_2=0$，即对转子“直流励磁”，类同于同步发电机。

1.2.2 直驱发电机组

双馈风电机组的风轮转速一般为 10～200r/min，通过齿轮箱增速，发电机侧转速一般为 1000～1500r/min。相比之下，直驱风电机组则没有齿轮箱连接，即风轮“直接驱动”发电机的模式。此外，不同于双馈机组所采用的交流励磁异步发电机，直驱机组通常采用同步发电机。

按照励磁方式的不同，直驱风电机组所采用的发电机可分为永磁同步发电机和电励磁同步发电机两类。

电励磁同步发电机技术相对成熟，以德国 ENERCON 公司为代表，其工作原理与传统的水轮发电机类似。

永磁同步发电机是近年来受到重视和快速发展的一种技术。其转子采用永磁材料，定子由铁芯和绕组构成，铁芯槽内放置三相绕组，转子的极对数相比双馈异步发电机可以做得很多，其永磁材料一般有铁氧体和钕铁硼两种，采用后者制造的发电机体积和质量均较小，应用广泛。

与电励磁同步发电机相比，永磁同步发电机具有体积小、质量小、控制系统简单等优点，但其也具有两方面缺陷：①永磁体的磁性稳定问题，即永磁体对大温差、强冲击、盐雾等条件下的稳定运行与维护要求较高；②永磁体的成本问题，由于永磁体的制造需要稀土这种战略性资源，其成本相对电励磁同步机组及双馈机组高。为此，冷却和减磁钢是当前永磁直驱发电机的两大主题。为实现冷却，永磁发电机常设计为外转子型，即定子固定于发电机中心，永磁体沿圆周径向嵌在转子内侧，围绕定子旋转，从而保证相对畅通的散热条件。

同步直驱机组的基本结构示意图如图 1-7 所示。

随着风轮旋转，同步发电机输出交流电，其幅值和频率将随着外部风速的不同而发生变化，其基本过程如下：

(1) 交流电经过整流单元（如三相二极管整流桥），整流为直流，再经滤波环节（如大电感）获得较平稳的直流电。

(2) 电流经过 DC/DC 变换单元进行调压，为逆变单元提供所需的幅值恒定的直流电压。

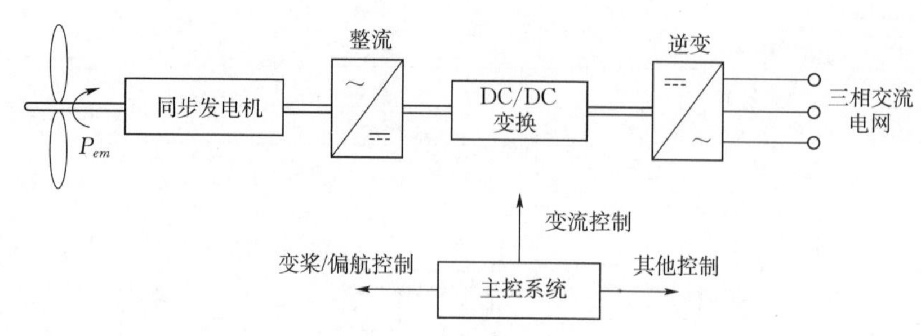

图1-7 同步直驱机组的基本机构示意图

(3) 恒定的直流电经过逆变单元逆变为与电网频率相同的恒频交流电，而后并入三相交流电网中。

主控系统主要负责实现变桨、偏航、变流、并网等功能。注意：由于直驱机组采用的是全功率变流（变频）器，容量要求将显著增大。

1.2.3 双馈与直驱的比较

从未来提高机组效率与可靠性的要求角度，永磁直驱体现出较大优势，代表了未来机组发展的主流方向。

无增速齿轮箱，解决了齿轮箱故障率高而影响风电机组可靠性的瓶颈问题；传动链中无齿轮箱等机械部件，噪声小，结构简单，易于维护，运行可靠性更强，机械效率更高。

采用永磁同步发电机，发电机无励磁损耗，有效提高风电机组效率；无碳刷和滑环，解决了双馈发电机滑环故障率高、碳刷碳粉需定期清扫的问题，减少发电机维护量，提高了风电机组可利用率。

运行成本低，20年设计寿命期内，总使用成本（TCO）比带齿轮增速箱的双馈型风电机组低15%以上。

我国低风速的三类风区占到全部风能资源的50%左右，更适合使用永磁直驱式风电机组。

综合来看，永磁直驱风电机组将是我国未来风电发展的趋势。我国企业拥有永磁直驱式风电机组的自主知识产权，结合《关于风电建设管理有关要求的通知》（发改能源〔2005〕1204号）中风电机组国产化率要求及我国风电机组使用领域逐步扩展至低风速区域的要求，未来我国永磁直驱式风电机组占全国新增风电机组的比例将不断提高。

异步双馈与永磁直驱式风电机组的比较见表1-3。

表1-3　　异步双馈与永磁直驱式风电机组的比较

比较项目	异步双馈	永磁直驱
驱动链结构	有齿轮箱，维护成本高	无齿轮箱
发电机种类	电励磁	永磁
电机尺寸，质量，造价	小，小，低	大，大，高

续表

比较项目	异步双馈	永磁直驱
电机电缆的电磁释放	有释放，需要屏蔽线	无释放
电机滑环	半年更换碳刷，两年更换滑环	无碳刷，无滑环
交流单元	IGBT，单管额定电流小，技术难度大	IGBT，单管额定电流大，技术难度小
交流容量	全功率的 1/4	全功率逆变
变流系统稳定性	中	高
电网电压突降的影响	电机端电流、电机转矩急增	电流、转矩稳定
塔内电缆工作电流类型	高频非正弦波，谐波分量大，必须使用屏蔽电缆	正弦波
可承受瞬间电压波动	[−10%，10%]	[−85%，10%]
谐波畸变	难以控制，因为要随发电机转速变化进行变频	易控制，因为谐波频率稳定
50Hz/60Hz之间的配置变化	变流谐波参数需调整，齿轮箱需改变	变流滤波参数需调整
电控系统体积、价格、维护成本	中，中，高	大，高，低
电控系统平均效率	中	高
未来发展趋势	否	是

然而，永磁直驱式风电机组并非完全优于双馈机组，因为从生产成本、体积、技术维护等角度，其仍然存在着较大挑战。所谓半直驱（Half－direct－drive）风电机组即是对直驱和双馈的融合。

1.2.4　半直驱风电机组

半直驱又称中传动比，其不像双馈风电机组那样采用多级齿轮比，也不像永磁直驱式风电机组那样直接抛弃齿轮箱，而是采用一级行星齿轮和适当的增速比，即可靠性更高的“单级变速”装置，介于高传动比和直驱驱动之间，故称为“半直驱”。其发电机仍采用类似于直驱的多级永磁同步发电机，因此其组件构成与直驱机组类似，但其体积相对于直驱有明显减小，可以在体积不大的情况下满足风电机组运输和吊装的能力要求。尤其注意的是，该类型风电机组所耗费的磁钢大大减少，从而保证了发电机制造成本的大幅度降低，因此值得未来研究和关注。相对来讲，半直驱传动链齿轮箱与发电机直接耦合的方式确实会带来一些设计和维护的难度，但是只要处理得当，仍然可以拥有良好的使用性能。

国内首台 6MW 海上半直驱半永磁同步风力发电机成功下线

第 2 章 风能资源评估与风电场选址

2.1 风能资源的测量

风电场测风是风能开发中的一个重要环节，也是风能开发的前提和基础，它对风电场的设计、建设具有重大影响，做好风电场的测风对风能开发具有重要意义。为此，在总结风电场测风和风电场工程规划设计的工作经验基础上，对风电场测风进行分析探讨，并就测风系统的组成、测风设备、测风需要注意的问题提出认识和建议。

风的测量包括风向测量和风速测量。风向测量是测量风的来向，风速测量是测量单位时间内空气在水平方向上所移动的距离。

2.1.1 测风系统的组成

自动测风系统主要有传感器、主机、数据存储装置、电源、安全与保护装置 6 部分组成。

传感器又分风速传感器、风向传感器、气压传感器、温度传感器（即温度计）。输出信号为频率（数字）或模拟信号。

主机由数据记录装置、数据读取装置、微处理器、就地显示装置组成。利用微处理器对传感器发出的信号进行采集、计算和存储。

测风系统一般工作在野外，因此数据存储装置应有足够的存储容量，而且为了野外操作方便，采用可插接形式。进行风能资源数据分析处理时，将已存有数据的存储盒从主机上替换下来获取数据。按数据存储卡容量，一般 30～45 天提取一次，为了保险起见，最好一个月提取一次。数据存储卡替换下来后，应及时提取并存储其内数据以免造成数据意外丢失。提取数据应备份保存，除正在分析使用的以外，至少备份 2 份保存归档，分别存放在安全的地方，避开可能数据丢失的地方，如静电、强磁场和高温。

测风系统的电源常采用电池供电，对有固定电源的地方，可把其作为主电源，但也配备一套备用电源，主电源和备用电源互为备用，从而提高系统的可靠性。

因此，测风系统设备应有较高的性能和精度，系统具有防止自然灾害和人为破坏、保护数据安全准确的功能。

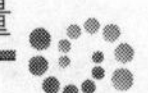

2.1.2 测风仪器

常用测风仪器

测风仪器对测风数据的好坏有直接影响，所使用的测风仪器在现场安装前必须经法定计量部门检验合格方能使用，对一般的测风仪器的技术要求见表 2-1。

表 2-1　测风仪器基本参数要求

设备	采样间隔	记录内容	测量范围	精度
风速仪	<3s	每 10min 的平均值和标准偏差、每 10s 内最大风速及其对应的时间和方向	0～60m/s	−0.5～0.5m/s
风向仪	<3s	每 10min 风向值	0°～360°	±2.5°
温度计	10min	每 10min 温度值	−40～±50℃	±1℃
气压计	10min	每 10min 气压值	60～108kPa	±3%
湿度计	10min	每 10min 相对湿度	0～100%	±1%

传统测风仪主要是机械式的。机械式测风传感器具有抗强风能力强、风速与风杯转速为线性关系、测量准确度较高等优点。但是机械式测风传感器的机械转动部分会引起惯性迟滞效应，响应速度较慢，无法测量低于启动风速的微风。此外，其机械活动部件在长期暴露于风沙的工作环境下，容易磨损，寿命有限，维护成本较高。

新型测风仪有超声波测风仪、多普勒测风雷达测风仪、风廓线仪等，如非接触式的超声波和热敏式风速计。超声波风速计通过检测声波的相位变化来记录风速；热敏式风速计是根据加热物体在气流中被冷却，其工作温度为风速函数这一原理设计的。这些非机械式风速计的优点在于受气候（如结冰天气）的影响较小，如图 2-1所示。

(a) 风杯式风速计

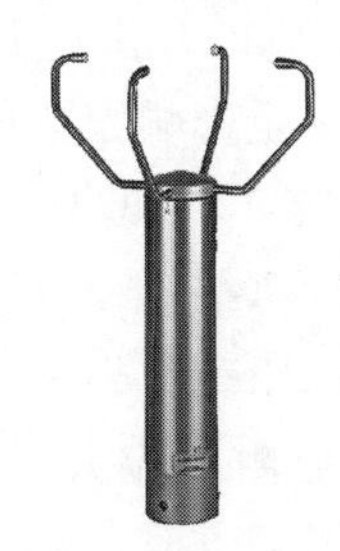

(b) 超声波式风速计

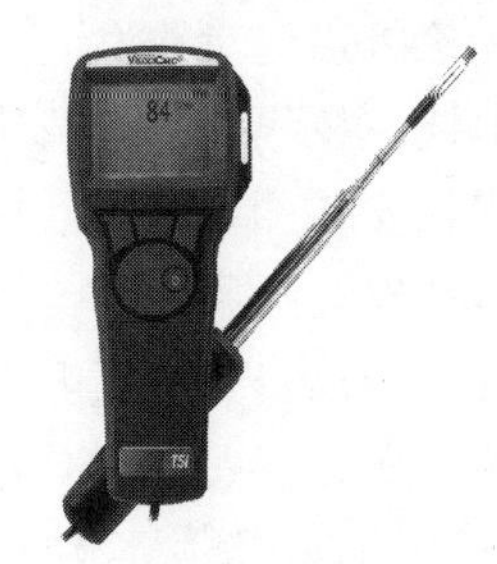

(c) 热敏式风速计

图 2-1　非机械式风速计

1. 机械式测风传感器原理

目前，国内服役的风电机组大多都采用机械式测风设备，由风向标、风速仪及其加热设备构成。

风向传感器的变流器由提供 24V 电源的光耦合器构成。风向标的固定部分有底座及其控制电路，不固定部分包括风向标指针和位于基座内部的金属半环。当金属半环通过光耦合器时信号为低电平，而出现相反的情况时信号为高电平。当风向标随风向变化而转动时，通过轴带动金属半环转动产生的光电信号对应当时风向的格雷码信号输出。

风速传感器的固定部分由提供 24V 电源的光耦合器及其控制电路构成。不固定部分由 3 个互成 120°固定在支架上的抛物锥或半圆空杯感应部件构成，空杯的凹面都顺一个方向并随着风的作用而转动。在顶部的内部基座中有一带齿的金属环，环齿每次经过光耦合器，将会给出一个 24V 的脉冲信号，每转给出 6 个脉冲。由脉冲与脉冲之间的时间间隔得出频率，风电机组控制系统将频率转化为风速。

2. 超声波测风传感器原理

超声波测风传感器的测量方法主要有时差法、相位差法、频差法、声共振法、多普勒法、相关法、波束偏移法、卡门旋涡法、噪声法等，其中时差法和声共振法是目前较为广泛采用的方法。基于时差法的超声波测风传感器没有机械旋转部件，不存在机械磨损、卡涩、冰冻等问题；无惯性测量，灵敏度高，没有启动风速，具有稳定可靠、测量准确、对恶劣的工作环境具有一定的适应能力、免维护等特点，很好地克服了机械式测风设备固有的缺陷，因而能全天候正常工作。基于声共振法的超声波测风传感器具有体积紧凑、重量轻、坚固耐用等优点，能够承受强力冲击、剧烈的振动和极端的碰撞，此外由于尽可能减小了传感器的体积，因此很容易利用低功率加热器均匀地加热整个外壳，以确保传感器不结冰。

2.1.3　测量设备的安装

1. 测风塔

测风塔结构可以选择桁架型或立杆拉线型等不同形式，并应便于其上安装的测风仪器的维修。在沿海地区，结构能承受当地 30 年一遇的最大风载的冲击，表面应防盐雾腐蚀。

测风塔无论采用何种结构，当遇到 30 年一遇风载时，都不应受其基础（包括地脚螺栓、地锚、拉线等）承载能力不足影响而造成测风塔整体倾斜或倒塌。

在风场一处安装测风塔时，其高度不应低于拟安装的风电机组的轮毂中心高度；在风场多处安装测风塔时，其高度可按 10m 的整数倍选择，但至少有一处测风塔的高度不应低于拟安装的风电机组的轮毂中心高度。

测风塔顶部应有避雷装置，接地电阻不应大于 4Ω。测风塔应悬挂有“请勿攀登”的明显安全标志。测风塔位于航线下方时，应根据航空部门的要求决定是否安装航空信号灯。在有牲畜出没的地方，应设防护围栏。

2. 测风仪

风向风速仪的使用

只在风场一处安装测风塔时，测风塔上应安装三层风速、风向传感器，其中两层应选择在 10m 高度和拟安装的风电机组的轮毂中心高度处，另一层可选择 10m 的整数倍高度安装；在风场两处及以上安装测风塔时，应有一套风速、风向传感器安装在 10m 高度处，另一套风速、风向传感器应固定在拟安装的风电机组的轮毂中心高度处，其余的风速、风向传感器可固定在测风塔 10m 的整数倍高度处。

风速、风向传感器要固定在桁架式结构测风塔直径的 3 倍以上、圆管型结构测

风塔直径的6倍以上的牢固横梁处，迎主风向安装（横梁与主风向成90°），并进行水平校正，同时要有一处迎主风向对称安装两套风速、风向传感器。风向标也要根据当地磁偏角修正，按实际“北”定向安装。

3. 数据采集器

野外安装数据采集器时，安装盒应固定在测风塔上离地1.5m处，也可安装在现场的临时建筑物内。安装盒要求防水、防冻、防腐和防沙尘。当数据采集器安装在远离测风现场的建筑物内时，也要保证传输数据的准确性。大气温度计和大气压力计可以随测风塔安装，也可以安装在距测风塔中心30m以内、离地高度1.2m的百叶箱内。

2.2 风电场所在地风能资源评估

风能资源评估有时又称风能潜力评估，是指估计分布于某个区域内大量风电机组的潜在能量输出。通过评估，可以得到详尽的、高分辨率和精确的风能资源地图，其中包含年或季风能资源状况、风能资源的不确定性以及湍流加强的区域等信息。在风电场的设计和建设中，风能资源评估是一项至关重要的工作。风能资源评估将会直接影响到风电场的建设成本，以及未来的运营成本等。对风能资源的正确评估是风电场建设取得良好经济效益的关键。如果在选址设计风电场时没有做好风能资源评估，很可能在风电场建成投产以后达不到预期的发电量。

2.2.1 风能资源评估的目的和技术标准

1. 风能资源评估的目的

分析现场测风数据的风能资源状况。分析现场测风数据在时间上和空间上的代表性，涉及对测风资料进行“三性”分析，包括代表性、一致性、完整性。测风时间应保证至少一周年，测风资料有效数据完整率应满足大于90%，资料缺失的时段应尽量小于一周。

2. 风能资源评估的主要技术标准

主要技术标准如下：

(1)《风电场工程可行性研究报告编制办法》(发改能源〔2005〕899号)。

(2)《风电场风能资源测量方法》(GB/T 18709—2002)。

(3)《风电场风能资源评估方法》(GB/T 18710—2002)。

(4)《风电场风能资源测量和评估技术规定》(发改能源〔2003〕1403号)。

(5)《全国风能资源评价技术规定》(国家发展和改革委员会、中国气象局联合下发)。

2.2.2 风能资源评估的步骤

对某一拟建风电场进行风能资源评估，是风电场建设项目前期所必须进行的重要工作。风能资源评估主要分为以下几个阶段。

1. 数据收集、整理分析

从地方各级气象台、气象站及有关部门收集有关气象、地理及地质数据资料，对其进行分类和归类，从中筛选出具有代表性的完整资料。这样能反映某地风的多年（10 年以上，最好 30 年以上）平均值和极值，如平均风速和极端风速、平均气温和极端（最低和最高）气温、平均气压、雷暴日数以及地形地貌等。

2. 风能资源普查分区

对收集到的资料进一步分析，按标准划分风能区域及风功率密度等级，初步确定风能可利用区。

3. 风电场宏观选址

风电场宏观选址遵循的原则一般是：根据风能资源调查与分区的结果，选择最有利的场址，以求增加风电机组的出力，提高供电的经济性、稳定性和可靠性；最大限度地减少各种因素对风能利用、风电机组使用寿命和安全的影响；全方位考虑场址所在地对电力的需求及交通、电网、土地使用、环境等因素。

4. 确定风电场场址

根据风能普查结果，初步确定几个风能可利用区，分别对其风能资源进一步分析，对地形地貌、地质、交通、电网及其他外部条件进行评价，并对风能可利用区进行相关比较，从而选出并确定最适合的风电场址。一般通过利用收集到的该区气象台、气象站的测风数据和地理地质资料并对其进行分析、到现场询问当地居民、考察地形地貌特征，如长期受风吹而变形的植物、风蚀地貌等手段来进行定性，从而确定风电场场址。

5. 风电场风况预测

气象台、气象站提供的数据只是反映较大区域内的风气候，而且数据由于仪器本身精度等问题，不能完全满足风电场精确选址及风电机组微观选址的要求。因此，为正确评价已确定风电场的风能资源情况，取得具有代表性的风速风向资料，了解不同高度处风速风向变化特点，以及地形地貌对风的影响，有必要对现场进行实地测风，为风电场的选址及风电机组微观选址提供最准确有效的数据。

现场测风应连续进行时间至少 1 年以上，有效数据不得少于 90%。内容包括风速、风向的统计值和温度、气压。这可以通过在场区设立单个或多个测风塔进行，塔的数量依地形和项目的规模而定。

6. 测风塔安装

风电场测风塔的布置应以能反映整个风电场的风况为原则，布置应均匀。进行精确的风电机组微观选址，现场安装测风塔的数量一般不能少于 2 座。对地形复杂的风电场进行测风时，测风塔位置的选择应尽量避开会产生大量涡流的突变地形处。由于目前绝大部分风速仪是为测量水平方向的风速而设计的，因地形变化产生的涡流对风速测量会产生较大的误差。因此，测风塔位置的选择应尽量避开突变地形。若条件许可，对于地形相对复杂的地区应增至 4～8 座测风塔。测风塔应尽量设立在能代表并反映风电场风能资源的位置。测风应在空旷地进行，尽量远离高大树木和建筑物。在选择位置时应充分考虑地形和障碍物影响。如果测风塔必须位于障碍物附近，则在盛

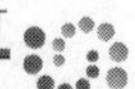

行风向的下风向与障碍物的水平距离不应少于该障碍物高度的10倍处安置，如果测风塔必须设立在树木密集的地方，则至少应高出树木顶端10m。

为确定风速随高度的变化（风剪切效应），得到不同高度风速可靠的风速值，一座测风塔上应安装多层测风仪。一般测风塔上测风仪数量可根据上述目的及地形确定。每个风电场场址只需安装一套气压传感器和温度传感器来测量气温和气压。测风设备的安装和管理应严格按气象站测量标准进行。对地形比较平坦的大型风电场，一般在场址中央选择有代表性的点安装1个70m高的测风塔。在测风塔70m和40m高度分别安装风向标测量风向，在10m、25m、40m、50m、60m和70m分别安装风速仪测量风速，在3m高度附近安装气压计和温度计测量气压和气温。另外，在70m塔周围应再安装3～4个40m高测风塔，在40m测风塔的40m和25m高度分别安装风向标测量风向，在10m、25m和40m高度分别安装风速仪测量风速。

一般来说，测风方案依选址的目的而不同，若是要求在选定区域内确定风电场场址，则可以采用临时方案，装一个或几个单层安装测风仪的临时塔。该塔可以是固定的，也可以是移动的。若测风的目的是要对风电场进行长期风况测量及对风电场风电机组进行产量预算，则应采用设立多层测风塔测量有关数据。

7. 风电场风电机组微观选址

当收集到现场测风数据并传到用户计算机中之后，下一步的工作就是验证、处理数据以及编制报告。

2.2.3 风能资源评价

通过对风电场测风数据的分析处理，采用实测风资源数据推算代表年风能要素。风电场风能资源初步可做出评价结论：

（1）根据风电场实测气象资料，计算出拟选风电场内空气密度值。

（2）确定风电场装机高度、50年一遇最大风速、50年一遇的极大风速。

（3）拟选风电场场址地区装机高度及以下不同高度代表全年平均风速和年平均风功率密度按GB/T 18710—2002风功率密度确定等级，属于风能资源几类区。

（4）风电场测风塔所代表区域代表年风向和风功率密度主导方向。风电场拟选场址装机高度处代表全年主导风向、发生频率、风功率密度分布最大方向，以及所占比例为多少。

（5）风电场测风塔所代表区域代表年装机高度有效风速小时数占全年小时数的百分比。

（6）场址风能资源评价，有无破坏性风速，主风向频率发生的概率。

（7）按IEC 61400—1标准评价风电场场址内的资源等级。

2.3 测风数据处理分析

当收集到现场测风数据并传到用户计算机中之后，下一步的工作就是验证、处理数据以及编制报告，验证流程如图 2－2 所示。

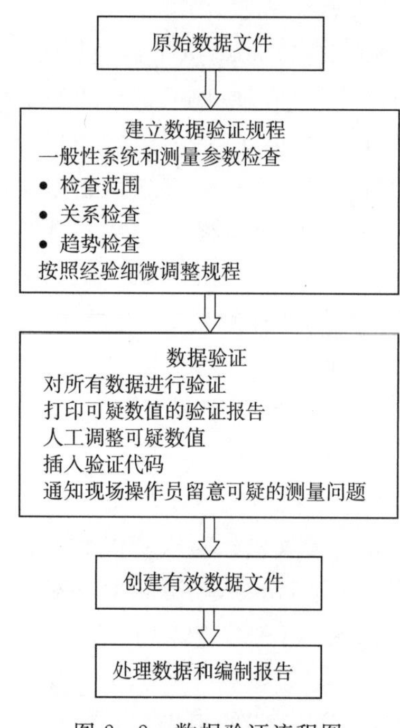

图 2－2　数据验证流程图

2.3.1　数据验证

数据验证的定义是检查所有收集到的数据是否完整、合理以及消除错误数值。将原始数据转换为验证过的数据，然后再处理成满足用户各种分析用的总结报告，这一步对于维持测风计划期间数据的高度完整性也是关键的。因此，数据传输之后，必须尽可能在一两天内进行验证。对潜在的测量问题通知现场操作员越早，数据丢失的风险也越小。

数据验证的目的是检查测风获得的原始数据，对其完整性和合理性进行数据检验，检验出缺测和不合理的数据，编写数据检验报告，计算测风数据的完整率，然后剔掉无效数据，替换上有效数据，经过整理得出一套至少连续一年的完整的 10min 间隔的风电场测风数据。

2.3.1.1　数据验证的方法

数据可以通过手工或自动检测（基于计算机）。虽然总离不开一些手工复审，但计算机由于速度和能力的优势仍是首选。检测软件可以从数据采集器销售商处购买，建立通用的电子制表格软件程序（例如 Microsoft Excel、Quatro Pro、Lotus 123），或通过其他用于公用环境项目的程序。使用电子制表软件的优点是还能够用于处理数据及编制报告。这些程序要求输入的数据为 ASCII 码文件，如果采用二进制数据传输，数据采集器的数据管理软件可以进行此项转换。

数据验证主要包含数据浏览与数据核实两个部分。

（1）数据浏览。第一步是使用常规的程序或算法浏览所有数据找出可疑数值（有疑问的和错误的）。可疑数据应当复核，但不一定是错误的。例如，在平常有风的一天，由于当地严重的雷暴天气，可能引起异常高的风速。数据浏览这个部分结果是一份打印出的数据验证报告，其中列出了可疑的数值和各个可疑数值不符合哪条验证规程。

（2）数据核实。第二步要求逐项决定如何处置可疑数值，作为有效值保留，作为无效值丢弃，或是用其他能够得到的备用有效值代替。这部分工作应当由有资格的熟悉测量设备和当地气象条件的人来判断。

在进行下一步处理之前，应当知道数据验证的有限性。有许多可能引起数据错误的原因：如传感器故障或损坏、电缆断开、电缆损坏、装配零件损坏、数据采集器故障、静电感应、传感器校准漂移以及冰冻等。数据验证的目的是尽可能从许多出现错误的原因中发现许多重要错误，抓住所有细微的错误是不可能的。例如，电

缆断开可以通过一个长系列的零值（或随意的值）很容易地发现，但松脱的电缆形成不连续的连接可能只是减少了部分记录的数值并仍在一个合理的范围内。因此，细小的数据偏差能够躲避检测（虽然使用备用传感器能够减少这种可能性）。适当实施测风计划的其他部分质量保证可以减少数据问题发生的机会。

以下两个部分描述了两类验证规程，对每个测量参数推荐具体的检验指标，并讨论对怀疑和丢失数据的处理。

1. 检验规程

检验规程的制定是在收入归挡的数据库和用来进行场址分析之前，浏览每个测量参数查出可疑数值。可分为两个主要类型：一般系统检查和测量参数检查。

（1）一般系统检查对收集到的数据进行两种简单测试以评估数据的完整性。

1）数据记录：每一个记录的数据组数目必须等于预期的测量参数的数目。

2）时间顺序：检验是否有连续的数据丢失，这种检验主要集中在每个数据记录的时间和日期标记上。

（2）测量参数检查是数据验证处理的核心，通常包括范围检验、相关性检验和趋势检验。

1）范围检验：这种检验在数据检验中最为简单和常见。将测量到的数据与允许值的上限和下限进行比较。表 2-2 列出范围检验指标的示例。对于大部分预期的平均风速的一个合理范围是 0～40m/s。然后，许多校准过的风速计提供了校准偏移量避免零值的出现。负值显然表示出了问题，风速大于 40m/s 是可能的，但需要通过其他信息核实。范围检验的上下限必须确定，它应当包括几乎（但不是绝对的）所有预期在现场出现的值。技术人员根据他们的经验可以对这些上下限的值进行微调。另外，还可以适当地按季节调整。例如，冬天的气温和阳光照射比夏天低。

表 2-2　　范围检验指标示例

参数示例①	检验指标
风速：水平方向	
平均值	偏移量＜平均值＜40m/s
标准偏差	0＜标准偏差＜3m/s
风向	0°＜平均值≤360°
标准偏差	3°＜标准偏差＜75°
最大瞬时值	0°＜平均值≤360°
风速：垂直方向（可选）	
平均值（F/C）②	偏移量＜平均值＜±（2/4）m/s
标准偏差	偏移量＜标准偏差＜±（1/2）m/s
最大瞬时值	偏移量＜最大值＜±（3/4）m/s
大气压（可选：海平面）	
平均值	94kPa＜平均值＜106kPa

① 除另有说明，指所有监测高度。

② F/C：平地/复杂地形。

如果一个值满足指标，那么就认定为有效值。然而，许多参数需要一系列的指标来检测，因为单一的指标不太可能检查出全部问题。例如，一个被冻住的风向标连续 6 个 10min 间隔的平均风向恰好是 180°，这个值满足 0°～360°的范围测试，但这个固定的风向标的标准偏差为零而被怀疑。

2）相关性检验：这种比较是基于各种参数之间预期的物理关系。表 2－3 给出了相关性检验指标示例。相关性检验能确保实际上不太可能的情况在未经查证之前不被记录在数据中。例如，在 30m 高度的风速比 50m 高度风速大很多。

3）趋势检验：这种检验是基于数值在整个时间过程的变化率。表 2－4 列出了趋势检验指标示例。例如，在 1h 内气温变化大于 5℃是很少出现的，并表明可能有问题。

表 2－3　　相关性检验指标示例

参数示例	检验指标
风速：水平	
50m/30m 平均风速差	≤2.0m/s
50m/30m 每日风速最大偏差	≤5.0m/s
50m/10m 平均风速差	≤4.0m/s
50m/10m 每日风速最大偏差	≤7.5m/s
风向	
50m/30m 平均风向差	≤22.5°

注：本例中，风速计高度为 50m、30m、10m。

表 2－4　　趋势检验指标示例

参数示例	检验指标	参数示例	检验指标
1h 平均风速变化	＜6.0m/s	3h 平均大气压变化	≤1kPa
1h 变平均温度变化	≤5℃	3h 温度变化差变化（可选）	正负变化两次

注：本例中，风速计高度为 50m、30m、10m。

表 2－3、表 2－4 的检验指标示例没有全部列出，也没有必要应用到所有场址。当使用时，技术人员将学习在什么条件下哪些指标最经常遇到。例如，某些指标总是在小风的情况下经常遇到，然而数据仍是有效的。发生这种情况可以采用一套指标用于小风（低于 4m/s），另外一套指标用于强风。因此，当需要的时候技术人员应修改指标或制定新的指标。

数据验证处理还有个好处是参与检验处理过程的技术人员将会非常熟悉当地的风气候学。风的表征在各种天气情况下的变化是明显的，各种参数之间的相关性也如此。这种经验非常宝贵，仅仅通过阅读每月的汇总表是不能领会到的，并且对于评估当地气象条件对风电机组运行和维护的影响是非常重要的。

2. 可疑和丢失数据的处理

当原始数据经过各种验证检查之后，如何处理可疑数据呢？某些可疑数据可能是正确的，因情况特殊而产生，而其他的则可能是真的不正确。以下是一些处理可疑数据的指导原则：

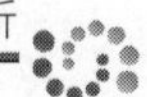

(1) 编制一份数据验证报告（打印或计算机屏幕显示），列出所有可疑数据。对于每一个值，报告将提供记录到的数值、发生时间以及认为这个数值不合理的检验指标。

(2) 应该由专家核查可疑数据以决定是否能够接受。赋予无效数据一个检验代码将其替代。表 2-5 给出了一些示例。通常指定－900 系列检验代码赋予废弃数据。用数字表示不同的剔除说明，应检查运行和维护记录本或现场温度数据来确定这些代码。

表 2-5　　验 证 代 码 示 例

代码	数据剔除条件	代码	数据剔除条件
－990	未知情况	－996	操作错误
－991	冰冻或潮湿的雪	－997	设备故障
－992	静电释放	－998	设备维修
－993	塔架遮挡	－999	数据丢失（可能没有数据）
－995	风向标处于死区		

(3) 如果使用了备用的传感器，只要备用传感器的数据通过了所有的检验指标就可以代替主传感器中剔除的数值。

(4) 在每个测站数据验证记录本中保存完整的现场所有数据检验工作的记录。对于剔除的和替换的数据，测站数据验证记录本中包括以下信息：文件名、参数类型和监测高度、数据的日期和时间标记、赋予每一个剔除数据的代码和注解、替代值的来源。

3. 数据完成率

数据完成率定义为有效的数据记录与报告期间内所有数据记录之比，并取决于每个测风传感器（每个测站的所有监测高度）。计算方法为

$$有效数据完成率=\frac{应测数目-缺测数目-无效数据数目}{应测数目}\times 100\%$$

式中　应测数目——测量期间小时数；

缺测数目——没有记录到的小时平均值数目；

无效数据数目——确认为不合理的小时平均值数目。

2.3.1.2　修补缺测数据

《风电场风能资源评估方法》(GB/T 18710—2002) 中规定，对于测风塔缺测数据的处理方法是“将备用的或可供参考的传感器同期记录数据，经过分析处理，替换已确认为无效的数据或填补缺测的数据”。

《风电场风能资源测量和评估技术规定》(发改能源〔2003〕1403 号) 中规定，用备用的或经相关分析，相关系数 (≥80%) 的可供参考的传感器同期记录数据，替换已确认为无效的数据或填补缺测的数据。如果没有同期记录的数据，则应向有经验的专家咨询。

目前，在测风塔没有备用的或可供参考的传感器同期记录数据时，并无相关规程规定应采取何种插补方法。本书总结以下常用的插补方法，并分析其可靠性。

1. 相关性插补

通过建立本塔或相邻塔之间不同高度间的风速相关方程，根据相关理论，只要

这些相关方程的相关系数高于 0.8 以上，就可以利用这些相关方程插补延长那些缺测风速的数据。如果相关系数低于 0.8，就不能应用相关方程进行数据处理，需采用其他方法进行数据处理。

相关关系插补方法还有多种处理方式，如相关关系构建基于主测风塔和参照测风塔同期所有的测风数据（除去缺测数据）；相关关系构建基于不同季节的测风数据；相关关系构建基于不同风向扇区（一般 16 个）的测风数据。误差分析结果表明，基于不同风向扇区的方法误差最小。

2. 风切变插补

如果有些缺测数据因为相关系数低于 0.8，或者无相邻测风塔，因此不能用相关方程进行插补时，可以采用风切变系数进行缺测数据的插补。

对于风切变系数的计算，因为测风塔有几个高度的风速，可以根据风切变系数的计算公式计算不同高度间的风切变系数，相邻高度层采用其相应的风切变指数进行缺测数据的插补。风切变插补方法也有多种处理方式，如采用风速日风切变、风速季节风切变和风速年风切变等。误差分析结果表明，采用风速日风切变的方法误差最小。

3. 比值法

比值法适用于各层测风塔风速数据均缺测，且缺测时段较长（1～2 个月），同时临近测风塔或参证气象站扇区相关性较差的情况。

采用比值法需要确定比值系数 K，公式为

$$K=\frac{V_2}{V_1} \tag{2-1}$$

式中　V_1——第 1 个月的平均风速；

　　　V_2——第 2 个月的平均风速。

具体可以参证某站连续两个月份的平均风速。依据测风同期的比值系数 K，从而求出测风塔同期缺测风速数据。

由于比值法的前提条件是该中小尺度区域内气候变化基本一致，即在同一时间段内，风速变化的幅值基本相当。比值法的优势在于当扇区相关性较差时，其插补的误差要小于采用扇区相关性插补的误差。

对于插补方法的选择，需要根据具体实测数据情况进行细致分析。通常情况下平坦地形的测风数据质量要好于复杂山地地形，由于山地风况复杂，一旦测风数据缺测时段较长，就很难通过插补方法来达到令人满意的效果。如果插补方法选择不当，又引入了更多的误差，导致风能资源评估准确度下降，风险提高。因此，加强测风管理和维护，选择可靠性高的测风设备是解决缺测最行之有效的方法。

随着风电行业的不断发展，风能资源评估的技术手段也越来越成熟和先进，相信在不远的将来，会有更多的新技术、新设备和新方法来解决目前备受困扰的问题。

2.3.1.3　验证结果

经过各种检验，剔除掉无效数据，替换上有效数据，对缺测、不合理测风数据的相关性修补，整理出至少连续一年的风电场实测逐小时风速风向数据，并注明这套数据的有效数据完整率。编写数据验证报告，对确认为无效的数据应注明原因，

替换的数值应注明来源。此外，宜包括实测的逐小时平均气温（可选）和逐小时平均气压（可选）。

2.3.2 数据处理和报告

风能资源评估是指对验证完成的数据经过各种数据处理程序的处理来评估风能资源的活动。对数据集进行典型操作时将数据的数值按照所选择的平均时间间隔分类形成有用的数据集，从而生成所需信息的报告，如汇总表和风况参数图等。数据处理和汇总软件可以从多种来源获得，包括数据采集器的制造商以及电子表格、数据库和统计软件的销售商等。

每小时的平均值一般用于编制报告。利用数据处理和报告编制软件可以将10min 平均数据子集转换为每小时的平均数据库，无论使用何种方法计算每小时平均值时，都必须剔除无效数据值或－900 系列代码。

基本参数组可以作为确定和描述各种有用的风特性的工具。表 2－6 列出推荐的月度数据汇总报告。

表 2－6　　月度数据汇总报告

报告内容	表述方式	高度
日每小时平均风速	图/表	全部
风速和风向频率分布（16 方位）	表	全部
风速频率分布	图/表	全部
日每小时平均温度	图/表	3m
日每小时平均风切变系数	图/表	在所有高度之间
平均湍流强度	图/表	全部
风向玫瑰图	图	全部
日每小时平均风功率密度	图/表	全部

将订正后的数据处理成评估风电场风能资源所需的各种参数并绘制成图形，包括不同时段的平均风速和风功率密度、风速和风能的频率分布、风速和风功率密度的方向分布等，除了完全可编程数据采集器，其他大部分数据采集器没有对风切变指数、湍流强度及风功率密度的内部处理功能。通过应用电子表格软件，可以很容易获得这些参数每小时和每月的平均值。以下将介绍各主要参数及其计算方法。

1. 垂直风切变指数

风切变是指水平风速随高度的变化。通常用于描述风速线形状的幂定律指数为风切变指数，是用来衡量风速随高度变化的一个指标。风切变指数 α 只能由各个现场确定，因为它的大小受场址特定的条件影响，1/7 幂律（用于最初的场址筛选，α 取 0.143 作为近似值）不再适用，实际的切变值发生很大的变化。α 的计算式为

$$\alpha = \frac{\lg(v_2/v_1)}{\lg(z_2/z_1)} \tag{2-2}$$

式中　v_1——高度 z_1 的风速，m/s；

v_2——高度 z_2 的风速，m/s。

估算风电机组的发电量时，需要推算出机组轮毂高度处的风速，根据风切变指数和仪表安装高度实测风速值可以推算出近地层任意高度的风速。

2. 湍流与湍流强度

当风吹过极其粗糙的地面或绕过建筑物时，风速的大小和方向都会发生较大的变化，这种变化叫湍流。风的湍流是风速、风向和垂直分量的快速扰动和不规则变化。这是非常重要的现场特征，因为高的湍流将引起风电机组输出功率下降以及部件严重超载，使整个风电机组发生机械振动。当湍流严重时，机械振动能破坏风电机组。对于选址来说，最普通的湍流指标是风速的标准偏差 σ。将这个值用平均风速来标准化后给出湍流强度 T_1，这个值用来整体评估风电场的湍流。T_1 定义为 10min 内标准风速偏差与平均风速的比值，即

$$T_1 = \frac{\sigma}{v} \tag{2-3}$$

式中　σ——标准风速偏差；

v——平均风速。

湍流强度是风电场的重要指标，它的计算、分析是风电场风能资源评估的重要内容，其结果直接影响风电机组的选型。T_1 是一个湍流的相对指标，不大于 0.10 时较低，0.10～0.25 为中等，大于 0.25 时较高。对风电场而言，其值不可超过 0.25。

3. 风功率密度

风功率密度（WPD）是比风速更真实地反映风电场潜在风能资源的综合指标。风功率密度综合了风电场风速频率分布、空气密度和风速的影响。WPD（W/m^2）定义为每单位风轮叶片扫掠面积可获得的风功率，计算为

$$WPD = \frac{1}{2n}\sum_{i=1}^{n}\rho v_i^3 \tag{2-4}$$

式中　n——平均时段内记录数目；

ρ——空气密度，kg/m^3；

v_i^3——第 i 个风速（m/s）值的三次方。

风功率密度（WPD）公式中的空气密度必须计算。空气密度取决于温度和大气压（海拔），并随季节在 10%～15%变化。如果知道现场大气压（例如作为可选择参数测量），则相应温度下的每小时空气密度值 ρ（kg/m^2）可以计算为

$$\rho = \frac{P}{RT} \tag{2-5}$$

式中　P——大气压，Pa 或 N/m^2；

R——特定的空气常数，R=287J/(kg·K)；

T——开氏温度，K。

如果不知道现场大气压，空气密度可以利用海拔 z 和温度 T 的函数关系估算，即

$$\rho=\left(\frac{P_0}{RT}\right)e^{-\frac{gz}{RT}} \tag{2-6}$$

式中　P_0——标准海平面大气压，101325Pa；

g——重力加速度常数，9.8m/s²；

z——为现场海拔，m。

代入 P_0、R 和 g 值，得

$$\rho=\left(\frac{353.05}{T}\right)e^{-\frac{0.034z}{T}}$$

通过上面对风功率密度的推导，能更好地理解风功率密度等级，见表 2-7。风功率密度越高，则该地区风能资源越好，风能利用率也越高。因此，风功率密度等级表可作为风能资源评估的判据。应注意表 2-7 中风速参考值依据的标准条件（见表 2-7 的注释）与风电场实际条件的差别。

表 2-7　　　　　　　　风功率密度等级表

风功率密度等级	10m 高度		30m 高度		50m 高度		应用于并网风电
	风功率密度 /(W/m²)	年平均风速参考值/(m/s)	风功率密度 /(W/m²)	年平均风速参考值/(m/s)	风功率密度 /(W/m²)	年平均风速参考值/(m/s)	
1	<100	4.4	<160	5.1	<200	5.6	一般
2	100～150	5.1	160～240	5.9	200～300	6.4	一般
3	150～200	5.6	240～320	6.5	300～400	7.0	较好
4	200～250	6.0	320～400	7.0	400～500	7.5	好
5	250～300	6.4	400～480	7.4	500～600	8.0	很好
6	300～400	7.0	480～640	8.2	600～800	8.8	很好
7	400～1000	9.4	640～1600	11.0	800～2000	11.0	很好

注：1. 不同高度的年平均风速参考值是按风切变指数为 1/7 推算的。

2. 与风功率密度上限值对应的年平均风速参考值，按海平面标准大气压及风速频率符合瑞利分布的情况推算。

4. 最大风速和极大风速

最大风速是指 10min 平均风速的最大值。我国福建沿海的最大风速可达 20m/s 以上。

极大风速是指每 3s 采样一次的风速的最大值。据气象资料记载，我国福州、厦门曾出现 40.7m/s 和 60.0m/s 的风速。

2.4　常用风能资源评估软件

风电场设计优化和风能资源评估软件是风电场设计中相当重要的工具，从 20 世纪 80 年代开始，丹麦通过开发相应的计算机软件对风电场进行设计，目前国际上陆续开发了 WAsP、WindFarmer、WindPRO、WindSIM 等多种风电实用软件。下面分别简单介绍。

2.4.1　WAsP 软件

WAsP 是丹麦 Risφ 国家实验室开发的一个完整的风能资源评估和风电场设计的软件，主要包括 WAsP 软件和 WAsP Engineering 软件，是行业标准的风能评估软件，是世界上应用最广泛的风能资源分析软件。

1. 组成

WAsP 由原始测风数据分析、风图谱生成、风况估算和理论发电量估算 4 个计算模块组成。

（1）原始测风数据分析模块。通过对实测的时间序列的风速和风向数据统计分析，得出风能数据统计表。

（2）风图谱生成模块。以风能数据统计表为基础，剔除障碍物、地表粗糙度以及地形对风的影响，得出风图谱。

（3）风况估算模块。以风图谱为基础，考虑某一点周围障碍物、地表粗糙度以及地形对风的影响，估算出该点的平均风速和平均风功率密度。

（4）理论发电量估算模块。根据风电机组功率曲线、结合风况估算模块得出平均风功率密度，并计算出风电机组在该点的年理论发电量。

该软件数字化地形图如图 2-3 所示。

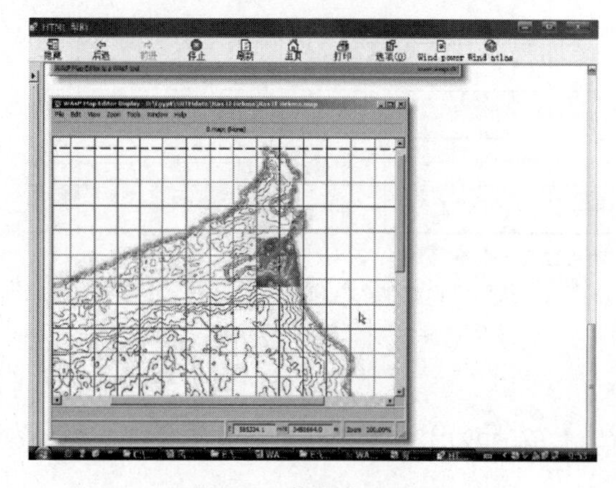

图 2-3　数字化地形图

2. 功能

WAsP 软件的主要功能如下：

（1）原始测风数据的统计分析。

（2）生成风能资源分布图。

（3）风气候评估。

（4）单台风电机组的年发电量计算。

（5）多台风电机组的尾流损失和总电量计算。

（6）嵌套风电场：将风电场分为若干个子群，可对风电场的风电机组进行分组处理。

（7）风电场功率曲线：计算风电场内给定参考位置的功率曲线。

（8）风电场的参考位置：用于支持风电场功率曲线的计算。

（9）空间图像：它由很多位图文件组成用作地图的底层；可将多个图像与相同的同一个矢量地图连接起来。

（10）风能资源网格计算屏蔽：计算风能资源时可将部分区域屏蔽起来不计算。

（11）图层注释：在图层的任意位置添加文本注释。

（12）地图编辑功能更强并增加了许多新的气象分析工具。

3. 步骤

使用 WAsP 软件的主要步骤如下：

(1) 将已经正确定义了粗糙度和障碍物的数字化地形图、经过订正的测风资料、风电机组的功率曲线和推力曲线输入软件。

(2) 生成场址的风能资源分布图。

(3) 布置机组位置，给定轮毂高度。

(4) 计算每台风电机组的发电量。

(5) 输出计算结果。

4. 特点

当对某地区风能资源进行分析时，考虑该地区不同的地形表面粗糙度影响以及由附近建筑物或其他障碍物所引起的屏蔽因素，同时还考虑了山丘和复杂场地所引起风的变化情况，通过修正受各因素影响的风数据来反映某一地区的真实风能资源情况（风速风向频率、主风向来源、平均风速、有效风功率密度、潜在风能量等），从而达到科学正确地选择风电场场址、风电机组选型的目的。另外它还可以根据某一地区风能资源情况推算出另一点的风能资源，这对那些地处偏远又无气象资料记录的地区是非常有用的。

2.4.2　WindFarmer 软件

WindFarmer 是英国 Garrad Hassan 公司和其合作者于 1998 年推出的用于风电场设计和分析的软件，主要用于分析、设计、优化风电场（多应用于微观选址），可同时考虑地形和尾流效应来计算风电场发电量，现在越来越被大家认可。该软件使用了 WAsP 软件的部分结果，又进一步开发了许多风电场设计所需的功能。

1. 组成

WindFarmer 典型界面如图 2-4 所示。该软件主要由以下 7 个模块组成。

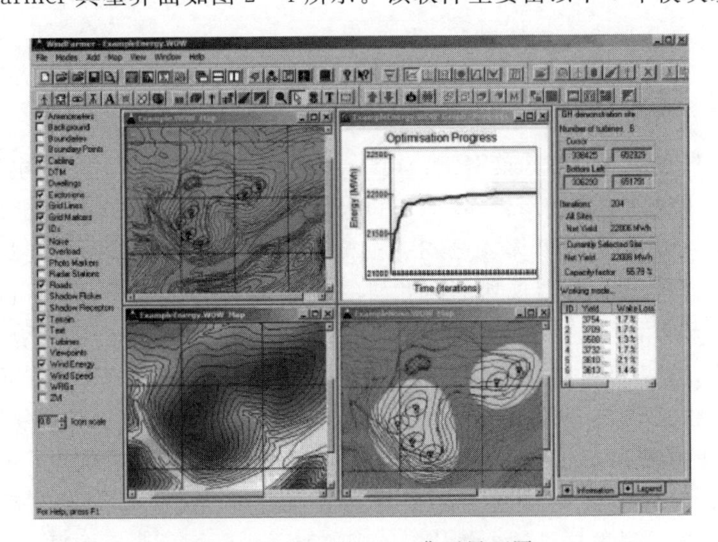

图 2-4　WindFarmer 典型界面图

（1）基础模块：主要包括地图处理、风电场边界界定、风电机组工作室、风电场尾流损失模型、电量计算选项、自动设计优化、噪声影响模型、电量、风速、噪声和地面倾斜地图、多个风电场独立和累积分析与 WAsP 和其他软件的连接界面。

（2）可视化模块：用于模拟和演示风电场的视觉效果，包括视觉影响区域分析、虚拟现实、虚拟漫游、集锦照片。

（3）MCP* 模块：提供所有测风数据的评估工具，测量数据的时间序列可以输出成图形和文件与长期风能资源数据形成关联。

（4）湍流强度模块：对风力流动、风电机组性能和风电机组载荷模型进行分析。

（5）金融模块：对风电场项目设计规划阶段进行金融评估。

（6）电力模块：设计风电场的电力规划，包括对变压器、电缆的超载检查和计算电力损耗。

（7）阴影闪烁模块：计算所给定的风电机组布局和风电场地形图中所产生的阴影闪烁，确定风电机组产生的阴影闪烁机理和时间间隔。

2. 功能

WindFarmer 的主要功能如下：

（1）在满足环保、建筑物、最小间距等诸多限制条件下，对风电机组进行自动优化布置。

（2）结合附近已建风电场，进行发电量计算和机组布置。

（3）计算每台风电机组的湍流强度。

（4）计算噪声分布图、阴影影响图。

（5）能制造风电场的视觉效果图。

（6）进行项目财务评价。

（7）计算无功功率、电量损失，检查超载。

2.4.3　WindPRO 软件

WindPRO 是世界著名风能咨询公司——丹麦 EMO 公司开发的风电场规划设计软件。WindPRO 已成为使用最广泛、用户界面最友好的风能资源分析与风电场设计软件之一。全世界有 900 多家公司、机构包括主要的风电机组制造商、开发商、工程公司、电网公司、政府规划部门和研究机构都在使用该软件。WindPRO 操作界面如图 2-5 所示。

WindPRO 是基于对象的模块化软件，除了基本的 BASIS 模块外，用户可根据需要和预算自由选择模块。WindPRO 目前以 WAsP 和 WindSIM 等为计算引擎，相对于单独使用 WAsP、WindSIM 等软件，WindPRO 具有以下优点：

（1）通过方便灵活的测风数据分析手段，用户可以方便地剔除无效测风数据，并对不同高度的测风数据进行分析比较，寻求相关性，评价测风结果。

（2）考虑风电机组尾流影响的风电场发电量计算，并提供了多种尾流模型。

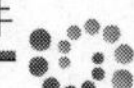

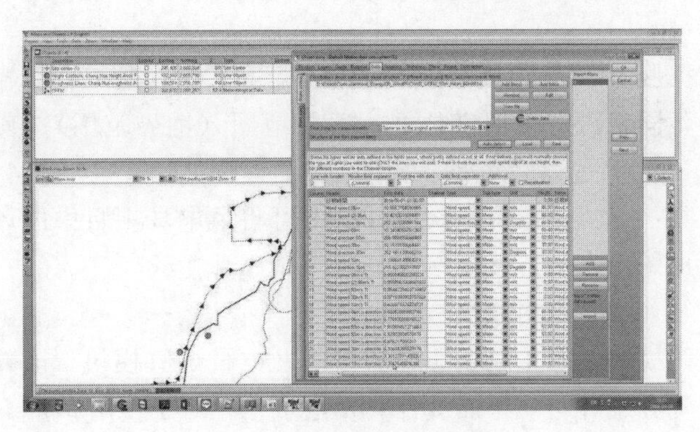

图 2-5 WindPRO操作界面

(3) 风电机组实际位置的空气密度计算，修正标准条件下的风电机组功率曲线。

(4) 风电场规划区域的极大风速计算。

(5) 几乎涵盖了市场上所有风电机组，并不断更新风电机组数据库，包括功率曲线、噪声排放及可视化信息。

(6) 区域化表示的粗糙度描述方法，避免了粗糙度线相交导致的错误。

(7) 短期测风数据的长期相关性分析。

(8) 兼容多种数字化资源文件，如卫星照片、航天飞机雷达地形测绘使命(Shuttle Radar Topological Mission，SRTM) 等高线数据等，为描述规划风电场外围10km的粗糙度与等高线提供了便利。

(9) 直接下载指定区域的全球可用长期参考风数据——NCEP/NCAR数据。

(10) 输出可用于复杂地形风资源分析软件（CFO）的粗糙度、等高线等文件。

WindPRO软件包由针对不同目标的模块组成，用户可根据需求和预算自由组合模块。

1. BASIS基础模块

WindPRO的基础模块是其他计算模块的基础，包括以下要素：

(1) 工程管理：有效的工程管理工具。

(2) 风电机组目录：该目录是世界上最综合、信息量最全的风电机组目录。风电机组目录中包含了700多种不同类型风电机组的数据。这些数据是EMD公司在过去很多年中收集来的。数据库还将不断更新，并支持用户定义自己的风电机组数据。

(3) 地图管理系统：地图管理系统是一个将用户扫描的地图以及来自互联网或其他数字资源的地图输入到WindPRO的工具。通过该工具将地图转化为数字背景地图，可在其上面进行工程操作和数据输入。

(4) 工程设计/数据输入：通过基础模块用户可建立用于计算的工程。

(5) 各种具有特殊用途的工具，如根据背景地图的不同颜色，对等高线数据进行高级数字化；用于修正和调整数据的工具；包含风电机组和测风塔的地形剖面描述；用于检查场址海拔的快速剖面工具；为报告创建带有指定分辨率和图例的地图的地图设计器等。

(6) 在线数据服务的免费接口：NASA 的 SRTM 数据——覆盖全世界大部分区域的等高线；不同来源的粗糙度数据；卫星地图（世界范围）；其他可用作背景的地图；NCEP/NCAR 全球风数据（只与 MCP 模块链接）。

(7) 输出工具：只需要点击一次鼠标，就可将风电场项目中的风电机组、合成照片或风能资源地图等真实地呈现在 Google Earth 上。

2. ATALS 风能资源地图模块

风能资源地图模块是基于风资源地图法的发电量计算模块。该方法根据给定的地形描述、风能资源统计与功率曲线计算发电量。相对于使用 WAsP 模型的高级计算，该方法采用比较简单的模型计算山丘与障碍物影响。因此，建议该方法用于地形比较简单的情况。除此之外，ATALS 模型与欧洲风能资源地图（European Wind Atlas）描述的 WAsP 模型相似。

3. METEO 气象模块

气象模块具有两项功能：导入、分析和显示测风数据（风数据筛选）；根据现场测风数据计算单台风电机组的发电量（未使用流体模型，如 WAsP）。

气象模块的数据处理功能得到了广泛认可。它几乎可以读取所有类型的风能资源数据，将它们整理成时间序列、频率表格，进而得到威布尔参数。通过该模块，用户可以检查时间序列，绘制散点图、风向分布图、日平均图等。可以在两个图中对不同高度的时间序列进行比较，并通过选择过滤器或直接观察，将选定数据设为无效，从而很容易识别和剔除错误数据。来自所有主要记录仪制造商的数据都可以方便地导入气象模块。经过筛选的风数据可通过 WAsP 接口模块以及 WAsP 软件计算风统计（清除了当地地形影响的风数据）。

气象模块包含特殊的风廓线分析功能，用户可以指定昼/夜和季节变化，并直接进行测量数据和 WAsP 计算结果的比较。使用综合的风剪切分析工具，可以很方便地进行剪切并将其粘贴至 Microsoft Excel 或其他的电子表格程序中。气象模块还包括气象分析器工具，该工具可以对不同测风塔的数据、不同高度和不同测风塔的替代数据进行图形比较，对不同测风塔的测风数据和基于不同测风塔和不同高度的交叉预测风数据进行图形比较。

4. WAsP 接口模块

WAsP 接口模块用于连接 WindPRO 与 Risφ 的 WAsP 程序。相对适用于简单地形的风能资源地图模块，WAsP 接口模块允许加入等高线和自由定义的障碍物。所有数据都在 WindPRO 中输入，而接口模块将 WAsP 程序作为“计算引擎”，根据风统计和地形描述计算风速分布。要运行这一模块，需要在计算机硬盘中安装 WAsP 程序。

5. MCP 模块

MCP（测量—相关—预测）模块根据现场实测数据与长期参考数据的相关性对实测数据进行长期修正。该模块包含四种最常用的 MCP 方法：线性回归、矩阵、威布尔尺度与风指数法。在该模块中，用户可以下载 NCEP/NCAR 风能资源数据。

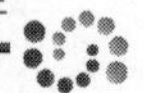

NCEP/NCAR 风能资源数据库中包含从 1948 年至今的分辨率为 2.5°（经/纬度）的风能资源数据。如果用户需要更好的参考数据，可将 NCEP/NCAR 风能资源数据直接导入气象对象，作为长期参考数据。MCP 分析的“最终结果”是根据地形描述与长期修正后的现场数据，应用 WAsP 计算得到的风统计。该风统计可直接用于风电场计算或风能资源地图计算。对于非 WAsP 用途或进行进一步的分析，也可将长期修正后的现场数据按照时间数列导出。MCP 模块的一个非常强大的功能是对现场数据与同时期预测数据的图形比较。该预测数据根据长期参考数据与四种方法中任意一种方法计算得到的传递函数求得。

6. CFD 接口模块

目前，CFD 接口模块用于连接 WindPRO 与挪威 CFD（计算流体力学）WindSIM 模型。WindSIM 模型适用于山区与非常复杂地形的发电量计算。所有数据的输入都在 WindPRO 中完成。输入数据通过接口导出到 WindSIM。WindSIM 处理完数据后，流体模拟结果再导入 WindPRO 中，由 WindPRO 利用 WindPRO 的风电场模型以及基于 WindSIM 流体模拟的风电机组数据完成风电场的发电量计算。将来还将添加其他 CFD 模型的接口。

7. PARK 风电场模块

风电场模块是一个非常灵活的工具，可以计算单个或多个风电场的发电量。该模块对计算用数据的输入方式基本没有限制。输入参数可以同时为已有风电机组和新建风电机组数据，并可包含在同一计算中，而打印输出结果时又可分别输出。如果需要，还可以自动计算已有风电机组对新建风电机组发电量的影响。同一计算中对风电机组类型或轮毂高度没有任何限制。利用 WindPRO 的图层结构，可以方便快速地比较不同风电机组排布。风电场模块包含许多不同的尾流损耗模型和工具，用于高级的湍流和 RIX 计算。最后，PARK 模型还可以计算风电场的功率曲线。

8. RESOURSE 资源模块

资源模块用于计算选定区域、设定分辨率的风能资源地图。该计算需要 WAsP 程序并将计算结果写入一个 RSF 文件中，RSF 文件包含每个风向和高度的威布尔分布的 A 参数和 K 参数。计算带有大量粗糙度和等高线文件的大型区域时，WindPRO 可自动输入粗糙度与等高线文件，这样就可避免直接使用 WAsP 时过多的手动操作，计算结果可按照指定的风电机组容量表示为 m/s、W/m^2 或 MW·h/年。

9. OPTIMIZE 优化模块

优化模块包括两种不同的方法，两种方法可以独立或组合使用。

（1）风电场设计方法。该方法适用于对风电机组的几何排布（例如，各行互相平行且各行中风电机组间距相等，如海上风电场，也可处理弧形排列）有严格要求的情况。程序根据大量不同参数（如角度、距离、列偏置等）自动生成阵列。场址边缘可数字化，将风电机组排布限制在固定区域内。最佳排布一旦建立，发电量计算、噪声影响、视觉影响等计算将快速、高效执行。每个计算结果都可导出到数据表，经过处理后找出最经济的排布方案。

(2) 根据指定风电场区域总发电量自动优化风电机组排布。优化过程会根据周围对象的距离要求，自动调整风电机组排布。

10. DECIBLE 噪声模块

噪声模块使噪声计算工作大大简化。计算可以同时包含已有和新建风电机组，也可以定义噪声敏感位置以及用多边形表示的噪声敏感区域。如果已知，模块中还可以输入无风电机组时的初始背景噪声水平，然后计算由风电机组产生的噪声。可以执行不同国家的计算模型。

11. SHANDOW 阴影模块

阴影模块计算指定受体或给定区域单台或多台风电机组产生的阴影闪变影响的年小时数。作为计算的一部分，该模块首先执行视觉影响区域计算，检查受体与风电机组之间有无视觉冲突。该模块可以计算基于最大可能影响的最坏情况以及实际情况（根据天气统计）。计算输出的结果中可包括针对每个受体的阴影闪变日历，也可针对每台风电机组的阴影闪变日历，同时计算结果可直接导出并应用于风电机组的控制系统中。

12. ZVI 视觉影响区域模块

通过 ZVI 模块，用户可以分析风电机组的远距离视觉影响，评估多少组风电机组会对某地区造成视觉影响。ZVI 计算中可以包括森林、村庄以及其他元素。该模块还可以计算指定区域内多个风电场的累积影响以及随距离增加影响减少的情况。

13. IMPACT 环境影响模块

环境影响模块整合了噪声、阴影、ZVI 以及照片合成模块的计算，对每一个独立邻居提供一份计算结果。该模块可以告诉规划风电场周围的邻居工程可能给他们带来的环境影响。该模块生成的精确信息往往可以避免附近居民对新工程的不必要的反对和抗议。

14. PHOTOMONTAGE 照片合成模块

照片合成模块用于创建尚未建成的风电机组工程（或其他工程）的可视化。该模块可用于评估不同的工程方案，与规划专家、附近居民等进行讨论，对工程进行调整使之尽量满足景观要求。

15. ANOMINATION 动画模拟接块

照片合成创建以后，工程的动画模拟只需在该模块中点击三次鼠标就可完成。完成动画模拟后，风电机组叶片可以在计算机屏幕上按照适当的速度旋转。为了在互联网上发布，文件可以导出为 GIF 或者其他格式。利用动画模拟模块，可以得到风电场中风电机组动态效果的真实表现。

16. 3D ANOMINATOR 三维动画模拟模块

三维动画模拟用于对一些给定的风电机组或三维对象（如测风缆杆、房屋、森林）进行虚拟现实（VR）模拟，人造景观可根据等高线进行渲染，表面由纹理覆盖（如地图、航拍照片或其他纹理），以上操作可以给出景观的真实描述。渲染完成后，可以在虚拟的三维环境中自由移动。移动操作可以通过键盘、鼠标或操作杆控制。虚拟现实模拟与外部播放器可以作为电子邮件或刻录在光盘上，这样任何人

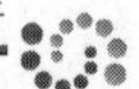

都可以到风电场进行虚拟旅游。

17. eGRID 模块

eGRID 模块用于风电机组接入电网的设计和计算。该模块可计算以下内容：

（1）基于当地风况的电缆和变压器年损耗。

（2）电缆与变压器的设计检验（负荷为容量的百分数）。

（3）根据两个自由定义或自动定义的负荷情况得到的稳态电压变化。

（4）短路容量与短路电流。

（5）电压波动（长期闪变）。

（6）开关效应引起的电压变化。

（7）根据电力公司的要求，对计算结果的核查。

（8）用于成本计算的电缆与元件列表，包括电缆长度与开挖长度，并考虑地形和坡度影响。

18. WindPLAN 规划模块

规划模块用于整个地区风电机组的空间规划。规划模块是对规划者和开发商都适用的综合工具，用来在一个区域内确定风电场场址。规划是一个复杂的过程，规划模块提供了多个工具引导用户完成这个过程，从基于距离要求的冲突检验计算到风资源按景观敏感度的高级加权。规划阶段的可视化计算是只有规划模块才具备的全新的强大特性。

19. WINDBANK 经济性模块

经济性模块简化了财务计算或风电机组/风电场投资经济可行性计算。该模块的灵活特性使用户可以根据不同国家的具体条件对计算加以组合。该模块的强大之处在于数据处理与关键图形均按照风电工程的要求进行特殊设计。

2.4.4　WindSIM 软件

WindSIM 软件是挪威一家公司设计的，采用计算流体力学方法来模拟风电场场址内流场情形，适用于相对复杂地形条件下的风电场选址及风能资源评估。

WindSIM 软件包含模块有：基础核心模块（即主软件）、多核应用模块、风电场优化模块、激光遥感数据修正模块。其中基础核心模块主要功能有地图编辑、风电场计算、风电机组和测风塔位置设定、测风塔位置优化、风电机组排布、计算风能资源图、计算年发电量、3D 可视化；多核应用模块分为双核/四核/无限制核三选一，主要功能是显著减少仿真计算的时间，利用多核并行同时计算同一个扇区，或者同时计算不同的扇区，从而加快计算进程，更快地获得计算结果；风电场优化模块是在考虑 IEC 风电机组规范的前提下，自动获得当前风电场的最佳布局，同时可以考虑费用和收入，根据场址的大小确定最优风电机组数目和每台风电机组的位置，使风电场的收益最大化；基于 SODAR 和 LIDAR 的遥感测量技术在风电领域受欢迎，而它在测量风速时做出的一些假设在山地条件下可能是错误的，利用 WindSIM 软件的遥感数据修正模块可以改善这个不足，并修正测量数据。

WindSIM 软件具有如下优势：

（1）WindSIM 软件采用的双方程湍流模型精度更高，对复杂地形的模拟更精确。

（2）WindSIM 软件拥有独特的驱动盘模型技术，首次将风电机组直接加入风电场模拟，尾流效应计算更精确，对于海上风电的模拟的精确性处于绝对领先。

（3）WindSIM 软件提供孤立求解器、耦合求解器和并行求解器，在功能上完全涵盖了其他 CFO 软件，在求解速度、收敛性上更有保证。

（4）WindSIM 软件新开发了 Park Optimizer 模块，使用户能够在考虑 IEC 风电机组规范的前提下自动获得最优的风电机组布局设计。

（5）WindSIM 软件还提供了噪声计算、AEP 密度修正等功能，用以分析和演示模拟计算区域的噪声分布图，允许用户对风电机组局部的空气密度进行修正以获取更准确的 AEP 值。

2.5 风电场选址

风电场选址工作包括宏观选址和微观选址，是风电场建设的首要问题，需综合考虑风能资源、经济效益、电网结构、交通运输、地形地貌等诸多方面的因素，也是风电场建设中关键的第一步，直接关系到风电场未来经济效益的好坏。

中国第一个风电场

宏观选址工作在前期规划阶段进行，需结合当地气象资料和测风数据进行风能资源评估，同时考虑电网、交通、地质等条件；微观选址工作主要在设计阶段进行，根据风电场风资源分布图，同时结合各项限制条件确认风电机组的优化布置机位。

国内外的经验教训表明，由于风电场选址失误造成的发电量损失和增加维修的费用远远大于对场址进行详细调查的费用。因此，风电场选址对于风电场的建设至关重要。

风电场场址的选择是一项复杂的工作，涉及工业技术、经济指标、自然地理、环境保护等诸多方面。综合考虑风能资源和非气象因素（如接入系统的条件、交通条件等），需要对潜在候选场址进行初步的技术经济比较，从而选出少量的备选场址，然后安装测风系统，现场实测风能资源，取得该场址内的风能资源、数据。应用 WAsP 软件对测风数据和气象数据进行风能资源评价和年理论发电量计算，在此基础上进行机型比选和相应的计算，采用 WindFarmer 软件进行机位布置，通过对若干方案的技术、经济指标比较论证后，确定风电场选定的风电机组型式、单机容量、台数和优化布置方案，并估算风电场年上网电量，通过科学选址可以做到风电场最大化的捕获风能，使风电场获得最大化的发电量，也就是整个项目的经济性最好。

风电场选址的一般流程如图 2-6 所示。

2.5.1 风电场选址要求

一个好的风电场首先应该满足业主和相关部门的各项要求，同时还要符合环境

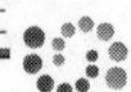

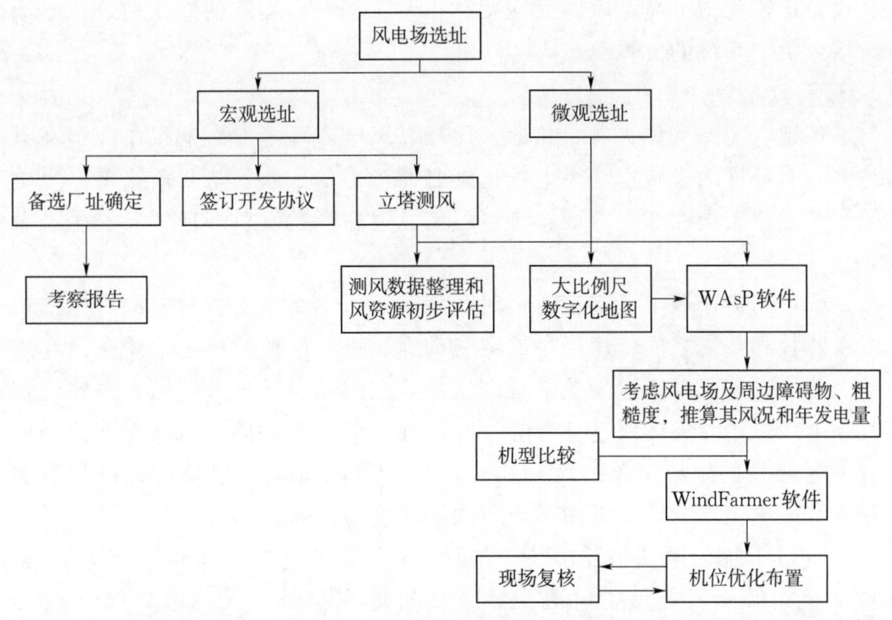

图2-6　风电场选址的一般流程

要求，使整个风电场具有较好的经济效益。风能资源和其他相关气候条件、地形和交通运输、工程地质、接入系统、风电机组和该场址风况匹配情况、风电机组对接入电网的动态影响以及其他社会政治和经济条件也是要考虑的因素。

1. 经济效益

风电项目售电和发电成本的差价就是利润。风电场的度电（kW·h）成本是评价其经济性的主要指标。度电成本可表示为

$$C=\frac{A+M}{E_C} \tag{2-7}$$

式中　E_C——年发电量；

M——年运行维护费用；

A——项目投资每年等额折旧。

其中，项目投资每年等额折旧可计算为

$$A=P\frac{i(1+i)^n}{(1+i)^n-1} \tag{2-8}$$

式中　P——总投资；

i——贷款利率；

n——折旧年限。

风能资源是风电场选址时要考虑的主要因素。选择一个风能资源丰富的场址，安装与该场址风能特性相匹配的风电机组，可以提高机组的年发电量，从而减少度电成本。这也是要把具有最丰富的风能资源的地方作为候选风电场的主要原因。

风电场投资也是影响风电场的经济性主要因素，包括风电场选址评估费、设备

造价、设备运输和施工费，以及征地费、土建工程费、道路的修建费、风电场升压变电所接入电力系统的方式等。

2. 环境的影响

与其他发电类型（如火电、核电）比较，风电对环境的影响很小，但在某些特殊的地方，对环境的影响也是风电场选址必须考虑的因素。从目前来看，风电场对环境的影响主要表现在 3 个方面：噪声污染、电磁干扰及对当地气候和生态系统的影响。

（1）噪声污染。风电机组在运行时产生噪声，主要来自机舱内部产生的机械噪声，以及叶片和空气之间作用产生的空气动力噪声。机械噪声主要是在风轮旋转产生的动力传给发电机时通过齿轮啮合产生的，空气动力噪声是伴随着风轮旋转而发生，其强度依赖于叶尖的线速度和叶片间所通过的气流性质（风速和湍流强度等）。另外有一附带的脉冲噪声源的低频噪声，它与风电机组机型及塔架设计有关。因此，在设计风电机组时，要考虑噪声对周围环境的影响。

（2）电磁干扰。电磁波干扰是风电机组可能产生的一个潜在环境问题，旋转的风电机组叶片可能反射电磁波，主要对电视信号、无线电导航系统、微波传输等产生影响，风电机组的塔架还能产生屏蔽干扰，但目前国内外对这方面的研究很少。

（3）对当地气候和生态系统的影响。生态系统影响是指对该区域生长的植物、植物中的小动物，以及捕食这些小动物的猛禽等生长环境的改变。风电场可能对当地的微气候和生态造成一定程度的影响，主要表现在两个方面：风电机组会对当地的风能特性产生影响；风电机组在安装时对土地和植物造成暂时性的破坏。

一般来说，风电场对微气候的影响很小，与正常的大气变化相比，可以忽略不计。

3. 景观影响

随着风电装机容量的扩大，在特定区域（如山脊、海岸线）大规模地安装风电机组，会对地区景观产生消极影响，此时风电应该优先考虑与当地景观规划建设协调发展，错开包括重要风景在内的视野，远离重要眺望景点。

4. 对接入电网的动态影响

风电机组输出功率波动大，波动时间从数秒钟级到数分钟级的波动应特别注意，因为这种波动可能在短时间内影响常规发电设备的暂态稳定、系统频率和负荷潮流。

2.5.2　风电场宏观选址

1. 风电场宏观选址的基本原则

风电场的宏观选址遵循的原则一般是应根据风能资源调查与分区的结果，选择最有利的场址，以求增大风电机组的输出，提高供电的经济性、稳定性和可靠性，最大限度地减少各种因素对风能利用、风电机组使用寿命和安全的影响，全方位考

虑场址所在地对电力的需求及交通、电网、土地使用、环境等因素。根据风能资源普查结果，初步确定几个风能可利用区，分别对其风能资源进行进一步分析，对地形、地质、交通、电网以及其他外部条件进行评价，并对各风能可利用区进行相关比较，从而选出并确定最合适的风电场场址。一般通过利用收集到的该区域气象台（站）的测风数据和地理地质资料并对其分析，到现场询问当地居民，从而确定风电场场址。风电场宏观选址采用的办法是综合考虑风能资源和非气象因素（如接入系统的条件、交通条件等），对两种类型（即风能资源好，但非气象因素差或反之）的几个潜在候选场址进行初步的技术经济比较，选出少量的候选场址。然后在候选场址分析风仪器的现场实测风能资源，取得候选场址中的风资源数据。风电场宏观选址应该了解当地法令、法规和现场的要求；风电机组的建设或运行对当地环境的影响；有关现场地质的约束及相关地质图；道路、输配电线路及变电站的位置；在候选风能资源区内测风站的位置和这些站的风数据资料。另外需要再进一步收集以下数据：

（1）在风能资源分析中使用任何技术时所需要的全部资料。

（2）防止风电机组碎片对公众的人身伤害，确定安全隔离区范围。

（3）对安全性、环境的影响及运行方面的问题做进一步评审。

（4）分析风电机组的运行特性及价格。

（5）估算安装、运行和维护所需全部费用。

（6）场址的详细特性，如地形、地表特征及表层不平整度，盛行风向，气象灾害等情况。

概括来说，风电场宏观选址的基本原则包括以下方面：风能资源丰富，风能质量好；符合国家产业政策和地区发展规划；满足并网要求；具备交通运输和施工安装条件；保证工程安全；满足环境保护的要求；满足投资回报要求。

2. 风电场宏观选址的技术标准

风电场宏观选址时必须综合考虑地理、技术、经济和环境等4方面的影响因素。地理因素主要包括地质、地震条件、岩土工程条件和气象条件；技术因素主要包括风电场接入系统方案、系统通信建设、风电机组年上网电量；经济因素主要包括风电场计划总资金、单位投资、建设期利息、全部投资回收期、全部投资内部收益率、注资回收期、注资内部收益率、投资利率；环境因素主要包括噪声污染与防治、生态影响、水土流失与防治情况、环境效益分析。因此，风电场的宏观选址有严格的技术标准，应严格执行。

（1）风能质量好。评价地区风能质量好的条件有：①年平均风速较高；②风功率密度大；③风频分布好；④可利用小时数高。

反映风能资源丰富与否的主要指标有年平均风速、有效风功率密度、有效风能利用小时数、容量系数等，这些指标数值越大，则风能越丰富。根据我国风能资源的实际情况，风能丰富区指标定为年平均风速在6m/s以上，年平均有效风功率密度大于300W/m^2，3～25m/s风速小时数在5000h以上。

（2）风向稳定。风向基本稳定一般要求有一个或两个盛行主风向，所谓盛行主风向是指出现频率最多的风向。一般来说，根据气候和地理特征，某一地区基本上只有一个或两个盛行主风向且几乎方向相反，这种风向对风电机组排布非常有利，排布也相对简单。但是，也有虽然风况较好，但没有固定的盛行风向的情况，这会增加风力发电机组排布的难度，尤其是在风电机组数量较多时。在选址考虑风向影响时，一般按风向统计各个风速的出现频率，使用风速分布曲线来描述各风向方向上的风速分布，作出不同的风向风能分布曲线，即风向玫瑰图和风能玫瑰图，从而来选择盛行主风向。

(3) 风速变化小、风电机组高度范围内风垂直切变小。风电场选址时尽量不要有较大的风速日变化和季节变化。风电机组选址时要考虑因地面粗糙度引起的不同风速轮廓线，当风垂直切变非常大时，对风电机组运行十分不利。

(4) 湍流强度小。由于风是随机的，加之场地粗糙的地面和附近障碍物的影响，由此产生的无规则湍流会给风电机组及其出力带来无法预计的危害，主要有：减小了可利用的风能；使风电机组产生振动；使叶片受力不均衡，引起部件机械磨损，从而缩短了风电机组的寿命，严重时使叶片及部分部件受到不应有的毁坏等。湍流强度受大气稳定和地面粗糙度的影响，所以在建风电场选址时，应避开上风方向地形起伏、地面粗糙和障碍物较大的地区。

(5) 避开灾害性天气频繁出现地区。灾害性天气包括强风暴（如强台风、龙卷风等)、雷电、沙暴、覆冰、盐雾等，对风电机组具有破坏性。如强风、沙暴会使叶片转速增大产生过发电，叶片失去平衡而增加机械摩擦导致机械部件损坏，降低风电机组使用寿命，严重时会使风电机组遭到破坏；多雷电区会使风电机组遭受雷击从而造成风电机组毁坏；多盐雾天气会腐蚀风电机组部件从而降低风电机组部件使用寿命；覆冰会使风电机组叶片及其测风装置发生结冰现象，从而改变叶片翼型，由此改变正常的气动出力，减少风电机组出力；叶片积冰会引起叶片不平衡和振动，增加疲劳负荷重时会改变风轮固有频率，引起共振，从而减少风电机组寿命或造成风电机组严重损坏；叶片上的积冰在风电机组运行过程中还可能会因风速、旋转离心力而甩出，坠落在风电机组周围，危及人员和设备自身安全；测风传感器结冰会给风电机组提供错误信息从而使风电机组产生误动作；风速仪上的冰会改变风杯的气动特性，降低转速甚至会冻住风杯，从而不能可靠地进行测风和对潜在风电场风能资源进行正确评估。因此，频繁出现上述灾害性气候地区应尽量不要安装风电机组。但在不可避免地要将风电场选择在这些地区时，在进行风电机组设计中须要将这些因素考虑进去，还要对历年来出现的冰冻、沙暴情况及其出现的频度进行统计分析，并在风电机组设计时采取相应措施。

(6) 靠近电网。风电场应尽可能靠近电网，从而减少电损和电缆敷设成本。同时，应考虑电网现有容量、结构及其可容纳的最大容量，以及风电场的上网规模与电网是否匹配的问题，还应考虑接入系统的成本，要与电网的发展相协调。

(7) 交通方便。风电场的交通方便与否，将影响风电场建设，如设备运输、装备、备件运送等。因此，要考虑所选定风电场交通运输情况，包括设备供应运输是

否便利，运输路段及桥梁的承载力是否适合风电机组运输车辆等。由于山区的弯道多、坡道多，根据风电场需要运输的设备大件特点，对超长、越高、超重部件运输主要是考虑以下方面：

1）道路的转弯半径能否满足叶片的运输。

2）道路上的架空线高度能否通过塔筒的运输。

3）道路的坡度能否满足运载机舱的汽车爬坡能力。

考虑到内陆山区交通条件的限制，在选择风电机组时要充分结合当地的运输条件，在条件允许时尽可能采用大型风电机组。

（8）对环境的不利影响最小。与其他发电类型相比，风电对环境的影响很小。但在某些特殊的地方，环境也是风电场选址必须考虑的因素。从目前来看，风电场对环境的影响主要表现在3个方面，即噪声污染、电磁干扰、对当地微气候和生态的影响等。

建设风电场的地区一般气候条件较差，以荒山、荒地为主。有些地方种植防风林、灌木或旱地作物等，风电场单位装机容量土地征用面积仅2～3m^2，与中、小型火电站相当。风电机组的噪声可能会对附近居民的生活和休息产生影响，选址时应尽量避开居民区。要新修山地公路，设计中应注意挖填平衡，防止水土流失。通常，风电场对动物特别是对鸟类有伤害，对草原和树林也有些损害。为了保护生态，在选址时应尽量避开鸟类飞行路线、候鸟及动物停留地带及动物筑巢区，尽量减少占用植被面积。

（9）地形情况。地形因素要考虑风电场址区域的复杂程度，如多山丘区、密集树林区、开阔平原地、水域或兼有等。地形单一，则对风的干扰低，风电机组可无干扰地运行在最佳状态；反之，地形复杂多变，产生扰流现象严重，对风电机组出力不利。验证地形对风电场风电机组出力产生影响的程度，应通过考虑场区方圆50km（对非常复杂地区）以内地形粗糙度及其变化次数、障碍物如房屋树林等的高度、数字化山形图等数据，还有其他如上所述的风速风向统计数据等，利用风能资源软件的强大功能进行分析处理。

（10）地质情况。风电场选址时要考虑所选定场地的土质情况，如是否适合深度挖掘（塌方、出水等）、房屋建设施工、风电机组施工等。要有详细的反映该地区的水文地质资料并依照工程建设标准进行评定。

（11）地理位置。从长远考虑，风电场选址要远离强地震带、火山频繁爆发区，具有考古意义及特殊使用价值的地区。应收集历年有关部门提供的历史记录资料，结合实际作出评价。另外，考虑风电场对人类生活等方面的影响，如风电机组运行会产生噪声，叶片飞出伤人等，风电场应远离人口密集区。有关规范规定风电机组离居民区的最小距离应使居民区的噪声小于45dB（A），该噪声可被人们所接受。另外，风电机组离居民区和道路的安全距离从噪声影响和安全考虑，单台风电机组应远离居住区至少200m，而对大型风电场来说，这个最小距离应增至500m。

（12）温度、气压、湿度。温度、气压、湿度的变化会引起空气密度的变化从而改变风功率密度，由此改变风电机组的发电量。在收集气象站历年风速、风向数据资料及进行现场测量的同时应统计温度、气压、湿度。

（13）海拔。同温度、气压、湿度一样，具有不同海拔的区域其空气密度不同从而改变了风功率密度，由此改变风电机组的发电量。在利用软件进行风能资源评估分析计算时，海拔间接对风电机组发电量的计算、验证起重要作用。

（14）社会经济因素。随着技术发展和风电机组生产批量的增加，风电成本将逐步降低。但目前我国风电上网电价仍比煤电高。虽然风电对保护环境有利，但对那些经济发展缓慢、电网比较小、电价承受能力差的地区，会造成沉重的负担。所以应争取国家优惠政策扶持。

（15）避开文物古迹、军事设施、自然保护区和矿藏。文物古迹、军事、自然保护区和矿藏方面特别要注意我国的国情和民俗。在高山顶部常建有宗教建筑物等文物古迹，如三明市泰宁县峨嵋峰风场、将乐县万泉镇九峰山风场、清流县大丰山风场、三元区普禅山风场均存在庙宇或道观，受民俗影响，当地居民极可能反对在这些区域建设风场，因此选址时要充分考虑这个因素。军事方面主要由地方政府部门提供信息来确定有没有军事设施，特别要注意是否有废弃的地下军事坑道。自然保护区内建设风场应充分征求国家相关部门的意见，尽量避开国家级的核心自然保护区。矿藏问题也应充分调查清楚，采矿活动是影响风场建设的一个突出不利因素，如将乐县孔坪镇区域的风场存在锰矿。

3. 风电场宏观选址的方法步骤

（1）备选场址的确定。在一个较大范围内，如全国或一个省或一个县或一个电网辖区内，确定几个可能建设风电场的区域。有些风电场附件还有未开发的区域，根据已建风电场的发电情况，判断新风电场的开发前景。这是寻找备选场址的一个捷径。

（2）风能资源测量。风能资源测量是一项很重要的工作，主要指导文件为 GB/T 18709—2002《风电场风能资源测量方法》。此外，必须注意以下 3 个方面：

1）必须在测风阶段给予足够的投入。立足够数量的测风塔，安装足够数量的传感器，测量足够长的时间。

2）测风塔的位置和数量一定要在地形图上先确定，再到现场调整并最终确定，否则容易造成测风塔之间的位置疏密不一。

3）提高测量数据的完整性和可靠性。要经常检查数据，经常到现场检查仪器，及时发现问题。

4. 场址比较

根据 DL/T 5067—1996《风力发电场项目可行性研究报告编制规程》，应比较以下内容：风能资源和相关气象条件、地形和交通条件、工程地质条件、接入系统条件，还应初步选择一种机型，比较各场址的年发电量，比较各场址的地形和交通条件，比较各场址的工程地质条件，比较各场址的接入系统条件。

除上述因素外，还应考虑当地政府和居民对在该地区建风电场的态度、土地征

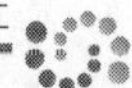

用、环境保护、总装机容量、投资、价格等因素。

对于以上因素，要定量分析和定性分析相结合，以定量分析为主。对各场址进行综合技术经济比较，可以综合评分，并作出初步的财务评价，然后对各场址进行综合排序，确定开发策略和开发步骤。

风电场场址的选择是一项复杂的工作，涉及经济技术、自然地理、社会政治、环境保护等诸多方面。这里只是择其要点作了简单介绍，在具体选址时应进行深入细致的调查研究，编写风电场选址专题报告。

2.5.3 风电场微观选址

风电场微观选址即风电机组位置的选择。通过对若干方案的技术经济比较，确定风电场风电机组的布置方案，使风电场获得较好的发电量。国内外的经验教训表明，由于风电场选址的失误造成发电量损失和增加维修费用将远远大于对场址进行详细调查的费用。因此，风电场微观选址对于风电场的建设至关重要。

1. 风电场微观选址的基本原则

微观选址是在宏观选址选定的小区域中明确风电机组布置以使风电场经济效益更高的过程。风电机组微观选址的原则是：风电机组布置要综合考虑地形、地质、运输、安装、环境、土地和并网等条件最大限度地利用风能资源。其选址步骤如下：

(1) 计算整个风电场的风能资源，找出风能资源较好的位置。

(2) 根据具体的地形、道路情况确定适合布置风电机组的地形位置，要求坡度较缓、交通方便。

(3) 在满足上述条件的前提下确定不同间距的多种方案，间距在主风向上为5～9倍的风电机组直径，在垂直主风向上为3～5倍的风电机组直径。

(4) 确定风电机组间距后在实际地形上布置风电机组，计算发电量及湍流强度、尾流损失等的影响。

(5) 进行方案比较，选择合理的风电机组间距布置风电机组。

2. 风电场微观选址的方法步骤

风电机组的布置和发电量的计算，一般都借助于 WAsP 和 WindFarmer 两个软件。具体步骤如下：

(1) 确认风电场可用土地的界限。

(2) 结合地形、地表粗糙度和障碍物等，利用风电场测站测量并经过订正的测风资料，在风电场范围内绘制出一定轮廓高度的风能资源分布图。

(3) 根据微观选址的基本原则和风电场的风能资源分布图，拟定若干布置方案，并利用软件对各方案进行优化。

(4) 对各方案的发电量、尾流影响投资差异及其他相关因素进行经济技术综合比较，确定最终的布置方案，绘制风电机组布置图。

3. 微观选址的影响因素

(1) 平坦地形地面粗糙度的影响。平坦地形可以定义为：在风电场区及周围

5km 半径范围内其地形高度差小于 5m，同时地形最大坡度小于 3°。实际上，对于周围特别是场址的盛行风的上（来）风方向，没有大的山丘或悬崖之类的地形，仍可作为平坦地形来处理。对平坦地形，在场址地区范围内，同一高度上的风速分布可以看作是均匀的，可以使用邻近气象台、站的风速观测资料来对场址区进行风能估算，这种平坦地形下，风的垂直方向上的廓线与地表面粗糙度有着直接关系，计算也相对简单。对平坦地形，增加塔架高度是提高风电机组输出功率的方法之一。表 2－8 为不同高度粗糙度各高度风能相对 10m 处的比值。

表 2－8　　不同高度粗糙度各高度风能相对 10m 处的比值

粗糙度/m	离地面高度/m											
	5	10	15	20	30	40	50	60	70	80	90	100
0.12	0.78	1.00	1.16	1.28	1.49	1.65	1.78	1.91	1.01	2.11	2.21	2.29
0.16	0.72	1.00	1.21	1.39	1.69	1.95	2.17	2.36	1.54	2.71	1.87	3.02
0.20	0.66	1.00	1.28	1.57	1.93	1.30	2.63	1.93	3.21	3.48	3.74	3.98

（2）障碍物的影响。障碍物是指针对某一地点存在的相对较大的物体，如房屋等。当气流流过障碍物时，由于障碍物对气流的阻碍和遮蔽作用，会改变气流的流动方向和速度。障碍物和地形变化会影响地面粗糙度，风速的平均扰动及风轮廓线对风的结构都有很大的影响，但这种影响有可能是有利的（形成加速区），也可能是不利的（产生尾流、风扰动），所以在选址时要充分考虑这些因素。一般来说，没有障碍物且绝对平整的地形是很少的，实际上必须要对影响风的因素加以分析。由于气流流过障碍物时，在障碍物的下游会形成尾流扰动区，然后逐渐衰弱。在尾流区，不仅风速会降低，而且还会产生很强的湍流，对风电机组运行十分不利，因此在布置风电机组时必须注意避开障碍物的尾流区。

（3）复杂地形的影响。复杂地形是指平坦地形以外的各种地形，大致可以分为隆升地形和低凹地形等两类。局部地形对风力有很大的影响。这种影响在总的风能资源分区图上无法表示出来，需要在大的背景上做进一步的分析和补充测量。复杂地形下的风力特性的分析很困难，但如果了解了典型地形下的风力分布规律就可能进一步分析复杂地形下的风电场分布方法。

2.5.4　风电机组装机容量选择与排列布置

风电机组的装机容量选择和排列布置是相互影响的，风电机组特性影响尾流效应，尾流效应影响风电场的发电量。因此，风电场选址规划时应同时考虑风电机组的装机容量选择和排列布置问题。

1. 风电机组的装机容量选择

选择风电机组装机容量的原则是，在已知风资源数据和风电机组技术资料条件下，选择使风电场的单位电能发电成本最小的风电机组。风电机组选择中的主要问题是，风电机组的技术指标要适合当地风能资源的特点。

在考虑风电场的空气密度与标准空气密度的差别时，通常采用的方法是直接把

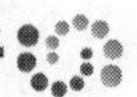

计算的年发电量乘以风电场实际空气密度和标准空气密度之比，这种方法与实际情况相差较大。目前在风电项目可行性研究报告中，通常假设尾流效应造成的能量损失是1%～3%，或者仅考虑均匀风速场情况。

国内外风电场工程的经验表明，在风电场地形平坦、交通便利、风电机组技术可行、价格合理的条件下，在相同的装机容量条件下，单机容量越大，风电机组安装的轮毂高度越高，发电量越大，分项投资和总投资均降低，效益越好，越有利于充分利用风电场土地，越能充分利用风电场的风力资源，整个项目的经济性就越高。但是，对于地形条件复杂，交通条件不太便利的风电场，选择的单机装机容量不能太大，否则，增加容量所获得的发电量将无法担负交通运输、施工安装费用和运行期间检修成本的大幅度增加，从而降低了风电场的经济性。因此，对于一个已知的风电场，在现有的经济技术条件下，单机装机容量在某个确定的范围内，项目才具有较高的经济性。同时，我国为了支持风电机组国产化，规定在大型风电场建设中，国产化的风电机组要占一定的比例，所以在选择风电机组时还要考虑国家的政策。

2. 风电机组的排列布置

由于风电机组把风能转化成电能，风通过风轮后速度下降而产生湍流，要经过一定距离后才能恢复。理想情况下，在主风向上尽量使风电机组布置得远些，减少风电机组相互之间的影响。但是，缩短风电机组之间的距离可以减少电缆长度，从而降低联网费用。另外，充分利用土地等因素要求把风电机组布置得尽量近些。风电机组布置时应考虑这些因素，根据实际地形情况，因地制宜优化布置。

风电机组排列布置的原则是，机组布置要综合考虑地形、地质、运输、安装和联网等条件，充分利用风能资源，最大限度地利用风能。

应根据风电场风向玫瑰图和风功率密度玫瑰图显示的盛行风向、年平均风速等条件，确定主导风向，机组排列应与主导风向垂直。对平坦、开阔的地址，“可以单排或多排布置风电机组；在多排布置时应尽量考虑呈梅花形”排列，以减少风电机组之间尾流的影响。

风能经风电机组风轮后，部分动能转化为机械能，尾流区风速减小约1/3，尾流流态也受扰动，尤以叶尖部位扰动最大，故前、后排风电机组之间应有$5D$(D为风轮直径）以上的间隔，由周围自由空气来补充被前排风电机组所吸收的动能并恢复均匀的流场。前排风电机组是后排障碍物的复杂地形条件下的风电场场址，可利用仿真分析软件（WAsP软件）结合机组排列布置原则优化机组布置方案。

盛行风向基本不变的风电场，一般而言，机组布置的行距（垂直于盛行风向）为（3～5)D，列距（在盛行风向上）为（5～9)D。单行风电场的风电机组最小列距为$3D$，多行风电场的风电机组最小列距为$5D$。风向集中的场址列距“可以小一些，风向分散的场址列距就要大一些。多行布置时，呈梅花形”布置尾流影响要小一些。根据微观选址的基本原则和风电场的风能资源分布图，拟定若干布置方案，用WindFarmer软件对风电机组选址进行优化，确定并调整风电机组间的最小分布距离、高度变化、形状、机组数量、对风电场进行噪声分析及预测等。通过对各方案的发电量、尾流影响、投资差异及其他相关因素进行经济技术综合比较，确定最终的优化布置方案，绘制风电机组排列布置图，如图 2-7 所示。

图 2-7　风电机组排列布置图

第3章　风电机组并网

3.1　风电机组并网基础知识

3.1.1　电力系统的组成和基本特征

电力系统的组成

电力系统是一个包括发电、输电、配电、变电、用电等环节的复杂的动态系统。其中，发电机将机械能转化为电能；变压器、电力线路输送和分配电能；电动机、家用电器等用电设备消费电能。简单地讲，这些生产、输送、分配、消费电能的发电机、变压器、电力线路、各种用电设备联系在一起组成的统一整体就是电力系统。与电力系统相关的概念还有“电网”和“动力系统”。电网是由变压器、电力线路等变换、输送、分配电能的设备所组成的部分；动力系统是指在电力系统的基础上，把发电厂的动力部分包含在内的系统。电力系统组成示意图如图3-1所示。

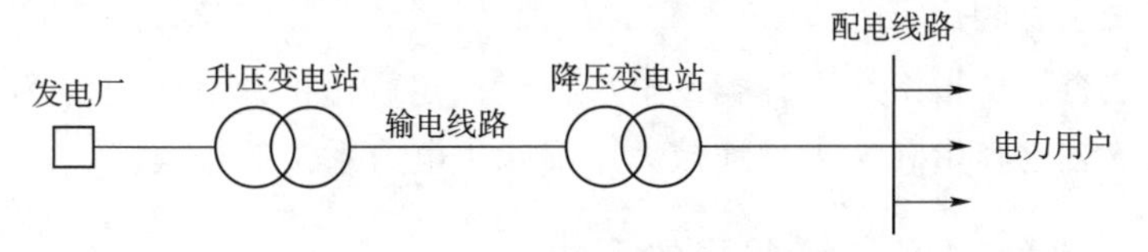

图3-1　电力系统组成示意图

电力系统中，电源点与负荷中心多数情况下都位于不同的地区，电能也无法大量储存，故其生产、输送、分配和消费都必须在同一时间内完成，也就是说，电能生产必须时刻与消费保持平衡。电能的集中开发与分散使用，以及电能的连续供应与负荷的随机变化，对电力系统的结构和运行带来了极大的约束。电力系统要实现其功能，就需要在各个环节和不同层次上设置相应的信息与控制系统，以便对电能的生产、输送、消费过程进行测量、调节、控制、保护、通信和调度，确保用户获得安全、经济、优质的电能。

电力系统的基本特征包括电力系统频率、电力系统电压等级、电网结构和电力系统容量等。

1. 电力系统频率

电力系统频率是电力系统中发电厂的同步发电机所产生的交流正弦基波电压的

频率。频率质量是电能质量的一个重要指标。在稳态运行的条件下，各发电机同步运行，整个电力系统的频率是相等的，它是电力系统一致的运行参数。国际上，电力系统采用的额定频率有50Hz和60Hz两种。我国和世界多数国家均采用50Hz电力系统；只有美国、加拿大、古巴、朝鲜等少数国家采用60Hz电力系统；日本的东部地区为50Hz电力系统，中部和西部地区为60Hz电力系统，两种不同频率的电力系统通过直流变频站互联。

电力系统中的发电和用电设备，都是按照额定频率设计和制造的，只有在额定频率附近运行时，才能发挥最好的功能。只有当电力系统中所有发电设备发出的有功功率之总和与电力网中电力负荷吸收和消耗的有功功率相等时，系统频率才能保持不变。

2. 电压等级

电压等级是电力系统及电力设备的额定电压级别系列，额定电压是指电力系统及电力设备规定的正常工作电压。电力系统各个节点的实际运行电压允许在一定程度上偏离额定电压。在上述允许偏离的电压范围内，各种电力设备和整个电力系统仍能正常运行。

我国国家标准规定的电力系统额定电压等级分为3kV、6kV、10kV、35kV、63kV、110kV、220kV、330kV、500kV、750kV等。一般认为，在一个电力系统中，相邻两级电压之比取1.7～3.0比较合理，因此在上述电压等级中，35kV与63kV，63kV与110kV不宜在同一地区性电力系统中并存。

3. 电网结构

电网结构与电压等级、电源和负荷点的容量和数目，以及它们之间的地理位置及供电可靠性要求等因素有关。

4. 电力系统容量

电力系统容量是指系统中各类发电厂机组额定容量的总和，也称为系统装机容量。电力系统装机容量和覆盖的地域大小反映了电力系统的规模。

3.1.2　电力系统对风电场并网的要求

3.1.2.1　风电场并网技术标准

风电并网标准的新要求与技术进展

近年来我国风电装机增长迅速，随着我国提出大规模发展风电的计划，兆瓦级风电基地将逐渐形成，需要编制并及时修订符合我国风电发展特点的风电场并网技术标准。

目前国际上美国、加拿大、北欧等国家和地区一些电力协会或电力公司均编制有风电场并网技术标准或相关研究报告，例如德国E. on公司编制的风电并网标准*Grid Code，High and extra high voltage*，美国能源标准委员会编制的风电并网标准*Interconnection for Wind Energy*。

国内外风电场并网技术相关标准基本包括以下方面：电压、无功功率、低电压穿越能力、频率、有功功率、电能质量。截至2015年，已发布风电并网标准32项，其中国家标准3项、行业标准10项、企业标准19项。各风电并网标准数量柱

状图如图 3－2 所示。

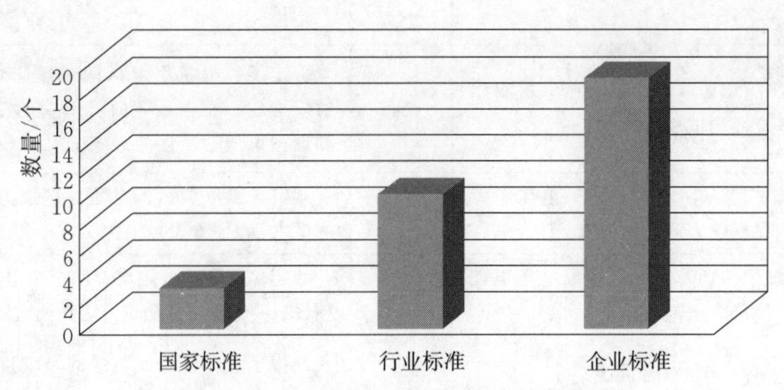

图 3－2 各风电并网标准数量柱状图

风电并网的国家标准见表 3－1。

表 3－1 风电并网的国家标准

序号	标准名称	状态	标准简介
1	GB/T 19963—2011《风电场接入电力系统技术规定》	发布	主要针对各类型风电机组低电压穿越特性的建模和验证方法进行要求
2	GB/T 18451.2—2012《风力发电机组功率特性试验》	发布	规定了测试单台风电机组功率特性的方法
3	GB/T 20320—2013《风力发电机组电能质量测量和评估方法》	发布	规定了风电机组电能质量特性参数的定义、测量程序和评估方法

风电并网的行业标准见表 3－2。

表 3－2 风电并网的行业标准

序号	标准名称	状态	标准简介
1	NB/T 31053—2014《风电机组低电压穿越建模及验证方法》	发布	规定了对通过 110（66）kV 及以上电压等级线路与电力系统连接的新建或扩建风电场的技术要求
2	NB/T 31003—2011《大型风电场并网设计技术规范》	发布	与 GB/T 19963 共同规定了风电场并网的相关技术要求，国家标准规定了风电场并网的通用基本技术要求，本标准规定了大型风电场并网的技术要求
3	NB/T 31047—2013《风电调度运行管理规范》	发布	规定了电网调度机构和并网运行风电场的调度管理要求
4	NB/T 31046—2013《风电功率预测系统功能规范》	发布	规定了风电功率预测系统的功能，主要包括术语和定义、预测建模数据准备、数据采集与处理、预测功能要求、统计分析、界面要求、安全防护要求、数据输出及性能要求等
5	NB/T 31055—2014《风电场理论可发电量与弃风电量评估导则》	发布	规定了风电场理论可发电量和弃风电量的评估方法

续表

序号	标　准　名　称	状态	标　准　简　介
6	NB/T 31054—2014《风电机组电网适应性测试规程》	发布	提出了风电机组电压偏差适应性、频率偏差适应性、三相电压不平衡适应性、闪变适应性和谐波电压适应性测试方法
7	NB/T 31051—2014《风电机组低电压穿越能力测试规程》	发布	规定了风电机组低电压穿越能力的测试条件、测试内容、测试要求、测试程序和测试报告内容
8	NB/T 31005—2011《风电场电能质量检测方法》	发布	规定了风电场电能质量测试的基本要求、测试项目、测试设备、测试方法和测试结果的评价
9	NB/T 31065—2015《风力发电场调度运行规程》	发布	给出了并网运行风电场涉及调度运行的设备、装置、技术文件和运行人员的基本要求，规定了相应的调试、调度运行、发电计划、检修、二次系统运行等的原则和方法
10	NB/T 31066—2015《风电机组电气仿真模型健模导则》	发布	规定了风电机组电气仿真模型的分类、结构、子模块实现以及模型验证方法

3.1.2.2　风电场无功配置及电压

1. 风电场无功配置

恒频恒速风电机组与系统直接连接的形式发电，并网特性类似于异步电机运行特性，风电机组出力随风速大小而波动，有功、无功出力控制性差，需要从系统吸收大量无功。变速恒频双馈异步风电机组定子绕组与系统直接连接，转子绕组通过变频器与系统连接，可以实现一定范围的有功和无功控制。

风电场可以采用的无功配置方式主要有风电机组自身无功控制和在风电场集中加装无功补偿装置两种方式。从目前风电场实际运行经验来看，如果仅靠风电机组本身无功电源的话，风电场仍需要从系统吸收无功，不能满足系统电压调节需要，需要在风电场集中加装适当容量的无功补偿装置，无功补偿装置可以采用投切的电容器组或者采用静止无功补偿器和静止同步补偿器。

Q/GDW 392—2009《风电场接入电网技术规定》中规定无功补偿装置应具有自动电压调节能力，对于直接接入公共电网的单个风电场，其配置的容性无功容量除了能够补偿风电场汇集系统及主变压器的感性无功损耗外，还要能够补偿风电场满发时送出线路一半的感性无功损耗；其配置的感性无功容量能够补偿风电场送出线路一半的充电无功功率。

根据SD 325—1989《电力系统电压和无功技术导则》的规定，风电场无功容量应按照分层和分区基本平衡的原则进行配置。考虑到风电场并网无功配置问题较为复杂，在参考规程的同时，建议通过风电场接入系统无功专题研究来确定具体的无功容量配置。

2. 风电场电压

风电场所发有功及无功均可在一定范围内变化，风电场并网后出力的变化及功率因数的调节都会对接入电网的电压产生一定的影响，同时电网电压水平也将影响风电场并网点高压侧母线以及风电机组机端电压水平。

GB/T 19963—2005《风电场接入电力系统的技术规定》和 Q/GDW 392—2009《风电场接入电网技术规定》中对风电场调压方式的规定主要有两个方面。

(1) 对风电场运行电压的要求。风电场变电站的主变压器应采用有载调压变压器，当风电场并网点的电压偏差在其额定电压－10％～＋10％时，风电场内的风电机组应能正常运行；当风电场并网点电压偏差超过＋10％时，风电场的运行状态由风电场所选用风电机组的性能确定。

(2) 对风电场电压控制形式的要求。风电场应配置无功电压控制系统，根据电网调度部门指令，风电场通过其无功电压控制系统自动调节整个风电场发出（或吸收）的无功功率，实现对并网点电压的控制，其调节速度和控制精度应能满足电网电压调节的要求。

当公共电网电压处于正常范围内时，风电场应当能够控制风电场并网点电压在额定电压的 97％～107％。

3. 风电场低电压穿越

GB/T 19963—2005《风电场接入电力系统技术规定》于 2005 年发布，制定标准时我国风电发展处于刚起步阶段，风电在电力系统中所占的规模较小，对电力系统影响较小，因此没有要求风电场应具有低电压穿越能力。

随着近几年风电装机规模快速增长，在电网故障引起并网点电压跌落时，将风电场切出的策略不再适合，风电场应具有保持不脱网连续并网运行能力，甚至还可以为电网提供一定的无功功率以帮助电网恢复，直至电网恢复正常，即风电场低电压穿越能力，可以形象地解释为风电场帮助电网穿越低电压时间的能力。图 3－3 为美国风能协会制定的风电机组低电压穿越能力。正常运行时风电场并网点电压为处于额定电压水平，电网 0s 发生故障，风电场并网点电压跌落，风电场并网点电压跌至 15％额定电压时，风电场应能够保证不脱网运行 625ms 的能力，当风电场并网点电压在电网故障 3s 恢复至额定电压的 90％以上时，风电场风电机组应该能够保证不脱网连续运行。美国风电场低电压穿越能力要求如图 3－3 所示。

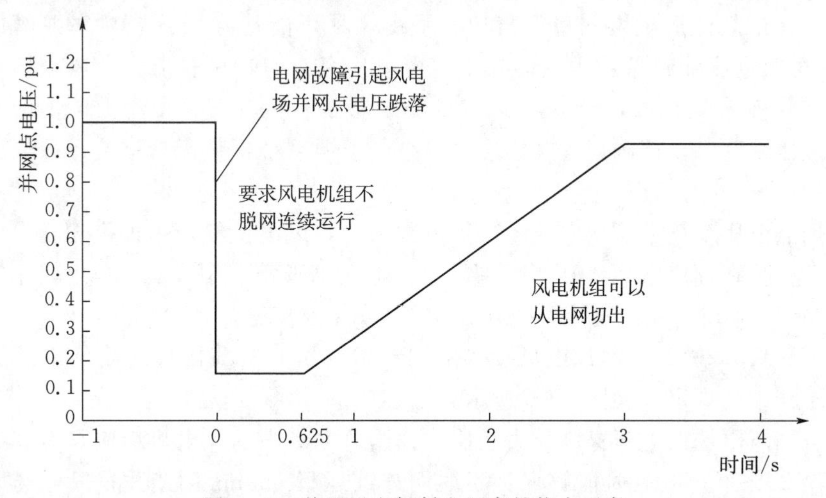

图 3－3 美国风电场低电压穿越能力要求

图 3-4 为德国 E.on 公司 2006 年制订的风电机组低电压穿越能力曲线图，对风电机组提出了更为苛刻的零电压穿越能力要求。

图 3-4 中 U 为风电机组故障期间电压，U_N 为风电机组额定电压。正常运行时风电场并网点电压为处于额定电压水平，电网 0s 发生故障，风电场并网点电压跌落，若电网发生对称故障时，在界线 1 以上区域不能发生失稳问题，风电机组不能脱网运行。在界线 2 以上区域风电机组应能够保证不脱网运行，并且风电场并网点电压跌至 0 时，风电场应能够保证不脱网运行 150ms 的能力，在界限 2 以下区域，风电机组可以根据实际情况有选择地切出，故障发生 1.5s 后，为只允许自动系统切机区域。

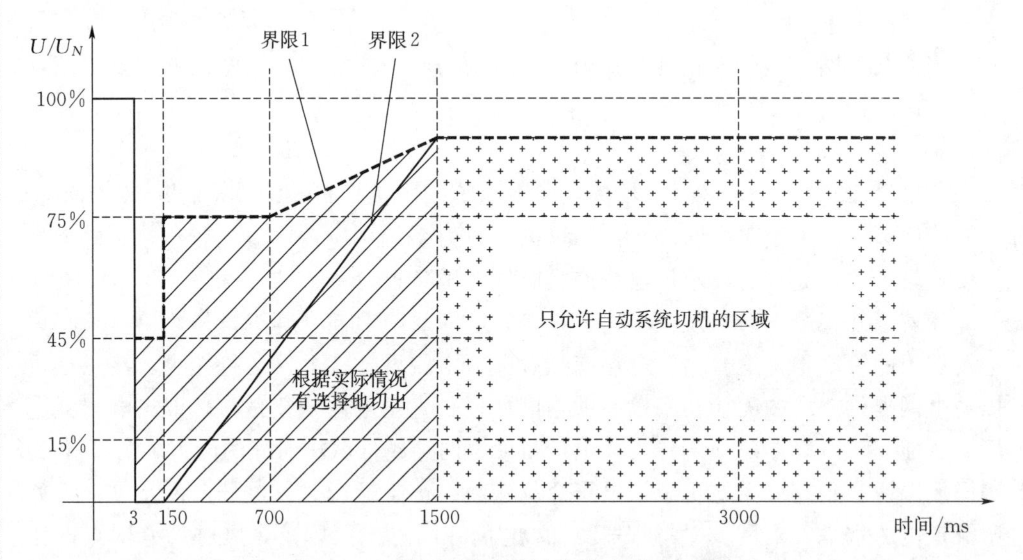

图 3-4　德国风电场低电压穿越能力要求

系统发生故障时，风电机组不脱网运行，其提供的有功和无功有利于维持系统电压，帮助系统从故障中快速恢复。

为了保证故障后电网的稳定与功率平衡，尽可能地降低系统功率缺额，德国 E.on 公司低电压穿越条款中同时要求风电场应具有有功恢复能力，风电场在故障消除后应快速恢复有功，应以至少 10%额定功率/s 的速度恢复至故障前的值。

在电压跌落时，德国规程规定风电机组必须向系统提供无功电流，以支持系统电压，如图 3-5 所示。

并网点电压变化在额定电压±10%范围内时，风电机组无须提供无功电流，并网点电压变化在额定电压±10%范围外时，电压每下跌 1%U_N时，风电机组需提供一个相当于 2%I_N的无功电流，并且必须在 20ms 内实现。

Q/GDW 392—2009《风电场接入电网技术规定》对我国风电场低电压穿越能力进行了详细的规定，如图 3-6 所示。

与美国风电场低电压穿越能力相比，我国风电场内的风电机组应具有在并网点电压跌至 20%额定电压时能够保证不脱网连续运行 625ms 的能力；风电场并网点电压在发生跌落后 2s 内能够恢复到额定电压的 90%时，风电场内的风电机组能够

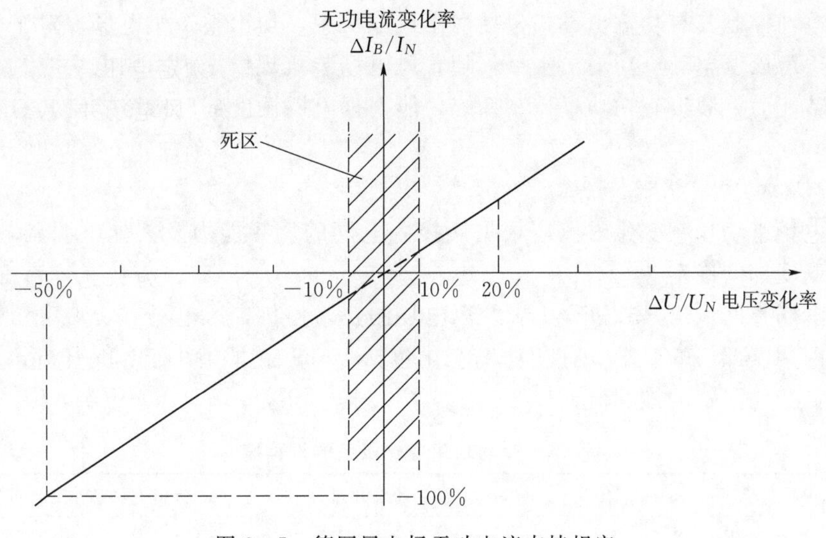

图 3-5 德国风电场无功电流支持规定

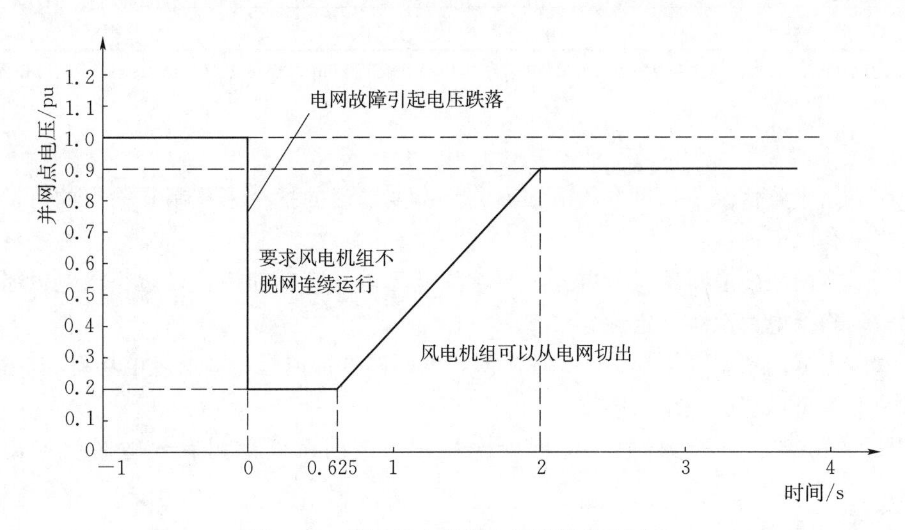

图 3-6 我国风电场低电压穿越能力要求

保证不脱网连续运行。

有功恢复内容与德国 E. on 公司制定的条款一致，同样要求风电场应具有有功恢复能力，风电场在故障消除后应快速恢复有功，应以至少 10%额定功率/秒的速度恢复至故障前的值。

相对国外相关规程而言，我国对风电场低电压穿越能力的要求较为宽松，保证风电机组不脱网运行 625ms 的能力主要是考虑了保护启动时间（0.125s）和后备保护时间（0.5s），风电场最低电压取到 20%左右，考虑了我国电网的实际情况，风电场附近线路发生故障时，并网点电压一般都降至额定电压的 20%左右。

3.1.2.3　风电场有功功率和频率

风电场控制其有功输出方式包括切出风电机组、切出整个风电场、对于变桨距风电机组可以调整其有功输出水平，随着风电场装机规模增大，风电场应具备有功功率调节能力，装设有功功率控制系统，能根据电网调度部门指令控制其有功功率输出。

1. 有功功率变化限值

风电场有功功率变化限值应根据所接入电网的调频能力及其他电源调节特性，由电网调度部门确定。

风电场并网风速增长过程中以及风电场的正常停机，风电场有功功率变化应当满足电网调度部门的要求。有功功率变化包括 1min 有功功率变化和 10min 有功功率变化，变化限值的推荐值见表 3-3。

表 3-3　风电场有功功率变化限值的推荐值

风电场装机容量/MW	10min 有功功率变化/MW	1min 有功功率变化/MW
<30	20	3
30～150	1/3 装机容量	1/10 装机容量
>150	50	15

注：因风速降低或超出切机风速而引起的风电场有功功率变化超出最大有功功率变化限值的情况可以不受表 3-3 约束。

2. 紧急控制

在电网紧急情况下，风电场应根据电网调度部门的指令来控制其输出的有功功率，主要有以下内容：

(1) 电网故障或特殊运行方式下要求降低风电场有功功率，以防止输电设备发生过载，确保电力系统稳定性。

(2) 当电网频率高于 50.2Hz 时，依据电网调度部门指令降低风电场有功功率，严重情况下可以切除整个风电场。

(3) 若风电场的运行危及电网安全稳定，电网调度部门有权暂时将风电场切除。

3. 风电场功率预测

Q/GDW 392—2009《风电场接入电网技术规定》中规定风电场应配置风电功率预测系统，要求预测系统应具有 0～48h 短期风电功率预测以及 15min～4h 超短期风电功率预测功能。

风电场每 15min 应自动向电网调度部门滚动上报未来 15min～4h 的风电场发电功率预测曲线，预测值的时间分辨率为 15min。

风电场每天按照电网调度部门规定的时间上报次日 0～24h 风电场发电功率预测曲线，预测值的时间分辨率为 15min。

目前国内还没有比较成熟完善的风电功率预测系统，通过风电场功率预测系统的建设，电网调度部门可以对风电进行有效调度和科学管理，提高电网接纳风电的能力，根据风电场功率预测结果，可以合理安排常规能源发电计划，减少系统旋转

备用容量，提高整个电力系统运行的经济性；同时可以合理安排运行方式和应对措施，提高电网的安全性和可靠性。

4. 风电场频率适应能力

我国关于风电场对系统频率的适应能力要求如下：

(1) 电网频率低于48Hz，应根据风电场内风电机组允许运行的最低频率而定。

(2) 电网频率 48～49.5Hz，每次频率低于 49.5Hz 时要求风电场至少能运行 10min。

(3) 电网频率 49.5～50.2Hz，风电场必须连续运行。

(4) 电网频率高于 50.2Hz，每次频率高于 50.2Hz 时，要求风电场至少能运行 2min，并且执行电网调度部门下达的高周切机策略，不允许停止状态的风电机组并网。

上述规定频率范围为 48～50.2Hz，目前国外相关技术规定中德国标准频率范围为 47.5～51.5Hz，丹麦标准频率范围为 47～52Hz，英国标准频率范围为 47.5～55Hz，各国标准存在一定差异，考虑到国内风电机组制造水平尚处于完善阶段，我国制定的标准相对宽松一些。

3.1.2.4 风电场电能质量

风电场电能质量应符合国家电能质量标准对于电网公共连接点的要求限值，主要规范有 GB/T 12326—2008《电能质量电压波动和闪变》、GB/T 14549—1993《电能质量公用电网谐波》、三相电压不平衡度满足 GB/T 15543—2008《电能质量三相电压不平衡》。如果风电场供电范围内存在对电能质量有特殊要求的重要用户，可提高对风电场电能质量的相关要求。

1. 电压变动

风电场并网点的电压变动值应满足 GB/T 12326—2008《电能质量电压波动和闪变》，风电场在并网点引起的电压变动 d 应当满足表 3-4 的要求。

表 3-4 电压变动限值

r/(次/h)	d/%	r/(次/h)	d/%
$0<r\leqslant 1$	3	$10<r\leqslant 100$	1.5
$1<r\leqslant 10$	2.5	$100<r\leqslant 1000$	1

表 3-4 中 d 表示电压变动，为电压方均根值曲线上相邻两个极值电压之差，以系统标称电压的百分数表示；r 表示电压变动频度，指单位时间内电压变动的次数（电压由大到小或由小到大各算一次变动）。不同方向的若干次变动，若间隔时间小于 30ms，则算一次变动。

2. 电压闪变

风电场所接入的公共连接点的闪变干扰值应满足 GB/T 12326—2008《电能质量电压波动和闪变》的要求，其中风电场引起的长时间闪变值按照风电场装机容量与公共连接点上的干扰源总容量之比进行分配。

风电机组的闪变测试与多台风电机组的闪变叠加计算，应根据 GB/T 20320—

2006《风力发电机组电能质量测量和评估方法》有关规定进行。

3. 谐波

风电场所接入的公共连接点的谐波注入电流应满足GB/T 14549—1993《电能质量公用电网谐波》的要求，其中风电场向电网注入的谐波电流允许值按照风电场装机容量与公共连接点上具有谐波源的发/供电设备总容量之比进行分配。

风电机组的谐波测试与多台风电机组的谐波叠加计算，应根据GB/T 20320—2006《风力发电机组电能质量测量和评估方法》有关规定进行。

3.1.2.5　风电场并网二次部分

1. 基本要求

风电场的二次设备及系统应符合电力系统二次部分技术规范、电力系统二次部分安全防护要求及相关设计规程。

风电场与电网调度部门之间的通信方式、传输通道和信息传输由电网调度部门作出规定，包括提供遥测信号、遥信信号、遥控信号、遥调信号以及其他安全自动装置的信号，提供信号的方式和实时性要求等。

2. 正常运行信号

在正常运行情况下，风电场向电网调度部门提供的信号主要包括以下方面：

(1) 单个风电机组运行状态。

(2) 风电场实际运行机组数量和型号。

(3) 风电场并网点电压。

(4) 风电场高压侧出线的有功功率、无功功率、电流。

(5) 高压断路器和隔离开关的位置。

(6) 风电场的实时风速和风向。

3. 故障信息记录与传输

在风电场变电站需要安装故障记录装置，记录故障前10s到故障后60s的情况。该记录装置应该包括必要数量的通道，并配备至电网调度部门的数据传输通道。

4. 风电场继电保护

风电场相关继电保护、安全自动装置以及二次回路的设计、安装应满足电网有关规定和反事故措施的要求。

考虑到风电场应具有低电压穿越能力，宜配置全线速动保护，有利于快速切除故障，帮助风电机组减少低电压穿越时间。

风电场应配置故障录波设备，故障录波设备应具备接入数据通道传至电网调度部门的功能。

5. 风电场调度自动化

风电场调度自动化部分应满足的规程主要有DL/T 1040—2007《电网运行准则》、DL 755—2001《电力系统安全稳定导则》、DL/T 666—1999《风力发电场运行规程》、DL/T 516—2006《电力调度自动化系统运行管理规程》、DL/T 544—1994《电力调度通信管理规程》、《电力二次系统安全防护规定》(国家电力监管委员会令第5号)、《电力二次系统安全防护总体方案》(电监安全〔2006〕34号)。

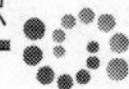

6. 风电场通信

风电场并网时应具有两条路由通道，其中至少有一条光缆通道。

风电场与系统直接相连的通信设备需与系统接入端设备相一致，如光纤传输设备、调度程控交换机等设备。

3.1.2.6 风电场试验检测

目前我国风电场并网检测体系还不健全，已经投运的风电场有功功率控制、无功功率调节、低电压穿越能力、电能质量等方面的技术要求没有完全落实，给电力系统安全可靠运行带来了隐患，需要制定完善的风电场试验检测标准，国内外风电场并网检测规程条款一般分为基本要求和测试内容两个方面。

1. 基本要求

风电场接入电网测试由具备相应资质的机构进行，并在测试前30日将测试方案报所接入地区的电网调度部门备案。风电场应当在全部风电机组并网调试运行后6个月内向电网调度部门提供有关风电场运行特性的测试报告。

当接入同一并网点的风电场装机容量超过40MW时，需要向电网调度部门提供风电场接入电网测试报告。累计新增装机容量超过40MW，需要重新提交测试报告。

风电场在申请接入电网测试前需向电网调度部门提供风电机组及风电场风电机组的等值模型、参数、特性和控制系统特性等资料，用于风电场接入电力系统的规划、设计及调度运行。

2. 测试内容

（1）有功/无功控制能力测试。

（2）电能质量测试，包含电压变动、闪变与谐波。

（3）风电场低电压穿越能力的测试。

3.1.3 风电场并网对电力系统的影响

随着风能在能源消耗总量中所占的比重越来越大，风电的接入规模同样将急剧扩大。然而由于风能和常规能源之间存在差异性，因此大规模接入将会对目前的电网产生消极影响，下面主要从系统电压、电能质量、电网稳定性及电网规划调度四方面进行介绍。

风电场属于不稳定能源，受风力、风电机组控制系统影响很大，特别是存在高峰负荷时期风电场可能出力很小，而非高峰负荷时期风电场可能出力很大的问题。

3.1.3.1 风电场并网对系统电压的影响

目前我国风电场一般距离负荷中心较远，风电场所发电力无法就地消纳，需要通过输电网络输送到负荷中心，风电场出力较高时，风电场并网线路无功损耗以及风电场自身的无功需求会导致系统无功不足，系统并网点以及周边地区电压会受到影响。以我国某风电场为例，当风电场风电机组功率因数为1时，风电场出力从0增加至满出力45MW，系统接入点的电压变化曲线如图3-7所示。

从图3-7可以看出，随着风电场容量的增大，风电场从系统吸收的无功逐渐增

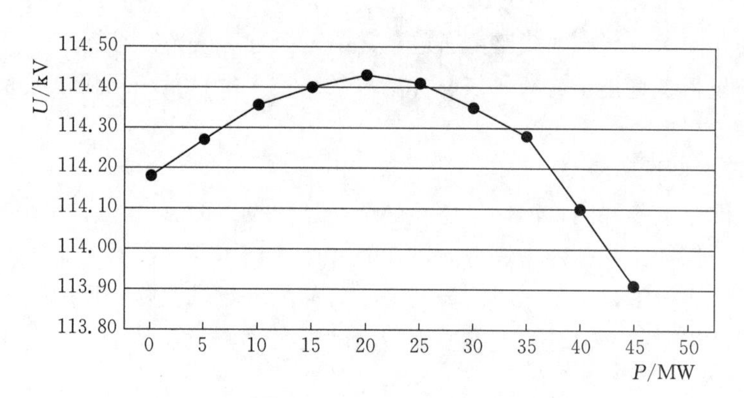

图3-7　功率因数为1时系统接入点的电压变化曲线

多，如果系统不能提供足够的无功，接入点电压会逐渐降低。仍以图3-7中的风电场为例，当风电场风电机组功率因数为0.98（发出无功）时，风电场出力从0增加至满出力45MW，系统接入点的电压变化曲线如图3-8所示。

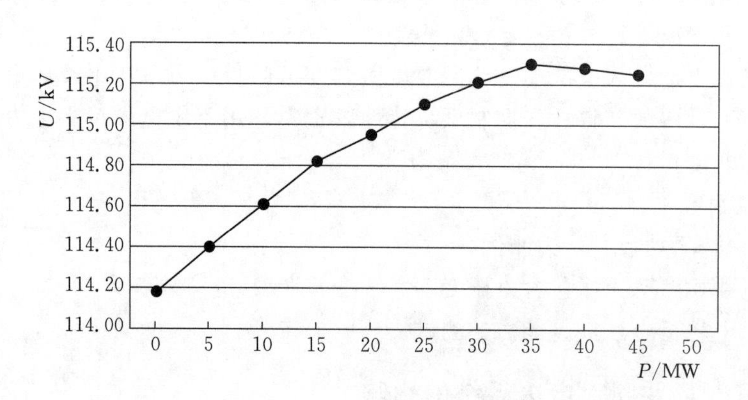

图3-8　功率因数为0.98时系统接入点的电压变化曲线

从图3-8可以看出，随着风电场容量的增大，风电场从系统吸收的无功逐渐增多，风电场自身发出的无功也会增多，在补偿风电场自身无功损耗和并网线无功损耗后仍有剩余，剩余的无功对系统电压有一定的支撑作用，系统接入点电压呈逐渐升高趋势。

由以上分析可知，风电场对系统电压的影响主要是风电场自身所发无功和系统无功不足造成的，应从两个方面来解决这个问题。

（1）风电场自身需要有一定的无功电源配置。一方面风电机组可以采用双馈异步发电机或永磁直驱发电机等新型风电机组，由于风电机组本身有变频器，所以可以实现一定范围的有功和无功控制；另一方面风电场变电站内可以集中加装无功补偿装置来提高并网点的电压水平和电压稳定裕度。

（2）从电网角度来看，电网公司应该加强网架建设和无功储备，增强系统之间无功电源的互供能力。

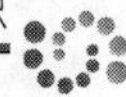

3.1.3.2 风电场并网对系统电能质量的影响

风能资源的不确定性和风电机组本身的运行特性使风电机组的输出功率是波动的，会影响电网的电能质量，如电压偏差、电压波动和闪变、谐波以及周期性电压脉动等。

1. 电压波动和闪变

GB/T 12326—2008《电能质量电压波动和闪变》对电压波动和电压闪变给出了详细的解释。电压波动可以通过电压方均根值曲线 $U(t)$ 来描述，是指电压方均根值一系列的变动或者连续的改变，电压波动大小可以通过电压变动 d 来衡量。电压变动 d 的定义表达式为

$$d = \Delta U/U_N \times 100\% \tag{3-1}$$

式中 ΔU ——电压方均根值曲线上相邻两个极值电压之差；

U_N ——系统标称电压。

电压闪变是指电压波动在一段时期内的累积效果，它通过灯光不稳定造成的视觉来反映，主要由短时间内闪变 P_{st} 和长时间闪变值 P_{lt} 来衡量。

风电场引起系统电压波动主要因素有风电机组本身和电网结构特点两个方面。

风电机组输出功率计算为

$$P = \rho C_P(\lambda,\beta)Av^3 \tag{3-2}$$

式中 P ——输出功率；

ρ ——空气密度；

A ——风轮扫风面积；

v ——风速；

$C_P(\lambda,\beta)$ ——功率系数，表示风电机组利用风能的效率，是叶尖速比 λ 和桨距角 β 的函数。

由式（3-2）分析可知，风电机组输出功率受空气密度、风速、叶尖速、桨距角的影响，其中风速影响更大，为三次方的关系。由于风电场风速随机性较大，风电机组功率频繁变化会引起电压频繁波动和闪变，此外，风电机组在运行过程中会受到塔影效应、偏航误差和风剪切等因素影响，风电机组风轮产生的转矩波动会造成风电机组输出功率的波动。

除了风能特点和风电机组本身特性外，风电机组所并网的电网结构对其引起的电压波动和闪变也具有较大影响。风电机组系统接入点的短路容量越大，风电机组引起的电压波动会越小，另外电网线路合适的 X/R 值可以使有功功率引起的电压波动被无功功率引起的电压波动补偿掉，从而使总的平均闪变值有所降低。有研究表明，并网风电机组引起的电压波动和闪变与线路阻抗角值呈非线性关系，当对应的线路阻抗角为60°～70°时，电压波动和闪变值最小。

目前，大部分用于改善和提高电能质量的补偿装置都具有抑制电压波动与闪变的功能，如静止无功补偿器（SVC）、有源滤波器（APF）、动态电压恢复器（DVR），以及配电系统电能质量统一控制器等。

2. 谐波

风电给系统带来谐波的途径主要有两种：一种是风电机组本身配备的电力电子

装置，可能带来谐波问题。对于直接和电网相连的恒速风电机组，软启动阶段要通过电力电子装置与电网相连，会产生一定的谐波，不过过程很短，发生的次数也不多，通常可以忽略。但是对于变速风电机组则不然，变速风电机组通过整流和逆变装置接入系统，如果电力电子装置的切换频率恰好在产生谐波的范围内，则会产生很严重的谐波问题，随着电力电子器件的不断改进，这一问题也在逐步得到解决。另一种是风电机组的并联补偿电容器可能和线路电抗发生谐振，在实际运行中，曾经观测到在风电场出口变压器的低压侧产生大量谐波的现象。

电力电子器件是风电装置中最重要的谐波源。在风电系统中，由于异步发电机、变压电容器等设备均为三相，且采用三角形或星形连接方式，故不存在偶次或3的倍数次谐波，即风电系统中存在的谐波次数为5、7、11、13、17等。风电机组本身配备的电力电子装置，可能带来谐波问题。对于直接和电网相连的恒速风电机组，软启动阶段要通过电力电子装置与电网相连，因此会产生一定的谐波，不过因为过程很短，发生的次数也不多，通常可以忽略。但是对于变速风电机组则不然，因为变速风电机组通过整流和逆变装置接入系统，如果电力电子装置的切换频率恰好在产生谐波的范围内，则会产生很严重的谐波问题。

3.1.3.3　风电场并网对电网稳定性的影响

在稳态稳定性方面，对于传统的恒速风电机组而言，由于其在向电网发出有功的同时也将吸收无功，风电场运行过度依赖系统无功补偿，限制了电网运行的灵活性。因此可能导致电网电压的不稳定。现在成为国内主流的变速恒频双馈机组由于采用了有功无功的解耦控制技术，应具有一定的输出功率因数调节能力，但是就目前看来此项功能在国内尚未在风场监控系统中得到有效利用，加之风电机组本身的无功调节能力有限，所以仍然对电压稳定性造成一定影响。

在暂态稳定性方面，随着风电容量占电网总容量的比重越来越大，电网故障期间或故障切除后风电场的动态特性将可能会影响电网的暂态稳定性。变速恒频双馈机组相比传统的恒速机组在电网故障恢复特性上较好，但在电网故障时可能存在为保护自身设备而大量从电网解列的问题，这将带来更大的负面影响。风电的间歇性、随机性增加了电网稳定运行的潜在风险。主要体现在以下方面：

(1) 风电引发的潮流多变，增加了有稳定限制的送电断面的运行控制难度。

(2) 风电成分增加，导致在相同的负荷水平下，系统的惯量下降，影响电网动态稳定。

(3) 风电机组在系统故障后可能无法重新建立机端电压，失去稳定，从而对地区电网的电压稳定造成破坏。

3.1.3.4　风电场并网对电网规划调度的影响

我国风能资源最为丰富的地区主要分布在“三北一南”地区，即东北、西北、华北和东南沿海，其中绝大部分地区处于电网末梢，距离负荷中心比较远。大规模接入后，风电大出力时大量并网，电网输送潮流加大，重载运行线路增多，热稳定问题逐渐突出。随着风电开发的规模扩大，其发出电能的消纳问题将日益凸显。鉴于目前国内大多数风场都是在原有电网基础上规划的，风能的间歇性势必将导致电

能供需平衡出现问题，进而产生不必要的机会成本。为了平衡发电和用电之间的偏差就需要平衡功率。对平衡功率的需求随着风电场容量的增加而同步增长。根据不同国家制定的规则，风电场业主或者电网企业负责提供平衡功率。一旦输电系统调度员与其签约，它将成为整个电网税费的一部分，由所有的消费者承担。

风电并网增大调峰、调频难度，风电的间歇性、随机性增加了电网调频的负担。风电场属于不稳定能源，受风力、风电机组控制系统影响很大，特别是存在高峰负荷时期风电场可能出力很小，而非高峰负荷时期风电场可能出力很大的问题，风电的反调峰特性增加了电网调峰的难度。由于风能具有不可控性，因此需要一定的电网调峰容量为其调峰。一旦电网可用调峰容量不足，那么风电场将不得不限制出力。风电容量越大，这种情况就会越发严峻。

由于风电场一般分布在偏远地区，呈现多个风电场集中分布的特点，每个风电场都类似于一个小型的发电厂，风电场可以模拟成等值机，这些等值机对电网的影响因机组本身性能的差别而不同。为了实现这些分散风电场的接入，欧洲提出了建立区域风电场调度中心的要求，国内目前只是对单个的风电场进行运行监控，随着风电场布点的增多和发电容量的提高，与火力发电类似的风电监控中心将不断建成，或者建立独立的风电运行监控中心。风电场运行监控中心与电网调度中心的协调和职责划分也是未来需要明确的问题。

随着并网的风电容量不断增加，无条件全额收购风电的政策与电网调峰和安全稳定运行的矛盾逐渐凸显。为此，电网公司积极采取各种措施，尽最大努力接纳风电，同时积极与政府有关部门和发电企业进行沟通，在必要时段采取限制风电出力的措施来保证电网安全稳定运行。但随着风电接入规模的进一步扩大，矛盾会愈加突出。

3.2 风电机组并网方式

3.2.1 不同风电机组的并网方式

1. 异步感应风电机组并网方式

笼型异步感应风电机组通常采用的三种并网方式如图 3-9（a）～图 3-9（c）所示，目前风电场中笼型风电机组采用晶闸管控制软并网方式，如图 3-9（d）所示。

图 3-9（a）所示是最早的一种并网方式，直接将风电机组的定子的三相绕组和电网相连，风电机组并网运行时由定子三相绕组电流产生旋转磁场的同步转速由电网频率和风电机组中电机的极对数决定，所以当异步电机的转速小于异步电机的同步转速时，异步电机以电动机方式运行，需要从电网吸收能量；而当异步风电机由风轮驱动并使其转速超过同步转速时，异步电机将工作在发电机状态，向电网输送由风能转换而得到的电能，转差定义为同步转速与异步电机实际转速的差对同步转速的百分比，其值通常为 0.02～0.05，很显然发电状态下转差率应该为

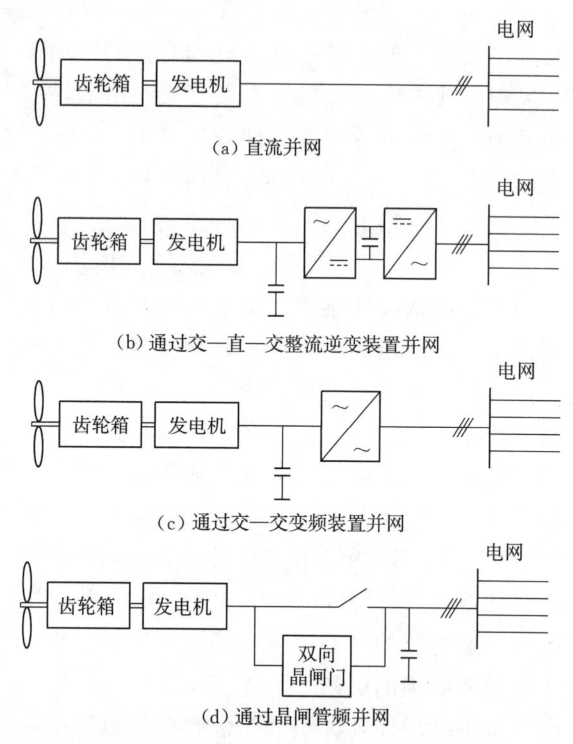

图 3-9　笼型异步感应风电机组并网方式

负，图 3-9 (a) 所示的并网方式中，只要此异步发电机的相序与电网一致，在电机同步转速附近就可以直接并网，可见这种并网方式非常简单；但是这种并网方式会在并网时一瞬间产生非常大的冲击电流（为异步电机额定电流的 4～7 倍），使电压瞬时下降，并网暂态过程对电网危害较大，大容量的风电机组如果以图 3-9 (a) 这种方式并入较弱的电网会对电网造成更大的冲击，而且过大的冲击电流对电机本身也有损害，所以风电机组如果只有几十千瓦可以用这种并网方式。

图 3-9 (b) 所示的是将以上所述的异步风电机组通过交—直—交电力电子整流逆变装置变换后再与电网相连，还加装了无功补偿装置，电力电子部分的开关管可以用晶闸管或者用 PWM（脉宽调制）控制的开关管，这种并网方式显然使得风电机组对电网的冲击电流减少或消除（根据控制技术），但是相应的控制技术和造价也会提高，这种并网方式和图 3-9 (a) 相同，风电机组都需要从电网吸收无功功率，但无功功率可以调节。

图 3-9 (c) 和图 3-9 (b) 类似，只是用了交—交直接变频技术，交—交变频装置没有直流环节，变频效率高而且主回路也简单，同时因为不含直流电路及滤波部分，与电网之间无功功率处理以及有功功率回馈都很容易，但是交—交变频功率因数低，高次谐波多，变化范围窄，使用元件数量也较多。

现代大型（几百千瓦）笼型异步风电机组一般都通过一对双向晶闸管进行软并网，如图 3-9 (d) 所示，这样控制比图 3-9 (b) 和图 3-9 (c) 简单，成本也低，同时降低了这种风电机组并网时对电网的冲击电流，使并网暂态过程比较平滑，但

是注意风电机组并网后要立即投入补偿电容，提高这种风电机组的功率因数。

绕线式异步感应风电机组通常采用如图3-10所示的并网方式。

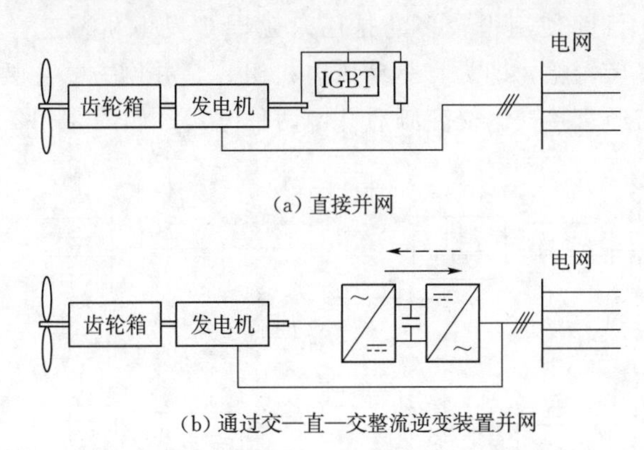

图3-10　绕线式异步感应风电机组并网方式

如图3-10 (a) 所示的并网方式中，发电机定子直接接入电网，转子串接一个由全控电力电子器件IGBT调节的电阻，例如，Vestas在20世纪90年代的一款风电机组就是采用这种并网方式（新疆达坂城风电场有一些这种机组）。图3-10 (b) 中所示的并网方式，是将定子直接接入电网，而转子通过交—直—交整流逆变环节后也接入电网，实线所示的是单向工作情况，这种并网方式，风电机组需要从电网吸收无功功率，目前不再使用，目前大型绕线式异步风电机组——双馈异步风电机组的并网方式采用了转子上接功率可双向流动的背靠背电力电子整流逆变装置，以控制定子频率与电网一致，同时风电机组输出的无功功率可以控制。

2. 同步风电机组并网方式

同步发电机通过准同步并网要求发电机的电压、相序、频率和并联瞬间的初相角要与电网相应的这些量相同。普通同步发电机需要通过励磁系统建立磁场，利用这种发电机的风电机组要想达到理想的并网条件很难，会有一些偏差，并网时会对电网产生冲击电流。同步发电机还可以通过自同步并网，就是在转子未加励磁时由原动机拖动电机使其转子转速升到同步转速的80%～90%时，将发电机并入电网并立即加励磁，靠定子与转子之间的电磁力作用将发电机的转速提升到同步转速运行，但是并网后瞬间会有电压跌落。同步风电机组并网方式主要有图3-11所示的四种形式，前三种利用普通的同步发电机，需要有齿轮箱增速，最后一种是风力发电机直接驱动发电机，没有齿轮箱，因此，需要用多极的低速同步发电机。

如图3-11 (a) 所示是最简单的一种并网方式，无功功率可以调节，直接将风电机组的定子并网瞬间会有冲击电流，同时会使电网电压瞬时下降，降落幅度及电压恢复时间都和并入电网的机组数量有关。如图3-11 (b) 所示的是将风电机组的电能通过整流后接入直流系统。如图3-11 (c) 所示的是将风电机组的电能通过交—直—交整流逆变（可以用晶闸管或者是PWM控制的全控型电力电子管）后接入电网，这种方式需要从电网吸收无功功率，同时风电机组输出的无功功率可以控制。图3-11 (d) 和图3-11 (c) 并网方式一样，只是同步发电机不同，图3-11

(d) 使用的是多极低速发电机，由于风速不断变化，风轮转速也不断变化，所以发电机转速也在变化，通过整流逆变可以使风电机组网侧输出与电网相同的频率。在同步风电机组中，目前使用得较多的是用永磁同步发电机，这样可以省去励磁环节，而且通常省去齿轮箱，即为直驱型风电机组，其并网方式主要有经交—直—交整流逆变后并网与经直接交—交变频后并网两种方式，如图 3-12 所示。

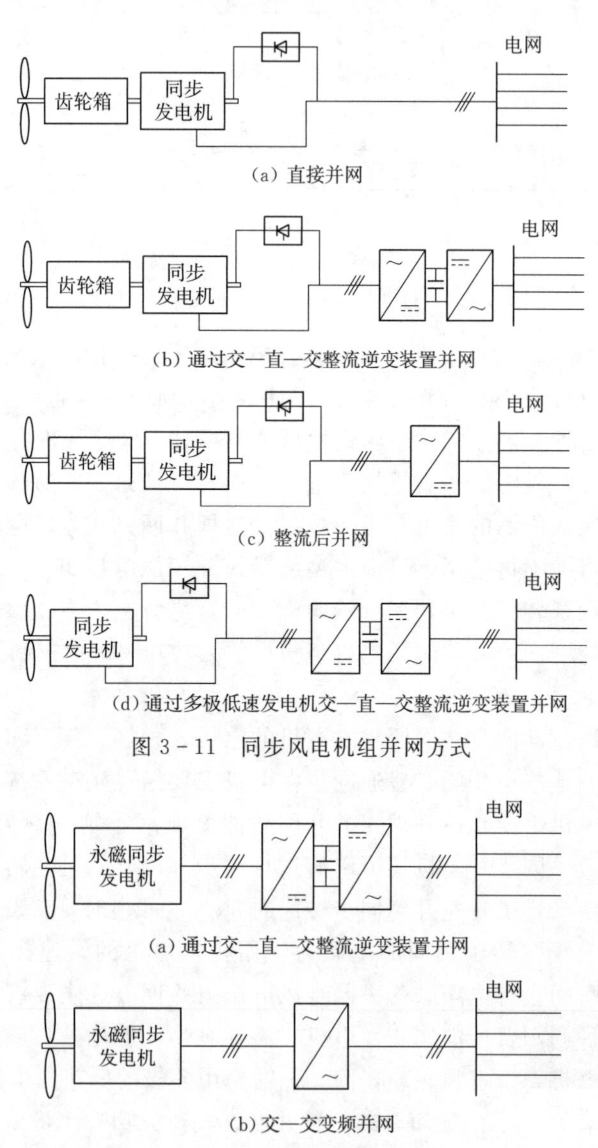

(a) 直接并网

(b) 通过交—直—交整流逆变装置并网

(c) 整流后并网

(d) 通过多极低速发电机交—直—交整流逆变装置并网

图 3-11　同步风电机组并网方式

(a) 通过交—直—交整流逆变装置并网

(b) 交—交变频并网

图 3-12　永磁同步风电机组并网方式

目前风电场主要使用带有直流环节的变频器，而且使用的是电压型的背靠背电力电子整流逆变装置。在大型海上风电场中通常使用半直驱型，即加入齿轮箱使速度增加一定的倍数，因为功率太大时，永磁发电机会变得直径很大，这样机舱体积太大。还有许多其他类型的风电机组，如使用双速电机、无刷双馈电机、高压同步电机等。

3.2.2 风电场的并网

大规模风电场必须接入电力系统运行。在介绍风电场的接入系统方式（或称为并网方式）前，首先对风电场的内部系统进行简单描述。风电场主要由风电机群、集电线路、升压变电站以及风电场控制系统等组成，其中升压变电站设备主要包括升压变压器、开关设备和无功补偿装置（电容器、电抗器、静止无功补偿装置、滤波器）等。

风电机群是由若干风电机组按照一定的顺序排列而成的机群，通常建设在风能资源较好的地区，例如我国的东北、西北和沿海地区。风力发电是通过风电机组的风轮将风能转换为机械能，再经过发电机将机械能转换为电能。

最大风电场并网

集电线路的作用是通过电缆或架空线路将风电机群产生的电能送入风电场升压变电站。包括单台风电机组的机端升压变、10kV 或 35kV 电缆、架空线路以及相应的保护设施等。

集电部分和主网之间需要升压变电站，升压变压器的作用是将集电线路汇集的电能通过升压变压器升压，达到主网电压等级，然后送入到主网。升压变电站除了安装升压变压器外也要配备一些无功补偿装置来稳定电压，例如电容器、电抗器、静止无功补偿器等，必要时还需配置滤波器等来改善并网点电能质量，满足风电场并网的电能质量要求。

风电场的电气设备分为一次设备和二次设备。一次设备（也称主设备）是构成风电场的主体，它是直接生产、输送和分配电能的设备，包括风电机组、电力变压器、断路器、隔离开关、电力母线、电力电缆和输电线路等，图 3-13 是某风电场变电站照片。

图 3-13　某风电场变电站照片

二次设备是对一次设备进行控制、调节、保护和监测的设备，包括控制设备、继电保护和自动装置、测量仪表、通信设备等。二次设备通过电压互感器和电流互感器与一次设备进行电气联系。一次设备及其连接的回路称为一次回路。二次设备按照一定的规则连接起来以实现某种技术要求的电气回路称为二次回路。

风电场接入电力系统的方案主要由风电场的最终装机容量和风电场在电网所处的位置来确定，风电场接入电力系统主要有分散接入和集中接入两种。

1. 分散接入

分散接入的特点是规模小、接入电压等级低、对系统运行影响相对较小。这种接入方式主要针对单个小风电场直接接入配电网，直接向负荷供电。由于风电的随机性和波动性，这种接入方式对配电网的无功电压、电能质量影响较大，需要采取一定的无功控制措施来调节配电网的电压并且采取一定的电能质量治理措施抑制闪变和谐波，保证配电网的供电质量。目前德国和丹麦风电主要是陆上风电，风电场均匀分布在全国境内，每个风电场装机容量都很小，因此，绝大多数风电机组都采用直接入配电网方式，所发出的电力直接供当地用户使用。

2. 集中接入

集中接入的特点是风电场开发规模大、接入电压等级高远距离输送，对系统电压、稳定性、运行和备用影响较大，以异地消纳为主。目前，集中接入又可以分为以下方式：

（1）直接接入变电站。该方式主要用于单个规模较大的风电场，通过专用输电线路将该风电场直接接入附近的变电站。若附近存在少数风电场属于不同营运商，容量都不大时，可以采用 T 接的方式，用一回大截面导线接入同一个变电站，而不必专门建设风电汇集站，这种接入方式可以节省输电通道，且几个风电场可以独立运行，相互不影响，供电可靠性高。例如我国吉林白城地区宝山、镇赉、黑鱼泡等风电场就采用 T 接方式接入镇赉 220kV 变电站。

（2）建设风电汇集站。当存在多个规模较大且地理位置比较接近的风电场时，在合适的位置建设专门汇集站，再通过一回输电线路集中接入电网。汇集站可能是开关站，也可能是变电站，需要根据实际情况经技术经济论证后确定。开关站的作用是汇集附近各风电场的功率，再通过一回大截面的导线集中送出。当汇集站接入的风电场容量较大时，可以在汇集站升压，通过更高电压等级输电线路接入电网，此时的风电汇集站为变电站。目前，大型风电基地普遍采用这种先汇集，再升压至高电压，通过高压输电线路集中送出的方式接入电网。例如我国的酒泉风电基地，各风电场通过 35kV 线路汇集到 330kV 风电汇集站 35kV 侧，升压后通过 330kV 线路接入 750kV 变电站，再通过 750kV 超高压输电线路外送至数千千米外的负荷中心。

风电场升压站送出线路即风电场接入系统线路，按规定不需要满足“$N-1$”要求，所以风电场升压站只应出一回接入系统线路。若风电场升压站容量较大，单回线路送出能力不能满足要求时，可以将原升压站分成两个无电气直接联系的升压站（为管理、控制方便，节省投资，两个升压站可在地理位置上建在一起），各以一回线路接入系统。

3.3 风电并网关键技术

完善风电并网

目前，风电并网的关键技术包括含风电的电力系统规划技术、大规模风电接入电力系统分析技术、风电接入电力系统运行控制技术、“电网友好型”清洁能源发

电技术和用户及储能与清洁能源发电协调运行技术等。通过加强风电并网关键技术的研究，最终对风电实现有效的可预测、可控制、可调度，并确保大规模风电并网后电力系统运行的安全性和稳定性。

3.3.1　含风电的电力系统规划技术

1. 风电情景下网厂协调规划方法研究

根据目标电网内主要火电厂与水电厂的运行经济指标、灵活性特征，负荷特性及风能资源分布特点，研究电网中大规模风电的运行出力特性及变化规律，在调节容量与调节速度两个方面评估原电网中其他电源是否能够适应大规模风电接入的变化，在此基础上提出技术上可行的风电、电网与电源统一规划方案。

2. 风电接入电力系统先进规划技术研究

开展基于准稳态数学模型的大规模风电接入电力系统长过程分析技术，基于概率论的随机仿真规划技术研究，基于全寿命周期概率分析的技术经济评估方法，应用概率方法开展大规模风电的容量可信度研究，以及大规模风电接入电力系统的可靠性研究，为全面深入地开展大规模风电接入电力系统的规划与评估研究提供技术和方法支撑。

3.3.2　大规模风电接入电力系统分析技术

随着欧洲风电开发进一步向海上及远离负荷中心地区的大规模扩展，各国都不同程度遇到了风电消纳和远距离输送问题，国外非常重视大规模风电接入电网规划与分析技术研究。参照国际经验，结合我国情况，大规模风电接入电力系统分析需要考虑风电机组/风电场建模及仿真技术、风电场接入电力系统稳定性与控制技术、电力系统接纳风电能力分析技术、风电远距离输电技术、海上风电场输电技术五个方面的技术。

3.3.3　风电接入电力系统运行控制技术

目前最直接影响电力系统接纳风电规模的因素是风电的运行技术，包括风电功率预测控制技术和风电调度决策支持技术。通过科技创新，能够对风电实现较精确的预测和控制，使风电场和常规电源协调和优化运行。

1. 风电功率预测技术

按照预测的时间尺度来分，风电功率预测分为超短期预测（0～4h）、短期预测（4～72h）和中长期预测。短期预测也称为日前预测，主要应用于电力系统的功率平衡和经济调度，更长时间尺度的预测主要应用于检修计划安排，发电量估计等。

目前国内在风电功率日前预测方面取得了重要进展，但在数值天气预报及其应用技术、超短期风电功率预测技术、风电功率组合预测技术等方面都有待深入研究。

2. 风电调度决策支持技术

在调度支撑关键技术方面，以风电功率预测和负荷预测结果为基础，开展风电对负荷特性的影响研究，开展调度运行经济性研究，建立风电调度运行经济性分析平台。要研究建立适应不同时间框架、不同调度区域要求的风电调度时序仿真平台，研发风电辅助调度决策支持系统并实现工程示范应用。

开展风电与常规电源的联合发电调度计划研究，实现风电与常规电源的智能协调优化运行。依据短期/超短期负荷预测信息、风电功率预测信息，将风电出力纳入开机计划，研究风电与常规机组的协调开机组合技术、联合优化发电调度技术、备用容量优化配置技术，合理编制风电日前、日内和实时发电计划安排，并在调峰容量不足时提供联络线申请建议。

3.3.4　“电网友好型”清洁能源发电技术

现代风电机组的变流器是风电与电网的“接口”，目前国际上主流风电机组都能够通过变速运行和叶片桨距角控制，通过变流器及其软件控制实现无功功率控制、支撑电网电压和频率控制，也可以控制向电网输送的有功功率，参与电网调峰和调频。这种电网友好型风电机组是当前世界风电机组的发展潮流，其最终发展目标是使大型风电场具备或接近常规发电厂的控制能力。

随着更多大型风电基地的接入，电网会逐步要求风电场具有一定的类似常规电厂的控制特性。对风电场控制性能的要求主要是低电压穿越能力、无功功率动态调整能力、有功功率控制能力等。

3.3.5　用户及储能与清洁能源发电协调运行技术

智能电网能够适应各类电源与用户便捷接入、退出的需要，实现电源、电网和用户资源的协调运行，显著提高电力系统运营效率。

1. 储能与清洁能源发电协调运行技术

风能及太阳能等清洁能源具有间歇性和波动性，而稳定的电力系统需要功率实时平衡。受资源的限制，在今后一个长时期内我国仍以燃煤发电为主，天然气、石油等燃料今后也不可能大量用于发电，这使得并网风电的功率波动需要通过常规电源的调节来平衡。这是长期困扰风电等间歇性电源并网的最大难题，也对电网内灵活发电资源提出了迫切需求。因此，引入可普及的大容量储能装置与风电场结合弥补风力发电的波动给电网带来的影响，通过储能系统与风电系统的协调，不仅可以有效减小风电对系统的冲击和影响，提高风电出力与预测的一致性，保障电源电力供应的可信度，还可降低电力系统的备用容量，提高电力系统运行的经济性，同时提高电力系统接纳风电的能力。

能够辅助大规模风电场实现风电的峰值转移或提高风电场调度能力的储能系统一般都需要具备较大功率和储能容量，目前具备该能力的储能系统主要是抽水蓄能系统或大规模空气压缩储能系统。从国外储能与风电场结合的示范工程来看，电池储能系统主要用于平滑风电场的短期（数十分钟以下）波动，或根据风电场预测的出力曲线，配合辅助输出，使风电输出与事先预测接近一致，提高风电功率输出的可信度。

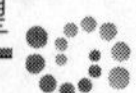

2. 用户与风电的协调互动

未来电动汽车在全国的普及推广，建立集中式充电站，或者智能型集中控制的家庭充电装置，将大大提高电网运行的灵活性，实现双向互动用电。根据系统要求，这些充电设备可以作为电源或负荷运行。当风电大发和系统电力富裕时，多余电力为电动汽车电池充电；在无风和电力短缺时，充电装置向电力系统送电，从而提高电网接纳风电的能力。如果实行峰谷电价，则能吸引用户在低谷用电，在峰荷时向系统送电，实现用户与风电的协调互动。

3.4 风电并网展望

风电是间歇性电源，依据目前的技术水平，风电向电网提供的只是发电量，但保证电力的能力非常低。当一个同步电网内风电的装机容量达到一定比例时，就必然要求电网有足够多的备用容量及相应的调节能力。从单纯技术的角度看，通过建设配套的调峰电源等各种技术措施，可以提高对风电的接入能力，但实际形成的附加成本和对电网内其他发电电源效率的影响将不容忽视。

2030 年前将是可再生能源从补充能源向替代能源过渡的转折时期。2030 年风电在我国未来新增电源中将占据一定的比例，为减排温室气体和环境污染做出积极的贡献，同时风电将在电源结构中具有一定的显现力，风电将替代相当部分常规电源的发电量。风电作为未来一种替代能源，今后需要依靠科技创新将风电场转变成为一种优质电源，并逐步具有以下替代作用：

（1）替代常规电源的发电量，目前的技术水平已经能够做到。

（2）替代常规电源的运行容量，即减少常规电源热备用容量。

（3）替代常规电源的装机容量，即减少常规电源冷备用容量。

风电场分布具有分散性的特点：第一，由于单台风电机组的容量较小，一个风电场经常有几十台甚至几百台风电机组，风电场内部风电机组分布是分散的。第二，一个地区可以有多个风电场，风电场的分布也很分散。由于风电场出力的随机性、风电场和风电机组分布的分散性，因此在研究系统备用及调峰问题时有必要研究风电场与风电场之间，乃至整个区域电网内风电出力的相关性，即风电出力的同时率。例如，根据中国电力科学研究院研究结果，吉林省白城地区单个 5 万 kW 左右风电场的同时率为 0.95，吉林省范围内风电场同时率为 0.82。东北电力设计院根据对东北电网风电出力特性进行的统计分析，东北地区风电出力同时率最大为 0.5514。因此，建设坚强电网，加强省/区域间电网的互联，充分利用系统平衡能力可以有效地减少系统热备用容量。

通过风电产业的技术进步，使风电场逐步具有支撑电力系统安全稳定运行的控制性能，即具有接近常规电厂的控制特性，大型风电基地参与电力系统的调峰调频，是减少常规电源热备用容量的途径之一。由于大型风电基地满发或接近满发的概率很低，按照完全满发安排常规电源热备用容量，增加的附加成本会非常高。在保证绝大部分风电电量上网的前提下，对负荷低谷时段的极少数风电尖峰出力进行适当限制和调节，对大型风电基地所在区域电源结构的优化有很大作用，同时能够显著增加区域风电的开发规模和输送效率。

风电功率预测精度的提高对于促进常规电源热备用容量的有效利用将起到很大的作用。随着风电功率预测技术的进步和推广应用，以及风电运行调度的研究和应用，系统运行以风功率预测结果为基础，在系统允许的条件下，通过灵活安排运行方式能够消纳大规模风电。

随着我国电力工业的发展及电力结构的调整，按照节能减排、上大压小的要求，系统内用于起停调峰的50MW、100MW小燃煤火电机组都逐步被关停；具有快速响应能力的燃气、燃油发电机组在我国所占比例很低，和欧美国家不同，我国电力系统内能够用于配合风电启停调峰的常规发电机组主要是水电机组。但我国水电运行中仍存在很多制约因素：一方面，水电具有明显的季节性特征，其运行受季节性来水的影响较大；另一方面，水电站除了发电之外还要满足航运、农田灌溉、防汛等综合用水的需求。从长期发展来看，我国风电等间歇性电源要替代常规电源的装机容量，对储能技术的需求更加迫切。大规模储能技术的发展和应用，能够对系统起到削峰填谷的作用。各种形式的储能电站可以在电网负荷低谷的时候作为负荷从电网获取电能充电，在电网负荷峰值时刻改为发电机方式运行，向电网输送电能，这种方式有助于减少系统输电网络的损耗，减少甚至替代新建常规发电厂。

第4章 风电机组运行控制

4.1 风电机组系统部件

4.1.1 风电机组传动系统

风电机组传动系统如图4-1所示，包括了叶片和轮毂、主轴、齿轮箱和联轴器。其主要作用是将风中的动能转化成低速旋转的机械能，并通过轮毂、主轴、联轴器等部件，将风轮的力矩传递给齿轮箱，经过齿轮箱增速到与发电机匹配的转速，即将风中蕴含的动能转化为发电机发电所需的机械能。

4.1.1.1 风轮

1. 叶片

叶片

风轮是获取风中能量的关键部件，由叶片和轮毂组成。叶片根部是一个法兰，与回转轴承连接，实现变桨过程。叶片具有空气动力外形，在气流作用下产生力矩驱动风轮转动，通过轮毂将扭矩输入到传动系统。叶片的叶尖配有防雷电系统。风轮按叶片数可以分为单叶片、双叶片、三叶片和多种叶片风轮。由于三叶片风轮稳定性能好，在并网型风电机组上得到广泛应用。按照叶片能否围绕其纵向轴线转动，可以分为定桨距风轮和变桨距风轮。定桨距风轮叶片与轮毂固定连接，结构简单，但是承受的载荷较大。在风轮转数恒定的条件下，风速增加超过额定风速时，叶片将处于失速状态，风轮输入功率降低，发电机不会因超负荷而烧毁。变桨距风轮的叶片与轮毂通过轴承连接，虽然结构比较复杂，但能够获得较好的性能，而其叶片轴承载荷较小，重量轻，风轮的费用占风电机组造价的20%～25%，而且要求它在20～30年的寿命期间不更换。

图4-1 风电机组传动系统

除了空气动力设计外，还应确定叶片数、轮毂形式和叶片的结构。设计性能好的叶片必须满足多项性能技术指标，其中某些指标之间会相互制约，具体指标如下：

（1）特定风速分布下年发电量最大。

（2）最大输出功率限制（对失速型风电机组）。

（3）抗极端载荷和疲劳载荷。

（4）限制叶尖挠度以避免叶片与塔架相碰撞（对上风向风电机组）。

（5）避免共振。

（6）质量较小，成本最低。

目前风电机组的叶片数均为三叶片，最早的风电机组在发展过程中也出现过双叶片和单叶片，一般来说要得到很大输出，扭曲就需要较大的叶片实度，如多叶片提水机。现在用于发电的风电机组一般就要连接一个高转速的发电机。为了避免齿轮箱过高的传动比就需要风轮获得尽可能高的转速，但叶片宽度与叶片数 z 与线速度 v 成反比。风电机组叶片数应根据风电机组的实际情况综合确定，主要包括以下方面：

（1）尽量提高叶片转速就要减少叶片数，这样可使齿轮箱变比减少，并使齿轮箱的费用降低。在风轮直径超过 100m 的大型风电机组中，风轮转速很低时，由于齿轮箱自锁范围的限制，就相当于需要低转速发电机，因此它的成本就会提高而且重量也会增加。

（2）要减少风轮成本，就要减少叶片数。

（3）双叶片或单叶片可能产生铰链叶片的悬挂支撑，如钟摆式轮毂。

从结构成本角度看，单叶片和双叶片比较合适，但是单叶片和双叶片风轮的质量力矩在风轮整个旋转过程中是交替变化，同时在旋转过程中存在重力、空气动力不平衡，会造成风电机组运行时产生强烈的摆动和偏航运动，进而容易引起风轮机舱振动，对风电机组及其塔架产生不利影响，甚至会影响机组寿命，综合考虑，目前的风电机组基本采用了三叶片结构。

叶片主要材料有玻璃纤维增强塑料（GRP）、碳纤维增强塑料（CFRP）、木材、钢和铝等，对于大型风电机组来说，主要考虑叶片刚度固有特性和经济性，目前世界上绝大多数叶片都采用复合材料制造及 GRP 和 CFRP，主要优点是轻质高强，易成型、抗腐蚀、维修方便等，碳纤维复合材料强度高、重量轻，但是其价格昂贵，经济性差，一般在 2MW 以上风电机组的叶片中使用，2WM 以下的风电机组叶片使用很少。

叶片的基本材料为聚酯树脂或环氧树脂，环氧树脂比聚酯树脂强度高，材料疲劳性好且收缩变形小。聚酯材料较便宜，它在固化时收缩大，在叶片的连接处可能存在潜在的危险，即由于收缩变形在金属材料与玻璃钢之间可能产生裂纹。

叶片还要考虑腐蚀的影响，叶片基体材料选材时就已经考虑了叶片防腐的问题，同时，叶片表面涂有厚度为 0.6～1.0mm 的胶衣涂层，其作用不仅能够防腐，而且可以抗紫外线老化，提高叶片表面光度，避免污垢及灰尘滞留在叶片表面。

叶片成型工艺有手工湿法成型、真空辅助注胶成型和手工预浸布铺层等，如图

4-2所示。

图4-2 叶片成型工艺

SCRIMP成型工艺（真空辅助树脂传递注塑）是利用薄膜将增强材料密封于单边模具上，完全借助于真空浆的黏度树脂吸入，利用高渗透率介质沿增强材料的表面快速浸渍，并同时向增强材料厚度方向进行浸润的加工工艺，用这种方法加工的复合材料纤维含量高，制品力学性能优良，而且产品尺寸不受限制，尤其适合制作大型制品。

风电机组叶片的制作过程

SCRIMP工艺比手工铺放节约成本约50%，树脂浪费率低于5%，特别是加工过程的环保性，是SCRIMP工艺最突出的优点。在同样原材料的情况下，与手糊构件相比，复合材料的强度、刚度或硬度及其他的物理特性可提高30%～50%。

2. 风轮轮毂

风轮轮毂用于连接叶片和主轴，承受所有来自叶片的载荷，并将风轮的力和力矩传递到后面的机构中去。轮毂通常用钢材焊接或铸造制成，相对比较复杂的三维形状的风轮轮毂制造经常采用铸造法，并且通常采用球墨铸铁作为材料。

轮毂

三叶片风轮大部分采用固定轮毂，因为它在制造时成本低、维护少和没有磨损。但它要承受所有来自风轮的力和力矩，相对来讲承受的风轮载荷高，后面的机械承载大。

4.1.1.2 主轴

风电机组的主轴，又称为低速轴或风轮轴，作用是将转子叶片上的旋转扭矩传递给齿轮箱，同时要支撑风轮。主轴由主轴轴承支撑，支撑轴承将载荷传递到机舱底板。主轴材料可选用40Cr或其他高强度的合金钢，必须经过调质处理，保证钢材的强度、塑性、韧性三个方面都有较好的机械性能。主轴的尺寸根据弯扭合成强度及安全系数确定。主轴通常采用法兰盘与轮毂连接，主轴与齿轮箱的连接大多采用涨紧式联轴器，这样可保证主轴与齿轮箱同心度，在运行时基本无须维护。

主轴和主轴承

4.1.1.3 齿轮箱

风轮将风的动能转换成风轮轴上的机械能，然后由高速旋转的发电机来将机械能转换为电能。由于叶尖速度的限制风轮旋转速度较慢。一般风轮（直径大于100m）转速为15r/min或更低。由于发电机不能太重，且极对数少，发电机转速尽应可能的高。为了实现低转速的风轮和高转速的发电机匹配，必须有增速装置。实现增速的方法很多，最常用的有齿轮、皮带轮和链传动3种。在中大型风电机组中都采用齿轮箱作为增速装置。风电机组特殊的工况，对齿轮箱提出了非常严格的要求，不仅要体积小、重量轻、效率高、噪声小，而且要承载能力大、启动力矩小、寿命长（一般超过10万h）。因此，齿轮箱的选择至关重要。

齿轮箱

对于额定段功率为300～2000kW的风电，如最高旋转速度在17～48r/min的风轮转速，齿轮箱的增速比需要达到1∶31～1∶88。通常，较大增速比要通过每级速比在1∶3～1∶5之间的独立的三级实现。600kW以下风电机组多为平行轴结构，大于600kW的风电机组基本采用行星齿轮变速箱，如图4-3所示。齿轮箱的效率能够达95%～98%，这取决于行星式和平行轴的级数及其润滑方式。

图4-3 行星齿轮变速箱

齿轮箱体采用球铁铸造而成，齿轮箱的负荷及压力通过齿轮箱两侧的支撑传到塔架和基础，该支撑为强力橡胶结构，可以降低风电机组的噪声和振动。在齿轮箱后部的高速轴上安装有刹车盘，其连接方式采用胀紧式联轴器；液压制动器通过螺栓紧固在齿轮箱体上；齿轮箱高速轴通过柔性连接与发电机轴连接。大型风电机组风轮的转速一般在10～30r/min范围内，通过齿轮箱增速到发电机的同步转速1500r/min（或1000r/min）附近，经高速轴、联轴节驱动发电机旋转。

一对齿轮传动是依靠主动轮轮齿的齿廓推动从动轮轮齿的齿廓来实现的。相互接触传动并能实现预定传动比规律的一对齿廓即为共轭齿廓。齿轮系分为定轴轮系、周转轮系和复合轮系三类，齿轮系传动可以实现空间任意两轴间的运动及力的传递，功率范围大，效率高，传动比准确，寿命长，安全可靠。具体的功能如下：

（1）实现分路传动。

（2）实现大的传动比。

（3）实现变速传动。

（4）实现换向传动。

（5）实现运动的合成和分解。

（6）实现大功率传动。

我们熟知的齿轮绝大部分都是转动轴线固定的齿轮。例如机械式钟表，它们的转动轴都是相对机壳固定的，因而也被称为“定轴齿轮”。由一组定轴齿轮组成的轮系为定轴轮系。定轴轮系的传动比，是指轮系中首、末两构件的角速度之比，也等于组成该轮系的各对啮合齿轮传动比的连乘积，或者说等于各对啮合齿轮中所有从动轮齿数的连乘积与所有主动轮齿数的连乘积之比。

行星齿轮的转动轴线是不固定的，行星齿轮除了能像定轴齿轮那样围绕着自己的转动轴转动之外，它的转动轴还随着支架（“行星架”）绕其他齿轮的轴线转动。绕自己轴线的转动称为“自转”，绕其他齿轮轴线的转动称为“公转”，就像太阳系中的行星那样，因此得名。成为行星齿轮公转中心的那些轴线固定的齿轮被称为“太阳轮”。周转轮系的定轴轮系的差别在于前者有转动的行星架使得行星轮既自转又公转。因此周转轮系的传动比不能直接按定轴轮系传动比的方法计算，而要进行相应的轮系转换后计算。

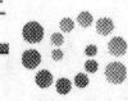

行星齿轮传动的主要特点是体积小，承载能力大，工作平稳，但大功率高速行星齿轮传动结构较复杂，要求制造精度高。行星齿轮传动中有些类型效率高，但传动比不大。另一些类型则传动比可以很大，但效率较低，用它们作减速器时，其效率随传动比的增大而减小，作增速器时则有可能产生自锁。

齿轮之间、轴和轴承在转动过程中实际都是非直接接触，这中间是靠润滑油建成油膜，使其形成非接触式的滚动和滑动，这时油起到了润滑的作用。虽然它们是非接触的滚动和滑动，但由于加工精度等原因其转动都有相对的滚动摩擦和滑动摩擦，这都会产生一定的热量。如果这些热量在它们转动过程中没有消除，势必会越集越多，最后导致高温烧毁齿轮和轴承。因此齿轮和轴承在转动过程中必须用润滑油来进行冷却。所以润滑油一方面起润滑作用，另一方面起冷却作用。

风电机组的润滑系统包括以下方面：

（1）主润滑过滤系统：机械轴输出，温度控制冷却回路。

（2）辅助冷却系统：电动泵，辅助冷却。

（3）辅助过滤系统：齿轮油过滤。

（4）冷却器及风扇：双风扇分级冷却。

（5）油加热器：低温加热。

现在风电机组的电齿轮箱的润滑分为飞溅润滑和强制润滑，强制润滑可以进行监控，而飞溅润滑是监控不了的，从安全性考虑采用强制润滑。随着风电机组齿轮箱功率越来越大，其功率损耗也越来越大，飞溅润滑已经满足不了冷却的要求，因此强制润滑的应用有增多的趋势。

4.1.1.4 联轴器

联轴器一般由两个半联轴器及连接件组成。半联轴器与主动轴、从动轴常采用键、花键等连接。联轴器连接的两轴一般属于两个不同的机器或部件，由于制造、安装的误差，运转时零件的受载变形，以及其他外部环境或机器自身的多种因素，都可使被连接的两轴相对位置发生变化，出现如图4-4所示的相对位移和偏差。由此可见，联轴器除了能传递所需的转矩外，还应具有补偿两轴线的相对位移或偏差，减振与缓冲以及保护机器等性能。

联轴器

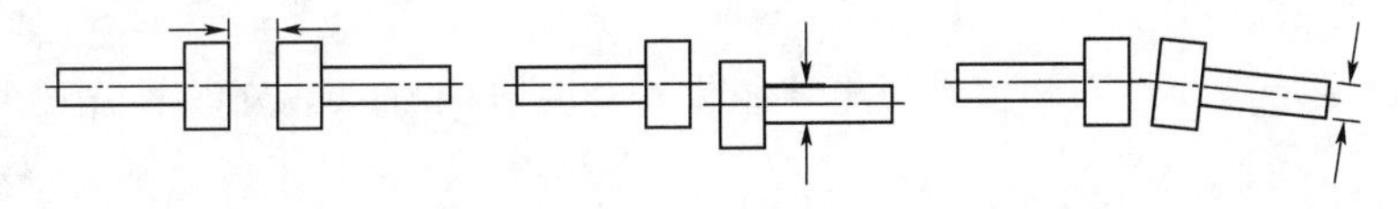

图4-4 两轴间的轴向、径向和角向位移或偏差

联轴器有刚性联轴器和弹性联轴器两种。刚性固定联轴器结构简单，成本低廉，但对被联结的两轴间的相对位移缺乏补偿能力，故对两轴的中性要求很高。

在风电机组中通常在主轴与齿轴箱输入轴（低速轴）连接处选用，如胀套式联轴器。

弹性联轴器对两轴的轴向、径向和角向偏移具有一定的补偿能力，可有效减小振动和噪声，在发电机与齿轮箱输出轴（高速轴）连接处应用，细膜片联轴器和连杆式联轴器。

1. 胀套式联轴器

在风电机组中通常在低速轴端（主轴与齿轴箱输入轴连接处）选用刚性联轴器，一般多选用胀套式联轴器。胀套式联轴器与一般过盈连接、无键连接相比，具有以下独特的优点：

(1) 制造和安装简单，安装胀套轴和孔的加工不像过盈配合那样要求高精度的制造公差。安装胀套也无须加热、冷却或加压设备，只需将螺栓按规定的扭矩拧紧即可，并且调整方便，可以将轮毂在轴上很方便地调整到所需位置。有良好的互换性，且拆卸方便。这是因为胀套能把较大配合间隙的轮毂连接起来。拆卸时将螺栓拧松，可使被连接件容易地拆开。

(2) 胀套式联轴器可以承受重负载。胀套结构可做成多种式样，还可多个串联使用。

(3) 胀套的使用寿命长，强度高。因为它是靠摩擦传动，对被连接件没有键槽削弱，也没有相对运动，工作中不会磨损。胀套在胀紧后，接触面紧密贴合，不易锈蚀。

(4) 胀套在超载时，配合面可以打滑卸载保护设备，使其不受损坏（注意：应避免重复打滑）。但是，如果装配前轴、孔的配合表面存在某些缺陷，一旦打滑，两者容易产生冷焊胶合，不能分开，如要拆卸，只能破坏构件。

2. 弹性联轴器

大部分风电机组都采用增速齿轮箱＋高弹性联轴器＋发电机组的连接形式，由于全齿轮箱和发电机下面都采用橡胶减振弹性垫，在机组安装以及正常工作状态下，齿轮箱输出轴的中心线与发电机输入轴的中心线之间的相对位置（轴向、径向、角向）不可避免会出现相对位置偏差。正常工作状态下，其径向相对偏差为3～4mm；在启动、刹车以及某些恶劣工况和极端条件下，径向相对偏差达到6～8mm甚至更大。所以需要在齿轮箱输出轴与发电机输入轴之间使用高弹性的联轴器来补偿彼此间产生的相对位移，同时要求联轴器在补偿相对位移时产生的反作用力越小越好，以减小齿轮箱和发电机轴承的附加载荷。此外，联轴器在旋转方向具备一定的减振功能，也可以减缓齿轮箱啮合齿之间的加速度冲击，从而起到保护轮齿的作用。

由此可见，高弹性联轴器在风电机组中的作用非常重要，对其性能的基本要求如下：

(1) 承载能力大，有足够的强度。要求联轴器的最大许用转矩为额定转矩的3倍以上。

(2) 具有较强的补偿功能，能够在一定范围内补偿两半轴发生的轴向、径向和角向位移，在偏差补偿时发生的反作用力越小越好。

(3) 具有高弹性、高柔性，能够把冲击和振动产生的振幅降低到允许的范围内，并且在旋转方向应具备减缓振动和冲击的功能。

(4) 工作可靠、性能稳定，要求使用橡胶弹性元件的联轴器还应具有耐热性好、不易老化、寿命长等特性。

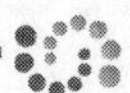

(5) 联轴器必须具有 100Ω 以上的阻抗，并能承受 2kV 的电压，防止发电机通过联轴器对齿轮箱内的齿轮、轴承等造成电腐蚀以及杜绝雷击的影响。

(6) 便于安装、维护和更换。

4.1.2 风电机组偏航系统

1. 概述

为了能使风电机组达到最佳的风能利用效率，风电机组风轮的工作旋转面需要始终垂直于主风向，因此需要一套装置控制和驱动风轮进行对风，这套装置通常称为偏航系统。

偏航系统是风电机组特有的伺服系统，主要由偏航检测部分、机械传动部分、扭缆保护装置三大部分组成。偏航采用主动对风形式，在机舱后部有两个互相独立的传感器——风速计和风向标，风电机组对风向的检测由风向标来完成。当风向发生变化时，风向标将检测到风电机组与上风向之间的偏差，控制器将控制偏航驱动装置转动机舱做顺时针或逆时针旋转对准主风向。

偏航系统主要由偏航控制机构和偏航驱动机构构成。偏航控制机构包括风向标、控制器、偏航传感器等部分。偏航驱动机构包括偏航驱动装置、偏航轴承、偏航制动器等部分。

2. 偏航驱动装置

偏航驱动装置一般包括动力装置、减速器、小齿轮。动力装置（电动机、液压马达）通过减速器带动小齿轮在偏航轴承的大齿轮上运动，带动机舱做顺时针或逆时针旋转。偏航驱动装置如图 4-5 所示。

通常偏航电机是多极电机，电压等级为 400V 或 690V，内部绕组接线为星形。电机的轴末端装有一个电磁刹车装置，用于在偏航停止时通过锁定电机从而将偏航传动锁定。

偏航减速器常用的有行星减速器和涡轮蜗杆加行星减速器两种。

3. 偏航轴承

偏航轴承安装在塔架与机舱之间，轴承的内外圈分别与机舱架和塔架相连接，通过它将风电机组机舱所承受的各种力传送到塔架上。目前偏航轴承常用的有回转支承和滑动轴承两种。偏航轴承如图 4-6 所示。

图 4-5 偏航驱动装置

图 4-6 偏航轴承

(1) 回转支承。回转支承是一种能够同时承受较大的轴向负荷、径向负荷和倾覆力矩等综合载荷的特殊结构的大型轴承。一般情况下，回转支承自身均带有安装孔、润滑油孔和密封装置，可以满足各种不同工况条件下的不同需求。另外，还具有结构紧凑、旋转方便、安装方便和维护容易等特点。

回转支承和普通轴承一样，都有滚动体和带滚道的套圈，但和普通滚动轴承相比有以下差异：

1) 回转支承的尺寸较大，其直径通常为0.4～10m。

2) 通常回转支承上带有旋转驱动用的齿圈以及防尘用的密封装置。

3) 安装方式不同，回转支承不像普通轴承那样套在心轴上并装在轴承座内，而是采用螺钉将其固定在上、下支座上。

(2) 滑动轴承。滑动轴承的轴瓦大多是用工程塑料制作。这种材料的机械性能具有高强度、高机械模数、低潜变性、强耐磨损及耐疲劳性。由于这种材料特有的机械性能，使得这种轴承即使在缺少润滑的情况下也能短期正常工作。轴瓦由轴向上推力瓦、径向推力瓦、轴向下推力瓦三种类型组成，分别用来承受机舱和叶片重量产生的平行于塔筒方向的轴向力，叶片传递给机舱的垂直于塔筒方向的径向力和机舱的倾覆力矩。从而将机舱受到的各种力和力矩通过三种轴瓦传递给塔筒。偏航轴承部件名称及功能见表4-1。

表4-1　　偏航轴承部件名称及功能表

序号	名　称	用　　途
1	偏航电动机	通过驱动偏航减速器，实现偏航对风或解缆
2	偏航减速器	减速器为立式二级高效齿轮减速器，端部小齿轮与偏航大齿圈啮合，通过电机驱动，实现偏航对风或解缆
3	偏航卡钳	固定轴向上推力瓦，并通过一定的力矩将机舱和偏航法兰固定在一定的间隙范围内
4	偏航小齿轮	偏航减速器的驱动小齿轮
5	塔架	承受风电机组偏航过程中的扭转载荷

4. 偏航制动器

偏航制动器是偏航系统中重要部件，目前常用的机械制动方式有三种，即偏航卡钳、偏航制动钳及偏航卡钳与偏航制动钳组合使用。

(1) 偏航卡钳。以Vestas风电机组最为典型，是偏航刹车部件中机械结构较为复杂的一种。偏航卡钳如图4-7所示，偏航卡钳各部件的名称及功能见表4-2。

图4-7　偏航卡钳

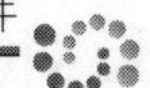

表 4-2 卡钳部件的名称及功能

序号	名 称	用 途
1	机舱底座	机舱的一部分，在这起到固定偏航卡钳的作用
2	卡钳与机舱的固定螺栓	用较大的力矩将卡钳与机舱固定连接
3	轴向下推力瓦的固定螺栓	将机舱底座和轴向下推力瓦固定连接
4	轴向下推力瓦	起到滑动轴承的作用并承担机舱的重量和机组运行中轴向下力
5	径向推力瓦	起到滑动轴承的作用并承担机舱与塔架运行中径向力
6	径向推力瓦固定螺栓	固定径向推力瓦与机舱的连接
7	防尘橡胶	防止尘土从机舱和塔架的间隙中进入塔内
8	塔架与偏航法兰，偏航大齿圈的连接螺栓	连接塔架与偏航法兰、偏航大齿圈
9	卡钳内碟簧	始终保持弹性负荷，在一定的力矩下用预压力将机舱和偏航卡钳连接并起到一定的减振作用
10	卡钳调整螺栓	用一定的力矩调整卡钳内碟簧与偏航法兰的间隙
11	轴向上推力瓦	起到滑动轴承的作用并通过一定的力矩将机舱和偏航卡钳固定在一定的间隙范围内
12	偏航卡钳骨架	连接其他附件，传递力矩

（2）偏航制动钳。目前风电机组上使用偏航制动钳进行制动的大多数采用的是液压制动钳，它由壳体、活塞、刹车片等组成。

偏航轴承采用四点接触球转盘轴承结构。偏航电机是多极电机，电压等级为400V，内部绕组接线为星形。电机的轴末端装有一个电磁刹车装置，用于在偏航停止时使电机锁定，从而将偏航传动锁定。附加的电磁刹车手动释放装置，在需要时可将手柄抬起刹车释放。偏航刹车闸为液压盘式，由液压系统提供14～16MPa的压力，使刹车片紧压在刹车盘上，提供足够的制动力。偏航时，液压释放但保持2.4MPa的余压，这样一来，偏航过程中始终保持一定的阻尼力矩，大大减少风电机组在偏航过程中的冲击载荷。偏航刹车盘是一个固定在偏航轴承上的圆环。偏航减速器为一个行星传动的齿轮箱，将偏航电机发出的高转速低扭矩动能转化成低转速高扭矩动能。机舱位置传感器内是一个10kΩ的环形电阻，风电机组通过电阻的变化，确定风电机组的偏航角度并通过其电阻的变化计算偏航的速度。偏航加脂器负责给偏航轴承的润滑加脂工作。毛毡齿润滑器负责给偏航齿的润滑。

（3）偏航卡钳与偏航制动钳组合使用。这种形式常见于安装在平原地区的风电机组。

4.1.3 风电机组变桨系统

4.1.3.1 概述

当今的风电机组，尤其是大功率机组一般都设计为变桨形式。所谓变桨，指叶片围绕其纵向轴线进行旋转而改变气流对其攻角的过程。变桨是变桨距的简称，有时也称为变节距、变距等，本章则使用变桨和变桨距两种称谓。

风电机组的变桨机构必须具备以下基本功能：

(1) 在风电机组正常运行时，能够根据控制系统的指令实时、快速地调节叶片角度，使风电机组获得优化的功率曲线。

(2) 在风电机组遇到故障需要紧急停车时，能够迅速顺桨，保障风电机组的安全。

1. 变桨与定桨

风电机组输出功率的控制方式有失速调节和变桨调节两种。失速控制是在转速不变的条件下，风速超过额定值之后，叶片发生失速效应，将功率限制在一定范围内。其特点是风电机组结构简单，但是风电机组性能受叶片失速性能的限制，当风速超过额定风速时，发电功率有所下降，低于额定值。

对于变桨调节而言，其基本目的是：主动调节叶片的角度，使风电机组从风中吸收合适的功率。与定桨失速型风电机组相比，变桨型风电机组具有在额定功率点以上输出功率平稳的特点。当在额定风速以下时，变桨型风电机组的控制器将叶片桨距角置于0°附近，不做桨距角度变化，这时等同于定桨，发电机的输出功率随风速的变化而变化。当在额定风速以上时，变桨机构开始工作，调节叶片角度，将发电机的输出功率限制在额定值附近。

随着风电技术的不断成熟与发展，变桨型风电机组的优越性显得更加突出：既能提高风电机组运行的可靠性，又能保证高的风能利用系数和不断优化的输出功率曲线。采用变桨机构的风电机组可使整机的受力状况大为改善，使风电机组有可能在高于额定风速情况下始终保持输出功率最大。随着风电机组功率等级的增加，采用变桨技术已是大势所趋。同时，变桨系统的控制技术受到越来越多的学者和研究人员的关注，变桨技术已经成为当今风电行业人们关注的两大关键技术之一（另一关键技术是变速恒频技术）。目前人们主要致力于通过控制桨距角使输出功率平稳、减小转矩振荡、减小机舱振动。

2. 变桨系统的分类

变桨系统有以下常见的分类方法：

(1) 根据变桨动力来源的不同，分为主动变桨和被动变桨两种形式。

(2) 根据变桨驱动力的不同，分为电动变桨和液压变桨两种形式。

(3) 根据叶片控制方式的不同，分为统一变桨和独立变桨两种形式。

主动变桨就是根据控制需要，由专门的外部动力供给源提供动力，驱动叶片进行变桨，目前市场上风电机组的变桨机构基本都属于主动变桨。被动变桨就是根据风轮转速，通过一定方式以叶片自身的旋转离心力为动力来源实现变桨的方式，目前这种变桨方式仅存在于国外的一些试验机型上。

电动变桨采用电动机作为驱动力来源，而液压变桨采用液压缸作为驱动力来源。电动变桨和液压变桨都属于主动变桨的范畴。

所谓统一变桨，就是对各个叶片采用统一控制的方式，各个叶片的动作是同时

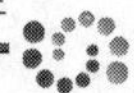

同步的，因此允许每台风电机组采用一套执行机构驱动。在变桨系统设计之初，风电机组的功率不太大，叶片的长度较短，重量较轻，同时由于统一变桨在结构上便于实现，能够避免正常运行时叶片之间出现不可接受的桨距角度差异，且成本比较低，所以主要采用这种控制方式。

随着技术的进步，风电机组的单机功率不断增大，相应地风电机组叶片也不断加大，一般为几十米甚至上百米，这导致整个风轮扫掠面上的风速并不均匀，由此会产生叶片的扭矩波动，并影响到风电机组传动机构的机械应力及疲劳寿命。此外，由于叶片尺寸较大，每个叶片重量达几吨甚至几十吨，叶片运行在不同位置，受力状况也是不一样的，故叶片重力对风轮力矩的影响也不能忽略。通过对叶片进行独立控制，即采用独立变桨的方式，可以大大减小风电机组叶片负载的波动及扭矩的波动，进而减小了传动机构和齿轮箱的疲劳以及塔架的振动，因此独立变桨技术越来越受到国际风电市场的欢迎。

3. 变桨系统的基本原理

尽管变桨的类型和实现方式很多，但是其基本原理是一样的。其基本原理如图 4-8 所示，其中变桨系统首先接收来自风电机组控制系统（上位机）的命令；然后经过变桨控制器对命令进行处理，通过预先设定的算法将控制信号转变为可调制的功率信号；最后功率信号驱动执行器进行动作，从而驱动叶片变桨。为了提高系统的控制精度和动态特性，变桨系统使用了闭环控制的原理，首先对执行器的输出信息和控制对象的动作信息进行测量并反馈给控制器；然后控制器再将实际的输出信息和动作信息与上位机给定的命令信息做比较，计算出两者的差；最后调整输出，直到消除这个差值，从而使实际输出与上位机的控制命令相一致。

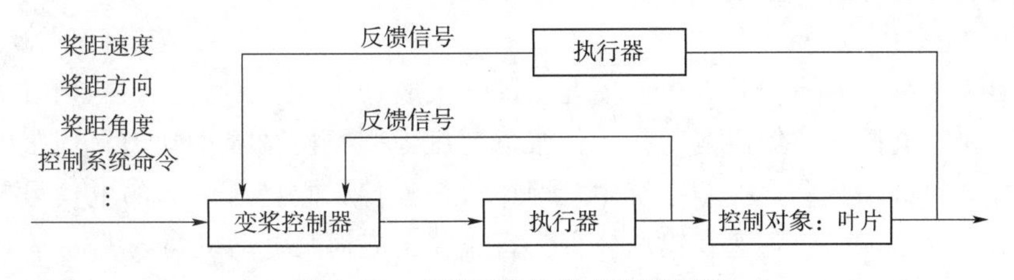

图 4-8 变桨系统的基本原理框图

目前大多的变桨系统都遵循这一基本原理。在实际设计中，每种类型的变桨系统有多种不同的实现方法，而且随着技术的进步，各个生产厂家也在不断更新自己的产品，因此市场上存在的变桨产品有着不同程度的差异。只要弄清楚它的基本原理，在熟练掌握一种变桨产品的前提下，其他同类产品都可触类旁通。

4.1.3.2 电动变桨系统

电动变桨就是由伺服电动机驱动的变桨形式。通过对伺服电动机的精确控制，即可实现对叶片桨距角的控制。

1. 工作原理

电动变桨系统的基本原理为：伺服电动机（变桨电机）为变桨系统提供原动

力，电机输出轴与减速齿轮箱（减速器）同轴相连，减速器先将电机的扭矩增大到适当的倍数（例如 100～200 倍）后，再将减速器输出轴上的力矩通过一定方式传动到叶根轴承的旋转部分（叶根轴承分为内圈、外圈两部分，一部分与轮毂固定，不能旋转，另一部分与叶片固定，可以旋转），从而带动叶片旋转，实现变桨。目前，从减速器输出轴到叶片根部的力矩传动方式有齿轮传动和齿形带传动两种。前者是将减速器输出轴与叶根轴承的旋转部分通过齿轮直接啮合；后者是将两者通过齿形带相连。因此可以将电动变桨分为电动机—减速器—齿轮传动形式和电动机—减速器—齿形带传动形式两种。

图 4-9 为变桨电机示意图，图中只显示了一个叶片的变桨电机，其他两个叶片的变桨电机与此完全相同。

图 4-9　变桨电机示意图

至于变桨电机的控制方式视所选伺服电机的类型而定。

直流伺服电机控制简单，技术成熟，价格相对较便宜，较容易实现，因此目前国内的电动变桨型风电机组上主要使用了直流伺服电机；但直流伺服电机带有碳刷，容易磨损，不便于维护，磨损的碳刷粉可能造成轮毂内的污染。三相交流异步电动机和永磁式三相交流同步电动机结构简单，但是控制上稍微复杂一些，控制器成本也略高，控制器一般为小型变频器（交流供电时）或逆变器（直流供电时），控制方式大多采用数字化 DSP 矢量控制，目前在国内少数电动变桨型风电机组上使用。

2. 系统结构

电动变桨系统的结构基本由以下九个部分组成。

（1）变桨电机——伺服电动机。伺服电动机为变桨机构提供动力。伺服电动机又称执行电动机，在自动控制系统中，用作执行元件，它把所收到的电信号转换成电动机轴上的角位移或角速度输出，分为直流和交流伺服电动机两大类。

伺服电动机如图 4-10 所示。在选择伺服电动机时，有以下要求：

图 4-10　伺服电机

1）速度和位置精度要非常准确。

2）将电压信号转化为转矩和转速以驱动控制对象，当信号电压为零时无自转现象，转速随着转矩的增加而匀速下降。

3）响应速度快。

4）启动转矩大，有较高的过载系数。

5）功率密度大（功率大概在几千瓦），体积小，重量轻，便于安装。

（2）减速齿轮箱——减速器。减速器的作用就是放大变桨电机的输出力矩，并降低驱动轴转速，使减速器的输出齿轮与叶根轴承的内齿圈在力矩和转速上的匹配。

（3）限位传感器。限位传感器一般采用行程开关，因此又称为限位开关，如图4-11所示，为电动变桨机型的两个限位开关。对于不同型号风电机组，其限位传感器的安装位置和安装数量都有差别，触发方式也有区别，但大多数都采用了行程开关，行程开关被触发时会向变桨控制器反馈一个开关量信号，控制器则会根据预先设定好的程序做出反应。

（4）位移传感器。位移传感器一般采用旋转编码器，测量精度可达到0.01度以上，有时也采用测速电机。图4-12所示为国内某1.5MW风电机组的变桨系统位移传感器。

图4-11　限位开关

图4-12　位移传感器

（5）后备电源。变桨系统必须保证在系统因故障失电时，能够将叶片调整为顺桨位置，因此变桨电机需要有后备的驱动电源和控制电源，一般的电动变桨型风电机组都配备有专门的电池柜和UPS电源，电池柜内部安装蓄电池或者超级电容，可以充电重复使用。

（6）制动器。制动器一般要求有失电保护的功能，因此控制系统设定的控制逻辑是：系统正常时，由电磁吸合装置（电磁铁）得电，通过电磁力使制动器放开。在系统遇到故障失电时，电磁吸合装置因失电而失去磁力，制动器在弹簧拉力下动作，起到制动作用。现在常用的是安装在电机非轴伸端端盖上的电磁失电制动器，在失电时制动器能自动抱闸。

（7）控制电路——控制柜。控制电路包括变桨电机的控制器、后备电源、通信设备等。

（8）辅助设备。包括冷却、加热和润滑等设备。主要包括伺服电动机的冷却风扇，在高寒地区时变桨控制柜的加热设备，以及叶根轴承、传动齿轮的润滑等。变桨控制柜如图4-13所示。

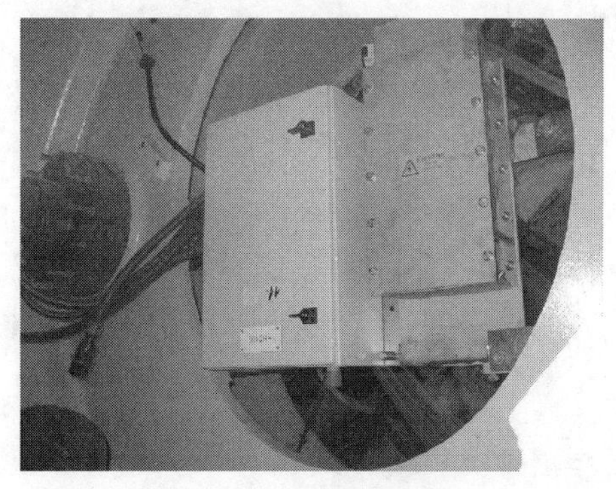

图4-13　变桨控制柜

（9）叶片根部的力矩传动机构。叶片

在随风轮旋转的过程中，叶根所受的力比较复杂，主要包括离心力、重力、风阻力以及不规则阵风引起的各个方向的径向力等。为了保证叶片与轮毂连接可靠，并能很好地实现变桨，一般采用四点接触球轴承进行连接。

四点接触球轴承相当于两套单列角接触球轴承，不但能够承受双同推力软荷、径向载荷，还能承受倾覆力矩，特别适合于受力状态复杂而空间位置和质量又受到限制的情况。

叶根轴承的内圈（或外圈）与叶片根部通过螺栓紧固，轴承外圈（或内圈）与轮毂通过螺栓紧固，其中与叶片连接的轴承内圈（或外圈）通过齿轮或者齿形带与减速器连接成传动链。其中通过齿轮形成传动链的，就是电动机—减速器—齿轮传动形式；通过齿形带形成传动链的则是电动机—减速器—齿形带传动形式。

电动机—减速器—齿形带传动式变桨结构，由于齿形带两端固定在叶根轴承的两侧上，当叶片变桨达到设定的极限角度时，驱动齿轮也达到了齿形带的末端，所以这种变桨形式可以防止变桨系统的过度调节。

4.1.3.3　液压变桨系统

1. 工作原理

液压变桨的基本原理是：通过液压站阀门控制变桨油路中液压油的流速、流量和流向；液压油的流速、流量和流向直接反应为液压缸中油量的变化快慢、变化多少和变化方向，进而反应为液压缸活塞运动的快慢、行程和方向；活塞连杆的前后运动通过曲柄连杆机构转换为叶片的旋转运动，达到变桨目的。即通过对油路中液压油的流速、流量和流向的控制来达到对叶片旋转的快慢、角度和方向的控制。其中，控制变桨回路液压油流速、流量和流向的主要装置是电液比例阀，同时为了提高控制精度，一般都在液压缸尾部安装有位移传感器，以实现对位置的闭环控制。

图 4-14　液压站

2. 系统结构

液压变桨系统的基本结构包括液压站、比例阀、变桨液压缸、连杆曲柄机构、位移传感器以及顶部控制柜。此外，比例阀的给定信号一般从顶部控制柜给出，顶部控制柜内装有 PLC、工控机或者其他信号处理器，通过对各种测量信号进行处理给出正确的叶片角度信号。液压变桨系统的基本结构由以下部分组成：

(1) 液压站。液压站为变桨油路提供油压力，是变桨机构的动力来源。图 4-14所示为目前常见的液压变桨型风电机组的液压站。

（2）比例阀。比例阀是控制叶片角度的核心装置，一般安装在液压站主模块上，有时也安装在其他位置，比如安装在变桨液压缸的附近，它与其他液压阀门配合完成变桨的所有功能。

（3）变桨液压缸。变桨液压缸是变桨过程的动力机构，在液压站油压力的作用下，液压缸内的活塞杆做前后的轴向直线运动。

（4）连杆曲柄机构。连杆曲柄机构是一整套机械传动部件，其功能是将液压缸活塞杆的前后直线运动传递到轮毂内，并转化为叶片的旋转运动。主要包括两大部分：穿过齿轮箱以及主轴的部分和轮毂内的部分。前者主要是连杆部件，负责将力矩传递到轮毂中。防旋转部件的作用是防止风轮旋转时带动液压缸活塞杆一起旋转，损坏液压缸气密性。

轮毂内的曲柄连杆机构包括三脚架和悬臂曲柄，它的作用是将变桨连杆的轴向直线运动转换为叶片的旋转运动。

（5）位移传感器。比例阀中的位移传感器一般都集成在比例阀内部，检测阀芯的位移、位置。用于检测叶片角度的位移传感器则安装在变桨液压缸的尾部，直接检测液压缸活塞的位移和位置信号，再通过简单的比例关系换算为叶片的角度。图4-15所示为常用的位移传感器。

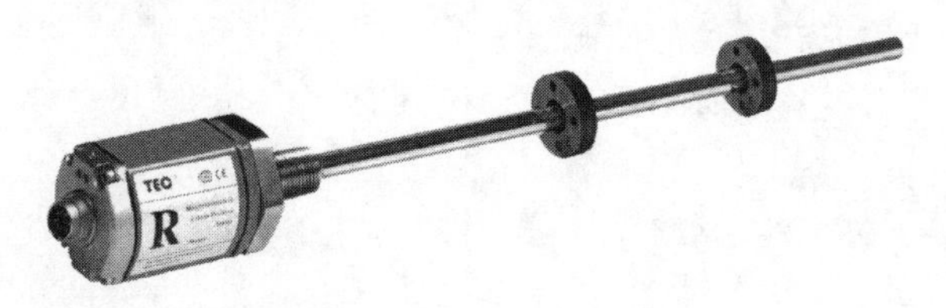

图4-15　位移传感器

（6）顶部控制柜。顶部控制柜又称塔顶柜，液压变桨的执行机构从塔顶柜内的PLC（或工控机）接收变桨控制命令。液压变桨是目前较常见的一种变桨形式，如Vestas、Dewind、Gamesa等公司大都采用了液压变桨形式。液压变桨形式技术比较成熟，刚度大，传动转矩大，轮毂内基本不存在电磁兼容问题，抗雷击性能好。

3. 液压传动方式的优点

（1）在同等的体积下，液压装置能比电气装置产生出更大的动力，因为液压系统中的压力可以比电枢磁场中的磁力大出30～40倍。在同等功率的情况下，液压装置的体积小、重量轻、结构紧凑，液压马达的体积和重量只有同等功率电动机的12%左右。

（2）液压装置工作比较平稳。由于重量轻、惯性小、反应快，液压装置易于实现快速启动、制动和频繁的换向。液压装置的换向频率，在实现往复回转运动时可达500次/min，实现往复直线运动时可达1000次/min。

（3）液压装置能在大范围内实现无级调速范围（调速范围可达2000r/min），还可以在液压装置运行的过程中进行调速。液压传动容易实现自动化，因为它对液体的压力、流量或流动方向进行控制或调节，操纵很方便。当液压控制和电气控制或气动控制结合在一起使用时，能实现复杂的顺序动作和远程控制。

(4) 液压装置易于实现过载保护。液压缸和液压马达都能长期在失速状态下工作而不会过热，这是电气传动装置和机械传动装置无法做到的，液压件能自行润滑，使用寿命较长。

(5) 由于液压元件已实现了标准化、系列化和通用化，液压系统的设计、制造和使用都比较方便，液压元件的排列布置也具有较大的机动性。

(6) 用液压传动来实现直线运动远比用机械传动简单。

4. 液压传动方式的缺点

(1) 液压传动不能保证严格的传动比，这是由液压油的可压缩性和泄漏等因素造成的。

(2) 液压传动在工作过程中常有较多能量损失（摩擦损失、泄漏损失等），用作远距离传动时更是如此。

(3) 液压传动对油温的变化比较敏感，它的工作稳定性很易受到温度的影响，因此它不宜在很高或很低的温度下工作。

(4) 为了减少泄漏，液压元件在制造精度上的要求较高，因此造价较贵，而且对油液的污染比较敏感。

(5) 液压传动要求有单独的能源。

(6) 液压传动出现故障时不易找出原因。

4.1.4　风电机组液压系统

1. 基本原理

一个完整的液压系统由五个部分组成，即动力元件、执行元件、控制元件、辅助元件（附件）和液压油，具体作用如下：

(1) 动力元件的作用是将原动机的机械能转换成液体的压力能，指液压系统中的油泵，它向整个液压系统提供动力。液压泵一般有齿轮泵、叶片泵和柱塞泵三种。

(2) 执行元件（如液压缸和液压马达）的作用是将液体的压力能转换为机械能，驱动负载作直线往复运动或回转运动。

(3) 控制元件（即各种液压阀）在液压系统中控制和调节液体的压力、流量和方向。根据控制功能的不同，液压阀可分为压力控制阀、流量控制阀和方向控制阀。压力控制阀又分为溢流阀（安全阀）、减压阀、顺序阀、压力继电器等。

流量控制阀包括节流阀、调整阀、分流集流阀等。方向控制阀包括单向阀、液控单向阀、梭阀、换向阀等。根据控制方式不同，液压阀可分为开关式控制阀、定值控制阀和比例控制阀。

(4) 辅助元件包括油箱、滤油器、油管及管接头、密封圈、快换接头、高压球阀、测压接头、压力表、油位油温计等。

(5) 液压油是液压系统中传递能量的工作介质，有各种矿物油、乳化液和合成型液压油等类型。

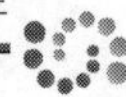

2. 常用元器件

(1) 电磁阀。电磁阀里有密闭的腔，在不同位置开有通孔，每个孔都通向不同的油管，腔中间是阀，两面是两块电磁铁，哪面的磁铁线圈通电阀体就会被吸引到哪边，通过控制阀体的移动来挡住或漏出不同的排油孔，而进油孔是常开的，液压油就会进入不同的排油管，然后通过油的压力来推动油缸活塞，活塞又带动活塞杆，活塞杆带动机械装置动作，这样通过控制电磁铁的电流就控制了机械运动。

(2) 液压泵。轮泵是液压系统中广泛采用的一种液压泵，它一般做成定量泵，按结构不同，齿轮泵分为外啮合齿轮泵和内啮合齿轮泵，而以外啮合齿轮泵应用最广。

(3) 单向阀。液压系统中常见的单向阀有普通单向阀和液控单向阀两种。

(4) 比例阀。比例阀的基本工作原理：首先，根据输入电信号电压值的大小，通过电放大器，将该输入电压信号（一般在0～±9V之间）转换成相应的电流信号(1mV＝1mA)；然后，用这个电流信号作为输入量被送入比例电磁铁，从而产生和输入信号成比例的输出量——力或位移。该力或位移作为输入量加给比例阀，后者产生一个与前者成比例的流量或压力。通过这样的转换，一个输入电压信号的变化，不但能控制执行元件和机械设备上工作部件的运动方向，而且可对其作用力和运动速度进行无级调节。此外还能对相应的时间过程，如在一段时间内流量的变化、加速度的变化或减速度的变化等进行连续调节。

按用途和工作特点的不同，比例阀可分为比例压力阀（如比例溢流阀、比例减压阀、比例顺序阀)、比例流量阀（如比例节流阀、比例调速阀）和比例方向流量阀（如比例方向节流阀、比例方向调速阀)，其主要特点如下：

1) 能实现自动控制、远程控制和程序控制。

2) 能把电的快速灵活等优点与液压传动功率大等特点结合起来。

3) 能连续地、按比例地控制执行元件的力、速度和方向，并能防止压力或速度变化及换向时的冲击现象。

4) 简化了系统，减少了元件的使用量。

(5) 液控阀。液压传动中用来控制液体压力、流量和方向的元件。其中控制压力的称为压力控制阀，控制流量的称为流量控制阀，控制通、断和流向的称为方向控制阀。

(6) 蓄能器。蓄能器的功能主要是储存油液多余的压力能，并在需要时释放出来。在液压系统中蓄能器常用来在短时间内供应大量压力油液、维持系统压力、减小液压冲击或压力脉动。蓄能器主要有弹簧式和充气式两大类。

(7) 溢流阀。溢流阀的主要作用是对液压系统定压或进行安全保护。几乎在所有的液压系统中都需要用到它，其性能好坏对整个液压系统的正常工作有很大影响。

(8) 液压缸。液压缸又称为油缸，它是液压系统中的一种执行元件，其功能就是将液压能转变成直线往复式的机械运动。

4.1.5　风电机组刹车制动系统

制动装置或称刹车机构，是风电机组非常重要的附属部件，刹车常用于安全系统，也用于静止或正常运行时，它保证风电机组在维修或大风期间风轮处于制动状态。

丹麦标准 DS 472［基于四种地形等级下不同极限风速的设计标准，其范围从非常平缓的地势（宽阔的水面）到崎岖不平的地势（例如，建筑区）］和 GL 标准（Germanischer Llogd 的《风能转换系统的认证准则》，通常称为 GL 准则，采用了与 IEC 61400—1 一样的风电机组分类方法的风电机组设计准则）都要求风电机组有两套独立的制动系统。另外，IEC 61400—1 并没有要求提供两套制动系统（声明保护系统应包括一套以上能使风轮达到静止或空转状态的系统），但它要求在任何非安全保护系统部件失效后保护系统仍然能够保持有效地工作。

IEC 61400—1 和 GL 标准要求风电机组至少有一套制动系统作用于风轮或低速轴上，而 DS 472 进一步要求必须有一套空气动力制动系统。

一般常采用机械的、电气的或空气动力刹车，形式不同，但它必须有很高的可靠性，使风轮回到静止位置。

在实际应用中，空气动力制动和机械制动两种都要提供。但是，如果每个叶片都有独立的空气动力制动系统，而且每个空气动力制动系统都可以在电网掉电的情况下使风电机组减速，那么就不必为此设计机械制动器。此时机械制动器的功能只是使风轮静止，即停车，因为空气动力不能使风电机组停车。

4.1.5.1　空气动力学制动系统

空气动力刹车安装在叶片上，一般采用叶尖刹车或阻尼板形式，它常用于失速调节式风电机组的超速保护。当机械刹车不能或不足以刹车时，它可作为机械刹车的补充。

与机械刹车相对的叶片空气动力刹车，它并不是使叶片静止下来，而是使转速限定在允许范围内。它通过叶片形状的改变使气流受阻碍，如叶片部分旋转 90%，产生阻力。最早的风电机组有的采用降落伞或在叶片的上面或下面加装阻流板达到空气动力刹车的目的，如 45m 直径的 NEWECS 荷兰风电机组。空气动力刹车系统作为第二个安全系统，常通过超速时的离心起作用。

空气动力刹车可以是可逆转或不可逆转的。在转速下降时，空气动力刹车能自动返回，那么它可在某一运行范围内来回作用。若经常动作或由此产生力，会产生机构的损坏。空气动力刹车在并网机中作为二次安全系统，它的先期投入使得机械刹车不起作用。在这种情况下，刹车是不可逆转的，风电机组允许在运行中对这种情况预先有所了解。

在独立运行中，风轮转速不是在很宽的范围内（发电机的滑差），风轮可以允许短时间超速，这种情况是允许的，即空气动力刹车可单独继续进行，它应该预先检测经常刹车切出的情况。

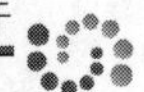

1. 主动变桨距控制(变桨距风电机组)

变桨距风电机组通过对桨距角的主动控制可以克服定桨距/被动失速调节的许多缺点。桨距角最重要的应用是功率调节,桨距角的控制还有其他优点。当风轮开始旋转时,采用较大的正桨距角可以产生一个较大的启动力矩。停机的时候,经常使用90°的桨距角,因为在风轮刹车制动时,这样做使得风轮的空转速度最小。在90°正桨距角时,叶片称为“顺桨”。桨距角控制主要的缺点是可靠性差和成本高。在功率的调节方面既可以通过对桨距角的调节产生失速,又可以通过对桨距角的调节来顺桨或者通过减少攻角来减少叶片上的升力。

变桨距风电机组达到额定功率时,随着桨距角的增加攻角会减小。攻角的减小将使升力和力矩减小,气流仍然附着在叶片上。高于额定功率时,桨距角所对应的功率曲线与额定功率曲线相交,在交点处为所必需的桨距角,用以维持相应风速下的额定功率,同时桨距角随着风速的变化逐渐增大,而且通常比桨距角失速的方式所需要的大得多。在阵风的情况下,需要大的桨距角调节来保持功率恒定,而叶片的惯性将限制控制系统反应的速度。

如果阵风发生在风速高于额定风速时,由于叶片仍然没有失速,攻角和升力都会产生很大的变化,因此叶片上的阵风载荷比叶片上的失速载荷还要更严重。顺桨调节方法的优点是气流仍然附着在叶片上,并提供恰当的正阻尼。顺桨在刹车和启动时也是相当有用的,变桨距风电机组顺桨调节方法是更好地进行桨距角控制的主要方式,因为叶片载荷与失速型叶片的相比可以进行更可靠的估计。

叶片变桨距到顺桨(即将叶片弦顺着风向)形成一个高效的空气动力制动方法。叶片变桨距速度为10°/s就足够了,这也是功率控制的要求。在风电机组启动和功率控制中使用变桨距控制可以克服潜在的危险。

依靠变桨距控制来实现紧急制动的风电机组中,每个叶片需要独立制动,而且所有叶片都要满足“失效—保护”运行要求,即来自机舱的电源或穿过低速轴的液压驱动要求瞬间切断。在液压制动情况下,压力油一般存放在轮毂中的蓄能器里。

2. 叶尖顺桨(定桨距风电机组)

空气动力刹车安装在叶片上,与变桨距不同主要是限制过功率的作用。它常用于失速机超速保护,此时机械刹车不能或不足以刹车时,它属于机械刹车的补充系统。

对于失速型风电机组来说,叶尖的顺桨控制已经成为空气动力学制动的标准形式。典型的形式,叶尖安装在叶尖转轴上,如图4-16所示,并在正常运行时用液压缸拉紧抵消离心力。一旦释放液压(由控制系统触发或直接由超速传感器触发),叶尖在离心力作用下向外飞出,并同时通过螺杆变距到顺桨状态。叶尖的长度一般大约为叶片半径的15%。

控制系统触发叶尖动作的能力是非常重要的。在许多早期设计中,叶尖仅受离心力作用,因此它们不工作时就不会有超速现象。当偶然需要运行时结果会有卡停

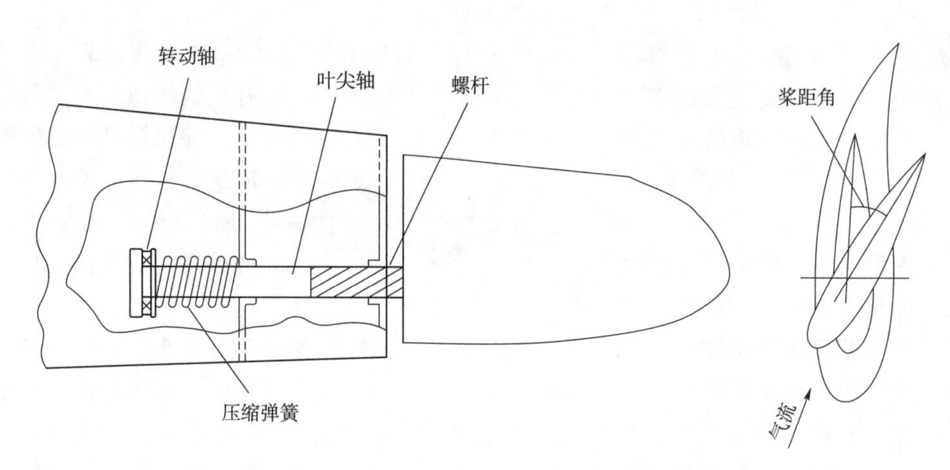

图4-16　叶尖的被动控制（在叶尖轴上使用螺杆和弹簧）

的危险发生。现在普遍的设计可以使控制系统作用于叶尖，系统可以按程序自动进行检测，其缺点就是低速轴需要打孔给液压缸供压。

4.1.5.2　机械制动系统

1. 制动任务

在正常情况下，一般不需要紧急停机，在投入制动装置之前，风轮通过空气刹车把速度减到一个非常低的速度，这时所需要的制动转矩也大大降低。考虑到在制动系统中，尤其是对齿轮箱减少载荷能够带来的种种好处，一些制造商特意减少了正常停机时的制动转矩。这通常可以利用“弹簧施加，液压释放”的制动钳，当制动时，液压制动器允许液压油通过一个压力释放阀从液压缸中流出，以至于液压力降低到还原水平。在风轮停止转动以后，剩余的液压力被释放出来，此时制动转矩上升到满载。

风电机组按照其采用的制动原理，机械制动可以完成多种任务。对于机械制动最小的要求是停机制动，以便机组在维修时可以停机。制动在大部分机组设计中也可以用来在高风速下停机，以便将风轮带到静止状态，同时在低风速停机情况下也一样。起初利用空气动力来制动风轮，因此机械制动转矩能够非常低。然而，IEC 61400-1标准中要求机械制动能够在任何风速低于每年一遇3m/s的阵风时，将风轮从危险的空载状态带动至完全停止。

如果要求机械制动在空气动力制动系统完全失败时能够制动风轮，那么就有两种配置策略值得考虑：可以检测到空气动力系统失效导致超速时起作用，可以作为标准紧急事件停机程序和空气动力制动同时作用。前一个策略的优势在于机械制动即使以此方式使用过也是极少的。因此当实际使用时，一些衬垫甚至制动盘损伤都能减少。如果制动设备安装在高速轴上，齿轮箱的疲劳负荷会得到减小。另外，如果机械制动在严重超速发生前作用，那么在空气动力制动失效发生时机械制动要克服的空气动力转矩将会较小。

最严重的紧急制动情况将出现在风速大于额定风速，且在发电情况下电网突然

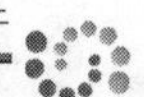

掉电时。对于变桨距调节风电机组，最大超速发生在额定风速时电网掉电的情况下，这时空气动力转矩随着转速的变化率下降，并且在更高风速下变成负数。相反的，如果变桨距装置失灵了，制动情况在切出或更大的风速时变得更加严重，因为更大的空气动力转矩随着风轮的减速和攻角增加而上升了。对于失速型风电机组，危险风速一般是在额定风速和切出风速之间的一个中间值。

前面提到，在有独立驱动器的气动刹车系统中，机械刹车需要的功能只是使风电机组停机制动。但是，在变桨距控制中，只是由一个驱动器来控制叶片的位置，完全独立制动必须由机械制动来提供。许多失速型风电机组制造商安装独立的叶尖制动来协助机械制动使风电机组停止转动，这样可以满足一些国家必须具备两套不同类型的独立制动系统的要求。

典型的风电机组制动器由一个钢制刹车盘和一个或多个与钢制刹车盘作用的刹车钳组成。圆盘可以固定在风轮主轴上（即低速轴），也可以在齿轮箱和发电机之间的轴上（高速轴），后者更加普遍，但该方式明显的缺点是齿轮箱的传动链承受制动力矩，这可能会使齿轮额定转矩等级增加50%，还要取决于制动使用的频率。另一个因素是由于产生的离心力很大，对安装在高速轴上的刹车盘的品质要求更高。

制动系统总是处于准备工作状态，这样就可以随时根据实际情况对机组进行制动，或者由液压系统解除制动。

空气动力制动性能优于机械制动，所以通常风电机组停机时，都优先选择空气动力制动。

2. 机械刹车设备

风电机组的机械刹车分为两种刹车形式，即运行刹车和紧急刹车。运行刹车是指在风机正常运行状态下的刹车，例如失速调节式风电机组在切出时从运行到停止，需要一个机械刹车。紧急刹车是指在事故状态时的刹车，很少使用。两种刹车常用于维护时的风轮制动。目前风电机组生产厂家一般采用刹车盘与刹车卡钳摩擦制动，刹车盘有的安装在高速轴，有的安装在低速轴。在低速轴刹车，刹车力矩直接作用在风轮上，不对齿轮箱产生冲击载荷，可靠性高，但刹车力矩比较大。在高速轴上刹车，刹车力矩小，但对齿轮箱有冲击载荷，可靠性差。考虑到安全性，失速调节型风电机组一般采用低速轴刹车，变桨距调节风电机组一般采用高速轴刹车。高速轴刹车片如图4-17所示。两种刹车方式的优缺点如下：

图4-17 高速轴刹车片

（1）低速轴上刹车的优点：①高可靠性刹车直接作用在风轮上；②刹车力矩不会变成齿轮箱载荷。

（2）低速轴上刹车的缺点：①需要很大的刹车力矩才能将低速轴刹住；②多数情况要采用非集成风轮支撑的齿轮箱。

（3）高速轴上刹车的优点：①刹车力

矩小，由于齿轮箱的变比是使其变小的原因；②齿轮箱可带集成风轮支撑。

（4）高速轴上刹车的缺点：①刹车力矩对齿轮箱有载荷冲击；②安全性差。

刹车系统应该按照“保证故障情况下的安全（失效）”的原则来设计。液压、空气动力或电器刹车都要消耗电能，机械刹车的散热以及定期维护也会损失电能，刹车片在运行刹车之前必须（即实时）用传感器测量其厚度，以保证风电机组的安全性。

在高速轴上刹车，由于动态中刹车不均匀会产生齿轮箱的过载。比如在滑动摩擦到刹车最后的紧摩擦，最后的情况是叶片不连贯停顿，整个转动惯量，由于动态特性在齿轮箱的齿上来回摆动。为避免这种情况并保护刹车片，刹车力矩应调节并在整个刹车过程中保持柔性过程。

一般后刹车只用一个刹车托梁包围刹车，它会产生轴支撑载荷以及径向的作用力，最好用两个托架相对排列，避免轴承的径向力。

3. 机械制动装置

风电机组主驱动链上的制动装置既是安全系统又是控制系统的执行机构。制动包括机械制动、气动制动和发电机制动。风电机组必须有一套或更多的制动装置能在任何运行条件下使风轮静止或空转。风电机组的机械制动装置的特点如下：

（1）机制制动器的分类和特点。机械制动装置是一种借助摩擦力使运动部件减速或直至静止的装置，按驱动方式可分为气动、液压、电磁及手动等形式。按工作状态分，制动装置可分为常闭式和常开式。常闭式制动装置靠弹簧或重力的作用经常处于制动状态，而机构运行时，则用人力或松闸器使制动器松开。与此相反，常开式制动装置则经常处于释放状态，只有施加外力时才能使其合闸。机械制动器按其制动方式和制动力源的不同分类，表 4 - 3 列出了各类常用机械制动器的性能特点及应用。

表 4 - 3　　常用机械制动器的性能特点及应用

序号	制动器名称	特点及应用
1	外抱块式制动器	构造简单可靠，散热好。闸瓦块有充分和较均匀的退距，调整间隙方便。对于直形制动臂，制动转矩大小与转向无关，制动轮轴不受弯曲作用力。但包角和制动转矩小，制造比带式制动器复杂，杠杆系统复杂，外形尺寸大。适用于工作频繁及空间较大的场合
2	内涨蹄式制动器	两个内置的制动蹄在径向向外挤压制动鼓，产生制动转矩。其结构紧凑，散热性好，密封容易。可用于安装空间受限制的场合，广泛用于轮式起重机和各种车辆
3	带式制动器	构造简单紧凑，包角大（可超过 2π），制动转矩大。制动轮轴受较大的弯曲作用力，制动带的比压和磨损不均匀。带式制动器的转矩大小与旋转方向有关，散热性差，限制了应用范围。适用于大型机器要求结构紧凑的制动，如用于移动式起重机

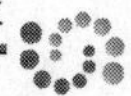

续表

序号	制动器名称	特点及应用
4	盘式制动器	利用轴向压力使圆盘或圆锥形摩擦表面压紧，实现制动。制动轮轴不受弯曲，构造紧凑。与带式制动器相比，摩擦较均匀，制动转矩大小与旋转方向无关，易于制成封闭式防尘防腐。摩擦面散热条件次于块式和带式，温度较高。适用于紧凑性要求高的场合，如车辆的车轮和电动葫芦
5	载荷自制盘式制动器	靠重物自重在机构中产生的内力制动，它能保证重物在升降过程中平稳下降和安全悬吊。主要用于提升设备及起重机械的起升机构
6	磁粉制动器	是一种非摩擦式制动器，主要利用磁粉磁化时所产生的剪力来制动。体积小，重量轻，励磁功率小且制动转矩与转动件的转速无关。但磁粉会引起零件磨损。适用于自动控制及各种机器的驱动系统
7	磁涡流制动器	主要利用电涡流产生的磁力制动，坚固耐用，维修方便，调速范围大。但低速时效率低，温升高，必须采取散热措施。常用于有垂直负载的机械中（如起重机械的起升机构），吸收停车前的动能，以减轻停止式制动器的负载

(2) 盘式制动器。在风电机组中，最常用的机械制动器有盘式、液压式、常闭式制动器。其中，盘式制动器沿制动盘轴向施力，被制动轴不受弯矩，且径向尺寸小，制动性能稳定。

4.2 风电机组的控制技术

4.2.1 风电机组控制系统的基本组成

控制系统贯穿到风电机组的每个部分，相当于风电系统的神经。因此控制系统的好坏直接关系到风电机组的工作状态、发电量的多少以及设备的安全。目前风电有待解决的两个问题是发电效率和发电质量。这两个问题都和风电机组控制系统密切相关。对此，国内外学者进行了大量的探索和研究，现代控制技术和电力电子技术的发展为风电机组控制系统的研究提供了技术基础。

对于不同类型的风电机组控制单元有所不同，但由于发电机的结构或类型不同而使得控制方法不同，从而形成多种结构和控制方案。在大多数情况下，风电机组控制系统由传感器、执行机构和软/硬件处理器系统组成，其中处理器系统负责处理传感器输入信号，并发出输出信号控制执行机构的动作。传感器一般包括风速仪、风向标、转速传感器、电量采集传感器、桨距角位置传感器、各种限位开关、振动传感器、温度和油位指示器、液压系统压力传感器、操作开关、按钮等。

执行机构一般包括液压驱动装置或电动变桨距执行机构、发电机转矩控制器、发电机接触器、刹车装置和偏航电机等。

处理器系统通常由计算机或微型控制器和可靠性高的硬件安全链组成，以实现风电机组运行过程中的各种控制功能，同时必须满足当严重事故发生时，能够保障

风电机组处于安全的状态。

风电机组控制系统的基本目标分为三个层次，即保证风电机组安全可靠运行、获取最大能量和提供高质量的电能。控制系统主要由各种传感器、变桨距系统、主控制器、功率输出单元、无功补偿单元、并网控制单元、安全保护单元、通信接口电路、监控单元等组成。具体控制内容有信号的数据采集和处置、自动解缆、并网和解列控制、停机制动控制、安全保护系统、就地监控、远程监控等。不同类型的风电机组控制单元的组成有所不同，风电机组控制系统结构示意图如图 4 - 18 所示。

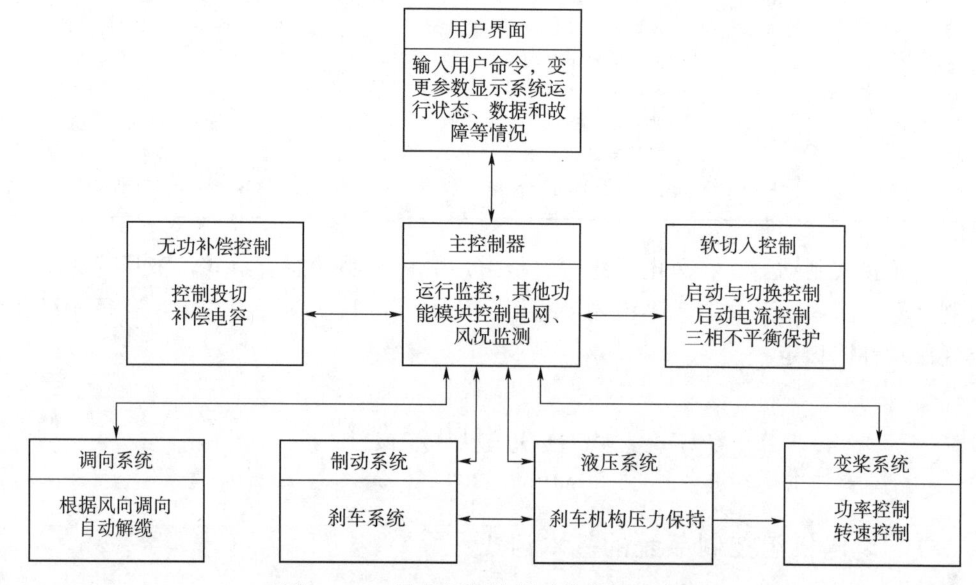

图 4 - 18　风电机组控制系统结构示意图

针对上述结构，目前绝大多数风电机组的控制系统都采用集散型或称分布式控制系统（DCS）工业控制计算机。采用分布式控制的最大优点是许多控制功能模块可以直接布置在控制对象的位置，就地进行采集、控制、处理，避免了各类传感器、信号线与主控制器之间的连接。同时 DCS 现场适应性强，便于控制程序现场调试及在机组运行时随时修改控制参数，并与其他功能模块保持通信，发出各种控制指令。目前计算机技术突飞猛进，更多新的技术被应用到了 DCS 之中。PLC 是一种针对顺序逻辑控制发展起来的电子设备，由于其功能强大，很多厂家已开始采用 PLC 构成控制系统。20 世纪 90 年代中期以后现场总线技术（FCS）发展迅速，由此可见，基于现场总线的 FCS 将取代 DCS 成为控制系统的主角。

4.2.2　基本控制要求

控制与安全系统是风电机组安全运行的大脑指挥中心，控制系统的安全运行保证了机组安全运行，通常风电机组运行所涉及的内容相当广泛，就运行工况而言，包括启动、停机、功率调解、变速控制和事故处理等内容。

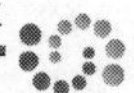

1. 风电机组的控制思想

我国风电场运行的机组多数以定桨距失速型风电机组为主。失速型风电机组就是当风速超过风电机组额定风速时，为确保风电机组功率输出不再增加，导致风电机组过载，通过空气动力学的失速特性，使叶片发生失速，从而控制风电机组的功率输出。定桨距失速型风电机组控制系统的控制思想和控制原则以安全运行控制技术要求为主，功率控制由叶片的失速特性来完成。风电机组的正常运行及安全性取决于先进的控制策略和优越的保护功能。控制系统应以主动或被动的方式控制机组的运行，使系统运行在安全允许的规定范围内，且各项参数保持在正常工作范围内。控制系统可以控制的功能和参数包括功率极限、风轮转速、电气负载的连接、启动及停机过程、电网或负载丢失时的停机、扭缆限制、机舱对风、运行时电量和温度参数的限制。如风电机组的工作风速是采用BIN法计算出10min的平均值，从而确定小风脱网风速和大风切出风速，其中每个参数的极限控制均采用回差法，上行点和下行点不同，视实际运行情况而定。对于变桨距风电机组与定桨距恒速型风电机组控制方法略有不同，即功率调节方式不同，它采用变桨距方式改变风轮能量的捕获，从而使风电机组的输出功率发生变化，最终达到限制功率输出的目的。

保护环节应以失效保护为原则进行设计，即当控制失败，风电机组内部或外部故障引起风电机组不能正常运行时，系统安全保护装置动作，保护风电机组处于安全状态。引起控制系统自动执行保护功能的情况有超速、发电机过载和故障、过振动、电网或负载丢失、脱网时的停机失败等。保护环节为多级安全链互锁，在控制过程中具有“逻辑与”的功能，而在达到控制目标方面可实现“逻辑或”的结果。此外，系统还设计了防雷装置，对主电路和控制电路分别进行防雷保护。控制线路中每一个电源盒信号的输入端均设有防高压元件，主控柜设有良好的接地并提供简单而有效的疏雷通道。

2. 风电机组安全运行的条件

风电机组在启停过程中，各部件将受到剧烈的机械应力的变化，而对安全运行起决定因素的是风速变化引起的转速变化，所以转速的控制是机组安全运行的关键。风电机组的运行是一项复杂的操作，涉及的问题很多，如风速的变化、转速的变化、温度的变化、振动等都将直接威胁风电机组的安全运行。

（1）控制系统安全运行的必备条件。

1）风电机组的开关线侧相序必须与并网电网相序一致，电压标称值相等，三相电压平衡。

2）风电机组安全链系统硬件运行正常。

3）调向系统处于正常状态，风速仪和风向标处于正常运行的状态。

4）制动和控制系统液压装置的油压、油温和油位在规定范围内。

5）齿轮箱油位和油温在正常范围内。

6）各项保护装置均在正常位置，并且保护值均与批准设定的值相符。

7）各控制电源处于接通位置，监控系统显示正常运行状态。

8）在寒冷和潮湿地区，停止运行一个月以上的风电机组投入运行前应检查绝缘装置，合格后才允许启动。

9）经维修的风电机组控制系统在投入启动前，应办理工作票终结手续。

（2）风电机组工作参数的安全运行范围。

1）风速。自然界风的变化是随机且没有规律的，当风速在 3～25m/s 的规定工作范围时，只对风电机组的发电有影响，当风速变化率较大且风速超过 25m/s 以上时，则会对机组的安全性产生威胁。

2）转速。风电机组的风轮转速通常低于 40r/min，发电机的最高转速不超过额定转速的 30%，不同型号的风电机组数值不同。当风电机组超速时，对其安全性将产生严重威胁。

3）功率。在额定风速以下时，不做功率调节控制，只有在额定风速以上应作限制最大功率的控制，通常运行安全最大功率不允许超过设计值的 20%。

4）温度。运行中风电机组的各部件运转将会引起升温，通常控制器环境温度应为 0～30℃，齿轮箱油温小于 120℃，发电机温度小于 150℃，传动等环节温度小于 70℃。

5）电压。发电电压允许的范围在设计值的 10%，当瞬间值超过额定值的 30%时，视为系统故障。

6）频率。风电机组的发电频率限制在（50±1）Hz，否则视为系统故障。

7）压力。风电机组的许多执行由液压执行机构完成，所以各液压站系统的压力必须监控，由压力开关设计额定值来确定，通常低于 100MPa。

（3）系统的接地保护安全要求。

1）配电设备接地，变压器、开关设备和互感器外壳、配电柜、控制保护盘、金属构架、防雷设施及电缆头等设备必须接地。

2）塔筒与地基接地装置，接地体应水平敷设。塔筒内和地基的角钢基础及支架要用截面 25mm×4mm 的扁钢相连作接地干线，塔筒做一组，地基做一组，两者焊接相连形成接地网。

3）接地网形式以闭合环型为好，当接地电阻不满足要求时，克服架外引式接地体。

4）接地体的外缘应闭合，外缘各角要做成圆弧形，其半径不宜小于均压带间距的一半，埋设深度应不小于 0.6m，并敷设水平均压带。

5）变压器中性点的工作接地和保护接线，要分别与人工接地网连接。

6）避雷线宜设单独的接地装置。

7）整个接地网的接地电阻应小于 4Ω。

8）电缆线路的接地电缆绝缘损坏时，在电缆的外皮、铠甲及接线头盒处均可能带电，要求必须接地。

9）如果电缆在地下敷设，两端都应接地。低压电缆除在潮湿的环境须接地外，其他正常环境下不必接地。高压电缆任何情况都应接地。

3. 自动运行的控制要求

（1）机组并网控制。当风速 10min 平均值在系统工作区域内，机械闸松开，

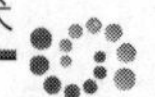

叶尖复位，风力作用于风轮旋转平面上，风电机组慢慢启动；当发电机转速大于20%的额定转速持续5min，转速仍达不到额定转速的60%时，发电机进入电网软拖动状态，软拖方式视机组型号而定。正常情况下，风电机组转速连续增高，不必软拖增速，当转速达到软切转速时，风电机组进入软切入状态；当转速升到发电机同步转速时，旁路主接触器动作，风电机组并入电网运行。对于有大、小发电机的失速型风电机组，按风速范围和功率的大小确定大、小电机的投入。大电机和小电机的发电工作转速不一致，通常为1500r/min和1000r/min，在小电机脱网、大电机并网的切换过程中，要求严格控制，通常必须在几秒内完成切换。

(2) 小风和逆功率脱网。小风和逆功率脱网是将风电机组停在待风状态，当平均风速小于小风脱网风速且达到10min或发电机输出功率负到一定值后，风电机组不允许长期并网运行，必须脱网为自由状态，这时风电机组靠自身的摩擦阻力缓慢停机，进入待风状态；当风速再次上升，风电机组又可自动旋转起来，达到并网转速时并网运行。

(3) 普通故障脱网停机。风电机组运行时发生参数越限、状态异常等普通故障后，风电机组进入气动刹车，软脱网，待低速轴转速低于一定值后，再抱机械闸，如果由于内部因素产生的可恢复故障，计算机可自行处理，无须维护人员到现场，即可恢复正常开机。

(4) 紧急故障脱网停机。当系统发生紧急故障，如风电机组发生飞车、超速、振动及负载丢失等故障时，风电机组进入紧急停机程序，机组投入气动刹车的同时执行90°偏航控制，机舱旋转偏离主风向，转速达到一定限制后脱网，低速轴转速小于一定值之后，抱机械闸。

(5) 安全链动作停机。安全链动作停机指电控制系统软保护控制失败时，为安全起见所采取的硬性停机，叶尖气动刹车、机械刹车和脱网同时动作，风电机组在几秒钟的时间内停下来。

(6) 大风脱网控制。当风速平均值大于25m/s且达到10min时，风电机组可能出现超速和过载，为了机组的安全，这时风电机组必须进行大风脱网停机。风电机组先投入气动刹车，同时偏航90°，等功率下降后脱网，20s后或者低速轴转速小于一定值时，抱机械闸停机。当风速回到工作风速区后，风电机组开始恢复自动对风，待转速上升后，风电机组又重新开始自动并网运行。

(7) 对风控制。风电机组在工作风速区时，应根据机舱的控制灵敏度，确定每次偏航的调整角度。用两种方法判定机舱与风向的偏离角度，根据偏离的程度和风向传感器的灵敏度，时刻调整机舱偏左和偏右的角度。

(8) 偏转90°对风控制。风电机组在大风速或超转速工作时，为了风电机组的安全停机，必须降低风电机组的功率，释放风轮的能量。当平均风速大于25m/s且达到10min时或风电机组转速大于转速超速上限时，风电机组作偏转90°控制，同时投入气动刹车，脱网，转速降下来后，抱机械闸停机。在大风期间实行90°跟风控制，以保证风电机组大风期间的安全。

（9）功率调节。当风电机组在额定风速以上并网运行时，对于失速型风电机组由于叶片的失速特性，发电机的功率不会超过额定功率的 15%。一旦发生过载，必须脱网停机。对于变桨距风电机组，必须进行变桨调节，以减小风轮的捕风能力，以便达到调节功率的目的，通常桨距角的调节范围为 $-2°\sim86°$。

（10）软切入控制。风电机组在进入电网运行时，必须进行软切入控制，当风电机组脱离电网运行时，也必须进行软脱网控制。利用软并网装置可完成软切入/软切出的控制。通常软并网装置主要由大功率晶闸管和有关控制驱动电路组成。控制目的就是通过不断监测机组的三相电流和发电机的运行状态，限制软切入装置通过控制主回路晶闸管的导通角，以控制发电机的端电压，达到限制启动电流的目的。在电机转速接近同步转速时，旁路接触器动作，将主回路晶闸管断开，软切入过程结束，软并网成功。通常限制软切入电流为额定电流的 1.5 倍。

4. 风电机组安全控制保护要求

（1）主电路保护。在变压器低压侧三相四线进线处设置低压配电低压断路器，以实现风电机组电气元件的维护操作安全和短路过载保护，该低压配电低压断路器还配有分动脱扣和辅助触点。

（2）过电压、过电流保护。主电路计算机电源进线端、控制变压器进线端和有关伺服电动机进线端，均设置过电压、过电流保护措施。

（3）防雷设施及熔丝。主避雷器与熔丝，合理可靠的接地线为系统主避雷保护，同时控制系统由专门设计的防雷保护装置。

（4）热继电保护。运行的所有输出运转机构如发电机、电动机、各传动机构的过热、过载保护控制装置。

（5）接地保护。因设备绝缘破坏或其他原因引起出现危险电压的金属部分，均应实现保护接地。

4.2.3　定桨距机组的控制技术

4.2.3.1　定桨距机组的基本运行过程

1. 待机状态

当风速 $v>3\text{m/s}$，但不足以将风电机组拖动到切入的速度，或者风电机组从小功率（逆功率）状态切出，没有重新并入电网，这时的风轮处于自由转动状态，称为待机状态。待机状态除了发电机没有并入电网，风电机组实际上已处于工作状态。这时控制系统已做好切入电网的一切准备，机械刹车已松开，叶尖阻尼板已收回，风轮处于迎风状态，液压系统的压力保持在设定值上。风况、电网和风电机组的所有状态参数均在控制系统检测之中，一旦风速增大，转速升高，发电机即可并入电网。

2. 风电机组的自启动

风电机组的自启动是指风轮在自然风速的作用下，不依靠其他外力的协助，将发电机拖动到额定转速。早期的定桨距风电机组不具有自启动能力，风轮的启动是

在发电机的协助下完成的，这时发电机作电动机运行，通常称为电动机启动（Motor start）。直到现在，绝大多数定桨距风电机组仍具备 Motor start 的功能。由于叶片气动性能的不断改进，目前绝大多数风电机组的风轮具有良好的自启动性能。一般在风速 $v>4\mathrm{m/s}$ 的条件下，即可自启动到发电机的额定转速。

3. 自启动的条件

正常启动前 10min，风电机组控制系统对电网、风况和风电机组的状态进行检测，这些状态必须满足以下条件：

(1) 电网。

1) 连续 10min 电网没有出现过电压、低电压。

2) 电网电压 0.1s 内跌落值均小于设定值。

3) 电网频率在设定范围之内。

4) 没有出现三相不平衡等现象。

(2) 风况。连续 10min 风速在风电机组运行风速的范围内（$3\mathrm{m/s}<v<25\mathrm{m/s}$）。

(3) 风电机组。

1) 发电机温度、增速器油温应在设定值范围以内。

2) 液压系统所有部位的压力都在设定值。

3) 液压油位和齿轮润滑油位正常。

4) 制动器摩擦片正常。

5) 扭缆开关复位。

6) 控制系统 DC 24V、AC 24V、DC 5V、DC ±15V 电源正常。

7) 非正常停机后显示的所有故障均已排除。

8) 维护开关在运行位置。上述条件满足时，按控制程序机组开始执行“风轮对风”与“制动解除”指令。

4. 风轮对风

当风速传感器测得连续 10min 平均风速 $v>3\mathrm{m/s}$ 时，控制器允许风轮对风。

偏航角度通过风向仪测定。当风轮向左或右偏离确定风向时，需延迟 10s 后才执行向左或向右偏航，以避免在风向扰动情况下的频繁启动，释放偏航刹车 1s 后，偏航电动机根据指令执行左右偏航；偏航停止时，偏航刹车投入。

5. 制动解除

当自启动的条件满足时，控制叶尖扰流器的电磁阀打开，压力油进入叶片液压缸，扰流器被收回，与叶片主体合为一体。控制器收到叶尖扰流器已回收的反馈信号后，压力油的另一路进入机械盘式制动器液压缸，松开盘式制动器。

4.2.3.2 定桨距机组运行过程中的主要参数监测

1. 电力参数监测

风电机组需要持续监测的电力参数包括电网三相电压、发电机输出的三相电流、电网频率、发电机功率因数等。无论风电机组是处于并网状态还是脱网状态，这些参数都被监测，用于判断风电机组的启动条件、工作状态及故障情况，还用于统计风电机组的有功功率、无功功率和总发电量。此外，还根据电力参数，主要是发电机有功功率和功率因数来确定补偿电容的投入与切出。

(1) 电压测量。

1) 电网冲击相电压超过 450V，0.2s。

2) 过电压相电压超过 433V，50s；低电压相电压低于 329V，50s。

3) 电网电压跌落相电压低于 260V，0.1s。

4) 相序故障。

对电压故障要求反应较快。在主电路中没有过电压保护，其动作设定值可参考冲击电压整定保护值。发生电压故障时风电机组必须退出电网，一般采取正常停机，而后根据情况进行处理。

电压测量值经平均值算法处理后可用于计算机组的功率和发电量的计算。

(2) 电流测量。关于电流的故障如下：

1) 电流跌落 0.1s 内一相电流跌落 80%。

2) 三相不对称三相中有一相电流与其他两相相差过大，相电流相差 25%；或在平均电流低于 50A 时，相电流相差 50%。

3) 晶闸管故障软启动期间，某相电流大于额定电流或者触发脉冲发出后电流连续 0.1s 为 0。

对电流故障同样要求反应迅速。通常控制系统带有两个电流保护，即电流短路保护和过电流保护。电流保护采用断路器，动作电流按照发电机内部相间短路电流整定，动作时间为 0～0.05s。过电流保护由软件控制，动作电流按照额定电流的 2 倍整定，动作时间为 1～3s。

电流测量值经平均值算法处理后与电压、功率因数合成为有功功率、无功功率及其他电力参数。

电流是风电机组并网时要持续监视的参量，如果切入电流不小于允许极限，则晶闸管导通角不再增大，当电流开始下降后，导通角逐渐打开直至完全开启。并网期间，通过电流测量可检测发电机或晶闸管的短路及三相电流不平衡信号。如果三相电流不平衡超出允许范围，控制系统将发出故障停机指令，风电机组退出电网。

(3) 频率。电网频率被持续测量，测量值经平均值算法处理与电网上、下限频率进行比较，超出时风电机组退出电网。电网频率直接影响发电机的同步转速，进而影响发电机的瞬时出力。

(4) 功率因数。功率因数通过分别测量电压、电流相角获得，经过移相补偿算法和平均值算法处理后，用于统计发电机的有功功率和无功功率。

由于无功功率导致电网的电流增加，线损增大，且占用系统容量，因而送入电网的功率，感性无功分量越少越好，一般要求功率因数保持在 0.95 以上。为此，风电机组使用了电容器补偿无功功率。考虑到风电机组的输出功率常在大范围内变化，补偿电容器一般按不同容量分成若干组，根据发电机输出功率的大小进行投入与切出。这种方式投入补偿电容时，可能造成过补偿，此时会向电网输入容性无功。

电容补偿并未改变发电机运行状况。补偿后，发电机接触器上的电流应大于主接触器电流。

(5) 功率。功率可通过测得电压、电流、功率因数计算得出，用于统计风电机组的发电量。风电机组的功率与风速有固定的函数关系，如测得功率与风速不符，可以作为风电机组故障判断的依据。风电机组功率过高或过低可以作为风电机组退出电网的依据。

2. 风力参数监测

(1) 风速。风速通过机舱外的数字式风速仪测得。计算机每秒采集一次来自风速仪的风速数据，每 10min 计算一次平均值，用于判别启动风速（风速 $v>$ 3m/s 时启动小发电机，$v>$8m/s 时启动大发电机）和停机风速（$v>$25m/s）。安装在机舱顶上的风速仪处于风轮的下风向，本身不精确，一般不用来产生功率曲线。

(2) 风向。风向标安装在机舱顶部两侧，主要测量风向与机舱中心线的偏差角。一般采用两个风向标，以便互相校验，排除可能产生的错误信号。控制器根据风向信号启动偏航系统。当两个风向标不一致时，偏航会自动中断。当风速低于 3m/s 时，偏航系统不会启动。

3. 机组状态参数监测

(1) 转速。风电机组转速的测量点有发电机转速和风轮转速两个。转速测量信号用于控制风电机组并网和脱网，还可用于启动超速保护系统。当风速转速超过设定值 n_1 或发电机转速超过设定值 n_2 时，超速保护动作，风电机组停机。风轮转速和发电机转速可以相互校验。如果不符，则提示风电机组故障。

(2) 温度。有 8 个点的温度被测量，用于反映风电机组的工作状况。这 8 个点包括增速器油温度、高速轴承温度、大发电机温度、小发电机温度、前主轴承温度、后主轴承温度、控制盘温度（主要是晶闸管的温度）、控制器环境温度。由于温度过高引起风电机组退出运行，在温度降至允许值时，仍可自动启动风电机组。

(3) 机舱振动。为了检测风电机组的异常振动，在机舱上应安装振动传感器。传感器由一个与微动开关相连的钢球及其支撑组成。异常振动时，钢球从支撑它的圆环上落下，拉动微动开关，引起安全停机。重新启动时，必须重新安装好钢球。机舱后部还设有叶片振动探测器，过振动时将引起正常停机。

(4) 电缆扭转。由于发电机电缆及所有电气、通信电缆均从机舱直接引入塔筒，直到地面控制柜。如果机舱经常向一个方向偏航，会引起电缆严重扭转，因此偏航系统还应具备扭揽保护功能。偏航齿轮上安有一个独立计数传感器，以记录相对初始方位所转过的齿数。当风轮向一个方向持续偏航达到设定值时，表示电缆已被扭转到危险的程度，控制器将发出停机指令并显示故障。风电机组停机并执行顺时针或逆时针解缆操作。为了提高可靠性，在电缆引入塔筒处（即塔筒顶部）还安装了行程开关，行程开关触点与电缆相连，当电缆扭转到一定程度时可直接拉动行程开关，引起安全停机。

为了便于了解偏航系统的当前状态，控制器可根据偏航计数传感器的报告，记录相对初始方位所转过的齿数显示机舱当前方位与初始方位的偏航角度及正在偏航的方向。

（5）机械刹车状况。在机械刹车系统中装有刹车片磨损指示器，如果刹车磨损到一定程度，控制器将显示故障信号，这时必须更换刹车片后才能启起动风电机组。在连续两次动作之间，有一个预置的时间间隔，使刹车装置有足够的冷却时间，以免重复使用刹车盘过热。根据不同型号的风电机组，也可用温度传感器来取代设置延时程序，这时刹车盘的温度必须低于预置的温度才能启动风电机组。

（6）油位。风电机组的油位包括润滑油位、油压系统油位。

4. 各种反馈信号的监测

控制器在以下指令发出后的设定时间内应收到动作已执行的反馈信号：回收叶尖扰流器、松开机械刹车、松开偏航制动器、发电机脱网及脱网后的转速降落信号。否则将出现相应的故障信号，执行安全停机。

5. 增速器油温的控制

增速器箱体内的一侧装有温度传感器。运行前保持齿轮油温高于 0℃（根据润滑油的要求设定），否则加热至 10℃再运行。正常运行时，润滑油泵始终工作，对齿轮和轴承进行强制喷射润滑。当油温高于 60℃时，油冷却系统启动，油被送入增速器外的热交换器进行自然风冷或强制水冷。油温低于 45℃时，冷却油回路切断，停止冷却。

目前大型风电机组增速器均带有强制润滑冷却系统和加热器，但油温加热器与箱外冷却系统并非缺一不可。

6. 发电机温升控制

通常在发电机的三相绕组及前后轴承里面各装一个温度传感器，发电机在额定状态下的温度为 130～140℃，一般在额定功率状态下运行 5～6h 后达到这一温度。

当温度高于 150℃时，风电机组因温度过高而停机。当温度降落到 100℃以下时，风电机组又会重新启动并入电网（如果自启动条件仍然满足）。发电机的控制点可根据当地情况进行现场调整。

对安装在湿度和温差较大地点的风电机组，发电机内部可安装电加热器以防止大温差引起发电机绕组表面的冷凝。

一般用于风电机组的发电机均采用强制风冷，但新推出风电机组设置了水冷系统。采用强制水冷，大大提高了发电机的冷却效果，提高了发电机的工作效率，并且由于密封良好，避免了舱内风沙雨水的侵入，给风电机组创造了有利的工作环境。

7. 功率过高或过低的处理

（1）功率过低。如果发电机功率持续出现逆功率，其值小于预置值 P，风电机组将退出电网，处于待机状态。脱网动作过程如下：断开发电机接触器，断开旁路接触器，不释放叶尖扰流器，不投入机械刹车。重新切入可考虑将切入预置点自动提高0.5%，但转速下降到预置点以下后升起再并网时，预置值自动恢复到初始状态值。

重新并网动作过程如下：合发电机接触器，软启动后晶闸管完全导通。当输出功率超出 P_0 达3s时，投入旁路接触器，转速切入点变为原定值。功率低于 P_0 时由晶闸管通路向电网供电，这时输出电流不大，晶闸管可连续工作。

(2) 功率过高。一般来说，功率过高现象由两种情况引起。一是由电网频率波动引起的。电网频率降低时，同步转速下降，而发电机转速短时间不会降低，转差较大，各项损耗及风力转换机械能瞬时不突变，因而功率瞬时会变得很大。二是由气候变化，空气密度的增加而引起的。功率过高并持续一定时间，控制系统应做出反应。

8. 风电机组退出电网

由于风速过高引起的风电机组退出电网有以下情况：

(1) 风速高于25m/s，持续10min。

(2) 风速高于33m/s，持续2s，正常停机。

(3) 风速高于50m/s，持续1s，安全停机，侧风90°。

4.2.3.3 定桨距风电机组的基本控制策略

1. 风电机组的状态

(1) 运行状态：①机械刹车松开；②允许风电机组并网发电；③风电机组自动调向；④液压系统保持工作压力；⑤叶尖阻尼板回收或变桨距系统选择最佳工作状态。

(2) 暂停状态：①机械刹车松开；②液压泵保持工作压力；③自动调向保持工作状态；④叶尖阻尼板回收或变桨距系统调整叶片节距角向90°方向；⑤风电机组空转。这个工作状态在调试风电机组时非常重要，由于调试风电机组的目的是要求机组的各种功能正常，而不一定要求发电运行。

(3) 停机状态：①机械刹车松开；②液压系统打开电磁阀使叶尖阻尼板弹出，或变桨距系统失去压力而实现机械旁路；③液压系统保持工作压力；④调向系统停止状态。

(4) 紧急停机状态：①机械刹车与气动刹车同时动作；②紧停电路（安全链）开启，计算机所有输出信号无效；③计算机仍在运行和测量所有输入信号。当紧停电路动作时，所有接触器断开，计算机输出信号被旁路，计算机不能激活任何机构。

2. 工作状态之间转变

当工作状态转换时系统有两种动作，具体如下：

(1) 工作状态层次上升。

1) 紧急→停机。如果停机状态的条件满足，则关闭紧停电路；建立液压工作压力；松开机械刹车。

2）暂停→运行。如果运行的条件满足，则核对风电机组是否处于上风向，叶尖阻尼板回收或变桨距系统投入工作；根据所测转速，发电机是否可以切入电网。

（2）工作状态层次下降。工作状态层次下降包括以下情况：

1）紧急停机。紧急停机又包含了 3 种情况，即停止→紧停、暂停→紧停、运行→紧停。其主要控制指令为：打开紧停电路；置所有输出信号于无效；机械刹车作用；逻辑电路复位。

2）停机。停机操作包含了两种情况，即暂停→停机，运行→停机。其中：①暂停→停机：停止自动调向，打开气动刹车或变桨距机构回油阀（使失压）；②运行→停机：变桨距系统停止自动调节，打开气动刹车或变桨距机构回油阀（使失压），发电机脱网。

3）暂停。暂停操作包括：①如果发电机并网，调节功率降到 0 后通过晶闸管切出发电机；②如果发电机没有并入电网，则降低风轮转速至 0。

3. 故障处理

（1）故障信息。针对不同类型的故障处理，故障信息应包含：故障名称；故障被检测的描述；当故障存在或没有恢复时工作状态层次；故障复位情况（能自动或手动复位，在机上或远程控制复位）。

（2）故障检测。控制系统设在顶部和地面的处理器都能够扫描传感器信号以检测故障，故障由故障处理器分类，每次只能有一个故障通过，只有能够引起风电机组从较高工作状态转入较低工作状态的故障才能通过。

（3）故障记录。故障处理器将故障存储在运行记录表盒报警表中。

（4）对故障的反应。控制系统对故障的反应有：风电机组降为暂停状态；风电机组降为停机状态；风电机组降为紧急停机状态。

（5）故障处理后的重新启动。在故障已被接受之前，工作状态层不可能任意上升。

4.2.4　变桨距风电机组的控制技术

变桨距风电机组又分为主动变桨距控制与被动变桨距控制。主动变桨距控制可以在大于额定风速时限制功率，这种控制的实现是通过将叶片轴方向进行旋转以减小攻角，同时也减小了升力系数。被动变桨距控制是一种令人关注的可替代主动变桨距限制功率的方式，其思路是将叶片或叶片的轮毂设计成在叶片载荷的作用下扭转，以便在高风速下获得所需的变桨距，但很难实现，故在并网运行的风电机组中尚未应用。

变桨距控制主要是通过翼型迎角变化，使翼型升力变化来进行调节的，变桨距控制多用于大型风电机组。

变桨距控制是通过叶片和轮毂之间的轴承机构转动叶片来减小迎角，由此来减小翼型的升力，以达到减小作用在风轮叶片上的扭矩和功率的目的。变桨调节时叶片迎角可相对气流连续变化，以便得到风轮功率输出达到期望的范围。在 90°迎角

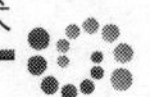

时是叶片的顺桨位置，在风电机组正常运行时，叶片向小迎角方向变化而限制功率，一般变桨范围为 90°～100°。从启动角度 0°到顺桨，叶片就像飞机的垂直尾翼一样。除此之外，还有一种方式，即主动失速，又称负变距，就像失速一样进行调节，负变距范围一般在－5°左右。在额定功率点以前，叶片的桨距角是固定不变的，与定桨距风轮一样，在额定功率以后（即失速点以后），由于叶片失速导致风轮功率下降，风轮输出功率低于额定功率，为了补偿这部分损失，适当调整叶片的桨距角来提高风轮的功率输出。

4.2.4.1 变桨距风电机组的特点

1. 输出功率特性

变桨距风电机组与定桨距风电机组相比，具有在额定功率点以上输出功率平稳的特点。变桨距风电机组的功率调节不完全依靠叶片的气动性能。当功率在额定功率以下时，控制器将叶片节距角置于 0°附近，节距角不变，可认为等于定桨距风电机组，发电机的功率根据叶片的气动性能随风速的变化而变化；当功率超过额定功率时，变桨距机构开始工作，调整叶片节距角，将发电机的输出功率限制在额定值附近。

2. 额定点具有较高的风能利用系数

变桨距风电机组与定桨距风电机组相比，在相同的额定功率点，额定风速比定桨距风电机组要低。对于定桨距风电机组，一般在低风速段的风能利用系数较高。当风速接近额定点，风能利用系数开始大幅下降。由于这时随着风速的升高，功率上升已趋缓，而过了额定点后，叶片已开始失速，风速升高，功率反而有所下降。对于变桨距风电机组，由于叶片节距可以控制，无须担心风速超过额定点的功率控制问题，可以使得额定功率点仍然具有较高的功率系数。

3. 确保高风速段的额定功率

由于变桨距风电机组的叶片节距角是根据发电机输出功率的反馈信号来控制的，它不受气流密度变化的影响。无论是由于温度变化还是海拔引起空气密度变化，变桨距系统都能通过调整叶片角度，使之获得额定功率输出。这对于功率输出完全依靠叶片气动性能的定桨距风电机组来说，具有明显的优越性。

4. 启动性能与制动性能

变桨距风电机组在低风速时，叶片节距可以转动到合适的角度，使风轮具有最大的启动力矩，从而使变桨距风电机组比定桨距风电机组更容易启动。在变桨距风电机组上，一般不再设计电动机启动的程序。

当风电机组需要脱离电网时，变桨距系统可以先转动叶片使之减小功率，在发电机与电网断开之前，功率减小至 0，这意味着当发电机与电网脱开时，没有转矩作用于风电机组，避免了在定桨距风电机组上每次脱网时所要经历的突甩负载的过程。

4.2.4.2 变桨距风电机组的运行状态

变桨距风电机组根据变桨距系统所起作用可分为三种运行状态，即风电机组的启动状态（转速控制）、欠功率状态（不控制）和额定功率状态（功率控制）。

1. 启动状态

变桨距风轮的叶片在静止时节距角为 90°，如图 4-19 所示。这时气流对叶片不产生转矩，整个叶片实际上是一块阻尼板。当风速达到启动风速时，叶片向 0°方向转动，直到气流对叶片产生一定的攻角，风轮开始启动，在发电机并入电网以前，变桨距系统的节距给定值由发电机转速信号控制。转速控制器按一定的转速上升斜率给出速度参考值，变桨距系统根据给定的速度参考值，调整节距角，进行所谓的速度控制，为了确保并网平稳，对电网产生尽可能小的冲击，变桨距系统可以在一定时间内，保持发电机的转速在同步转速附近，寻找最佳时机并网。虽然在主电路中也采用了软并网技术，但由于并网过程的时间短（仅持续几个周波），冲击小，可以选用容量较小的晶闸管。

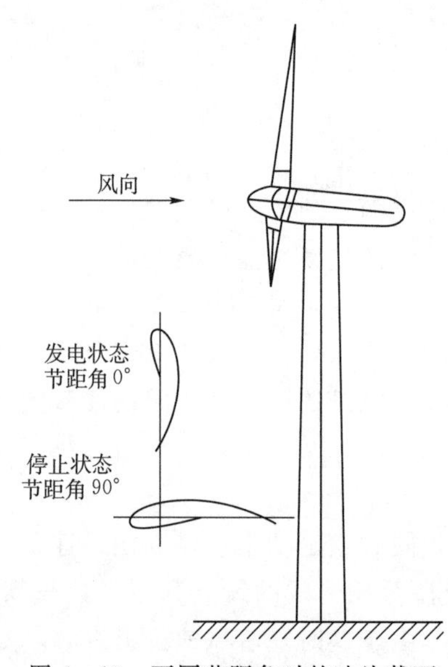

图 4-19　不同节距角时的叶片截面

为了使控制过程简单，早期的变桨距风电机组在转速达到发电机同步转速前对叶片节距不加以控制。在这种情况下，叶片节距只是按所设定的变桨距速度将节距角向 0°方向打开。直到发电机转速上升到同步转速附近，变桨距系统才开始投入工作。转速控制的给定值是恒定的，即同步转速，转速反馈信号与给定值进行比较，当转速超过同步转速时，叶片节距就向迎风面积减小的方向转动一个角度，反之则向迎风面积增大的方向转动一个角度，当转速在同步转速附近保持一定时间后发电机即并入电网。

2. 欠功率状态

欠功率状态是指发电机并入电网后，由于风速低于额定风速，发电机在额定功率以下的低功率状态运行。与转速控制相同，在早期的变桨距风电机组中，对欠功率状态不加控制。这时的变桨距风电机组与定桨距风电机组相同，其功率输出完全取决于叶片的气动性能。

近年来，以 Vestas 所代表的新型变桨距风电机组为了改善低风速时叶片的气动性能，采用了所谓 Optitip 技术，即根据风速的大小调整发电机转差率，使其尽量运行在最佳叶尖速比上，以优化功率输出。当然，能够作为控制信号的只是风速变化稳定的低频分量，对于高频分量并不响应。这种优化只是弥补了变桨距风电机组在低风速时的不足之处，与定桨距风电机组相比没有明显的优势。

3. 额定功率状态

当风速达到或超过额定风速后，风电机组进入额定功率状态。在传统的变桨距控制方式中，将转速控制切换到功率控制，变桨距系统开始根据发电机的功率信号进行控制。控制信号的给定值是恒定的，即额定功率。功率反馈信号与给定值进行比较，当功率超过额定功率时，叶片节距就向迎风面积减小的方向转动一个角度，

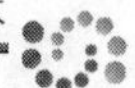

反之则向迎风面积增大的方向转动一个角度。其控制系统框图如图 4－20 所示。

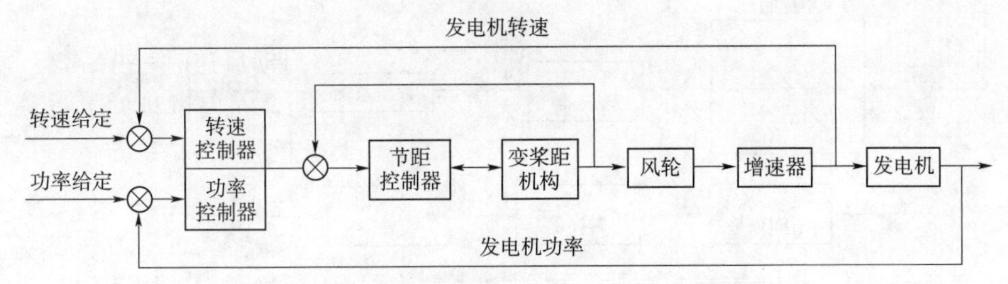

图 4－20　传统变桨距风电机组的控制系统框图

由于变桨距系统的响应速度受到限制，对快速变化的风速，通过改变节距来控制输出功率的效果并不理想。因此，为了优化功率曲线，最新设计的变桨距风电机组在进行功率控制的过程中，其功率反馈信号不再作为直接控制叶片节距的变量。变桨距系统由风速低频分量和发电机转速控制，风速的高频分量产生的机械能波动，通过迅速改变发电机的转速来进行平衡，即通过转子电流控制器对发电机转差率进行控制，当风速高于额定风速时，允许发电机转速升高，将瞬变的风能以风轮动能的形式存储起来。转速降低时，再将动能释放出来，使功率曲线达到理想的状态。

4.2.4.3　变桨距风电机组的基本控制策略

1. 变桨距控制系统

新型变桨距控制系统框图如图 4－21 所示。

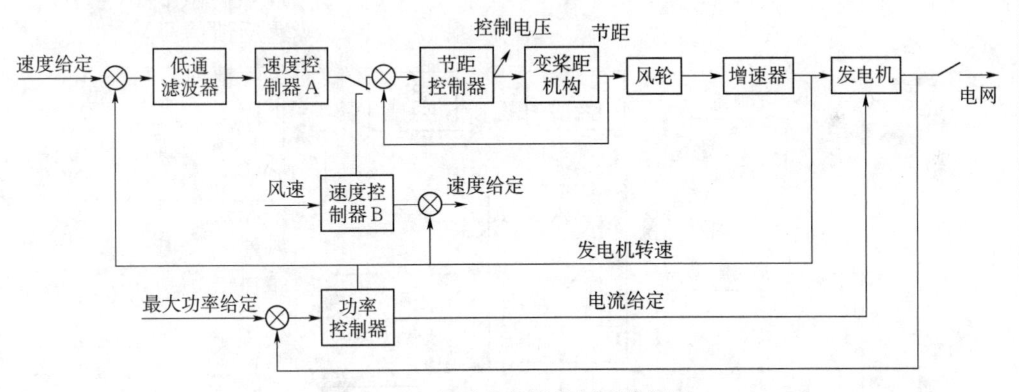

图 4－21　新型变桨距控制系统框图

在发电机并入电网前，发电机转速由速度控制器 A 根据发电机转速反馈信号与给定信号直接控制。发电机并入电网后，速度控制器 B 与功率控制器起作用。功率控制器的主要任务是根据发电机转速给出相应的功率曲线，调整发电机转差率，并确定速度控制器 B 的速度。

节距的给定参考值由控制器根据风电机组的运行状态给出。如图 4－21 所示，当风电机组并入电网前，由速度控制器 A 给出，当风电机组并入电网后由速度控制器 B 给出。

(1) 变桨距控制。变桨距控制系统实际上是一个随动系统，其控制系统如图 4－22所示。

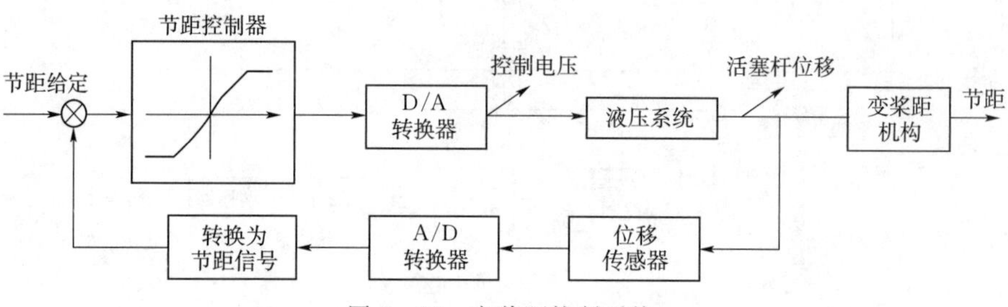

图4-22　变桨距控制系统

变桨距控制器是一个非线性比例控制器，它可以补偿比例阀的死带和极限。变桨距系统的执行机构是液压系统，节距控制器的输出信号经D/A转换后变成电压信号控制比例阀（或电液伺服阀），驱动液压缸活塞，推动变桨距机构，使叶片节距角变化。活塞的位移反馈信号由位移传感器测量，经转换后输入比较器。

（2）速度控制器A（发电机脱网）。转速控制器A在风电机组进入待机状态重新启动时投入工作，速度控制器A如图4-23所示，在这些过程中通过对节距角的控制，转速以一定的变化率上升，控制器也用在同步转速（50Hz，1500r/min）时的控制。当发电机转速在同步转速10r/min内持续1s发电机将并入电网。

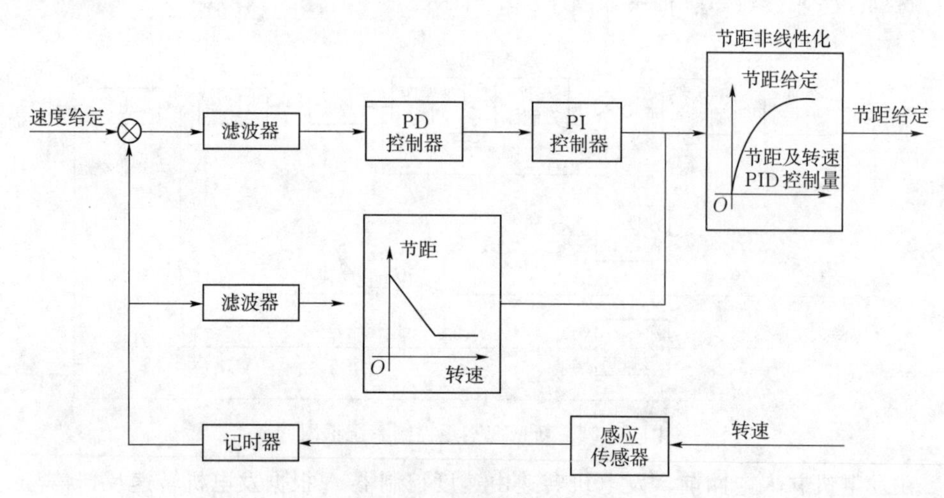

图4-23　速度控制器A

控制器包含着常规的PD和PI控制器，接着是节距角的非线性化环节，通过非线性化处理，增益随节距角的增加而减小，以此补偿由于转子空气动力学产生的非线性，因为当功率不变时，转矩对节距角的比是随节距角的增加而增加的。

当风电机组从待机状态进入运行状态时，变桨距系统先将叶片节距角快速地转到45°，风轮在空转状态进入同步转速。当转速从0增加到500r/min时，节距角给定值从45°线性地减小到5°。这一过程不仅使转子具有高启动力矩，而且在风速迅

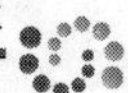

速增大时能够快速启动。

发电机转速通过主轴上的感应传感器测量，每个周期信号被送到微处理器做进一步处理，以产生新的控制信号。

(3) 速度控制器B（发电机并网）。发电机切入电网以后，速度控制器B作用，如图4-24所示，速度控制器B受发电机转速和风速的双重控制。在达到额定值前，速度给定值随功率给定值按比例增加。

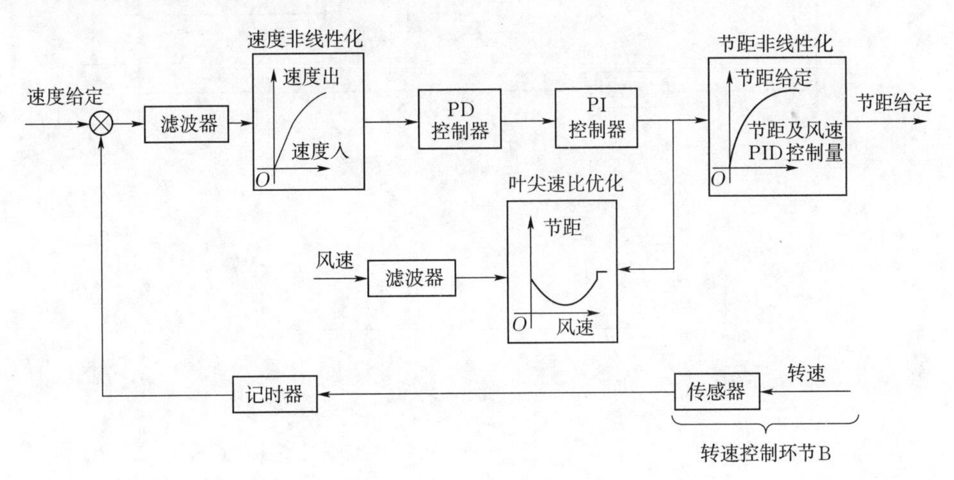

图4-24 速度控制器B

额定的速度给定值是1560r/min，相应的发电机转差率是4%。如果风速和功率输出一直低于额定值，发电机转差率将降低到2%，节距控制将根据风速调整到最佳状态，以优化叶尖速比。

如果风速高于额定值，发电机转速通过改变节距来跟踪相应的速度给定值。功率输出将稳定地保持在额定值上。从图4-24中可以看到，在风速信号输入端设有低通滤波器，节距控制对瞬变风速并不响应，与速度控制器A的结构相比，速度控制器B增加了速度非线性化环节。这一特性增加了小转差率时的增益，以便控制节距角趋于0°。

2. 功率控制

为了有效地控制高速变化的风速引起的功率波动。新型的变桨距风电机组采用了RCC（Rotor Current Control）技术，即发电机转子电流控制技术。通过对发电机转子电流的控制来迅速改变发电机转差率，从而改变风轮转速，吸收由于瞬变风速引起的功率波动。

(1) 功率控制系统。功率控制系统如图4-25所示，由两个控制环组成。外环通过测量转速产生功率参考曲线。发电机的功率参考曲线如图4-26所示，参考功率以额定功率的百分比的形式给出，在点划线限制的范围内，功率给定曲线是可变的。内环是一个功率伺服环，它通过转子电流控制器（RCC）对发电机转差率进行控制，使发电机功率跟踪功率给定值。如果功率低于额定功率值，这一控制环将通过改变转差率，进而改变叶片节距角，使风轮获得最大功率。如果功率参考值是恒定的，电流参考值也是恒定的。

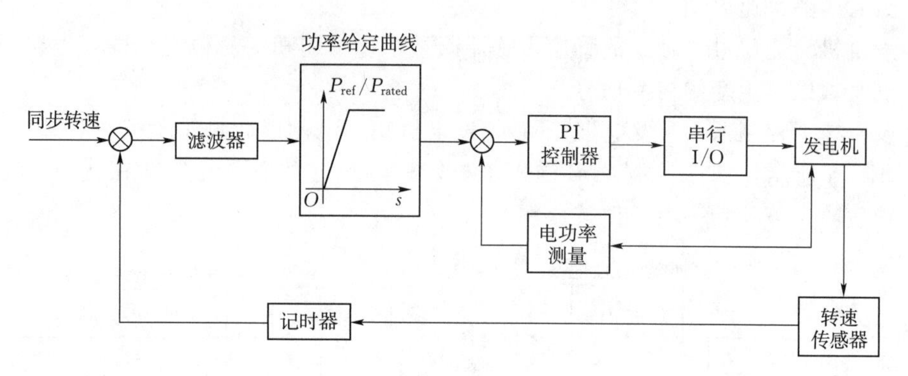

图 4-25　功率控制系统

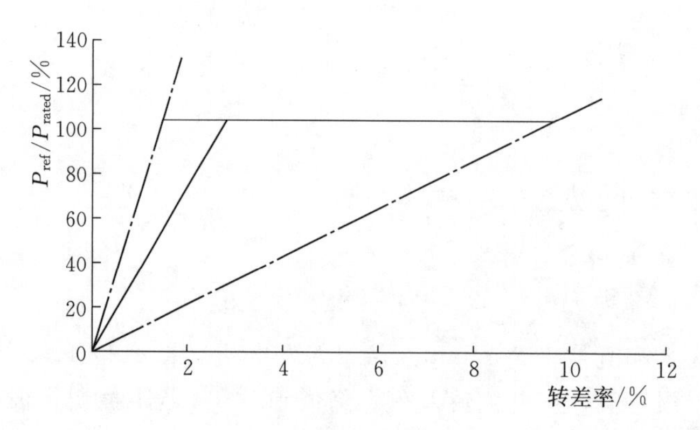

图 4-26　功率参考曲线

(2) 转子电流控制器原理。如图 4-25 所示，功率控制环实际上是一个发电机转子电流控制环。如图 4-27 所示，转子电流控制器由快速数字式 PI 控制器和一个等效变阻器构成。它根据给定的电流值，通过改变转子电流的电阻来改变发电机的转差率。在额定功率时，发电机的转差率能够在 1%～10%(1515～1650r/min) 范围内变化，相应的转子平均电阻在 0～100%范围内变化。当功率变化即转子电流变化时，PI 控制器迅速调整转子电阻，使转子电流跟踪给定值，如果从主控制器传出的电流给定值是恒定的，它将保持转子电流恒定，从而使功率输出保持不变。与此同时，发电机转差率作相应的调整以平衡输入功率的变化。

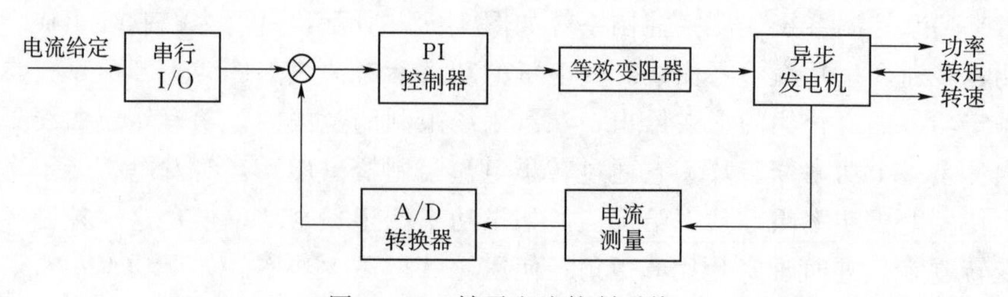

图 4-27　转子电流控制系统

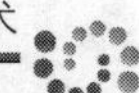

为了进一步说明转子电流控制器的原理，从电磁转矩的关系式来说明转子电阻与发电机转差率的关系，即

$$T_e = \frac{m_1 p U_1^2 \frac{R'_2}{s}}{\omega_1 \left[R_1 + \left(\frac{R'_2}{s} \right)^2 + (X_1 + X'_2)^2 \right]} \tag{4-1}$$

式中 p——电机极对数；

T_e——发电机电磁转矩；

m_1——电机定子相数；

ω_1——定子角频率，即电网角频率；

U_1——定子额定相电压；

s——转差率；

R_1——定子绕组的电阻；

R_2——折算到定子侧的转子每相电阻；

X_1——定子绕组的漏抗；

X'_2——折算到定子侧的转子每相漏抗。

由式（4－1）可知，只要 R'_2/s 不变，电磁转矩 T_e 就可保持不变，从而发电机功率就可保持不变。因此，当风速变大，风轮及发电机的转速上升，即发电机转差率 s 增大，只要改变发电机的转子电阻 R'_2，使 R'_2/s 保持不变，就能保持发电机输出功率不变。图 4－28 中，当发电机的转子电阻改变时，其特性由曲线 1 变为曲线 2，运行点也由 a 点变到 b 点，而电磁转矩 T_e 保持不变，发电机转差率则从 s_1，上升到 s_2。

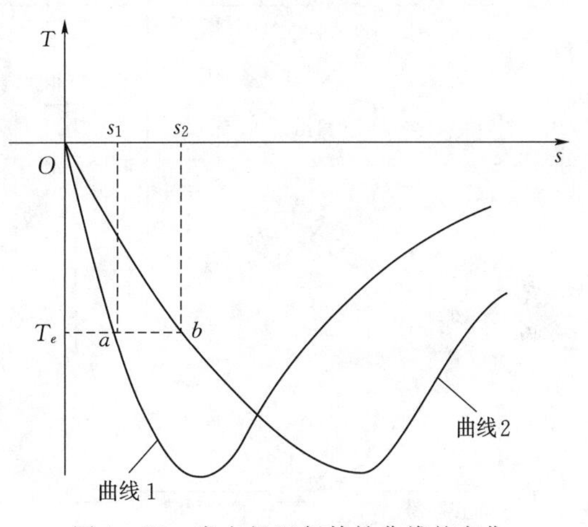

图 4－28 发电机运行特性曲线的变化

（3）转子电流控制器结构。转子电流控制技术必须使用在绕线转子异步发电机上，用于控制发电机的转子电流。使异步发电机称为可变转差率发电机。采用转子电流控制器的异步发电机结构如图 4－29 所示。

转子电流控制器安装在发电机的轴上，与转子上的三相绕组连接，构成电气回路。

将普通三相异步发电机的转子引出，外接转子电阻，使发电机的转差率增大至 10%，通过一组电力电子器件来调整转子回路的电阻，从而调节发电机的转差率。转子电流控制器电气原理如图 4－30 所示。

RCC 依靠外部控制器给出的电流基准值和两个电流互感器的测量值，计算转子

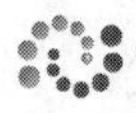

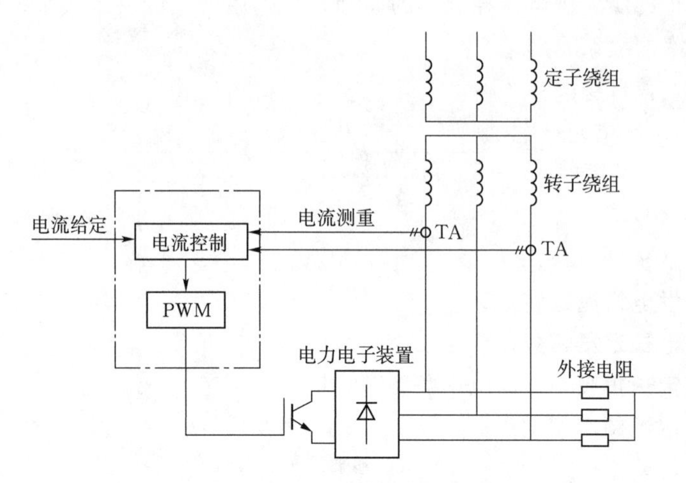

图 4－29 可变转差率异步发电机结构示意图

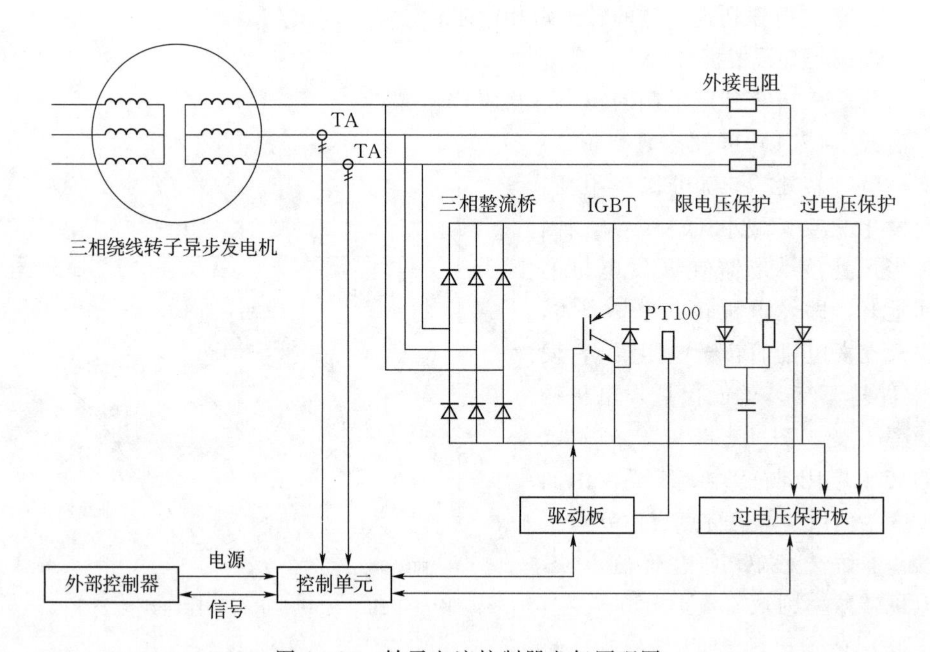

图 4－30 转子电流控制器电气原理图

回路的电阻值，通过绝缘栅极双极性晶体管（IGBT）的导通和关断来进行调整。IGBT 的导通与关断受宽度可调的脉冲信号（PWM）控制。

IGBT 是双极性晶体管和场效应晶体管（MOSFET）的复合体，所需驱动功率小，饱和压降低，在关断时不需要负栅极电压来减小关断时间，开关速度较高。饱和压降低导致功率损耗减小，提高了发电机的效率。采用脉宽调制（PWM）电路，提高了整个电路的功率因数，同时只用一级可控的功率单元，减小了元件数，电路结构简单，由于通过对输出脉冲宽度的控制就可控制 IGBT 的开关，系统的响应速度加快。

转子电流控制器可在维持额定转子电流（即发电机额定功率的情况下）至最大值之间调节转子电阻，使发电机的转差率在0.6%（转子自身电阻）～10%（IGBT关断，转子电阻为自身电阻与外接电阻之和）之间连接变化。

为了保护RCC单元中的主元件，IGBT设有阻容回路和过压保护。阻容回路用来限制IGBT每次关断时产生的过电压峰值，过电压保护采用晶闸管，当电网发生短路或短时中断时，晶闸管全导通，使IGBT处于两端短路状态，转子总电阻接近于转子自身的电阻。

(4) 采用转子电流控制器的功率调节。如图4-24所示，并网后，控制系统切换至状态B，由于发电机内安装了RCC控制器，发电机转差率可在一定范围内调整，发电机转速可变。因此，在状态B中增加了转速控制环节，当风速低于额定风速，速度控制器B根据转速给定值（高出同步转速3%～4%）和风速，给出一个节距角，此时发电机输出功率小于最大功率给定值，功率控制环节根据功率反馈值，给出转子电流最大值，转子电流控制环节将发电机转差率调至最小，发电机转速高出同步转速1%，与转速给定值存在一定的差值，反馈回速度控制器B，速度控制器B根据该差值，调整叶片节距参考值，变桨距机构将叶片节距角保持在零度附近，优化叶尖速比；当风速高于额定风速，发电机输出功率上升到额定功率，当风轮吸收的风能高于发电机输出功率，发电机转速上升，速度控制器B的输出值变化，反馈信号与参考值比较后又给出新的节距参考值，使得叶片攻角发生改变，减小风轮能量吸入，将发电机输出功率保持在额定值上；功率控制环节根据功率反馈值和速度反馈值，改变转子电流给定值，转子电流控制器根据该值，调节发电机转差率，使发电机转速发生变化，以保证发电机输出功率的恒定。

如果风速仅为瞬时上升，由于变桨距机构的动作滞后，发电机转速上升后，叶片攻角尚未变化，风速下降，发电机输出功率下降，功率控制单元将使RCC控制单元减小发电机转差率，使得发电机转速下降，在发电机转速上升或下降的过程中，转子的电流保持不变，发电机输出的功率也保持不变；如果风速持续增加，发电机转速持续上升，速度控制器B将使变桨距机构动作，改变叶片攻角，使得发电机在额定功率状态下运行。

风速下降时，原理与风速上升时相同，但动作方向相反。由于转子电流控制器的动作时间在毫秒级以下，变桨距机构的动作时间以秒计，因此在短暂的风速变化时，仅仅依靠转子电流控制器的控制作用就可保持发电机功率的稳定输出，减小对电网的不良影响，同时也可降低变桨距机构的动作频率，延长变桨距机构的使用寿命。

(5) 转子电流控制器在实际应用中的效果。由于自然界风速处于不断的变化中，较短时间（3～4s）内的风速上升或下降总是不断地发生，因此变桨距机构也在不断地动作，在转子电流控制器的作用下，变桨距风电机组在额定风速以上运行时节距角、转速与功率曲线如图4-31所示。

从图4-31可以看出，RCC控制单元有效地减少了变桨距机构的动作频率及动作幅度，使得发电机的输出功率保持平衡，实现了变桨距风电机组在额定风速以上的额定功率输出，有效地减少了风电机组因风速变化而造成对电网的不良影响。

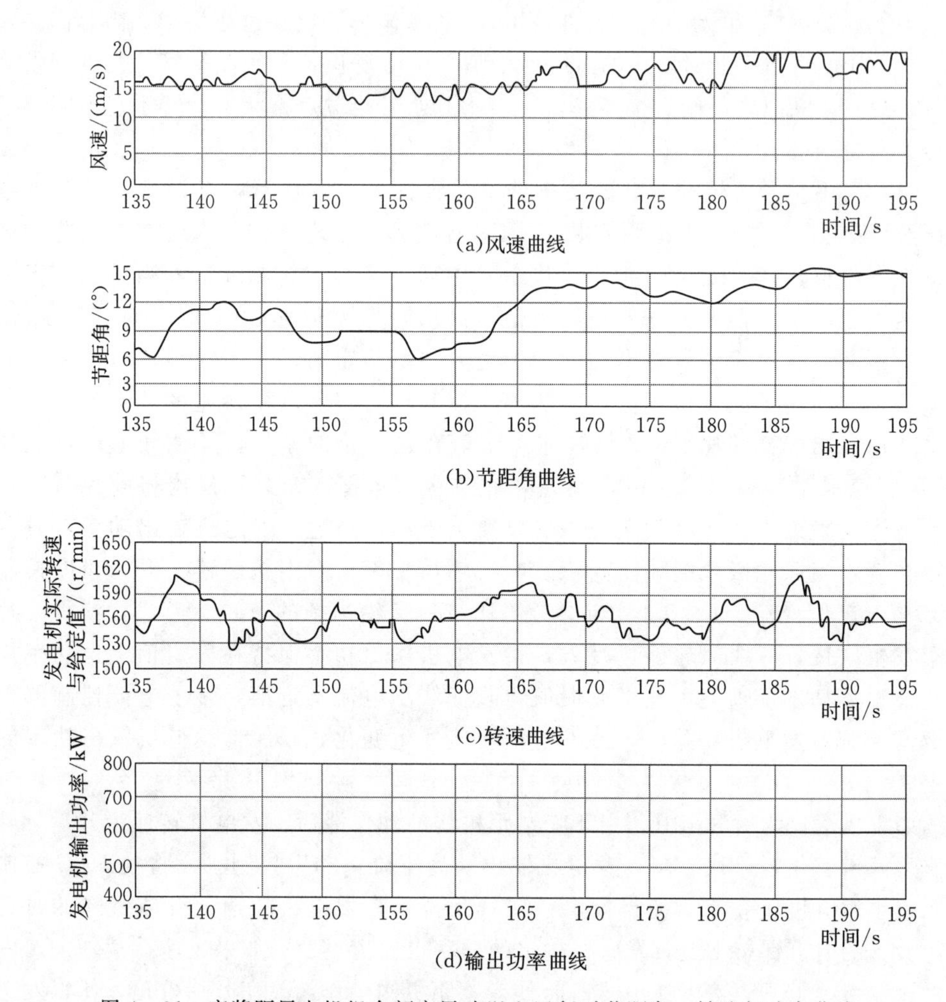

图4-31　变桨距风电机组在额定风速以上运行时节距角、转速与功率曲线

4.3 风电机组的运行

4.3.1 运行条件

风电机组在投入运行前应具备以下条件：

(1) 电源相序正确，三相电压平衡。

(2) 调向系统处于正常状态，风速仪和风向标处于正常运行的状态。

(3) 制动和控制系统的液压装置的油压和油位在规定范围。

(4) 各项保护装置均在正确投入位置，且保护定值均与批准设定的值相符。

(5) 控制电源处于接通位置。

(6) 控制计算机显示处于正常运行状态。

(7) 手动启动前风轮上应无结冰现象。

(8) 在寒冷和潮湿地区，长期停用和新投运的风电机组在投入运行前应检查绝缘，合格后才允许启动。

(9) 经维修的风电机组在启动前，所有为检修而设立的各种安全措施应已拆除。

4.3.2 运行状态

风电机组的工作状态分为4种，即运行状态、暂停状态、停机状态和紧急停机状态，风电机组总是工作在以上4种状态之一。为了便于了解风电机组在各种状态条件下控制系统的反应情况，下面列出了4种工作状态的主要特征，并辅以简要说明。

1. 运行状态

风电机组的运行状态就是风电机组的发电工作状态。在这个状态中，风电机组的机械制动松开，液压系统保持工作压力，风电机组自动偏航，叶尖扰流器回收或变桨距系统选择最佳工作状态，控制系统自动控制机组并网发电。

2. 暂停状态

风电机组的暂停状态主要用于风电机组的调试，其部分工作单元处于运行状态特征，如机械制动松开，液压泵保持工作压力，自动偏航保持工作状态。但叶尖扰流器弹出或者变桨距顺桨（变桨距系统调整桨距角向90°方向），风电机组停转或停止。

3. 停机状态

当风电机组处于正常停机状态时，风电机组的机械制动松开，叶尖扰流器弹出或变桨距系统失去压力而实现机械旁路（顺桨），偏航系统停止工作，但液压系统仍保持工作压力。

4. 紧急停机状态

当紧急停机电路动作时，所有接触器断开，计算机输出信号被旁路，不可能激活任何机构。故紧急停机状态时，机组的机械制动与气动制动同时作用，安全链开启，控制器所有输出信号无效。紧急停机时，风电机组控制系统仍在运行和测量所有输入信号。

4.3.3 运行操作

4.3.3.1 操作方式

风电机组的运行操作有自动和手动两种操作方式。一般情况下，风电机组设置成自动方式。

1. 自动运行操作

风电机组设定为自动状态。机组在系统上电后，首先进行10min的系统自检，并对电网进行检测，系统正常，安全链复位，启动液压泵，液压系统建压。当风速达到启动风速范围时，风电机组按计算机程序自动与电网解列，停机。

2. 手动运行操作

当风速达到启动风速范围时，手动操作启动按钮，风电机组按计算机程序启动并入电网；当风速超出正常范围时，手动操作停机按钮，风电机组按计算机停机程序与电网解列，停机。

手动停机操作后，应再按启动按钮，风电机组进入自启动状态。风电机组在故障停机或紧急停机后，若故障排除并已具备启动条件，重新启动前应按“重置”或“复位”按钮，才能按正常启动的操作方式进行启动。

4.3.3.2　启动

1. 风电机组启动应具备的条件

风电机组主断路器出线侧相序应与并联电网相序一致，电压标准值相等，三相电压平衡。

变桨距、偏航系统处于正常状态，风速仪和风向标处于正常运行的状态。

制动和控制系统液压装置的油压和油位在规定范围，无报警，齿轮箱油位和油温在正常范围。

保护装置投入，且保护值均与批注设定值相符。

控制电源投入，处于接通位置。

远程风电机组监控系统处于正常运行状态，通信正常。

手动启动前风轮上应无结冰现象。

停止运行一个月以上的风电机组在投入运行前应检查绝缘，确保绝缘合格后才允许启动。

经维修的风电机组在启动前，应先办理工作票终结手续；新安装调试后的风电机组在正式并网运行前，应先通过现场验收，并具备并网运行条件。

控制柜的温度正常，无报警。

2. 风电机组启动

风电机组的启动有自动启动和手动启动两种方式。

(1) 风电机组的自动启动。风电机组处于自动状态，并满足以下条件：

1) 风速超过 3m/s 并持续 10min（可设置）。

2) 风电机组在自动解缆完毕后。

3) 风电机组自动启动并网。

(2) 风电机组的手动启动。手动启动适用于人为停机、故障停机、紧急停机后的启动和初次开机的情况下。手动启动有主控室操作、机舱上操作和就地操作三种操作方式。

1) 主控室操作。在主控室远程监控计算机上先登录，然后按启动按钮。主控室操作为风电机组启动、停机的一般操作。

2) 机舱上操作。在机舱的控制盘上先登录，然后按启动按钮，机舱上操作仅限于调试使用。

3) 就地操作。就地操作由操作人员在风电机组塔筒底部的主控制柜完成。正常停机情况下，先登录，然后按启动按钮开机。故障情况下，应先排除故障，按复

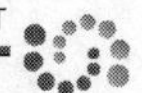

位按钮，复位信号、故障信号复位后，按启动按钮。就地操作仅限于风电机组监控系统故障下的操作。

当风速达到启动风速范围时，风电机组自动启动并网。

风电机组启动过程应注意：凡经手动停机操作后，先登录后按启动按钮，方能使风电机组进入自动启动状态；若启动时控制柜温度不大于8℃，应投入加热器；风电机组在故障停机和紧急停机后，如故障已排除且具备启动的条件，重新启动前应按复位就地控制按钮，才能按正常启动操作方式进行启动；风电机组启动后应严密监视发电机温度、有功功率、电流、电压等参数。

4.3.3.3 停运

1. 停机前的准备

风电机组正常运行时，处于自动调整状态，当需要进行一月期、半年期、一年期维护时，需要进行正常停机，进行必需的维护工作。风电机组停运前的准备工作包括填写相应的检修工作票；认真履行工作监护制度；准备必要的安全工器具，如安全帽、安全带、安全鞋；零配件及工具应单独放在工具袋内，工具袋应背在肩上或与安全绳相连等。

2. 风电机组停机

风电机组停机包括主控室停机和就地停机两种形式。风电机组的主控室停机由操作人员在主控室风电机组监控计算机上完成，登录后单击停止按钮，风电机组进入停止状态，主控室停机是正常停机的一般操作。风电机组的就地停机由操作人员在风电机组底部的主控制柜登录后按停止按钮完成，就地停机仅限于风电机组监控系统故障情况下操作。

3. 紧急停机

当正常停机无效或风电机组存在紧急故障（如设备起火等情况）时，使用“紧急停止”按钮停机。风电机组就地共有4个“紧急停止”按钮，分别在塔筒底部主控制柜上、机舱控制柜上及齿轮箱的两侧。

风电机组紧急停机分为远方紧急停机和就地紧急停机。风电机组的远方紧急停机由操作人员在主控室风电机组监控计算机上完成，登录后单击“紧急停止”按钮，风电机组进入紧急停机状态；风电机组的就地紧急停机由操作人员在风电机组塔筒底部主控制柜完成，登录后按下风电机组“紧急停止”红色按钮，风电机组进入紧急停机状态。仍然无效时，断开风电机组所属箱式变压器低压侧断路器。就地紧急停机只能通过按就地急停复位按钮来复位。

风电机组运行时，如遇以下状态之一，应立即采取措施紧急停机：

（1）叶片位置与正常运行状态不符，或出现叶片断裂等严重机械事故。

（2）齿轮箱液压子系统或制动系统发生严重油泄漏事故。

（3）风电机组运行时有异常噪声。

（4）负荷轴承结构生锈或出现裂纹；混凝土建筑物出现裂纹。

（5）风电机组因雷击损坏，电气设备烧焦或雷电保护仍然有火花。

（6）紧固螺钉连接松动或不牢靠。

（7）变压器站内进水或风轮内进水或沙子；变压器站内或风轮内有鸟巢或虫穴。

4. 故障停机

故障停机是指风电机组故障情况下（如发电机温度高、变频器故障等）停止运行的一种停机方式。故障停机应及时联系检修人员处理。

5. 自动停机

自动停机是指风电机组处于自动状态，并满足以下条件时的一种停机方式：

（1）当风速高于25m/s并持续10min时，将实现正常停机（变桨距系统控制叶片进行顺桨，转速低于切入转速时，风电机组脱网）。

（2）当风速高于28m/s并持续10s时，实现正常停机。

（3）当风速高于33m/s时并持续1s时，实现正常停机。

（4）当遇到一般故障时，实现正常停机。

（5）当遇到特定故障时，实现紧急停机（变流器脱网，叶片以10/s的速度顺桨）。

（6）当风电机组需要自动解缆时，风电机组自动停机。

（7）电网异常波动时，风电机组自动停机。

（8）风电机组按控制程序自动与电网解列、停机。

6. 停机检修隔离措施

（1）停机后，维护人员进行塔上工作时，应将远程监控系统锁定并挂警示牌。

（2）从主控室停止风电机组运行，检查风电机组处于停机状态，电压、电流、功率显示为零。

（3）就地拉开箱式变压器低压侧断路器和自用变压器高压侧断路器，断开风电机组控制电源。

（4）拉开箱式变压器高压侧负荷开关，取下箱式变压器高压侧熔断器。

（5）在箱式变压器高压侧和低压侧断路器机构上悬挂“禁止合闸，有人工作”标识牌。

4.3.4　运行监视与巡视

1. 风电场的运行监视

风电场运维人员每天应按时收听和记录当地天气预报，做好风电场安全运行的事故预想和对策。

运维人员每天应定时通过主控室计算机的屏幕监视风电机组各项参数变化情况及机组停运情况，当发现有停运风电机组时，应及时汇报当值值长进行处理。

运维人员应根据计算机显示的风电机组运行参数，检查分析各项参数变化情况，发现异常情况应通过计算机屏幕对该风电机组进行连续监视，并根据变化情况做出必要处理，同时在运行日志上写明原因，进行故障记录与统计。

2. 风电场的定期巡视

运维人员应定期对风电机组、风电场测风装置、升压站、场内高压配电线路进

行巡回检查，发现缺陷及时处理，并登记在缺陷记录本上，发生一类缺陷应及时联系分公司维护部，紧急情况下应采取适当措施避免不必要的损失。具体巡视内容如下：

(1) 检查风电机组在运行中有无异常响声，叶片运行状态、调向系统动作是否正常，电缆有无绞缠情况。

(2) 检查风电机组各部分是否渗油。

(3) 当气候异常、风电机组非正常运行或新设备投入运行时，需要增加巡回检查内容及次数。

4.3.5 并网与脱网

1. 并网

风力发电机有异步发电机和同步发电机两种，需要满足的并网条件也不同。

(1) 异步发电机的并网条件。发电机转子的转向与旋转磁场的方向一致，即发电机的相序与电网的相序相同，发电机的转速接近于同步转速。

(2) 同步发电机的并网条件。发电机的端电压不小于电网电压，且电压波形相同；发电机的频率等于电网的频率；并联合闸的瞬间，发电机的电压相位与电网电压相位相同，发电机的电压相序与电网的电压相序相同。

当风电机组处于待机状态时，风速检测系统在一段持续时间内测得风速平均值达到切入风速，并且系统自检无故障时，风电机组由待机状态进入低风速启动，并切入电网。不同类型风电机组的并网方式不同，风能利用率也有所不同。

1) 定桨距风电机组的并网。当平均风速大于3m/s时，风轮开始逐渐启动；平均风速继续增大到4m/s时，风电机组可自启动直到某一设定转速。此时，风电机组将按控制程序被自动并网。一般总是小发电机先并网，当平均风速继续增大到7～8m/s时，发电机将被切换到大发电机运行。如果平均风速达到8～20m/s，则直接从大发电机并网。发电机的并网过程通过三相主电路上的三组晶闸管完成。当发电机过渡到稳定的发电状态后，与晶闸管电路平行的旁路接触器合上，风电机组完成并网过程，进入稳定运行状态。

并网运行过程中，电流一般被限制在大发电机额定电流以下，如超出额定电流时间持续3s，则可以断定晶闸管故障。晶闸管完全导通1s后，旁路接触器得电吸合，发出吸合命令1s内如没有收到旁路反馈信号，则旁路投入失败，正常停机。

2) 变桨距风电机组的并网。当风速达到启动风速时，变桨距风电机组的叶片向0°方向转动，直到气流对叶片产生一定的攻角，风轮开始启动，转速控制器按一定的速度上升斜率给出速度参考值，变桨距系统以此调整节距角，进行速度控制。为使机组并网平稳，对电网产生尽可能小的冲击，变桨距系统可以在一定的时间内保持发电机的转速在同步转速附近，寻找最佳时机并网。并网方式仍采用晶闸管软并网，只是由于并网过程时间短、冲击小，可以选用容量较小的晶闸管。

并网运行过程中，当输出功率小于额定功率时，桨距角保持在 0°位置不变，不做任何调节；当发电机输出功率达到额定功率以后，调节系统根据输出功率的变化调整节距角的大小，使发电机的输出功率保持在额定功率。此时的控制系统参与调节，形成闭环控制。控制环通过改变发电机的转差率，进而改变节距角，使风轮获得最大功率。

与定桨距风电机组相比，在相同的额定功率点，变桨距风电机组的额定风速比定桨距风电机组的要低。对于定桨距风电机组，一般在低风速段的风能利用系数较高。当风速接近额定点时，风能利用系数开始大幅下降。变桨距风电机组由于可以控制叶片节距角，不存在风速超过额定点的功率控制问题，使得额定功率点仍然可以获得较高的风能利用系数。

2. 脱网

当风电机组运行中出现功率过低或过高、风速超过运行允许极限时，控制系统会发出脱网指令，机组将自动退出电网。

(1) 功率过低。如果发电机功率持续（一般设置 30～60s）出现逆功率，其值小于预置值，风电机组将脱网，处于待机状态。

(2) 功率过高。一般来说，功率过高现象由以下两种情况引起：

1) 由于电网频率波动引起。

2) 由于气候变化，如空气密度增加引起。功率过高如持续一定时间，控制系统会做出反应。

一般情况下，当发电机出力持续 10min 大于额定功率的 15%后，正常停机；当功率持续 2s 大于额定功率的 50%时，安全停机。

(3) 风速过限。在风速超出允许值时，风电机组脱网。

风电机组运行技术实训实验室

4.4 风电场运行模拟系统实验

4.4.1 湍流风生成实验

湍流风生成实验

1. 训练安排

(1) 任务安排。本实验主要通过设置不同风场参数、生成不同文件，从而了解风场的主要参数及建立湍流风场模拟环境时需要考虑的主要参数。实验按如下具体步骤进行练习：

1) 风况定义→生成湍流风→改变界面中的参数→点击“运行”按钮生成湍流风。

2) 风况定义→风况选择→湍流风→选择湍流风文件→点击“风速曲线”，查看轮毂高度处的风速曲线。

至少计算两个风种子、两种湍流模型、两个平均风速对应的湍流风，“可用时间”至少为 60s。

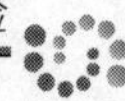

（2）时间安排。

1）10min：实验任务讲解。结合风电场运行模拟系统讲解如何生成湍流风及如何查看湍流风信息。

2）25min：实验操作。使用风电场运行模拟系统生成湍流风文件，并查看所生产湍流风的信息。

3）10min：记录和填写报告。

2. 考核形式

（1）考核内容：根据生成的湍流风曲线，比较各湍流风信息的不同。

（2）提交内容：在标准 A4 纸上分别打印两个风种子、两种湍流模型、两种风速下生成的湍流风对应的风速曲线。

4.4.2 整机建模实验

整机建模实验

1. 训练安排

（1）任务安排。本实验主要通过输入机组模型数据，建立整个机组模型，深度了解机组的组成及各部件的形状结构等。按以下步骤进行练习：

1）机组模型→自定义机组模型→叶片。

2）机组模型→自定义机组模型→风轮。

3）机组模型→自定义机组模型→机舱。

4）机组模型→自定义机组模型→塔架。

5）机组模型→自定义机组模型→功率传动链。

6）机组模型→自定义机组模型→驱动机构。

7）机组模型→自定义机组模型→初始值。

8）机组模型→自定义机组模型→模态计算参数。

（2）时间安排。

1）20min：实验任务讲解，结合风电场运行模拟系统讲解模型参数的输入及部件建模方法。

2）50min：实验操作，根据提供的机组参数文件，在界面中输入参数或导入文件建立机组模型。

3）20min：记录和填写报告。

2. 考核形式

（1）考核内容：能够独立输入完整的机组模型，理解各参数的物理意义。

（2）提交内容：以标准 A4 纸书写各部件建模方法的简要说明。

4.4.3 稳态风运行实验

稳态风运行实验

1. 训练安排

（1）任务安排。本实验项目主要是熟悉使用软件进行仿真的流程，查看机组在稳态风情况下的运行数据，了解风电机组运行时各参数的基本概况，如功率、转速、桨距角等。发电机转矩曲线如图 4－32 所示，按以下步骤进行练习：

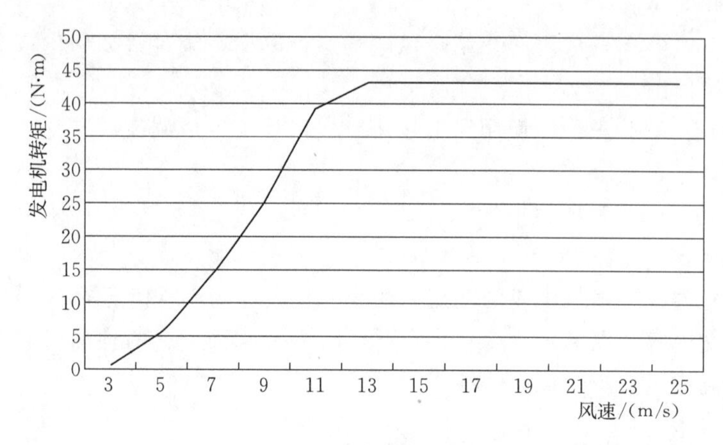

图 4-32 发电机转矩曲线

1）风况定义→稳态风。

2）运行工况。

3）数据查看→平均值。

（2）时间安排。

1）20min：实验任务讲解，结合风电场运行模拟系统讲解稳态风计算方法及稳态功率曲线、转矩曲线、转速曲线和转速转矩曲线。

2）50min：实验操作，在 3～25m/s 风速内，每隔 2m/s 风速计算一个稳态风工况，查看计算结果。根据各工况输出的平均值绘制稳态功率曲线、稳态转矩曲线。

3）20min：记录和填写报告。

2. 考核形式

（1）考核内容：能够计算稳态风工况，理解风电机组的功率、转矩、桨距角随风速的变化关系。

（2）提交内容：以 A4 纸绘制出风电机组的功率曲线、转矩曲线、转速曲线和桨距角曲线。

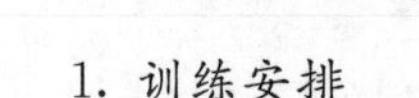

4.4.4 湍流风运行实验

湍流风运行实验

1. 训练安排

（1）任务安排。本实验主要熟悉使用软件进行湍流风仿真的流程，查看风电机组在湍流风作用情况下的运行数据，了解风电机组运行时各状态量的基本概况，如功率、转速、桨距角等。按以下步骤进行操作：

1）风况定义→湍流风。

2）运行工况。

3）数据查看→平均值。

（2）时间安排。

1）20min：实验任务讲解，结合风电场运行模拟系统讲解风电机组在湍流风下

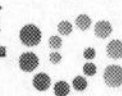

运行的特点。

2）50min：实验操作，在3～25m/s风速内，每隔2m/s风速计算湍流风工况，查看计算结果。根据各工况输出的平均值绘制湍流风运行下的风电机组功率曲线。

3）20min：记录和填写报告。

2. 考核形式

（1）考核内容：能够计算湍流风工况，理解风电机组在湍流风情况下运行的特点。

（2）提交内容：以A4纸绘制出机组湍流风中运行时的功率曲线。

4.4.5 阵风运行实验

阵风运行实验

1. 训练安排

（1）任务安排。本实验主要是熟悉使用软件进行IEC阵风仿真的流程，认识各种类型的IEC阵风，了解这些阵风的特点及分别对风电机组功率、载荷、转速等的影响。

1）风况定义→EOG→运行工况→载荷曲线。

2）风况定义→ECD→运行工况→载荷曲线。

3）风况定义→EDC→运行工况→载荷曲线。

4）风况定义→EWS→运行工况→载荷曲线。

（2）时间安排。

1）20min：实验任务讲解，结合风电场运行模拟系统讲解IEC阵风的特点及如何进行阵风仿真设置。

2）50min：实验操作，计算表4-4中工况，查看计算结果，并输出相应的变量。

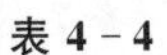

表4-4　典型的地表粗糙度长度

阵风名称	风速/(m/s)	周期/s	风速变化幅值/(m/s)	风向变化幅值/(°)	输出变量
EOG	12	10.5	7.02		塔底 Mx
ECD	12	10	15	60	静止坐标系下偏航轴承 Mx
EDC	12	6	—	33.35	偏航力矩 Mz
EWS	12	12	14.38	—	静止坐标系下偏航轴承 My

3）20min：记录和填写报告。

2. 考核形式

（1）考核内容：能够计算IEC阵风工况，理解风电机组在阵风情况下运行的特点。

（2）提交内容：根据要求以A4纸打印出风电机组在阵风中运行时的载荷曲线。

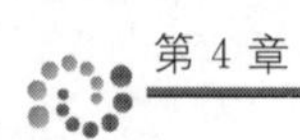

4.4.6　机组带冰运行实验

机组带冰运行实验

1. 训练安排

(1) 任务安排。本实验主要是熟悉使用软件进行风电机组带冰载荷仿真的流程，通过对比了解风轮带冰对风电机组的影响。按以下步骤进行仿真操作：

1) 机组模型→自定义模型→叶片→两个叶片带冰设置。

2) 机组模型→机组选择→运行→载荷曲线。

(2) 时间安排。

1) 10min：实验任务讲解，结合风电场运行模拟系统讲解风电机组在风轮带冰运行时的特点及对风电机组的影响。

2) 25min：实验操作，分别计算风电机组带冰不带冰的工况，查看计算结果，并输出相应的变量。

3) 10min：记录和填写报告。

2. 考核形式

(1) 考核内容：能够计算风电机组带冰工况，理解风电机组在带冰情况下运行的特点。

(2) 提交内容：根据要求以 A4 纸打印出机组在风速为 6m/s、12m/s 时带冰与不带冰运行时的塔底 Mx、静止坐标系下偏航轴承 Mx 载荷对比曲线。

4.4.7　不同风速下的运行实验

不同风速下的运行实验

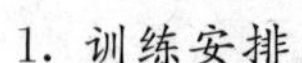

1. 训练安排

(1) 任务安排。本实验主要是在不同风速条件下对风电机组进行运行试验对比，了解不同类型风模型、不同风速对风电机组各位置载荷的影响。

(2) 时间安排。

1) 20min：实验任务讲解，讲解载荷计算的意义以及不同风况对风电机组各位置载荷的影响。

2) 50min：实验操作，按照表 4-5 分别计算 IEC 阵风、湍流风、稳态风下的工况，并按要求分别输出塔底载荷、偏航轴承载荷，查看计算结果，并输出相应变量的最大值和最小值。

表 4-5　　典型的地表粗糙度长度

阵风名称	风速 /(m/s)	周期 /s	风速变化幅值 /(m/s)	风向变化幅值 /(°)	输出变量
EOG	6/12	10.5	4.86/7.02		塔底 Mx、My 静止坐标系下偏航轴承 Mx、My
ECD	6/12	10	15	120/60	
EDC	6/12	6	—	45.98/33.35	
EWS	6/12	12	11.49/14.38	—	
稳态风	6/12	—	—	—	
湍流风	6/12	—	—	—	

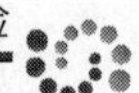

3）20min：记录和填写报告。

2. 考核形式

(1) 考核内容：计算风电机组运行在各类型风况不同风速下的对应工况，对比风电机组各位置输出的载荷极值。

(2) 提交内容：根据要求以A4纸打印出风电机组在IEC阵风、湍流风、稳态风速下运行的载荷极值。分别计算风速为6m/s、12m/s。

第5章 风电机组维护与故障检修

5.1 风电机组维护概述

5.1.1 风电机组维护的意义

风电机组是风电企业生产的重要物质基础，是企业创造经济效益最主要的工具。随着风电技术日新月异的发展，新技术、新设备、新流程的不断引进，风电技术的发展，风电机组设备的维护、修理技术已经从操作技术中分离出来，初步形成了一门独立的维修科学。目前风电机组也正逐步向大型化、系统化、自动化和智能化发展。一旦设备出现故障，就会导致机组停运，造成较大的经济损失。目前，风电机组的维护和修理工作已迅速发展成为风电生产过程中必不可少的一部分。

维护或称为技术保养，是指通过擦拭、清扫、润滑、调整等一般方法对设备进行护理，以维持和保护设备的性能和技术状况，是为了保持主设备的良好技术状态及正常运行所采取的有效技术措施。正确的设备维护和保养是保证设备安全经济和可靠的关键环节。风电机组的组成结构较复杂，只有了解了各大系统各元器件的工作原理、工作性能、结果以及各自运行的特点，在此基础上才能对机组进行高效的维护和保养。只有加强维护保养，在机组的维护过程中不断总结，积累经验，做好机组的日常维护、保养，才能保证该机组安全稳定运行。

风电设备的维护和保养有定期维护和日常维护两种，目前主要以定期维护为主。维护的主要内容包括：对设备进行润滑、紧固、防腐、调整和保养，使设备达到整齐、清洁、安全等效果。需要做好以下工作：

(1) 清洁整齐：设备内外整洁，各滑动面、齿轮箱、油孔等处无油污，各部位不漏油，设备内部无杂物、脏物，设备内部部件、附件及附属设施整齐。

(2) 试验调整：通过设备定期的验证性试验和设备参数、设定值与配合间隙等的调整，保证各主要参数符合标准规定。

(3) 润滑良好：按时加油或换油，不断油，无干磨现象，油压正常，油标明亮，油路畅通，油质符合要求。

(4) 安全：设备的安全防护装置齐全可靠，结构件及连接件正常，及时消除不

安全因素。

保证设备的长期稳定、健康的运行。严格执行设备维护标准，可以延长设备使用寿命，保证安全舒适的工作环境。

定期维护后应达到的目标有：风电设备的安全未定满负荷运行；风电设备的高运转率；延长设备的使用寿命，提高可靠性；不断进行技术革新，应用先进的新技术。

5.1.2　风电机组维护的内容

风电场运维

风电机组随着运行时间的推移，各部件不可避免地出现磨损、冲刷、腐蚀或其他缺陷，使机器效率和运行的可靠性下降。这就需要定期对风电设备进行日常维护和检查，消除故障或事故隐患，使设备恢复和达到原有的完好水平。工程技术人员应对运行中的风电设备技术状况、主要技术经济指标、安全生产情况等进行调查研究，分析生产中存在的主要问题、薄弱环节及常见故障，依据设备目前的运行状况，确定设备的维护项目，把有限的资金、物资、人力用于提高工作人员素质，提高设备健康水平。

风电机组维护检修计划应按照周期结合、调查研究、统筹安排、综合平衡、量力而行、保证重点的原则制定。编制年度检修计划应每年一次，要提前做好特殊材料、大宗材料、加工周期长的备品配件的订货、生产安排、技术合作等准备工作。维护检修的项目可分为经常性维护、定期维护和特殊维护。其具体的工作内容有以下方面：

（1）经常性维护：主要包括检查、清理、调整、润滑及临时性故障排除。

（2）定期维护：按照公司制定的机组定期维护规程所规定项目逐项完成，把所完成的维护项目记录在维护记录中并整理存档，长期保存。此类维护检修必须进行较全面的检查、清扫、试验、测量等操作，对已到期的部件要及时更换。

（3）特殊维护：完成技术复杂、工作量大、工期长、耗用器材多、费用高或系统设备结构有重大改变的检修，此类检修由设备管理部门根据具体情况，编制相应的维修、改造方案，经过技术经济性论证后，报上级主管部门批准后进行。

风电机组维护检修周期一般分为6个月、12个月、18个月和24个月四种类型，个别特殊项目的周期为48个月或者更长，按照具体项目确定。对于新投运的风电机组的维护，一般需要在500h后进行。

风电机组维护按照工作内容分类，可以分为检查部分、润滑部分、试验部分和清洁部分。

1. 检查部分

风电机组的检查内容主要包括各设备元器件的运行情况，设备的外观、锈蚀及清洁情况。

风电机组的检查方式主要有工作人员感官检查和仪器检测两种。

(1) 工作人员感官检查主要是指工作人员使用眼看、耳听、鼻闻和以手触摸四种方式对设备进行初步的检查，此种检查方式较容易使用，而且方便、快捷、能够在设备发生较大缺陷和故障时及早发挥作用。眼看即目视检查，主要用于对风电机组的设备外观检查，能够发现设备的卫生清洁情况；锈蚀、腐蚀、泄漏及机械磨损等情况；电气设备出现因接触不良造成放电或电流过大发生严重发热、发光甚至着火现象；机械设备因过载而发生断裂或较严重的摆动、振动等现象。耳听，主要听电气设备发生短路时的放电声和机械设备非正常运行而发出的剧烈摩擦声，如齿轮箱、发电机及其他轴承损害发出的撞击声、叶片开裂发出的哨声。鼻闻，主要闻在电气设备因故障而引起绝缘损坏过热冒烟或其他物件因温度过高而产生的烟气、焦煳味等。用手触摸，主要用于检查机械设备过热或较大的位移和振动等。

(2) 仪器检测是指工作人员使用各种仪器对设备进行精确检查。如使用万用表测量电器设备的电压、电流、电阻；使用兆欧表或电桥测量电机的绝缘等；使用对中仪检查测量设备定的轴向或径向偏差等；使用百分表测量设备的振动或摆动等；使用量具测量设备的尺寸或磨损量等；使用力矩扳手检查螺栓的力矩值等。

2. 润滑部分

风电机组的部分机械设备在运动时会产生较高的温度，为了防止设备因温度过高而损坏，风电机组采用了润滑降温。

风电机组的润滑有油液润滑和油脂润滑两种。其中油液润滑主要使用在内齿轮和液压站内，其油液在齿轮箱内部的齿轮和轴承上形成一道保护膜，防止设备直接接触而发生磨损过热；油脂润滑主要使用在各类轴承的润滑降温上，如主轴承、发电机轴承、偏航轴承、变桨轴承等。

在润滑油和润滑脂的添加和使用上要严格遵守制造厂家的规定。由于不同型号或种类的润滑油和润滑脂的基础油和添加剂是不同的，随意混用会造成油品特性改变而达不到润滑和冷却的效果，严重时更会造成油品变质而失去作用。添加润滑油和润滑脂的数量上也要严格遵守制造厂家的规定。添加过多数量的油液会造成油液或油脂的流动性较差，散热不良；而未添加足够数量的油液会造成摩擦部件因缺少润滑剂而润滑散热不好。

3. 试验部分

风电机组的前期试验是为了保证机组在不同前提条件下的安全可靠运行。机组试验的主要内容包括控制功能测试、液压测试和安全链测试。

控制功能测试是指测试机组的各项控制功能，保证机组在各项设计设定参数下正常运行。测试的主要内容有电压量测试、电流量测试、机组频率测试、各元件温度量测试、风速和风向测试及各开关量测试、变桨功能测试等。

液压测试是通过测试系统内主回路及各支路的压力值、各液压执行元件、各控制元件的动作情况来判断液压系统的工作情况。测试的主要内容有系统压力值测试，旁路压力值测试，动力元件启，停测试，执行元件执行情况测试，蓄能器余压测试，测量元件、各仪表的精确度测试及控制安全元件动作测试等。

安全链测试是指对各种保护功能的检测，检查机组在各种工况下的安全状况，从而保证机组的安全稳定运行。安全链测试的主要内容有风电机组的过转速测试、超速测试、振动测试、安全停机测试、紧急停机测试和系统突然失电测试等。

4. 清洁部分

当风电机组各元器件发生污染后，不但影响机组的美观，而且还会造成风电机组达不到额定功率甚至发生故障。风电机组污染的原因很多，由于环境污染、元器件磨损或发生泄漏致使机组污染。应及时对污染部位进行清理，防止污染面积扩大或引发设备事故。

风电机组容易受到污染的主要部位有塔架、机舱、叶片、轮毂和齿轮箱、发电机等。污染源主要来源于齿轮箱或液压系统密封不良造成油液泄漏，工业较发达地区叶片的污染则主要是由大气污染造成的。

塔架、机舱、叶片、轮毂的清扫必须由专业人士进行，并使用吊篮、保证人身安全的用具等专业设备。清扫大面积油污必须注意按照规定对污染物进行处理。清理碳粉时必须使用专用毛刷，清理时注意不要将碳粉撒到别处，尤其是导电设备上，因为碳粉是导电体，会造成电气设备短路故障。

5.1.3 风电机组维护指导文件

GB 26164.1—2010《电业安全工作规程　第1部分：热力和机械》。

GB 26860—2011《电力安全工作规程　发电厂和变电站电气部分》。

DL/T 796—2012《风力发电场安全规程》。

DL/T 797—2012《风力发电场检修规程》。

DL/T 666—2012《风力发电场运行规程》。

GB 755—2008《旋转电机定额和性能》。

《中华人民共和国安全生产法》。

5.2 风电机组维护方法

5.2.1 叶片维护

风电机组叶片维护

在开始叶片系统维护前，必须保证变桨系统处于手动操作模式。

1. 叶片外观

（1）目视检查。

1）叶片表面涂层（油漆、胶衣）无裂纹、腐蚀、起皮、剥落等。

2）叶片复合层（重点关注前尾缘、叶尖区域）无玻璃纤维裸露，无结构分层、开裂等。

3）前缘保护膜（保护漆）无破损、脱落。

4）叶片雷电接收器无破损、脱落，接闪器周围叶片表面无累计结构开裂、分层等。

5）附件（尾缘扰流板、锯齿尾缘、涡流板等）无破损、脱落。

6）使用望远镜观察，如使用望远镜发现异常状态，可使用无人机做进一步检查。

（2）功能检查。叶片旋转时无异常噪声，振动。检查是否有胶粒，如有需清理。叶片外观如图5-1所示。

图5-1　叶片外观

2. 叶片内部

检查内容包括：①叶根避雷卡无脱落，卡槽无松动；②叶根挡板及人孔盖板无变形分层、裂缝；③挡板硅胶无开裂及脱落，人孔盖板螺栓无滑丝、断裂及脱落；④无胶粒进入轮毂。

叶片雷击卡如图5-2所示。

3. 叶片螺栓

目视检查：螺栓标记线是否异位，螺栓是否松动，当出现螺栓松动或标记线异位时，按照规定力矩重新打紧力矩；对打过的螺栓涂抹水性涂料处理并且做好一字标记。

力矩检查：10%抽检，若有一颗螺栓转动角度超过15°，则100%检查，记录螺栓转动角度，填写《维护与检查证明》。

叶片螺栓如图5-3所示。

图5-2　叶片雷击卡

图5-3　叶片螺栓

5.2.2　变桨系统

1. 检查准备

进行检查前，需将3个变桨控制柜均置于手动模式下，具体方法参考维护作业说明。

2. 变桨控制柜

支座紧固，检查支座橡胶缓冲器有无磨损和移动情况，如果缓冲器内部有磨损或钢支架上有磨损痕迹，则需更换缓冲器。

目视检查：检查紧固所有接线端子，检查线槽、线卡，检查防雷模块，所有N线紧固。

功能检查：柜门能正确关闭。

3. 变桨电池柜

目视检查：所有电池无漏液，固定良好。

支座紧固，检查支座橡胶缓冲器有无磨损和移动情况，如果缓冲器内部有磨损或钢支架上有磨损痕迹，则需更换缓冲器。

4. 变桨齿轮箱

目视检查：通过油窗检查油位，油位检查位置位于图5-4中直线所示位置；油位过低需要补充油脂，推荐3年更换齿轮箱油，依据3年的油样检测结果。

功能检查：变桨时，变桨齿轮箱无异常噪声。

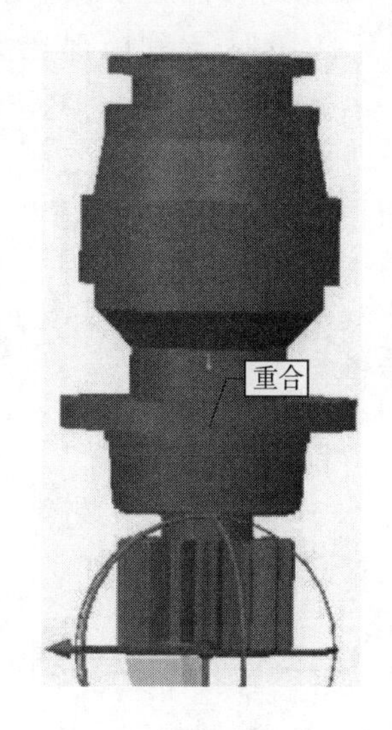

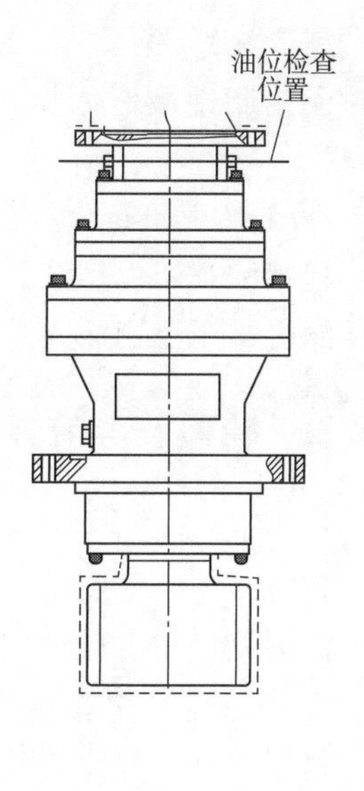

图5-4　变桨减速器

检查变桨减速箱与轮毂连接螺栓贯穿线是否发生错位，若错位，则重新打紧，做水性涂料处理，检查过的螺栓做好一字标记。

5. 变桨电机

手动变桨，检查电机运行是否平稳，是否有异常噪声及振动。变桨电机如图5-5所示。

图5-5　变桨电机

6. 变桨轴承

目视检查如下：

(1) 检查变桨轴承外圈是否有漏油现象，如有漏油拍照记录，并在漏油处做标识后清理油脂。

(2) 检查变桨轴承外圈是否有开裂，重点检查漏油部位，整圈需拍照记录。检查螺母有无断裂、裂纹，全部螺母拍照记录。

（3）密封圈无老化，破裂。

（4）螺栓标记线是否异位，螺栓是否松动，当出现螺栓松动或标记线异位时，按照规定力矩重新打紧力矩；对打过的螺栓涂抹水性涂料处理并且做好一字标记。

力矩检查：10%抽检，若有一颗螺栓转动角度超过15°，则100%检查，记录螺栓转动角度，填写《维护与检查证明》，对打过的螺栓涂抹水性涂料处理并且做好一字标记。

润滑：应在变桨时补充油脂，漏出的油脂应予以清除，检查油脂是否有铁屑。

需要注意的是，在加注油脂时，注意变桨轴承密封圈是否有油脂溢出，一旦密封圈出脂即要停止，避免注脂时导致局部压力过大，通过手动方式使油脂均布。

7. 变桨齿圈和传动齿

目视检查：无锈蚀、磨损，齿接触面外观清洁，齿间无异物。

润滑：用毛刷涂上薄薄一层油脂。

5.2.3　轮毂及导流罩系统

1. 导流罩

目视检查：无裂缝、漏水（重点关注吊装门与本体缝隙）、安全挂点是否变形或出现裂缝（重点关注安全挂点四周）。

2. 导流罩支架连接螺栓

目视检查：检查导流罩—轮毂连接支架螺栓是否松动，安全吊耳内部衬板的锁紧螺栓是否有松动迹象。若松动，按照规定力矩重新维护，对打过的螺栓做好防锈处理并且做好一字标记。导流罩吊装门板、逃生窗口螺栓腐蚀检查，若发现生锈迹象，及时涂抹水性涂料防腐。

3. 导流罩前支撑脚踏板加强件

力矩检查：100%检查导流罩前支撑脚踏板加强件连接螺栓的力矩。

4. 轮毂外观

目视检查：无裂缝、锈蚀，扶梯无松动；轮毂内电缆固定检查；轮毂内卫生清洁，柜子上无污渍。

轮毂表面如图5-6所示。

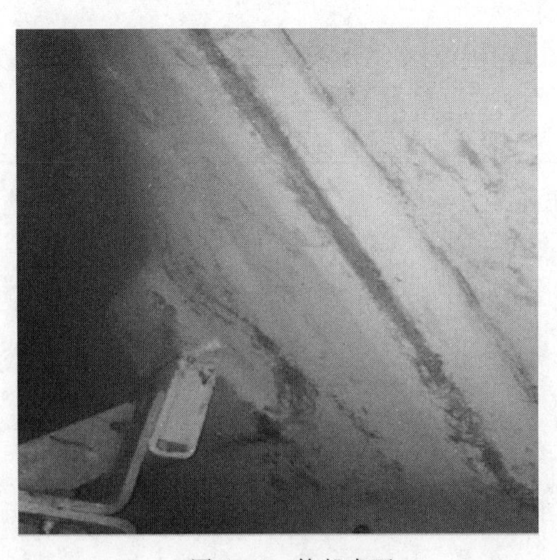

图5-6　轮毂表面

5.2.4　主轴的维护

1. 主轴和轮毂的连接

目视检查：检查螺栓标记线是否异位，螺栓是否松动。当出现螺栓松动或标记线异位时，按照规定力矩重新打紧力

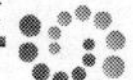

矩，打过的螺栓涂抹水性涂料处理并且做好一字标记。

力矩检查：10%抽检，若有一颗螺栓转动角度超过15°，则100%检查，记录螺栓转动角度，填写《维护与检查证明》，对打过的螺栓涂抹水性涂料处理并且做好一字标记。

2. 主轴

主轴目视检查：是否存在锈蚀、油漆剥落、薄膜撕掉现象。

防雷碳刷目视检查：清理表面油脂，检查碳刷磨损情况，测量碳刷长度，低于20mm需更换。

主轴接地碳刷如图5-7所示。

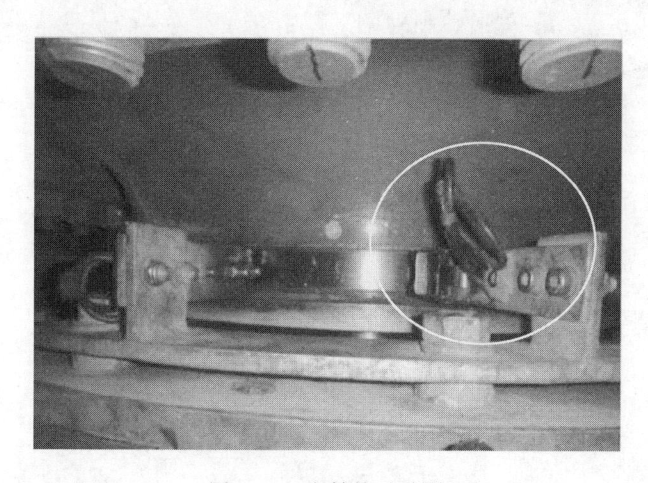

图5-7 主轴接地碳刷

5.2.5 主轴承的维护

加油前，要先清除废油脂（清理密封油脂时铲刀操作需要注意，最好不要使用铲刀。另外用抹布清理油脂时，不要使劲压接触面唇口，以免损伤唇口，不要将唇口翻折甚至压入迷宫密封内），观察油脂内是否有铁屑，加脂前拆下6点钟方向的螺塞，拧开排脂孔堵头后，可以用干净的木棒通一下，但千万不要用现场的起子或其他铁质工具。加油时需要转动风轮，风轮转速应控制在1～3r/min，加油结束后使风轮再空转15～30min，确保腔室内压力的释放，将胶水涂抹在螺塞和端盖表面贴合处，再将螺塞旋紧闭合。

油脂加注数量：持续加注油脂，待6点钟方向排脂口排出约2kg润滑脂后停止加脂。需要注意的是，无论排脂口油脂排出量是否达到约2kg，单次最大注油量不能超过5kg；在《维护与检查证明》中记录新油脂加注量以及加注时排脂口油脂的排出量。

取油样（对主轴承油脂进行采集化验）方法如下：

(1) 加脂2.5kg，排脂口能顺畅排出油脂，则待排出1kg油脂后取样并停止加脂，最大加脂5kg。

（2）加脂2.5kg，排脂口及迷宫密封处都出脂，则待排脂口排出100g取样，并停止加脂，最大加5kg。

（3）上述两种方式都不出脂，当次可不取脂，在加脂后一段时间去取脂，依据现场作业情况在规定时间段内完成即可。

图5-8　主轴承排脂孔

注意：加完脂后空转排脂取样时，设置转速1～3r/min，如果排脂孔不出油，可以适当提高转速至7～8r/min甚至更高以挤出轴承里面的废油来取样。

主轴承排脂孔如图5-8所示。

5.2.6　主轴承座的维护

1. 主轴承座

目视检查：无裂缝、锈蚀、油漆剥落，前后密封圈无老化、翻边、破损、断裂等异常，清除从密封圈处渗出的油脂。

主轴密封圈如图5-9所示。

2. 大螺母固定螺栓

目视检查：检查标记，记录大螺母松动角度（如松动，重新打力矩）。涂抹水性涂料处理，做好已打标记的记录，如移动重新用不同颜色笔标记。

图5-9　主轴密封圈

3. 主轴承座螺栓

目视检查：检查主轴承支座连接螺栓标记线是否异位，螺栓是否松动。当出现螺栓松动或标记线异位时，按照规定力矩重新打紧力矩，对打过的螺栓涂抹水性涂料处理并且做好“一”字标记。

主轴承支座连接螺栓力矩检查：10%抽检，若抽检螺栓有一颗转动角度超过15°，则100%全检，填写《维护与检查证明》，对打过的螺栓涂抹水性涂料处理并且做好“一”字标记。

5.2.7　主齿轮箱的维护

1. 收缩环

目视检查：检查螺栓标记线是否异位，螺栓是否松动。当出现螺栓松动或标记线异位时，按照规定力矩重新打紧力矩，对打过的螺栓涂抹水性涂料处理并且做好“一”字标记。

力矩检查：10%抽检，若有一颗螺栓转动角度超过15°，则100%检查，记录螺栓转动角度，填写《维护与检查证明》，对打过的螺栓涂抹水性涂料处理并且做好"一"字标记。

标识检查：如有标识移动需要立即报告。涨环螺栓维护后，检查接近开关与涨环螺栓距离是否正常，合理范围在2～3mm，最大不能超过5mm，用洁净抹布清理传感器表面，拧紧接近开关固定螺栓。

2. 齿轮箱支撑与主机架连接螺栓

目视检查：检查螺栓标记线是否异位，螺栓是否松动，当出现螺栓松动或标记线异位时，按照规定力矩重新打紧力矩，对打过的螺栓涂抹水性涂料处理并且做好"一"字标记。

力矩检查：10%抽检，若有一颗螺栓转动角度超过15°，则100%检查，记录螺栓转动角度，填写《维护与检查证明》，对打过的螺栓涂抹水性涂料处理并且做好"一"字标记。

3. 齿轮箱

目视检查：无渗漏（齿轮箱表面、冷却系统各连接处、各管接头、各传感器接头处，平行级、行星级视窗盖处，若发生渗漏，使用扳手手动拧紧）、裂纹、管接头锈蚀、油位（检查用油型号）、油漆掉漆。检查管接头处"一"字标记线是否错位，如原管路连接处无"一"字标记线，则重新补划"一"字标记线；检查齿轮箱本体上连接螺栓（如上下端盖）"一"字标记线是否错位，如原连接螺栓上无"一"字标记线，则重新补划"一"字标记线。检查齿轮箱弹性支撑是否窜出。

油位的检查标准如下：

（1）在油泵停止30min后观察油位。

（2）确保齿轮箱有一个行星轮在最低位置，每个行星轮有"标识"（小孔或刻度线），只要有一个标识在最低位置，代表有一个行星轮在最低位置，三个行星轮呈倒"Y"状分布行星轮位置。

（3）油位正常位置：油位高于油标的1/3。

齿轮箱内部检查：选取发电量最高的5台风电机组进行齿轮箱内部检查，检查齿轮箱内部齿轮、轴承、喷油状态。

齿轮箱油位检查如图5-10所示。齿轮箱滤芯更换如图5-11所示。

图5-10　齿轮箱油位检查

4. 齿轮箱散热器清理

对齿轮箱散热器的清理，需要根据风电场环境中是否有柳絮困扰采用不同的维护方式。

（1）针对无柳絮的风电场环境。清洗散热器，利用气压进行清理，保证散热器表面无杂质附着，在《维护与检查证明》中记录散热器通风量。

图 5-11　齿轮箱滤芯更换

(2) 针对有柳絮的风电场环境。柳絮严重的风电场需要在柳絮季节来临之前进行一次清理，柳絮季节结束后高温季节来临前进行第二次清理。利用气压进行清理，保证散热器表面无杂质附着，清理完成后，在“维护与检查证明”中记录散热器通风量。

齿轮箱散热器清理如图 5-12 所示。

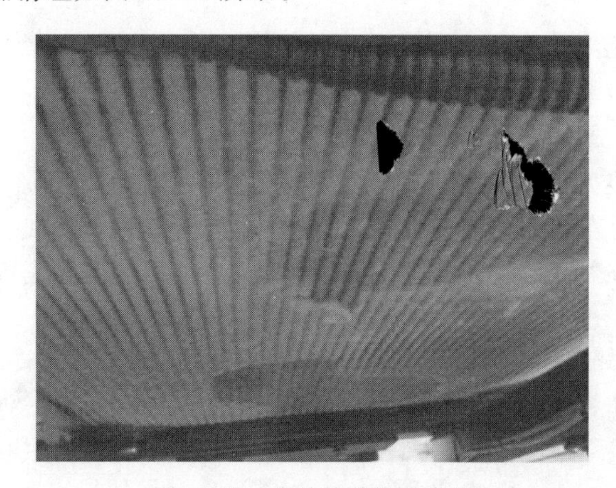

图 5-12　齿轮箱散热器清理

5. 齿轮箱通气帽

通气帽内干燥剂 80%变红后需要进行更换，推荐每半年更换一次。齿轮箱通气帽如图 5-13 所示。

图 5-13　齿轮箱通气帽

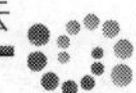

5.2.8 液压站的维护

1. 液压系统

液压管线：检查是否有破损、变脆、变形、渗漏、管接头移位现象。

目视检查：检查是否有锈蚀、渗漏、油位现象。

功能检查：检查液压站储能罐压力值。

液压站如图 5-14 所示。

2. 油及油滤

油及油滤：每 3 年更换液压油和油滤。

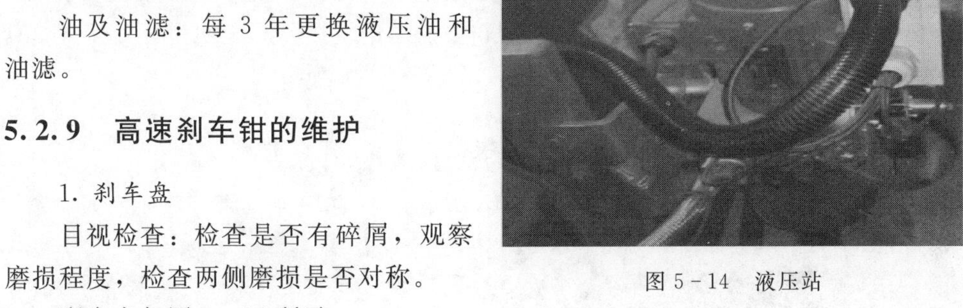

图 5-14 液压站

5.2.9 高速刹车钳的维护

1. 刹车盘

目视检查：检查是否有碎屑，观察磨损程度，检查两侧磨损是否对称。

刹车盘如图 5-15 所示。

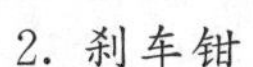

2. 刹车钳

目视检查：检查是否有锈蚀、渗漏现象，调节螺母和锁紧螺母上的“一”字标识是否有错位，若有集油瓶，检查并清理集油瓶。

刹车钳如图 5-16 所示。

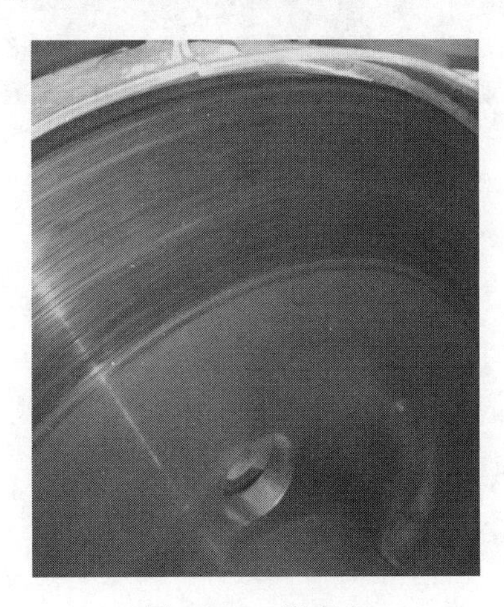

图 5-15 刹车盘

图 5-16 刹车钳

3. 刹车片

目视检查：检查是否有碎屑，观察磨损程度，两侧磨损是否对称。

制动钳：测量刹车片厚度，当检测到的厚度低于 19mm，更换摩擦片刹车片厚度并填入《维护与检查证明》，重新调整、检查刹车片间隙，液压站压力释放，松开刹车，两侧刹车片与刹车盘之间的距离应相等。

5.2.10　变桨滑环的维护

1. 外观

目视检查：检查电气接线是否松动，是否有电弧痕迹。

2. 滑环体与滑环金属针

注意：打开外壳前，应先断电，并用万用表测试电压，确认无电后再进行操作。

目视检查：无明显磨损、电弧痕迹、灰尘堆积，检查金属针是否损坏或者变蓝，电路板是否损坏；滑环整个清洗（通过盘车），喷上润滑油；更换密封圈。

当风电机组短期频繁出现与滑环清洁相关的通信类故障时表明滑环处于亚健康状态，需要清洗。

清洗滑环如图5-17所示。

目视检查：如果针变蓝或者断裂，需要更换滑环针。

变桨滑环金属针与滑道检查如图5-18所示。

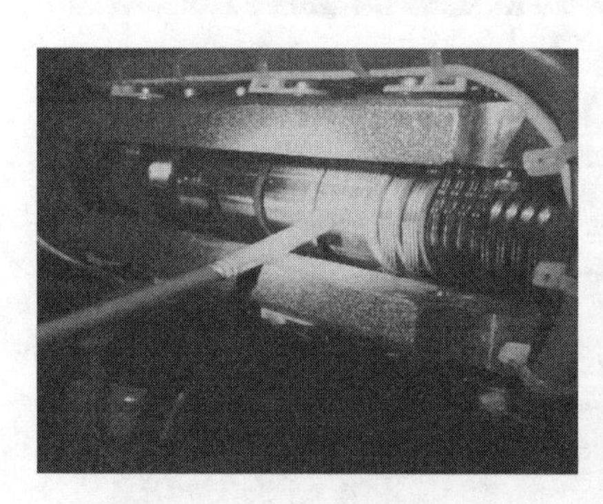

图5-17　清洗滑环

图5-18　变桨滑环金属针与滑道检查

5.2.11　联轴器的维护

目视检查：无裂缝、铁锈、损伤、螺栓连接错位、油漆裂纹、滑移状态（记录滑移角度，再用不同颜色做一字标记），检查螺栓是否松动，观察打滑部分颜色是否异于其他部分（如发黄、焦状等），检查大锁紧螺母是否开裂。

注意：重新安装联轴器护罩的连接螺栓时，在螺纹旋合部分涂抹抗咬合剂。

5.2.12　发电机的维护

发电机系统

1. 发电机

目视检查：检查弹性支撑橡胶表面是否接触到油脂，若有立即将其擦除；检查弹性支撑是否有裂纹。

2. 发电机外观

目视检查：检查是否有油漆掉漆、锈蚀、裂缝现象。

3. 轴承

润滑：手动润滑；加注数量为前轴承 120g，后轴承 120g。

加油过程中需要转动发电机，清除轴承废油脂，观察油脂内是否有铁屑。

4. 高速轴转速传感器检查

检查确认高速轴转速传感器感应面距螺栓 2～3mm，用洁净抹布擦拭传感器表面与测速盘表面，安装牢固。

5. 发电机对中

对中要求：联轴器距离（494mm±0.5mm）、水平角度偏差［(0.00±0.02) mm/100mm］、水平偏差（−0.30～0.60mm）、竖直角度偏差［(0.00±0.02) mm/100mm］、竖直偏差（0.30～0.60mm），对中后填写《维护与检查证明》。

6. 定转子接线及辅助接线盒

目视检查：检查定转子接线螺栓处有无高温氧化痕迹（进行此操作时必须先对回路进行断电，然后用万用表验电，确认回路无电）。检查辅助接线盒端子排及接线情况。

轴对地绝缘电阻检查：检查阻值是否正常。

转子接线盒如图 5-19 所示。

7. 碳刷及滑环室

（1）滑环上可能存在直流高压，检查时，必须断开发电机有关电源，然后用万用表确认无电再进行检查。

（2）必须在风轮锁被锁定的状态下才能维护滑环。

轴对地绝缘电阻：检查阻值是否正常。

图 5-19 转子接线盒

碳刷长度检查：当发生以下情形之一时需将发电机所有碳刷全部更换：

1）有任一个碳刷长度已接近需更换的长度（30mm）时。

2）出现任意两个碳刷长度相差 20mm 及以上时。

3）有任一碳刷使用时长达到 18～24 个月时。

注意：接地碳刷和主碳刷不能混用，更换碳刷需要所有碳刷一起更换，确保更换后所有的碳刷表面所刻的编码相同。

检查碳刷支架，检查发电机滑环是否有腐蚀、点蚀，表面是否光洁，清洁滑环室堆积的碳粉、油脂及任何杂物。

碳刷与滑环室的检查如图 5-20 所示。

8. 发电机编码器

目视检查：接头无松动、固定无松动。

图5-20　碳刷与滑环室的检查

9. 发电机滑环室滤网

拆下后处理下滤网上灰尘，如有需要进行更换。

5.2.13　风电机组状态监测系统（CMS）系统的维护

1. 采集器

目视检查：采集器的安装紧固，电缆接线无松动。

采集器如图5-21所示。

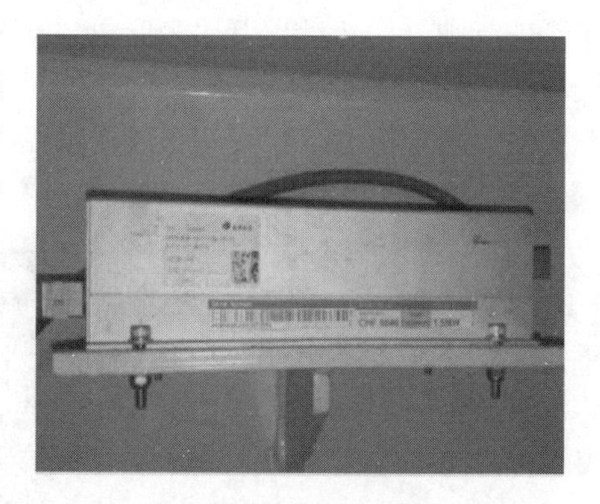

图5-21　采集器

2. 振动传感器

目视检查：检查是否掉落。

功能检查：手动检查传感器是否存在松动或脱胶，若松动，用力矩扳手将振动传感器打7N·m力矩；若暂无力矩扳手，使用活络扳手将传感器微紧至力矩标示线（约7N·m）；若脱胶，则手动重新对传感器线缆头进行紧固，防止线缆头与传感器连接松动。

3. 转速传感器

目视检查：传感器（接近开关）有无松动，信号输入是否正常。

若有松动，进行紧固，传感器端部距离测速盘1.5～2.5mm，测速盘高处通过时传感器信号灯亮。

5.2.14　塔筒辅件的维护

塔筒

1. 基础和外部区域

目视检查：风电机组入口通道区域是否通畅。

2. 基础

目视检查：检查塔筒内外部基础混凝土是否有裂纹、积水、沉积物、腐蚀等。

3. 基础环

目视检查：检查螺栓、法兰与混凝土的连接，基础混凝土表面及与基础环连接处是否存在剥离、破裂、渗水、浮泡，保持基础环干净整洁。

4. 塔筒外部

目视检查（可借助望远镜）：塔筒整体外观油漆无脱落、起皮、鼓泡、剥落、粉化、变色等异常；塔筒无倾斜、变形，如观察到明显倾斜或变形，则进行问题记录并立即反馈升级处理。

风电机组运行时无异响，如有异常，则进行问题记录并反馈。

5. 塔筒入口爬梯及塔筒门

目视检查塔筒入口爬梯：踏板、栏杆螺栓紧固，无锈蚀、无丢失，结构完整，无锈蚀，生锈则打磨后涂水性涂料处理。

目视检查塔筒门：门衬垫密封条完整，残缺或严重老化需更换，门框周边焊缝无锈蚀。

功能检查：入口门（开、关、插销、挡块）开关良好，限位销可固定门板。

塔筒门、塔筒外爬梯分别如图 5-22、图 5-23 所示。

图 5-22 塔筒门

图 5-23 塔筒外爬梯

6. 塔筒门滤棉

夏季高温季节来临前更换百叶窗过滤棉，1 次/年。

7. 塔底控制柜及变频器支架平台

目视检查：检查平台及附件、铰链是否腐蚀、损坏。

力矩维护：检查平台连接螺栓是否松动，若松动，则重新使用扳手拧紧。

8. 塔底灭火器

目视检查：灭火器处于有效期内，可获得位置；灭火器固定架牢固无松动。

(1) 二氧化碳灭火器：称重，二氧化碳灭火器的年泄漏量不应大于灭火器额定充装量的 5% 或 50g（取两者的小值），超出泄漏量视为不合格，需要重装或更换。

(2) 干粉灭火器：应保证压力值在绿色范围内。

称重仪需现场自行购买，测量精度为 1g；对于灭火器钢瓶上没有标记出厂质量的情况，首次称重需要将称重结果粘贴在钢瓶上，以便下次称重计算泄漏量。

灭火器如图 5-24 所示。

图 5-24 灭火器

9. 防坠落钢丝绳（爬塔过程）

目视检查：连接紧固，无裂缝、变形，如有需更换（上下固定夹板、绳卡、卸扣、螺栓），钢丝绳处于距离支撑卡中，无明显晃动。

螺栓紧固：踏辊加强螺杆、M16螺母紧固1次/年。

功能检查：触碰检查钢丝绳是否处于张紧状态，若否需通过调节锁具旋口进行张紧。

目视检查：24cm内无断股，磨损小于2/3圈，磨损直径小于1/2，断丝不超过2根，无扭结、损伤、腐蚀，如有需更换。

10. 助爬器

质保期内年检由供应商专业人员协助完成，并出具维护报告。

（1）电气部分检查。

1）检查助爬器输入电压是否符合要求，电源输入标准如下：三相，400V/220V，50Hz，≥0.37kW。

2）助爬器电气部分接地可靠。

3）电控箱元器件连接牢固，绝缘可靠，外观应无影响使用及存在安全隐患的重大损伤、腐蚀或人为破坏，如有立即停止使用并上报。

4）急停按钮：测试急停功能，功能正常方可使用。

（2）机械部分检查。

1）减速电机、电气控制部分应固定可靠，无松动，固定部分各驱动轮应无严重磨损、严重腐蚀，如有则立即停止并上报，拍照记录防撞轮及导向轮磨损的情况。

2）检查整根钢丝绳，如出现以下现象则需更换：①钢丝绳直径30倍长度范围内出现断股；②钢丝绳外圈钢丝磨损2/3圈以上，钢丝直径磨损一半；③钢丝绳出现断丝现象，2根以上需要更换钢丝绳；④扭结、损伤或其他机械、化学腐蚀。

3）钢丝绳预紧力调节，保证弹簧预紧装置压块处于遮挡板绿色区域内。

4）顶轮处加强管应连接牢固可靠，螺栓无松动。

5）防磨及防撞装置应安装牢固可靠，且在人爬升时没有阻碍现象，回绳时顺畅、不卡滞；检查防磨损轮上下安装位置是否合理、钢丝绳是否处于防磨损轮的中间位置，如有问题需及时处理。

6）使用助爬器一个来回，检查助爬器钢丝绳是否与爬梯踏棍接触磨损，防磨轮是否出现磨损卡滞，如有问题需及时反馈处理。

助爬器检查如图5-25所示。

11. 爬梯、电缆桥架、平台、盖板

目视检查（爬塔过程）：连接紧固完好（爬梯、电缆桥架），爬梯竖直、接缝对齐，无明显变形，镀锌层无脱落、锈蚀（钢爬梯）；平台板无松动，清洁1次/年；翻盖板铰链无松动、脱落，胶皮黏接牢固；翻盖板打开后，不触碰塔筒内壁，否则调整限位板角度。

爬梯检查如图5-26所示。

图 5-25 助爬器检查

图 5-26 爬梯检查

12. 上下端进线箱检查

(1) 上端进线箱：箱内无杂物、昆虫；铝排与铜排连接处无变色、腐蚀；铜排无变色、腐蚀；绝缘支撑牢靠；电缆紧固接头与电缆和线箱固定可靠，动力电缆排列整齐，对打过的螺栓做好“一”字标记。

(2) 下端进线箱：箱内无杂物、昆虫，铝排与铜排连接处无变色、腐蚀；铜排无变色、腐蚀；绝缘支撑牢靠；电缆紧固接头与电缆和线箱固定可靠；线箱支架固定螺栓无松动，动力电缆紧固力矩（100%），对打过的螺栓做好“一”字标记。

上端进线箱、下端进线箱分别如图 5-27、图 5-28 所示。

5.2.15 变频器的维护

安全注意事项如下：

(1) 对变频柜内检查前，需先断电 30min，并且待电容放电结束后（用万用表进行验电，确保电容无电后）才能开柜检查，且必须确认被操作对象处于零电压状态。

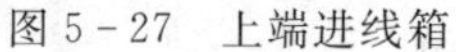

图5-27 上端进线箱

图5-28 下端进线箱

（2）将风电机组设置到维护状态后，需在变频器内将CB断开，并将钥匙处于OFF状态。开机前，将钥匙回到ON状态后，确认CB合上后再离开风电机组。

1. 柜门、柜体、底板

目视检查：检查紧密性、是否破损或松动、腐蚀、沉积物、潮湿，是否有昆虫、电弧痕迹，检查底板是否紧固，元器件是否烧损。

功能检查：柜门正确关闭，通风设备正常，电缆夹紧。

2. 柜内

目视检查：检查柜内器件是否有电弧痕迹、腐蚀痕迹；柜内是否有杂物，杂物需清除。

力矩检查：接触器主触点为14N·m，辅助触点为1.2N·m；并网柜分线盒输入端（大端子口）为8.5N·m，输出端（小端子口）为3.5N·m；控制柜分线盒输入端（大端子口）为8.5N·m，输出端（小端子口）为3.5N·m。

图5-29 柜内器件

柜内器件如图5-29所示。

3. 滤棉

更换变频器滤棉（功率柜底部两个滤棉的更换需要拆除底部网格）。

变频器滤网如图5-30所示。

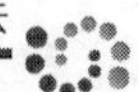

4. 主断路器（MCB）

目视检查：检查电弧痕迹，清洁度，主断路器（MCB）分断次数；更换主断路器。

5. 变频器UPS电源检查

若主控报出“变频柜230V UPS警告！亚健康”需对UPS进行检查并更换。

图5-30 变频器滤网

变频器UPS如图5-31所示。

6. IGBT散热器

手动检查：清理IGBT散热器上的积尘、杂物。

图5-31 变频器UPS

7. 散热风扇

手动检查：清理散热风扇上的积尘、杂物。

5.2.16 控制柜的维护

1. 塔底控制柜、机舱控制柜

目视检查：检查是否有潮湿、过热，甚至有昆虫等情况。

功能检查：柜门正确紧固，通风良好，电缆夹夹紧，电缆绑扎固定。

2. 回路控制器件、电缆

目视检查：器件固定可靠，电缆连接可靠，电源插头插接牢固，无松动，电缆表面无磨损及裂纹。

注意：安装或做紧固处理（进行此操作时必须先对回路进行断电，然后用万用表验电，确认回路无电）。

柜内控制器件如图5-32所示。

图5-32 柜内控制器件

3. 网络路由器

目视检查：光纤无松动，通信正常。

光纤如图5-33所示。

4. 接地

目视检查：地线无破损，紧固螺栓连接可靠。

功能检查：连接正确，紧固。

接地如图5-34所示。

图 5－33　光纤

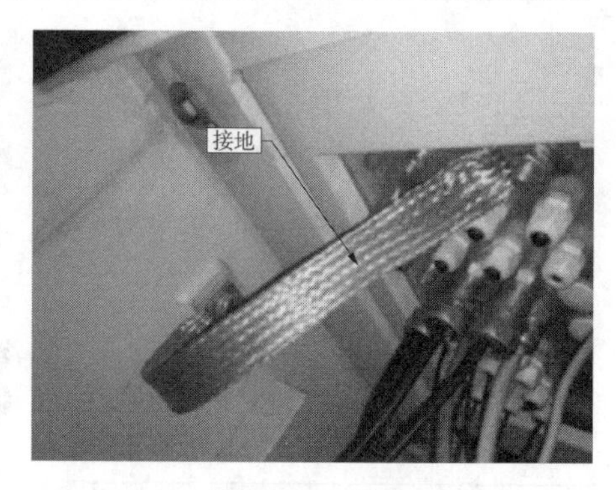

图 5－34　接地

5. 按钮与指示灯

目视检查：破损，松动。

功能检查：指示灯测试，按钮、开关信号正常；塔底及主控制柜内卫生清洁，清除灰尘等异物。

按钮与指示灯如图 5－35 所示。

图 5－35　按钮与指示灯

6. 安全链

急停开关功能检查：停机后，按下急停开关，触发安全链断开。

7. 过速控制器

目视检查：检查信号指示是否正常。

8. 气象站

风速仪、风向标目视检查：无损坏、锈蚀、部件松动，检查接入机舱柜的电缆绑扎情况。

风速仪、风向标如图 5－36 所示。

图 5－36　风速仪、风向标

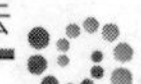

5.2.17 塔筒法兰的维护

1. 塔筒内法兰、螺栓

平台维护：塔筒壁、塔筒爬梯、塔筒平台卫生清洁。

目视检查（爬塔过程）：①油漆无生锈、裂纹、起皮、鼓泡、剥落、粉化、严重色差，焊缝饱满无裂缝、锈蚀（塔筒壁、通风管对接焊缝）；②检查螺栓标记线是否异位，螺栓是否松动，当出现螺栓松动或标记线异位时，按照规定力矩重新打紧力矩；对打过的螺栓涂抹水性涂料处理并且做好一字标记。

力矩检查：10%抽检，若有一颗螺栓转动角度超过15°，则100%检查，记录螺栓转动角度，填写《维护与检查证明》，对打过的螺栓涂抹水性涂料处理并且做好一字标记。

法兰间隙测量：小于0.2mm为合格，当法兰间隙的测量值超过0.2mm，则作为维护问题记录到《维护与检查证明》中，立即进行追踪处理。

塔筒连接法兰与螺栓如图5-37所示。

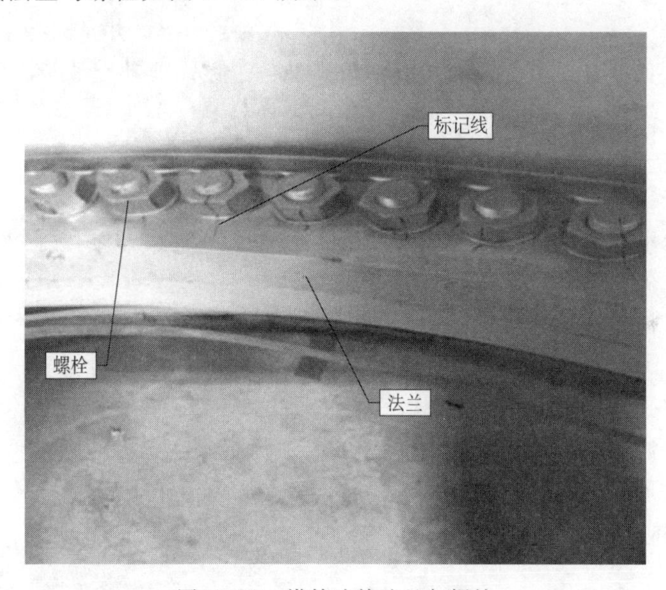

图5-37 塔筒连接法兰与螺栓

2. 法兰间接地系统

目视检查：地线和塔底接地扁钢无破损，锈蚀，电弧痕迹，螺栓连接可靠。

功能检查：连接正确，紧固。

5.2.18 偏航系统的维护

1. 偏航制动系统

测量制动摩擦块的磨损：测量偏航摩擦片厚度并进行记录，厚度小于1.5mm，更换摩擦片。

刹车活塞目视检查：检查是否有磨损、灰尘、附着物（包括油脂）。

润滑：机舱底板前后共18个直通式油杯，连续加注保证摩擦面旋转一圈都润滑到（边偏航边加注）。对铜套表面涂抹润滑油脂，涂抹前将铜套表面擦拭干净，用毛刷在铜套表面涂抹一层均匀的油脂，注意：摩擦片上不得涂抹该油脂。

铜套如图5-38所示。

图5-38　铜套

2. 偏航驱动

偏航电机：调节偏航电机制动器间隙，确保间隙均匀，调整结束后进行偏航测试，检查抱闸是否正常打开。

3. 偏航齿轮箱

目视检查：检查偏航齿轮箱与机舱底板的连接螺栓贯穿线是否错位，若错位，按照规定力矩打紧。

螺栓力矩：检查过的螺栓做好“一”字标记，并且涂抹水性涂料处理。

目视检查：检查是否漏油、检查油位，油位过低需要补充油脂。

推荐每3年更换齿轮箱油，依据3年的油样检测结果。

4. 偏航轴承

目视检查：检查主机架—偏航轴承连接螺栓标记线是否异位，螺栓是否松动；当出现螺栓松动或标记线异位时，按照规定力矩重新打紧，对打过的螺栓涂抹水性涂料处理并且做好“一”字标记。

主机架—偏航轴承连接螺栓力矩检查：10%抽检，若抽检螺栓有一颗转动角度超过15°，则100%全检，填写《维护与检查证明》，对打过的螺栓涂抹水性涂料处理并且做好“一”字标记。

偏航轴承润滑：加油脂600g，在偏航时加油脂，漏出的油脂应予清除，检查油脂内是否有铁屑。

目视检查：密封圈无老化、破裂、漏油。

功能检查：油路通畅。

5. 制动系统油管

检查油管及接口有无漏油。

推荐：油管若一直完好则使用3年后更换。

6. 偏航齿圈和传动齿

目视检查：无锈蚀，齿接触面外观良好，齿间无异物。

润滑：用毛刷涂上均匀一层油脂。

偏航齿圈如图5-39所示。

图5-39　偏航齿圈

7. 偏航计数器

目视检查：清洁，紧固。

功能检查：手动触发凸轮开关，PLC 显示位置信号正常，手动偏航至电缆完全放松状态，检查扭缆累计为 0，如有必要调整凸轮位置并重新调整参数。手动触发点凸轮，应能触发机械安全链断开。

偏航计数器如图 5-40 所示。

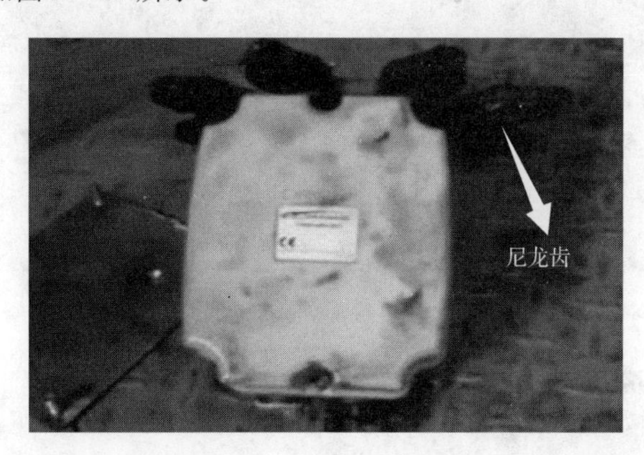

图 5-40 偏航计数器

5.2.19 机舱系统的维护

1. 机舱外观

目视检查：无裂缝、破损，密封良好天窗完好；防水渗漏紧固；检查机舱与机架连接，机舱上下段连接，舱顶安全扶手，气象站支架，所有地线。

2. 阶梯、踏板

目视检查：检查是否有损坏、松动、变形，并清洁。

3. 机舱外壳接地系统

目视检查：检查是否有腐蚀，是否可靠固定、接触良好。

机舱内接地如图 5-41 所示。

4. 机舱罩前、中、后过渡支架与主机架连接处的螺栓

10%抽检中如果发现一个螺栓松动超过 15°，则 100%检查。对打过的螺栓涂抹水性涂料处理并且做好“一”字标记。

5. 机舱罩上下盖连接螺栓

10%抽检中如果发现一个螺栓松动超过 15°，则 100%检查。对打过的螺栓涂抹水性涂料处理并且做好“一”字标记。检查机舱内卫生，清除异物。

机舱罩上下连接地线如图 5-42 所示。

6. 机舱照明

目视检查：外观完好。

功能检查：打开照明开关，所有照明灯点亮，更换损坏的灯管。

7. 机舱密封性

检查机舱罩是否存在漏水漏光，如存在需重新打硅胶密封。

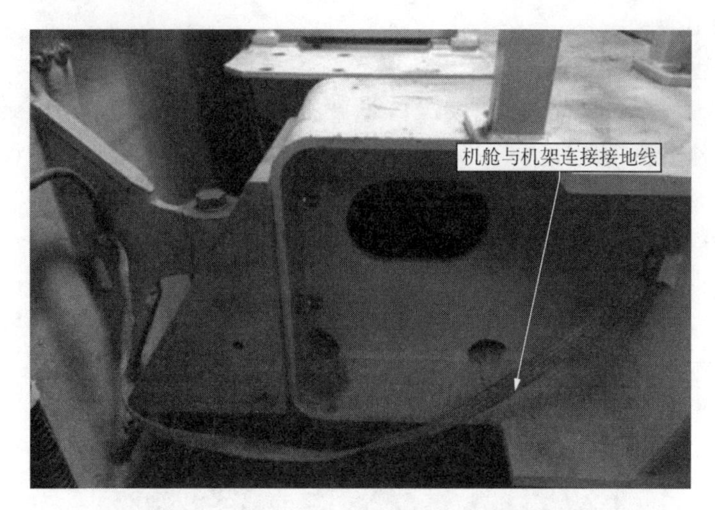

图5-41　机舱内接地

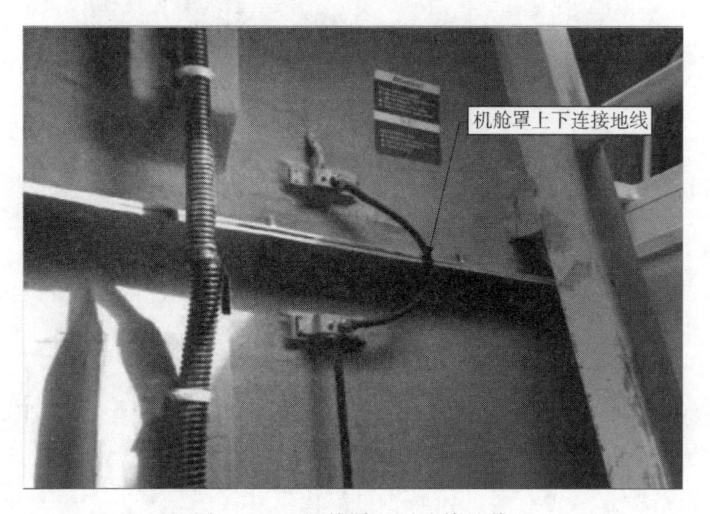

图5-42　机舱罩上下连接地线

8. 机舱通风孔

目视检查：根据现场维护实施时间执行，夏季高温季节前移除机舱底板通风孔上覆盖的橡胶皮，冬季寒冷季节前回装机舱底板通风孔上覆盖的橡胶皮。

9. 机舱顶部安全扶手

目视检查：检查钢管是否为完整的一根钢管，中间是否有拼接焊接的痕迹；检查焊缝、焊接头处是否有锈蚀、焊材脱落；检查预埋件是否有锈蚀，当出现严重锈蚀、钢管断裂或焊缝脱落等，禁止使用安全扶手，并立即汇报反馈，填写《维护与检查证明》并存档记录。

10. 踏板支架

目视检查：无腐蚀，检查螺栓连接。

11. 尾部机舱罩爬梯与支架紧固螺栓

10%抽检中如果发现一个螺栓松动超过15°，则100%检查。对打过的螺栓涂抹

水性涂料处理并且做好一字标记。

12. 机舱灭火器

目视检查：灭火器处于有效期内，可获得位置。

功能检查：灭火器固定架牢固无松动。二氧化碳灭火器内灭火剂低于标准值必须重新充气，干粉灭火器应保证压力值在绿色范围内。

机舱灭火器如图 5-43 所示。

图 5-43　机舱灭火器

5.3　风电机组设备故障分析

风电场设备故障包括输变电和风电机组两部分。输变电部分与常规输变电设备故障现象相同，处理方式也无差别，本节重点介绍风电机组故障与事故处理。

5.3.1　设备故障概论

1. 设备故障浴盆曲线

与所有的机电设备一样，如无重大设计问题风电设备也有一个从初始的故障高发期到运行稳定期再到磨损劣化期的过程。将这个过程分别以时间和故障发生率为坐标绘制成曲线。在设备中有部分零部件的失效率是随时间递减的，还有部分零部件的失效率是随时间增加的。综合起来可以观察到设备失效率好像浴盆盆底的曲线，一般称为“浴盆曲线”，如图 5-44 所示为随机失效率曲线示意图。“浴盆曲线”表明：一般情况下设备的故障有两个高发期，分别是投运初期和设计运行寿命终结期。

2. 设备故障因果分析图

设备因果分析图也称为设备故障树，如图 5-45 所示。设备因果分析图是对设备故障和异常分析的一种重要方法。通过逐步排除影响设备的因素，找出设备出现

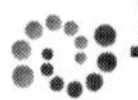

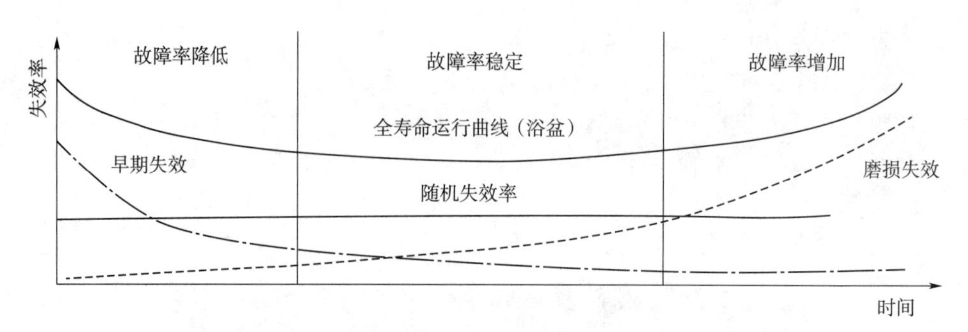

图5-44　随机失效率曲线示意图

故障和异常的真正原因。

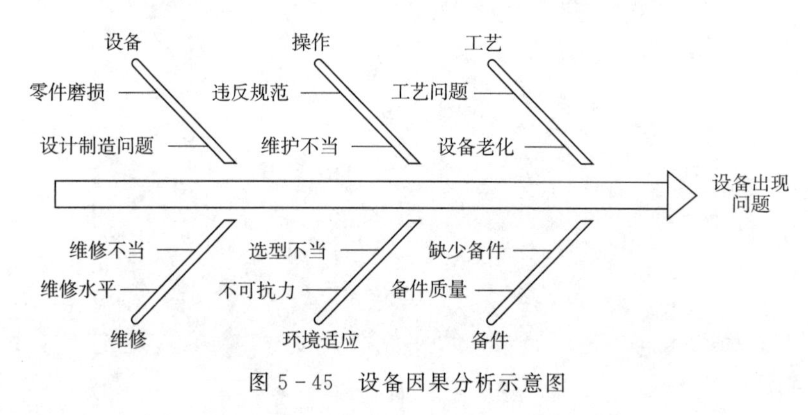

图5-45　设备因果分析示意图

5.3.2　风电场输变电设备异常和故障分析

风电场输变电设备是风电场的重要配套设备。风电场输变电设备与一般电网公司的变电站无本质区别。因负荷率较低，设备比较成熟，通过开展好巡视检查工作和定期的预防性试验，及时消除各类缺陷和隐患，设备的可靠运行是有保障的。

从实际运行情况看，输变电设备故障率和环境适应性密切相关，发生较多的故障有：汇流线路单相或相间短路；避雷器爆炸；高压开关柜爆炸；电压互感器爆炸或高压熔丝熔断；箱式变故障或烧毁；电缆头爆炸；主变中性点接地电阻柜烧毁等。

除去设备制造质量问题和日常维护不到位以外，环境影响是重要因素。

风电场区域的风速高于其他地区。受高风速影响，输电线路（架空线）故障率较高，一般是由于强风造成线路绑扎线断裂或引线接头断裂造成事故。

雷电影响严重的地区容易发生避雷器爆炸、箱式变烧毁的故障。通常由于土壤电阻率高，雷击后反击电压造成绝缘损坏，或者雷电电流强度超过了避雷器实际或标称放电电流。

高温、高盐雾腐蚀区域容易发生电缆头爆炸、开关柜爆炸以及线路单相或相间短路。通常是由于高湿、高盐雾腐蚀造成设备绝缘大幅度下降，爬电闪络引发短路。

风电场中风电机组的升压变压器台数多，由于运行电压波动大、运行环境恶

劣、预防性试验不到位等原因，在风电场输变电设备中的故障率比较高。主要的故障表现形式有匝间短路、雷击损坏、盐雾腐蚀造成对地短路等。风电机组升压变压器通过油色谱分析非常有助于及时发现设备内部缺陷。

风电场升压变电站的主变压器中性点接地电阻柜烧毁通常是由于长时间单相接地过热；电压互感器爆炸或熔丝熔断通常是由于在小电流接地系统中发生单相弧光短路，引起弧光过电压或风电场系统在输电线路发生故障后产生了谐振。

5.3.3 风电机组异常和故障及分析处理

风电机组故障处理

5.3.3.1 风电机组故障的一般性规律

风电机组由大量零部件组成。由于机组设计、制造工艺、装配水平、运行环境的不同，表现出的可靠性也是很不同的。严格意义上讲，风电机组并不存在所谓的常见故障，因为如果同一个故障反复频繁发生，就应该采取有效的技术手段加以解决。结合设备故障因果分析图、事故发生的时间性和原因上讲，大致可以得出以下基本规律：

（1）在风电机组运行初期，因设计、制造、工艺、安装、调试等问题容易引发故障。

（2）在运行期间，因环境适应性、维护或操作不当等原因容易引发设备故障。

（3）时间或较长时间运行后因设备老化、零件的磨损、部件使用寿命到期等原因容易引发故障。

（4）在特殊的地形和极端气候情况下，因机组选型不当、恶劣环境条件等因素容易引发故障。

5.3.3.2 风电机组异常的分析处理

本部分所说的风电机组异常是指通过机组监控系统未报警而设备实际存在的缺陷和隐患。

造成设备异常的原因很多，包括制造工艺问题、零部件磨损老化、维护不当和环境影响等。一般通过三种手段可以发现，即定期对风电机组进行巡视，定期设备维护，运行数据的分析。

1. 渗漏油

风电机组的渗漏油包括液压油、齿轮油和润滑油脂的渗漏。发现液压油或齿轮油渗漏，应立即进行检查。检查时应将渗漏油表面清理干净，观察渗漏油的速度。如渗漏油严重，机组不宜再运行。变速箱渗漏油严重如继续保持运行，特别是大型的强制润滑的风电机组变速箱，将造成轴承过热而损坏，甚至造成变速箱箱体的开裂。

齿轮油渗漏可能的原因包括：变速箱体各结合面密封不良；齿轮油的循环冷却系统管路中的部件松动和磨损；管路接头连接不良。

液压油渗漏可能的原因包括：密封圈老化；油管接头或阀体紧固不到位；油管老化或磨损等。

润滑脂渗漏包括主轴轴承和变桨轴承润滑脂渗漏，一般是由于轴承密封老化或者轴承密封与轴承配合不当。如果润滑脂加油量不当，超过维护标准也可能造成油脂外溢。

2. 叶片声音异常

叶片声音异常一般都是叶片受到雷击、风沙侵蚀或工艺问题造成叶尖或叶片边缘开裂。如果只是轻微的哨声，可继续保持机组的运行，并加强观察。如果声音较大，则不宜再继续运行，并及时修复，否则叶片可能大面积开裂，严重时将造成叶片断裂。

3. 偏航声音异常

偏航声音异常一般是由于机组偏航系统润滑不良，应及时补充润滑并进行检验；同时还需要检查其他如偏航减速器本体、偏航齿轮啮合、偏航系统螺栓紧固等情况有无异常。机组载荷设计不当也可能引起偏航声音异常。

4. 偏航齿圈齿面磨损或断裂

偏航齿圈齿面磨损或断裂一般由以下原因造成：

（1）强台风造成机组振动，齿轮过载断裂。

（2）偏航齿轮长期润滑不良（由维护不及时，盐雾腐蚀、风沙侵蚀等因素引起）。

（3）润滑脂选用不当。

（4）偏航减速器小齿轮与偏航齿圈啮合不良等。

5. 变速箱齿轮齿面损伤或断裂

变速箱齿轮齿面损伤或断裂，一般由以下原因造成。

（1）大风情况下机组突然紧急停机。

（2）齿面热处理工艺缺陷。

（3）变速箱中有金属污染物。

（4）齿轮啮合不良等。

发现齿轮齿面损伤或断裂应对变速箱齿轮的具体情况进行判断。如果无其他异常情况下每个齿的齿面点蚀、剥落或胶合面积在啮合面积的10％以内，应加强观察，如未继续发展，通过表面打磨处理可以坚持运行，或进行限功率运行，待备件到位后组织进行处理。如果齿面损伤面积过大或发生齿面断裂，应立即停机，对变速箱进行修理或更换。

6. 螺栓断裂

螺栓断裂一般由以下原因造成：

（1）螺栓本身的质量存在问题（可通过超声波检测、磁粉检测手段检查发现，出现这种情况应送专业质量检验机构检验）。

（2）施工时紧固工艺不当。

（3）螺栓力矩值设置错误，造成过力矩。

（4）设备满发时紧急停机次数过多。

（5）风电机组所处位置风切变指数大或湍流强度高。

（6）严重低温影响。

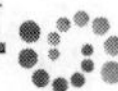

（7）严重腐蚀造成强度下降。

（8）传动系统轴承严重磨损，造成疲劳过载。

塔架螺栓断裂还可能是由于塔架法兰面不平整或机组叶片不平衡进而造成螺栓疲劳。螺栓断裂是个比较复杂的问题，可能是多种因素共同作用造成的，应综合分析判断。

7. 风电机组实际功率曲线与制造商承诺功率曲线不相符

功率曲线与额定功率曲线不相符对设备运行安全并无直接影响，主要影响风能资源的充分有效利用。对于长期超过额定功率运行的机组可能会造成零部件提前失效。一般可能有以下因素造成机组实际功率曲线与制造商承诺功率曲线不符：

（1）叶片安装角度不正确。

（2）偏航控制的机组对风策略偏差大，也可能是机组风向仪磨损或松动。

（3）叶片表面严重污染。

（4）叶片表面结冰或覆霜。

（5）特殊地形的影响，湍流强度高。

（6）机组使用的叶片气功参数不符合机组设计要求。

（7）高海拔地区，空气密度低。

（8）机组控制策略调整错误。

（9）风速仪误差过高，或风速信号变换器增益修订误差大。

8. 轴承温度偏高（未报警）

在风电机组的主轴轴承、发电机轴承和变速箱轴承均设置了温度传感器，通过这些温度传感器监视轴承运行温度。对于轴承温度长时间偏高，但是未达到报警温度的情况应进行分析，及时发现问题，避免故障扩大。轴承温度偏高一般由以下原因造成：

（1）轴承本身磨损严重，间隙变大。

（2）轴系统不对中，同心度超差。

（3）轴承润滑不良。

发电机轴承温度偏高还可能是发电机冷却通风系统不良，或电磁环流问题引起的。变速箱轴承温度偏高还可能是由于齿轮油冷却循环系统故障、变速箱油缺油或大量渗漏等原因。

5.3.3.3 风电机组故障的分析处理

1. 风电机组故障分类

通常风电机组故障按照故障发生后风电机组所处状态和风电机组的结构系统进行分类。

（1）按故障发生后风电机组所处状态，故障可分为以下类型：

1）自启动故障（可自动复位）。自启动故障定义为当计算机检测发现某一故障后，采取护措施，机组停机。等待一段时间后，当故障状态消失，或恢复到正常状态，控制系统将自动恢复机组启动运行。

2）不可自启动故障（需人工复位）。这类故障定义为当故障现象出现后无法自动消除，或故障比较严重，不允许机组自动恢复启动运行。此类故障必须由运行人员到达故障现场，进行人工干预（检查、修理或判断误动作）消除故障后，方可重新启动机组运行。

3）报警故障。报警故障定义为当系统检测到故障时通过SCADA系统或控制柜中的报警系统进行声光报警，提示运行人员处理，但机组不停机。当出现不可自启动的情况时，系统也采取声光报警。

（2）按照风电机组的结构系统，故障大致可分为以下类型：

1）控制系统故障。这里所指的控制系统主要是变频控制系统和机舱设备控制系统中的传感器、继电器、反馈回路、I/O接口模块、控制器组件，以及程序出错等故障。

2）电气系统故障。电气系统故障是指发电机、变频器主回路器件、断路器、母线、电动机、互感器、电源变压器、电容器等电气组件故障。电气系统故障是风电场日常运行中出现频率最高的故障类型。

3）机械系统故障。机械系统故障是指机械部件故障，包括叶片、轮毂、主轴、变速箱、液压、偏航、变桨、制动系统的故障。

2. 故障原因及分析

在风电机组运行过程中，通过安装在风电机组不同位置的检测组件，即各类电流、电压、温度、湿度、振动、压力、位移（线性）、风速、风向、转速、编码器、液体流量、偏航、烟雾、限位传感器，以及开关、接触器、热继电器的辅助触点对风电机组运行状态进行检测。机组控制系统对检测反馈的信号进行逻辑判断，确定风电机组是否处于正常状态，并将非正常状态定义为故障。风电机组制造厂家在进行控制策略设计时，对不同故障进行了定义，并给定了故障代码。这些定义和代码尽可能地覆盖了该风电机组所有可以检测出的故障情况。IEC有关标准对各类故障的设定有明确要求，可参照应用。通过机组本地控制计算机和风电场的SCADA系统，运行人员可以实时得到故障信息，这些信息可以帮助运行人员及时掌握机组故障情况并处理故障。

由于国内外机型种类较多，各厂家控制系统有很大差别，故障分类、故障事件、故障代码、代码内容和解释也不相同，不可能全部列出。本节仅对各种风电机组运行故障进行归纳整理，结合典型故障进行示例分析。实际运行时请详细阅读厂家运行维护手册。

（1）判定故障原因的基本步骤。

第一步：根据故障代码和故障信息描述，确定可能的故障范围。

第二步：检查判定该故障涉及检测组件和检测回路是否正常；这需要检查检测器件本身、信号回路、I/O接口及控制器等部件。

第三步：对故障描述的部件或检测组件直接监测的对象进行检查。

第四步：对可能影响到故障描述的部件或对直接监测对象造成影响的关联部件进行检查。

（2）确定故障点的基本方法（推荐）。

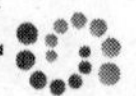

分析检测法：利用仪器仪表对照图纸进行逐项检测，判断出风电机组故障。

替换排除法：根据对风电机组故障现象的分析及经验判断，利用完好的备品备件替换试验进行故障处理。

一般情况下，可以两种方法同时使用以快速准确地判断故障。

(3) 故障举例。

故障一：偏航系统故障。偏航系统故障一般有偏航电机超温、偏航传感器故障（对风不正确）、偏航反馈回路故障、偏航控制回路故障、偏航电机故障、液压刹车回路压力故障、解缆故障等。

检查范围包括：检查传感器电源或控制回路电源；检查偏航电机状态和控制回路中各继电器、接触器以及接线状态；检查偏航机构电气回路；检查偏航传感器凸轮位置、状态及增量编码器的信号工作状态；检查风向标状态及其反馈回路状态；检查偏航反馈回路各模块及接线状态；检查偏航液压回路状态；检查扭缆传感器工作是否正常等。偏航故障参见表5-1。

表5-1　　偏航故障示例

故障内容	故障现象	故障原因	保护状态	自启动
偏航电机热保护	在一定时间内偏航电机的热保护继电器动作	电机过流、损坏	正常停机	否
解缆故障	当偏航积累一定圈数后未解缆	偏航系统故障	正常停机	否

注：本表只是部分故障示例，具体故障应查阅厂家机组运行故障手册。

故障二：液压系统故障。液压系统故障一般有液压系统压力故障、液压系统温度故障、液压泵打压超时故障、被压系统油位低故障、液压站电机故障、高速刹车压力故障、器阻力增加故障等。

检查范围包括：检查液压系统泄漏情况；检查液压回路中各元件的状态（电磁阀电源、溢流阀的定值、压力传感器状态等）；检查各压力控制回路中继器、模块及接线状态；检查液压系统内部泄漏情况；检查高速刹车系统压力继电器、蓄能器压力、减压阀状态以及反馈回路状态；检查温度传感器以及接线状态；检查液压站过滤器清洁状态；检查过滤器反馈回路接线和过滤器状态；检查电机热继电器额定保护值，核实电机相电阻以及电机供电是否正常等。

故障三：变桨系统故障。液压变桨系统故障一般有变桨位置与真实值偏差、变桨角度小、变桨轴承故障、变桨超限位等。

检查范围包括：比例阀等各阀体状态；变桨液压缸状态及螺栓；叶根轴承及变桨传动部件；桨距传感器状态；液压变桨系统电磁间及回路接线状态。

电动变桨系统一般有滑环故障、变桨电池故障、三叶片变桨不同步故障、变桨电机及减速器故障、变桨轴承故障、变桨超限位故障等。

检查范围包括：叶根轴承及变桨传动部件；桨距传感器状态；液压变桨系统电磁阀及回路接线状态；变桨电池状态及回路接线状态；滑环及接线状态；变桨电机状态、减速器状态以及控制回路接线状态。

变桨轴承故障指由于变桨轴承出现问题，导致变桨位置错误，主要原因是安装不当、制造质量不高、维护不当等。

变桨动作通常是在机舱动力电源经滑环传递的电能带动变桨电机实现的。如果滑环故障无法有效传递电能，变桨电机将在备用电源（电池或其他储能系统）的电能支撑下完成顺桨动作，使机组停机。如果电池故障，在紧急停机情况下将使变桨电机失去电源而无法动作导致飞车。特别是紧急回路触发时，如果由于备用电源失效，造成风电机组气功制动系统失效，后果将是灾难性的。

通常变桨系统在低温等恶劣环境中动作，电子回路极易受到影响而导致失灵；另外减速器和伺服电机损坏也是变桨系统故障的原因之一。损坏原因除制造和部件选择及设计错误外，安装及维护不当也是损坏的重要原因。

滑环是将静止部件中电源或控制通信信号传输到旋转部件中的连接装置，主要由滑轨、碳刷、接线盒等部件组成。其中碳刷是易损件；滑环常出现故障，主要故障有连接不牢、碳刷磨损过度、轨道损坏以及连线断路等。表 5－2 列出的故障示例仅供参考。

表 5－2　　风轮故障（含轮毂和变桨距系统）示例

故障内容	故障描述	故障原因	保护状态	自复位
风轮超速	风轮转速超过设定值	转速传感器故障或未正常并网	紧急停机	否
叶尖制动系统液压系统故障	叶尖制动系统不能回位或甩出	液压缸、叶尖结构故障	紧急停机	否
变桨系统故障	变桨跟踪错误	编码器故障	正常停机	否

注：本表只是部分故障的示例，具体故障应查阅厂家机组运行故障手册。

故障四：机械传动系统故障。机械传动系统故障一般有振动故障、变速箱温度故障、主轴轴承温度故障、变速箱压力故障、变速箱冷却回路故障、变速箱缺油故障、主轴断裂故障、变速箱轴承损坏故障、变速箱齿面点蚀及断齿故障、高速联轴器损坏故障等。

检查机械部件包括：主轴及其螺栓的状态；变速箱轴承状态；变速箱齿面状态；高速联轴器状态：变速箱及其各软硬连接处的连接状态；振动传感器及其反馈回路各模块、接线状态；温度传感器及其回路各模块、接线状态；压力传感器及其回路各模块、接线状态；齿轮箱冷却电机、冷却循环回路和其控制回路各继电器、接触器以及接线状态等。

故障五：振动故障。检查范围包括：振动传感器及其反馈回路各模块、接线状态；相关可能导致振动产生的原因。

一般振动传感器有两种：一种是机械重锤式，另一种是加速度计式。当风电机组运行中振动超过限定值时，振动传感器发出信号，风电机组安全停机。

风电机组运行中造成机组振动的因素比较多。叶尖制动系统或变桨系统失灵会造成风电机组超速，系统机械不平衡均能造成风电机组振动超过限定值。如果发现

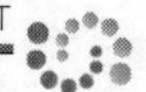

振动报警，但未停机，且持续报警，应检查加速度计是否损坏，如损坏立即更换。如振动紧急停机，但并非机组振动所致，应检查重锤传感器和加速度计，如有损坏立即更换。

运行人员应检查出引起机组超速或振动的原因并经处理后，才允许重新启动机组。振动故障示例见表5-3。

表5-3　　振动故障示例

故障内容	故障现象	故障原因	保护状态	自启动
机组振动停机	振动传感器动作	部件如叶片不平衡、发电机损坏、螺栓松动	紧急停机	否

注：本表只是部分故障的示例，具体故障应查阅厂家机组运行故障手册。

故障六：变速箱故障。变速箱是风电机组中故障率较高的主要部件，主要故障有轴承损坏、齿面微点蚀、断齿等。损坏原因除设计、制造质量原因外，齿轮油失效、润滑不当等是变速箱故障最常见的原因。轴承损坏常发生在高速轴，一旦轴承破坏，除自身影响运行外，碎片和粉末会损坏齿轮袖，影响齿轮啮合，大的碎片可能会损坏齿面。

检查范围包括：变速箱轴承状态；变速箱齿面状态；高速联轴器状态；变速箱润滑油系统（油泵、过滤器、压力传感器、温度传感器、冷却循环回路、冷却电机等）；弹性支撑元件。

变速箱故障早期可能仅仅发生在齿轮或轴承表面。齿面金属材料的疲劳损伤，会引起运转噪声以及温度的变化。因此，经常巡视检查和连续观察温度、噪声的变化，有助于早期发现变速箱故障。有条件的可以采取振动状态检测的方法，通过振动频谱分析判断是否已产生疲劳破坏。齿轮箱故障示例见表5-4。

表5-4　　齿轮箱故障示例

故障内容	故障描述	故障原因	保护状态	自复位
齿轮箱油温过高	齿轮箱油温超过允许值（如85℃）	油冷却故障、其中部件损坏	正常停机	否
齿轮箱油温过低	齿轮箱油温低于允许的启动油温值	气温低、长时间未运行	正常停机	否
齿轮箱油滤清器故障	油流过滤器时指示器报警	滤清器脏或失效	报警	

注：本表只是部分故障的示例，具体故障应查阅厂家机组运行故障手册。

如果金属表面已发生疲劳破坏，多数情况下由于齿面金属材料的脱落，润滑油中就会存在金属微粒。如果检查中不注意油中杂质，这些杂质甚至有可能阻塞油标尺，使检查人员在已缺油情况下误以为不缺油。通过定期检查润滑油中金属微粒的变化，有助于早期发现变速箱损坏，一旦发现润滑油中金属微粒的数量有明显变化，风电场人员应尽快安排检修，处理损伤表面或更换已损坏的部件。

变速箱漏油是风电场运行维护中很麻烦的事情。变速箱漏油落到其他电气控制元件内可能导致电气短路而引起停机。由于经常漏油，变速箱内如果油量减少会影响润滑效果，也会引发故障，因此需经常检查，必要时进行加油。

故障七：制动系统故障。制动系统是风电机组安全链中的重要执行部件。对于刹车故障（表 5－5）应格外注意，及时处理。

表 5－5　　制动系统故障示例

故障内容	故障描述	故障原因	保护状态	自复位
制动系统故障	在停机过程中发电机转速仍保持一定值	制动系统未动作	紧急停机	否
刹车片磨损（过薄）	磨损报警	长时间制动，刹车片已磨薄	紧急停机	否
制动系统时间过长	在制动系统动作后一定时间内转速仍存在	刹车片磨损、刹车片与制车盘间隙过大	紧急停机	否

注： 本表只是部分故障的示例，具体故障应查阅厂家机组运行故障手册。

故障八：发电机故障。发电机故障一般有发电机转速故障、发电机（轴承、绕组）温度故障、发电机轴承损坏故障、发电机定（转子）绝缘损坏、匝间短路、发电机集电环故障等（表 5－6）。

表 5－6　　发电机故障示例

故障内容	故障描述	故障原因	保护状态	自复位
发电机超速	发电机转速超过设定额定	发电机损坏、电网故障、传感器故障	紧急停机	否
发电机轴承温度过高	发电机轴承超过温度（如 90℃）	轴承损坏、缺油、发电机冷却系统异常	紧急停机	否
发电机定子温度过高	发电机定子温度超过设置值（140℃）	散热器损坏、发电机损坏	正常停机	是
发电机功率输出过高	发电功率超过设定值（如＋15％）	叶片安装角不正确	正常停机	否
电动启动时间过长	处于电动启动的时间超过允许值	制动系统未打开、发电机故障	正常停机	是

注： 本表只是部分故障的示例，具体故障应查阅厂家机组运行故障手册。

检查范围包括：发电机实际报警时的转速以及传感器的状态，发电机与编码器的连接；风轮转速传感器状态；变桨调整系统状态；各温度传感器状态及反馈回路各模块、接线状态；发电机轴承状态；集电环及碳刷状态；绕组绝缘状态等。

故障九：叶片故障。叶片故障有叶片折断，叶片开裂或出现孔洞，雷击，定桨距机组叶尖损坏，叶尖刹车不回位或叶尖刹车回位过度等故障。叶片故障如不能修复应进行更换，同时应进一步检查叶片材料是否合格。

确定叶片断裂或开裂的真正原因：叶片是否原来有损伤；检查叶片排水孔是否

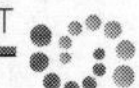

畅通，叶片内是否有积冰造成叶片开裂；叶片的导电连接是否牢固；防雷系统是否满足技术要求。

检查范围包括：变桨系统液压回路或电气回路控制是否正常；定桨距叶片还应检查液压缸和钢丝绳、叶尖定位块等有无异常。

故障十：并网故障。并网方面的故障有风电机组不能并网或无法与电网脱开；并网时功率过大或过小；风电机组的有功和无功不匹配；电网电压、电流、频率错误故障；相序错误等。

检查范围包括：检查风电机组定子电压、频率、相位角；检查定子并网接触器辅助触点及定子接线；检查出现故障时的具体数值、测量真实数值及风电机组相应定值；检查控制系统 PLC 对有功功率、无功功率的设置；检查主控制器及其接线；检查电缆和电流互感器；检查电网接线等。

故障十一：控制系统故障。控制系统的故障有通信故障、反馈错误、程序出错、时间错误、记录错误、电池故障、控制柜温度故障、传感器故障等（表 5-7）。

表 5-7　风电机组控制系统故障示例

故障内容	故障描述	故障原因	保护状态	自复位
通信故障	与顶部控制器失去通信	光缆（电缆）松动或断裂	正常停机	否
控制器内温度过低	控制器温度低于设定允许值	加热器损坏，控制元件损坏、断线	正常停机	是
顶箱控制器故障	顶箱控制器发生故障	顶箱控制器件损坏	正常停机	否
可控硅	主断路器跳闸可控硅电流超过设定值	可控硅缺陷或损坏	紧急停机	否
并网次数过多	当并网次数超过设定值时	并网控制回路故障	正常制动	是

注：本表只是部分故障的示例，具体故障应查阅厂家机组运行故障手册。

此类故障主要是设备过电压、过电流、元器件质量不合格、接线连接不牢、接插件虚接、环境因素、雷电及其他电磁干扰、软件程序系统出错导致。

检查范围包括：风电机组基本参数设置；重启系统自检程序；控制器、数据总线、各光缆或电缆接头状态；光电耦合器状况；控制系统电缆接地状态；控制柜的加热系统等。

控制系统主要由计算机、I/O 模块、接口板等部件组成。由于这些部件采用通用部件，在恶劣的环境下，如低温、高电压、大电流、电磁干扰等，容易导致通信回路击穿、元器件损坏。常见故障有计算机不启动、自检不通过、信号错误、数据不稳等，主要是控制模板出现问题，应采用仪器进行诊断，用备件进行更换或由厂家远程诊断。

5.3.4　风电机组运行中的事故应对与安全链

5.3.4.1　风电机组运行中的事故应对

1. 火灾事故

当风电机组发生火灾时，运行人员应立即停机并切断电源，迅速采取措施，防止火势蔓延，迅速拨 119 火警电话报警，启动风电场火灾应急预案，抢救伤员并现场急救，及时呼叫急救车送伤员到附近医院救治。

2. 雷击事故

风电机组或变电设备发生雷击时，运行人员应立即停机并切断电源。如因雷击引发火灾应立即进行灭火，检查风电机组部件、电气系统、通信系统是否损坏。如雷电天气正在进行，人员、车辆应立即离开现场，并采取防雷电措施。

3. “飞车”事故

风电机组在刹车（空气制动和机械制动）不起作用情况下，风轮转速继续上升，且处于失控状态，称为“飞车”，飞车事故是风电机组极其危险的设备事故。风电机组发生飞车时，随着转速的不断上升，传动系统将出现超温情况，极易引发风电机组火灾。同时，叶片因严重超载而发生断裂，风电机组将失去平衡，还可能引发风电机组倒塌。当风电机组出现飞车时，人员应尽可能远离事故机组。

4. 机组停电事故

如果风电机组主断路器发生跳闸时，应检查主回路可控硅、发电机绝缘是否击穿；主断路器整定动作值是否正确，确定无误后才能重合断路器，否则应退出运行进一步检查。

5. 异常声音、气味

风电机组在运行中发现有异常声音，应立即采取紧急停机，查明响声部位，分析原因，并做出处理。如运行巡检中发现机组异常气味，应立即采取紧急停机，查明气味来源部位，查明原因并做出处理。

6. 风电机组运行中系统断电事故

当电网发生系统故障造成断电或线路故障导致线路断路器跳闸时，运行人员应检查线路断电或跳闸原因（若逢夜间应首先恢复主控室用电），待系统恢复正常，再重新启动风电机组，并网。

7. 风电机组因异常需要立即进行停机操作的顺序

利用主控室计算机进行遥控停机。当遥控停机无效时，就地按正常停机按钮停机；当正常停机无效时，使用紧急停机按钮停机；仍然无效时，拉开风电机组主断路器或连接此台风电机组的线路断路器。

5.3.4.2　风电机组安全链保护系统

为了保证运行检修人员以及风电机组的安全，风电机组提供了一套完整的联锁和安全链保护系统。风电机组安全链保护系统具有振动、过速和电气过负荷等极限状态的安全保护作用，其保护动作直接触发安全链，触发机组紧急停机动作，不受计算机控制。

1. 安全链系统内容

安全链应包括超速、振动、紧急停机按钮、扭缆、看门狗、控制柜故障等响应环节。

2. 安全链控制策略

（1）串联结构。如图 5 - 46 所示，所有安全链系统中的信号被设计成串联结构，

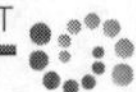

因此称为“链”。这意味着只要“链”中有一个节点断开，“链”就被切断，此时紧急停机回路就会立即被触发，风电机组将按照紧急停机程序停止运行。

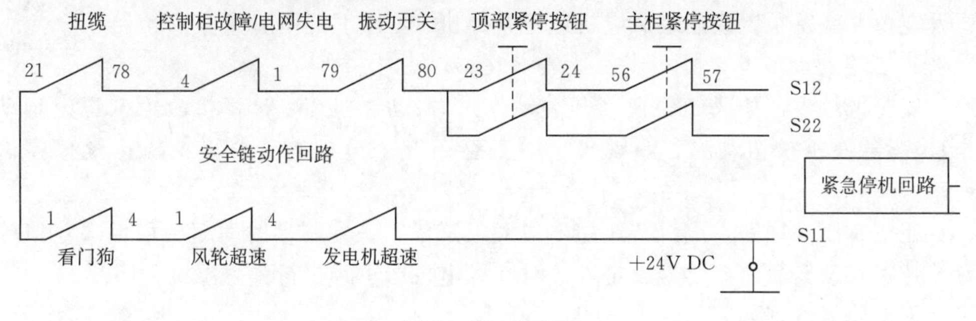

图 5-46　安全链

（2）可靠性设计。为了保障机组和人员的安全，风电机组在出现任何故障情况下，都应能迅速地、安全地停止运行，与电网脱开。因此在这种要求下，机组控制策略中必须始终保证安全优先级最高，且不受人为干扰和其他电控回路影响。同时，一些重要的动作系统应进行冗余设计，保证两条不同路径的数据报送和动作回路，使机组得到双重保护。

（3）系统冗余设计。

1）刹车冗余。任何风电机组都应具备至少两套独立的制动系统，以便在安全链触发后，启动紧急停机程序后，使机组可靠地停止运行。这两套系统包括空气动力制动和机械制动。变桨距风电机组的空气动力制动系统就是叶片桨距角快速旋转到 90°，在空气制动力的作用下，风轮转速迅速下降，同时机械制动动作使机组的转速降低到零，即停止运行。

“失效”设计或“被动安全”设计是风电机组制动系统重要的设计概念。机械制动一般应设计成被动式（Passive），即在风电机组失电情况下，依靠弹簧力或液压储能压力的作用下进行制动。空气动力制动在“失效”情况下（机组超速），定桨距风电机组的叶尖制动应甩出；变桨距风电机组在外部电源“失效”情况下，变桨机构由蓄电池或超级电容等储备电源提供动力，变桨距到桨距角 90°。

2）振动冗余。任何风电机组的超限度振动都是设备运行中极为危险的现象，它威胁着机组乃至人员安全。因此在风电机组振动最敏感的位置应安装振动开关和加速度计，随时检测风电机组的振动状态。振动加速度值应按照国内外有关规程规定进行设定。振动开关信号应进入安全链中。振动开关和加速度计应是相互独立的两套系统。振动开关作为安全链信号，加速度计信号进入控制系统。在控制系统正常工作状态下，对来源于加速度计的信号设定 1～2 档数值进行振动报警和停机。根据加速度设定值，可以是正常停机，也可以是紧急停机，也可以不进入安全链，但必须保证系统中的振动开关进入安全链系统。

3）超速冗余。直驱风电机组外，有齿轮箱风电机组的主驱动力系统有两个速度监测，即风轮转速和发电机转速监测。机组应在主轴上安装转速传感器，该传感器应具备两个功能，即超速开关和转速变送器。超速开关设定上限值，送出开关信号进入安全链系统。转速信号同时进入计算机系统进行监测，当转速过高时根据预先设定值，系统报警或启动风电机组正常停机，必要时启动紧急停机。

3. 紧急停机程序

安全链触发，如风轮超速（开关动作）、振动、扭缆、计算机故障（看门狗动作）、紧急停机按钮动作、系统失电等都会引起安全链断开，机组执行紧急停机程序。

在正常制动期间发电机转速超出最大限定值、正常制动时间超出最大限定值等有关超过触发紧急停机信号设定参数时，风电机组也将执行紧急停机程序。

紧急停机过程如下：

（1）定桨距失速型风电机组。空气制动（叶片的叶尖甩出）和高速制动（机械制动）同时动作，使风电机组立即处于停机状态（转速快速变为零）。

（2）变桨距型风电机组。叶片迅速变桨回到顺桨位置，兆瓦级以下风电机组一般刹车盘同时动作制动，兆瓦级以上机组高速制动一般采用延时动作制动。

（3）紧急制动过程启动后各系统状态为：发电机与电网解列；电源（主开关）跳开；液压系统停止工作；偏航状态同时制动；远方控制禁止；补偿电容切出。

需要说明的是，有些风电机组在系统进行气动制动和机械制动进行的同时，启动系统偏航且偏航90°。

4. 安全链技术监督

安全链试验应列入技术监督的范围，定期进行安全链试验，且接受第三方进行的监督和培训。

5.4　特殊环境对风电场运行的影响

5.4.1　雷电对风电机组运行的影响

风电场防雷技术

雷电是带电云层直接或通过地面物体对大地的瞬间放电现象，一次放电能量巨大。全球每年都会发生800多万次的雷电放电，雷击会造成地面的建筑物或人员的损伤。为获得最佳的风能资源，风电机组一般都安装在周边无遮挡的开阔地带，风电机组容易遭受雷击。相对其他的特殊气候，雷击是风电场中影响最为广泛的一种自然灾害，大部分风电场都有风电机组遭受雷击的记录。

1. 雷电破坏机理

（1）雷击热效应。当物体遭受雷击时，强大的放电电流从雷击点通过被击物体导入大地。电流所产生的热量能在雷击点局部引起很高的温升，可以造成此处金属物体的熔化或非金属物体烧毁，称为热效应。根据有关的研究数据，雷击金属物体和非金属物体热量的产生由以下公式计算。

1）金属物体产生的热量。

$$W_m = 10^3 \int_0^t U_{ar} i \mathrm{d}t \tag{5-1}$$

式中　W_m——雷击金属物体出处产生的热量，J；

U_{ar}——金属物体上雷击处电弧压降，V，其经验值取20～30V；

i——从雷击点注入的雷电流，kA；

t——雷电流作用的时间。

2）非金属物体产生的热量。

$$W_n = 10^6 R \int_0^t i^2 \mathrm{d}t \tag{5-2}$$

式中　W_n——雷击非金属物体出处产生的热量，J；

R——非金属物体内部电流路径的视在电阻，Ω；

i——从雷击点注入的雷电流，kA；

t——雷电流作用的时间。

从式（5-1）和式（5-2）中可以发现，无论是非金属还是金属物质都与电流的大小成正比，持续时间长将使得被击物体产生更高的热量。风电机组的叶片主要由玻璃纤维或碳纤维增强塑料、木质、钢和铝等材料组成。在风电机组叶片遭雷击后，通常都可以发现叶片的接闪器有熔化的现象，部分雷击严重的还会发现叶片玻璃纤维的过火痕迹。

（2）雷电的机械效应。根据有关资料研究，雷电的机械效应表现为电磁力和内压力。根据电磁场理论，当两个导体的电流方向相反时将会产生相斥力，所以雷电流通过时如果存在弯曲导线将产生较大的电磁力，损坏电气设备。一般认为，雷电对风电机组的破坏主要是内压力，当雷击叶片时瞬间会产生很高的热量，在短时间内很难散发，导致叶片局部温度急剧上升，叶片材料分解出的气体将迅速膨胀，在叶片内腔产生破坏性的爆炸力，使得叶片开裂。如果在叶片中有水珠，由于产生的蒸汽的作用这种膨胀将会产生更大的破坏力。接触不良的地方由于接触电阻增大，也会产生很大的内压力，产生的爆炸力甚至会将整个叶根撕裂，造成严重的损坏。

2. 雷击对风电机组造成的损坏

我国每年的3—10月是雷电比较频繁的时间，其中又以6—9月最为频繁。从风电机组雷击情况看，雷击造成叶片和电控系统损坏占绝大多数，如图5-47所示。避雷系统中雷电电流的下引通道是否良好，直接影响雷击后设备的损坏严重程度。

3. 风电机组主要的雷击防护设计

（1）叶片防雷。叶片主要由玻璃纤维、碳纤维增强塑料、木制、钢和铝等材料组成，其结构为外壳加支撑梁组合。大量的研究资料表明，全绝缘叶片遭受雷击时比设置引雷装置的叶片造成的损坏大。丹麦LM公司于1994年获得叶片防雷的科研项目。项目由丹麦能源部资助，参加机构包括丹麦研究院雷电专家、风电机组生产厂、保险业、风电场和有关商业组织。项目的目的是调查研究雷电导致叶片损害的机理，开发安全耐用的防雷叶片。研究人员在实验室进行了一系列仿真测试。测试电压高达1.6MV，电流达到200kA，进行雷电冲击，验证叶片结构能力和雷电

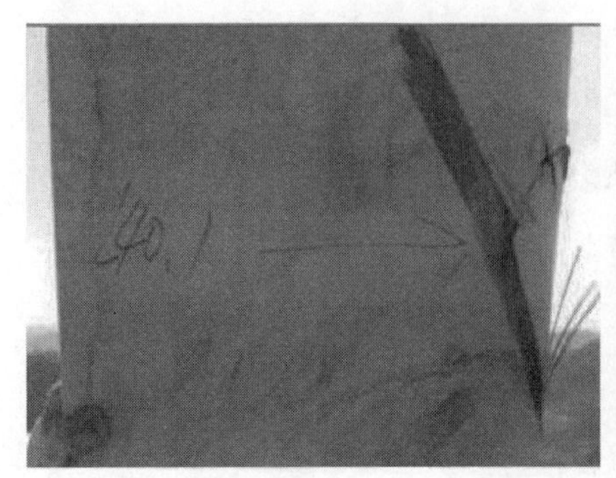

图5-47　雷击造成叶片壳体灼烧碳化

安全性。研究表明，不管叶片是用木头、玻璃纤维，或是叶片包导电体，叶片全绝缘并不会减少被雷击的风险，反而会增加损害的次数。

因此，无论定变桨距叶片都应设置防雷装置。通过叶片遭受雷击的分析可以看出，叶片装设的防雷装置，实际上是引雷装置，通过产生上行先导，有利于避免雷击发生。其作用类似于避雷针，是在叶片遭受雷击时减少叶片损坏的措施。

定桨距风电机组和变桨距风电机组都会在每片叶片的叶尖处设立引雷装置，也就是接闪器。接闪器一般为一个圆形的金属块，嵌在叶尖处。有关研究资料表明，当叶片长度大于20m时，叶片接闪器的引雷效果会下降，并且可能造成绕击，这时一般需要在叶片的中部增设接闪器。兆瓦级及以上风电机组都装有1个以上接闪器，接闪器同时与引雷导线相连。叶尖至叶根的引雷导线可采用铜、铝、钢等不同的材料。通常在定桨距叶片中将作用于叶尖空气制动的钢丝绳共作引雷线，在叶根空气制动液压缸前通过其他引雷线（一般为软铜线）连接到轮毂，变桨距叶片引雷线一般采用铜导线。叶片防雷示意图如图5-48所示。

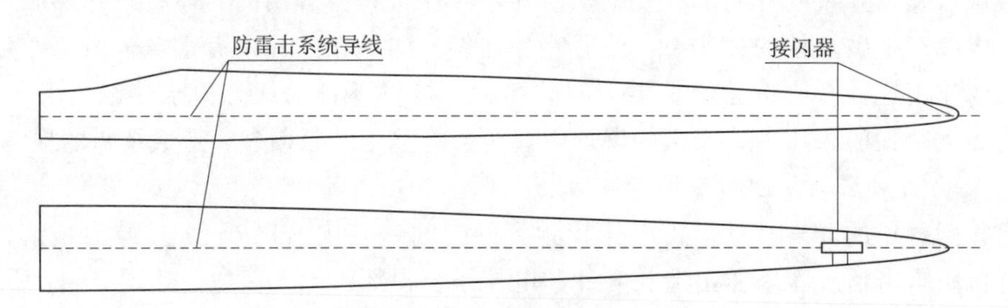

图5-48　叶片防雷示意图

根据导线采用的不同材料，国际电工协会IEC 61400—24标准中对引雷线材料与最小尺寸做了规定（表5-8），对于防雷装置材料与最小尺寸也做了推荐（表5-9）。

表5-8　引雷线材料与最小尺寸

材　料	接闪器/mm²	引雷导体/mm²
铜	35	16
铝	70	25
钢	50	50

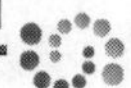

表 5-9 防雷装置材料与最小尺寸

材料	结构型式	最小截面/mm^2
铜	扁带	50
	圆柱棒	50
	熔丝编制带	50
	用于接闪器的圆柱棒	200
铝	扁带	70
	圆柱棒	50
	熔丝编制带	50
	用于接闪器的圆柱棒	50
铝合金	扁带	50
	圆柱棒	50
	熔丝编制带	50
	用于接闪器的圆柱棒	200
热镀锌钢	扁带	50
	圆柱棒	50
	熔丝编制带	50
	用于接闪器的圆柱棒	200
不锈钢	扁带	60
	圆柱棒	78
	熔丝编制带	70
	用于接闪器的圆柱棒	200

按照 IEC 1024—1 标准，还采用雷电 5 个重要参数，将保护水平分为Ⅰ～Ⅳ级，具体见表 5-10。

表 5-10 保 护 水 平 分 级

参数	保护水平级别		
	Ⅰ	Ⅱ	Ⅲ～Ⅳ
电流峰值 I_{max}/kA	200	150	100
电荷总量 Q_{TOT}/C	300	225	150
电荷冲量 Q_{imp}/C	100	75	50
特定能量 W/R/(kJ/Ω)	10000	5600	2500
平均陡度/(kA/μs)	200	150	100

（2）轴承防雷。在长期的运行中，人们发现雷击对风电机组的各轴承会造成损伤，主要原因是当雷电流通过时会烧蚀轴承滚子或滚道表面，导致轴承受力不均，加速轴承损坏。雷电流主要损坏的轴承包括变桨轴承、主轴轴承。因此近几年生产的风电机组加装了滑环装置，相当于将原来通过轴承的引雷回路分流来保护和减少

流过轴承的雷电流。但是防雷碳刷在运行中容易发生磨损和污染，引发接触不良，必须经常检查，及时维护。

（3）机舱防雷。虽然叶片雷击概率高于机舱，但是仍然可能存在绕击的情况。雷击可能会击中机舱的尾部，需要在机舱的尾部设立避雷针，也可以保护风速计和风向仪。同时机舱内部的发电机、控制柜等设备均应与机舱底板做可靠的电气连接，形成等电位连接方式，防止雷击时电位差造成反击。

（4）机舱与塔架引雷通道。机舱与塔架连接一般采用滑动轴承或零油隙四点支撑轴承，防雷连接必须跨越偏航环，确保引雷通道的畅通。以 GAMESA－850kW 为例，其采用滑动轴承，由于偏航滑块采用的是绝缘耐磨材料，其在移动滑块中间安装了若干铜棒，保持机舱和塔架有良好的电气连接。回转支承轴承一般不再单独设立引雷线路。

（5）塔架间、塔架与接地网引雷通道。塔架一般采用钢板制成，本身也具有导雷性能，早期的风电机组塔架间并不设立专用的引雷导线。但是由于塔架法兰面可能不够平整，因此最近投产的新机组塔架间一般都接有引雷导线，以加强导雷能力，导线一般采用软铜线。塔架与接地网之间必须确保可靠的连接。一般在塔架基础环上部或底段塔架下法兰处焊有专用的接地连耳环，通过铜导线与接地网扁铁相连。通常在塔筒上设立 3 个接地连接点，分别连接 3 处的接地网扁铁。

（6）接地装置。为确保雷电流快速地流入大地，并降低反击电压，必须设立专用接地装置。接地装置主要根据风电机组要求的接地电阻值进行设计，风电机组的接地既是防雷接地，也是设备保护接地、工作（系统）接地和防静电接地，风电机组使用一个总的接地装置。目前绝大部分风电机组要求的最大接地电阻不高于 4Ω。整个接地装置中的风电机组基础是风电机组重要的自然接地体，要求风电机组的接地引线在穿过基础时与风电机组基础内钢筋有效连接，风电机组底部接地引出线与避雷带焊接相连不少于 3 处。风电机组沿避雷带沿风电机组基础四周敷设，一般应用热镀锌扁钢，距离基础约为 1m，避雷带将基础周围的接地极相连接，形成完整的接地装置。当风电机组的接地电阻不能满足要求时，应敷设人工接地体以达到接地电阻不大于 40Ω 的要求，如图 5－49 所示。

风电机组布置接地装置的目的主要是降低接地电阻，减少雷电反击造成损坏。影响接地电阻的主要因素是土壤电阻率。土壤电阻率在很大程度上决定着接地体接地电阻的大小。研究资料表明，由于土壤类型、土壤含有的物质等不同，土壤电阻率变化范围很大。沼泽一般在 80～200Ω·m，砂地 250～500Ω·m，黏土质砂地 150～300Ω·m，砂岩及岩盘地带 1000～100000Ω·m，导致各风电场风电机组接地电阻相差巨大。部分山区风电场的土壤电阻率远高于 1000Ω·m，如采用典型设计，不可能达到接地电阻的要求，需要采用其他措施改进。例如采用大型接地网，将各风电机组接地网相连，另外增设人工接地装置。采用素土回填、深井接地、延长和外延接地、添加降阻剂等方式进行。

4. 运行中的有效防雷击损坏措施

（1）及时修补表面受损叶片，防止潮气渗透入玻璃纤维层，造成内部受潮。

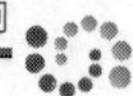

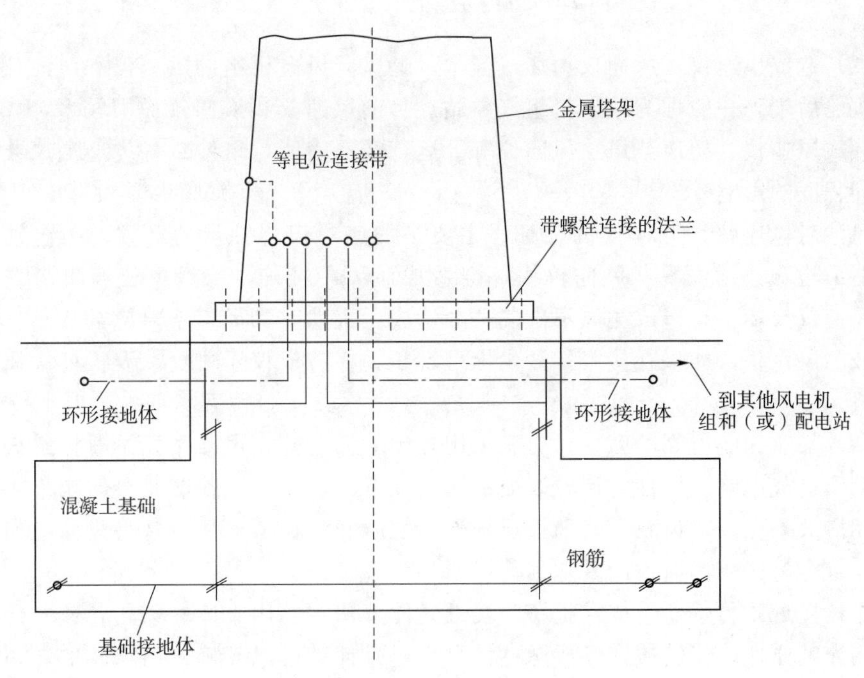

图 5-49　风电机组的接地装置

（2）定期清理叶片表面的污染物，一般污染物具有导电性，会造成接闪器失效。

（3）定期检查从叶片引雷线、滑环至接地网的引雷通道接触良好，及时清理引雷滑环的锈蚀，确保引雷通道阻值最小。

（4）定期测量风电机组接地电阻，确保接地电阻值在 4Ω 以下并尽可能降低接地电阻。

（5）必须确保风电机组电气系统中所有的等电位连接无异常。

（6）定期检查风电机组电气回路的避雷器，及时更换失效避雷器。

5.4.2　风沙侵蚀对风电机组的影响

在我国西北地区、内蒙古地区、河北北部、东北地区西部等地，风沙的侵蚀对风电机组的影响较大。风沙对风电机组运行的影响是逐渐发展的，及时采取有效措施，适当对设备进行改造，可有效减少风沙侵蚀带来的影响。

1. 风沙侵蚀对风电机组的影响

（1）对叶片表面造成损伤。风电机组叶片受风沙侵蚀主要是在叶片的尖部和前缘。由于叶片叶尖部分的线速度最大，运行中与席卷而来的风沙的相对速度也最大，最容易造成叶尖处损伤。风沙造成叶片沙眼、胶衣脱落、纤维层损伤、叶片开裂等不同程度的损伤。

运行中应及时评估叶片的运行状况。当叶片发生胶衣脱落等情况时，应及时对叶片进行维护，防止叶片进一步受到伤害。叶片的维修时间和成本与叶片损伤程度有很大的影响。及时修复叶片可以有效减少维修天数和成本，减少发电量的损失。

（2）造成风速仪、风向仪损坏或异常。上风向风电机组的风速仪和风向仪都安装在机舱后端，一般称为风电机组气象站。目前风速仪和风向仪种类较多，如传统的风杯式风速仪、超声波风速风向仪等。运行情况表明，风沙对各类型测风装置都有不同程度的影响。

风沙对风速仪、风向仪的损坏，主要是加速对仪器轴承的磨损，引起轴承卡涩，造成检测数据失真。风向仪损坏会造成对风不准确，对风电机组出力造成影响；风速仪损坏主要造成测风不准确，会造成误报功率和风速不对应的故障。对于超声波测风设备，如果在接收端沙尘出现堆积，将造成仪器失灵，误报极大风速值而停机。

（3）加速偏航齿圈的磨损。对于采用外齿的偏航环，风沙主要是对机组偏航齿圈的润滑造成影响。风沙与齿轮表面的润滑油混合在一起，偏航时会影响齿轮的啮合和润滑效果，并对齿轮的表面造成损伤。长时间的积累，往往使得齿面损伤不可修复，且容易造成偏航齿的其他损伤或断裂。

（4）接近式传感器造成误报警。接近式传感器主要用于测量风轮转速。传感器是利用光电原理，将转速转变成脉冲信号，通过计算可以准确得出风轮的转速。风沙及油污等在传感器表面逐渐累积会造成传感器误报警，如高低速度转速不匹配故障。

2. 可采取的有效措施

（1）定期检查叶片的运行状况，及早开展检修工作，减少停机时间和维修费用。

（2）根据风沙影响的程度不同，定期安排对风电机组各部件的积尘进行清扫。

（3）定期检查偏航齿轮润滑情况，适当增加润滑维护次数。

（4）确保塔架门密封良好，对塔架门的换气窗排气孔加装过滤网。

（5）对偏航环的密封进行适当的改造，加装防尘罩、防尘圈等，但同时要确保设备的冷却循环系统满足要求，必要时对冷却系统进行改造。

（6）及时清洁设备油污，防止沙子附着。

5.4.3　热带气旋对风电场运行的影响

热带气旋（Tropical Cyclone）是一种低气压天气系统。登陆或影响我国的热带气旋主要形成于北太平洋离赤道平均 3°～5°纬度外的海面。热带气旋是一种热带天气系统，能量来自水蒸气冷却凝固时放出的潜热。热带气旋的气流受科氏力的影响而围绕着中心旋转。在北半球热带气旋沿逆时针方向旋转，如图 5 - 50 所示。从气象资料统计上，热带气旋会影响到我国沿海的所有地带，其中沿海的台湾、福建、海南、广东、广西、浙江、江苏等地受其影响最大。由于受台湾岛的遮挡，热带气旋从太平洋上直接登陆福建地区并造成破坏性的不多。浙江、江苏、广东、广西、海南等地都有直接从太平洋上直接登陆的记录，部分台风在这些地区造成了极大的破坏。

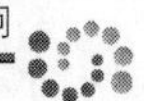

图 5-50 热带气旋云图

1. 热带气旋的分类

按照我国最新的GB/T 19201—2006《热带气旋等级》，热带气旋转分为热带低压、热带风暴、强热带风暴、台风、强台风和超强台风六个等级，对应的风速情况见表5-11。

表 5-11　　　　热带气旋转等级与风速对应

热带气旋等级	底层中心附近最大平均风速 /(m/s)	底层中心附近最大风力 /级
热带低压	10.8～17.1	6～7
热带风暴	17.2～24.4	8～9
强热带风暴	24.5～32.6	10～11
台风	32.7～41.4	12～13
强台风	41.5～50.9	14～15
超强台风	≥51	≥16

另外，还可以根据气压和风速的对应关系，根据天气预报对热带气旋中心气压和风速进行近似推断。

2. 热带气旋对风电场运行的影响

热带气旋对风电场运行的影响有正面也有负面。受强度不大的热带气旋以及其外围环流影响时，是沿海风电场发电的最佳时机，也是部分沿海风电场夏季风能资源的主要组成部分。当热带气旋转强度过大，达到台风及以上级别时可能对设备造成损坏。下面重点说明热带气旋对风电场的负面影响。

(1) 对设备直接造成破坏。一般情况下，未构成台风级别的热带气旋不会直接导致风电场的设备损害。但是当热带气旋强度过大达到台风级别且台风中心过于接近风电场，特别是风速超过了设备的设计风速时，风电设备损坏往往不可避免，甚至造成大面积的损坏。自从1997年沿海一带风电场规模化开发、建设以来，台风已多次对风电场造成损失。例如，2003年9月2日登陆广东省的“杜鹃”台风造成汕尾某风电场上千万元损失；2006年8月10日的“桑美”台风造成了浙江某风电场大量设备损坏，损失超过了6000万元。

热带气旋主要对风电机组的外围设备，如风速仪、风向仪、叶片、导流罩等造成损坏。而当强台风和超强台风直接影响时，由于风电机组的强烈振动，还会造成偏航系统和传动系统的部件损坏，甚至造成倒塔，如图5-51所示。另外，风电场输变电系统中的架空线路和风电机组升压变压器等，如果设计的抗风能力不足或维护不到位也可能遭到破坏。

图5-51　台风造成塔筒折断

(2) 强降雨造成道路毁坏和地质灾害。热带气旋夹带了大量的雨水，受热带气旋影响的地区往往出现狂风暴雨。如陆上风电场场内道路的泄洪能力不足，强大的水流可能冲毁道路，山区风电场还容易引发山体滑坡等地质灾害。

(3) 高温度造成设备绝缘不良。热带气旋影响的前后，空气的温度极高。当热带气旋逐渐远离风电场，天气转晴后，气温会迅速回升。这时在电气设备和电子元器件上极易形成凝露，会迅速降低设备的绝缘水平，导致设备发生短路故障。特别是当外系统供电中断，输变电系统失电，设备本身的加热除湿系统无法工作，导体和绝缘子、电子元器件表面会大量结露。当系统恢复供电，如不经检查而立即送电，极易造成设备短路故障。

3. 可采取的有效措施

减少和避免热带气旋给风电场带来的负面影响是一个系统工程。从设备本身安全的角度来讲，应从源头上抓起，即在设备的设计、施工等环节就充分考虑热带气旋影响的对策和措施，抵御不良影响。如严格核定50年一遇极大风速，风电机组采用IEC 61400标准Ⅰ类风电机组或S级抗台设计；风电机组升压变压器内置或采用抗风能力强的箱式变电站；汇流线路改架空线为地埋电缆；场内配置备用电源、系统确保在外系统停电时保持风电机组偏航能力；有效提高风电机组测风设备的抗风强度。

但当台风的强度确实超过了原有设计强度，损坏几乎是不可避免的。

在风电场进入生产阶段后，也可根据场内的实际情况进行有针对性的技术改造，提高设备自身的抗风能力。但不管设备的原始设计如何，通过加强日常维护和管理仍可有效减少设备因热带气旋造成的损坏。

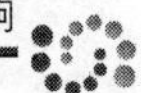

在台风季节来临前，应对全场设备进行全面巡查，对场内输变电设备、风电机组、建筑物、道路防汛能力等进行巡视检查，及时消除隐患和缺陷，确保台风来临时设备处于正常状态。

应制定应对热带气旋的应急预案或防台风措施。当进入台风季节后要密切关注天气变化，当热带气旋可能影响到风电场时，密切跟踪热带气旋的路径和动向，及时启动应急预案，科学组织、合理调度、全员参加，确保各项防台措施落实到位。

在台风季节来临前，重点对以下的设备进行维护并在台风到来前进行确认检查：

（1）对叶片运行情况进行检查和消缺，及时修补叶片因雷击、风沙侵蚀、老化引起的设备问题，尽可能确保机组叶片达到额定的抗风能力。

（2）对风电机组进行全面检查，重点确保各紧固螺栓、各门窗、盖板、导流罩等牢固、无异常。

（3）检查架空线路绑扎线、拉线等设备牢固、无异常，风电机组升压站设备柜门、盖板封墙和防雨措施等牢固、无异常。

（4）发生热带气旋造成风电场外系统或场内设备故障停电时，在恢复送电前，要制定严格的投入程序，宜进行分级分段投入，投入前必须对设备的绝缘进行全面检查，进行防潮处理，确认绝缘满足要求后方可投入运行。

5.4.4　盐雾腐蚀对风电场的影响

在沿海、海岛的风电场，盐雾对设备的腐蚀是运行中不可忽视的问题。盐雾的形成主要是由于风引起海面扰动和涨、落潮时，海水相互间的冲击和海浪拍击海岸，致使很多海浪飞沫溅入空中，水分蒸发后，留下一些极小的盐粒在空中飘浮。在大气流动作用下，这些盐粒在空气中散开来，并随空气流动形成沿海地区盐雾。盐雾对风电场设备造成的主要影响如下。

1. 对叶片表面造成腐蚀

叶片表面长时间受到盐雾腐蚀后，在叶片前缘部分造成胶衣的脱落并会逐步损伤到增强纤维层，并在叶片后缘和前缘部分形成污秽，加速叶片老化，造成开胶和纤维层损伤等缺陷，同时也影响叶片外观和表面的粗糙度。

2. 对金属部件造成严重锈蚀

受盐雾影响，风电机组塔架表面、固定螺栓（包括塔架螺栓、主轴与轮毂连接螺栓、偏航螺栓、叶片固定螺栓等）、偏航齿轮、变桨齿轮及其他金属件表面非常容易发生锈蚀，造成强度下降或表面不平整。特别是表面采用发黑处理的高强度螺栓，因防腐性能差，锈蚀往往更为严重。锈蚀到一定程度会使风电机组能够承受的最大载荷大大降低，使设备不能达到设计运行要求，给设备安全运行带来严重后果。

3. 引起电气设备绝缘不良，易引发设备短路

在高压设备的运行中，最关键的就是保持绝缘良好，盐雾主要破坏电气绝缘。受盐雾影响的电气设备在强电场作用下，绝缘子上的盐雾沉积物导致泄漏电流增大

产生电晕放电和爬电现象。当泄漏电流达到某一值时，电流会急骤增加，造成瞬间短路接地。

总的来说，防止盐雾腐蚀的影响重在“防微杜渐”。有效措施如下：

（1）定期对叶片表面的盐雾腐蚀情况进行评估，及时开展修复。

（2）坚持定期对输变电设备外绝缘表面进行巡视，发现有轻微的腐蚀应立即处理。

（3）对重要的金属件表面必须进行防腐处理，采用新型环保的金属表面涂装，并及时评估防腐效果。

（4）变电设备表面涂专用的 RTV 涂料等防腐蚀涂料，加装“防污闪辅助伞裙”。

（5）控制柜提高防护等级，确保良好密封防潮，同时做好控温措施，以减缓腐蚀速度。

（6）采用抗污闪能力很强的硅橡胶复合绝缘子，有效防止输电线路的污闪事故。

但是在目前的技术条件下，各类防腐蚀的材料和工艺都不能彻底解决盐雾腐蚀带来的影响，在同样维护质量下只能减少或延缓其造成的影响。防盐雾腐蚀的关键还在于定期的检查和维护，及时处理异常和缺陷。

实训实验室

5.5　风电场虚拟故障排查系统实验

5.5.1　风电场虚拟故障排查操作过程

1. 总体流程

风电场虚拟故障排查操作过程涉及“风电场虚拟故障排查系统”“风电场运行模拟系统”“风电场数据采集与分析系统”，需要这三部分联合交互。

“风电场虚拟故障排查系统出题端”激活故障并把故障发生信息分别传送到“风电场运行模拟系统”“风电场数据采集与分析系统”和“风电场虚拟故障排查系统答题端”。“风电场运行模拟系统”在接收到故障信息后，相应的机组会根据故障信息做出是否停机的动作；“风电场数据采集与分析系统”在接收到故障信息后，会弹出报警信息；“风电场虚拟故障排查系统答题端”在接收到故障信息后，会显示相应的故障机组和故障详细信息，如图 5-52 所示。

在“风电场虚拟故障排查系统出题端”进行故障排查。故障排查成功后，“风电场虚拟故障排查系统出题端”分别发送故障排除信息到“风电场运行模拟系统”“风电场数据采集与分析系统”和“风电场虚拟故障排查系统答题端”。“风电场运行模拟系统”在接收到故障排除信息后，相应的机组会恢复到正常状态，允许重新启动运行；“风电场数据采集与分析系统”在接收到故障排除信息后，显示故障消除；“风电场虚拟故障排查系统答题端”在接收到故障信息后，会显示相应的故障机组和故障激活状态消除，如图 5-53 所示。

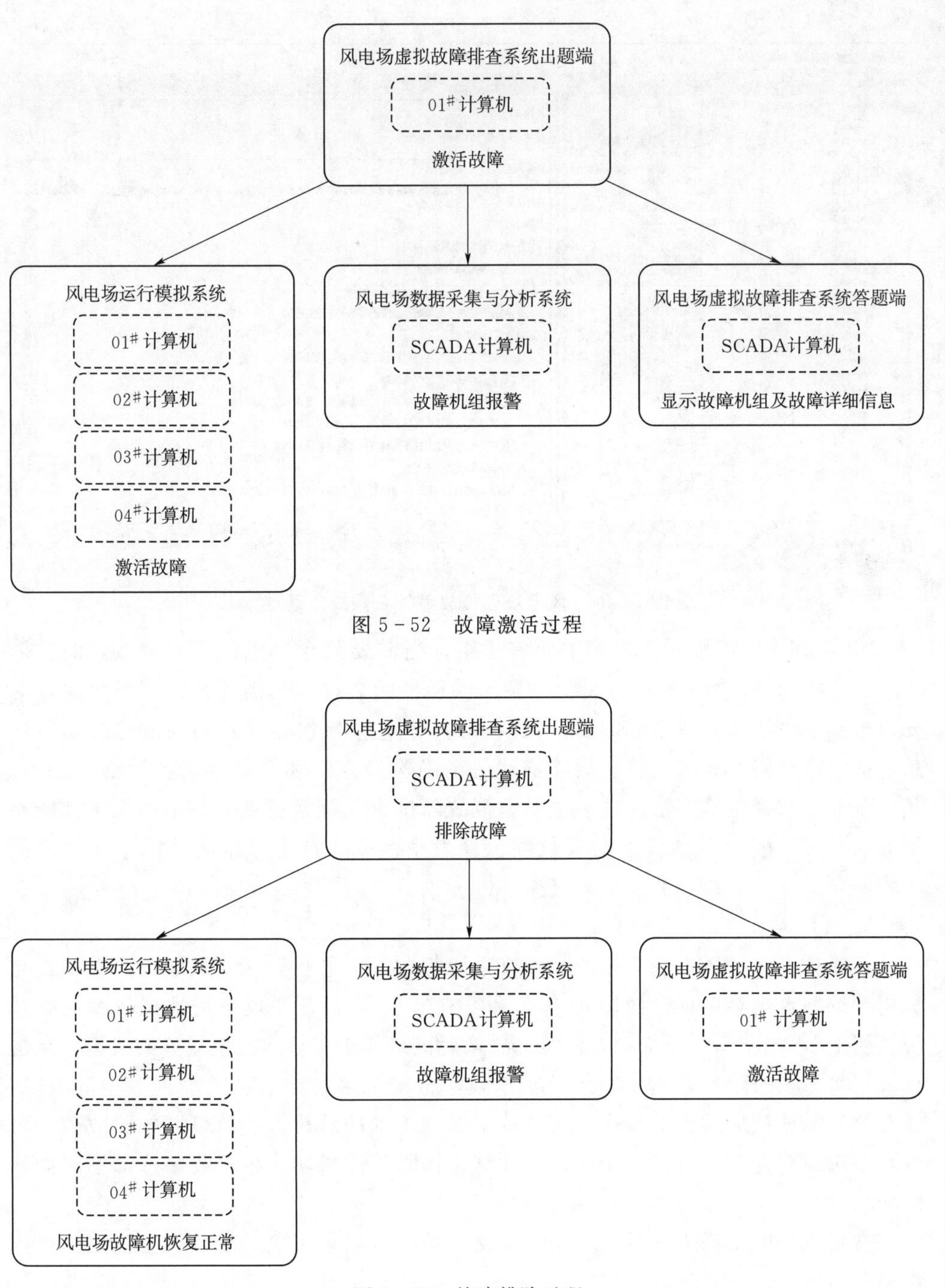

图 5-52 故障激活过程

图 5-53 故障排除过程

2. 故障激活

在菜单栏上点击风电场虚拟故障排查系统 → 风电场虚拟故障排查系统，打开"风电场虚拟故障排查系统出题端"界面。风电场虚拟故障排查系统出题端如图5-54所示，在此界面中可以进行故障设置。

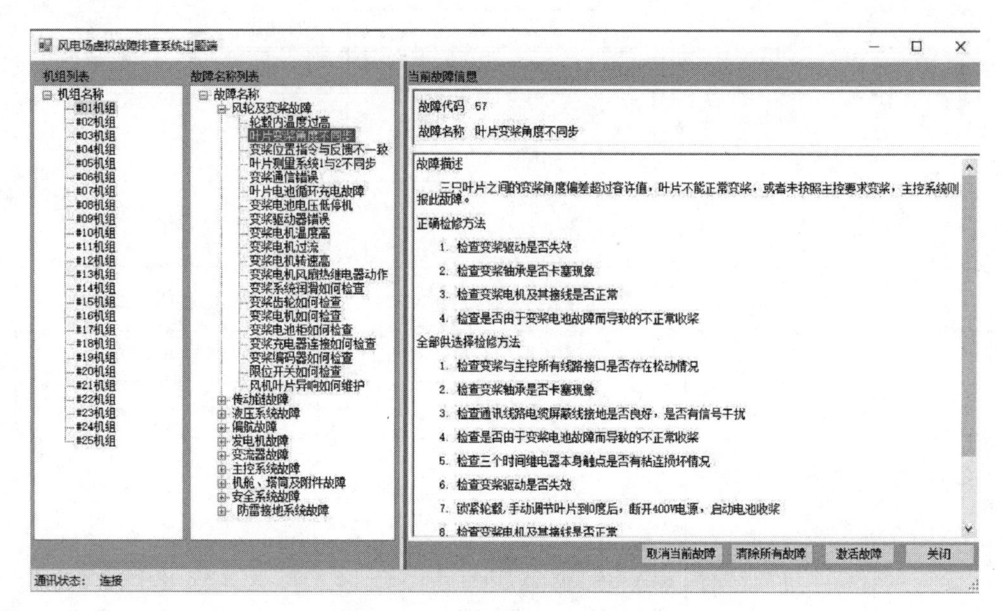

图 5－54　风电场虚拟故障排查系统出题端

“机组列表”中显示风电场中所有机组，当需要某台风电机组发生故障时，需要选中该机组。“故障名称列表”中显示供选择的名称，当需要某故障发生时，需要双击选中该故障，双击故障后，“当前故障信息”模块会显示当前故障的一些信息包括故障代码、故障名称、故障描述、正确检修方法和全部供选择检修方法等。其中全部供选择检修方法是“风电场虚拟故障排查系统答题端”显示的供选择的检修方法。发生故障后的机组的背景颜色会发生改变。点击“激活故障”按钮激活故障。

3. 故障排查

故障排查在“风电场虚拟故障排查系统答题端”进行。从“风电场数据采集与分析系统”点击菜单项“故障排查答题系统”，即可打开“风电场虚拟故障排查系统答题端”，如图 5－55 所示。当发生故障后机组列表将显示发生故障的机组，点击该机组将在“故障列表”中显示该机组发生故障的名称。点击故障列表中的故障，在右侧显示该故障的可能检修方法，从中选出正确的检修方法就可以排除故障，可以是单选或多选，只有选对全部选项才算作排除故障成功，少选或多选都不能排除成功。

选择正确的检修方法后，点击“提交”按钮，如果正确，故障将会消失，否则需要重新排查。

4. 风电场数据采集与分析系统查看故障

当故障产生后，“风电场数据采集与分析系统”会有报警弹窗提示，如图 5－56 所示。当“风电场数据采集与分析系统”弹窗报警信息窗口时，可从以下三种方法中，任选一种进行查看故障操作。

(1) 点击“故障分析”≫“故障记录”。进入到故障记录页面，如图 5－57 所

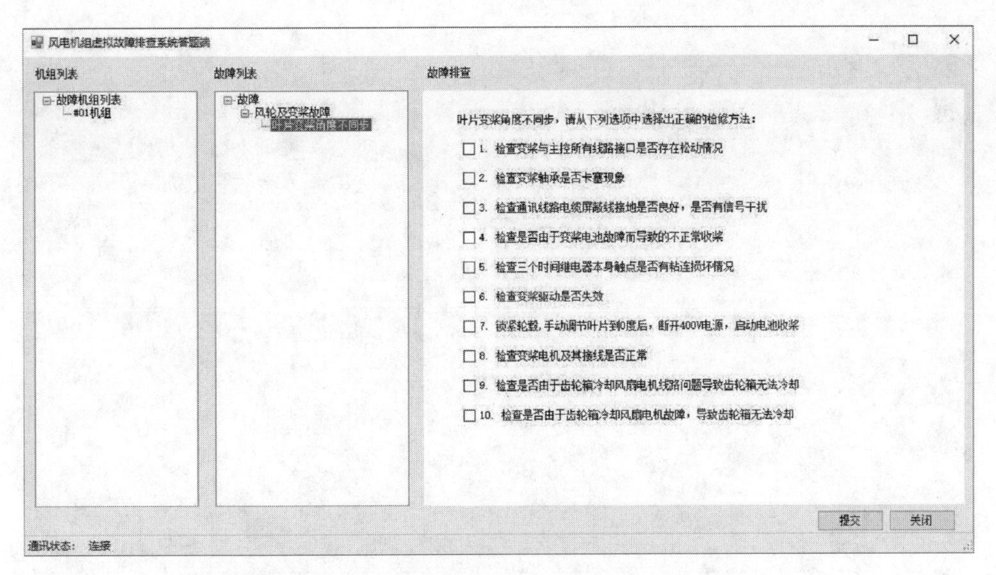

图 5-55　风电场虚拟故障排查系统答题端界面

图 5-56　报警弹窗

示。在这个页面中能看到当天发生的故障记录，也可以在右上角按照日期查询以前的故障记录。用户可以在本页中明确地看到故障名称、故障发生的时间等信息。

(2) 点击“故障分析”≫“事件记录”，进入事件记录页面，如图 5-58 所示。在这个页面中能看到所有设定状态的变化情况，红色的代表报警，绿色的代表正常。

(3) 点击“故障分析”≫“安全分析”，进入安全分析页面，如图 5-59 所示。在这个页面中，可以看到当前时刻所监控的报警内容，以及当前状态。注意：此页面为非实时自动刷新，需要用户点击右上角的刷新按钮进行数据刷新。此设定是为了防止某些非报警类型故障而使状态变化导致页面不断刷新，影响用户体验。

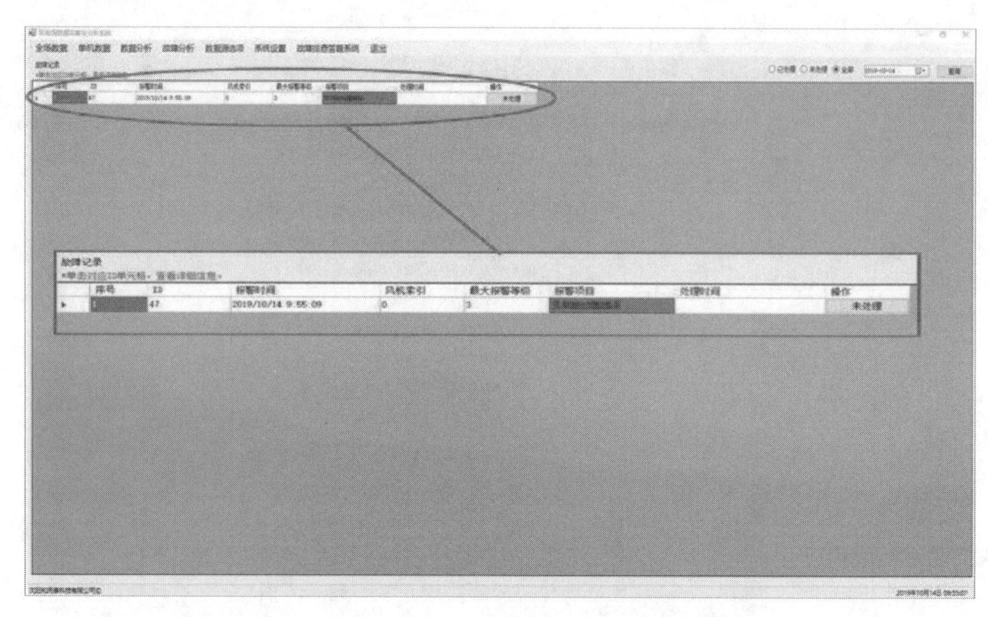

图5-57　故障记录页面示例

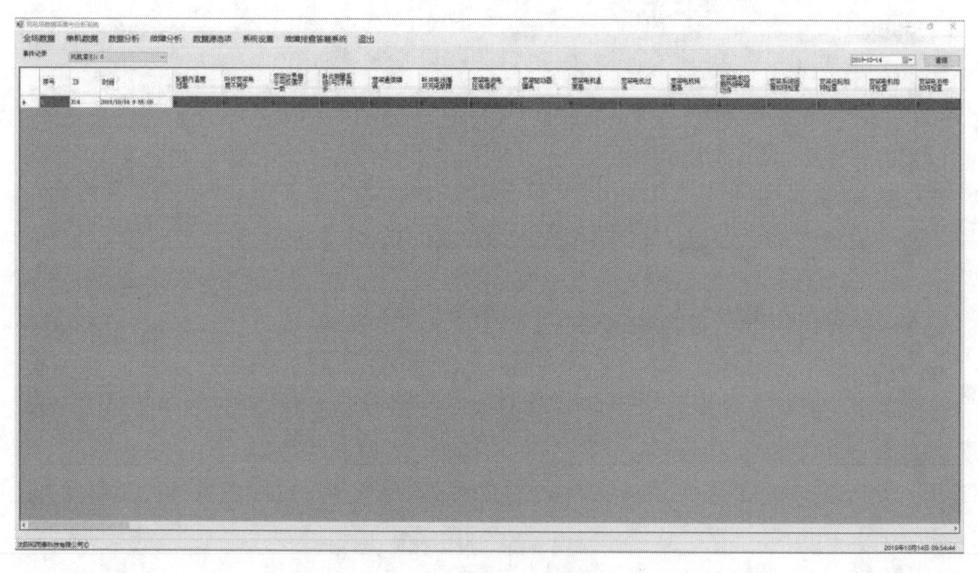

图5-58　事件记录页面示例

5.5.2　风轮及变桨系统故障实验

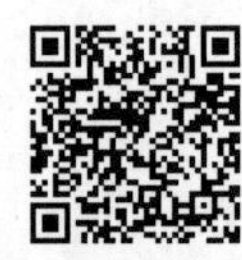

风轮及变桨系统故障实验

1. 常见故障及处理方法（举例）

（1）故障代码：49。

故障名称：轮毂内的温度过高。

故障描述：在轮毂中的环境温度过高，其结果可能导致元器件的损坏。

故障原因及处理方法：检查是否由外界天气炎热造成，天气炎热请停机降温；检查变桨电机是否过热；检查轮毂温度传感器是否损坏。

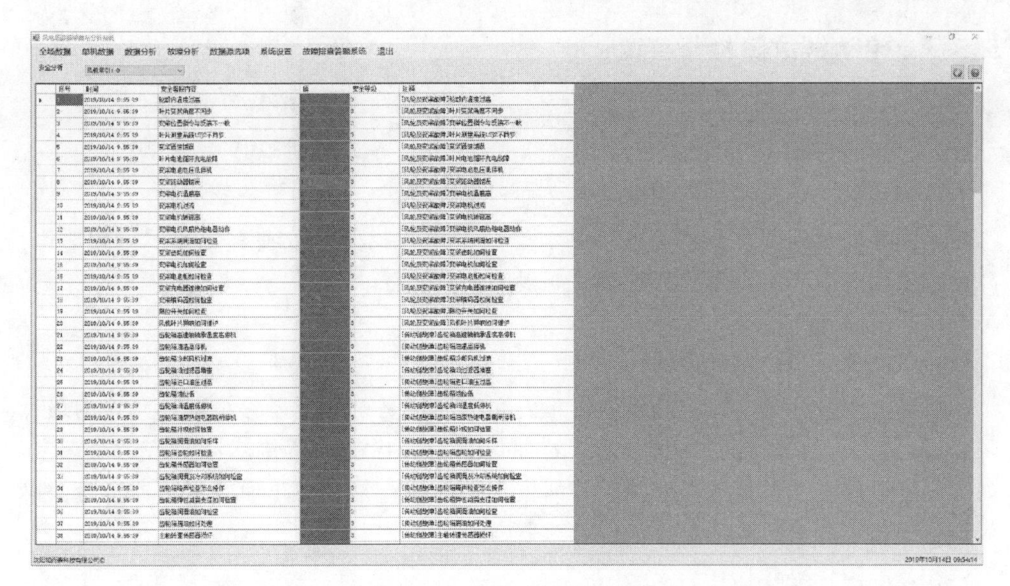

图 5-59 安全分析页面示例

（2）故障代码：33。

故障名称：变桨驱动器错误。

故障描述：整个驱动回路出现问题，表现为叶片不能变桨或者变桨异常。

故障原因及处理方法：检查驱动器输入电压是否正常，低电压穿越或由电池供电，电池电压偏低也将导致驱动器故障；检查驱动器1#输出端电机回路是否有过载现象；检查驱动器输出控制信号是否正确。

（3）故障代码：1008。

故障名称：风轮叶片异响。

故障描述：叶片易受到风沙、雷电、盐雾等外界环境的侵害，叶片安全对机组安全运行至关重要，发现叶片有异响，应立刻进行排查。

故障原因及处理方法：检查叶片内是否有掉落的异物造成运行过程中有异响；检查是否由于防雷接地导线松动，导致叶片在运行过程中，上下敲打叶片造成叶片异响；检查叶片外观是否有开裂、雷击现象。

2. 训练安排

（1）任务安排。需掌握风轮及变桨系统相关的故障现象及故障原因，通过故障原因分析选择正确的检修方法、检修工具及零件。

（2）时间安排。

20min：训练任务讲解，结合本实验系统讲解风轮及变桨系统结构组成和常见故障。

70min：实验操作，打开本实验系统，在虚拟环境下根据要求完成风电机组风轮及变桨系统故障检修训练。

3. 考核形式

需在规定时间内完成设定的风轮及变桨系统相关的考核内容。

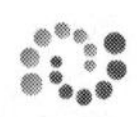

传动链故障检修实验

5.5.3　传动链故障检修实验

1. 常见故障及处理方法（举例）

（1）故障代码：102。

故障名称：齿轮箱高速轴轴承温度高，报警。

故障原因及处理方法：高速轴轴承受力不均，找出导致轴承受力不均的原因；高速轴轴承润滑不足，需给齿轮箱注润滑油。

（2）故障代码：100。

故障名称：齿轮箱油位低。

故障原因及处理方法：检查齿轮箱内润滑油量是否低于齿轮箱运行允许的最低限，如果过低需给齿轮箱注润滑油；若油位正常，检查油位传感器线路是否正常，如有异常需修复油位传感器线路；若油位正常，检查是否由于油位传感器自身故障而导致误报，如有故障需更换油位传感器。

（3）故障代码：1016。

故障名称：齿轮箱润滑油如何检查。

故障描述：齿轮箱润滑油可反映齿轮箱的运行情况，主要检查油色、气味，是否有杂质及泡沫等。

故障原因及处理方法：检查时，应先将风电机组停止运行等待一段时间（时间不少于 10min），使油温降下来（油温不高于 50℃）；检查油的颜色是否有变化，如变深、变黑等；检查油的气味，闻起来是否像燃烧过；检查油中是否有泡沫。

（4）故障代码：187。

故障名称：高速轴制动器未释放。

故障原因及处理方法：检查高速轴制动器是否释放；若制动器未释放，说明反馈回路正常，则检查机舱柜内制动器电磁阀的继电器是否损坏，再检查制动器的电磁阀是否损坏；若制动器已释放，说明控制回路正常，请检查反馈回路中液压站的压力开关是否损坏。

2. 训练安排

（1）任务安排。需掌握传动链相关的故障现象及故障原因，通过故障原因分析选择正确的检修方法、检修工具及零件。

（2）时间安排。

10min：训练任务讲解，结合本实验系统讲解传动链结构组成和常见故障。

35min：实验操作，打开本系统，根据要求完成传动链故障检修训练。

3. 考核形式

需在规定时间内完成设定的传动链相关的考核内容。

液压系统故障检修实验

5.5.4　液压系统故障检修实验

1. 常见故障及处理方法（举例）

（1）故障代码：152。

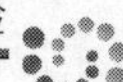

故障名称：液压站油位低。

故障原因及处理方法：检查液压油位，如果油位过低，重新加油；检查液压站、液压油路、主轴刹车和偏航刹车是否漏油，如果漏油，处理漏油点。

(2) 故障代码：157。

故障名称：偏航残压过大。

故障描述：偏航时噪声很大，且有可能使偏航开关跳闸。

故障原因及处理方法：使用残压表测量偏航时的残压；如果现场没有残压表，手动关闭液压站油泵电机的电源，通过手动方式进行轴刹车以降低系统压力，动作偏航刹车（反复的偏航和停止偏航），此时系统压力会继续下降，直到系统压力不再降低；松开残压调整螺杆上的锁紧螺母，用内六角扳手转动残压调整螺杆，调整残压；重新测量残压，直至残压值达到要求。

(3) 故障代码：1032。

故障名称：液压站油样检测周期及检测方法。

故障描述：液压油应定期进行检查，确保液压站稳定运行。

正确检修方法：油样检测是6个月；检查油的颜色是否有变化，如变深、变黑等，并确定是否存在泡沫；检查油的气味，闻起来是否像燃烧过。

2. 训练安排

(1) 任务安排。需掌握液压系统故障现象及故障原因，通过故障原因分析选择正确的检修方法、检修工具及零件。

(2) 时间安排。

10min：训练任务讲解，结合本实验系统讲解液压系统结构组成和常见故障。

35min：实验操作，打开本系统，根据要求完成风电机组液压系统故障检修训练。

3. 考核形式

需在规定时间内完成设定的液压系统相关的考核内容。

5.5.5 偏航系统故障检修实验

偏航系统故障检修实验

1. 常见故障及处理方法（举例）

(1) 故障代码：164。

故障名称：逆时针扭揽。

故障描述：该故障是由于偏航逆时针自动解缆失败，使电缆发生逆时针扭曲。

故障原因及处理方法：检查电缆缠绕情况是否与主控面板上显示的缠绕圈数一致；若机组已在服务状态，需手动顺时针解缆。

(2) 故障代码：169。

故障名称：机舱与风向仪角度偏差大于允许值。

故障描述：若风向仪均正常，机舱对风不准，可能是偏航系统的故障。

故障原因及处理方法：用万用表检查偏航电机线路是否有问题；检查偏航电机是否发生故障，如电机故障需更换偏航电机。

(3) 故障代码：172。

故障名称：偏航角度误差。

故障描述：两个偏航角度接近，开角度信号同时发生改变，才报此故障。

故障原因及处理方法：检查偏航角度接近开关安装位置是否错误。

2. 训练安排

(1) 任务安排。需掌握偏航系统相关的故障现象及故障原因，通过故障原因分析选择正确的检修方法、检修工具及零件。

(2) 时间安排。

10min：训练任务讲解，结合本实验系统讲解偏航系统结构组成和常见故障。

35min：实验操作，打开本系统，根据要求完成风电机组偏航系统故障检修训练。

3. 考核形式

需在规定时间内完成设定的偏航系统相关的考核内容。

5.5.6　发电机故障检修实验

发电机故障检修实验

1. 常见故障及处理方法（举例）

(1) 故障代码：121。

故障名称：发电机驱动端轴承温度异常停机。

故障描述：发电机驱动端温度传感器检测到轴承温度已经超过或低于停机温度。

故障原因及处理方法：检查是否是由于发电机驱动端承受力不均造成的；检查并找出导致发电机驱动端轴承受力不均的原因；检查是否由于发电机驱动端轴承润滑不足导致轴承发热，有此故障时需手动向轴承注油。

(2) 故障代码：128。

故障名称：发电机定子L2温度过高造成停机。

故障描述：发电机定子L2温度传感器检测到的定子温度超过停机值。

故障原因及处理方法：检查发电机的散热装置工作是否正常，查找导致散热装置故障的原因；检查是否由于发电机损坏造成的定子发热，有此故障时需更换发电机。

(3) 故障代码：1046。

故障名称：发电机润滑油泵功能检查。

故障描述：发电机润滑泵应定期进行功能检查，确保发电机有效润滑。

正确检修方法：手动激活润滑油泵，检查油泵是否正常工作，如不正常则应进行处理；检查润滑油泵工作时间设置是否正确。

2. 训练安排

(1) 任务安排。需掌握发电机相关的故障现象及故障原因，通过故障原因分析选择正确的检修方法、检修工具及零件。

(2) 时间安排。

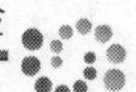

10min：训练任务讲解，结合本系统讲解发电机结构组成和常见故障。

35min：实验操作，打开本系统，根据要求完成发电机故障检修训练。

3. 考核形式

需在规定时间内完成设定的发电机相关的考核内容。

5.5.7 变流器故障检修实验

变流器故障检修实验

1. 常见故障及处理方法（举例）

(1) 故障代码：238。

故障名称：变流器报错“编码器故障”。

故障描述：编码器主要是指发电机后端的编码器为变流器提供的转速方向信号。

故障原因及处理方法：可以通过变流器编码器板上的指示灯进行判断，任何一个指示灯灭均代表编码器故障；再使用万用表测量变流器编码器的接线端子之间的电压是否为24V；最后检查编码器接线是否接触不良。

(2) 故障代码：244。

故障名称：变流器输出功率与设定值不符。

故障描述：变流器内部功率曲线设定不正确或控制器内部参数转速、力矩值表设定有问题。

故障原因及处理方法：检查变流器功率曲线是否按标准参数设定；检查控制器内转速、力矩值表是否按标准参数设定；需要重新做4～20mA力矩值校验。

(3) 故障代码：1049。

故障名称：变流器冷却风扇检查。

故障描述：变流器发热会严重影响变流器内部的电器元件，必须确保冷却系统进行有效散热，应定期检查冷却系统。

正确检修方法：检查冷却风扇是否能够正常启动；检查风扇运行有无异常声音、异常振动；若出现风扇转动卡涩，有异常声音、振动情况，则应进行处理，如有必要可进行更换。

2. 训练安排

(1) 任务安排。需掌握变流器相关的故障现象及故障原因，通过故障原因分析选择正确的检修方法、检修工具及零件。

(2) 时间安排。

10min：训练任务讲解，结合本系统讲解变流器结构组成和常见故障。

35min：实验操作，打开本系统，根据要求完成风电机组变流器故障检修训练。

3. 考核形式

需在规定时间内完成设定的变流器相关的考核内容。

5.5.8 主控系统故障检修实验

主控系统故障检修实验

1. 常见故障及处理方法（举例）

(1) 故障代码：19。

故障名称：UPS电源电量低。

故障描述：系统检测其续航时间低于600s则报此故障。

故障原因及处理方法：在非UPS供电模式下，报此故障时需要检查UPS，检查UPS电源接线是否松动，若松动应紧固接线；如果接线正常，请更换UPS电源。

（2）故障代码：27。

故障名称：直流24V电源故障。

故障原因及处理方法：查看控制柜内24V电源是否正常；检查控制柜内24V电源至控制器接线端子是否松动，导线内部芯线是否断开；检查24V是否对地短路。

（3）故障代码：52。

故障名称：主控柜外观如何检查。

故障描述：主控柜位于塔底，应定期检查清扫。

正确检修方法：检查主控柜固定是否牢固；清理主控柜内卫生；检查并清理柜体排风扇空气滤网；检查主控柜柜门是否完好，是否能够正常锁定；塔底显示屏是否正常显示。

2. 训练安排

（1）任务安排。需掌握主控系统相关的故障现象及故障原因，通过故障原因分析选择正确的检修方法、检修工具及零件。

（2）时间安排。

10min：训练任务讲解，结合本系统讲解主控系统结构组成和常见故障。

35min：实验操作，打开本系统，根据要求完成风电机组主控系统故障检修训练。

3. 考核形式

需在规定时间内完成设定的主控系统相关的考核内容。

5.5.9 机舱、塔筒及附件故障检修实验

机舱、塔筒及附件故障检修实验

1. 常见故障及处理方法（举例）

（1）故障代码：254。

故障名称：机舱温度高报警。

故障描述：机舱内温度在55～60℃之间，机组报警但不停机。

故障原因及处理方法：检查主控制器启动散热风扇的温度设置是否过高，如果设置过高请应整风扇启动温度值；实际温度已达到风扇启动温度值，但风扇未启动，应检查风扇是否损坏，及时修理或更换。

（2）故障代码：211。

故障名称：塔底柜控制柜温度低。

故障原因及处理方法：塔底柜控制柜温度低，首先检查加热器是否损坏，若有损坏及时更换；检查控制柜加热器的启动温度参数设置，做适当调整。

（3）故障代码：1061。

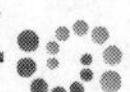

故障名称：助（免）爬器如何检查。

故障描述：助爬器直接影响工作人员的人身安全，必须确保助爬器牢固可靠。

正确检修方法：检查助爬器电机运行是否正常；检查助爬器接线有无松动或掉落；检查助爬器机械件有无破损、松动；检查钢丝绳是否完好。

2. 训练安排

(1) 任务安排。需掌握机舱、塔筒及附件相关的故障现象及故障原因，通过故障原因分析选择正确的检修方法、检修工具及零件。

(2) 时间安排。

10min：训练任务讲解，结合本系统讲解机舱、塔筒及附件结构组成和常见故障。

35min：实验操作，打开本实验系统，根据要求完成风电机组机舱、塔筒及附件故障检修训练。

3. 考核形式

需在规定时间内完成设定的机舱、塔筒及附件相关的考核内容。

5.5.10 安全系统故障检修实验

安全系统故障检修实验

1. 常见故障及处理方法（举例）

(1) 故障代码：1。

故障名称：振动开关动作导致安全链断开。

故障原因及处理方法：检查是否由于偏航振动、发电机对中等问题导致机舱振动过大，查找原因，并及时检修；若机舱无晃动即是振动开关及线路有问题，检查振动开关接线是否松动或断线，如有应修复接线；检查振动开关摆锤至开关的距离；如其他步骤都正常，应检查各级塔筒螺栓是否严重松动。

(2) 故障代码：13。

故障名称：软件超速。

故障描述：风电机组出现了超速，风电机组转速已经大于软件设定的超速值。

故障原因及处理方法：变流器异常脱网引起，需要检查变流器；变桨系统异常引起，需要检查变桨系统；极强烈的阵风引起的超速属于正常现象。

(3) 故障代码：167。

故障名称：电缆扭曲过度。

故障描述：电缆扭转角度超过1080°，才报此故障。

故障原因及处理方法：检查电缆缠绕情况是否与主控面板上显示的缠绕圈数一致。如果不一致，检查偏航角度接近开关是否工作正常。上述检查无误后，根据扭缆方向手动解缆。

2. 训练安排

(1) 任务安排。需掌握安全系统相关的故障现象及故障原因，通过故障原因分析选择正确的检修方法、检修工具及零件。

(2) 时间安排。

10min：训练任务讲解，结合本系统讲解安全系统结构组成和常见故障。

35min：实验操作，打开本系统，根据要求完成风电机组安全系统故障检修训练。

3. 考核形式

需在规定时间内完成设定的安全系统相关的考核内容。

防雷接地系统故障检修实验

5.5.11　防雷接地系统故障检修实验

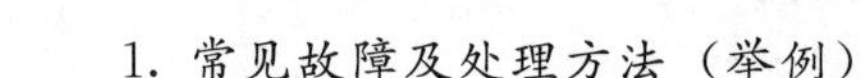

1. 常见故障及处理方法（举例）

(1) 故障代码：214。

故障名称：塔筒雷电保护动作。

故障描述：塔筒雷电保护模块动作，则报此故障。

故障原因及处理方法：检查塔筒内雷电保护模块是否被击穿，如有击穿及时更换。

(2) 故障代码：257。

故障名称：机舱雷电保护动作。

故障描述：机舱雷电保护动作，则报此故障。

故障原因及处理方法：检查机舱内雷电保护模块是否被击穿，如有击穿及时更换。

(3) 故障代码：1062。

故障名称：塔筒内防雷接线如何检查。

故障描述：所有防雷接地必须处于有效状态，应定期检查。

正确检修方法：检查基础防雷接地线是否正常接地，无断线松动现象；检查各级塔筒雷接地线是否正常接地，无断线松动现象。

2. 训练安排

(1) 任务安排。需掌握防雷接地系统相关的故障现象及故障原因，通过故障原因分析选择正确的检修方法、检修工具及零件。

(2) 时间安排。

10min：训练任务讲解，结合本系统讲解防雷接地系统结构组成和常见故障。

35min：实验操作，打开本系统，根据要求完成风电机组防雷接地系统故障检修训练。

3. 考核形式

需在规定时间内完成设定的防雷接地系统相关的考核内容。

第6章 风电场管理与安全防护

6.1 风电场运行管理

风电场运行管理涉及很多方面，包括运行分析、定值与保护、技术监督、设备、资料档案、运行制度等方面。

6.1.1 风电场运行分析

风电场生产准备

风电场进入运行阶段后，通过现场监控系统（SCADA）可积累大量的运行数据。运行数据的分析对于科学开展风电场的运行和维护有重要意义。

可以用于分析的数据包括发电量、上网电量、场用电量、功率、风速、各部件温度、振动量、告警信息等。

通过发电量数据分析，可以得出风电场的大风月、小风月，为合理安排检修和维护、消缺工作提供依据。

通过发电量、上网电量，可以分析出场内的线损率水平，以合理调节变压器的分接头，优化运行。

通过分析统计设备故障率，可以得出场内常见的故障，有针对性地加强技术管理。

风电机组的一些故障在发生前往往有一定的征兆，或者说存在一种劣化的趋势。通过运行数据分析，有助于及时发现一些设备的异常和隐患。远程数据分析可通过专用的第三方软件进行，人工绘制趋势和对比曲线也可以同样达到分析的目的。

风电机组的各类温度监控是风电机组的重要测量值，具体包括控制柜温度、机舱温度、油液温度、轴承温度、环境温度等。从运行经验表明，风电机组故障和温度变化有紧密的联系。但是当监控系统达到报警温度时，一般机组缺陷已经比较严重。因此对温度值进行分析，可以提前找出设备存在的问题。

在同一风电场内的同时期、同功率情况下，部分机组轴承温度偏高，对于这部分机组应引起高度重视，条件允许还可考虑进行振动检测，辅助确认问题原因。

6.1.2 风电场定值与保护参数管理

风电场定值与保护参数管理包括风电机组的定值管理和风电场输变电系统的保

护定值管理。风电场应按照电力行业有关规定制定保护定值管理办法。本节简要介绍风电机组运行定值管理，对于输变电系统，电力行业已有相当完备的技术标准和管理规定，这里就不再赘述。

风电机组控制系统中均有厂家设定的运行和保护参数表。修改参数表将直接影响机组安全和运行状态，操作者根据授权级别获得调整参数表的权限。

风电场应严格控制参数表的设置权限，制定管理制度并由风电场最高技术负责人审批，未经授权不得擅自修改，参数表的修改应有记录并存档保管。

风电机组运行参数主要包括机组启动、停机、电网参数的设置、各部位温度报警和停机、振动停机参数、发电机功率、过流、环境温度、加热系统、转速、偏航位置、解缆、变桨位置及速度等。

最大允许发电功率与发电机过载能力有关，定转速风电机组为额定转速的150%，变速风电机组为最大转速的120%。一般风电机组的切出风速为25m/s，切出再投风速为18m/s。

6.1.3　风电场技术监督

风电场技术监督以安全和质量为中心，依据国家、行业有关标准和规程，采用有效的测试和管理手段，对风电场设备的健康水平及安全、质量、经济运行有关的重要参数、性能、指标进行检测和控制，以确保其安全、优质、经济运行。

风电场技术监督包括两部分，即风电场输变电系统技术监督和风电机组的技术监督。技术监督通常包括绝缘、电测、继电保护及安全自动装置、化学、电能质量、节能、环保、金属、振动、安全及功能性试验等内容。

1. 风电场输变电系统技术监督

（1）风电场输变电系统技术监督内容。

1）绝缘监督：电气一次设备绝缘性能，防污闪，过电压保护及接地。

2）电测监督：各类电测量仪表、装置、变换设备及回路计量性能；电能计量装置计量性能。

3）继电保护及安全自动装置监督：电力系统继电保护及安全自动装置；自动化装置，直流系统；上述设备的电磁兼容性能。

4）化学监督：电力用油、SF_6；电气设备的化学腐蚀。

5）电能质量监督：频率和电压。

6）频率质量指标为频率允许偏差；电压质量指标包括允许偏差、允许波动和闪变、三相电压允许不平衡度和正弦波形畸变率。

7）节能监督：线路及变电设备电能量损耗。

8）环保监督：输变电系统电磁干扰；环境噪声；污染排放。

9）信息及电力系统监督：风电场的计算机网络布线系统、信息网络应用系统、蓄电池等的运行管理和监督。

（2）预防性试验。预防性试验是电力设备运行和维护工作中的一个重要环节，

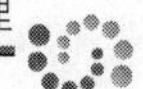

是保证电力系统安全运行的有效手段之一。预防性试验规程是电力系统绝缘监督工作的主要依据。

风电场输变电设备的预防性试验是保证设备稳定运行，及时发现缺陷和隐患的有效措施。预防性试验主要是通过检测设备的绝缘电阻、直流电阻、泄漏电流、介质损耗、交（直）流耐压水平、局部放电和油色谱分析等，检查设备的性能和状态。

预防性试验主要参考依据是《电力设备预防性试验规程》（DL/T 596—2005）。根据规程中规定的试验项目、周期进行，并根据规程中规定的试验数据判断标准对设备的状态进行分析，判定设备是否满足运行要求。在风电场中一般可委托有资质的试验单位进行试验工作，风电场应注意做好以下工作：

1）雷雨季来临前，必须完成避雷器的预防性试验工作。

2）风电机组升压变压器（油浸式）容量较小，试验规程中未明确规定试验的项目，但风电场运行环境恶劣，应加强对该设备的试验工作。具体可将以下项目列入试验项目：测量绕组绝缘电阻、吸收比或极化指数；测量绕组直流电阻；交流耐压试验；绝缘油试验及油中溶解气体色谱分析。

3）试验所得的合格数据不应作为判断设备状况的绝对标准，还应将试验的结果同设备间的数据、出厂试验数据、上期测试数据进行分析和比较，各类试验数据不应有明显变化。同时，试验结果的判断和分析还应充分考虑试验时的气候、气温等因素，综合判断。

4）油色谱分析所得数据出现超过注意值情况，应在短期内进行再次取样试验，用于分析产气的速率。在其他试验项目合格情况下，且第二次采样无明显变化，可以判定设备无异常。

2. 风电机组技术监督

（1）油品技术监督。鉴于油品在机械系统中具有保护机械摩擦表面、防锈、散热、润滑等作用，油品状况至关重要。技术监督部门应按照标准或厂家规定，定期对油品进行监督检查。技术监督部门应具备油品检测资质或委托有资质部门或实验室进行试验。油品状况最重要的运行指标有金属颗粒度、黏度、沸点等。上述指标应进行检测，必要时要求风电场进行油品更换。

（2）金属监督。

1）螺栓预紧力。根据厂家要求对安装在中法兰和底法兰的螺栓进行紧固，按厂家规定紧固齿轮箱与机座螺栓，根据厂家规定对偏航系统螺栓进行紧固，根据厂家规定对叶片螺栓进行紧固和使用润滑剂，按厂家规定对主轴法兰与轮毂装配螺栓进行紧固，按厂家规定力矩表100%检查发电机紧固底脚螺栓。

2）风电机组大型结构件。风电机组的塔筒、法兰、基础环、轮毂、主梁等部件在基建期监造、运行期进行检测及预防性检查。

（3）振动监督。振动传感器即振动开关、振动加速度计，定期校验振动参数值设定以及振动分析报告。

（4）环保监督。

1）风电机组的噪声。风电机组噪声的测试方法按照GB/T 22516—2008《风力发电机组噪声测量方法》执行。

在居民区附近，机组噪声的排放量应符合GB 3096—93《城市区域噪声标准》中的有关规定。

2）电磁干扰（兼容性）。风电机组会对无线电磁波的传输产生干扰，因此应避免在导航设施或通信中继站附近安装风电机组。

风电机组对无处不在的电视和无线电信号的干扰，很大程度上受机型和地理环境的制约。可以采用经验公式来估算信号受干扰的区域，即

$$r=\frac{c\eta A}{lm_0} \tag{6-1}$$

式中　r——受干扰区域半径；

A——风轮的投影面积；

η——风轮的干扰率，金属叶片取0.7，玻璃钢叶片取0.3；

l——电视信号的波长；

c——电视发射塔、接收机和风电机组之间的几何位置常数，如果电视发射塔、接收机和风电机组三者在一条线上，则取$c=2$；如果风电机组在电视发射塔所发射的电波水平线后面，则取$c=2\sim5$；

m_0——干扰强度指数，一般取0.15。

对于电视信号受到干扰的区域，可以通过调整接收天线、安装一个小型的辅助差转台或用有线电缆传输电视信号等方法消除干扰对居民生活的不利影响。

（5）发电机和电缆绝缘监督。风力发电机应定期进行绝缘检测，做好记录和检测报告。发电机应定期进行检查，发现缺陷及时处理避免故障进一步扩大。

1）发电机定期监督内容包括：额定风速下温升；检查发电机振动和噪声是否在规定范围内；空冷装置：空气入口、通风装置和外壳冷却散热系统；水冷系统：有无漏水、缺水等情况，应在厂家规定时间内更换防冻液；外观检查发电机消音装置是否正常；轴承润滑：是否按厂家规定定期进行轴承注油和检查油质；定期检查空气过滤器并进行清洗；按规定定期检查发电机绝缘、直流电阻等有关电气参数。

2）电缆绝缘监督包括：电力电缆预防性试验有无超标及超期项目。对电缆按规定进行定期巡视，并做完整记录。检查电力电缆终端头是否完整清洁，无漏油、溢胶、放电、发热等现象。检查电缆有无老化、外皮脱落现象。检查是否按厂家规定紧固电缆接线端子。检查发电机电缆有无损坏、破裂和绝缘龟化、老化。检查下落电缆、通信电缆、控制电缆有无过扭破坏以及外皮磨损。

（6）安全及功能性试验技术监督。安全及功能试验的目的是验证风电机组的设计特性以及确保与安全有关的保护措施和规定得到落实。

试验应按照制造厂推荐的方法进行，包括以下试验：

1）安全性试验。人身安全设施的验证试验包括：旋转部件的防护隔离措施；塔架爬梯设施的安全性；触电保护隔离措施。

风电机组必须具备一套逻辑上独立于控制系统的安全（链）系统。在运行过程

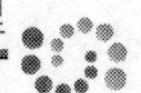

中有关安全的极限值被超过以后，或者如果控制系统不能使机组保持在正常的运行范围内时，则安全系统动作，使机组最终停止转动。

允许采取间接的方法验证安全系统在出现下列情况时可靠动作：超速；功率超限；发电机短路；机舱过度振动；由于机舱偏航转动造成电缆的过度缠绕；控制系统功能失效；紧急停机；其他与安全系统有关的故障。

2）控制功能试验。控制系统的功能应满足在规定的运行条件下都能使风电机组的运行参数保持在其正常运行范围内。

控制系统的控制功能试验项目如下：机组的启动和停止；发电特性；偏航稳定性；转速变化的平稳性；功率因数的自动调节；扭缆限制；电网异常或负载丢失时的停机等；制动功能（正常刹车和紧急刹车）。

3）控制系统的检测和监控功能。应测试控制系统对风电机组运行参数和状态的检测和监控功能，包括：风速和风向；风轮和发电机转速；电气参数，包括电网电压和频率，发电机输出电流、功率和功率因数；温度，包括发电机绕组温度和轴承温度、齿轮箱油温、控制柜温度和环境温度等；制动设备状况；电缆缠绕；机械零部件故障；电网失效等。

6.1.4　风电场设备管理

1. 设备台账和设备档案

设备台账和设备档案是设备管理的基本文档。设备台账内容应包括设备名称、设备型号、生产厂家、设备编号、档案编号、安装位置、设备原值、折旧年限、投产时间、维修时间、更换部件、技术改造内容与时间等。

设备档案是对每台设备分别建立的完整运行、维护记录。内容包括设备名称、设备型号、生产厂家、设备编号、主要技术参数、安装位置、设备原值、折旧年限、投产时间、调试记录、试运行记录、初步验收报告、最终验收报告、机组定值表、每年发电量记录、维护记录、维修记录、维修验收报告、更换零件记录、更换部件记录、更换部件验收报告、定值更改记录、技术改造记录、技术改造验收报告、事故记录、事故报告等。

2. 风电设备状态评级

主设备对于风电场而言是指风电机组。

风电机组运行维护的好坏直接影响到风电企业的经济效益。实行主设备评级，目的在于以直观的方法反映设备的健康状态，有利于指导风电场进一步做好设备的运行和检修工作，因此风电场应建立主设备评级制度。

风电场主设备评级标准分为一、二、三类。完好设备数量（即一、二类设备数量之和）与参与评级的设备数量（即一、二、三类设备数量之和）的比例称为设备完好率。

一类设备是指技术状况及运行情况良好，能保证额定出力和发电量以及高效率和安全运行可靠设备完好率高的风电机组；达不到一类设备标准，个别部件有过一般性故障，但能基本完成发电要求的设备为二类设备；其余为三类设备。

3. 设备缺陷管理

（1）设备缺陷定义和分类。按照电力行业设备缺陷管理规定，设备缺陷一般可分为以下类型：

1）紧急缺陷。是指严重威胁人身、设备安全，随时可能酿成事故，严重影响设备继续运行而必须及时进行处理的缺陷。

2）重大缺陷。是指对设备使用寿命或出力有一定影响，或可能发展成为紧急缺陷，但尚允许短期内运行或对其进行跟踪分析的缺陷。

3）一般缺陷。对设备安全运行影响较小，且一般不至于发展成为上述两类缺陷，并能维持其铭牌额定值继续运行，按程度允许列入日常、月、季（年）度检修计划中安排处理的缺陷。

（2）设备缺陷处理。

1）缺陷发现和上报。运行维护人员发现设备缺陷应向值班长汇报。由值班长负责复查分析判断缺陷性质，安排消除工作或采取措施。不能自行处理的缺陷应及时汇报调度和公司主管部门，缺陷未消除前应做好缺陷的跟踪和监视。如缺陷有发展或影响设备安全运行时，应重新将缺陷定性并向调度和公司主管部门汇报，要求安排处理。

2）缺陷的闭环管理。风电场应建立设备缺陷记录，发现缺陷后应按缺陷性质或设备间隔分类进行记录，设备消缺应认真执行工作票和操作票制度。消缺前做好安全技术措施和组织措施。缺陷处理完毕后，应对消缺情况开展必要的验收工作，并将消缺时间、处理情况、处理人、验收人等记入缺陷和检修记录本。记录缺陷从发现到消除的全过程，做到对设备缺陷的闭环管理。

4. 备品备件管理

风电场生产运行过程中，备品备件的消耗是运行成本中重要的组成部分。加强备品备件管理对于及时消除设备缺陷、增加发电量、降低成本都具有重要意义。

备品备件管理内容包括制订备品备件计划、建立库存账、入库验收制度、备品备件领用批准制度、出入库管理制度等。

6.1.5 风电场评价指标

1. 发电量

发电量是指风电机组主电缆出口计量的电量，是评价风电机组发电水平的指标。发电量指标综合容量系数和利用小时的统计数据，可全面反映该风电场的发电能力。

2. 机组可用率

评价风电机组运行状态和故障率情况重要指标计算公式为

$$可用率=\frac{可用小时}{统计期间小时}\times 100\%$$

3. 风电机组容量系数

风电机组容量系数指设备实际发电量折算到满发时的系数，是评价风电机组发

电能的指标之一，风电机组的容量系数一般为0～0.5。

$$风电机组容量系数=\frac{毛实际发电量}{统计期间小时\times 毛最大容量}\times 100\%$$

4. 风电机组利用小时

风电机组利用小时指机组毛实际发电量折合成额定容量的运行小时数。

5. 检修维护费用（万元）

检修维护费用指一台风电机组一次检修的费用，包括材料费、设备费、配件费、人工费用等子项。

6. 非计划停运或受累停运备用电量损失

风电机组在非计划停运或受累停运备用期间的发电量损失估计值，按停运小时和停运期间其他状况相似的风电机组平均出力的乘积来计算

7. 综合厂（场）用电量

综合厂（场）用电量是综合反映风电场在发电运行中的能耗指标，一般包括线变损和升压站生产生活用电两部分。

$$综合厂(场)用电率(\%)=\frac{综合厂(场)用电量}{发电量}\times 100\%$$

另外，风电场全场的发电量可利用率、机组容量系数、利用小时、检修费用等，计算出单机费用后，即可通过加权平均计算。

6.1.6 风电场资料档案管理

风电场的技术管理工作中技术档案管理是非常重要的内容之一，档案验收也是工程项目竣工验收的内容之一。风电场管理工作中应要求严格执行有关规程、制度、规范，建立健全运行技术资料、台账、图表、图纸、规程，确保各类技术资料完备、系统、正确。健全的技术资料档案是运行、检修和技术改造的重要依据。

1. 技术档案内容

（1）项目原始资料。

1）前期工作文档资料（可行性研究报告、环境影响评价报告、水土保持评价报告、接入系统方案设计）。

2）输变电工程技术资料（设计任务书、设计计算书、竣工图、更改设计资料、设备安装调试报告、设备说明书、设备出厂试验报告、设备合格证、监理记录、验收报告等）。

3）土建工程技术资料（设计任务书、设计计算书、竣工图、更改设计资料、监理记录、验收报告等）。

4）风电场工程技术资料（地质勘查报告、风能资源分析评价报告、微观选址报告、风电机组设计任务书、设计计算书、竣工图、更改设计资料、监理记录、塔架图纸、塔架监造记录、塔架出厂合格证、风电机组安装记录、调试记录、试运行记录、初步验收报告、竣工验收报告等）。

（2）设备投运批准书及启动方案。

1）风电机组安装、运行、监控、维护等手册。

2）设备技术档案（包括安装交接资料，设备参数，历年大修、小修预试报告，保护校验报告）。

3）设备台账，设备所发生的严重及以上缺陷与检修、修试、校验等内容必须记入台账运行记事栏内。

4）设备事故、障碍分析报告。

5）调度通知及调度文件。

6）继电保护及自动装置整定书（保护定值单）。

2. 技术档案管理

（1）运行技术资料应有清册，分类归档并编号。

（2）各种运行技术资料夹应整洁、排列整齐，每月应对运行技术资料内容是否齐全的情况进行一次检查，缺少的应及时补齐。

（3）风电场收到运行技术资料后，由专职管理人员归档。

（4）作废及超时限废止的运行技术资料应及时收存，不得与使用的运行技术资料混放。

（5）各检测、试验报告在设备检测或试验一个月后仍未收到的，应及时催交和查询。

（6）电气主接线更改或设备变动时，应在设备投运前完成典型操作票、相关现场规程的修改。

（7）新的继电保护定值单执行后，运行人员必须及时与调度部门核对，并将新的继电保护定值单归档，并完成对运行规程的修改工作。

（8）新（扩）建设备投运或技术改造项目完成前，工程管理及施工单位必须向运行单位移交相关的图纸、资料。

6.1.7　风电场运行制度

1. 运行监控制度

（1）运行人员必须按上级批准的值班方式和时间进行值班监控，如需更改应报请运行主管部门批准。无特殊情况，运行人员不得私自调班和连续值班。

（2）在值班时间内应坚守岗位，不得迟到早退，不擅离职守，因故需要离开时，必须经站长或运行主管部门领导批准。

（3）运行人员值班时要穿公司统一的工作服装，衣着要整齐并佩戴标志。在值班时间禁止穿拖鞋，禁止穿背心、短裤和裙子。

（4）在值班岗位上，不做与运行无关的任何事情，办公电话不得长期占用，不得在电话里相互聊天，不得用监控系统计算机打游戏。

（5）运行人员除维护设备、巡视检查设备和倒闸操作外，不得随意离开控制室。正常情况下，主控室必须保证有人值班监控。

（6）经常注意仪表、监控系统运行参数及各类信息的变化和继电保护的运行及动作情况，分析设备的状态，按规定进行各种检查和试验，对异常情况要加强监视。

(7) 按规定将监控数据记人各种记录本，字迹工整清楚，内容正确详细，按规定标准填写，严禁编造数据。

(8) 在值班岗位上要认真做好值班工作，严格执行规程制度，必须了解掌握系统运行情况，随时检查和处理异常状态。

(9) 非值班人员不得随意进入控制室和高压室。

2. 设备巡视制度

(1) 巡视检查人员应按照规程、制度的要求，安排好日常巡视和特殊巡视工作。

(2) 巡视工作应根据巡视内容和对象制定巡视单，应按规定的时间路线，认真对照检查确保巡视到位。

(3) 在巡视检查输变电设备时，必须遵守 GB 26164—2010《电业安全工作规程》有关高压设备的巡视的规定。

(4) 风电机组巡视时，必须遵守 DL 796—2001《风力发电场安全规程》或场内有关规定，确保登塔巡视的安全。

(5) 巡视发现的缺陷应及时汇报值班长或有关领导，并做好记录。由于风电机组数量多，分布广泛，短周期进行风电机组的全面巡视难度很大，所以每次巡视工作应尽可能全面、细致、到位。另外，为提高巡视的有效性，风电机组安装完成正式投入运行前，应对机组所有主传动系统部件的螺栓、基座等可能产生位移的部件用记号笔或油漆进行标示，发现有位移情况要引起高度重视。

3. 交接班管理

(1) 交接班内容。风电场的交接班应做到全面、细致、规范。交接时应介绍以下主要内容：

1) 设备的总体运行方式和状态。

2) 继电保护、自动装置变动情况。

3) 设备巡视情况，异常及故障情况。

4) 设备检修维护情况。

5) 操作票、工作票使用和执行情况。

6) 防误操作措施使用情况。

7) 汇报上级检查、布置、通知及收到学习资料情况。

8) 检修工器具、安全工器具、备件消耗、钥匙、各类记录本图纸资料等情况。

(2) 交接班规定。

1) 交接班前，交班人员应对风电场内的情况进行检查、整理和汇总，做好交班准备工作。

2) 进行交接班工作必须严肃认真，一丝不苟。严禁急于交班，敷衍了事。

3) 运行人员应自觉遵守劳动纪律，未经主管领导同意不得私自调班、连班，不得迟到早退。

4) 在交接时间应尽量避免倒闸操作和许可工作。

5) 交接班手续未结束前，一切工作应由交班人员负责。如在交接班时发生事故，应由交班人员负责处理，交班人员可要求及指挥接班人员协助处理。

6）接班人员应于交接班前 15min 到站，做好接班前的一切准备工作。

7）交接双方应对交接的主要内容逐项讲清和问清，并至现场共同查看核实。

8）在交接检查中，若发现有不符合实际情况时，交班人员应根据具体情况进行处理，事后立即汇报，并在交班后组织班内人员讨论、分析原因、交清责任、吸取教训。接班人员对移交内容有不清楚的地方需要当即询问清楚。

9）交接班巡视检查中发现的缺陷及异常情况，由接班人员填写缺陷记录。

（3）不得进行交接班的情况：在倒闸操作及许可工作未告一段落时；在处理事故时。但在告一段落时，并且接班人员全部了解处理内容后，可进行交接班。

4. 风电场应具有的规程和制度

（1）风电场应具备的规程。风电场应具备的规程，包括电力行业制定的风电场的安全规程、运行规程和检修规程，电业安全工作规程、事故调查规程，电力变压器运行规程，高压断路器运行规程，电力电缆运行规程，蓄电池运行规程，电气事故处理规程，继电保护及自动装置运行管理规程，继电保护与安全自动装置运行条例，电气设备预防性试验规程，电气装置安装工程电气设备交接试验标准，变压器油中熔解气体分析和判断导则，有关设备检修工艺导则，电力系统电压和载功管理条例，变电站设计技术规程，高压配电装置设计技术规程，SF_6 气体监督导则，电力安全生产工作条例，电气设备消防规程，接地特性参数测量导则，电力设备过电压保护设计技术规程，变压器有载调压开关运行维护导则等。

（2）风电场应具备的制度。变电站应具备的规程制度，包括“两票三制”（工作票、操作票，巡回检查制度、定期切换和试验制度、交接班制度），各级调度管理规定，现场运行、安全、检修规程，有关各类反事故措施，防止电气误操作装置管理，各级安全生产责任制度，运行、检修维护管理制度等。

6.2　安　全　防　护

6.2.1　安全防护装备

1. 说明

（1）进入风电机组现场作业时，必须使用个人防护设备。

（2）个人防护设备包括安全带（整套）、安全帽、安全靴、手套，低温环境中还需要保暖衣。

（3）个人防护设备必须有批准的型号，其上标有“CE”合格标志，表明适合于使用者准备从事的相关工作和保护，适合于工作地区的气候条件。

（4）如果有多人同时攀登风力发电塔，每人都必须配备个人所需的防护设备。

（5）个人防护设备必须派专人定期检查和检验（每年至少一次）。

（6）安全带（整套）必须妥善保管，必须易于随时取用。

五点式安全带使用方法

2. 安全带

安全带如图 6－1 所示。

风电专用安全带是专门为风电行业设计的安全带，其是中心交叉式设计，能够快速收腿带，高强度的尼龙材质减轻了整体重量的同时，也非常符合人员需要。

图 6-1　安全带

安全带使用检测技术规范如下：

(1) 在风电专用安全带使用之前，必须仔细、反复检查，是否有质量问题，背带是否损坏，悬挂中心点是否能有支持 10kN 的最低支承力，然后才能放心安全地佩戴。

(2) 佩戴之前必须仔细阅读使用说明书，对安全带的佩戴步骤、连接处的处理、设备的保养使用都有非常明确的了解。

(3) 每次装安全背带时必须检查锁扣是否正确关闭，这对于安全非常重要。

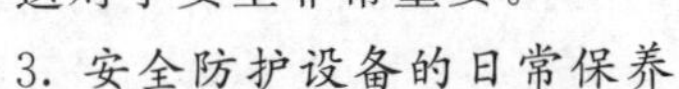

3. 安全防护设备的日常保养

安全防护设备的日常保养：不允许与酸类或腐蚀性化学药品接触；不得接触尖锐边缘，以及带尖锐边缘的物体；必须使用温水和专用于质地柔嫩物体的洗涤剂洗涤，随后置于阴处晾干；必须存放在通风良好的地方，并避免阳光直接照射。

4. 灭火器的配备

风电机组塔架内底部地面和最上层平台上需配备储压式（或同等类型）干粉灭火器。

最上层平台上的灭火器必须放置在专用固定环内，安全存放。

灭火器必须按照国家相关安全要求进行定期检验，并填写检验卡，保证灭火器符合现场消防灭火要求。

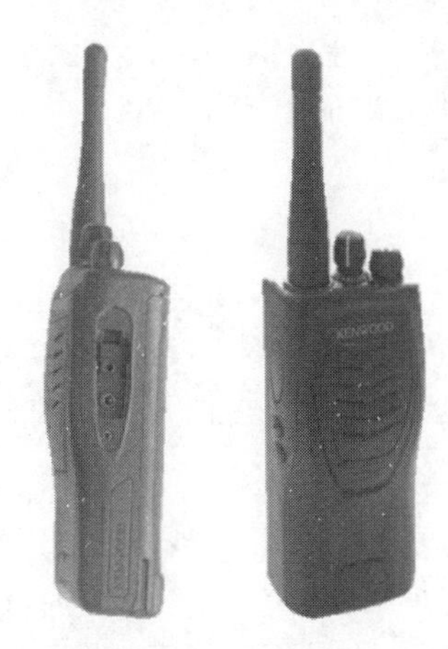

图 6-2　KENWOOD 充电式对讲机

5. 对讲机的使用

进行现场作业时，对讲机是十分重要的通信设备，如图 6-2 所示为 KENWOOD 充电式对讲机。该对讲机具有使用方便、通信距离较长等特点。下面以 KENWOOD 充电式对讲机为例，简要介绍对讲机的使用方法。

(1) 将对讲机的“开关”打开，同时调节好通话音量。

(2) 将两台对讲机上的“频道选择钮”旋至同一个频道。

(3) 使用对讲机进行通信对话时，按住对讲机左侧“对话按钮”的同时进行呼叫。

（4）每次使用完对讲机后，应及时充电，以保证使用的顺畅。

工作人员携带对讲机上下风电机组时，必须将对讲机挂绳和安全带可靠连接，避免上下塔架时将其跌落。在机舱内作业时，允许将对讲机放置在机舱内的可靠位置，但应确保机舱晃动时对讲机不会发生位移。

6.2.2　安全作业与管理

6.2.2.1　风电场安全作业要求

1. 风电场运行维护人员基本要求

（1）经身体检查鉴定，没有妨碍高空及电业作业工作的病症。

（2）具备必要的机械、电气、安装知识。

（3）熟悉风电机组的工作原理及基本结构，掌握判断一般故障的产生原因及处理方法，掌握计算机监控系统的使用方法。

（4）生产人员应认真学习风电技术，提高专业水平。风电场至少每年一次组织员工系统的专业技术培训，每年度要对员工进行专业技术考试，合格者继续上岗。

（5）新聘人员应有 3 个月实习期，实习期满经考核合格后方能上岗，实习期内不得独立工作。

（6）所有生产人员必须熟练掌握触电现场急救方法，所有员工必须掌握消防器材使用方法。

2. 风电机组在投入运行前应具备的条件

（1）风电机组主断路器出线侧相序必须与并联电网相序一致，电压标称值相等，三相电压平衡。

（2）偏航系统处于正常状态，风速仪和风向仪处于正常运行的状态。

（3）制动和控制系统液压装置的油压和油位在规定范围内。

（4）变速箱油位和油温在正常范围内。

（5）各项保护装置均在正确位置，且保护值均与批准设定的值相符。

（6）控制电源处于接通位置。

（7）控制计算机显示处于正常运行状态。

（8）手动启动前，风轮上应无结冰现象。

（9）在寒冷和潮湿地区，停止运行一个月以上的风电机组在投入运行前应检查绝缘，合格后才允许启动。如风电机组全部失电，恢复运行时，应在投入运行前检查绝缘。

（10）经维修的风电机组在启动前，应办理工作票终结手续。

3. 风电设备巡视和维护安全要求

（1）进行风电机组巡视、维护检修、安装时，工作人员必须戴安全帽。电气设备检修、风电机组定期维护和特殊项目的检修应填写工作票和检修报告。事故抢修工作可不用工作票，但应通知当班值长，并记入操作记录簿内。在开始工作前必须按本规程做好安全措施，并专人负责。所有维护检修工作都要按照有关维护检修规程要求进行。

（2）维护检修必须实行监护制。现场检修人员对安全作业负有直接责任，检修负责人负有监督责任。

（3）不得单独一个人在维护检修现场作业。转移工作位置时，应经过工作负责人许可。

（4）登塔维护检修时，不得两个人在同一段塔筒内同时登塔。登塔应使用安全带、戴安全帽、穿安全鞋。零配件及工具应单独放在工具袋内。工具袋应背在肩上或与安全绳相连。工作结束之后，所有平台窗口应关闭。

（5）检修人员如身体不适、情绪不稳定，不得登塔作业。

（6）塔上作业时风电机组必须停止运行。带有远程控制系统的风电机组，登塔前应将远程控制系统闭锁并挂警示牌。

（7）维护检修前，应由工作负责人检查现场，核对安全措施。

（8）打开机舱前，机舱内人员应系好安全带。安全带应挂在牢固构件上，或安全带专用挂钩上。

（9）检查机舱外风速仪、风向仪、叶片、轮毂等，应使用加长安全带。

（10）风速超过12m/s时不得打开机舱盖，风速超过14m/s时应关闭机舱盖。

（11）吊运零件、工具应绑扎牢固，需要时宜加导向绳。

（12）进行风电机组维护检修工作时，风电机组零部件、检修工具必须传递，不得空中抛接。零部件、工具必须摆放有序，检修结束后应清点。

（13）塔上作业时，应挂警示标牌，并将控制箱上锁，检修结束后立即恢复。

（14）在电感、电容性设备上作业前或进入其围栏内工作时，应将设备充分接地放电后方可进行。

（15）重要带电设备必须悬挂醒目警示标牌。箱式变电站必须有门锁，门锁应至少有两把钥匙。一把供值班人员使用，一把专供紧急时使用。箱式变电站钥匙由值班人员负责保管。

（16）检修工作地点应有充足照明，升压变电站等重要场所应有事故照明。

（17）进行风电机组特殊维护时应使用专用工具。

（18）更换风电机组零部件，应符合相应技术规范。

（19）添加油品时必须与原油品型号一致。更换的油品应通过试验，满足风电机组技术要求。

（20）雷雨天气不得检修风电机组。

（21）风电机组在保修期内，检修人员对风电机组更改应经过保修单位同意。

（22）拆装风轮、变速箱、主轴等风电机组大部件时，应制定安全措施，设专人指挥。

（23）维护检修发电机前必须停电并验明三相确无电压。

（24）拆除制动装置应先切断液压、机械与电气连接。安装制动装置应最后进行液压、机械与电气连接。

（25）拆除能够造成风轮失去制动的部件前，应首先锁定风轮。

（26）检修液压系统前，必须用手动泄压阀对液压站泄压。

(27) 定期对塔筒内的安全钢丝绳、爬梯、工作平台、塔筒门防风挂钩进行检查，发现问题及时处理。

(28) 风电场电气设备应定期做预防性试验。

(29) 避雷系统应每年检测一次。

(30) 风电机组加热和冷却装置应每年检测一次。

(31) 电气绝缘工具和登高安全工具应定期检验。

(32) 风电机组安全试验要挂醒目警示标牌。

(33) 风电机组重要的安全控制系统要定期进行检测试验。检测试验只限于熟悉设备和操作的专责人员操作。

(34) 风电机组接地电阻每年测试一次，要考虑季节因素影响，保证不大于规定的接地电阻值。

(35) 远程控制系统通信信道测试每年进行一次。信噪比、传输电平、传输速率技术指标应达到额定指标。

4. 防止电气误操作措施

电气误操作容易造成设备和人身安全带来威胁，必须采取有效措施防止误操作的发生。防止电气误操作的措施包括组织措施和技术措施两方面。

(1) 防止误操作的组织措施。防止误操作的组织措施是建立一整套操作制度，并要求各级值班人员严格贯彻执行。组织措施有操作命令和操作命令复诵制度、操作票制度、操作监护制度等。

(2) 防止误操作的技术措施。单靠防误操作的组织措施不能最大限度地防止误操作事故的发生，还必须采取有效的防误操作技术措施。防误操作技术措施是多方面的，其中最重要的是采用防误操作闭锁装置配电装置装设的防误操作闭锁装置应具备以下“五防”功能：防止带负荷拉、合隔离开关；防止带地线合闸；防止带电挂接地线（或带电合接地隔离开关）；防止误拉、合断路器；防止误入带电间隔。防误操作的技术措施主要有机械闭锁、电气闭锁、电磁闭锁和微机“五防”。

1) 机械闭锁。机械闭锁是靠机械制约达到闭锁目的一种闭锁。如两台隔离开关之间装设机械闭锁，当一台隔离开关操作后，另一台隔离开关就不能操作，保证操作顺序按照停送电顺序执行。

2) 电气闭锁。电气闭锁是靠接通或断开控制电源而达到闭锁目的的一种，普遍用于电动隔离开关和电动接地刀闸的控制回路上。

3) 电磁闭锁。电磁闭锁是利用断路器、隔离开关、设备网门等设备的辅助触点，接通或断开隔离开关、网门电磁锁电源，从而达到闭锁的目的的，主要应用于手动操作的设备和回路设备的网门上。

4) 微机“五防”。微机“五防”闭锁装置是一种采用计算机技术，对高压开关设备进行防止电气误操作的装置，主要由主机、模拟屏、电脑钥匙、机械编码锁和电气编码锁等功能组件组成。依靠闭锁逻辑和现场锁具实现对断路器、隔离开关、接地开关、地线、遮栏、网门或开关柜门的闭锁，以达到防误操作的目的。

现行微机五防系统一般通过对一次设备如断路器、隔离开关、地线（接地隔离开关）和遮栏网门（开关柜门）等设备上加锁来实现。运行人员在操作前，在电脑钥匙中输入操作步骤，然后按步骤用电脑钥匙进行开锁操作。

上述几种技术措施都是为了实现“五防”。在实际的变电“五防”措施的执行上，防误操作措施往往是配合使用，因为某一种方式无法合理地实现“五防”功能。

5. 倒闸操作注意事项

（1）发布操作命令应准确、清晰，使用正规操作术语和设备双重名称（设备名称和编号）。

（2）倒闸操作必须2人进行，1人操作，另1人监护。

（3）倒闸操作必须先在一次接线模拟屏上进行模拟操作，核对系统接线方式及操作票正确无误后方可正式操作。

（4）倒闸操作时，不允许将设备的电气和机械防误操作闭锁装置解除，特殊情况下如需解除，必须经值长（或值班负责人）同意。

（5）倒闸操作时，必须按操作票填写的顺序逐项唱票和复诵，每操作完一项，应检查无误后做一个“√”记号，以防操作漏项或顺序颠倒。全部操作完毕后进行复查。

（6）操作时，应戴绝缘手套，穿绝缘靴。

（7）雷电时，禁止倒闸操作。雨天操作室外高压设备时，绝缘棒应有防雨罩。

（8）装、卸高压熔断器时，应戴护目镜和绝缘手套，必要时使用绝缘夹钳，并站在绝缘垫或绝缘台上。

（9）装设接地线（或合接地隔离开关）前，应先验电，后装设接地线（或合接地隔离开关）。

（10）电气设备停电后，即使是事故停电，在未拉开有关隔离开关和做好安全措施前，不得触及设备或进入遮栏，以防突然来电。

6. 事故处理

当风电场设备出现异常运行或发生事故时，当班值长应组织运行人员尽快排除异常，恢复设备正常运行，处理情况记录在运行日志上。

事故发生时，应采取措施控制事故不再扩大并及时向有关领导汇报。在事故原因未查清前，运行人员应保护事故现场和防止损坏设备，特殊情况例外（如抢救人员生命等）。如需要立即进行抢修，必须经风电场主管生产领导同意。

当事故发生在交接班过程中，应停止交接班，交班人员必须坚守岗位，处理事故接班人员应在交班值长指挥下协助事故处理。事故处理告一段落后，由交接双方值长决定，是否继续交接班。

事故处理完毕后，当班值长应将事故发生经过和处理情况如实记录在交接班簿上。事故发生后应根据计算机记录，对保护信号及自动装置动作情况进行分析，查明事故发生原因，制定防范措施，并写出书面报告，向风电场主管生产领导汇报。

发生事故应立即调查，调查、分析事故必须实事求是、尊重科学、严肃认真，做到事故原因不清楚不放过、事故责任者和应受教育者没受到教育不放过、没有采取防范措施不放过。

6.2.2.2　风电场安全管理

1. 安全生产责任制

《中华人民共和国安全生产法》对安全生产责任制进行了明确的规定。落实安全生产责任制是安全管理的重要内容。建立安全生产责任制的目的，一方面是增强风电场各岗位工作人员的责任感，另一方面明确生产经营单位中各级负责人员应承担的责任。风电场的第一负责人应组织好本风电场安全生产责任制的落实，并对风电场的安全生产负责。风电场班组长贯彻执行风电场安全生产的规定和要求，督促本班组人员遵守各项规章制度和安全操作规程，切实做到不违章指挥，不违章作业。风电场运行检修人员对本岗位的安全生产负责直接责任，应认真接受安全生产教育和培训，遵守有关安全生产规章和安全操作规程，不违章作业。

2. "两票"管理

"两票"是指工作票、操作票。"两票"是电力企业保障电气倒闸操作安全和检修维护工作的重要组织措施。风电场人员要熟悉工作票、操作票的使用要求，正确填写工作票和操作票。出于对操作人和工作人员安全的考虑，倒闸操作有严格的程序要求。为确保不出现误操作情况，风电场应建立电气设备典型操作票，进行电气操作时根据典型操作票进行填写。操作票的格式各地方有所不同，但是一般至少包括操作任务、操作开始结束时间、操作票编号、操作项目、开票人、监护人、值班负责人签字等内容。

工作票主要在具体进行巡视检修维护工作前需要填写。工作票包括变电第一种工作票、变电第二种工作票、线路第一种工作票、线路第二种工作票、继保工作票、动火工作票、风电机组工作票。应按照工作内容的不同分别填写不同的工作票。风电场工作应杜绝无票作业。

风电场每月应由安全员对工作票、操作票进行审核，对合格率进行统计。

3. 安全工器具管理

运行人员在对设备进行不同的工作和不同的操作时，必须携带和使用安全工器具，以确保工作人员的安全和健康，保证操作的安全。安全工器具包括以下三类：绝缘安全工器具，如高压绝缘棒、绝缘夹钳、验电器等；辅助安全工器具，如绝缘手套、绝缘靴、绝缘垫等；防护安全工器具，如安全帽、安全带、护目镜、携带型接地线、遮栏、标示牌（禁止类、允许类、警告类和安全牌）等。

安全工器具的管理应重点做好以下事项：

（1）根据规程的规定定期做好检验和检查工作。

（2）安全工器具应按照规定要求使用，不得随意挪用，防止损坏。

（3）安全工器具应集中存放，存放室应通风良好，满足温度和湿度的要求。

（4）安全工器具应实行定置管理，对每件安全工器具进行编号，固定位置摆放，做好编号和名称的相对。

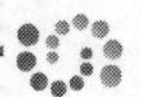

4. 防小动物管理

防小动物管理是防止小动物对变电设备设施造成绝缘破坏，或引发短路，造成设备异常。加强防小动物措施对减少设备异常事故是十分必要的。防小动物措施具体包括：各开关室、门窗应关闭严密；设置挡鼠板；排气孔、百叶窗等设置防护网；进入配电室内应随手关门；各控制室电缆竖井的进出孔和户外电缆沟进入室内的孔洞必须封堵严密；控制盘、保护屏及其他端子箱、机构箱、电源箱等电缆孔洞必须严密封堵等。

风电场应定期对各项防小动物措施是否良好进行检查，及时进行处理，防止小动物进入电气设备。

6.2.2.3 事故调查

按照事故的类型一般可分为人身事故、设备事故和火灾事故。

按照事故的性质一般可分为特大事故、重大事故和一般事故。

风电场安全事故宣传

调查依据“四不放过”原则，即：事故原因不清楚不放过；事故责任者和应受到教育者未受到教育不放过；没有采取防范措施不放过；事故责任者未受到处罚不放过。

调查报告中应包括事件发生经过、事件原因分析、防范措施、事故责任及处理意见。

6.2.2.4 应急管理

应急管理体系是风电场安全管理的重要组成部分，是现代安全管理理念从事后查处到事前预防转变的充分体现。按照国家和行业的有关规定，应急预案分为总体应急预案、专项应急预案、现场处置方案。

风电场应依据国家和行业的有关应急预案编制导则，制定和完善各类应急预案。风电场人员应熟悉各类应急预案，定期开展演练和培训。应急事故的处理应坚持“以人为本，统一指挥，分级响应，属地为主，协同作战，反应及时，措施果断，实事求是，尊重科学”的原则开展工作，确保及时、科学、有效处理各类突发事故。

6.3 风电场倒闸操作训练

6.3.1 训练安排

学习风电场倒闸操作流程、工作票填写方法、操作票的填写方法。

开关柜操作不当事故现场

90min 讲解：风电场日常工作的工作票制度和操作票制度，分别讲解操作票的分类和填写方法。讲解操作票的使用条件、填写方法、倒闸操作的流程和现场操作的方法。

90min 练习：分组练习填写工作票、风电机组操作票、倒闸操作票。

90min 模拟演练：每组中分别模拟值长角色、监督员角色和操作员角色。然后根据安排在风电一次系统模拟屏上进行风电场电气设备的倒闸操作模拟演练。同时可到风电机组箱变处进行箱变的停电和送电过程的倒闸操作演练。

6.3.2　工作票制度

违章模拟案例视频

1. 在电气设备上的工作形式

（1）填用第一种工作票。

（2）填用第二种工作票。

（3）口头或电话命令。

2. 填用第一种工作票的工作行为

（1）高压设备上工作需要全部停电或部分停电者。

（2）二次系统和照明等回路上的工作，需要将高压设备停电者或做安全措施者。

（3）高压电力电缆需停电的工作。

（4）其他工作需要将高压设备停电或要做安全措施者。

3. 填用第二种工作票的工作行为

（1）控制盘和低压配电盘、配电箱、电源干线上的工作。

（2）二次系统和照明等回路上的工作，无须将高压设备停电者或做安全措施者。

（3）非运行人员用绝缘棒和电压互感器定相或用钳型电流表测量高压回路的电流。

（4）高压电力电缆不需停电的工作。

（5）带电设备外壳上的工作以及无可能触及带电设备导电部分的工作。

4. 工作票中所列人员

（1）工作票签发人：由熟悉人员技术水平、熟悉设备情况、熟悉安全规程，并具有相关工作经验的生产领导人、技术人员或经本单位主管生产领导批准的人员担任。

（2）工作负责人：由具有相关工作经验，熟悉设备情况、熟悉工作班人员工作能力和安全规程，经生产领导书面批准的人员。

（3）工作班成员：由具有相关工作经验，熟悉设备情况和安全规程人员担任。

（4）工作许可人：一般为值班负责人担任。

6.3.3　操作票制度

1. 操作票的使用规定

（1）在正常情况下凡两项以上的操作均应填写操作票。

（2）紧急事故的处理时，两项以上的操作可不填写操作票，但事故后应在运行日志中写明，并报告调度。

2. 操作票的填写内容

（1）应拉合的设备。

（2）拉合设备后检查设备的位置。

（3）验电及安装、拆除接地线，安装或拆除控制回路或电压互感器回路的熔断器，切换保护回路和自动化装置及检验是否确无电压。

（4）进行停送电操作时，在拉合隔离开关前，检查断路器确在分闸位置。

(5) 在进行倒负荷或解、并列操作前后，检查相关电源运行及负荷分配情况。

(6) 设备检修后合闸送电前，检查送电范围内接地刀闸已拉开，接地线已拆除。

3. 操作票填写的注意事项

(1) 操作票要用钢笔或圆珠笔填写，字迹要清晰，不得涂改。

(2) 填写设备的双重编号（设备名称及编号）。

(3) 每项（一个操作的程序号）只填写一个操作程序或一个检查项目。

(4) 操作票填写完毕核对无误后，监护人和操作人分别签字，重要的操作还应由站长或主值签名。

4. 操作票的使用及保存

(1) 同一变电站的操作票应事先连续编号，计算机生成的操作票应在正式出票前连续编号。

(2) 操作票按编号顺序使用。

(3) 作废的操作票，应注明“作废”字样。

(4) 未执行的应注明“未执行”字样。

(5) 已操作的应注明“已执行”字样。

(6) 操作票应保存一年。

5. 变电站（发电厂）倒闸操作票格式及使用说明

(1) 单位栏：××风电场。

(2) 编号栏：

例：10-00-001

10——年份

00——月份

001——顺序编号

(3) 发令人栏：填写操作票发令人姓名，发令人由风电场值长担任。

(4) 受令人栏：填写操作票受令人姓名，受令人由风电场主值及副值担任。

(5) 发令时间、操作开始时间及操作结束时间栏：由操作监护人进行填写。操作监护人由风电场值长或主值担任

(6) 监护操作、单人操作、检修人员操作栏：根据操作的性质及方式进行选择。

(7) 操作任务栏：填写发令人下达的倒闸操作任务。

(8) 操作项目栏：根据系统运行方式填写倒闸操作任务的正确操作顺序及步骤。每操作完一步，应检查无误后，做一个“√”记号，全部操作完毕，进行复查。

(9) 备注栏：填写因故中断倒闸操作的原因及说明。

(10) 操作人、监护人、值班负责人（值长）签字栏：应在倒闸操作前，确认操作票所列内容正确无误后分别签字。

6. 倒闸操作的基本原则

(1) 送电操作原则。

1）拉、合隔离开关及小车断路器前，必须检查并确认断路器在断开位置。

2）严禁带负荷拉、合隔离开关，所装电气和机械闭锁装置不能随意退出。

3）停电时，先断开断路器，再拉开负荷侧隔离开关，最后拉开电源侧隔离开关；送电时相反。

4）在操作过程中，发现误合隔离开关时，不准把误合的隔离开关再拉开；发现误拉隔离开关时，不准把已拉开的隔离开关重新合上。

（2）母线倒闸操作原则。

1）母线送电前，应先将该母线的电压互感器投入；母线停电前，应先将该母线上的所有负荷转移完母线停运后，再将该母线电压互感器停止运行。

2）母线充电时，必须用断路器进行，其充电保护必须投入。充电正常后停用充电保护。

（3）变压器操作原则。变压器停送电操作顺序：送电时，先送电源侧，后送负荷侧；停电时相反。凡是中性点接地的变压器，变压器的投入或停用前，均应合上各侧中性点接地隔离开关。原因如下：

1）防止单相接地时产生的过电压或操作过电压，保护变压器中心点的绝缘。

2）发生单相接地时，有接地故障电流流过变压器，使变压器差动、零序电流保护动作，切除故障点。

3）两台变压器并联运行，在倒换中性点隔离开关时，应先合上中性点未接地的接地隔离开关，再拉开另一个中性点接地隔离开关，并将零序保护切换到中性点接地的变压器上。

4）变压器分接开关的切换（有载、无载）。用欧姆表测量分接开关接触电阻合格后方可送电。

7. 倒闸操作的步骤

（1）接受任务。系统调度员下达操作任务时，预先用电话将操作项目及原因下达给值长。值长接受操作任务时，应将下达的任务复诵一遍。值长向电气值班长下达操作任务时，要说明操作目的、操作项目、设备状态。接受任务者接到操作任务后，复诵一遍，并记入操作记录本中。

（2）填写操作票。值班长接受操作任务后，立即指定操作人填写操作票。

（3）审核操作票。自审由写票人（操作人）自己审查。初审由监护人负责审查。复审由（值班长、值长）审查。各审票人应认真检查操作票的填写是否有漏项，操作顺序是否正确，内容是否简单明了，各审核人审核无误后在操作票上签字，操作票经值班负责人签字后生效。正式操作待系统调度或值长下令后执行。

（4）接受操作命令。正式操作必须有系统调度员或值长发布的操作命令。系统调度员发布操作命令时，监护人、操作人同时受令，并由监护人按照填写的操作票向发令人复诵，经双方核对无误后，在操作票上填写发令人、受令人姓名及发令时间。值长发布操作命令时，操作人、监护人同时受令，监护人、操作人接到操作命令后，值长、监护人、操作人均在操作票上签字，并记录发令时间。

（5）模拟操作。正式操作之前，监护人、操作人应先在模拟图板上按照操作票

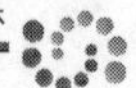

上所列项目和顺序进行模拟操作，监护人按操作票的项目顺序唱票，操作人复诵后在模拟图板上进行操作，最后一次核对检查操作票的正确性。

（6）正式操作。操作时，必须执行唱票、复诵制度。每进行一项操作，其程序是：唱票—对号—复诵—核对—下令—操作—复查—做执行记号“√”。监护人按照操作票项目先唱票，然后操作人按照唱票项目的内容，查对设备名称，自己所处的位置，操作方向（四对照）确定无误后，手指所要操作的设备（对号），复诵操作命令。监护人听到操作人复诵操作命令后，再次核对设备名称、编号无误后，最后下令“对，执行”。操作人听到监护人下令后方可进行操作。操作完一项后，复查该项，检查该项操作结果和正确性，如断路器实际分、合位置，机械指示、信号指示灯、表计变化情况等，并在操作该项编号前做一个记号“√”。重要步骤要记下该项操作时的时间。

（7）复查设备。操作完毕后，操作人、监护人应全面复查一遍，检查操作过的设备是否正常，仪表指示、信号指示、联锁装置等是否正常。

安规题库

（8）操作汇报。操作结束后，监护人立即向发令人汇报操作情况、操作起始时间和终结时间，经发令人认可后，由操作人在操作票上盖“已执行”印章。

（9）操作记录。监护人将操作任务、起始时间和终结时间记入操作记录本中。

参 考 文 献

[1] 杨校生．风力发电技术与风电场工程［M］．北京：化学工业出版社，2012.

[2] 朱永强．风电场电气工程［M］．北京：机械工业出版社，2012.

[3] 吴涛．风电并网及运行技术［M］．北京：中国电力出版社，2013.

[4] 叶杭冶．风力发电技术与风电场工程［M］．2版．北京：电子工业出版社，2014.

[5] Brendan Fox，等．风电并网：联网与系统运行［M］．刘长浥，冯双磊，译．北京：机械工业出版社，2011.

[6] 胡宏彬，任永峰，等．风电场工程［M］．北京：机械工业出版社，2014.

[7] 马宏忠，杨文斌，刘峰．风电场电气系统［M］．北京：中国水利水电出版社，2017.

[8] 宋永瑞．风力发电系统与控制技术［M］．北京：电子工业出版社，2012.

[9] Michael C Brower．风资源评估：风电项目开发实用导则［M］．刘长浥，张菲，王晓蓉，译．北京：机械工业出版社，2014.

[10] 孙强，郑源．风电场运行与维护［M］．北京：中国水利水电出版社，2016.

[11] 李庆，朱小军．风电场仿真运行［M］．北京：中国水利水电出版社，2014.

[12] 许昌，钟淋涓．风电场规划与设计［M］．北京：中国水利水电出版社，2014.

[13] 叶杭冶．风力发电机组的控制技术［M］．北京：机械工业出版社，2002.

[14] 苏绍禹．风力发电机设计与运行维护［M］．北京：中国电力出版社，2003.

[15] S M Muyeen．风力发电系统——技术与趋势［M］．温春雪，樊生文，译．北京：机械工业出版社，2013.

[16] 董晔，武晨华．风力发电机组运行与维护［M］．北京：北京理工大学出版社，2014.

[17] 周双喜，鲁宗相．风力发电与电力系统［M］．北京：中国电力出版社，2011.

[18] 张新燕，王维庆，何山．风电并网运行与维护［M］．北京：机械工业出版社，2011.

[19] 姚兴佳，等．风力发电测试技术［M］．北京：电子工业出版社，2011.

[20] 易善军，马煜，张键男．机组组合问题的模型与算法综述［J］．东北电力技术，2007（7）：40-42.

[21] 刘德有，谭志忠，王丰．风电——抽水蓄能联合运行系统的模拟研究［J］．水电能源科学，2006（6）：39-42，115.

[22] 王宏，王秀江．中国大规模风电并网运行问题及应对策略［J］．黑龙江电力，2012，34（4）：296-298，302.

[23] 王伟胜．风电并网的有关技术问题及对策［C］// 中国工程院/国家能源局能源论，2010.

[24] 尹忠东．可再生能源发电技术［M］．北京：中国水利水电出版社，2010.

[25] 蔡新，潘盼，朱杰．风力发电机叶片［M］．北京：中国水利水电出版社，2014.

[26] 王亚荣．风力发电与机组系统［M］．北京：化学工业出版社，2014.

[27] 姚兴佳．风电场工程［M］．北京：科学出版社，2019.

内 容 提 要

本书是落实国家职业教育教学改革精神，以课程标准为引领，以知识、技能和职业技能鉴定为主要教学内容，充分对接职业、行业标准和岗位规范的线上资源与线下教材密切配合的新形态一体化数字教材。本书结合近年来电网发展实际情况，对标电气试验的新技术、新工艺、新规范，详细介绍了电力变压器、互感器、断路器、套管、电容器、避雷器、电力电缆、接地装置等各类电力设备的试验项目、基本知识与基本方法，以及影响试验的因素和实测结果的分析与判断。

本书可供电力及工矿企业电气试验专业人员使用，可作为电气试验工种技能鉴定与培训教材，也可作为高等院校、高职高专电气工程相关专业师生的教材和参考用书。

图书在版编目（CIP）数据

电气试验 / 李中胜，王运莉主编. -- 北京 : 中国水利水电出版社，2022.1
全国水利行业“十四五”规划教材 高等职业教育电力类新形态一体化教材
ISBN 978-7-5170-9653-5

Ⅰ. ①电… Ⅱ. ①李… ②王… Ⅲ. ①电气设备－试验－高等职业教育－教材 Ⅳ. ①TM64-33

中国版本图书馆CIP数据核字(2021)第113447号

书　　名	全国水利行业“十四五”规划教材 高等职业教育电力类新形态一体化教材 **电气试验** DIANQI SHIYAN
作　　者	主　编　李中胜　王运莉 副主编　黄永驹　雷志勇 主　审　吴　靓　林世治
出版发行	中国水利水电出版社 （北京市海淀区玉渊潭南路1号D座　100038） 网址：www.waterpub.com.cn E-mail：sales@waterpub.com.cn 电话：（010）68367658（营销中心）
经　　售	北京科水图书销售中心（零售） 电话：（010）88383994、63202643、68545874 全国各地新华书店和相关出版物销售网点
排　　版	中国水利水电出版社微机排版中心
印　　刷	清淞永业（天津）印刷有限公司
规　　格	184mm×260mm　16开本　14.5印张　353千字
版　　次	2022年1月第1版　2022年1月第1次印刷
印　　数	0001—4000册
定　　价	**49.50**元

全国水利行业“十四五”规划教材
高等职业教育电力类新形态一体化教材

电气试验

主　编　李中胜　王运莉
副主编　黄永驹　雷志勇
主　审　吴　靓　林世治

中国水利水电出版社
www.waterpub.com.cn
·北京·

前言

本书是根据国务院印发的《国家职业教育改革实施方案》、《关于在院校实施“学历证书＋若干职业技能等级证书”制度试点方案》（教职成〔2019〕6号)、《职业院校教材管理办法》（教材〔2019〕3号)、职业院校教材规划以及国家教学标准和职业标准（规范）等文件精神，以深化产教融合的工作过程课程体系与模块化教学建设的思想为指导，根据中国水利水电出版社及福建省电力行业指导委员会研讨拟定的教材编写规划编写的电气类专业数字规划教材。

本书在内容遴选和体系结构上对接职业、行业标准和岗位规范，企业工程技术人员参与编写，内容融入电力行业和电气试验岗位特点的职业道德和职业素养课程思政元素，贴近企业需求，校企合作相互衔接、相互配合，突出职业教育的特色；坚持“以学生为中心”的教学理念，充分考虑高职扩招、现代学徒制学生学习的特征和需要，充分体现职教特色；在载体形式与应用模式上，采用纸质教材与数字化资源紧密结合的新形态教材，通过与电气试验精品在线开放课程的融合，遵循学习规律和学习心理，以简洁、生动的语言和丰富、形象的图表的呈现方式，重构传统课堂与教学过程，促进互联网＋教学变革；通过配套的数字化教学资源，形成“纸质教材＋二维码平台”、线上资源与线下教材密切配合，“动画解难”着重解决教材中难以理解的抽象概念、不易展示的工作过程等，使用便捷，阅读体验好。限于篇幅原因，有关的设备结构、原理在每个章节以视频的形式进行介绍，大大增强了教学适用性与针对性。

本书共十五章，第一至第五章介绍电力设备预防性试验的基本知识与基本方法：第一章介绍电气绝缘预防性试验的基本知识；第二章介绍绝缘电阻和吸收比试验；第三章介绍耐压试验；第四章介绍介质损耗因数 $\tan\delta$ 试验；第五章介绍局部放电试验。第六至第十五章介绍各类电力设备的预防性试验：第六章介绍电力变压器试验；第七章介绍互感器试验；第八章介绍断路器试验；第九章介绍套管试验；第十章介绍电容器试验；第十一章介绍金属氧化物避雷器试验；第十二章介绍电力电缆试验及故障探测；

第十三章介绍绝缘油试验；第十四章介绍接地装置试验；第十五章介绍绝缘安全用具试验。

本书由福建水利电力职业技术学院李中胜和广东水利电力职业技术学院王运莉主编，由福建水利电力职业技术学院黄永驹和雷志勇担任副主编；由广东水利电力职业技术学院吴靓和福建水利电力职业技术学院林世治担任主审。吴靓教授是电气试验方面的专家，也是课程建设的行家，获得过全国职业院校技能大赛教学能力比赛专业课程组一等奖，其以过硬的专业水平和丰富的实践教学经验为本书的编写给出了许多宝贵的建议。其中第四、六、七、八、十、十一、十二、十三章由李中胜编写；第三、五章由王运莉编写；第一章及附录由黄永驹编写；第二、九、十四、十五章由雷志勇编写。全书由李中胜统稿。

本书在编写过程中部分反映真实电气试验过程的三维动画、视频资源、素材开发是基于以下两个背景：

一是在深入推进与福建省首批产教融合型培育企业福建伟海电力工程有限公司建设电力产业学院过程中，双方共建了集教学、培训、项目开发、技术服务、教师企业实践基地“五位一体”的电力智能运维和VR实训基地，双方致力于合作开发基于VR技术的数字教学资源。

二是王运莉老师主持了国家级教学资源库供用电技术专业“电气试验”课程的建设，在资源库建设过程中积累的大量高水平素材。

本书编写过程中，编者深入当地电力部门了解第一手的资料，做到理论联系实际，同时参考了许多教材和文献，参考并引用了有关同志的研究成果，在此表示衷心感谢！

由于编者水平有限，书中疏漏及缺点难免，恳请广大读者批评指正。

编者

2020年11月

“行水云课”数字教材使用说明

“行水云课”水利职业教育服务平台是中国水利水电出版社立足水电、整合行业优质资源全力打造的“内容”＋“平台”的一体化数字教学产品。平台包含高等教育、职业教育、职工教育、专题培训、行水讲堂五大版块，旨在提供一套与传统教学紧密衔接、可扩展、智能化的学习教育解决方案。

本套教材是整合传统纸质教材内容和富媒体数字资源的新型教材，将大量图片、音频、视频、3D动画等教学素材与纸质教材内容相结合，用以辅助教学。读者可通过扫描纸质教材二维码查看与纸质内容相对应的知识点多媒体资源，完整数字教材及其配套数字资源可通过移动终端APP、“行水云课”微信公众号或中国水利水电出版社“行水云课”平台查看。

扫码获取本书配套课件及试题

课件

试题

多媒体知识点索引

续表

资源序号	资 源 名 称	页码
11 - 6	避雷器试验内容介绍	131
11 - 7	避雷器泄漏电流试验	132
12 - 1	电力电缆测试过程	135
12 - 2	电力电缆振荡波试验	139
12 - 3	电力电缆串联谐振耐压试验	141
13 - 1	气泡击穿	169
13 - 2	变压器绝缘油介电强度试验	170
14 - 1	接地导通试验	198
15 - 1	短路接地线、绝缘绳、个人保护接地线试验	205
15 - 2	绝缘靴耐压试验	210
15 - 3	绝缘手套耐压试验	211
15 - 4	绝缘胶垫、导电鞋试验	212

目录

第一章　电气绝缘预防性试验的基本知识

第一节　绝缘预防性试验的意义

绝缘预防性试验是指在电气设备运行阶段定期或根据需要进行的绝缘试验。通过绝缘试验可以及早发现绝缘可能存在的缺陷，甚至是潜伏性缺陷，然后通过相应的维护与检修，避免电气设备绝缘在实际运行中发生损坏或击穿。运行经验表明，电力系统中60%以上的停电事故是由于设备绝缘缺陷引起的。因此，绝缘预防性试验对保证电气设备安全可靠运行，从而保证电力系统可靠运行有十分重要的意义。

电气设备绝缘故障是由绝缘缺陷引起的。电气设备绝缘缺陷，有些是在制造、运输、安装过程中造成的，但多数是由于运行过程中在电压、机械应力、热、化学等方面的因素作用下造成的。

绝缘缺陷通常可分为两大类：第一类是集中性缺陷，如绝缘局部性的损伤（开裂、磨损、腐蚀等）、局部性的受潮和局部性的内部气泡，这类缺陷只影响一部分绝缘的性能；第二类是分布性缺陷，如绝缘整体受潮、老化、污秽等，这类缺陷将造成整体绝缘性能的下降。如果绝缘内部存在缺陷必然要导致绝缘性能的变化，因此电气试验人员通过各种试验手段，测量表征其绝缘性能的有关参数，查出绝缘缺陷并及时处理，可使事故防患于未然。

第二节　电气试验的分类

电气试验一般可分为出厂试验、交接验收试验、大修试验和预防性试验等。

出厂试验是电力设备生产厂家根据有关标准和产品技术条件规定的试验项目，对其所生产的产品进行的检查试验。试验的目的在于检查产品设计、制造、工艺的质量，防止不合格产品出厂。每台出厂的电力设备应具有合格的出厂试验报告。

交接验收试验是指安装部门对新投入的设备按照有关标准及产品技术条件或《电气装置安装工程　电气设备交接试验标准》(GB 50150—2016)（简称《标准》）规定进行的试验。用来检查产品有无缺陷、运输中有无损坏、安装工艺及质量等。

大修试验是指检修部门对大修设备按照有关标准及产品技术条件或相关规程规定进行的试验。大修试验用来检查检修质量是否合格等。

预防性试验是指设备投入运行后，按一定的周期由运行部门、试验部门进行的试验。其目的在于检查运行中的设备有无绝缘和其他缺陷。预防性试验是电力设备运行和维护工作中的一个重要环节，是保证电力系统安全运行的有效手段之一。与出厂试验及交接验收试验相比，它主要侧重于绝缘试验。我国电力系统中的电力设备应根据《电力设备预防性试验规程》（DL/T 596—1996）（简称《规程》）的要求进行各种试验，预防性试验规程是电力系统绝缘监督工作的主要依据。

按照试验的性质和要求，电气试验分为绝缘试验和特性试验两大类。绝缘试验是指测量设备绝缘性能的试验。绝缘试验以外的试验统称特性试验。

绝缘预防性试验从方法上可分为绝缘特性试验和绝缘耐压试验两大类。绝缘特性试验是在较低电压下或用其他不会损伤绝缘的办法来检验绝缘的各种特性或表征量，如绝缘电阻、泄漏电流、$\tan\delta$、油中各种气体含量等，从而判断绝缘的状态和可能的缺陷。其优点是不会造成绝缘的损伤，所以又称为非破坏性试验。绝缘耐压试验是对设备施加较高的电压考验绝缘的耐电强度的试验。这类试验对绝缘的检验最为严格，特别是能发现那些危险性较大的集中性缺陷。其缺点是试验本身对绝缘有一定损伤，甚至可能导致绝缘的击穿，所以又称为破坏性试验。因此，应在绝缘特性试验合格后才能考虑进行耐压试验，以避免绝缘不必要的损坏。根据试验电压的不同，绝缘耐压试验可分为交流耐压试验、直流耐压试验和冲击耐压试验。

特性试验是指对设备的电气或机械方面的某些特性所进行的测试试验，如变压器的变比、组别及绕组直流电阻，互感器的变比、极性测试，开关触头接触电阻测量，断路器的分合闸速度、时间等。

各类试验方法各有所长，各有局限。因此，不能孤立地根据某一项试验结果就判断绝缘状态的好坏，而必须将各项试验结果联系起来进行综合分析，并结合被试品的特点和特殊要求，方能作出正确的判断。根据电气设备的绝缘性能和结构的不同，应有针对性地选择试验项目，不同的电气设备试验项目可能不同，选择试验项目的原则是力求有效地发现设备缺陷。

对试验结果应采用综合分析比较法进行判断，即纵向、横向比较法。纵向比较法是指与该产品出厂试验及历年来的试验数据进行比较，分析设备绝缘变化的规律和趋势；横向比较法是指将试验结果与同类或不同相别的设备的数据进行比较；还应将试验结果与《规程》给出的标准进行比较，综合分析是否超标，判断是否存在缺陷或薄弱环节。

第三节 电介质的基本知识

电介质即绝缘材料，它有气体、固体、液体三种形态，是电气设备、装置中用来将电位不等的导体分隔开，使其没有电气的联系，能保持不同电位的物质。它通过在各类导体（包括大地）间的绝缘隔断功用控制电流的方向。由于电介质的绝缘性能，使得其在电气设备、装置的制造中得到广泛应用，如制作各类绝缘支撑、改善电位梯度、保护导体、冷却导体等。

一切电介质在电场的作用下都会出现极化（图 1-1）、电导和损耗等电气物理现象。电介质的电气特性分别用以下几个参数来表示：介电常数 ε_r，电导率 σ（或其倒数——电阻率 ρ），介质损耗角正切 $\tan\delta$，击穿场强 E，它们分别反映了电介质的极化、电导、损耗、抗电性能。

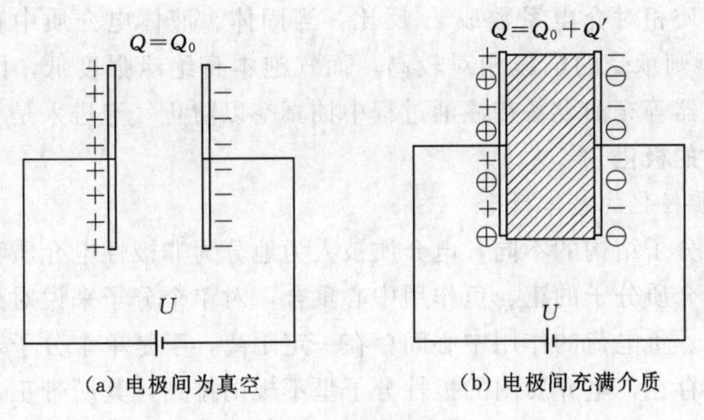

(a) 电极间为真空　　(b) 电极间充满介质

图 1-1 极化现象

一、电介质的相对介电系数

1. 平板真空电容器电容量

由式（1-1）可计算出平板真空电容器电容量，即

$$C_0=\frac{Q_0}{U}=\frac{\varepsilon_0 A}{d} \tag{1-1}$$

式中 A——极板面积，cm^2；

d——极间距离，cm；

ε_0——真空介电常数，8.85×10^{-12}，F/m。

2. 插入固体电解质后电容量

由式（1-2）可计算出插入固体电解质后电容量，即

$$C=\frac{Q_0+Q'}{U}=\frac{\varepsilon A}{d} \tag{1-2}$$

式（1-2）中 ε 为相对介电常数，反映电介质极化程度的物理量，可由式（1-3）进行计算，即

$$\varepsilon_r=\frac{\varepsilon}{\varepsilon_0}=\frac{C}{C_0}=\frac{Q_0+Q'}{Q_0} \tag{1-3}$$

式中 Q'——由电介质极化引起的束缚电荷。

高压电力设备绝缘结构大部分采用几种电介质组成的复合绝缘。以两种电介质组成的绝缘为例，由于电介质的阻抗远大于容抗，在交流电压作用下电路图可简化为如图 1-2 所示。

由图 1-2 可以计算出电流 I，即

$$I=u_1\omega C_1=u_2\omega C_2 \tag{1-4}$$

由式（1-4）得

$$\frac{u_1}{u_2}=\frac{I}{\omega C_1}\frac{\omega C_2}{I}=\frac{C_2}{C_1}=\frac{\varepsilon_2 A}{d}\Big/\frac{\varepsilon_1 A}{d}=\frac{\varepsilon_2}{\varepsilon_1} \tag{1-5}$$

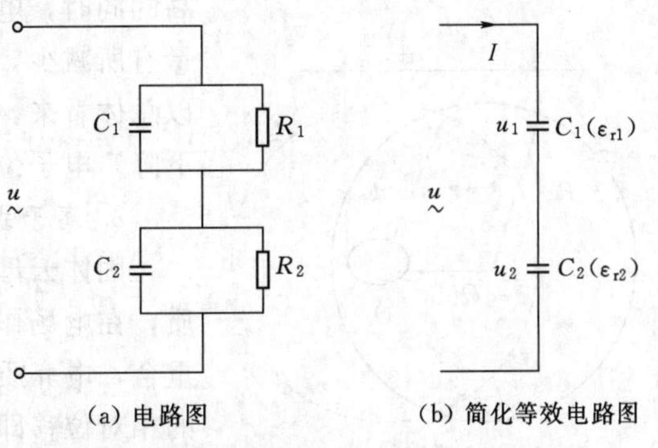

(a) 电路图　　(b) 简化等效电路图

图 1-2 交流电压下双电介质示意图

由式（1-5）可知，不同介质电

压的分配与各介质相对介电系数成 ε_r 反比，当固体、液体电介质中存在气泡时，由于气泡的 ε_r 小，则承受的电压相对较高，而气泡本身绝缘强度低，因而会发生局部放电。所以变压器等充油设备在注油过程中抽真空以防止气泡进入是十分必要的。

二、电介质的极化

（一）电介质极化的基本概念

根据电介质分子结构的不同，电介质被人为地分为非极性电介质和极性电介质两大类。非极性电介质分子的正、负作用中心重合，对单个分子来说对外呈中性。极性电介质分子的正、负电荷的作用中心间存在一定距离，于是单个分子对外呈电性。由于分子热运动的存在，电介质内的极性分子呈不规则排列，其所带正、负电性相互抵消，因此即使是极性电介质，对电介质整体而言，对外也呈中性。

非极性电介质和极性电介质，在电场中所呈现出的性质不同。非极性电介质在电场中，其分子内互相起束缚作用的正、负电荷受电场力的作用，沿电场力的方向发生微小的弹性位移。而极性电介质的分子原先就带不同极性的电荷，在电场力的作用下，这些带电荷的分子就会沿电场力的方向做规则性运动，于是，原先对外呈中性的极性电介质对外呈现出电性。这种电介质在外电场作用下发生的束缚电荷的弹性位移和极性电介质分子发生的规则性转向运动，就是通常所说的电介质的极化现象。

（二）电介质极化的基本形式

1-1

电介质极化的种类较多，但基本形式只有四种，即电子式极化、离子式极化、偶极式极化和夹层式极化。前三种极化是带电质点的弹性位移或转向形成的，而夹层式极化的机理则与上述三种完全不同，它是由带电质点（电子或正、负离子）的移动形成的。

1. 电子式极化

由于电介质原子内电子的位移所形成的极化即电子式极化。因为电子的质量极小，所以极化时间极短，决定了这种极化不受外电场频率的影响。电子式极化在外电场消失后将会由于正、负电荷的相互吸引而能够迅速自动回复到原先的中性状态，所以这种极化方式只引起纯电容电流，没有能量的损耗，属于弹性极化。在温度升高时，电子式极化由于电子与原子核的结合力减弱，极化性能有微弱的加强；但温度升高的同时，电介质的膨胀又使得电介质单位体积的质量有所减少，比较之下，后者的影响稍微强一些，所以总体看来，温度升高后电介质电子式极化性能略有下降。电子位移极化如图 1-3 所示。

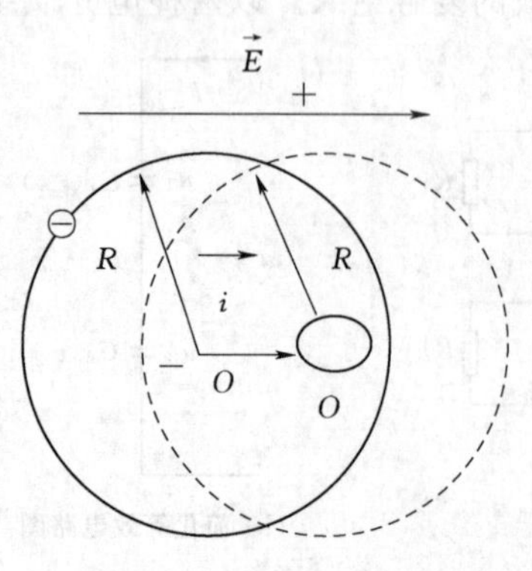

图 1-3　电子位移极化

2. 离子式极化

固体云母、玻璃、陶瓷等具有离子式结构的电介质，在电场作用下，正、负离子的相互作用中心不再重合，电介质整体对外显示出电性，这种异性离子间的相对位移即离子式极化。离子式极化也是一种弹性极化，没有能量损耗，极化过程也极短，不随外施电压的频率而改变。离子式极化受温度影响很大，随着温度的升高，极化性能越强，尽管离子密度随温度的升高减小致使极化降低，但总体看，离子式极化还是具有正温度系数。氯化钠晶体的离子位移极化如图1-4所示。

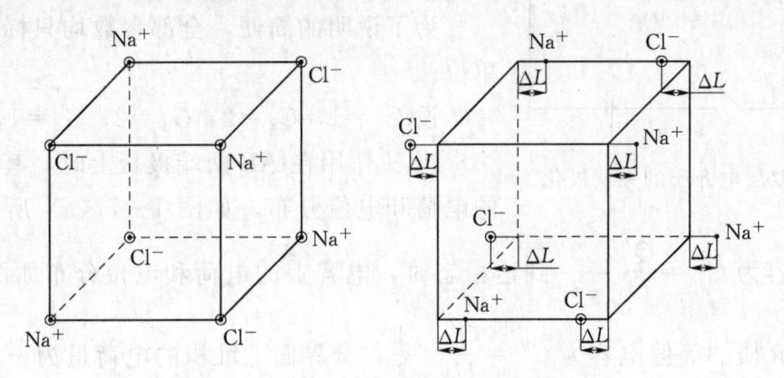

图1-4 氯化钠晶体的离子位移极化

3. 偶极式极化

松香、橡胶、胶木等由偶极分子组成的电介质，即使没有外加电场，由于分子中正、负电荷的作用中心不重合，就单个分子而言，就已具有偶极矩，称为固有偶极矩。但由于分子不规则的热运动，使各分子偶极矩方向的排列没有秩序，因此，从宏观而言，对外并不呈现电矩。在外电场作用下，偶极分子发生转向或顺电场方向做规则运动，对外显示出电性，即偶极式极化。偶极式极化因为分子的转向需要消耗能量来克服分子间吸引力和摩擦力，所以极化时间较长，因此受外电场的频率影响大，当外电场频率很快时，偶极分子的转向很难及时跟随，最终极化将减弱。温度对偶极极化的影响也很大，温度升高时，分子间吸引力减弱，极化加强，但同时由于分子热运动加剧，分子的规则性转向受阻，使极化减弱，相比之下，前者优势明显，所以温度升高时，偶极分子组成的电介质的介电系数增大，只是随温度的不断升高其介电系数的增长比率将逐渐降低。偶极式极化属于非弹性极化。偶极子的转向极化如图1-5所示。

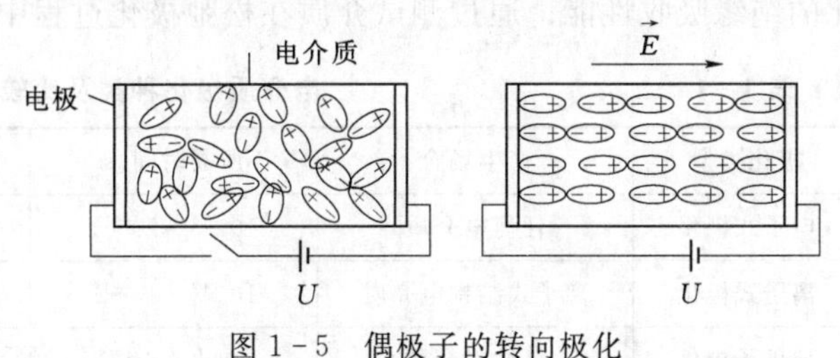

图1-5 偶极子的转向极化

4. 夹层式极化

由多种电介质组成的复合电介质，如大部分高电压设备的绝缘介质，在外电场的作用下，两种不同的电介质的分界面上将发生电荷的移动和累积，即夹层极化现象。夹层极化过程非常缓慢，时间从几十分之一秒到几分钟，甚至长达几小时。而且整个过程相当于通过电阻对电容进行充电，夹层界面上电荷的堆积是通过介质电导 G 完成的，所以夹层极化过程需要消耗能量，只在低频下有意义。最明显的空间电荷极化就是夹层极化。在实际的电气设备中，有不少多层电介质的例子，如电缆、电容器、旋转电机、变压器、互感器、电抗器的绕组绝缘等，都是由多层电介质组成的。双层电介质的夹层极化如图1-6所示。

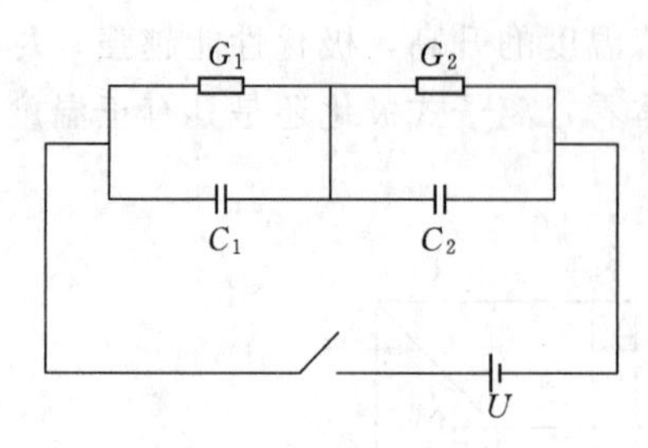

图 1-6　双层电介质的夹层极化

如图 1-6 所示，各层介质的电容分别为 C_1 和 C_2；各层介质的电导分别为 G_1 和 G_2；直流电源电压为 U。

为了说明的简便，全部参数均只标数值，略去单位。

设 $C_1=1$，$C_2=2$，$G_1=2$，$G_2=1$，$U=3$。

当 U 作用在 AB 两端极板上时，其瞬时电容上的电荷和电位分布，如图 1-7（a）所示。整个介质的等值电容为 $C'_{eq}=\dfrac{Q'}{U}=\dfrac{2}{3}$ 到达稳态时，电容上的电荷和电位分布如图 1-7（b）所示。整个介质的等值电容为 $C''_{eq}=\dfrac{Q'}{U}=\dfrac{4}{3}$，分界面上堆积的电荷量为 $+4-1=+3$。双层电介质的电荷与电位分布如图 1-7 所示。

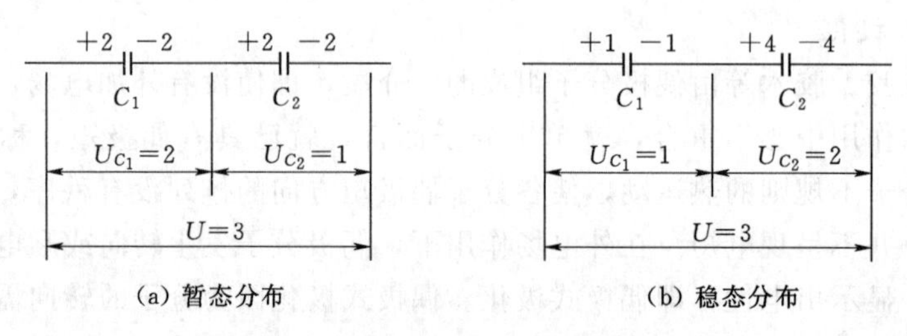

图 1-7　双层电介质的电荷与电位分布

电介质的极化现象在电气设备的制造等实践中应用非常广泛（表 1-1），如通过选用介电系数大的电介质可以增大电容的电容量；电缆等的多层绝缘就是利用夹层极化的绝缘吸收性能；通过测试介质在松弛极化过程中的损耗检验电介质的绝缘性能。

表 1-1　电介质极化种类及比较

极化类型	产生场合	所需时间/s	能量损耗	产生原因
电子式极化	任何电介质	$10^{-14}\sim10^{-15}$	无	束缚电子运行轨道偏移
离子式极化	离子式结构电介质	$10^{-12}\sim10^{-13}$	几乎没有	离子的相对偏移
偶极子极化	极性电介质	$10^{-10}\sim10^{-2}$	有	偶极子的定向排列
夹层极化	多层介质的交界面	10^{-1}s 至数小时	有	自由电荷的移动

（三）研究电介质极化的意义

1. 绝缘选择

电容器 ε_r 大，则电容器单位容量体积和重量可减小；电缆 ε_r 小，则可使电缆工作时充电电流减小；电机定子线圈槽出口和套管 ε_r 小，可提高沿面放电电压。

2. 多层介质的合理配合

$\varepsilon_1 E_1=\varepsilon_2 E_2$，电场分布与 ε 成反比，组合绝缘采用适当的材料可使电场分布合理。

3. 研究介质损耗的理论依据

介质损耗与极化类型有关，损耗是绝缘劣化和热击穿的主要原因。

4. 绝缘试验的理论依据

在绝缘预防性试验中通过测量吸收电流可以反映夹层极化现象，能够判断绝缘受潮情况。吸收电荷将对人身构成威胁。

5. 研发新型绝缘材料

（四）电介质的电导

电介质并不是完全绝缘的，其中总是要存在一些联系较弱的带电质子，主要是正、负离子，这些质子在电场作用下所做的有规则运动，即电介质的电导。

1-2

电导率 σ 即表征电介质电导大小的物理量，其倒数是电阻率 ρ。电介质的电阻率一般为 $10^{10} \sim 10^{22}\Omega \cdot cm$，半导体的电阻率一般为 $10^{-2} \sim 10^{9}\Omega \cdot cm$，导体的电阻率一般为 $10^{-6} \sim 10^{-2}\Omega \cdot cm$。

电介质的电导属于离子性的，所以温度的升高，将使电介质的电导电流按一定规律增大，也就是说，电介质的电阻的温度系数是负数。电介质的电导还与外在电压作用的时间有关，在接近电介质击穿时，电导电流迅速增大，电介质的绝缘电阻剧烈下降。

对于固体电介质而言，既有电介质本身的内部泄漏电流，又有通过电介质表面的泄漏电流，这两者分别应用体积电阻和表面电阻表示，因此，电介质总的绝缘电阻就是这两种绝缘电阻并联后的值。电介质的表面电阻主要和其表面吸附水分的能力有关，所以，电介质在制造和测试绝缘电阻时就需要尽量避免表面电阻的影响，如将绝缘子表面涂釉、绝缘试验前做清洁干燥处理或加装屏蔽环。

（五）电介质的损耗

电介质的损耗是衡量其绝缘性能的重要指标。因为电介质在电压作用下都将产生能量损耗，这种损耗很大时，原先的电能转化为热能，使电介质温度升高，绝缘老化，甚至使电介质熔化、烧焦，最终丧失绝缘性能发生热击穿。

1-3

电介质的损耗通常分三种形式，即电导引起的损耗、极化引起的损耗和游离电晕等局部放电引起的损耗。电导损耗也就是泄漏电流在电介质中流过时导致电介质发热所产生的损耗，在直流与交流电压下均会产生。偶极式极化、复合电介质的夹层极化等有损极化在直流电压下产生的损耗非常小，但在交流电的周期性交变电场下，偶极分子做往复式有限位移和重新排列，夹层极化电介质的电荷反复重新分配，这些都需要消耗能量。常见的固体绝缘电介质中不可避免地存在一些气泡、间隙等，在外界电压场强超过其临界场强时，出现局部放电，引起能量损耗。由上可知，外施电压为直流电压且幅值低于局部放电电压时，电介质中将只有电导损耗一种能量消耗方式。

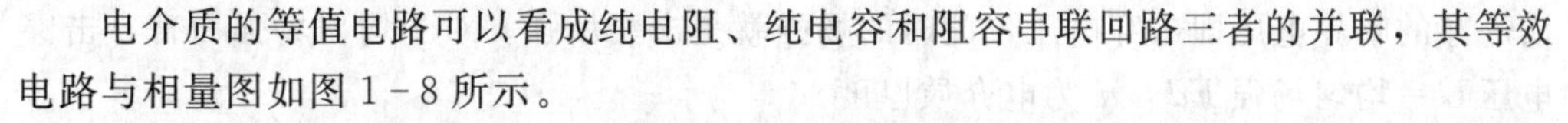

电介质的等值电路可以看成纯电阻、纯电容和阻容串联回路三者的并联，其等效电路与相量图如图 1-8 所示。

图 1-8 中 C_1 代表介质的无损极化（电子式和离子式极化），$C_2 \sim R_2$ 代表各种有损极化，而 R_3 则代表电导损耗。介质损耗角 δ 为功率因数角 ϕ 的余角，其正切 $\tan\delta$

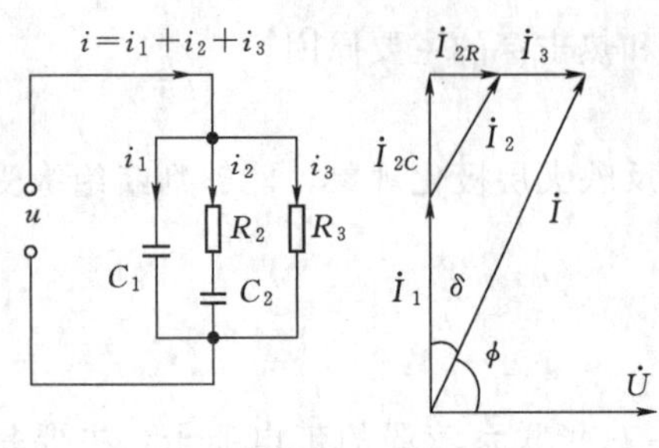

图 1-8　等效电路与相量图

又可称为介质损耗因数，常用百分数（%）来表示。

简化等效电路及相量图如图 1-9 所示。

电介质的损耗计算如式（1-6）

$$P=UI\cos\phi=UI_R=UI_C\tan\delta=U^2\omega C_P\tan\delta \tag{1-6}$$

式中　ω——电源角频率；

ϕ——功率因数角；

δ——介质损耗角。

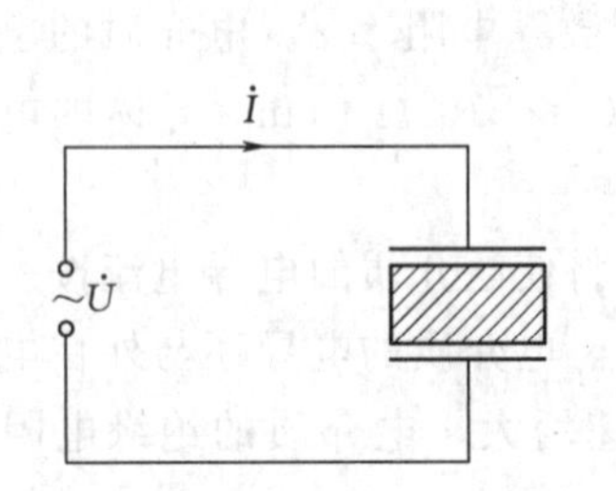
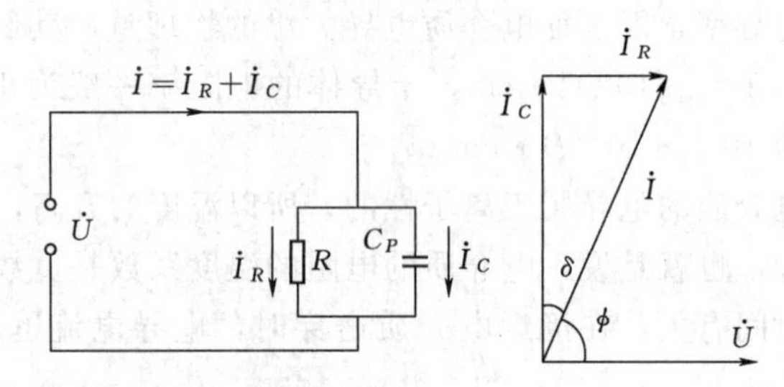

图 1-9　简化等效电路及相量图

当电介质在高电压或高频率电场中使用时，其损耗会显著增大，导致温度上升，电介质得损耗随之增大，于是可以知道影响电介质损耗的因素有温度、电场频率和电压等。

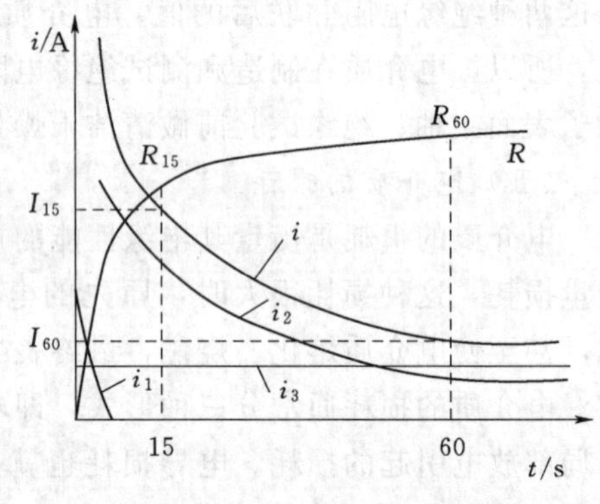

图 1-10　吸收电流与吸收曲线

在等值电路上加上直流电压时，电介质中流过的将是电容电流 i_1、吸收电流 i_2 和传导电流 i_3。三者随时间的变化如图 1-10 所示。这三个电流分量加在一起，即得出图 1-10 中的总电流 i，它表示在直流电压作用下，流过绝缘的总电流随时间而变化的曲线，称为吸收曲线。

1-4

实践证明，电介质损耗角的测量值只能反映出绝缘整体的受潮、劣化等情况，对电介质的局部缺陷反映不太灵敏甚至反映不出来。

（六）电介质的击穿

电介质在外施电压值超过某一临界值时，其泄漏电流迅速增大，致使电介质发生破裂或分解，甚至导致其完全丧失绝缘性能，这种现象就是电介质的击穿。导致电介质击穿的临界电压即击穿电压，此时的场强就是击穿场强。对于均匀场强而言，击穿电压 U=均匀场强 Ed，d 为电介质厚度。

对于非均匀场强，场强大的地方首先产生局部放电、局部击穿现象，整个绝缘并不一定立刻发生击穿。

气体电介质的击穿，当外界电压超过气体的饱和电流后，带电质点（主要为电子）从电场中得到巨大能量，其运动加剧，脱离原分子的电荷束缚，最终使气体分子游离成正离子和电子，这些电子在电场中与其他分子碰撞，导致其游离，如此连锁反应，形成电子崩，电子崩向阳极发展，最终形成具有高电导的通道，气体便击穿了。气体的击穿电压与气压、温度、电极形状和气隙间距等因素有关，通过试验可以得出，在不考虑其他条件影响情况下，对某一气体电介质来说，在一特定电场中，气隙间距越短，气体击穿电压越低；电极形状越是尖锐，气体击穿电压越低。

1－5

1－6

液体电介质的击穿，对于纯净的液体电介质而言，其击穿也是由于电子游离所引起的，而应用在工程中的液体电介质都不可避免地存在一些杂质，其击穿则完全是因为杂质造成的。在液体电介质中，往往存在水泡、纤维等杂质，这些杂质的介电常数较液态电介质大，在电场作用下，它们会被吸引到电场较为集中的区域，可能沿电力线排列，顺电场方向构成电导及介电常数都比较大的“小桥”，导致介质击穿电压降低。较大的电导电流还能够使这个“桥”发热，形成介质或杂质水分的局部气化，生成的气泡也会顺电场方向排列，促进介质击穿。

固体电介质的击穿，从形式上大致可以分为电击穿、热击穿和电化学击穿三种。固体电介质在强电场作用下，其带电质点运动剧烈，发生碰撞游离产生电子崩，在电场强度足够高的条件下，发生介质的电子游离性击穿，这种形式的击穿的击穿电压一般只与介质厚度有线性增长关系，与电压作用时间的长短和温度没有关系。固体电介质在强电场作用下，如果由于损耗产生的热能散发不及时，使电介质温度不断升高，引发电介质的分解、炭化等，也能够导致介质分子结构被破坏，最终击穿，这种现象即电介质的热击穿。在外界的强电场作用下，电介质内的气泡会最先发生碰撞游离而放电，水分等杂质也会受热而汽化产生气泡，如此发展的结果便是介质击穿。对于有机电介质，其内部气泡的局部放电会促使产生碳水化合物等游离生成物，引起介质变质和劣化，这些变化逐步发展累计，电介质绝缘性能逐渐降低，最后发生电化学击穿。一般来说，在电介质发生击穿时，这三种形式会同时存在。

第四节 电气试验人员职业素养要求

电气试验人员在保证设备安全运行方面担负着重要责任，力争既要不放过设备隐患，造成设备事故，又要不误判断，将合格判为不合格，造成检修人员额外、无效劳动。做一个合格的电气试验人员，应具备相应的素质。

一、全面的安全技术知识

电气试验既有低压工作，又有高压工作；既有低空作业，又有高空作业；既有停电试验，又有带电检测。因此电气试验人员必须具有全面的安全技术知识，良好的自我保护意识，遵守安全标准化作业相关规程。

（1）高压试验应严格按照《电力安全工作规程》规定落实现场工作票制度、工作许可制度、工作监护制度、工作间断和转移及终结制度，试验人员进入试验现场，必须按规定戴好安全帽、正确着装。

(2) 高压试验工作不得少于两个人。试验负责人由有经验的人员担任，试验前负责人对试验人员详细交代试验注意事项。

(3) 使用和搬运工器具与带电设备安全距离不够时，可能造成人员高压触电，所以人员使用和搬运工器具进入工作现场必须有专人监护，注意与带电设备保持足够的安全距离。

(4) 登高工作时，必须正确使用安全带，按规定使用梯子，防止人员高空摔跌；严禁将物件上下抛掷。

(5) 试验设备金属外壳应可靠接地。高压引线尽量缩短，必要时用绝缘物支挂牢固。试验电源回路应装有保护装置，并且电能质量稳定。

(6) 试验现场应装设遮栏或围栏，悬挂“止步，高压危险!”标示牌，并派专人看守。试品两端不在同一地点时，另一端还应派人看守。

(7) 加压前必须认真检查试验接线，表计倍率、量程，调压器零位及仪表的开始状态，均应正确无误；然后通知其他无关人员离开被试设备，取得试验负责人许可，方可加压；加压过程中，应有人监护并呼唱。试验操作人员应精力集中，全神贯注，不得与人闲谈，随时警戒异常现象发生，以便采取措施。

(8) 变更接线或试验结束，应先断开试验电源，放电，并将升压设备高压侧短接接地。

(9) 未装接地线的大容量被试设备，应先放电，做试验高压直流试验时，每一过程或者试验结束时，应将设备对地放电数次，并短路接地。

(10) 试验时，需要断开互感器二次接头，拆前应做好标记。试验结束后，试验人员应拆除自装的短接线，恢复连接后应进行检查。

(11) 特殊重要的电气试验，应有详细的试验方案，并经单位主管或生产单位领导批准。

二、全面熟练的试验技术

电气试验工作本身既是一种繁重的体力劳动，又是一种复杂的脑力劳动。一个合格的电气试验人员，应达到以下要求：

(1) 了解各种绝缘材料，绝缘结构的性能、用途。了解各种电力设备的型式、用途、结构及原理。

(2) 熟悉发电厂、变电所电气主接线及系统运行方式。熟悉电力设备，了解继电保护及电力设备的控制原理及实际接线。

(3) 熟悉各类试验设备、仪表、仪表原理、结构、用途及使用方法，并能排除一般故障。

(4) 能正确地完成试验及现场各种试验项目的接线、操作测量，熟悉各种影响试验结果因素及消除方法。

(5) 试验人员经过上岗培训并考试合格。

三、严肃认真的工作作风

严肃认真的工作作风是保证安全、正确完成试验任务的前提。电气试验人员应做到：

(1) 试验前要进行周密的准备工作，根据设备及试验项目，准备齐全完好的试验设备及仪器、仪表、工器具等，不要漏带仪器、设备及器具。

(2) 合理、整齐地布置试验场地，做好安全措施，与带电部分保持足够的安全距离，测量、控制及操作装置应在近处放置，以便于操作及读数。

(3) 必须正确无误地接线、设备操作熟练、试验流程规范。

(4) 记录人员详细记录被试设备编号、实验项目、测量数据、使用仪器编号，以及实验时的温度、湿度、日期、试验人员等，最后整理好试验报告。

(5) 对于测试数据反映出的设备缺陷应及时向负责人及领导反映，并填好相关记录。

(6) 试验人员对国家颁布的《电气装置安装工程电气设备交接试验标准》(GB 50150—2016) 和《电力设备预防性试验规程》(DL/T 596—1996) 等相关规程熟悉，并且严格按照标准执行。

(7) 不断提高试验结果的分析能力。试验结果是分析判断的判据，正确运用试验标注来判断电气设备的特性和绝缘优劣，估计出绝缘缺陷发展趋势和严重程度是非常重要的。对于老旧设备没有标准参考时，通过比较分析给予正确的判断分析。

(8) 在试验过程中，严格把住试验质量关，确保新设备能安全顺利投产并运行。

本 章 小 结

本章介绍了绝缘预防性试验的意义、电气试验的分类、预防性试验结果的综合分析比较法及电介质的相关知识。重点介绍了电介质的相对介电系数、极化形式、电导、损耗的理论基础，电气试验人员应具备的职业素养和安全要求。

思 考 与 练 习

(1) 简述预防性试验的意义。

(2) 绝缘缺陷可分为几类？

(3) 电气试验如何分类？为什么破坏性试验必须在非破坏性试验合格后进行？

(4) 简述预防性试验结果的综合分析比较法。

(5) 在电力设备预防性试验中，为什么要进行多个项目试验后进行综合分析判断？

(6) 电介质极化的基本形式有哪些？

(7) 高压试验工作应遵守哪些基本安全要求？

第二章 绝缘电阻和吸收比试验

第一节 绝缘电阻和吸收比试验的原理

一、绝缘电阻

2-1

测量被试品的绝缘电阻，是最简单、常用的非破坏性试验。电气设备的绝缘，不能等值为单纯的电阻，其等值电路往往是电阻电容的混合电路。很多电气设备的绝缘都是多层的，例如电机绝缘中用的云母带、变压器等绝缘中用的油和纸。因此，在绝缘试验中测得的并不是一个纯电阻。如图 2-1 所示为双层电介质的一个简化等值电路。

当合上开关 K 将直流电压 U 加到绝缘上后，等值电路中电流 i 的变化如图 2-2 所示，开始电流很大，以后逐渐减小，最后趋近于一个常数 I_g；这个过程的快慢，与绝缘试品的电容量有关，电容量越大，持续的时间越长，甚至达数分钟或更长时间。图 2-2 中曲线 i 和稳态电流 I_g 之间的面积为绝缘在充电过程中从电源“吸收”的电荷 Q_a。这种逐渐“吸收”电荷的现象就叫作“吸收现象”。

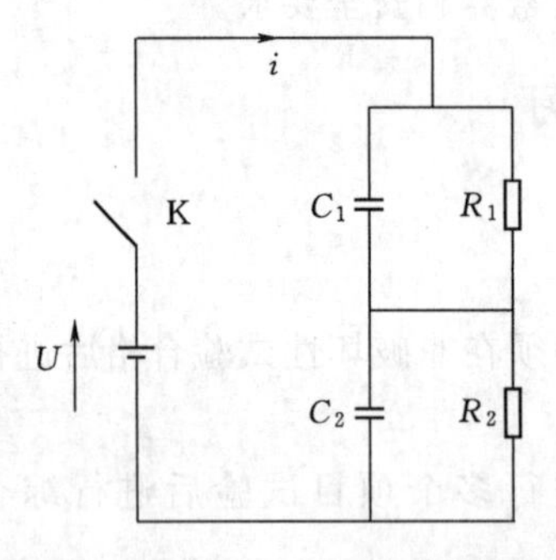

图 2-1 双层电介质的简化等值电路

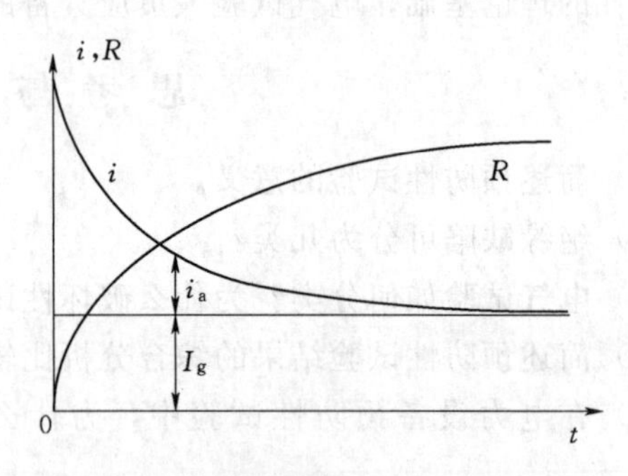

图 2-2 泄漏电流、绝缘电阻与时间的关系曲线

图 2-2 中，总电流由泄漏电流、电容电流和吸收电流组成。

（一）泄漏电流（漏导电流）

理想的绝缘材料是不存在的，绝缘介质中总存在一些带电质点，在外加电压作用下都会有极微弱的电流流过，而且此电流经过一定的加压时间后即趋于稳定。泄漏电流是由于离子移动产生的，其大小决定于电介质在直流电场中的导电率，可以认为它是纯电阻性电流。

对于干燥、完好的介质，其泄漏电流很小，所以绝缘电阻很大。对于潮湿、含有杂质或有贯通性缺陷的介质，其泄漏电流很大，绝缘电阻将显著下降。

（二）几何电流（电容电流）

在加压时，电源对电介质的几何电容充电时的电流称为几何电流或电容电流。实质上，它是由快速极化（如电子式极化、离子式极化）过程形成的位移电流，所以有时称为位移电流。由于极化过程极快，几何电流一般衰减很快。

（三）吸收电流

吸收电流也是一个随加压时间的增长而减少的电流，不过比几何电流衰减慢得多，可能延续数分钟，甚至数小时。这是因为吸收电流是由缓慢的夹层式极化产生的，其值取决于介质的性质、不均匀程度和结构。吸收电流一般发生在夹层式介质构成的绝缘材料中。

在绝缘电阻试验中，所测绝缘电阻是随测量时间变化而变化的，只有当$t=\infty$时，其测量值为$R=R_{\infty}$，但在绝缘电阻试验中，特别是电容量较大时，很难测量R_{∞}的值，因此，在实际试验中，规程规定，只需测量60s时的绝缘电阻值，即$R_{60''}$的值，当电容量特别大时，吸收现象特别明显，如大型发电机，可以采用10min时的绝缘电阻值。

二、吸收比

极化过程称为吸收现象。试验中把加压60s测得的绝缘电阻与加压15s测得的绝缘电阻之比，称为吸收比，用K表示，即$K=R_{60''}/R_{15''}$。

根据吸收比的大小，可以判断试品绝缘的品质。

(1) 当试品绝缘受潮时，泄漏电流大且吸收电流衰减很快，因此吸收曲线平坦，吸收比较小（接近1）吸收现象不明显。

(2) 完好干燥的绝缘，吸收现象明显，吸收比较大（通常大于1.3）。

由于K值是两个绝缘电阻的比值，故与设备尺寸无关，可有利于反映绝缘状态。例如：对于干燥的B级绝缘的发电机定子绕组，在10～30℃时，吸收比远大于1.3；若受潮严重，则绝缘电阻值显著降低，使得$R_{60''}$与$R_{15''}$的比值大大下降，$K\approx1$；如$K<1.3$，则可判定为绝缘可能受潮。

一般认为$K\geqslant1.3\sim1.5$时绝缘良好。用吸收比K分析35～110kV变压器、大中型发电机是有效的。近年来随着电力设备电压等级、容量不断的提高，发现用吸收比K判断大容量变压器、发电机有很多的误判现象。例如某地区一台200MVA水轮发电机定子绕组多次测量的吸收比均小于1.3，但发电机的其他试验均未发现异常，且运行一直正常。

产生这种现象的原因很多，其中主要原因是大容量电气设备的吸收电流衰减时间长，可达几分钟甚至更长，吸收比K反映不了绝缘吸收现象的整体，仅反映吸收现象的局部。为了克服这种测量吸收比可能产生的误判断，常采用测量其极化指数P的方法，即测量其10min与1min的绝缘电阻之比，来判断绝缘的优劣。如《规程》要求，电力变压器极化指数不低于1.5。容量为6000kW及以上的同步发电机，沥青浸胶及烘卷云母绝缘吸收比不应小于1.3或极化指数不应小于1.5；环氧粉云母绝缘吸收比不应小于1.6或极化指数不应小于2.0（200MW及以上机组推荐测量极化指数）。

需要注意的是，有时某些集中性缺陷虽已发展得很严重，以致在耐压试验中被击穿，但耐压试验前测出的绝缘电阻和吸收比均很高。这是因为这些缺陷虽然严重，但还没有贯穿的缘故。因此，只凭绝缘电阻的测量来判断绝缘状况是不可靠的，但它毕竟是一种简单而有一定效果的方法，故使用十分普遍。

第二节　兆欧表的工作原理与接线

一、兆欧表的工作原理

兆欧表是测量绝缘电阻的专用仪表。其电压等级有 500V、1000V、2500V、5000V 等几种。从使用型式上又分手摇式和电动式。高压电力设备绝缘预防性试验中，常使用 1000V、2500V、5000V 的兆欧表。通用手摇式兆欧表的原理接线如图 2-3 所示。

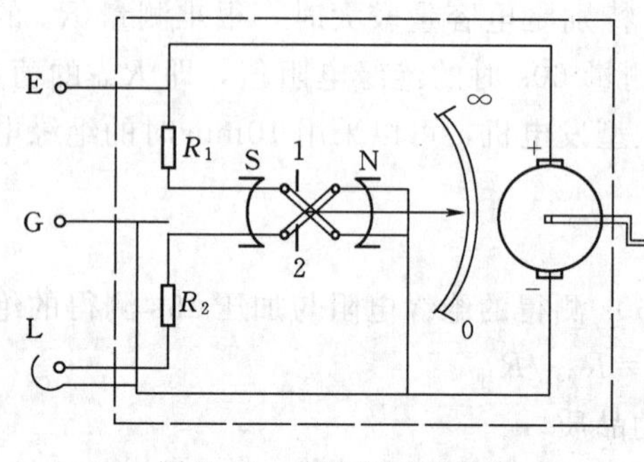

图 2-3　兆欧表原理接线

兆欧表有三个端子，线路端子 L、接地端子 E 和屏蔽端子 G，被试绝缘接于 L 和 E 之间。G 端子的作用：为了测量准确可将 G 端子接于被测试品的表面，用于屏蔽沿试品表面及兆欧表表面的泄漏电流。

电压线圈 1 与电流线圈 2 绕向相反，并可带动指针旋转。由于没有弹簧游丝，故无反作用力矩。当线圈中无电流通过时，指针可停留在任一位置。

当线圈 1 中通过电流 I_1 时，产生力矩 M_1 作用于线圈 1 上。同样有 I_2 时便有力矩 M_2 作用于线圈 2 上，两个线圈中电流产生的力矩方向相反。当两线圈达到平衡时，指针偏转角度 α 正比于 I_1/I_2，即

$$\alpha = f\left(\frac{I_1}{I_2}\right) \tag{2-1}$$

因为

$$I_1 = \frac{U}{R_1}, I_2 = \frac{U}{R_2 + R_X}$$

式中　R_1、R_2、R_X——分压电阻、限流电阻和试品的绝缘电阻。

从而得到

$$\alpha = f\left(\frac{I_1}{I_2}\right) = f\left(\frac{R_2 + R_X}{R_1}\right) = f'(R_X) \tag{2-2}$$

指针偏转的大小反映了电阻值的大小，当兆欧表一定时，R_1 和 R_2 均为常数，故指针偏转角 α 的大小仅由试品电阻 R_X 决定。

二、常见的几种兆欧表测量绝缘电阻的接线

（一）测量电力电缆绝缘电阻的试验接线

测量电力电缆绝缘电阻的试验接线如图 2-4 所示。试验时，将 E 端子用专业测

量导线与电力电缆外层（金属铠装层）相连，L端子与电缆芯线相连，G端子与电缆内绝缘层相连。为了接线方便，可用金属软线事先在电缆连接处缠绕数圈。

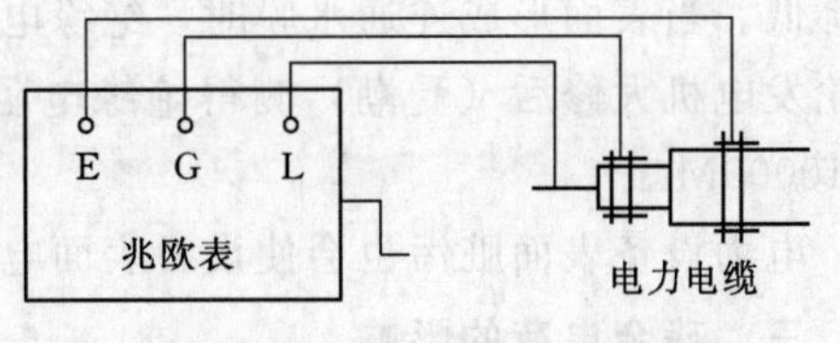

图2-4　测量电力电缆绝缘电阻的试验接线

（二）测量绝缘子绝缘电阻的试验接线

测量绝缘子绝缘电阻的试验接线，如图2-5所示。试验时，将E端子与绝缘子脚（金属螺杆）相连，L端子与绝缘子帽相连，G端子与绝缘子中部表面相连。为了接线方便，可用金属软线事先在绝缘子表面连接处缠绕数圈。若绝缘子表面能擦拭干净，通常G端子可不用引出接线。

（三）测量发电机定子绕组绝缘电阻的试验接线

测量发电机定子绝缘电阻的试验接线如图2-6所示。试验时将L端子与被测相（A相）相连，非被试相短接后与定子铁芯相连再连接到E端子，为了减小测量误差，将A相绕组的首尾表面用金属软线缠绕后再与屏蔽端子G相连。

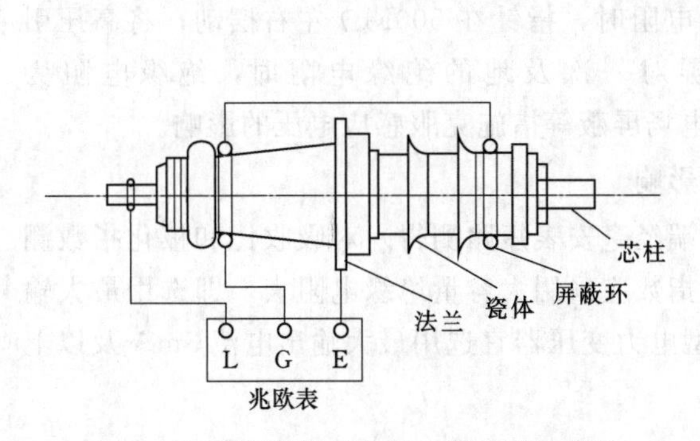

图2-5　测量绝缘子绝缘电阻的试验接线

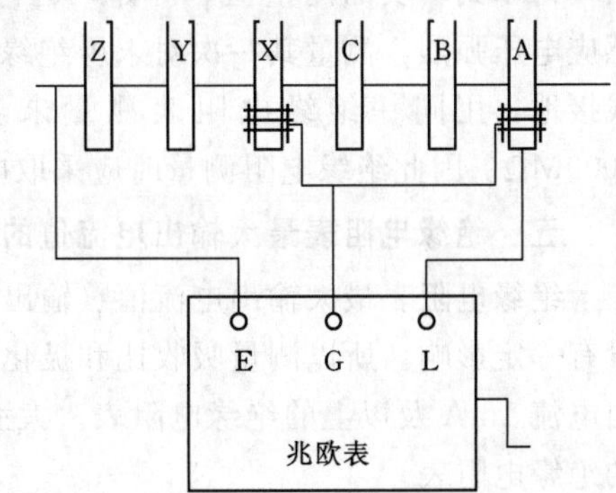

图2-6　测量发电机定子绝缘电阻的试验接线

第三节　影响绝缘电阻的因素

一、温度的影响

运行中电力设备的温度随周围环境变化，其绝缘电阻也随温度而变化。一般情况下，绝缘电阻随温度升高而降低。不同的电力设备及不同材料制成的电力设备，其绝缘电阻随温度变化也是不一样的，现场测量也很难保证在相近的温度下进行。为了进行试验结果的比较，虽可根据设备的温度换算系数进行换算，但由于设备的新旧程度、干燥程度、使用的测量方法不同等因素，很难得出准确的换算系数。因此实际测量绝缘电阻时，必须记录试验温度，而且尽可能在相近温度下进行测量，以免温度换算引起的误差。

二、湿度和电力设备表明脏污的影响

当空气湿度增大时，电力设备绝缘表面会吸附水分，使表面电导率增加，绝缘电

阻降低。当表面形成连通水膜时，绝缘电阻更低。例如，有一台 SF2500－24/2820 型水轮发电机大修后（受潮）测得绝缘电阻为 450MΩ，通过干燥处理后，绝缘电阻大于 10000MΩ。

电力设备表面脏污也会使设备表面电阻大大降低，绝缘电阻显著下降。

三、残余电荷的影响

设备中的残余电荷会造成测量绝缘电阻误差。当残余电荷的极性与兆欧表的极性相同时，测得的绝缘电阻比真实值增大；当残余电荷的极性与兆欧表的极性相反时，测得的绝缘电阻比真实值减小。这是因为极性相同时，由于同性相斥，兆欧表输出较少电荷；极性相反时，兆欧表要输出更多电荷去中和残余电荷。

为了消除残余电荷的影响，测量绝缘电阻前必须充分接地放电，重复测量中也应充分放电，大容量设备应至少放电 5min。

四、感应电压的影响

由于带电设备与停电设备之间的电容耦合，停电设备带有一定电压等级的感应电压。感应电压对绝缘电阻的测量影响很大，感应电压强烈时可能造成兆欧表指针乱摆，得不到真实的测量值。例如，运行中某相的一只 220kV 电流互感器，高压引线感应电压强烈，测量其一次对末屏绝缘电阻时，指针在 500MΩ 左右摆动；将高压引线接地，用同一绝缘电阻表测量末屏对一次及地的绝缘电阻时，绝缘电阻为 2000MΩ。因此绝缘电阻测量时应采取电场屏蔽等措施克服感应电压的影响。

五、绝缘电阻表最大输出电流值的影响

绝缘电阻表最大输出电流值（输出端经毫安表短路测得）对吸收比和极化指数测量有一定影响。所以测量吸收比和极化指数应采用大容量绝缘电阻表，即选用最大输出电流 1mA 及以上的绝缘电阻表。大型电力变压器宜选用最大输出电流 3mA 及以上的绝缘电阻表。

第四节　绝缘电阻的测试步骤及注意事项

一、测试步骤

（1）本仪器在使用时须远离磁场，水平放置。

（2）先将被试品的电源及对外连接线拆除，并充分放电。

（3）将试品表面擦拭干净，以消除脏污及潮湿对绝缘电阻的影响。

（4）对兆欧表作一次开路及短路试验。先使之开路，摇至额定转速（每分钟 120 转），检查指针应指向“∞”。然后将 L 端与 E 端短接，轻轻摇动手柄，观察指针应指向“0”位置。

（5）按试验图正确接线，线路端引线 L 必须对地悬空且与 E 端 G 端的引线分开。驱动摇表达额定转速，待指针指示为“∞”时，将“L”端子接于试品，同时开始计时，在 15s 与 60s 各读取 $R_{60''}$ 和 $R_{15''}$，吸收比 $K=R_{60''}/R_{15''}$。

（6）使用摇表测量大容量的设备（变压器、电容器、长电缆）试验结束前，应在摇表仍处于额定转速下切断线路端“L”，以避免因试品向摇表放电而损坏摇表。试验完毕，试品应充分对地放电。

(7) 记录被试设备的铭牌、运行编号、本体温度、环境温度及使用的兆欧表型号。

二、测试注意事项

(1) 测量时，“L”与“E”端子引线不要靠在一起，并用绝缘良好的专用导线。“L”与“E”端子不能接错，否则会影响测量结果。由于兆欧表“L”端子连接的部件有良好的屏蔽作用，兆欧表本身的泄漏电流影响可以排除。

(2) 测得的绝缘电阻过低时应分析具体原因，排除环境温度、湿度、表面脏污、感应电压等的影响。

(3) 为了便于比较，每次测量同类设备最好用同型号兆欧表。测量大容量设备的绝缘电阻时，应在摇转时间相同下读数。

(4) 对测量的绝缘电阻可以进行温度换算，换算到标准温度下进行综合比较。

(5) 注意感应电压的影响。

(6) 测量电力电容器极间绝缘电阻时，由于电力电容器电容量大，吸收电流衰减时间长，很难摇出其准确的绝缘电阻值，而且由于其充电电荷大，也很危险。因此现场测量常用火花法，即测量两极绝缘电阻时，兆欧表轻摇 2～5 圈，用短路线短路两极，若有明显火花，则认为电力电容器极间绝缘是合格的；若无火花，则可能是绝缘劣化或引线断开导致。

第五节　测量结果的分析判断

一、测量结果与规定值比较

将所测得的绝缘电阻值与规定的允许值相比，测量值应大于允许值。各种电力设备的绝缘电阻允许值可查阅相关规程。

二、测量结果与有关数据比较

将所测得的结果与有关数据比较，这是对试验结果进行分析判断的重要方法。通常用来作比较的数据包括：同一设备的各相间数据、出厂试验数据、耐压前后数据等。如有发现异常，应立即查明原因或辅以其他测试结果进行综合分析判断。

本 章 小 结

本章介绍了绝缘电阻及吸收比试验的原理、兆欧表的工作原理与接线以及影响绝缘电阻测量的因素。重点介绍了绝缘电阻测量的操作方法及注意事项。

思 考 与 练 习

(1) 什么是绝缘电阻、吸收比、极化指数？

(2) 影响绝缘电阻测量的因素有哪些？

(3) 为什么要测量电力设备的吸收比？

（4）什么是绝缘的吸收现象？

（5）为什么兆欧表的 L 和 E 端子的接线不能对调？

（6）为什么兆欧表测量大容量绝缘良好设备的绝缘电阻时，其数值愈来愈高？

（7）试述绝缘电阻测试的步骤及注意事项。

（8）为什么要测量电力设备的绝缘电阻？

第三章 耐压试验

第一节 耐压试验的分类

耐压试验是鉴定电力设备绝缘强度的最严格、最有效和最直接的试验方法。它对判断电力设备能否持续运行具有决定性的意义，也是保证设备绝缘水平，避免发生绝缘事故的重要手段。

在电力系统电气设备交接试验中，虽然对电力设备进行了一系列非破坏性试验，能发现很多绝缘缺陷，但因这些试验的试验电压一般较低，往往对某些局部缺陷反应不灵敏，而这些局部缺陷在运行中可能会逐渐发展为影响安全运行的严重隐患。例如，局部放电缺陷可能会逐渐发展成为整体缺陷或局部缺陷，在过电压情况下使设备失去绝缘性能而引发事故。为了进一步发现电力设备的绝缘缺陷，检查设备绝缘水平和确定能否投入运行，有必要进行破坏性试验即耐压试验。因此，为了更灵敏有效地查出某些局部缺陷，考验试品绝缘承受各种过电压的能力，就必须对试品进行耐压试验。根据相关规程规定，现场电力设备在各类试验中进行的的破坏性试验有直流耐压试验、交流耐压试验、冲击耐压试验三种，其中交流耐压试验又分为工频耐压试验、感应耐压试验、串联谐振耐压试验。

一、直流泄漏电流试验及直流耐压试验

3－1

直流耐压试验能有效地发现绝缘受潮、脏污等整体缺陷，并能通过不同试验电压时泄漏电流的数值、绘制泄漏电流-电压特性曲线发现绝缘的局部缺陷。由于直流电压下按绝缘电阻分压，所以，比在交流电压下能更有效地发现端部绝缘缺陷。同时，因直流电压下绝缘基本上不产生介质损失，因此，直流耐压对绝缘的破坏性小。大容量旋转电机进行直流耐压，可以发现电机主绝缘局部缺陷，尤其是端部绝缘缺陷。交流耐压主要发现槽部和槽口处的绝缘缺陷，这是因为交流耐压时，端部线圈绝缘的电容电流由线圈外部绝缘表面流向接地的铁芯，在绝缘表面产生显著的电压降，离铁芯较远的端部，其绝缘表面与线圈导线间的电位差就愈小，因此，不能有效地发现端部绝缘缺陷。而在直流耐压时，不存在电容电流，绝缘表面不论离铁芯多远，线圈导体与外部绝缘表面间的电位差都是相当高的，都能有效地发现原理接地部分的端部绝缘的弱点。这就是对旋转电机既做交流耐压试验又做直流耐压试验的原因。

此外，有些被试品的电容量很大，进行交流耐压需要大容量的试验装置，在现场试验中很难实施。而直流耐压直流试验中没有电容电流存在，其试验设备容量可以做得很小，携带方便。

二、交流耐压试验

交流耐压试验的电压、波形、频率及电压在试品绝缘内部的分布，一般与实际运行情况相吻合，因而能较有效地发现绝缘缺陷。交流耐压试验应在试品的非破坏性试验均合格之后才能进行。如果这些非破坏性试验已发现绝缘缺陷，则应设法消除，并重新试验合格后才能进行交流耐压试验，以免造成不必要的损坏。

交流耐压试验对固体有机绝缘来说，会使原来存在的绝缘缺陷进一步发展，使绝缘强度进一步降低，虽在耐压时不至于击穿，但形成了绝缘内部劣化的积累效应、创伤效应。这种情况是我们应当避免的，因此必须正确地选择试验电压的标准和耐压时间。试验电压越高，发现绝缘缺陷的有效性越高，但试品被击穿的可能性也越大，积累效应也越严重；反之，试验电压低，发现绝缘缺陷的有效性越低，使设备在运行中击穿的可能性增加。根据各种设备的绝缘材料和可能遭受过电压的倍数，规程规定了相应的试验电压标准。

绝缘的击穿电压值不仅与试验电压的幅值有关，还与加压持续时间有关。这一点对有机绝缘来说特别明显，其击穿电压随加压时间的增加而逐渐下降。规程中一般规定，工频耐压时间为1min。这一方面是为了便于观察试品情况，使有缺陷的绝缘来得及暴露（固体绝缘发生热击穿需要一点时间）；另一方面，又不至于因时间过长而引起不应有的绝缘伤害。

交流耐压试验一般有以下几种加压方法。

（一）工频耐压试验

工频耐压试验即给试品施加工频电压（通常达到试品额定工作电压的数倍值），以检验被试品对工频电压升高的绝缘承受能力。它可准确地考验绝缘的裕度，能有效地发现较危险的集中性缺陷。这种加压方法是鉴定试品绝缘强度最有效、最直接的试验方法，也是经常采用的试验方法之一。

（二）感应耐压试验

对某些试品，如变压器、电磁式电压互感器等，采用从二次侧加压而使一次侧得到高压的试验方法来检查试品绝缘。这种加压方法不仅可以检查试品的主绝缘（指绕组对地、相间和不同电压等级绕组间的绝缘），而且还对变压器、电压互感器的纵绝缘（同一绕组层间、匝间及段间绝缘）也进行了考验。而通常工频耐压试验只是考验了设备的主绝缘，却没有考验纵绝缘，因此要进行感应耐压试验。

感应耐压试验又分为工频感应耐压试验及倍频（100～400Hz）感应耐压试验两种。对变压器进行倍频感应耐压试验时，通常在低压绕组上施加频率100～200Hz、2倍于额定电压的试验电压，其他绕组开路。因为变压器在工频额定电压下，铁芯伏安特性曲线已接近饱和部分。若在试品一侧施加大于或等于2倍于额定电压的试验电压，则空载电流会急剧增加，达到不能允许的程度。为了能够施加2倍于额定电压的电压又不使铁芯磁通饱和，多采用增加频率的办法，即倍频耐压法。

（三）串联谐振耐压试验

由于对地做交流耐压试验时，电气设备通常表现（或等效）为一电容性负载（用C_x表示），如交联电力电缆约为0.1～0.7μF/km，发电机约为0.1～3μF/km，若用

$f=50\text{Hz}$ 的工频电源给电气设备进行交流耐压试验时，要求试验设备的容量可由公式计算：

$$P_{\text{理论值}}=\omega C_0 U_s^2=2\pi f C_0 U_s^2$$

$$P_{\text{实际值}}=(1+40\%)P_{\text{理论值}}$$

式中 U_s——电气设备所要求的实验电压。

如 10kV 交联电缆的耐压试验，若取 $U\geqslant 20\text{kV}$，$C_0\geqslant 0.5\mu\text{F/km}$，则由上式可得长度为 1km 的电缆需要试验变压器容量 $P_{\text{实际值}}\geqslant 88\text{kVA}$；试验设备重量若按 15～30kg/kVA 计算，则试验设备总重量可达 1320～2460kg，造成现场试验很不方便。随着国家电网的发展，电气设备的电压等级越来越高，容量越来越大，在现场对高压电气设备做交流耐压试验时，传统依靠工频试验变压器升压的方法由于设备很笨重，体积庞大，不便搬运，且大电流的工作电源在现场不易获取，已不能满足现代试验要求。

谐振升压方法是目前对于电力系统大电容试品比较适用的方法，分为工频谐振升压法和变频谐振升压法。工频交流高压试验适用范围广，但是调谐比较繁琐，通常采用调感法；变频交流高压试验受到试验标准的限制，但是调谐简单，操作方便，通常采用调频法。工频定义为 45～55Hz（甚至定义为 45～65Hz）后，特别是调频调感方法同时使用，使得系统很方便地满足规程对频率的要求和设备对宽范围电容量试品的要求。

三、冲击耐压试验

冲击耐压试验用来检验各种高压电气设备在雷电过电压、操作过电压等冲击电压作用下的绝缘性能和保护性能，试验电压要比设备绝缘正常运行时承受的电压高出很多。许多高压电气设备在出厂试验、型式试验时或大修后都必须进行冲击耐压试验。主要用于考验被试品在操作波过电压和大气过电压下绝缘的承受能力。冲击电压试验又分为操作波冲击电压试验和雷电冲击电压试验两种。

第二节 直流泄漏电流试验及直流耐压试验

一、直流泄漏电流试验及直流耐压试验的原理及特点

直流泄漏电流试验与直流耐压试验的接线及操作方法相同，往往是同步进行的，只是试验电压标准不同而已，所以一并介绍。

（一）直流泄漏电流试验的原理及优点

直流泄漏电流试验是对试品施加较高的直流电压（通常高于 10kV），直接测量其电导电流，比兆欧表测量绝缘电阻更易发现绝缘的缺陷。通常是测量出试品在不同试验电压下的泄漏电流，作出泄漏电流 I 与试验电压 U 的关系曲线，从而就能方便地判断试品有无缺陷。

泄漏电流测量与绝缘电阻测量比较有下列优点：

(1) 试验电压更高，并且可随意调节。因此测量泄漏电流比测量绝缘电阻更容易发现某些缺陷（如瓷质绝缘裂纹、局部损伤、绝缘油劣化、绝缘沿面碳化等）。

（2）用微安级电流表监测泄漏电流，灵敏度高，可多次重复比较。

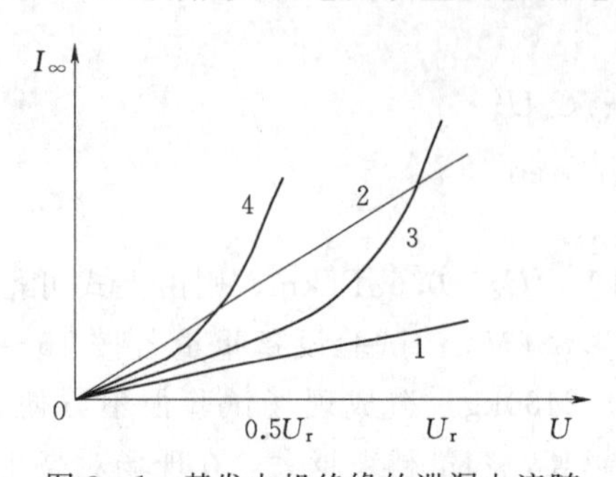

图 3-1　某发电机绝缘的泄漏电流随所加直流电压变化的曲线

1—绝缘良好；2—绝缘受潮；3—绝缘中有集中性缺陷；4—绝缘中有危险的集中性缺陷；U_r—直流耐压试验电压

（3）根据泄漏电流测量值可以换算出绝缘电阻值，而用测量的绝缘电阻值，一般不能换算出泄漏电流值，这是因为兆欧表输出的电压与被试品绝缘电阻值大小有关。

（4）泄漏电流测量时可以测量出试品在不同的试验电压下的泄漏电流，作出泄漏电流 I 与试验电压 U 的关系曲线，就能方便地判断试品有无缺陷及缺陷的类型。

图 3-1 为某发电机的直流泄漏电流随所加直流电压变化的曲线。在同一直流电压下，良好绝缘的泄漏电流较小，且随电压的增加泄漏电流成正比增加；绝缘受潮时，泄漏电流增大；当绝缘有集中性缺陷时，电压升高到一定值后，泄漏电流剧增；绝缘的集中性缺陷越严重，出现泄漏电流剧增的电压将越低；当泄漏电流超过一定标准时，应尽可能找出原因，加以消除。

（二）直流耐压试验的原理及特点

直流耐压试验是考验试品的耐电强度，能发现设备受潮、老化、集中性的缺陷等。有些大容量的被试品受试验设备容量限制，只能进行直流耐压试验。

直流耐压试验与交流耐压试验相比具有以下优点：

（1）试验设备轻便、容量小，便于现场试验携带。对电力设备进行交流耐压试验时，通过的是电容电流，这对电容量较大的试品（如发电机、电缆等），在交流试验电压升高时电容电流比较大。这样就需要容量较大的试验变压器和调压器。而进行直流耐压试验时，通过的是泄漏电流，其数值最多只有毫安级，所以直流耐压试验设备轻便，便于在现场试验。

（2）易于发现某些设备的局部缺陷。如直流耐压试验比交流耐压试验更能发现发电机端部的绝缘缺陷。其原因是直流下没有电容电流从线棒流出，因而无电容电流在半导体防晕层上造成压降，故端部绝缘上的电压较高，有利于发现绝缘缺陷。而交流耐压试验易发现发电机槽部及出槽口的绝缘缺陷。

（3）一般情况下，直流耐压试验对绝缘损伤较小，因此，直流耐压试验加压时间可以较长，一般采用 5～10min。

因为大多数电力设备是在交流工作电压下运行的，所以与交流耐压试验相比，直流耐压试验的缺点是：对绝缘的考验不如交流下接近实际和准确。

二、试验设备及接线

（一）直流高压的产生

直流高压大多采用将工频交流升压后再整流来获取。早期现场试验时一般采用半波整流来获取，由于半波整流输出的波形效果不好，目前多数采用倍压整流或串级整流电路，如图 3-2、图 3-3 所示。

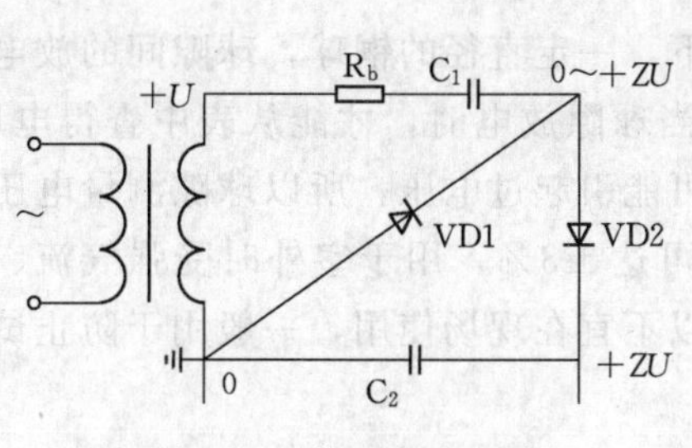

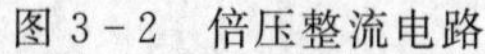

图 3-2　倍压整流电路

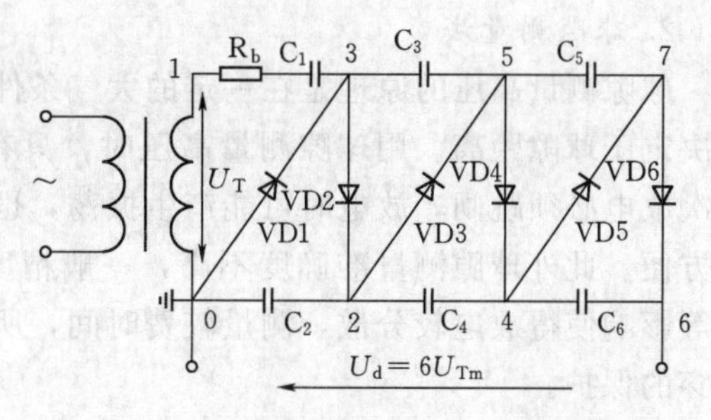

图 3-3　三级串联直流高压装置接线

倍压整流电路工作原理：图 3-2 中，当电源电动势为负时，整流元件 VD2 闭锁，VD1 导通；电源电动势经 VD1、R_b 向电容 C_1 充电至电源电压的幅值 U_{Tm}；当电源电动势为正时，电源与 C_1 串联起来经 VD2、R_b 向 C_2 充电至 $2U_{Tm}$。当空载时，直流输出电压 $U_{2m}=2U_{Tm}$。VD1、VD2 的反峰电压也都等于 $2U_{Tm}$，电容器 C_1 的工作电压为 U_{Tm}，而 C_2 的工作电压则为 $2U_{Tm}$。当需要更高的直流电压输出时，可将若干个倍压整流单元串联起来，构成串联直流高压装置。

串联直流高压装置工作原理：图 3-3 是一个三级串联高压装置的接线，在空载情况下直流输出电压可达 $6U_{Tm}$。电路在空载时，各级电容的充电过程分析如下：在电源负半波时，电源经 VD1、R_b 向电容 C_1 充电至 U_{Tm}；正半波时，电源与 C_1 串联（U_{30} 由 0～$2U_{Tm}$ 变化）经 VD2、R_b 向 C_2 充电，使 C_2 的电压达到 $2U_{Tm}$。同样在负半波时，电源还与 C_2 串联（U_{21} 由 U_{Tm}～$3U_{Tm}$ 变化）经 R_b、VD3 向 C_3 及 C_1 充电，使 C_3 及 C_1 上的总电压达到 $3U_{Tm}$，即 C_3 上的电压达到 $2U_{Tm}$；而在正半波时，电源与 C_1、C_3 串联（U_{50} 由 $2U_{Tm}$～$4U_{Tm}$ 变化），经 R_b、VD4 向 C_4 及 C_2 充电，使 C_4 及 C_2 上的总电压达到 $4U_{Tm}$，即 C_4 上的电压达到 $2U_{Tm}$。依次类推，最终可使点 6 上电位即直流输出电压达到 $6U_{Tm}$。

保护电阻 R_b 的作用是限制被试品万一发生击穿时的短路电流不超过高压硅堆和试验变压器的允许值。

近年来，随着电子技术的广泛应用，研制出了晶体管直流高压试验仪器和以倍压整流产生高压或经可控硅逆变器再进行倍压整流获得高压的成套试验仪器。如 KGF 系列、JGS 系列和 JGF 系列等，电压等级 30～400kV，体积小、重量轻，广泛用于试验现场。

（二）直流高压的测量

被试品上直流高压的测量可采用多种方法测量，主要有：试验变压器低压侧测量法、球隙测量法、高压静电电压表测量法、高值电阻串联微安表法、电阻分压器测量法。

1. 试验变压器低压侧测量法

在半波整流电路中，通过试验变压器的变比及测量变压器低压侧的电压，可以近似换算出直流高压值。这种测量方法由于忽略了被试品的泄漏电流及保护电阻的压降等，精度不高。在对直流高压精度要求不高时可以采用。

2. 球隙测量法

球隙测量高压的原理是在一定的大气条件下，一定直径的铜球，球隙间的放电电压决定于球隙距离。用球隙测量高压时，只有当球隙放电时，才能从表中查得电压。每次放电必须跳闸，放电时可能产生振荡，也可能引起过电压，所以球隙测量电压不大方便。此外球隙测量准确度不高，一般精度可达±3%，用于室外时受强气流、灰尘等影响使得放电较分散，测量较费时间，所以不宜在现场使用，一般用于防止试品击穿的保护。

3. 高压静电电压表测量法

当加电压于两个相对的电极时，两电极上会分别充满异性电荷，电极就会受到静电机械力的作用。测量此静电力的大小，或是测量由静电力所产生的某一极板的偏移（或偏转）来反映所加电压大小的表计称为静电电压表。静电电压表已广泛应用于测量低电压，并且也用它直接测量稳态高电压。由于它的内阻极大，可以把它并在分压器的低压臂上，通过它的电压读数乘以分压比来测量高电压。虽测量精度很高，可交流、直流电压两用，但电压等级较高时，其造价也很高，受户外环境因素影响较大，所以现场户外试验时不常用，主要用于实验室精确测量，并且此方法不能测量冲击电压。

4. 高值电阻串联微安表法

现场使用最多的还是高值电阻串联微安表法。这种方法是采用高压电阻串联微安级电流表而成的测量法。高压电阻可采用金属膜电阻、碳膜电阻，要求阻值稳定，电阻容量及表面爬距也符合测量电压要求。一般将电阻装在密闭绝缘筒内，并采取良好的均压措施，如装防晕帽、防晕环。绝缘筒表面应绝缘良好，减少电阻本体表面及绝缘表面的泄漏电流。必要时微安级电流表应进行屏蔽。其优点是可直接测量高压，测量范围广、精度较高。

5. 电阻分压器测量法

用已知阻值的一高值电阻与一低值电阻串联，测量低值电阻上的电压降，再根据分压比计算出被测高压。为安全起见，在低值电阻两端要并联一低压放电管。

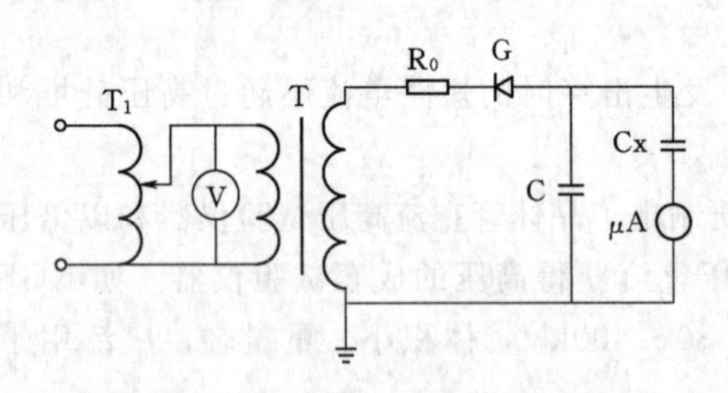

图 3-4 微安表处于低压侧的接线

T—工频试验变压器；R_0—保护电阻；G—硅堆整流器；μA—微安表；C—滤波电容；T_1—调压器

（三）被试品不接地的测试接线

被试品不接地时，测量泄漏电流或直流耐压试验通常采用微安表处于低压的接线，如图 3-4 所示。图中 T 为工频试验变压器，其电压必须满足试验的要求。C 为滤波电容，其作用是使整流电压平稳，加于被试品上的电压越平稳，直流电压的数值也越接近工频交流高压的幅值。

在现场试验时，当被试品电容 C_x 较大时，滤波电容 C 可以不加；当 C_x 较小时，则需接入 0.1μF 左右的电容器以减小电压的脉动。保护电阻 R_0 的作用是限制被试品击穿时的短路电流不超过高压硅堆和变压器的允许值，以保护变压器和硅堆，故 R_0

叫限流电阻，其值可按10Ω/V选取，通常用有机玻璃管充水制成，其表面爬电距离按3～4kV/cm考虑。微安表作用是测量泄漏电流，它的量程可根据被试品的种类及绝缘情况等适当选择。

微安表处于低压的接线较简便，这时微安表接在接地端，读数安全、方便，而且高压引线的泄漏电流、整流管和保护电阻绝缘支架的泄漏电流以及试验变压器本身的泄漏电流均直接流入试验变压器的接地端而不会流入微安表，故测量比较精确。但此接线被试品不能直接接地，而现场电力设备一般需一端接地，故不适用于现场试验。微安表处于低压侧的接线如图3-4所示。

（四）被试品一极接地的测试接线

为适用于现场被试品外壳接地的情况，测量泄漏电流或直流耐压试验可采用微安表处于高压侧的接线，如图3-5所示的接线方式。此时微安表在高压侧，为了避免由微安表到被试品的连接导线上产生的电晕电流以及沿支柱绝缘子表面的泄漏电流流过微安表，需将微安表及其到被试品的高压引线屏蔽起来，使其处于等电位屏蔽中，而屏蔽对地的泄漏电流不通过微安表，不会带来测量的误差。但此接线，微安表对地需良好绝缘并加以屏蔽，在试验中调整微安表量程时，必须用绝缘棒，操作不便，且由于微安表距离人较远，不易读数。

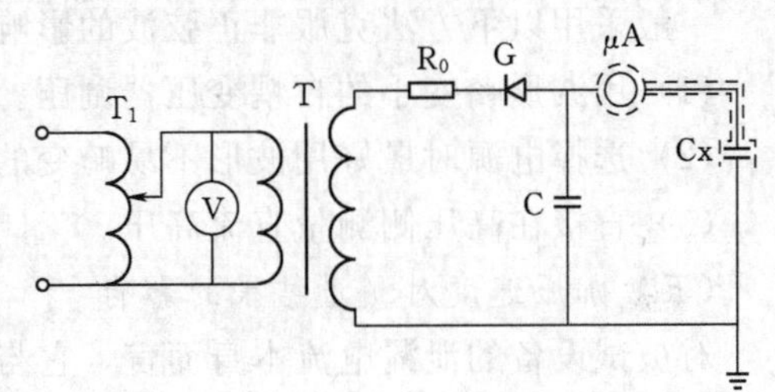

图3-5　微安表处于高压侧的接线

三、影响泄漏电流测量的因素

（一）高压连接导线对地泄漏电流的影响

由于连接被试品的高压导线是暴露在空气中的，当其表面电场强度高于20kV/cm时，沿导线表面的空气发生电离，对地有一定的泄漏电流，这一部分电流会经过回路而流过微安表，因而影响测量结果的准确度。要限制电晕电流流过微安表，唯一的方法就是把微安表移至被试设备的上端。然而要把微安表固定在设备的上端是比较困难的，所以一般是把微安表固定在升压变压器的上端。这时就必须用屏蔽线作引线，也要用金属外壳把微安表屏蔽起来。根据电晕原理，采用粗短的导线、增加导线对地距离、避免导线有毛刺等措施，可减小电晕对测量结果的影响。

（二）试品表面泄漏电流的影响

泄漏电流可分为体积泄漏电流和表面泄漏电流两种，表面泄漏电流的大小，主要决定于被试品的表面情况，如表面受潮、脏污等。若绝缘内部没有缺陷，而仅表面受潮，实际上并不会降低其内部绝缘强度。为了真实反映绝缘内部情况，在泄漏电流测量中，所要测量的只是体积泄漏电流。但在实际测量中，表面泄漏电流往往大于体积泄漏电流，这给分析、判断被试品的绝缘状态带来困难，因此必须消除表面泄漏电流对真实测量结果的影响。

一种消除的办法是使被试设备表面干燥、清洁，且高压端引线与接地端保持足够的距离；另一种是采用屏蔽环将表面泄漏电流直接短接，使之不流过微安表。

（三）温度的影响

与绝缘电阻测量相似，温度对泄漏电流测量结果有显著影响。温度升高，绝缘电阻下降，泄漏电流增大。不同试品及不同材料、不同结构的试品其变化特性不同。经验证明，对于B级绝缘发电机的泄漏电流，温度每升高10℃，泄漏电流增加0.6倍。因此，对于不同温度下测得泄漏电流值进行比较时，应考虑温度的影响。《规程》给出了部分设备不同温度下的泄漏电流参考值。

（四）电源电压的非正弦波形对测量结果的影响

在进行泄漏电流测量时，供给整流设备的交流高压应该是正弦波形。如果供给整流设备的交流电压不是正弦波，则对测量结果是有影响的，会造成输出电压的偏高或偏低，影响电压波形的主要是三次谐波。

一般采用以下方法克服非正弦波的影响：

(1) 用波形畸变小的自耦变压器调压。

(2) 选择电源时最好用波形不易畸变的线电压。

(3) 直接在高压侧测量直流高压。

（五）加压速度对测量结果的影响

对被试设备的泄漏电流本身而言，它与加压速度无关，但是用微安表读取的并不一定是真实的泄漏电流，而可能包含电容电流和吸收电流。而泄漏电流又是指加压1min时的泄漏电流值，这样加压速度就会对读数产生一定的影响。

对于大容量试品（如长电缆、电容器等），吸收现象很强，吸收电流衰减得很慢，可达数分钟甚至更长，显然加压1min时的泄漏电流值还包含吸收电流，而这一部分吸收电流与加压速度有关。如果电压是逐渐加上的，则加压的过程中就完成吸收过程，读取的电流值就较小；如果电压是很快加上的，或一下子加上的，则加压过程中就没有完成吸收过程，而在同一时间下读取的电流就会大一些。对容量大的设备都是如此，而对容量小的设备，因为吸收过程不明显，加压速度所产生的影响就不大了。

为了得到较准确的测量数据，应采取逐级加压的方式并规定相应的升压速度和电压稳定时间。《规程》中对电缆直流耐压试验及泄漏电流测量规定的电压稳定时间为5min。这是为了克服吸收现象造成的测量误差，一般现场测量时也都采用逐级加压方式。

（六）残余电荷的影响

同测量绝缘电阻一样，试品残余电荷对泄漏电流测量也有影响。残余电荷极性与直流输出电压相同极性时，泄漏电流值会偏小；极性相反时，会偏大。因此，泄漏电流试验前和重复试验时，均要对试品进行充分放电。

（七）输出电压极性的影响

(1) 电渗现象使不同极性试验电压下油纸绝缘电气设备的泄漏电流测量值不同。电渗现象是指在外加电场作用下，液体通过多孔固体的运动现象，它是胶体中常见的电动现象之一。由于多孔固体在与液体接触的交接处，因吸附离子或本身的电离而带电荷，液体则带相反电荷，因此在外电场作用下，液体会对固体发生相对移动。

运行经验表明，电缆或变压器的绝缘受潮通常是从外皮或外壳开始的。根据电渗现象，电缆或变压器绝缘中的水分在电场作用下带正电，当电缆芯或变压器绕组加正极性电压时，绝缘中的水分被其排斥而渗向外皮或外壳，使其水分含量相对减小，从而导致泄漏电流减小。当电缆芯或变压器绕组加负极性电压时，绝缘中的水分被其吸引而渗过绝缘向电缆芯或变压器绕组移动，使其绝缘中高场强的水分相对增加，导致泄漏电流增大。

试验电压的极性对新电缆和变压器的测量结果无影响。因为新电缆和变压器基本没有受潮，所含水分甚微，在电场作用下，电渗现象很弱，故正、负极性试验电压下的泄漏电流相同。

试验电压的极性对旧的电缆和变压器的测量结果有明显的影响，基本规律如下：

1）对受潮的绝缘，当外加电压为额定试验电压的50%～80%时，试验电压的极性对泄漏电流影响最大，绝缘中的场强足以使其中的水分充分移动，导致负极性试验电压时绝缘中高场强区含有水分相对增加较多，而正极性试验电压的绝缘中含有的水分相对较少，两种因素综合起来使得此时试验电压的极性对泄漏电流影响最大。

2）不管屏蔽与否，负极性试验电压下的泄漏电流总是大于正极性试验电压下的泄漏电流。这是因为电渗现象主要发生在绝缘内部，只影响体积泄漏电流，所以只要外界干扰和表面泄漏电流不起主导作用时，上述规律总是成立的。

（2）试验电压的极性效应对引线电晕电流的影响。在不均匀、不对称电场中，外加电压极性不同，其放电过程及放电电压不同的现象，称为极性效应。在进行直流泄漏电流试验时，其高压引线对地构成的电场可等效为棒-板电场，外施直流试验电压的极性不同时，高压引线的电晕电流是不同的。特别是对于泄漏电流较小的电力设备高压引线的电晕电流对其测量结果的影响更大。

综上所述，直流试验电压极性对电力设备泄漏电流的测量结果是有影响的。因此测量泄漏电流时，应施加负极性直流高压并读取5min时的泄漏电流值。同样，用兆欧表测量绝缘电阻时，为了易于发现缺陷，也在“L”端子输出负极性高压。

四、异常现象分析及注意事项

（一）异常现象分析

1. 从微安表反映出的异常现象

（1）指针来回摆动。这可能是由于电源电压波动，直流电压脉动系数大或试验回路和被试品有充放电过程。若摆动不大，可取其平均值；摆动大则应检查主回路和微安表的滤波电容是否良好，电容量是否合适，必要时可改变滤波方式。

（2）指针周期性摆动。这可能是被试品绝缘不良或回路存在反充电所致，应查明原因。

（3）指针突然冲击。若有小冲击，可能是电流回路引起；若有大冲击，可能是试验回路或被试品出现闪络或间歇性放电引起。遇到这种异常情况时，应立即降压，并查明原因。

（4）指针随测量时间而变化。若指示逐渐降低，可能是充电电流减小或被试品表面电阻增大引起的；若指示逐渐上升，一般是被试品绝缘老化引起的。

（5）指针反指。这可能是微安表极性接错或被试品对测压电阻放电引起的。

(6) 接好线，未加压，微安表即有指示。这可能是由于外界干扰，微安表表面极化或地电位抬高引起的。

2. 从泄漏电流数值反映出的异常情况

(1) 泄漏电流过大。这时应先对试品、试验接线、屏蔽、加压高低等进行检查，然后依据影响泄漏电流的因素，排除外界影响后，才能对试品下结论。

(2) 泄漏电流过小。这可能是由于接线有问题，加压不够，微安表有分流等引起的。

(3) 对无法在试品低压端进行测量的试品，当泄漏电流偏大时，可考虑采用差值法，即先将高压引线悬空升压，测得一泄漏电流，然后将高压引线接试品，再升压测得一泄漏电流，后者减前者即为试品泄漏电流值。差值法可以排除高压引线、试验设备高压端等部分的杂散电流对泄漏电流的影响。

（二）注意事项

(1) 按要求接线，并由专人认真检查接线和仪器仪表，尤其是检查操作部分外壳是否可靠接地。确认无误后，方可通电升压。

(2) 升压应分级进行，不可太快。

(3) 升压中若出现击穿、闪络等异常现象，应马上降压断开电源，并查明原因。

(4) 试验完毕，降压、断开电源后，均应先对被试品充分放电才能更改接线。对大容量被试品放电时，应采用高电阻放电，不能用接地线直接放电。放电时应注意放电的位置，对微安表接在高压侧的，应对高压引线芯线放电，以免放电电流直接流过微安表，将微安表冲击烧坏；对微安表接在低压侧和试品低压端这两种情况，放电前应先将微安表短接后再放电。对附近设备有可能存有感应电荷时，也应放电或预先短接。如测电缆其中一相泄漏电流时，应将非被测两相电缆短路接地。

五、测量结果的分析判断

对电气设备进行泄漏电流测量后，应对测量结果进行认真、全面地分析，以判断设备的绝缘状况。

对泄漏电流测量结果进行分析、判断可从以下几方面着手：

1. 将测量结果与规定值比较

泄漏电流的规定值就是其允许的标准，它是在生产实践中根据积累多年经验制定出来的，一般能说明绝缘状况。对于一定的设备，具有一定的规定标准。这是最简便的判断方法。

2. 比较法

这与测量绝缘电阻时所介绍的方法相似。但是，在分析泄漏电流测量结果时，还常采用不对称系数（即三相之中的最大值和最小值的比）进行分析、判断。一般要求，不对称系数不大于2。

3. 电流-电压曲线法

利用测量值作出泄漏电流与试验电压的关系曲线，通过曲线可以说明绝缘在高压下的状况。如果在试验电压下，泄漏电流与试验电压的关系曲线是一近似直线（且泄漏电流值未超标），可说明绝缘没有严重缺陷，如果是曲线，而且形状陡峭，则说明绝缘有缺陷。

第三节　工频交流耐压试验

一、常用试验接线

对电气设备进行工频交流耐压试验时，常利用工频高压试验变压器来获得工频高压，其接线的原理如图3-6所示。

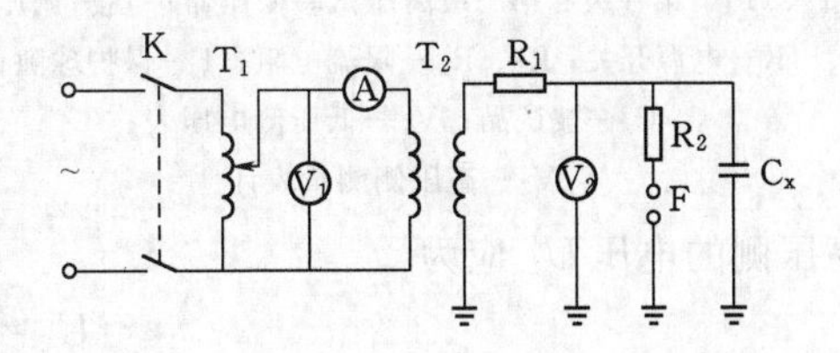

图3-6　工频交流耐压试验接线原理图

T_2—高压试验变压器；T_1—调压器；K—电源开关；R_1、R_2—限流电阻；F—保护球隙；C_x—被试品；V_1—低压侧电压表；V_2—高压侧测量表计

通常试品都是容性负载。试验时，电压应从零开始逐渐升高。如果在工频试验变压器初级绕组上不是由零逐渐升压，而是突然加压，则由于励磁涌流，会在试品上出现过高的电压；或者在试验中突然将电源切断，这相当于切除空载变压器也将引起过电压，因此必须通过调压器逐渐升压和降压。R是试验变压器的保护电阻（也称限流电阻）。如果试验时试品突然击穿或放电，工频试验变压器不仅由于短路会产生过电流，而且还将由于绕组内部的电磁振荡，在工频试验变压器匝间或层间绝缘上引起过电压，为此在工频试验变压器高压出线端串联一个保护电阻R。保护的数值不应太大或太小。阻值太小，短路电流过大，起不到应有的保护作用；阻值太大，会在正常工作时由于负载电流而有较大的电压降和功率损耗，从而影响加到被试品上的电压值。一般R_1的数值可按回路放电电流限制到工频试验变压器额定电流的1～4倍左右来选择，通常取0.1Ω/V。

二、串级式试验接线

当单台工频试验变压器的额定电压提高时，其体积和质量将迅速增加，不仅在绝缘结构的制造上带来困难，而且费用也大幅度增加，运输上也增加了困难。因此，当试验电压等级较高时，常将2～3台较低的工频试验变压器串接起来使用。

图3-7为两台试验变压器组成的串级回路。第一级变压器T_2的低压绕组直接由调压器T_1供电，高压绕组末端与器身相连且接地。高压端分段给第二级变压器T_3提高对地电位，同时给T_3一次侧励磁。因此，输出电压为两台试验变压器的输出电压之和。当两级电压相同时，第一级试验变压器的容量是第二级的两倍。当串级连接时，要特别注意极性的一致，否则两台试验变压器输出电压相减，使输出电压降低。若两级试验变压器主绕组变比都为K，正确串级后的变比为$2K$。串级试验变压器的第二级以及后面各级应有相应的对地绝缘，且其低压侧、铁芯、外壳和高压侧的低电位端应连接在一起，保持等电位。

三、交流高压的测量

测量交流高压的方法很多，概括起来分为两类：一类是在高压试验变压器的低压侧间接测量；另一类是在高压试验变压器的高压侧直接测量。对于电容量较小的试

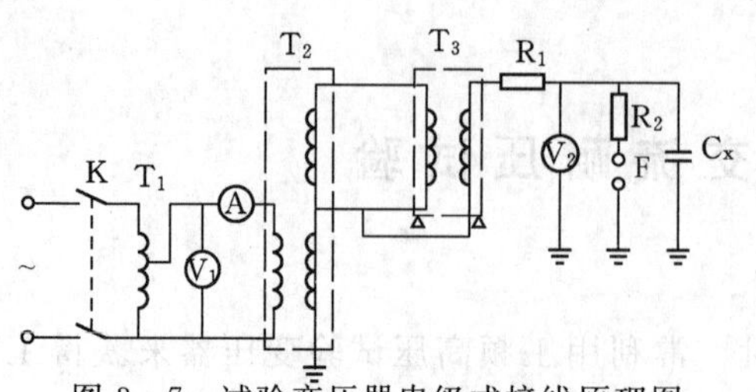

图 3-7 试验变压器串级式接线原理图

T_2、T_3—第一级和第二级高压试验变压器；T_1—调压器；
K—电源开关；R_1、R_2—限流电阻；F—保护球隙；
C_x—被试品；V_1—低压侧电压表；
V_2—高压侧测量表计

品（如断路器、隔离开关、瓷绝缘子和绝缘工具等）可以采用低压侧测量，而当试品的电容量较大时，必须在高压侧直接测量，否则会引起很大的误差。

（一）在低压侧测量

这种方法是在试验变压器的低压侧或测量绕组的端子上，用电压表进行测量，然后通过换算来确定高压侧的电压。若电压表的读数为 U_1，那么高压侧的电压 U_2 应为

$$U_2 = KU_1 \tag{3-1}$$

式中 K——高压绕组与低压绕组或测量绕组之间的变比，可查铭牌或通过校核获得。

对于成套设备，通常在低压侧电压表上直接采用乘上变比 K 的刻度值，以便于直接读数。这种方法的优点是测量方便、经济，缺点是准确性不高。

（二）在高压侧测量

在进行交流耐压试验时，当试品为容性设备时，试验回路的电流基本是属于容性的。容性电流在试验变压器的绕组上要产生漏抗压降，使得试品的电压升高，也就是通常所说的容升现象。

3-3

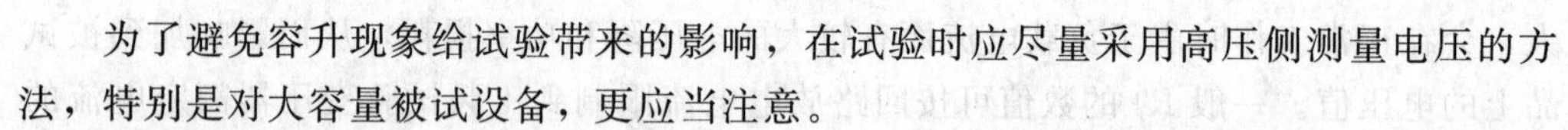

为了避免容升现象给试验带来的影响，在试验时应尽量采用高压侧测量电压的方法，特别是对大容量被试设备，更应当注意。

高压侧测量电压的方法通常有以下几种。

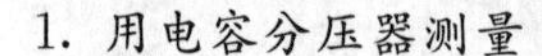

1. 用电容分压器测量

电容分压器测量原理是将被测电压通过串联的电容分压器进行分压，测出其中低阻抗（压降小）电容上的电压，再用分压比算出被测电压值，即

$$U = \frac{C_1 + C_2}{C_1} U_2 \tag{3-2}$$

式中 U——被测电压值；

C_1——高压臂电容；

C_2——低压臂电容；

U_2——低压电压表的读数。

电容分压器结构简单、携带方便、准确度较高，所以用电容分压器测量交流高压是目前现场常用的方法。

2. 用静电电压表测量

静电电压表测量也是现场常用的测量高压的方法。测量时将静电电压表并联在试品的两端，可直接读出加在试品上的高电压。这种方法比较简单、准确。静电电压表的结构主要有两个电极：一个是固定电极；另一个是可动电极。利用这两个电极间的

电场力使可动电极偏转来测量电压。

静电电压表能耐受的电压由两极间的距离及固定高压电极的绝缘支柱表面的放电电压所决定。改变电极间距离，能改变测量电压范围，所以静电电压表常为多量程。静电电压表还可以测量频率高达1MHz的电压。

静电电压表两极间通常以空气为绝缘介质，电容量极小（10～30pF），因此阻抗较大，测量时几乎不改变试品上的电压。

当电压等级较高时，静电电压表的电极通常暴露在外面，无屏蔽密封措施，使用时受风、天气、外界电磁场干扰影响较大，现场不宜使用，多用于实验室里。

3. 用球隙测量

采用球隙直接测量高压侧的电压是高压试验中最基本的测量方法，已经有数十年的历史，积累了大量的使用经验，制定了准确度达±3%的标准。此法不仅可以用来测量交流高压幅值，同样也可以用来测量冲击电压及直流电压。

在一定的大气条件下，一定直径的铜球，当球隙距离一定时，其击穿电压是固定的，因此可以利用球隙来测量高压。球隙的装置比较简单，能够直接测出很高的电压，所以一般来说，在试验室中使用起来较方便。但在现场条件下使用往往带来很大的误差，甚至达到无法使用的程度。所以，在室外现场的电力设备绝缘预防性试验中，用球隙测量高压是不现实的。

4. 用电压互感器测量

在试品两端并联一只准确度较高（0.5）级的电压互感器，在电压互感器的低压侧用电压表测量，然后乘以互感器的变比即可换算出高压侧的电压。

这种方法测量简单，准确度高，但测量电压不宜太高。测量电压太高则要求电压互感器的一次电压高，使制造出的电压互感器体积大、成本高，且不易携带。

四、试验步骤及异常现象分析

1. 试验步骤

(1) 根据被试验设备的容量合理选择试验设备、表计的电压测量方法。

试品试验电流按下式计算：

$$I=\omega CU\times 10^{-6} \tag{3-3}$$

式中 I——试验电流，mA；

ω——电源角频率；

C——试品电容，pF；

U——试验电压，kV。

试品试验容量的计算按下式进行：

$$S=\omega CU^2\times 10^{-9} \tag{3-4}$$

式中 S——试验容量，kVA。

选择试验设备时，试验设备的额定电流和容量都要大于试品的试验电流和容量，并应保持一定的裕度。

(2) 按试验接线图接好线后，应由专人检查，确认无误后方可准备加压。

(3) 加压前要检查调压器是否在“零位”，若在“零位”方可加压，而且要高呼

“加高压”后，经工作负责人同意才能实施加压操作。调整保护球隙，使其放电电压为试验电压的105％～110％，连续试验三次，应无明显差别，并检查过流保护装置动作的可靠性。

（4）升压过程中应监视电压表及其他表计的变化，当电压升高至0.5倍额定试验电压时，读取被试设备的电容电流；当电压升至额定试验电压时，开始计算时间，时间到后缓慢降压。

（5）对于升压速度，在达到1/3试验电压以下可以稍快一些，其后升压应均匀，约按3％试验电压每秒升压，或升至额定试验电压的时间为10～15s。

（6）试验中，若发现指针摆动或被试设备、试验设备发出异常响声、冒烟、冒火等，应立即降压，并在高压侧挂上地线后查明原因。

（7）被试设备无明确规定者，一般耐压时间为1min。对绝缘棒等用具，耐压时间为5min。试验后应在挂上接地棒后触摸有关部位，应无发热现象。

（8）电压降低零后，应断开试验电源，在加压设备输出端装设接地线后，方可通知有关人员变更接线。

（9）试验前后，应测量被试设备的绝缘电阻及吸收比，两次测量结果不应有明显差别。

2. 试验中的异常现象分析

（1）当调压器通电后，发出沉重的声响。这可能是将220V的调压器错接到380V的电源上了，若此时电流出现异常读数，则可能是调压器不在“零位”，并且其输出侧有短路或类似短路的情况，最常见的是接地棒忘记摘除。

（2）接通电压后，电压表马上有指示。这说明调压器不在“零位”，若电压表指示甚大，并伴有声响，则可能马上嗅出味来。

（3）接通电源后，调节调压器，电压表无指示。这可能是由于自耦调压器碳刷接触不良，或电压表回路不通，或变压器测量线圈有断线。

（4）在升压过程中，电压缓慢上升，而电流急剧上升。这可能是由于试品存在短路或类似短路的情况所致，也可能是被试品容量过大或接近于谐振。

（5）随着调压器往上调节，电流下降，电压基本不变或有下降趋势，这可能是由于试验负荷过大、电源容量不够。在这种情况下，可改用大容量电源进行尝试。此外，也可能是受到波形畸变的影响。

（6）在升压过程中，随着移圈调压器调节把手的移动，输出电压不均匀地上升，而出现一个马鞍形，即常说的“N形曲线”。这是由于移圈调压器的漏抗与负载电容的容抗相匹配而发生串联谐振造成的。遇到这种情况，可以采用增大限流电阻或改变回路参数的办法来解决。

（7）被试设备在耐压试验时是合格的，但是在试验后却发现被击穿了。这可能是由于试验后忘记降压而直接拉闸所造成的。

3. 交流耐压试验结果的分析判断

被试设备一般经过交流耐压试验，在规定的持续时间内不发生击穿为合格，否则，为不合格。被试设备是否击穿，可根据下述情况分析、判断：

(1) 一般情况下，若电流表的指示突然下降，则表明被试设备可能击穿。

(2) 若过流继电器整定值适当，则被试设备击穿时，过电流继电器要动作，切除电源。若整定值过小，可能在升压过程中，并非被试设备击穿，而是试品电流较大，过流继电器动作跳闸。若整定值过大，即使被试设备放电或发生小电流击穿，也不会有反应。

(3) 在试验过程中，如被试设备发出击穿声响、断续放电声响，发生冒烟、出气、焦臭、跳火以及燃烧等情况，一般都是不允许的。当查明这种情况确实来自被试设备的绝缘部分时，则认为被试设备存在问题或被击穿了。

(4) 当被试设备为有机绝缘材料，试验后，立刻进行触摸，如出现普遍或局部发热，都认为绝缘不良。

(5) 对组合绝缘设备或有机绝缘材料，耐压前后其绝缘电阻不应下降30%，否则就认为不合格。对于纯瓷绝缘或表面以瓷绝缘为主的设备，易受气候条件影响，可酌情处理。

(6) 在试验过程中，因空气湿度、温度或表面脏污等的影响，仅引起表面滑闪放电或空气放电，则不应认为不合格。而应在经过清洁、干燥等处理后，再进行试验。若并非由于外界因素影响，而是由于瓷件表面釉层绝缘损伤、老化等引起的，则认为不合格。

(7) 进行综合分析、判断。应当指出，有的设备即使通过了耐压试验，也不一定说明设备毫无问题，特别是像变压器那样有线圈的设备，即使进行了交流耐压试验，也往往不能检查出匝间、层间等缺陷，所以必须结合其他试验项目所得结果进行综合判断。

第四节　感 应 耐 压 试 验

一、试验目的

变压器绝缘主要分为主绝缘与纵绝缘两种，前者主要指绕组对地、相间和不同电压等级绕组间的绝缘；后者是指绕组的匝间、层间和段间的绝缘。因各厂家生产工艺的影响，很多变压器中性点会降低绝缘性能。例如电压为110kV、220kV变压器，其中性点的绝缘分别为35kV与110kV。对于这类变压器进行交流耐压试验，无法获取有效试验结果，此时解决问题的最好办法就是交流感应耐压试验。

感应耐压试验就是在被试品的低压绕组上加足够高的电压，使高压绕组（包括中压绕组）感应出所需的试验电压来。《规程》规定，各绕组的感应电压应为各绕组额定电压的2倍或以上，由于是绕组自身感应出电压，故这种电压在绕组各点的分布接近于运行情况，也就是说可以做到使中性点和线端主绝缘上承受的电压符合试验标准的要求，同时绕组的纵绝缘也受到相应的考验。

根据变压器感应电动势公式为

$$E=4.44fN\Phi_m \tag{3-5}$$

式中　E——绕组感应电动势；

N——绕组匝数；

f——试验电源频率，Hz；

Φ_m——主磁通最大值。

变压器进行感应耐压试验时，施加在变压器绕组上的试验电压高于运行电压数倍。此时必然出现铁芯饱和激磁电流急剧增加达到不能允许的程度，以及变压器发热烧毁。由式可知，如要保持 Φ_m 不变，E 增加一倍，f 也必须增加一倍。为了使变压器在施加 2 倍以上额定电压时铁芯不饱和，就需要提高实验电源的频率至 2 倍频以上，一般频率范围为 100～300Hz，大容量变压器感应耐压试验时，常用 100～250Hz。为避免频率的提高对绝缘的考验加重，在频率超过 100Hz 时，耐压试验时间 t 可由下式计算：

$$t=60\ \frac{100}{f} \tag{3-6}$$

式中 t——加压持续时间，s；

f——试验电源频率，Hz。

一般试验频率采用 100Hz、150Hz、200Hz、250Hz，如果试验频率超过 400Hz，耐压持续时间不得少于 15s。

二、试验电源

感应耐压所需容量是由被试变压器的铁损、励磁无功功率、绕组间和对地电容的充电容量三者所决定。试验电源有中频发电机组、变频电源、三倍频发生装置。如图 3-8 所示为三倍频电源装置原理接线图。三台单相变压器电源侧接成星性接线，负载（二次）侧接成开口三角形。正常情况下，三相电源电压对称，二次开口侧电压接近于零。但当铁芯饱和时，磁通出现平顶波，该平顶波主要由基波和三次谐波构成，如图 3-9 所示。基波磁通在二次绕组上感应产生的基波三相电势之和为零。三次谐波磁通在二次绕组感应产生的三次谐波电势，三相相位相同并串联相加，于是在开口侧得到 150Hz 的电压输出。

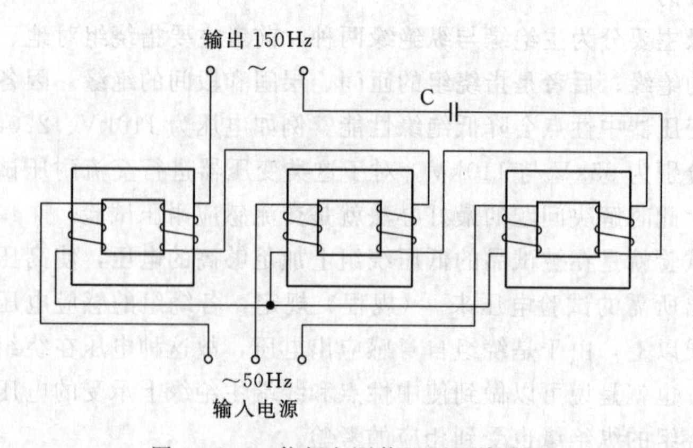

图 3-8　三倍频电源装置原理接线图

为了使铁芯磁通饱和，在实际操作时，电源侧需接一台三相调压器，逐渐升高电压，使三台单相变压器上所加电压超过其额定电压，即过励磁，当所加电压达到其额定电压的140%以上时，铁芯即进入深度饱和，二次侧开口三角即有电压输出。这个电压就是150Hz的三倍频电压。随着电源侧调压器继续升压，铁芯饱和加重，开口三角输出的三倍频电压也随之升高。开口三角输出回路上串联了一个电容器C，作用是用来补偿带负荷后二次侧绕组回路上的压降。

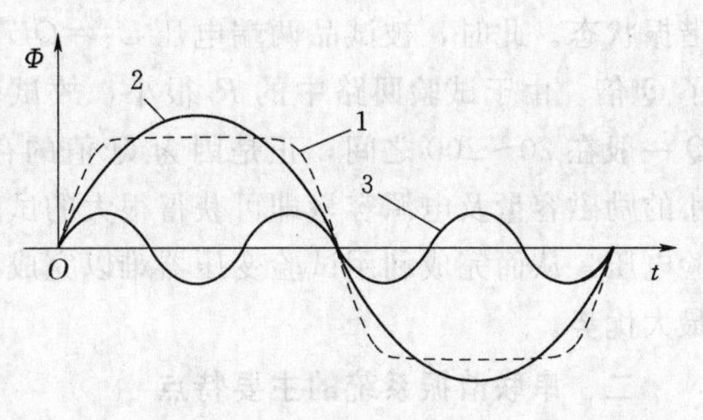

图3-9 平顶波磁通分解为基波和三次谐波之和

1—平顶波；2—基波；3—三次谐波

变压器的感应耐压试验方法及接线详见第六章《电力变压器试验》。

第五节 串联谐振耐压试验

一、变频串联谐振耐压试验的原理

变频串联谐振耐压试验装置由变频电源、励磁变压器、高压电抗器和电容分压器组成，通过改变试验系统的电感量和试验频率，使回路处于谐振状态，此时电路阻抗$Z(\omega_0)=R$为纯电阻，电压和电流同相。这样试验回路中试品上的大部分容性电流与电抗器上的感性电流相抵消，电源只提供回路中消耗的有功功率的能量。其基本原理及等值电路如图3-10所示。

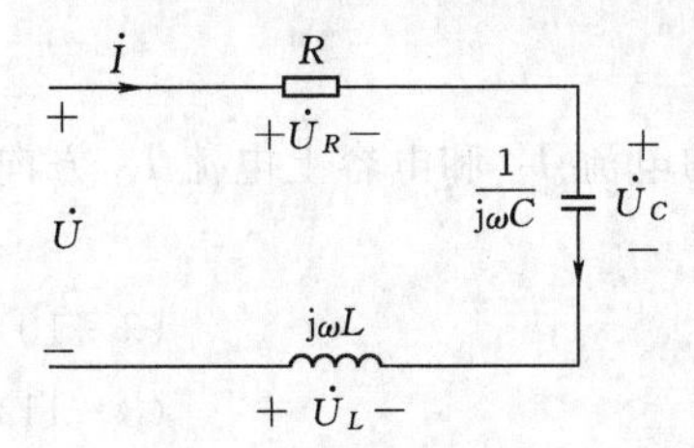

图3-10 串联谐振等值电路图

在图3-10所示等值电路中，感抗等于容抗，即$X_L=2\pi fL=X_C=\frac{1}{2\pi fC}$时，整个电路为纯电阻电路，电路工作在谐振状态。此时回路的谐振频率：$f=\frac{1}{2\pi\sqrt{LC}}$

流经试品的电流和试品两端的电压分别为

$$I=\frac{U}{Z}=\frac{U}{\sqrt{R^2+(X_L-X_C)^2}} \tag{3-7}$$

$$U_C=I_XX_C=\frac{UX_C}{\sqrt{R^2+(X_L-X_C)^2}}=U\frac{U_C}{R}=U\frac{X_L}{R}=QU \tag{3-8}$$

式中 Q——谐振电路的品质因数。

$$Q=\frac{U_C}{U}=\frac{U_L}{U}=\frac{X_L}{R}=\frac{X_C}{R}=\frac{1}{R}\sqrt{\frac{L}{C}} \tag{3-9}$$

采用变频串联谐振成套试验装置对电气设备进行耐压试验时，所配置电抗器的电感量L，被测试品的电容量C_x，回路有功损耗等效电阻R，构成R、L、C串联电路，U为励磁变压器输出。当调节变频电源频率$f=1/2\pi\sqrt{LC_x}$时，被试品回路呈现谐振状态。此时，被试品两端电压 $U_s=QU$，其电压值比励磁变压器的输出 U_0 提高了 Q 倍。由于试验回路中的 R 很小，故试验回路的品质因数很大，在工程应用中，Q 一般在 20～200 之间，正是因为 Q 值的存在，使得利用串联谐振试验时可利用较小的励磁容量及电源容量即可获得很大的试验容量，由较低的励磁电压获得较高的试验电压，从而完成利用试验变压器难以完成的大容量试品的试验，这就是串联谐振的最大优势。

二、串联谐振系统的主要特点

(1) 适用范围广、体积小、重量轻、试验容量大、试验电压高。

(2) 安全可靠性高、操作简洁方便、试验的等效性好。

(3) 串联谐振装置对高次谐波分量回路阻抗很大，所以试品上的电压波形好；同时若在耐压试验过程中发生闪络、击穿，因失去了谐振条件，高电压立即消失，从而使电弧立即熄灭。

(4) 恢复电压建立过程较长，很容易在再次达到闪络电压之前控制电源跳闸，避免重复击穿，恢复电压并不产生任何过冲所引起的过电压。

三、串联谐振系统的主要元件

(一) 电源

当串联回路在谐振状态时，回路成阻性，电感上的电流 I_L 和电容上电流 I_C 方向相反，大小相等，相互抵消。回路中的

视在功率为 $$S=UI \tag{3-10}$$

有功功率为 $$P=I^2R \tag{3-11}$$

无功功率为 $$Q=I^2(X_L-X_C) \tag{3-12}$$

谐振回路的有功损耗还有电晕损耗、频率损耗等，故有功率损耗将会大于 I^2R。谐振回路中的电阻是等效出来的，其实是电抗器的内阻 r_L 和电容器的等效损耗电阻 r_C 之和，所以工程中所测电压和电流之积为电抗器或电容器上的视在功率。谐振回路中电源提供的容量（有功功率等于视在功率），为电抗器上所产生容量的 $1/Q$。

(二) 可变电感

可变电感是在一定范围可连续调整电感值的电抗器，用于试验与回路中电容进行谐振，以获得高电压。电抗器在使用时应注意以下事项：

(1) 电抗器放置必须与周围物件保持一定安全距离。

(2) 电抗器放置过程中严禁放置在铁板上，因为放置在铁板上将产生涡流，影响谐振试验。

(3) 电抗器串联平铺放置式使用时，第 1 节电抗器可直接放置在地上（输入电压低通常才几千伏，并且随设备配置了可拖地的高压引线不存在高压危险），第 2 节电抗器必须在底部放置转配绝缘筒。因为此时在第 2 节电抗器的低压端将产生第 1 节电抗器高压端输出的电压，根据电抗器型号不同、变频电源输出电压不同产生的高压通常都在几万伏。某电抗器的铭牌标称见表 3-1，电抗器外观如图 3-11 所示。

表 3-1　　某电抗器的铭牌标称

额定电压/kV	额定电流/A	电感量/H	工作频率/Hz	单个重量/kg
30	1.9	61.2	20～300	60

（三）电容分压器

电容分压器是直接测量高压侧电压并提供保护信号的装置，谐振系统计算各参数时应考虑电容分压器的电容量。电容分压器外观图如图 3-12 所示。

（四）电容补偿器

当被试品电容量较小（如试验电缆较短）时，在试品两端并联此负载补偿电容器，使试验回路满足谐振条件和试验要求。单独使用此补偿电容器可使系统谐振升压，可用于检验设备的完好与否或指导试验人员进行试验操作。电容补偿器外观图如图 3-13 所示。

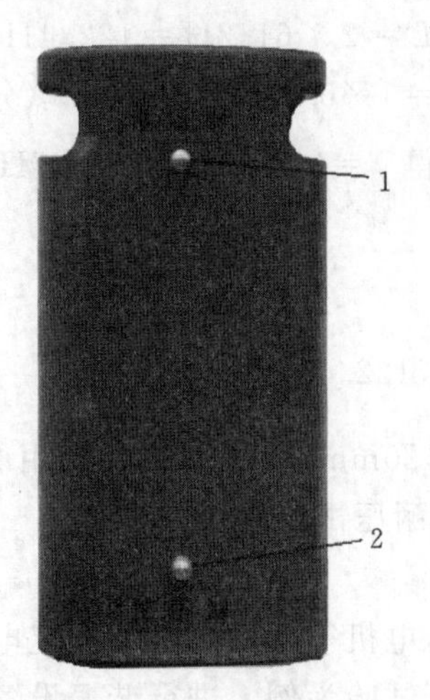

图 3-11　电抗器外观图
1，2—引线端子

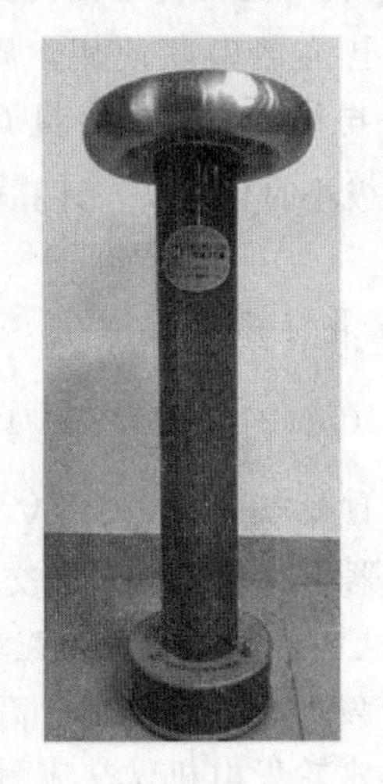

图 3-12　电容分压器外观图

图 3-13　电容补偿器外观图

四、谐振耐压试验中电抗器的组配验算

目前，关于 GIS、交联电缆等大电容量的试品，IEC 有相关的标准支持并推荐使用工频及近似工频（30～300Hz）的交流试验方法进行耐压试验，这种交流电压可以重现与运行工况下相同的场强。对于电压较低的试品，优先选用 45～65Hz 的频率范围。国内各地区也有相应的规程支持交联电缆的非工频交流耐压试验，其试验频率一般在 30～300Hz 范围内。对于 10kV、35kV 的中低压交联电缆，试验电压一般都不高于相电压的 2 倍。

对于发电机、变压器的交流耐压只限于工频耐压，《高电压试验技术　第一部分：一般定义及试验要求》（GB/T 16927.1—2011）规定工频试验频率范围为 45～55Hz。在很多地方，甚至定义为 45～65Hz，也就是说，发电机、电力变压器的工频交流耐压试验的试验频率可以为 45～65Hz。这也使变频交流试验在一定范围内得到了更为广泛的应用。

（一）对频率没有特殊要求的设备试验时电抗器的组配验算

常见对频率没有特殊要求的设备有电缆、高压开关、隔离刀闸、GIS组合电器等。例如对1km规格26kV/35kV（120mm^2）的电缆进行耐压试验，采用西安四方机电有限公司成套串联谐振耐压试验装置。该装置由变频电源、励磁变、高压电抗器、电容分压器（电容量1000pF）、高压补偿电容器等组成，其设备配置步骤如下：

1. 根据试验标准确定试验电压及电抗器的组配

由《电气装置安装工程　电气设备交接试验标准》（GB 50150—2006）可知26kV/35kV交联电缆交接时交流耐压试验电压为$2U_0=2\times26=52$kV，由于XZKY-30/1.9/65电抗器额定电压为30kV，单台不能满足52kV的试验电压要求，就需要2台此型号电抗器串联，总试验电压为：$2\times30\text{kV}=60\text{kV}>52\text{kV}$，则所选电抗器满足试验电压的要求。

2. 测量被试品的电容量并验算电抗器组配是否满足试验的频率要求

根据上一步可得需要配置2个电抗器串联使用，则$L=2\times61.2\text{H}=122.4\text{H}$，1公里规格为26kV/35kV（120mm^2）电缆，估算电容量$C_x=1\times0.14\mu\text{F}=0.14\mu\text{F}$（分压器电容量$C_b=250\text{pF}$与被试品相比极小时可忽略）计算可得$f=1/2\pi\sqrt{LC}=38.47\text{Hz}$在规程允许的频率范围内。

3. 验算回路电流是否超出设备名牌标称

$$I=2\pi f_0CU_c=\frac{U_L}{2\pi f_0L}=52\times10^3/(2\times3.14\times38.47\times122.4)=1.76(\text{A})$$

小于1.9A，可见对于长度为1km，规格为26kV/35kV（120mm^2）电缆试验使用2台型号为XZKY-30/1.9/65的电抗器串联便可满足其交流耐压试验要求。

（二）对频率有特殊要求的设备试验时电抗器的组配验算

常见对频率有特殊要求的设备有发电机、变压器、高压电机等。以满足对额定电压为10.5kV，容量72.5～85MW的水轮发电机做交流耐压试验为例，进行谐振设备的组配。

额定电压为10.5kV，容量72.5～85MW的水轮发电机，其定子绕组单相的对地电容量约为0.694μF，要求试验频率45～65Hz，取频率为45Hz进行验算，则由公式推算得所需电感为18.04H。型号为XZKY-30/1.9/65电抗器的额定电感量为61.2H，用4台同型号电抗器并联才能满足试验要求。此时电路的电感$L=15.3\text{Hz}$，实际谐振频$f_0=\dfrac{1}{2\pi\sqrt{LC}}=49\text{Hz}$，在规程要求范围。

1. 根据试验电压标准选择电抗器组配

按《规程》要求，运行20年以下，大修前或局部更换定子绕组并修好后10.5kV，容量72.5～85MW的水轮发电机其试验电压为$1.5U_N=1.5\times10.5=15.75\text{kV}$，则型号为XZKY-30/1.9/65电抗器额定电压为30kV（大于15.75kV），能满足试验要求。

2. 验算回路电流是否超出设备名牌标称

$$I=2\pi fCU=2\times3.14\times49\times0.694\times10^{-6}\times1.575\times10^4=3.36(\text{A})$$

型号 XZKY－30/1.9/65 电抗器的额定电流为 1.9A，当 4 台并联运行时能保证电抗器的安全运行。

可见对以额定电压为 10.5kV，容量 72.5～85MW 的发电机使用 4 台该型号电抗器并联便可满足其串联谐振的交流耐压试验要求。

五、调频串联谐振接线方式

所谓接线方式，主要是指谐振电抗器的接线方式和励磁变高压侧绕组的连接方式。电抗器接线方式：单台、串联、并联和混联 4 种。电抗器串联示意图如图 3－14 所示，电抗器并联示意图如图 3－15 所示。

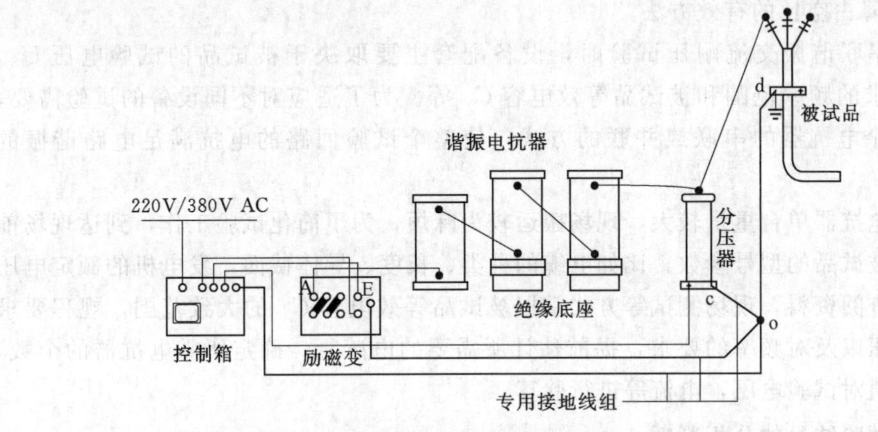

图 3－14　电抗器串联示意图

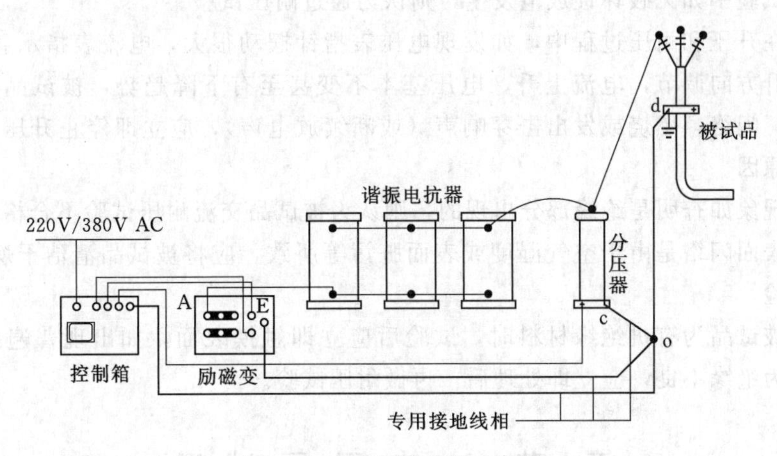

图 3－15　电抗器并联示意图

（1）单台：只采用一台电抗器的简单接线，低电压小电流试验场合或单台大容量电抗器常采用此种接线。

（2）串联：适用于试验电压较高而试验电流较小的场合。

（3）并联：适用于试验电压较低而试验电流较大的场合。

（4）混联：适用于试验参数介于串联与并联之间的场合。

六、试验注意事项

(1) 试验电源的容量必须满足试验要求，试验装置的过流、过压保护必须灵敏可靠，励磁变高压侧应装避雷器。

(2) 湿度对品质因数值影响很大，因此试验应在干燥的天气情况下进行。

(3) 被试品的等效电容包括被试品电容及试验引线和被试品对地的杂散电容。设备的一次接线和设备两端所连引线对地电容引起的，引线越长，C 值越大，Q 值越小，因此高压引线宜采用大直径金属软管。

(4) 电抗器、旁路电容安装均压环，减少线路电晕损耗引起的等效电阻，也是提高 Q 值，降占空比的有效方法。

(5) 串联谐振交流耐压试验时，设备配套主要取决于被试品的试验电压 U_S，被试品要求的频率范围和被试品等效电容 C_x 等。为了适应对不同设备的试验需要，常通过几个电抗器的串联或并联的方式，使整个试验回路的电抗满足电路谐振的需要。

(6) 电抗器单台重量较大，现场搬运较为麻烦，为了简化试验工作，到达现场前详细了解被试品的型号参数，比如电缆的种类、长度、导体截面，发电机的额定电压等，通过查阅资料，现场测试等方式掌握被试品等效电容 C_x 的大致范围，规程要求的试验电压以及对频率的要求，提前估计所需要的电感量，确定所需电抗器的个数，并按估计值对试验电压，电流等进行验算。

七、试验结果的分析判断

(1) 试验中如无破坏性放电发生，则认为通过耐压试验。

(2) 在升压和耐压过程中，如发现电压表指针摆动很大，电流表指示急剧增加，电压往上升方向调节，电流上升、电压基本不变甚至有下降趋势，被试品冒烟、出气、焦臭、闪络、燃烧或发出击穿响声（或断续放电声），应立即停止升压，降压停电后查明原因。

这些现象如查明是绝缘部分出现的，则认为被试品交流耐压试验不合格。如确定被试品的表面闪络是由于空气湿度或表面脏污等所致，应将被试品清洁干燥处理后，再进行试验。

(3) 被试品为有机绝缘材料时，试验后应立即触摸表面，如出现普遍或局部发热，则认为绝缘不良，应立即处理后，再做耐压试验。

第六节 冲 击 耐 压 试 验

一、冲击耐压试验的原理与意义

电力系统中的高压电气设备，除了承受长期的工作电压外，在运行过程中还可能承受短时的雷电过电压和操作过电压的作用。冲击耐压试验就是用来检验高压电气设备在雷电过电压和操作过电压下的绝缘性能和保护性能。

通常高压电气设备在型式试验、出厂试验或大修后需要进行冲击耐压试验。冲击耐压试验分为雷电冲击耐压试验和操作冲击耐压试验，雷电冲击耐压又分为全波耐压试验和截波耐压试验。

二、冲击电压发生器

冲击耐压试验的冲击试验电压由冲击电压发生器产生。通过改变元件的参数，即可产生雷电冲击电压，也可产生操作冲击电压。冲击电压发生器产生冲击电压的基本原理是利用高压电容器充电后对电阻、电容回路进行放电。单级冲击电压发生器的原理接线图如图 3－16 所示。

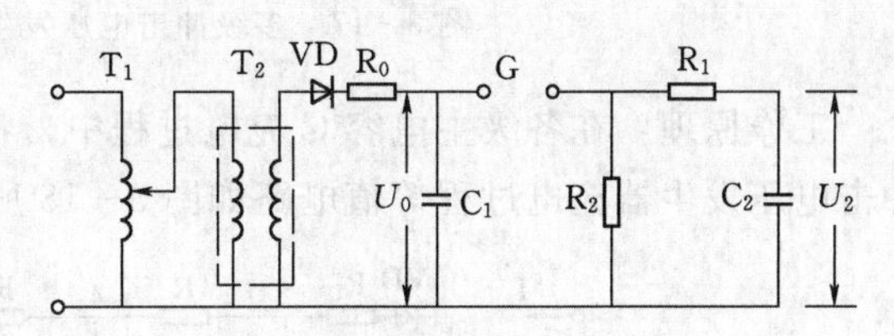

图 3－16　单级冲击电压发生器原理接线图

T_1—调压器；T_2—高压试验变压器；G—球间隙；VD—高压硅整流器；R_0—限流电阻

图 3－16 中，C_2 为被试品的端电容、测量用分压器电容、截断装置等值电容（若产生截断波）的组合；C_1 为主电容，$C_1 \gg C_2$。

工作原理：工频电压经高压试验变压器升压、整流后向高压电容器 C_1 充电，球间隙 G 处于隔离（不放电）状态，直至 C_1 上的充电至稳定电压 U_0（充电过程结束）。然后，球间隙 G 被点火放电，因 $R_2 \gg R_1$，C_1 上的电荷主要经过 R_1 放电，这种放电对 C_2 来说是经 R_1 的充电过程，由于 R_1 阻值较小，所以 C_2 上的电压急速上升，这就构成了冲击电压的波前部分。在这个阶段中，C_2 上的电压升高，而 C_1 上的电压下降。当 C_1、C_2 上电压相等时，C_2 上的电压就不再升高，此时对应值为冲击电压的峰值。之后，C_1、C_2 上电荷共同通过 R_2 放电，由于 R_2 阻值较大，所以放电较缓慢，C_2 上的电压下降也较缓慢，这就构成了冲击电压的波尾部分。由此，R_1 称为波前电阻，R_2 称为波尾电阻，通过改变 R_1、R_2 的数值就可以产生雷电和操作冲击电压。

将 C_2 上的电压峰值 U 与冲击主电容 C 上充电电压 U 之比称为冲击电压发生器的利用系数 η。对图 3－16 所示的冲击电压发生器，若不考虑电阻 R_1、R_2 的影响（对 η 影响不大）时 η 为

$$\eta \approx \frac{C_1}{C_1 + C_2} \tag{3-13}$$

由此可见，C_1 比 C_2 大得越多，效率越高。

由于受到整流设备和电容器额定电压的限制，单级冲击电压发生器的最高电压一般不超过 300kV。但实际的冲击耐压试验中，常常需要产生数千千伏的冲击电压，这只有采用多级电压发生器。

多级电压发生器的基本工作原理是，将多个（即多级）电容器先以并联方式进行充电，充电结束后，通过多个球隙的放电，将各个（级）电容器在一瞬间迅速串联起来向电阻电容回路放电，从而形成峰值很高的冲击电压。多级冲击电压发生器的原理接线图如图 3－17 所示。

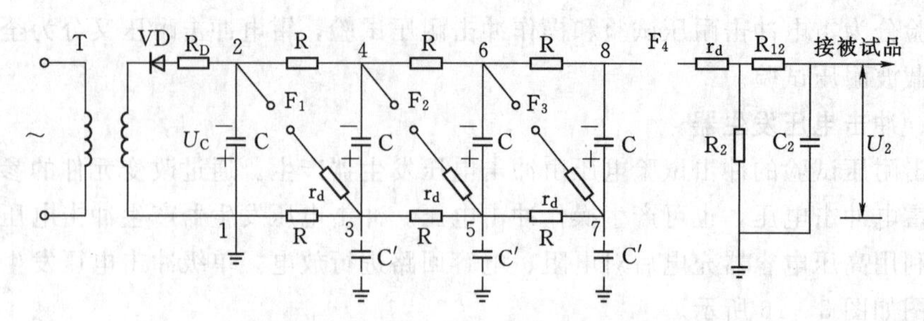

图 3-17　多级冲击电压发生器的原理接线图

工作原理：在各级主电容 C 充电过程中，各球隙处于隔离（不放电）状态。多级冲击电压发生器充电过程等值电路如图 3-18 所示。

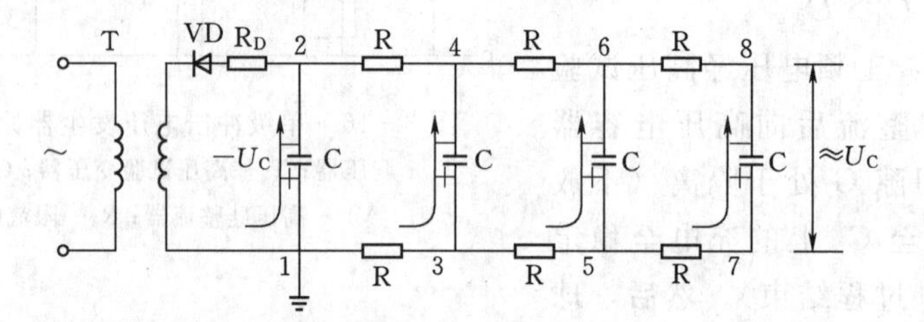

图 3-18　多级冲击电压发生器充电过程等值电路

工频电压升压整流后经保护电阻 R_D和充电电阻 R，给并联的各级主电容 C 充电。充电结束时，节点 1、3、5、7 的电位为零，节点 2、4、6、8 的电位为$-U_C$。由于充电电阻 R 在后面电容器串联放电过程中起隔离作用，所以在实际中，R 一般取足够大，这样充电过程就需要一定时间。

主电容 C 充电结束后，用点火脉冲使第一个球隙 F_1（也称为点火球隙）点火击穿。F_1 被击穿后，直接将节点 2 和节点 3 连接起来（阻尼电阻 r_d主要是为了消除在各级球隙放电时可能发生的、由某些杂散电容和寄生电感所引起的局部振荡。其阻值一般很小，仅数十欧姆，因此完全可以忽略它上面的压降）。此时，节点 3 的电位立刻由零变成$-U_C$（节点 2 的电位）；节点 4 的电位相应地变成$-2U_C$。

此时 F_2 还尚未击穿，而节点 5 的电位改变，取决于该点对地杂散电容 C'上的电位。该杂散电容 C'将由第一级主电容 C，通过 F_1、r_d和节点 3、5 之间的充电电阻 R 对其进行充电。由于 R 值很大，能在节点 3 和节点 5 之间起到很好的隔离作用，因此节点 5 上的杂散电容 C′充电缓慢，暂时仍保持着原来的零电位，致使此时节点 5 的电位一时难以改变，仍然为零电位。这样，作用在火花间隙 F_2 上的电位差，将由原来的 U_C 变为 $2U_C$，F_2 将很快被击穿。

F_2 被击穿后，就使节点 4 和节点 5 连接起来。此时，节点 5 的电位由零突然变成$-2U_C$（节点 4 的电位）；节点 6 的电位相应地变成$-3U_C$；而节点 7 的电位一时还难以改变，仍然为零电位。

这样，作用在火花间隙 F_3 上的电位差将由原来的 U_C 变为 $3U_C$，F_3 将以更快的速度迅速击穿。

以此类推，F_4 也将在 $4U_C$ 的电位差作用下，加速击穿。

由此可见，在火花间隙 F_1 被点火击穿后，各级球隙 F_2、F_3、F_4 将分别在 $2U_C$、$3U_C$、$4U_C$ 的电位差作用下，依次加速击穿。

高压试验变压器 T 和高压硅整流器 VD 构成整流电源，经保护电阻 R_D 向主电容器 C 充电，充电到 U_C，出现在球隙 $F_1 \sim F_4$ 上的电位差也为 U_C，若事先将球间隙调到稍大于 U_C，球隙不会放电。当需要使冲击机动作时，可向点火球隙的针极送去一脉冲电压，针极和球皮之间产生一小火花，引起点火球隙放电，1 点电位由地电位变为 $+U_C$。F_1 上的电位差突然上升到 $2U_C$，F_1 马上放电。同理，F_2、F_3 也跟着放电，各级主电容串联起来了。最后隔离球隙也放电，此时输出电压为 $C_1 \sim C_4$ 上电压的总和（$+4U_C$）。

上述过程可概括为“电容并联充电，而后串联放电”。由并联变成串联是靠一组球隙来达到的，要求这组球隙在 F_1 不放电时都不放电，一旦 F_1 放电，则顺序逐个放电。满足这个条件的称为球隙同步好。

各级球隙被依次击穿后，全部电容器被串联起来，对波尾电阻 R_2 和波前电容 C_2 进行放电，向被试品上输出一个幅值接近 $-4U_C$ 负极性冲击电压波（只要把整流硅堆的极性对调一下，就可得到相应的正极性冲击电压波）。

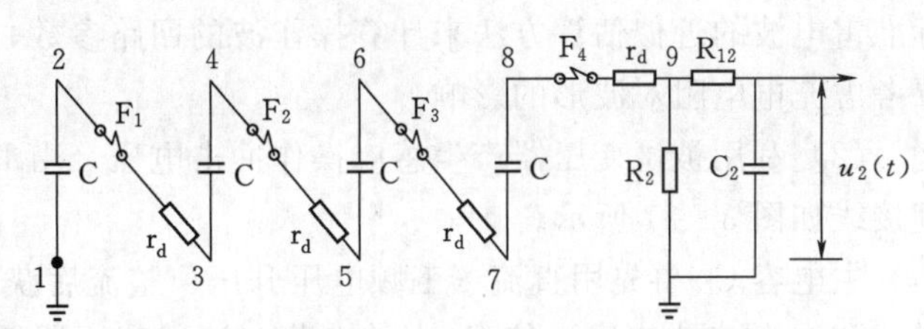

图 3-19　冲击电压发生器放电过程等值电路

考虑充电阻 R 一般都取得足够大，在短暂的放电过程中，可以近似地看作开路，由此可得到多级冲击电压发生器放电过程等值电路，如图 3-19 所示。

若忽略 R_{12} 的影响作用，此电压发生器的效率为

$$\eta \approx \frac{R_2}{R_{11}+R_2} \times \frac{C_1}{C_1+C_2} \tag{3-14}$$

其中

$$R_{11}=nr_d,\ C_1=\frac{C}{n}$$

《电力变压器　第 4 部分：电力变压器和电抗器的雷电冲击和操作冲击试验导则》（GB/T 1094.4—2005）规定，变压器类设备应进行雷电冲击截波试验，以模拟实际情况中绝缘子闪络或避雷器动作时造成的截波。产生截波的原理很简单，如图 3-20 所示，将一截断间隙与被试品并联，调节间隙距离使之具有所需的击穿电压；冲击电压发生器送出一全波，由于截断间隙的击穿，作用在试品上的电压就是截波。以往截断间隙是用简单的棒间隙或球间隙，这个方法有较大的缺点。首先，必须精确地调节间隙的距离，使其具有所需的截断时间，这就必须通过多次试验才能达到。在多次试验时，被试品是不允许接入的。但正式试验时，由于被试品的接入，参数变了，冲击波形（包括幅值）也就

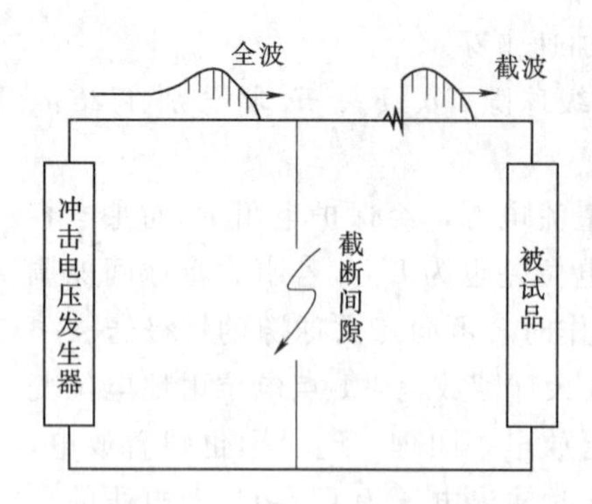

图 3-20 产生冲击截波示意图

变了，从而截断间隙的截断时间就又不同于空载时调整好的数值了。其次，棒间隙本身截断时间的分散性很大，很难保证在需要的时间内动作。球间隙本身截断时间的分散性小，但球间隙截断只能发生在波前和波峰处，不可能发生在波尾。

为了得到截断时间很稳定的截波，截断间隙采用针孔球隙并调节此球隙的无触发击穿电压略大于全波电压。

三、操作冲击电压的产生

操作冲击电压，有以下两种方法。

(1) 利用冲击电压发生器产生操作波。冲击电压发生器可以产生雷电波，调节波头、波尾电阻，可以改变波头波长时间，加大波头、波尾电阻到合适的值，就可以得到标准所规定的操作波。在进行操作波的回路参数计算时需要注意：一是不能用计算标准雷电波的近似估算方法来计算操作波的回路参数，否则将带来很大的误差；二是要考虑充电电阻对波形的影响。

(2) 利用被试变压器产生感应操作冲击电压。由 IEC 推荐的一种操作波发生器原理接线如图 3-21 所示。

主电容 C_0 事先用直流（工频电压升压、整流后获取）充电至稳定值 U_0，然后通过球隙 G 的点火击穿，使 C_0 上的电荷向被试变压器低压绕组放电，被试变压器高压绕组便会因电磁感应而基本上按变比产生高幅值的操作冲击电压波形，如图 3-22 所示。符合要求的操作冲击电压就可对高压绕组进行耐压考验，所以该项试验也称感应操作冲击耐压试验。

操作冲击电压波形的具体形成过程可以用如图 3-23 所示的等值电路来解释。由于操作冲击试验电压的等值频率并不高，所以变压器仍可用 T 形电路来等值。L_1、L_2 代表低压绕组和高压绕组的漏抗；L_m 代表励磁电感；C_2 代表高压侧对地等效电容。各参数均为归算至低压侧后的量值。低压侧对地电容远小于 C_2，因此可忽略。

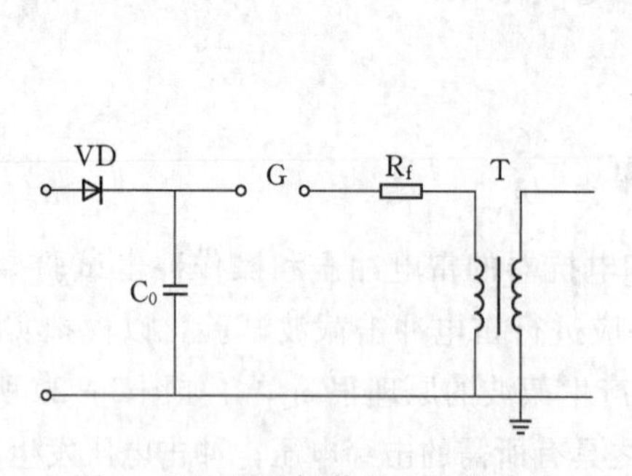

图 3-21 IEC 推荐的一种操作波发生器原理接线

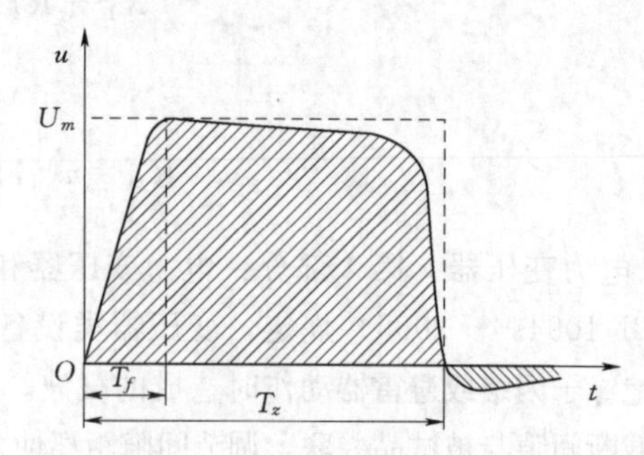

图 3-22 操作冲击电压波形

当主电容 C_0 上充电结束后，通过球隙 G 的点火击穿，经由 R_f、L_1、L_2 向 C_2 充电，使 C_2 上的电压快速升高，形成操作冲击电压的前波。当 C_2 上的电压升至于 C_0

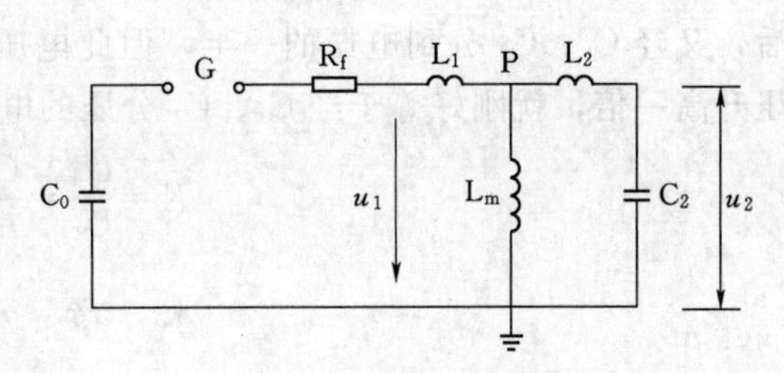

图 3-23　操作冲击电压波形的具体形成过程的等值电路

上电压（其随时间下降）相等时，C_2 上的电压达到峰值。之后，C_2 与 C_0 就共同经 L_m 缓慢放电，C_2 上电压也缓慢下降，但 L_m 中的磁通量在增加。当磁通量增加达到饱和时，L_m 变得很小，C_0、C_2 上的电荷很快泄放完，C_2 上的电压随之急速降落到零，但磁通达到最大。之后，L_m 中的磁通能对 C_0、C_2 反向充电，形成尾部的振荡。由于电阻和铁芯中的损耗，这种振荡很快衰减至零。

四、冲击电压的测量

冲击电压测量系统的测量误差，国际规定全波幅值误差不超过3%，0.5～2μs截断时间内截波幅值误差不超过5%，波形时间参数测量误差不超过10%，为此，测量系统中分压器的误差不超过1%，示波器峰值测量误差不超过2%。常用的测量系统有：

（1）分压器配示波器测量峰值及波形。

（2）分压器配峰值电压表测量峰值。

（3）球隙测量峰值。由于冲击电压存在的时间极短暂，所以要求示波器的方波响应时间小于200ns。采用分压器测量时，由于测量和安全方面的原因，示波器（CRO）或峰值电压表通过一段电缆与分压器连接。为了避免被测冲击电压在电缆两端由于发生反射而引起波形畸变，需接入匹配电阻。采用电阻分压器测量回路的典型接线如图3-24所示。

图3-24中 R_1、R_2 为分压器高、低压臂电阻，R_3、R_4 为匹配电阻，Z为电缆的波电阻。为了防止其波形在电缆两端发生反射，应使

$$R_2+R_3=R_4=Z$$

此时出现在示波器上的电压实际上经过二次分压。一次是（R_3+Z）、R_2 的并联值与 R_1 的分压，分到的电压还要经过 R_3 与Z进行第二次的分压，所以分压比

$$K=\frac{U_1}{U_2}=\frac{R_1+R_2//(R_3+Z)}{R_2//(R_3+Z)}\frac{R_3+Z}{Z}$$

采用电容分压器测量回路的典型接线如图3-25所示。

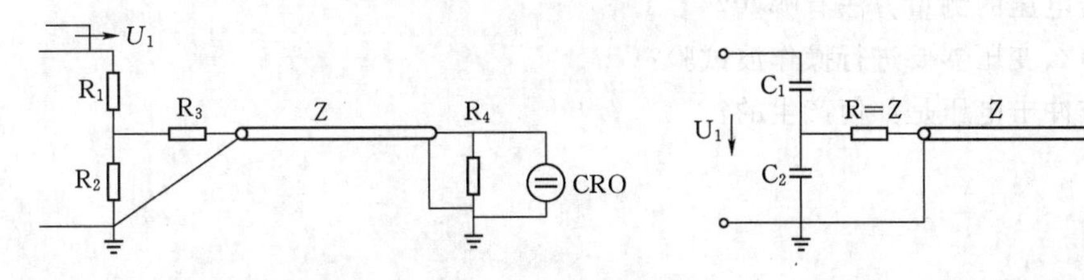

图 3-24　电阻分压器测量回路　　　　图 3-25　电容分压器测量回路

分压器的高压臂为电容 C_1（数值一般为数百至数千皮法），低压臂为电容 C_2（数值视所需分压比而定）。C_1 通常由多个电容器串联而组成。U_1 电压经 C_1、C_2 分压

后，又经 C_1、C_2 分到电压的一半，但此电压传至电缆末端时，发生波的全反射，电压升高一倍，就刚好等于经 C_1、C_2 分压的电压，所以分压比为

$$K=\frac{U_1}{U_2}=\frac{C_1+C_2}{C_2}$$

本　章　小　结

本章介绍了耐压试验的分类，各种耐压试验的原理、试验目的、试验方法，对交流高压的测量方法、试验接线、试验中可能出现的异常现象及试验结果的分析判断等也进行较详细的介绍。

通过学习应了解各种耐压试验的原理和试验目的，重点掌握交流耐压试验的操作方法，提高对试验中可能出现的异常现象及试验结果的分析判断能力。

思　考　与　练　习

(1) 简述交流耐压试验的意义。

(2) 如何选择高压试验变压器？

(3) 简述交流高压的测量方法。

(4) 简述交流耐压试验的操作要点。

(5) 简述交流耐压试验中可能出现的异常现象。

(6) 什么是容升现象？

(7) 交流耐压试验时，电力设备绝缘不合格的可能原因有哪些？

(8) 在交流耐压试验中，如何选择保护电阻？

(9) 交流耐压试验时对升压速度有何要求？

(10) 采用串级试验变压器的目的是什么？

(11) 在交流耐压试验中，为什么要测量试验电压的峰值？

(12) 串联谐振耐压试验的优点是什么？

(13) 变频串联谐振试验时，如何计算谐振频率？

(14) 串联谐振试验时为什么高压引线宜采用大直径金属软管，并要求尽量短？

(15) 简述冲击耐压试验的意义。

(16) 简述冲击电压发生器的工作原理。

(17) 冲击电压的测量方法有哪些？

(18) 为什么变压器要进行操作波试验？

(19) 操作冲击电压是如何产生的？

第四章　介质损耗因数 tanδ 试验

第一节　tanδ 测量的原理和意义

一、电介质的损耗

电介质就是绝缘材料。任何绝缘材料在电压作用下，总会流过一定的电流，所以都有能量损耗。把在电压作用下电介质中产生的一切损耗称为介质损耗或介质损失。

如果电介质损耗很大，会使电介质温度升高，促使绝缘材料老化，甚至造成电介质熔化、烧焦，丧失绝缘性能，导致热击穿。因此，电介质损耗的大小是衡量绝缘介质电性能的一项重要指标。

二、tanδ 测量的原理和意义

在直流电压下，电介质内由于没有周期性极化，局部放电引起的损耗也很小，电介质中的损耗主要是漏导损耗，用绝缘电阻或漏导电流就足以表示了，所以不需引入电介质损耗这个概念。

在交流电压的作用下，电介质中的损耗除了漏导损耗（有功损耗），还有极化、局部放电等引起的无功损耗。流过介质的电流有两个分量：有功分量和无功分量。将有功分量和无功分量的比值称为介质损耗因数 tanδ。由于通常有功分量很小，有功分量所对应的夹角也小，所以测量的 tanδ 也很小。在交流电压下，电介质损耗常以介质损耗因数 tanδ 来表示。

tanδ 是一项表示绝缘内功率损耗大小的参数。对于均匀介质，它实际上反映着单位体的介质损耗，与介质的绝缘尺寸、体积大小无关。通过测量 tanδ，可以反映整个绝缘的分布性缺陷，如绝缘的普遍受潮和老化（油的劣化、有机固体绝缘材料的老化等）。

对于体积较大的试品，如果绝缘内部的缺陷不是分布性的缺陷而是集中性缺陷，此试验方法就不灵敏了。

第二节　tanδ 测量的试验接线及操作方法

测量 tanδ 有平衡电桥法（西林电桥）、不平衡电桥法（M 型介质试验器）、瓦特表法、相敏电路法四种方法。最普遍测量 tanδ 的仪器是 QS1 型高压西林电桥、M-8000 型介损仪等。

4-1

一、QS1 型高压西林电桥的工作原理

QS1 型高压西林电桥（以下简称西林电桥）的原理接线如图 4-1 所示。

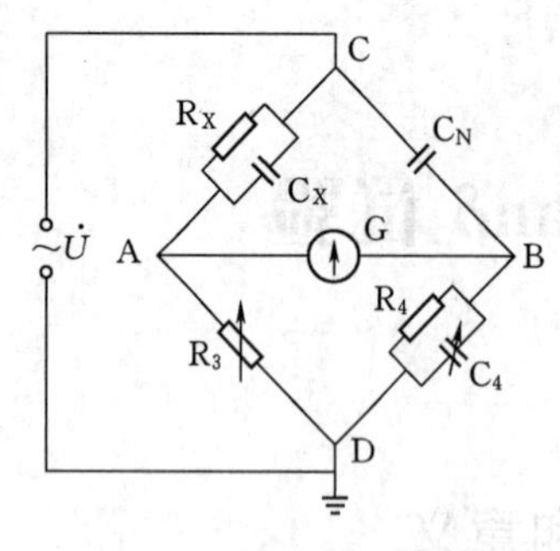

图 4-1　西林电桥原理接线图

西林电桥主要有 CA、CB、AD、BD 四个桥臂组成：CA 为试品的等值电路（C_X、R_X 并联电路）；CB 为标准无损空气电容器 C_N（其 $\tan\delta\approx0$）；AD 为无感可变电阻 R_3；BD 由无感电阻 R_4 和可变电容 C_4 并联组成；在对角线 AB 上接入检流计 G，外试交流电压一般为 10kV。

如果电桥不平衡，检流计中会有电流流过，调节 R_3、C_4，使电桥平衡，即通过检流计的电流为零，此时 A、B 等电位，于是有

$$\frac{Z_{CA}}{Z_{AD}}=\frac{Z_{CB}}{Z_{BD}} \tag{4-1}$$

将各桥臂阻抗代入得

$$\frac{1}{\frac{1}{R_X}+j\omega C_X}\frac{1}{\frac{1}{R_4}+j\omega C_4}=\frac{1}{j\omega C_N}R_3 \tag{4-2}$$

因 $\tan\delta=\frac{1}{\omega C_X R_X}$，化简上式可得

$$\tan\delta=\frac{1}{\omega C_X R_X}=\omega R_4 C_4 \tag{4-3}$$

$$C_X=\frac{R_4 C_N}{R_3}\frac{1}{1+\tan^2\delta}\approx\frac{R_4 C_N}{R_3}（当\ \tan\delta\ll1）$$

在使用的电源频率为 50Hz 时，$\omega=2\pi f=100\pi$。为了便于计算和读数，在电桥制造时，将 R_4 的值取 $\frac{10000}{\pi}=3184$（Ω），于是 $\tan\delta=\omega R_4 C_4=10^6 C_4$，如果 C_4 的单位以 μF 表示，则在数值上 $\tan\delta=C_4$。

综上所述，当电桥平衡时，C_4 的数值（以 μF 为单位）就等于被试品的 tanδ 值。所以在电桥面板的分度盘上，C_4 的数值直接用 tanδ(%) 来表示，方便读取数值。

测量试品的电容量，有时对于判断其绝缘状况也是有价值的，例如，对于电容型套管，如果电容量明显增加，常表示内部电容层间有短路现象，或是有水分浸入。

二、tanδ 测量的试验接线

用西林电桥测量 tanδ 时，常用的接线方式有正接线和反接线。

（一）正接线

图 4-2 为西林电桥正接线原理图。采取这种接线方式时，交流高压加于试品 Z_X 的一端，电桥处于低压端，操作比较安全方便，而且电桥内部不受强电场干扰，所以准确度较高。此时，试品对地必须绝缘，而现场的高压电气设备绝缘的一端通常是接地的，所以正接法往往不适应现场试验的要求，因而多用于实验室测量。

（二）反接线

图 4-3 为西林电桥反接线原理图。反接线时，交流高压从电桥操作部分加入，试品 Z_X 的一端接地。如前所述，由于现场的高压电气设备绝缘的一端通常是接地的，

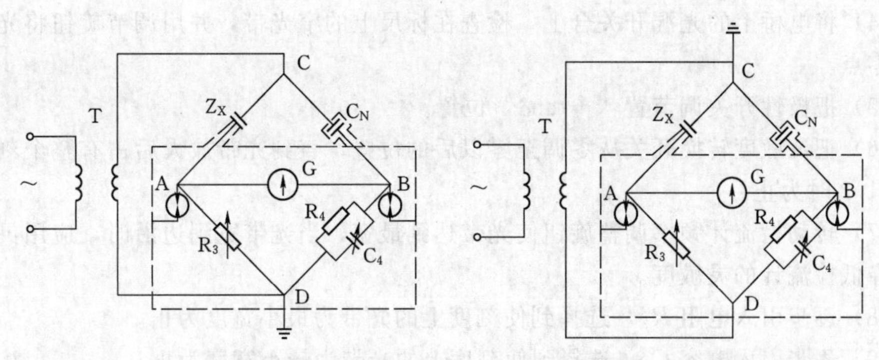

图 4－2　西林电桥正接线原理图　　　　图 4－3　西林电桥反接线原理图

所以反接线适用于现场试验的要求。但是反接线时，电桥内 R_3、C_4 均处于高电压下。所以，为了保证操作的安全，必须采取相应的安全措施，例如，操作者和电桥都应在对地具有良好绝缘的绝缘板上，使操作者和 R_3、C_4 都处于等电位；或者操作者通过绝缘杆进行调节。QS1 型西林电桥就是当电压在 10kV 及以下时，通过电桥面板下装设的绝缘杆来进行调节。

三、QS1 型西林电桥的使用

（一）QS1 型西林电桥的接线方式

1. 正接线

要求试品两端对地绝缘，电桥处于低电位，试验电压不受电桥绝缘水平限制，易于排除高压端对地杂散电流对实际测量结果的影响，抗干扰性强。

2. 反接线

该接线适用于被试品一端接地。测量时，电桥处于高电位，试验电压受电桥绝缘水平限制，高压端对地杂散电流不易消除，抗干扰性差。反接线时，应当注意电桥外壳必须接地，桥体引出的 C_X、C_N 及 E 线均处于高电位，必须保证绝缘，要与接地体外壳保持至少 100mm 的距离。

3. 侧接线

该接线适用于试品一端接地，而电桥又没有足够绝缘强度。进行侧接线测量时，试验电压不受电桥绝缘水平限制。由于该接线电源两端都不接地，电源间干扰和几乎全部杂散电流均引进了测量回路，测量结果误差大，因而很少被采用。

4. 低压法接线

在电桥内装有一套低压电源和标准电容器，这种方法一般只用来测量电容量。

（二）QS1 型西林电桥的操作步骤

（1）根据现场试验条件、试品类型选择试验接线，合理安排试验设备、仪器仪表及操作人员的位置和安全措施。应检查试验接线是否正确。

（2）将 R_3、C_4 及检流计灵敏度置于“零位”位置，极性开关置于“断开”位置。

（3）根据试品电容电流的大小，确定分流电阻 r 的位置。如预先不知道试品的电容量，可先将 r 置于最大一档（1.25A），应在试验变压器高压线圈的接地端串接一只交流毫安表，直接测量电容电流。

（4）将电桥上的光源开关合上，检查在标尺上的窄光带，并用调节旋钮将光带调节置零点。

（5）把极性开关调节置“＋tanδ”位置。

（6）把灵敏度转换开关从零调至零以后的位置，直到光带放大后占有整个刻度的 1/3～1/2 时为止。

（7）转动检流计频率调整旋钮使光带达到最宽，当光带宽到边沿时，应用灵敏度旋钮降低检流计的灵敏度。

（8）逐步引入电阻 R_3，选择到使刻度上的光带为最小宽度为止。

（9）逐步引入电容 C_4，选择到使刻度上的光带为最小宽度为止。

（10）重复校正的 R_3 值，使光带更窄，然后再进行校正的 C_4 值，继续重复上述操作，直至光带收小到开始的宽度（1～2mm）。

（11）逐步增加灵敏度，重复上述操作步骤，直到灵敏度为 10 时，电桥平衡。

（12）记录电阻 R_3，滑线电阻 R_ρ 及 C_4（tanδ）的值，并记录分流器旋钮的位置及极性开关与电源转换开关（指控制调压器的极性改变）的位置。

（13）降低检流计灵敏度后，把极性开关“＋ tanδ”转换至另一位置（接通 2），校正电桥的调整装置，重新测得 R_3、p 及 C_4（tanδ）的值。

（14）试验结束后，把灵敏度开关转至“零位”位置、极性开关转至“断开”位置、试验电压降至零、切除电源，高压引线临时接地。

试品电容量的计算方法如下所示：

分流器旋钮在 0.01A 时，$C_X=\dfrac{C_N R_4}{R_3+\rho}$

分流器旋钮在其他位置时，$C_X=\dfrac{C_N R_4(100+R_3)}{r\cdot(R_3+\rho)}$（$r$ 可由电桥说明书查得）

实际测量结果可取两次测量的平均值。

第三节　影响 tanδ 测量的因素

在现场运行的高压电力设备附近进行 tanδ 测量时，往往会出现周围带电部分对仪器造成的干扰，给测量带来误差。干扰主要分电场干扰和磁场干扰两种。

一、电场干扰

电场干扰主要是由于干扰电源通过带电设备与被试设备之间的电容耦合造成的。当电桥接线接好后，合上试验电源前，先投入检流计，并逐渐增加灵敏度，观察检流计。如果检流计光带明显扩宽（或指针指示电流增加），则说明存在电场干扰，光带越宽说明干扰越强。

为了避免干扰，消除或减小由电场干扰所引起的误差，可采取下列措施：

（1）尽量远离干扰源。在无法远离干扰源时加设屏蔽，用金属屏蔽罩或网将试品与干扰源隔开，并将屏蔽罩与电桥的屏蔽相连，以消除杂散电容的影响。

（2）尽量采用正接线。实践证明，正接线抗干扰性能比反接线强。

（3）提高试验电压。试验电压提高，通过试品的电容电流增大，信噪比提高，干扰电流对 δ 角的影响相对减小。这种方法适用于弱干扰信号的消除。

（4）采用移相电源。在有干扰的情况下，若能使流过试品的电流与干扰电流同相或反相，则测得的 tanδ 就与试品真实值一致，只是电容量 C_X 有差别，应反相再测一次，取平均值便可得到实际值。

应用移相电源消除干扰时，在试验前先将 Z_4 短接，将 R_3 调到最大，使干扰电流尽量通过检流计，并调节移相电源的相角和电压幅值，使检流计指示达最小。这表明流过试品的电流与干扰电流相位相反，移相任务已完成，即可除去电源电压，保持移相电源相位，拆除 Z_4 间的短接线，然后正式开始测量。若在电源电压正、反相两种情况下测得的 tanδ 值相等，说明移相效果良好。此时测得的 tanδ 为真实值。用移相法基本上可消除同频率的电场干扰所造成的测量误差。

（5）采用倒相法。测量时将电源正接和反接各测一次，得到二组测量结果 $\tan\delta_1$、C_1 和 $\tan\delta_2$、C_2，然后进行计算，取两次测量结果的平均值作为试品的 tanδ、C_X。

二、磁场干扰

当电桥靠近电抗器、阻波器等漏磁通较大的设备时，会受到磁场干扰。这一干扰通常是由于磁场作用于电桥检流计内的电流线圈回路引起。

现场测试时，将西林电桥检流计的极性转换开关放在“断开”位置，如果光带展宽即说明有磁场干扰。磁场干扰将造成 tanδ 值测量误差，使其增大或减小。

消除磁场干扰的方法：一种是将电桥移到磁场干扰以外；另一种是在检流计极性转换开关处于两种不同位置时，调节电桥平衡，求得每次平衡时的试品 tanδ 值和 C_X 值，然后再求取两次的平均值，以消除磁场的干扰。

第四节　测量 tanδ 时的注意事项

测量 tanδ 试验时的注意事项主要有以下几方面：

（1）无论采用任何接线方式，电桥本体必须良好接地。

（2）反接线时，三根引线都处于高电位，必须悬空，与周围接地体应保持足够的绝缘距离，此时标准电容器外壳带高电压，也不应有接地的物体与外壳相碰。

（3）为防止检流计损坏，应在检流计灵敏度最低时接通或断开电源。

（4）在体积较大的设备中存在局部缺陷时，测总体的 tanδ 不易反映；而对体积较小的设备就比较容易发现绝缘缺陷。因此，对能分开测试的试品应尽量分开测试。

（5）一般绝缘的 tanδ 值随温度的上升而增大，故应尽量在温度相近的条件下测 tanδ 值，并以此作相互比较。通常以 20℃时的 tanδ 值作标准（绝缘油例外）。为此，一般要求在 10～30℃范围内测量。

（6）试验时被试品的表面应当干燥、清洁，以消除表面泄漏电流的影响。

（7）在进行变压器、电压互感器等绕组的 tanδ 值和电容值的测试时，应将被试设备所有绕组的首尾短接起来，否则会产生很大的误差。

第五节　tanδ 测量值的分析判断

绝缘的 tanδ 值是判断设备绝缘状态的重要参数之一，所以对其测量结果应进行分析判断。分析判断的基本方法如下。

一、与《规程》的规定值比较

例如，对某变电所一台 SFZ1－8000kVA/35kV 型的电力变压器进行试验，试验数据见表 4－1。

表 4－1　SFZ1－8000KVA/35KV 型电力变压器 tanδ 值的测量结果

接线方式	试验电压/kV	tanδ/%	C_X/pf
高-低及地	10	0.486	6509
低-高及地	10	0.487	10510

注　试验接线采用反接线，环境温度 18℃。

分析如下：将试验结果与《规程》的规定值比较，《规程》规定 35kV 及以下的电力变压器，测得的 tanδ% 值不大于 1.5%，可见试验测量结果远小于《规程》的规定值，变压器此项目试验合格。

二、根据 tanδ 测量值的变化进行分析判断

当绝缘有缺陷时，并不一定引起 tanδ 值增加，有时也会使 tanδ 值下降。例如，某变电所一台 120000/220 型自耦变压器，在安装过程中发现进水受潮，但测得的 tanδ 值却下降，试验数据见表 4－2。

表 4－2　120000/220 型自耦变压器 tanδ 值的测量结果

接线方式	出厂试验（35℃）		交接试验（36℃）		进水受潮（36℃）	
	tanδ/%	C_X/pF	tanδ/%	C_X/pF	tanδ/%	C_X/pF
高、中-低及地	0.4	13100	0.4	13100	0.2	13390
低-高、中及地	0.3	14300	0.4	14340	0.1	14640
高、中、低-及地	0.4	13600	0.4	13640	0.2	14010

由表 4－2 可知，变压器受潮后，其 tanδ 明显减小，而 C_X 却增加。

分析如下：当变压器进水受潮后，一方面使其绝缘的等值相对电容介电常数 ε 增加，从而使电容量增加。由于电容量增加，又会导致无功功率 Q 增加。另一方面，还会使绝缘的电导增大，从而使泄漏电流增大，这就导致有功功率 P 增加。因为 $\tan\delta = P/Q$，所以 tanδ 值既有可能增加，也有可能减小，还有可能不变。在这种情况下，若再测量电容量，则有助于综合分析，确定绝缘是否真正受潮。

另外，若绝缘中存在的局部放电缺陷发展到在试验电压下完全击穿并形成低阻短路时，也会使 tanδ 值明显下降。因此，现场用 tanδ 值进行电力设备绝缘分析时，要求 tanδ 值不应有明显的增加和降低，即要求 tanδ 在历次试验中不应有明显的变化。

三、根据电容量的变化进行分析判断

根据现场测试经验，虽然 tanδ 没有超过《规程》的规定值，但可从电容量的变

化进行分析、判断，检查出绝缘缺陷。例如，某发电厂一台JCC2－110型电压互感器的tanδ没有超过规定值3.5%，然而C却下降了25%，试验数据见表4－3。

表4－3 JCC2－110型电压互感器的测量结果（20℃）

测试次数	测试参数		变化率	
	tanδ/%	C_X/pF	tanδ/%	CX/pF
1	0.5	617	＋448	－24.95
2	2.74	463		

分析如下：由于电压互感器中介电常数较大的油被介电常数较小的空气所取代的结果。经检查，该电压互感器瓷套内的油所剩无几。

本 章 小 结

本章介绍了tanδ测量的原理及特点，重点介绍了QS1型高压西林电桥的工作原理，对试验测量设备、试验接线、操作方法、影响tanδ测量的因素及注意事项等也进行较详细的介绍。

思考与练习

（1）引起电介质损耗的原因有哪些？

（2）简述tanδ测量的原理。

（3）tanδ为什么能反映介质损耗的大小？

（4）为什么在交流电压下的介质损耗常用介质损耗因数来表示？

（5）测量tanδ能发现什么类型的缺陷？不易发现什么类型的缺陷？为什么？

（6）说明西林电桥的工作原理，比较正、反接线的优缺点。

（7）电力设备绝缘的tanδ值为什么不能有明显的变化？电容值增大或减小的可能原因是什么？

（8）简述影响介质损耗因数tanδ的因素。

第五章 局部放电试验

第一节 局部放电试验的目的及意义

局部放电是设备绝缘内部存在弱点或生产过程中造成的缺陷，在高电场强度作用下发生重复击穿和熄灭的现象。它表现为绝缘内部气体的击穿、小范围内固体或液体介质的局部击穿或金属表面的边缘及尖角部位场强集中引起局部击穿放电等。这种放电的能量是很小的，所以它的短时存在并不影响到电气设备的绝缘性能。但若电气设备的绝缘在运行电压下不断出现局部放电，这些微弱的放电将产生累积效应，会使绝缘的介电性能逐渐劣化并使局部缺陷扩大，最后导致整个绝缘击穿。

虽然局部放电会使绝缘劣化而导致损坏，但它的发展是需一定时间的，发展时间与设备本身的运行状况、局部放电种类、与其产生的位置及设备的绝缘结构等多种因素有关。因此，一个绝缘系统寿命与放电量的关系很大，这也是该项测试技术有待研究的一个课题。总的来讲，对一个绝缘系统的好坏进行判断的依据是其局部放电越小越好，对于各种电气设备，现行标准规定局部放电量水平主要是考虑了现行普通工艺条件下，以及保证设备在正常运行条件下的使用寿命。对于新设备来讲，放电量应不超过规定值，但超过了标准也不能说不可运行。据大量试验证明可这样认为：超过标准 1 倍的放电量对设备的影响还是不大的；超标 1～4 倍时需分析原因及监视运行；而超标达 10 倍或更多，则设备就可能存在严重的隐形故障，一般都会在 2 个月或 2 年之间暴露出来，并且各种隐形故障往往是其他绝缘试验（包括交流 1min 耐压）检查不出来。因而，测试电气设备的局部放电特性是目前预防电气设备故障的一种好方法。

第二节 局部放电的机制

一、局部放电的分类及定义

局部放电是指发生在电极之间但并未贯通电极的放电，这种放电可能出现在固体绝缘的空穴中，也可能在液体绝缘的气泡中，或不同介电特性的绝缘层间，或金属表面的边缘尖角部位。所以按放电类型来分，大致可分为绝缘材料内部放电、表面放电及高压电极的尖端放电。

二、局部放电主要的几个参量

（1）局部放电的视在电荷。它是指将该电荷瞬时注入试品两端时，引起试品两端电压的瞬时变化量与局部放电本身所引起的电压瞬时变化量相等的电荷量，视在电荷一般用 pC（皮库）来表示。

(2) 局部放电的试验电压。它是指在规定的试验程序中施加的规定电压，在此电压下，试品不呈现超过规定量值的局部放电。

(3) 规定的局部放电量值。在某一规定电压下，对某一给定的试品，在标准或规范中规定的局部放电参量的数值称为规定的局部放电量值。

(4) 局部放电起始电压。它是指当加于试品上的电压从未测量到局部放电的较低值逐渐增加时，直至在试验测试回路中观察到产生这个放电值的最低电压。实际上，起始电压是局部放电量值等于或超过某一规定低值的最低电压。

(5) 局部放电熄灭电压。它是指当加于试品上的电压从已测到局部放电的较高值逐渐降低时，直至在试验测量回路中观察不到这个放电值的最低电压。实际上，熄灭电压是局部放电量值等于或小于某一规定值时的最低电压。

三、内部放电

绝缘材料中含有气隙、杂质、油隙等可能会在介质内部或介质与电极之间放电，称为内部放电。其放电特性与介质特性及夹杂物的形状、大小和位置等有关系。

在交流电压下，内部放电的等效电路说明如图 5-1 所示。

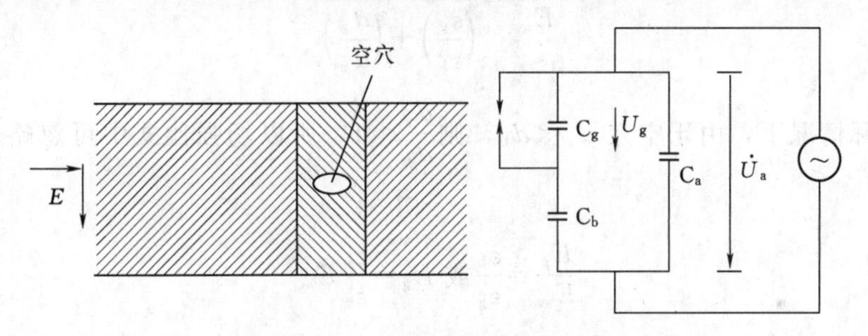

图 5-1　内部放电的等效电路

图 5-1 中，C_g 表示空穴电容；C_b 表示绝缘介质与空穴串联部分的电容；C_a 表示介质其余部分的电容。当外施电压 U_a 上升，直到空穴电压达到空穴击穿电压值 U_g 时，空穴开始放电，也即发生局部放电。放电的产生与介质内电场的分布有关，空穴与介质完好部分的电压分布或电场强度的分布关系如下。

由图 5-1 可知，绝缘介质的总电容为

$$C_X = C_a + \frac{C_g C_b}{C_g + C_b} \tag{5-1}$$

如果空穴具有夹层形状，且与电场的电力线垂直，如以 d_d 表示空穴串联部分的介质厚度，d_g 表示空穴厚度，则由式（5-1）可知，空穴与其串联部分介质的总电容为

$$C_n = \frac{C_g C_b}{C_g + C_b} \tag{5-2}$$

因为介质电容充电电荷 $q = CU$，$C = \varepsilon \dfrac{S}{d}$，设 q_n 为空隙电容的充电电荷，E_g、ε_g 和 E_b、ε_b 分别表示空穴及其串联部分的电场强度和介电常数，则空穴上电压为

$$U_g=\frac{q_n}{C_g} \tag{5-3}$$

空穴中的电场强度为

$$E_g=\frac{U_g}{d_g}=\frac{q_n}{d_gC_g}=\frac{U_a}{d_gc_g}\frac{C_gC_b}{C_g+C_b}=\frac{U_a}{d_g}\frac{C_b}{C_g+C_b}=\frac{U_a\frac{\varepsilon_b}{d_b}}{d_g\left(\frac{\varepsilon_g}{d_g}+\frac{\varepsilon_b}{d_b}\right)}=\frac{U_a\varepsilon_b}{\varepsilon_gd_b+\varepsilon_bd_g} \tag{5-4}$$

式中 d_g——空穴的厚度；

d_b——与其串联部分完好介质的厚度。

而介质中的平均场强为

$$E_{av}=\frac{U_a}{d_g+d_b} \tag{5-5}$$

空穴场强 E_g 与平均场强 E_{av} 之比则为

$$\frac{E_g}{E_{av}}=\frac{1+\frac{d_g}{d_b}}{\left(\frac{\varepsilon_g}{\varepsilon_b}\right)+\left(\frac{d_g}{d_b}\right)} \tag{5-6}$$

在实际情况下，由于空穴 $d_g \ll d_b$，则 $\frac{d_g}{d_b} \ll 1$，所以场强比式中可忽略 $\frac{d_g}{d_b}$，则式可变为

$$\frac{E_g}{E_{av}}=\frac{\varepsilon_b}{\varepsilon_g}\text{或 }E_g=\frac{\varepsilon_b}{\varepsilon_g}E_{av} \tag{5-7}$$

由式（5-7）可见，在工频交流电场下，空穴中分配到的场强等于介质中平均电场强度的 $\varepsilon_b/\varepsilon_g$ 倍，而在一般绝缘介质中，引起局部放电的空穴大多数为气体。因此，一般认为 $\varepsilon_g=1$，而介质的介电常数 $\varepsilon_b>2$，常用介质相对介电常数见表 5-1。例如，环氧树脂 $\varepsilon_r=3.8$，所以气穴中的电场强度比绝缘介质完好部分所承受的场强高 3.8 倍。再者，气体的击穿场强又比固体介质的击穿场强低，当外施电压达一定值时，气穴首先被击穿，而周围介质仍然保持完好的绝缘特性，由此也就形成了局部放电。

表 5-1　　常用介质相对介电常数

材料名称	临界场强 /(kV/cm)	相对介电常数	材料名称	临界场强 /(kV/cm)	相对介电常数
空气	25～30	1.00058	瓷	100～200	5.5～6.5
六氟化硫	80	1.002	聚四氟乙烯	100	3.0～3.5
变压器油	5～250	2.2～2.5	有机玻璃	200～300	3.0～3.5
硅油	100～200	2.6	环氧树脂	200～300	3.8
石蜡	100～150	2.0～2.5			

空穴内单位时间内的放电次数与外施电压的频率及幅值有关。当绝缘介质上外施电压 U_a 上升，使空穴的电压 U_c 达到其击穿电压 U_g 时，则空穴出现放电击穿，如图5-2所示。

空穴放电时，则空穴的电压瞬时下降，当电压下降到 U_r 时，放电熄灭。空穴放电时的电压下降时间很短，约为 10^{-7} s，这个时间与50Hz电源的周期相比是非常小的，因此可将它看作是一脉冲波。放电熄灭后，空穴的电压重新建立，该电压由空穴残余电荷电压与电源电压叠加，当其达到 U_g 时，又产生一次放电。当电源反相时，上述现象又同样出现，如此重复，形成了连续的局部放电脉冲。

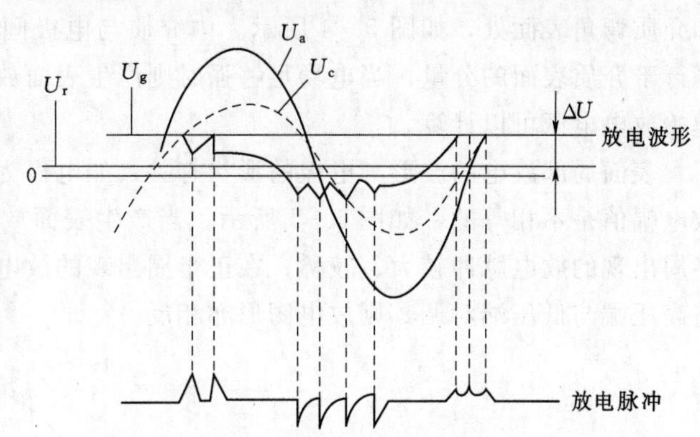

图5-2　内部放电次数及电压波形

U_a—外施电压；U_c—空穴电压；U_g—空穴放电电压；U_r—空穴放电熄灭（残余）电压；ΔU—空穴电压变化量

由此可看出，内部局部放电总是出现在电源周期中的第一或第三象限，每个周期的平均放电次数与外施电压 U_a 有关，每个周期放电次数随着 U_a 的上升与增加，大约呈直线关系。每个周期出现的局部放电脉冲可在局部放电测量仪的显示器上观察脉冲或放大波形分析，如放电波形图5-3所示。

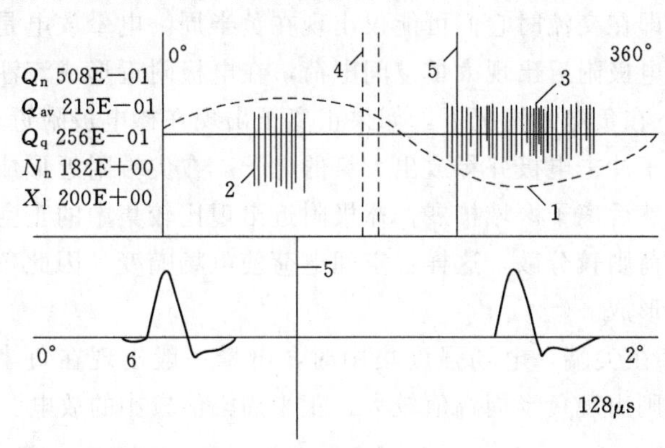

图5-3　周期的放电波形

1—50Hz电压波；2—接地尖端电晕；3—高压电极尖端电晕；4—外部干扰脉冲；5—光标；6—放大显示的一次放电脉冲

当绝缘介质内出现局部放电后，外施电压在低于起始电压的情况下，放电也能继续维持。该电压在理论上可比起始电压低一半，即绝缘介质两端的电压仅为起始电压的一半。这个维持到放电消失时的电压称之为局部放电熄灭电压。而实际情况与理论分析有差别，在固体绝缘中，熄灭电压比起始电压约低5%～20%。在油浸纸绝缘中，由于局部放电引起气泡迅速形成，所以熄灭电压低得多。这也说明在某种情况下电气设备存在局部缺陷而正常运行时，局部放电量较小，也就是运行电压尚不足以激发大放电量的放电。当系统有一过电压干扰时，则触发幅值大的局部放电，并在过电压消失后，如果放电继续维持，最后导致绝缘加速劣化及损坏。

四、表面放电

如在电场中介质有一平行于表面的场强分量，当这个分量达到击穿场强时，则可能出现表面放电。这种情况可能出现在套管法兰处、电缆终端部，也可能出现在导体和介质弯角表面处，如图 5－4 所示。内介质与电极间的边缘处，在 r 点的电场有一平行于介质表面的分量，当电场足够强时则产生表面放电。在某些情况下，空气中的起始放电电压可以计算。

表面局部放电的波形与电极的形状有关，如电极为不对称时，则正负半周的局部放电幅值是不相等的，如图 5－5 所示。当产生表面放电的电极处于高电位时，在负半周出现的放电脉冲较大、较稀；在正半周出现的放电脉冲较密，但幅值小。此时若将高压端与低压端对调，则放电图形亦相反。

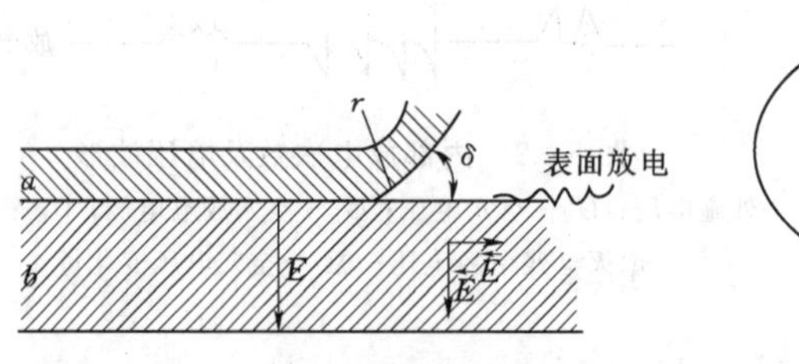

图 5－4　介质表面出现的局部放电

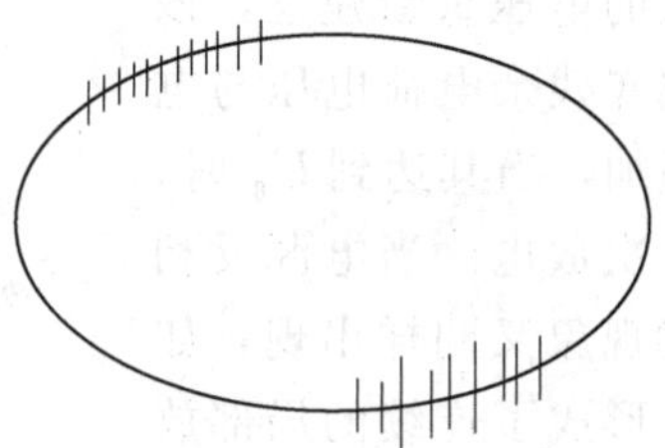

图 5－5　表面局部放电波形

五、电晕放电

电晕放电是在电场极不均匀的情况下，导体表面附近的电场强度达到气体的击穿场强时所发生的放电。在高压电极边缘，尖端周围可能由于电场集中造成电晕放电。电晕放电在负极性时较易发生，也即在交流时它们可能仅出现在负半周。电晕放电是一种自持放电形式，发生电晕时，电极附近出现大量空间电荷，在电极附近形成流注放电。现以棒-板电极为例来解释：在负电晕情况下，如果正离子出现在棒电极附近，则由电场吸引并向负电极运动，离子冲击电极并释放出大量的电子，在尖端附近形成正离子云。负电子则向正极运动，然后离子区域扩展，棒极附近出现比较集中的正空间电荷，而离电场较远的负空间电荷则较分散，这样正空间电荷使电场畸变。因此负棒时，棒极附近的电场增强，较易形成。

在交流电压下，当高压电极存在尖端，电场强度集中时，电晕一般出现在负半周，或当接地电极也有尖端点时，则出现负半周幅值较大、正半周幅值较小的放电。

六、放电量与各参数间的关系

在放电过程的第一阶段，空穴电容 C_g 两端的电压很快地从 U_g 下降到 U_r，U_r 为空穴残余电压，如 C_g 上的脉冲电流为 $i_r(t)$，则 C_g 上的电压为

$$U'_c(t)=U_g-\frac{1}{C_s}\int_o^t i_r(t)\,\mathrm{d}t$$

式中

$$C_s=C_g+\frac{C_aC_b}{C_a+C_b}$$

因此
$$U_g-U_r=U_g-U'_c(\infty)=\frac{1}{C_s}\int_0^{\infty}i_r(t)\mathrm{d}t$$

则一个脉冲放电的电荷（称为真实放电量）q_r 的计算式为

$$q_r=\int_0^{\infty}i_r(t)\mathrm{d}t=(U_g-U_r)C_s=(U_g-U_r)\left(C_g+\frac{C_aC_b}{C_a+C_b}\right) \tag{5-8}$$

但从式（5-8）可看出，U_g、U_r 等参数都是在实际试品中不可能知道的，绝缘中的缺陷也是各不相同的，这样从试验中要测出真实放电则是不可能的。

由图 5-1 可知，C_g 与$\dfrac{C_aC_b}{C_a+C_b}$并联，C_g 上电压变动（U_g-U_r）时，C_g 上的电压变为（U_g-U_r）$\dfrac{C_a}{C_a+C_b}$。因外施电压是作用在 C_a 上的，当 C_g 上电压变化（U_g-U_r）时，外施电压的变 ΔU 应为

$$\Delta U=\frac{C_b}{C_a+C_b}(U_g-U_r)$$

消去（U_g-U_r），得

$$\Delta U=\frac{C_bq_r}{C_gC_a+C_gC_b+C_aC_b}$$

如介质两端的电荷变化 $q=\dfrac{C_b}{C_g+C_b}\cdot q_r$，则有

$$\Delta U=\frac{(C_g+C_b)q}{C_gC_a+C_gC_b+C_aC_b}=\frac{q}{C_a+\dfrac{C_gC_b}{C_g+C_b}}\approx\frac{q}{C_a} \tag{5-9}$$

式（5-9）表示由于放电引起的施加到绝缘上电源侧端电压的变化，式中 q 为放电引起绝缘介质的转移电荷，称之为视在放电量。C_g 间的脉冲电流和电压变化如图5-6所示。

在实际试验中，由于放电空穴两端的电压变化不能得知，则真实放电量 q_r 是不能测得的。但由于放电引起电源输入端的电压变化 ΔU、绝缘介质整体电容 C_a 可测得，则由局部放电引起的视在放电量 q 可求得。所以，在局部放电试验中，由局部放电仪测量所测得的值用 pC 为单位表示的视在放电量是在真实放电量不可能测出的情况下的一种变通方法。在实际运用中，通常以视在放电量的大小来判断绝缘的优劣。

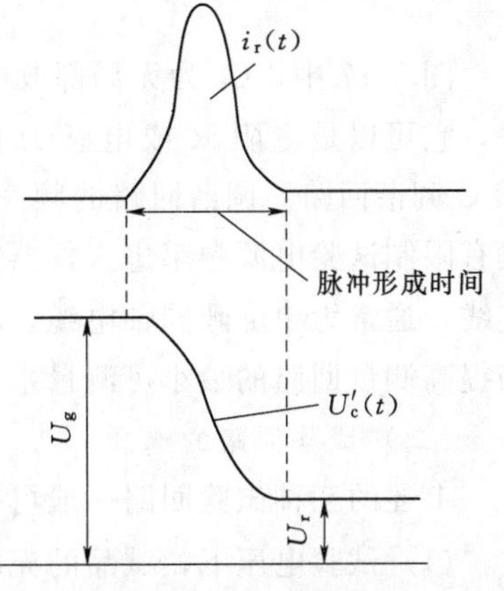

图 5-6　C_g 间的脉冲电流和电压变化

第三节　脉冲电流法测量原理及方法

一、局部放电测量法

局部放电测量法包括以下几种

(1) 无线电干扰测量法（RIV法）。局部放电产生的脉冲信号频谱很宽，从几千兆赫到几十兆赫，故利用无线电干扰测量法，通过试品两端直接耦合或天线等其他采样元件耦合，测量试品的局部放电脉冲信号。

(2) 放电能量法。局部放电伴随着能量损耗，可以用电桥来测量一周期的放电能量，也可以用微处理机直接测放电功率。

(3) 脉冲电流法。由于局部放电产生电荷交换，产生高频电流脉冲，通过与试品连接的检测回路产生电压脉冲，将此电压脉冲经过合适的宽带放大器放大后由仪器测量或显示出来。这种方法灵敏度高，是目前国际电工委员会推荐进行局部放电测试的一种通用方法。

二、脉冲电流法

（一）试验回路

测量局部放电的基本回路有三种，图5-7（a）、（b）分别为测量阻抗与耦合电容器串联回路、测量阻抗与试品串联回路，可统称为直接法测量回路；图5-7（c）称为平衡法测量回路。

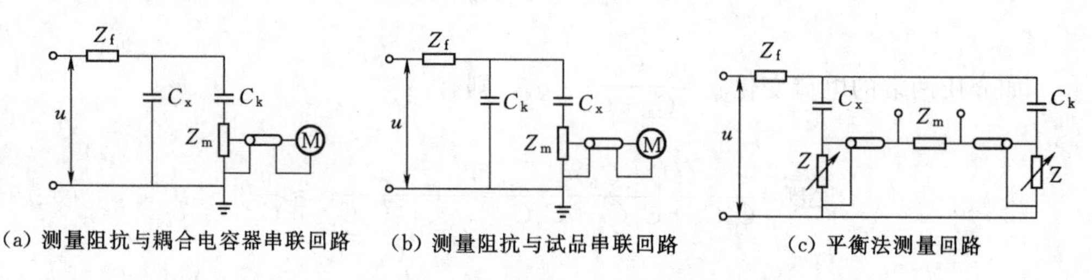

图5-7　局部放电测量的基本回路

Z_f—高压滤波器；C_x—试品等效电容器；C_k—耦合电容器；Z_m—测量阻抗；Z—调平衡元件；M—测量仪器

图5-7中，C_k为无局部放电的耦合电容器。测量阻抗Z_m是一个四端网络的元件，它可以是电阻R或电感L的单一元件，也可以是由电阻、电感、电容组成的RLC调谐回路。调谐回路的频率特性应与测量仪器的工作频率相匹配。测量阻抗应具有限制试验电源频率进入仪器的频率响应。连接测量阻抗和测量仪器中的放大单元连线，通常为单屏蔽同轴电缆。Z_f为高压滤波器，用以降低来自电源的干扰，也能适当提高测量回路的最小可测量水平。

（二）试验回路的选择

上述的三种试验回路一般可按下面基本原则选择：

(1) 试验电压下，试品的充电电流超出测量阻抗Z_m的电流允许值或试品的接地部位固定接地时，可采用图5-7（a）所示试验回路。

（2）试验电压下，试品的充电电流符合测量阻抗 Z_m 的电流允许值时，可采用图 5－7（b）所示试验回路。

（3）试验电压下，图 5－7（a）、（b）所示试验回路有过高的干扰信号时，可采用图 5－7（c）所示试验回路。

当用 Model5（英国 Robinson 公司制造）及类似的测量仪器时，应使 C_k 和 C_x 串联后的等效电容值在测量阻抗所要求的调谐电容 C 的范围内。

（三）测量仪器

1. 测量仪器的频带

常用测量仪器的频带可分为宽频带和窄频带两种，由下列参数确定。

（1）下限频率 f_1、上限频率 f_2。其定义为：对一恒定的正弦输入电压的响应 A，宽频带仪器分别自一恒定值下降 3dB 时的一对（上、下限）频率；窄频带仪器分别自峰值下降 6dB 时的一对（上、下限）频率，如图 5－8 所示。

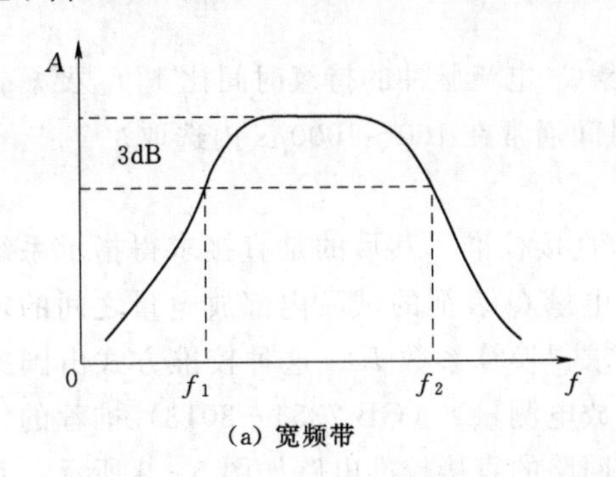

（a）宽频带

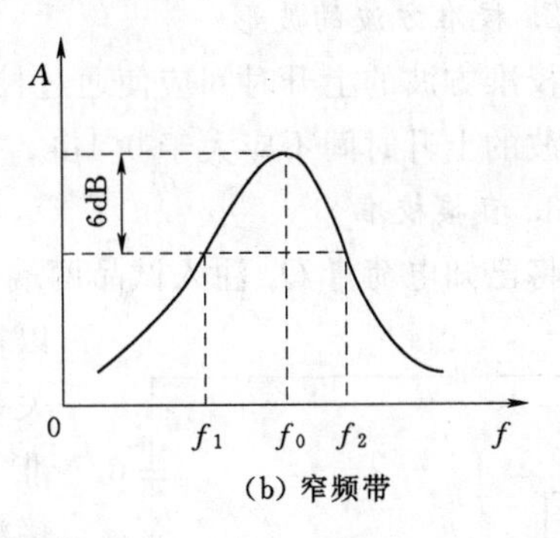

（b）窄频带

图 5－8　测量仪器的频带

（2）频带宽度 Δf。宽频带和窄频带两种仪器的频带宽度均定义为 $\Delta f = f_2 - f_1$。宽频带仪器的 Δf 与 f_2 有同一数量级；窄频带仪器 Δf 的数量级小于 f_2 的数量级。

（3）谐振频率 f_0。窄频带仪器的响应具有谐振峰值，相应的频率称为谐振频率。

2. 现场测量时仪器的选择

现场进行局部放电试验时，可根据环境干扰水平选择相应的仪器。当干扰较强时，一般选用窄频带测量仪器，如 $f_0 = 30 \sim 200\text{kHz}$，$\Delta f = 5 \sim 15\text{kHz}$；当干扰较弱时，一般选用宽频带测量仪器，如 $f_1 = 10 \sim 20\text{kHz}$，$f_2 = 80 \sim 400\text{kHz}$。对于 $f_2 = 1 \sim 10\text{kHz}$ 的宽频带的仪器，具有较高的灵敏度，适用于屏蔽效果好的实验室。

3. 指示系统

局部放电的测量仪器按所测定参量可分为不同类别。目前有标准依据的时测量视在放电量的仪器，这种仪器的指示方式通常是示波屏与峰值电压表（pC）或数字显示并用。用示波屏是必须的。示波屏上显示的放电波形有助于区分内部局部放电和来自外部的干扰。

放电脉冲通常显示在测量仪器的示波屏上的椭圆基线上。测量仪器的扫描频率应与试验电源的频率相同。

（四）视在放电量的校准

确定整个试验回路的换算系数 K，称为视在放电量的校准，换算系数 K 受回路 C_x、C_k、C_s（高压对地的杂散电容）及 Z_m 等元件参量的影响。因此，试验回路每改变一次必须进行一次校准。

1. 校准的基本原理

视在放电量校准的基本原理是：以幅值为 U_0 的方波通过串接标准电容 C_0 注入试品两端，此注入的电荷量为

$$Q_0=u_0C_0$$

式中 Q_0——电荷量，pC；

u_0——方波电压幅值，V；

C_0——校准电容，pF。

2. 校准方波的波形

校准方波的上升时间应使通过校准电容 C_0 电流脉冲的持续时间比 $1/f_2$ 要短，校准方波的上升时间不应大于 0.1μs，衰减时间通常在 100～1000μs 内选取。

3. 直接校准

将已知电荷量 Q_0 注入试品两端，称为直接校准。其目的是直接求得指示系统和以视在放电量 Q 表征的试品内部放电量之间的定量关系，即求得换算系数 K。这种校准方式由国家标准《局部放电测量》（GB 7354—2018）推荐的。直接法测量回路的直接校准电路如图 5-9 所示，其方法是：接好整个试验回路，将已知电荷量 $Q_0=u_0C_0$ 注入试品两端，则指示系统响应为 L'。

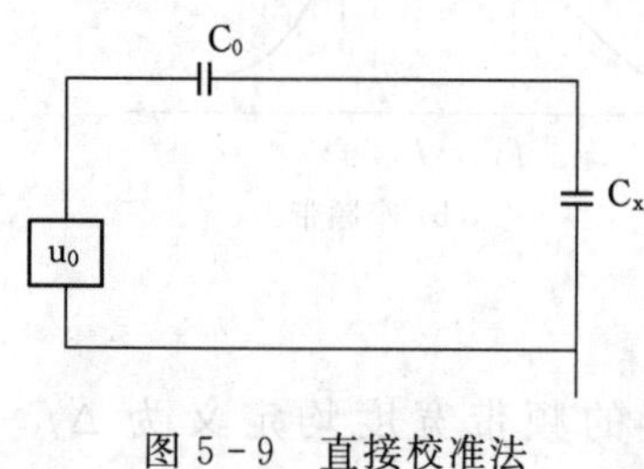

图 5-9 直接校准法

取下校准方波发生器，加电压试验，当试品内部放电时，指示系统响应为 L，由此可得换算系数 K 为

$$K=\frac{L}{L'}$$

则视在放电量 Q 为

$$Q=u_0C_0K$$

式中 Q——视在放电量，pC；

u_0——方波电压值，V；

C_0——校准电容，pF；

K——换算系数。

为了使校准保证有一定的精度，C_0 必须满足

$$C_0<0.1\left(C_x+\frac{C_kC_m}{C_k+C_m}\right)$$

$$C_0>10\text{pF}$$

式中　C_m——测量阻抗两端的等值电容。

4. 间接校准

将已知电荷量 Q_0 注入测量阻抗 Z_m 两端，称为间接校准。其目的是求得回路衰减系数 K_1。试验校准接线如图 5-10 所示。

在图 5-7 中，测量阻抗 Z_m 的两端按图 5-10 接线，注入已知电荷量 Q_0 值。按直接校准一样求出回路衰减系数 K_1。

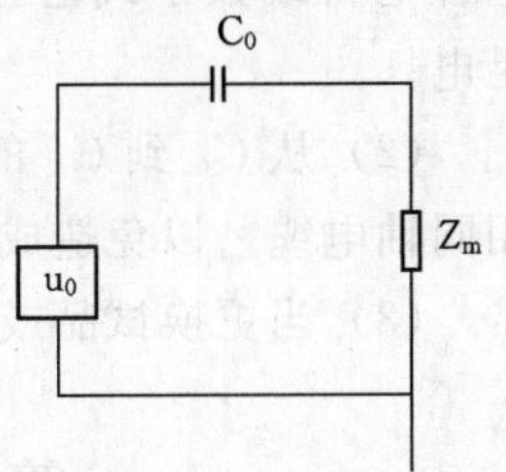

图 5-10　间接校准法

但对于高压对地的总杂散电容 C_s，其值随试品和试验环境的不同而变化，是个不易测得的不定值。因此，通常以测量的方式求得，其方法是：接好整个试验回路，将已知电荷量 Q_0 注入测量阻抗 Z_m 两端，则指示系统响应为 β；再以一等值的已知电荷量 Q_0 注入试品 C_x 两端，则指示系统响应 β'。这两个不同的响应之比即这回路衰减系数 K_1，即

$$K_1=\frac{\beta}{\beta'}>1$$

则视在放电量为

$$Q=K_1u_0C_0$$

直接法校准时，加电压试验的校准方波发生器需脱离试验回路，不能与试品内部放电脉冲直观比较。

间接法校准时，校准方波发生器可接在试验回路，并能与试品内部放电脉冲进行直观比较。因此，目前国内外的许多监测仪器均设计成具有间接校准的功能。

计算与实测表明，只要存有很小杂散电容 C_s，则回路衰减系数 K_1 便会产生很大的误差，因此在许多情况下，杂散电容是不能忽略的。此时，图 5-7 中的前两种校准接线的回路衰减系数 K_1 可按下面方法计算。

直接法接线时，Z_m 与 C_k 串联接线，此时有

$$K_1=1+\frac{C_x}{C_k}+\frac{C_s}{C_k}$$

当杂散电容 C_s 的影响可忽略时，图 5-7 中的前两种接线方式的回路衰减系数为

$$K_1=1+\frac{C_x}{C_k}$$

直接法接线时，Z_m 与 C_k 并联接线，此时有

$$K_{1S}=1+\frac{C_x}{C_k+C_s}$$

平衡法接线时，若 C_x 和 C_k 与对地杂散电容 C_s 接近，则当电桥平衡时，分布电容 C_s 对称，$K_1=1$。

5. 校准时的注意事项

(1) 校准方波发生器的输出电压 U_0 和串联电容 C_0 的值要用一定精度的仪器定期测定。例如，U_0 一般可用经校核好的示波器进行测定；C_0 一般可用合适的低压电容电桥或数字式电容表测定。每次使用前，应检查校准方波发生器电池是否充足电。

(2) 从 C_0 到 C_x 的引线应尽可能短直，C_0 与校准方波发生器之间的连线最好选用同轴电缆，以免造成校准方波的波形畸变。

(3) 当更换试品或改变试验回路任一参数时，必须重新校准。

第四节　电力变压器局部放电试验

一、变压器局部放电分类及试验目的

电力变压器主要采用油-纸屏障绝缘，这种绝缘由电工纸层和绝缘油交错组成。由于大型变压器结构复杂、绝缘很不均匀，当设计不当，造成局部场强过高、工艺不良，或外界原因等因素造成内部缺陷时，在变压器内必然会产生局部放电，并逐渐发展，最后造成变压器损坏。电力变压器内部局部放电主要以下面几种情况出现：

(1) 绕组中部油-纸屏障绝缘中油通道击穿。

(2) 绕组端部油通道击穿。

(3) 紧靠着绝缘导线和电工纸（引线绝缘、搭接绝缘、相间绝缘）的油间隙击穿。

(4) 线圈间（匝间、饼间）纵绝缘油通道击穿。

(5) 绝缘纸板围屏等的树枝放电。

(6) 其他固体绝缘的爬电。

(7) 绝缘中渗入的其他金属异物放电等。

因此，对已出厂的变压器，有以下几种情况须进行局部放电试验：

(1) 新变压器投运前进行局部放电试验，检查变压器出厂后在运输、安装过程中有无绝缘损伤。

(2) 对大修或改造后的变压器进行局部放电试验，以判断修理后的绝缘状况。

(3) 对运行中怀疑有绝缘故障的变压器作进一步的定性诊断，如油中气体色谱分析有放电性故障，以及涉及到绝缘其他异常情况。

(4) 作为预防性试验项目或在线监测内容，监测变压器运行中绝缘状况。

二、测量回路接线及基本方法

(一) 外接耦合电容接线方式

对于高压端子引出套管没有尾端抽压端或末屏的变压器可按图 5-11 所示回路连接。

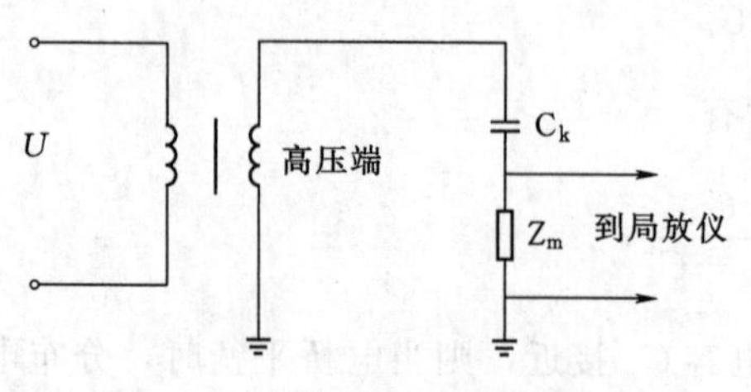

图 5-11　外接耦合电容测量方式

110kV 以上的电力变压器一般均为半绝缘结构，且试验电压较高，进行局部放电测

量时，高压端子的耦合电容都用套管代替，测量时将套管尾端的末屏接地打开，然后串入监测阻抗后接地，测量接线回路如图 5-12、图 5-13 所示。

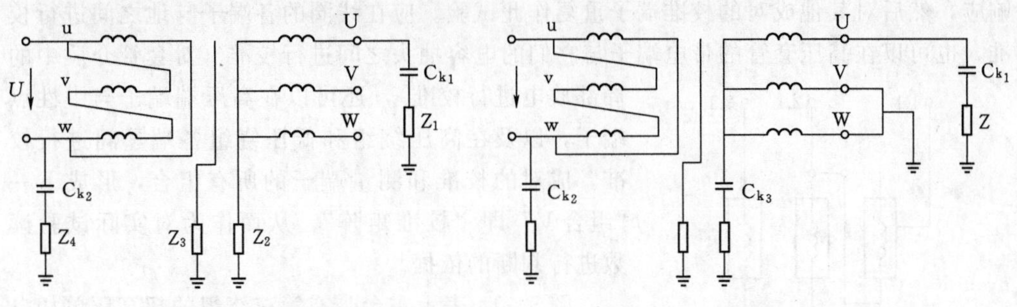

图 5-12　中性点接地方式接线　　　图 5-13　中性点支撑方式接线

实际现场测量时，通常采用逐相试验法，试验电源一般采用 100～150Hz 倍频电源发电机组。当现场不具备倍频电源时，也可用工频逐相支撑加压的方式进行试验，中性点支撑方式接线如图 5-13 所示。

因为大型变压器绝缘结构比较复杂，用逐相加压的方式还有助于判别故障位置。

加压方法可采用低压侧加压，在高压侧感应获得试验电压。用倍频电源加压时，则可达到对主绝缘和纵绝缘同时进行考核。但若采用工频电源进行试验，由于过励磁的限制，试验电压只能加到额定电压的 1.1～1.2 倍。

（二）多端子测量方法（“多端标准”局部放电定位法）

任何一个局部放电源，均会向变压器的所有外部接线的测量端子传输信号，而这些信号形成一种独特的“组合 U”。如果将校准方波分别地注入各绕组的端子，则这些方波同样会向变压器外部接线的测量端子传输信号，而形成一种校准信号的独特“组合 V”。

如果在“组合 U”（变压器内部放电时各测量端子的响应值）中，某些数据与“组合 V”（校准方波注入时各测量端子的响应值）相应数据存在明显相关时，则可认为实际局部放电源与该对校准端子密切有关（表 5-2）。这就意味着，通过校准能粗略地定出局部放电的位置。

表 5-2　　局部放电源与相应校准端子的关系

校　准	通　道			
	1.1	2.1	2.2	3.1
	任意单位			
1.1—地 2000pC	50	20	5	11
2.1—地 2000pC	5	50	30	8
2.2—地 2000pC	2	10	350	4
3.1—地 2000pC	3	2	35	25
试　验				
$U=0$	<0.5	<0.5	<0.5	<0.5
$U=U_m/\sqrt{3}$	<0.5	<0.5	0.5	0.5
$U=1.5U_m/\sqrt{3}$	6	40	25	8

实际方法如下：

当校准方波发生器接到一对规定的校准端子上时，应观察所有成对的测量端子的响应，然后对其他成对的校准端子重复作此试验。应在线圈的各端子与地之间进行校准，也可以在高压套管的带电端子与它们的电容抽头之间进行校准（对套管介质中的局部放电进行校准），还可以在高压端端子与中性点端子，以及在高压绕组和低压绕组各端子间进行校准。成对的校准和测量端子的所有组合，形成下一“组合 V”即“校准矩阵”，从而作为对实际试验读数进行判断的依据。

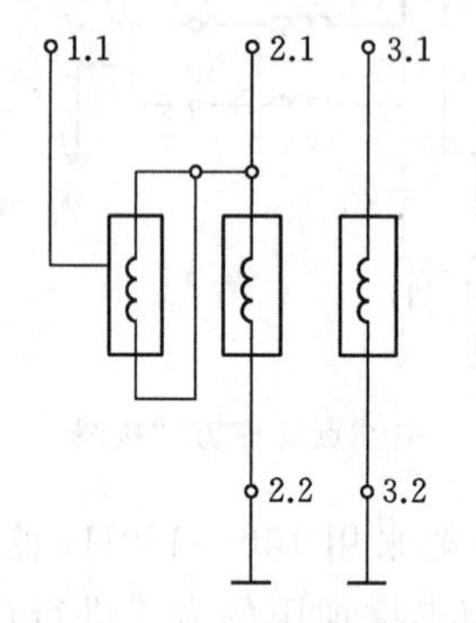

图 5-14　用“多端子测量”和“组合”法来确定局部放电源的位置

图 5-14 表示一台带有第三绕组的超高压单相自耦变压器的局部放电定位例子，校准和试验都是在表 5-2 所列的端子上进行的。将 $1.5U_{m}/\sqrt{3}$ 这一行的试验结果与各种校准结果进行对比，显然可见它和“2.1—地”这一行的校准响应值相关。可以认为在 2.1 端子出现了约 2000pC 的局部放电，并且还可以认为局部放电部位约是带电体（2.1 端子）对地之间。其结构位置或许在串联线圈与公共线圈之间的连线上某一位置，也可能在邻近线圈的端部。

上述方法主要用在当一个局部放电源是明显的而且背景噪声以较低的情况下，但并不是总出现这种情况。当需确定所观察到的局部放电是否发生在高压套管介质中时，可利用由套管出线端子与套管电容抽头间的校准来分析。

当发现变压器存在有超过标准的量值或较大的个别脉冲时，可利用电测法多端校正、多点测量来粗略地判断放电部位。首先，利用分相测试判断放电在变压器的哪一相，然后在变压器的高压、中压、中性点套管的末屏以及铁芯接地点串入监测阻抗，在低压侧接一耦合电容（1000～6000pF），串入监测阻抗，如图 5-12 和图 5-13 所示。由此，在变压器作某一相试验时，就可有 4～5 个测点，分别以高压对地、低压对地、中压对地、铁芯对地注入标准校正方波，相应地在各测点都分别测得某注入点方波的响应系数，并记录各点的校正系数。

校正完毕后，加压进行测量，各个测量点的测量值都分别以某注入点的校正系数来计算。如果各测量点以某点校正的参数计算出的几个结果值接近，则放电位置就在该校正点附近。例如，在 u 相高压端子有一故障放电脉冲，以高压端校正时，分别在高压测点测得校正响应系数为 K_{11}，在中性点测得为 K_{12}，在铁芯侧测得系数为 K_{41}，在低压侧测得为 K_{31}，见表 5-3。然后测量时，各计算值高压以 K_{11} 计算，中性点以 K_{21} 计，铁芯以 K_{31} 计，低压以 K_{41} 计，由此计算出的 4 个结果应相近。

三、试验标准及判据

按现行国家标准《电力变压器　第 3 部分 绝缘水平、绝缘试验和外绝缘空气间隙》（GB 1094.3—2017）规定的变压器局部放电的试验的加压时间及步骤，如图 5-15 所示。

表 5-3　　方波校正测波数据

测试点 / 注入点	U 相				测试点 / 注入点	U 相			
	高压 Z_1	中压 Z_2	中压 Z_3	铁芯 Z_4		高压 Z_1	中压 Z_2	中压 Z_3	铁芯 Z_4
高压-地	K_{11}	K_{21}	K_{31}	K_{41}	低压-地	K_{13}	K_{23}	K_{33}	K_{43}
中压-地	K_{12}	K_{22}	K_{32}	K_{42}	铁芯-地	K_{14}	K_{24}	K_{34}	K_{44}

具体试验步骤如下：

首先，试验电压升到 U_2 进行测量，保持 5min。然后，试验电压升到 U_1，保持 5s；最后，电压降到 U_2 再进行测量，保持 30min。U_1、U_2 的电压规定值及允许的放电量为：

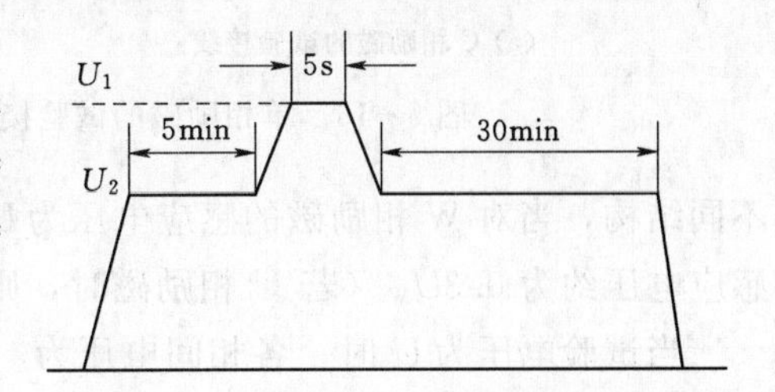

图 5-15　变压器局部放电试验的加压时间及步骤

$U_1=U_m$；$U_2=1.5U_m/\sqrt{3}$ 时，允许放电量 $Q<500\text{pC}$；$U_2=1.3U_m/\sqrt{3}$ 时，允许放电量 $Q<300\text{pC}$（其中，U_m 为设备最高工作电压）。

试验前，记录所有测量电路上的背景噪声水平，其值应低于规定的视在放电量的 50%。

测量应在所有分级绝缘绕组的线端进行。对于自耦连接的一对较高电压、较低电压绕组的线端，也应同时测量，并分别用校准方波进行校准。在电压升至 U_2 及由 U_2 再下降的过程中，应记下起始、熄灭放电电压。

在整个试验时间内，应连续观察放电波形，并按一定的时间间隔记录放电量 Q_0，放电量的读取以相对稳定的最高重复脉冲为准，偶尔发生的较高的脉冲可忽略，但应作好记录备查。整个试验期间试品不发生击穿。在 U_2 的第二阶段的 30min 内，所有测量端子测得的放电量 Q 应连续地维持在允许的限值内，并无明显、不断地向允许的限值内增长的趋势，测试品合格。

如果放电量曾超出允许限值，但之后以又下降并低于允许的限值，则试验应继续进行，直到此后 30min 的期间内局部放电量不超过允许的限值，试品才合格。利用变压器套管电容作为耦合电容 C_k，并在其末屏端子对地串接测量阻抗 Z_k。

四、加压方法及回路接线

工频降低电压的试验方法有三相励磁、单相励磁和各种形式的电压支撑法。现推荐下述两种方法。

（一）单相励磁法

单相励磁法利用套管作为耦合电容器 C_k，其接线如图 5-16 所示。这种方法较为符合变压器的实际运行状况。图 5-16 中同时给出了双绕组变压器各铁芯的磁通分布及电压相量图（三绕组变压器的中压绕组情况相同）。

由于 W 相（或 U 相）单独励磁时，各柱磁通 Φ_U、Φ_V、Φ_W 分布不均，U、V、W（或 U_m、V_m、W_m）感应的电压又服从于 $E=4.44f_w\Phi$ 规律，因此根据变压器的

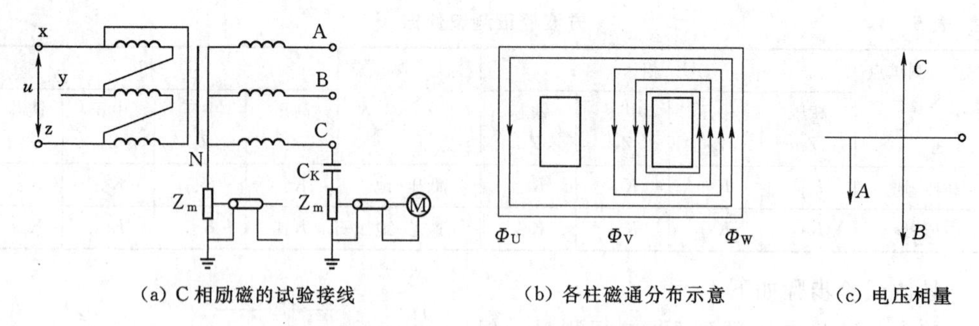

(a) C相励磁的试验接线　　(b) 各柱磁通分布示意　　(c) 电压相量

图 5-16　单相励磁的试验接线、磁通分布示意图及电压相量

不同结构，当对W相励磁的感应电压为U_W时，V相的感应电压约为$0.7U_W$，U相的感应电压约为$0.3U_W$（若U相励磁时，则结果相反）。

当试验电压为U时，各相间电压为

$$U_{WV}\approx 1.7U, U_{WU}\approx 1.3U$$

当U相单独励磁时，各相间电压为

$$U_{VU}\approx 1.7U，U_{VW}\approx 1.3U$$

当V相单独励磁时，三相电压和相间电压为

$$U_U=U_W=\frac{1}{2}U_V$$

$$U_{VW}=U_{VU}=1.5U$$

单相电源可由电厂发电机组单独供给，或以供电网络单独供给。选用合适的送电网络，如经供电变压器、电缆送至试品，对于抑制发电机侧的干持有扰十分有效。变电所的变压试验，则可选合适容量的调压器和升压变压器。根据实际干扰水平，再选择相应的滤波器。

（二）中性点支撑法

将一定电压支撑于被试变压器的中性点（支撑电压的幅值不应超过被试变压器中性点耐受长时间工频电压的绝缘水平），以提高线端的试验电压的方法，称为中性点支撑法。支撑方法有多种，便于现场接线的支撑法如图5-17所示。

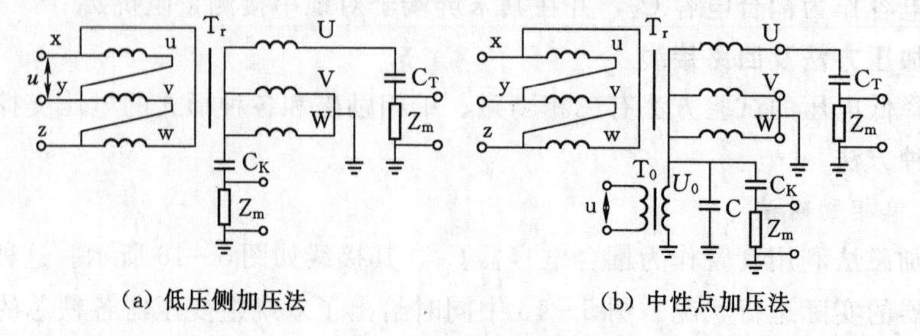

(a) 低压侧加压法　　(b) 中性点加压法

图 5-17　中性点支撑法的接线

C_T—变压器套管电容；C_K—耦合电容；T_0—支撑变压器；C—补偿电容；

U_0—支撑电压；Z_m—测量阻抗；T_r—被试变压器

图5-17（b）试验方法中，U相绕组的感应电压U_f为2倍的支撑电压U_0，则U相线端对地电压U_A为绕组的感应电压U_f值与支撑电压U_0的和，即$U_A=3U_0$，这就提高了U相绕组的线端试验电压。

根据试验电压的要求，应适当选择放电量小的支撑变压器的容量和电压等级，并进行必要的电容补偿。电容补偿的原则是根据励磁电流值来确定的。按图5-17接线，对一台15000kVA/220kV变压器实测时，若需施加150kV试验电压（相对地有效值），则可选择支撑变压器参数为100kVA/50kV，此时补偿电容约为0.04μF。图5-17（a）接线的试验方法和原理与图5-17（b）基本相同。

五、局部放电测量程序

（一）试品预处理

试验前，试品应按有关规定进行预处理：

（1）试品表面保持清洁、干燥，以防绝缘表面潮气或污秽引起局部放电。

（2）试验期间，试品应处于环境温度。

（3）试品在前一次机械、热或电气作用以后，应静放一段时间再进行试验，以减少上述因素对本次试验结果的影响。

（二）检查测试回路本身的局部放电水平

先不接试品，仅在试验回路施加电压。如果在略高于试品试验电压下仍未出现局部放电，则测试回路合格；如果其局部放电干扰水平超过或接近试品放电量最大允许值的50%，则必须找出干扰源，并采取措施以降低干扰水平。

（三）测试回路的校准

在加压前，应对测量回路中的仪器进行例行校正，以确定接入试品时测量回路的刻度系数，该系数受回路特性及试品电容的影响。

在已校正的回路灵敏度下，观察未接通高压电源及接通高压电源后是否存在较大的干扰，如果有干扰应设法排除。

（四）测定局部放电起始电压和熄灭电压

拆除校准装置，其他接线不变，在试验电压波形符合要求的情况下，电压从远低于预期的局部放电起始电压加起，按规定速度升压，直至放电量达到某一规定值时，此时的电压即为局部放电起始电压。然后电压增加10%，然后降压直到放电量等于上述规定值，对应的电压即为局部放电的熄灭电压。测量时，不允许所加电压超过试品的耐受电压。

（五）测量规定试验电压下的局部放电量

表征局部放电的参数都是在特定电压下测量的，它可能比局部放电起始电压高得多。有时规定测几个试验电压下的放电量，有时规定在某试验电压下保持一定时间并进行多次测量，以观察局部放电的发展趋势。在测放电量的同时，可测放电次数、平均放电电流及其他局部放电参数。

1. 无预加电压的测量

试验时试品上的电压从较低值起逐渐增加到规定值，保持一定时间，再测量局部放电量。然后降低电压，切断电源。有时在电压升高、降低过程中或规定电压下的整个试验期间，测量局部放电量。

2. 有预加电压的测量

试验时，电压从低值逐渐升高，超过规定的局部放电试验电压后，升到预加电压，维持一定的时间，再降到试验电压值，并维持规定时间，然后按给定的时间间隔测量局部放电量。在施加电压的整个期间内，应注意局部放电量的变化。

本章小结

本章介绍了局部放电的基本理论知识，局部放电测量试验的基本原理、试验设备、试验方法，并分析了试验中的抗干扰措施。重点介绍了脉冲电流法测量原理及电力变压器局部放电试验方法。

思考与练习

(1) 什么是局部放电？

(2) 为什么进行局部放电试验之前先进行校准？

(3) 实际放电量和视在放电量的关系是什么？

(4) 什么是多端加压、多端测量？

(5) 变压器局部放电试验接线有几种？各有什么特点？

第六章 电力变压器试验

电力变压器是用来变换交流电压、电流，传输交流电能的静止的电气设备。电力变压器是电力系统电网安全性评价的重要设备，它的安全运行具有极其重要意义，预防性试验是保证其安全运行的重要措施。预防性试验的有效性对变压器故障诊断具有确定性影响，通过各种试验项目，获取准确可靠的试验结果是正确诊断变压器故障的基本前提。对电力变压器进行绝缘性试验是保证进行安全运行的重要措施。

第一节 绕组绝缘电阻、吸收比和极化指数试验

测量绕组绝缘电阻、吸收比或极化指数是检查变压器绝缘状况最基本的方法。一般情况下，对绝缘整体受潮，部件表面受潮、脏污及贯穿性集中缺陷，如贯穿性短路、瓷件破裂、引线接壳、器身内部导线引起的半通性或金属性短路等具有较高的灵敏性。实践证明，变压器绝缘在干燥前后其绝缘电阻的变化倍数要比 $\tan\delta$ 的变化倍数大得多。

一、试验方法

测量绕组绝缘电阻时，应依次测量各绕组对地及对其他绕组间的绝缘电阻值。测量时，被测绕组各引出端均应短接在一起，其余非被测绕组均应短路接地。绝缘电阻和吸收比测量的顺序和部位见表 6－1，试验接线图如图 6－1 所示。

表 6－1　测量和接地部位及试验顺序

序号	双绕组变压器		三绕组变压器	
	测量绕组	接地部位	测量绕组	接地部位
1	低压	高压绕组和外壳	低压	高压、中压绕组和外壳
2	高压	低压绕组和外壳	中压	高压、低压绕组和外壳
3		·	高压	中压、低压绕组和外壳
4	高压和低压	外壳	高压和中压	低压和外壳
5			高压、中压和低压	外壳

被测变压器如果为自耦变压器，则自耦绕组可视为一个绕组。测量顺序及部位：①低压绕组—高、中压绕组及地；②高、中、低压绕组—地；③高、中压绕组—低压绕组及地。

测量绕组绝缘电阻时，对额定电压为 1000V 以上的绕组用 2500V 兆欧表，其量

程一般不低于10000MΩ，1000V以下者用1000V兆欧表。

为避免绕组上残余电荷导致较大的测量误差，测量前或测量后均应将被测绕组与外壳短路充分放电，放电时间不小于2min。对于新投入或大修后的变压器，应充满合格油并静止一段时间，待气泡消除后方可试验。一般110kV及以上变压器应静止24h以上，3～10kV的变压器需静止5h以上。

测量时，以变压器顶层油温作为测量时的温度。用兆欧表测量变压器绝缘电阻接线图如图6-1所示。

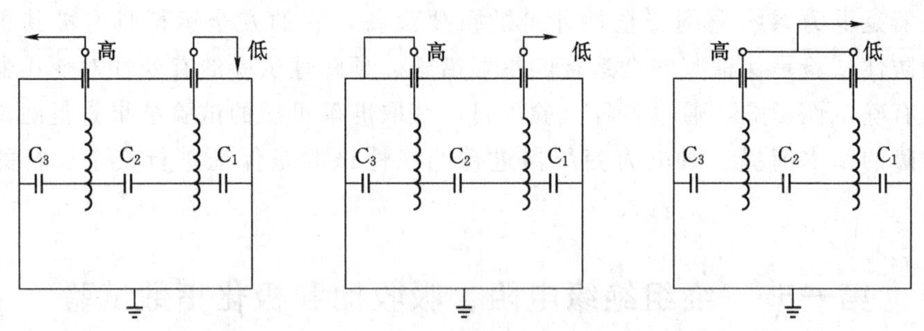

图6-1　绕组绝缘电阻测量接线图

二、试验结果分析判断

测得的绝缘电阻值，主要依靠各绕组历次测量结果相互比较进行判断。交接试验时，一般不应低于出场试验的70%（相同温度下）。大修后或运行中可与交接时的绝缘电阻值相互比较。

考虑到变压器选用材料、产品结构、工艺方法以及测量时的温度、湿度等因素的影响，难以确定出统一的标准，《电气装置安装工程　电气设备交接试验标准》（GB 50150—2016）中对变压器绝缘电阻给出了最低允许参考值，见表6-2。

表6-2　油浸电力变压器绕组绝缘电阻的最低允许值/MΩ

高压绕组电压等级/kV	温度/℃								
	5	10	20	30	40	50	60	70	80
3～10	675	450	300	200	130	90	60	40	25
20～35	900	600	400	270	180	120	80	50	35
63～330	1800	1200	800	540	360	240	160	100	70
500	4500	3000	2000	1350	900	600	400	270	180

温度对对绝缘电阻测量影响很大，当温度增加时，绝缘电阻将按指数规律下降，为了便于比较每次测量结果，最好能在相近的温度下进行测量。现场条件无法满足时，应将测量结果按表6-3所示温度换算系数进行换算。

表6-3　油浸式电力变压器绝缘电阻的温度换算系数

温度差/K	5	10	15	20	25	30	35	40	45	50	55	60
换算系数A	1.2	1.5	1.8	2.3	2.8	3.4	4.1	5.1	6.2	7.5	9.2	11.2

注　1. K为实测温度减去20℃的绝对值。

2. 测量温度以上层油温为准。

当测量绝缘电阻的温度差不是表中所列数据时，其换算系数 A 可用插入法确定，也可按绝缘电阻的换算式（6－1）计算：

$$R_2=R_1\times1.5^{(t_1-t_2)/10} \tag{6-1}$$

式中　R_1——温度 t_1 时测得的绝缘电阻；

R_2——换算到温度 t_2 时测得的绝缘电阻；

t_1——应以变压器上层油温为准。

在测量绝缘电阻的同时应测量变压器的吸收比或极化指数。实践证明，测量吸收比极化指数对判断被试设备的绝缘受潮情况比较灵敏。由于吸收比和极化指数和变压器的电压等级和容量有关，状态检修试验规程规定油浸式电力变压器吸收比不低于1.3或极化指数不低于1.5或绝缘电阻不低于10000MΩ为合格。

变压器绝缘电阻及吸收比测量中可能出现的情况：

（1）绝缘电阻高、吸收比较低，这种情况一般反应变压器的绝缘状态良好。产生吸收比较低的原因是由于变压器夹层绝缘介质的绝缘性能改善使得吸收过程延长所致。如要进一步对其绝缘状态进行判断，可对变压器进行加温测试，在变压器温度升高的过程中对绝缘电阻及吸收比进行监测。由于绝缘电阻具有负的温度系数，将出现绝缘电阻随温度的升高而减小；而由于温度升高后，变压器吸收现象变得更加明显，使得吸收比随温度的升高而增大。

（2）绝缘电阻低、吸收比较高，这种情况一般是由于变压器油的绝缘电阻偏低或介质损耗因数偏高所致。交接试验中最可能产生这种情况的原因是绝缘油受潮或被污染，因此应当重点检测绝缘油。

测量铁芯及夹件的绝缘电阻，应符合下列规定：

（1）应测量铁芯对地绝缘电阻、夹件对地绝缘电阻、铁芯对夹件绝缘电阻。

（2）进行器身检查的变压器，应测量可接触到的穿心螺栓、轭铁夹件及绑扎钢带对铁轭、铁芯、油箱及绕组压环的绝缘电阻。当轭铁梁及穿芯螺栓一端与铁芯连接时，应将连接片断开后进行试验。

（3）在变压器所有安装工作结束后应进行铁芯对地、有外引接地线的夹件对地及铁芯对夹件的绝缘电阻测量。

（4）对变压器上有专用的铁芯接地线引出套管时，应在注油前后测量其对外壳的绝缘电阻。

（5）采用2500V兆欧表测量，持续时间应为1min，应无闪络及击穿现象。

第二节　介质损耗因数 tanδ 试验

测量变压器的介质损耗角正切值 tanδ 主要用来检查变压器整体受潮、釉质劣化、绕组上附着油泥及严重的局部缺陷等。

6－1

测量变压器的介质损耗角正切值是将套管连同在一起测量的，但为了提高测量的准确性和检出缺陷的灵敏度，必要时可进行分解试验，以判明缺陷所在位置。

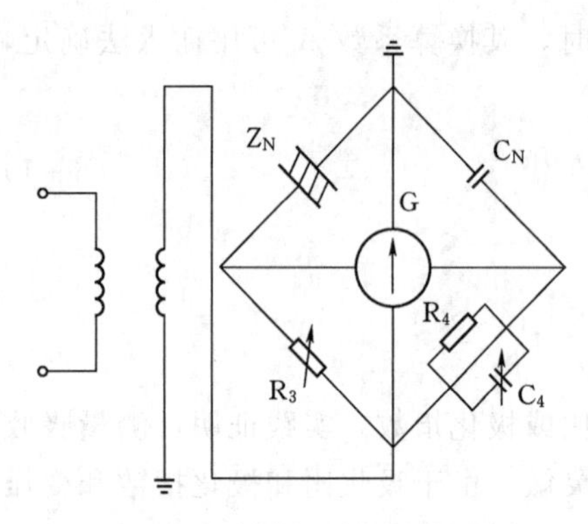

图 6-2 反接法试验接线图

一、平衡电桥测量方法

由于变压器外壳均直接接地，一般采用电桥反接法进行测量，反接法试验接线图如图 6-2 所示。

测量双绕组和三绕组变压器 $\tan\delta$ 的部位见表 6-4。

（一）测量双绕组变压器 $\tan\delta$ 及 C_X 接线图

按照图示测量所得的试验数据是绕组及地间的综合结果，如要获取绕组对地或绕组对绕组的 $\tan\delta$ 和 C，需要在测量后进行换算。双绕组变压器测量 $\tan\delta$ 及 C 接线方式如图 6-3 所示。

表 6-4　　测量双绕组和三绕组变压器 tanδ 的部位

双绕组变压器			三绕组变压器		
序号	测量端	接地端	序号	测量端	接地端
1	高压	低压＋铁芯	1	高压	中压、铁芯、低压
2	低压	高压＋铁芯	2	中压	高压、铁芯、低压
3	高压＋低压	铁芯	3	低压	高压、铁芯、中压
			4	高压＋低压	中压、铁芯
			5	高压＋中压	低压、铁芯
			6	低压＋中压	高压、铁芯
			7	高压＋中压＋低压	铁芯

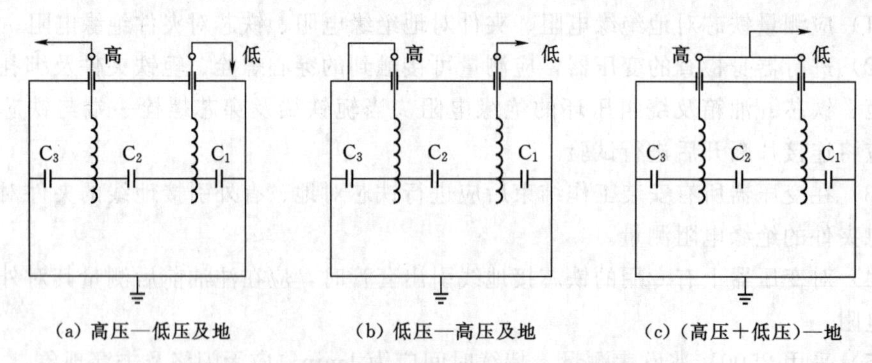

图 6-3 双绕组变压器测量 $\tan\delta$ 及 C 接线方式

按图 6-3（a）接线测量时，可测得变压器高压绕组对低压绕组及地的 $\tan\delta_h$、C_h。

$$C_h = C_2 + C_3 \tag{6-2}$$

$$\tan\delta_h = \frac{C_2\tan\delta_2 + C_3\tan\delta_3}{C_2 + C_3} \tag{6-3}$$

按图 6-3（b）接线测量时，可测得变压器低压绕组对高压绕组及地的

$\tan\delta_b$、C_b。

$$C_b = C_1 + C_2 \quad (6-4)$$

$$\tan\delta_b = \frac{C_1\tan\delta_1 + C_2\tan\delta_2}{C_1 + C_2} \quad (6-5)$$

按图 6 - 3（c）接线测量时，可测得变压器高压绕组加低压绕组对地的 $\tan\delta_{h+b}$、C_{h+b}。

$$C_{h+b} = C_1 + C_3 \quad (6-6)$$

$$\tan\delta_{h+b} = \frac{C_1\tan\delta_1 + C_3\tan\delta_3}{C_1 + C_3} \quad (6-7)$$

根据实测得到的 $\tan\delta_h$、C_h、$\tan\delta_b$、C_b、$\tan\delta_{h+b}$、C_{h+b}，联立方程可以求得绕组对地之间的电容 C_1、C_3，绕组之间的电容 C_2 及相应的 $\tan\delta_1$、$\tan\delta_2$、$\tan\delta_3$ 的值，以便推算变压器异常部位。

$$C_1 = \frac{C_b - C_h + C_{h+b}}{2} \quad (6-8)$$

$$C_2 = C_b - C_1 \quad (6-9)$$

$$C_3 = C_h - C_2 \quad (6-10)$$

$$\tan\delta_1 = \frac{C_b\tan\delta_b - C_h\tan\delta_h + C_{h+b}\tan\delta_{h+b}}{2C_1} \quad (6-11)$$

$$\tan\delta_2 = \frac{C_b\tan\delta_b - C_1\tan\delta_1}{C_2} \quad (6-12)$$

$$\tan\delta_3 = \frac{C_h\tan\delta_h - C_2\tan\delta_2}{C_3} \quad (6-13)$$

（二）测量三绕组变压器 tanδ 及 C_x 接线图

三绕组变压器测量 tanδ 及 C 接线方式如图 6 - 4 所示。

按图 6 - 4（a）接线测量时，可测得

$$C_h = C_4 + C_5 + C_6 \quad (6-14)$$

$$\tan\delta_h = \frac{C_4\tan\delta_4 + C_5\tan\delta_5 + C_6\tan\delta_6}{C_4 + C_5 + C_6} \quad (6-15)$$

按图 6 - 4（b）接线测量时，可测得

$$C_c = C_2 + C_3 + C_4 \quad (6-16)$$

$$\tan\delta_c = \frac{C_2\tan\delta_2 + C_3\tan\delta_3 + C_4\tan\delta_4}{C_2 + C_3 + C_4} \quad (6-17)$$

按图 6 - 4（c）接线测量时，可测得

$$C_b = C_1 + C_2 + C_6 \quad (6-18)$$

$$\tan\delta_b = \frac{C_1\tan\delta_1 + C_2\tan\delta_2 + C_6\tan\delta_6}{C_1 + C_2 + C_6} \quad (6-19)$$

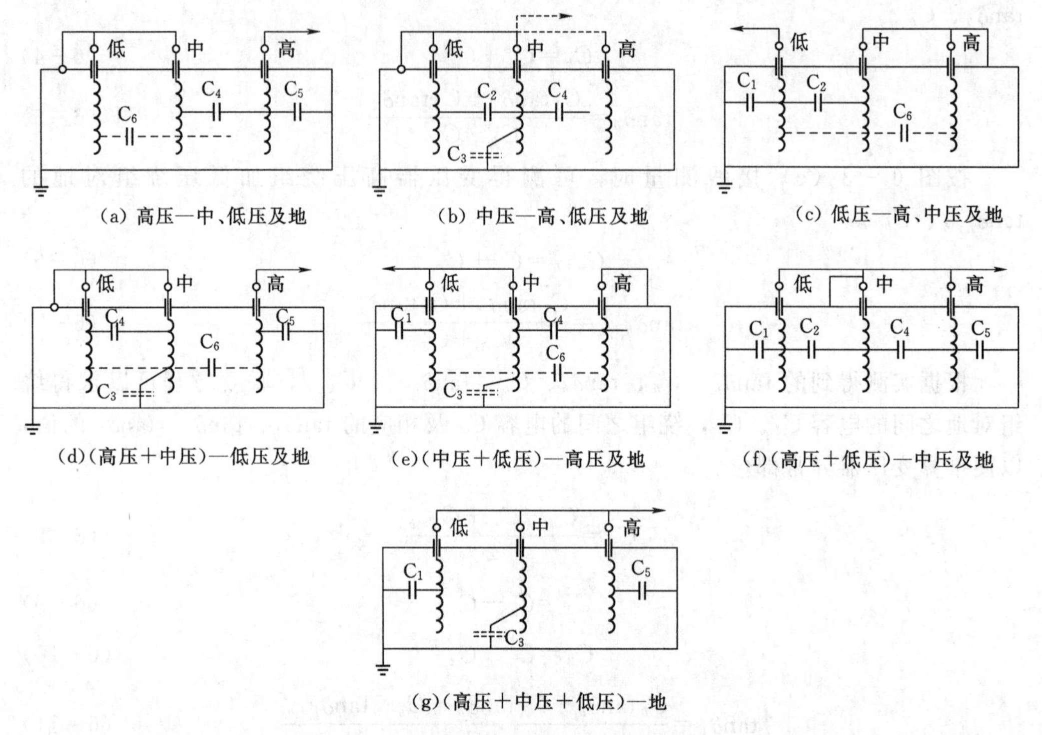

(a) 高压—中、低压及地　(b) 中压—高、低压及地　(c) 低压—高、中压及地

(d)（高压+中压）—低压及地　(e)（中压+低压）—高压及地　(f)（高压+低压）—中压及地

(g)（高压+中压+低压）—地

图 6-4　三绕组变压器测量 tanδ 及 C 接线方式

按图 6-4（d）接线测量时，可测得

$$C_{h+c}=C_2+C_3+C_5+C_6 \tag{6-20}$$

$$\tan\delta_{h+c}=\frac{C_2\tan\delta_2+C_3\tan\delta_3+C_5\tan\delta_5+C_6\tan\delta_6}{C_2+C_3+C_5+C_6} \tag{6-21}$$

按图 6-4（e）接线测量时，可测得

$$C_{c+b}=C_1+C_3+C_4+C_6 \tag{6-22}$$

$$\tan\delta_{c+b}=\frac{C_1\tan\delta_1+C_3\tan\delta_3+C_4\tan\delta_4+C_6\tan\delta_6}{C_1+C_3+C_4+C_6} \tag{6-23}$$

按图 6-4（f）接线测量时，可测得

$$C_{h+b}=C_1+C_2+C_4+C_5 \tag{6-24}$$

$$\tan\delta_{h+b}=\frac{C_1\tan\delta_1+C_2\tan\delta_2+C_4\tan\delta_4+C_5\tan\delta_5}{C_1+C_2+C_4+C_5} \tag{6-25}$$

按图 6-4（g）接线测量时，可测得

$$C_{h+c+b}=C_1+C_3+C_5 \tag{6-26}$$

$$\tan\delta_{h+c+b}=\frac{C_1\tan\delta_1+C_3\tan\delta_3+C_5\tan\delta_5}{C_1+C_3+C_5} \tag{6-27}$$

同双绕组变压器一样，通过各种接线方式测得的数值，联立方程可求得各绕组对地和各绕组之间的 tanδ 和 C_x 值，便于分析变压器发生异常的确切部位。

二、试验测量结果分析

（1）tanδ 测量值应满足规程要求；测量结果要求与历年数值进行比较，变化应不大于30%。

（2）不同变压器电压等级 tanδ 的允许值见表6-5。

表6-5　不同变压器电压等级 tanδ 的允许值

变压器电压等级	330～500kV	66～220kV	35kV及以下
tanδ	0.6%	0.8%	1.5%

（3）不同温度下数值换算：测量温度以顶层油温为准，应尽量在油温低于50℃下进行，不同温度下的 tanδ 值可按下式进行换算：

$$\tan\delta_2=\tan\delta_1\times 1.3(t_2-t_1)/10 \quad (6-28)$$

式中 $\tan\delta_1$、$\tan\delta_2$ 为温度为 t_1、t_2 时的 tanδ 值

第三节　交流耐压试验

交流耐压试验是检验变压器绝缘强度最直接、最有效的方法，对发现变压器主绝缘的局部缺陷，如绕组主绝缘受潮、开裂或者在运输过程中引起的绕组松动，引线距离不够，油中有杂质，气泡以及绕组绝缘上附着有脏污等缺陷十分有效。

6-2

一、试验方法

接线方式为被试绕组的引出线端头均应短接，非被试绕组的引出线端头应短路接地，试验时施加超过其一定倍数的工作电压，并持续1min左右，以检查其绝缘情况。常用的接线图如图6-5所示。

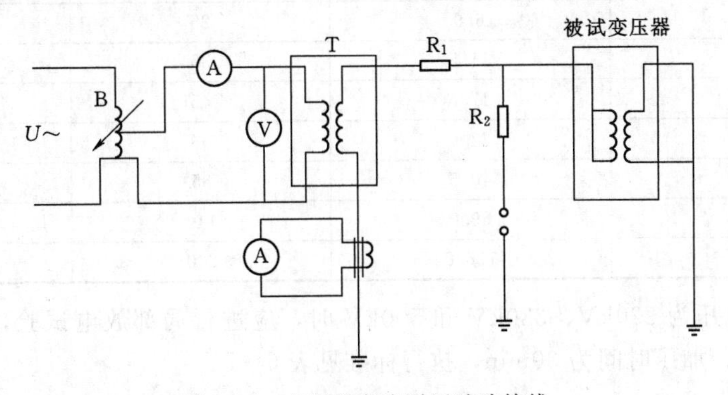

图6-5　变压器交流耐压试验接线

交流耐压试验绕组接线不正确，可能损坏被试变压器，常见的错误接线主要有以下两种。

（1）被试绕组与非被试绕组均不短路连接，其错误接线图如图6-6所示。

由于分布电容的影响，沿整个被试绕组的电流不相等，越靠近A段电流越大，因而所有线匝间均存在不同的电位差；由于绕组中为容性电流，故靠近X端的电位比始端高压高。显然这种接线方式是不允许的，在试验中必须避免。

（2）被试绕组与非被试绕组均短路连接，但非被试绕组不接地，其错误接线图如图 6－7所示。

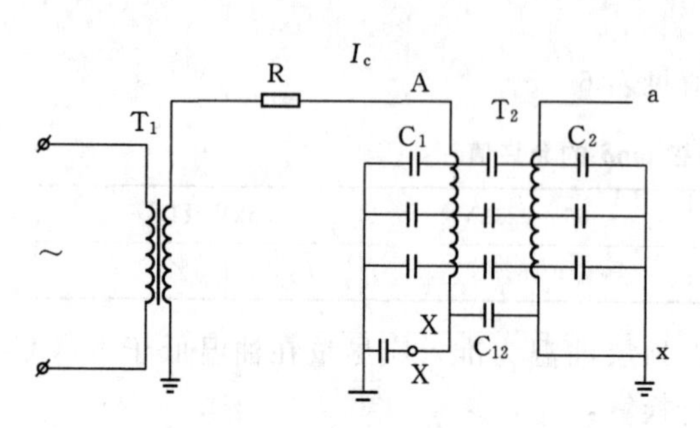

图 6－6　被试绕组与非被试绕组均不短路连接

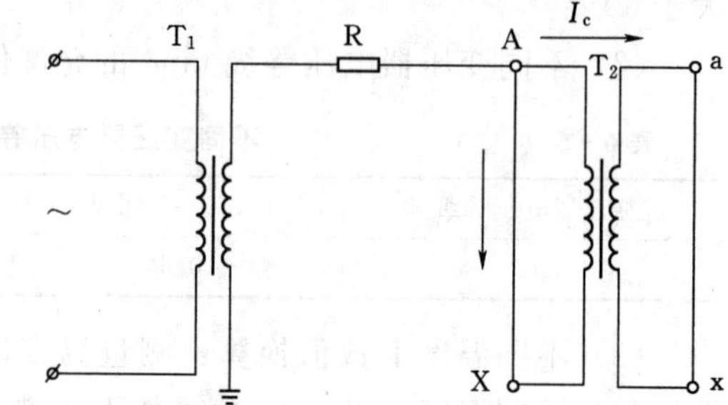

图 6－7　被试绕组与非被试绕组均短路连接，但非被试绕组不接地

对于非被试低压绕组，由于没有接地而处于悬浮状态，低压绕组对地将具有一定的电压。低压绕组的对地电压将取决于高、低压间和低压对地电容的大小，这时可能会出现低压绕组上的电压高于其耐受电压水平，发生对地放电现象。

二、试验标准

容量在8000kVA以上，且额定电压在110kV以下的变压器，按表6－6所示标准施加试验电压进行交流耐压试验。（注：交接即变压器经过修理或定期试验时。）

表 6－6　油浸式电力变压器试验电压标准

额定电压/kV	最高工作电压/kV	1min 工频交流耐压值/kV	
		出厂	交接
3	3.5	18	15
6	6.9	25	21
10	11.5	35	28
15	17.5	45	38
20	23.0	55	47
35	40.5	85	72
63	69.0	140	120
110	126.0	200	112

当额定电压为220kV、330kV和500kV时，应进行局部放电试验，试验接线如图6－8所示，加压时间为30min，执行标准见表6－7。

表 6－7　油浸式电力变压器局部放电试验电压标准

额定电压/kV	最高工作电压/kV	30min 工频交流试验电压值/kV	
		出厂	交接
220	252.0	395	335
330	363.0	510	433
500	550.0	680	578

三、注意事项

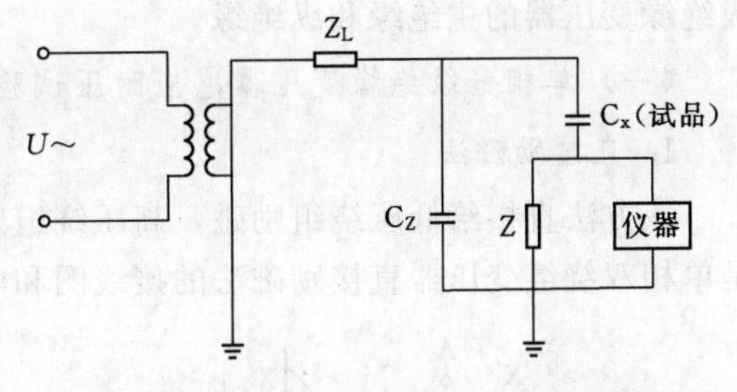

图 6-8　变压器局部放电试验接线图

交流耐压试验及局部放电试验均需将变压器充满标准绝缘油，并静止一段时间后才能进行，局部放电是在所加电压达到一定值出现的现象，所以，当放电量急剧增加时，说明被试品将很快被击穿。

《规程》规定：750～1000kV 电压等级，静止时间不小于 96h；500kV 电压等级，静止时间不小于 72h；220～330kV 电压等级，静止时间不小于 48h；110kV 及以下电压等级，静止时间不小于 24h；35kV 及以下电压等级，静止时间不小于 12h。

四、试验结果分析判断

在规定的耐压时间内，仅听到正常的电晕放电声，油箱内无声响，仪表仪器指示正常（电压、电流无抖动、摆动、无突然升降），保护装置不动作（无过电压、过电流），即耐压合格。

第四节　变压器感应耐压试验

一、全绝缘变压器感应耐压试验

全绝缘变压器感应耐压试验接线如图 6-9 所示，其用于检查全绝缘变压器的纵绝缘（绕组匝间、层间及段间）。试验时，低压绕组施加三相对称的高于额定频率的电压，高压绕组开路，中性点接地，该种方法只能满足线间达到试验电压，对中性点和线圈还需进行一次外施高压主绝缘耐压试验。外绝缘是否承受住了感应耐压，需要根据试验后的空载损耗测试与试验前的测量值进行比较才能判断。

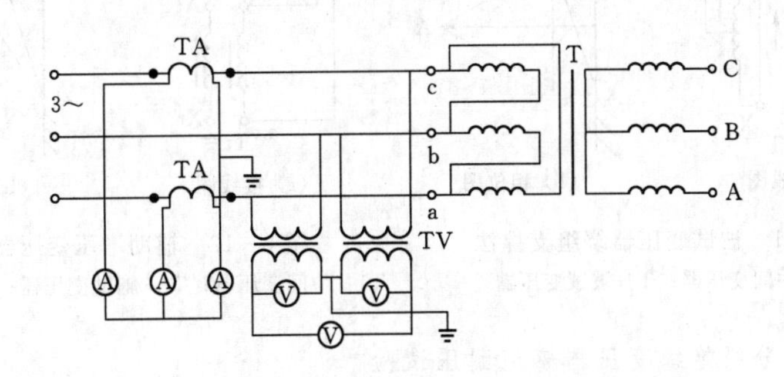

图 6-9　全绝缘变压器感应耐压试验接线图

T—被试变压器；TA—电流互感器；TV—电压互感器

二、分级绝缘变压器感应耐压试验

分级绝缘变压器种类多、结构复杂，感应耐压试验方式也多种多样，用于检查分级绝缘变压器的主绝缘和纵绝缘。

（一）单相分级绝缘变压器感应耐压试验

1. 直接励磁法

该方法直接给低压绕组励磁，高压绕组感应电压达到试验电压。如图 6－10 所示是单相双绕组变压器直接励磁法的接线图和电位图。

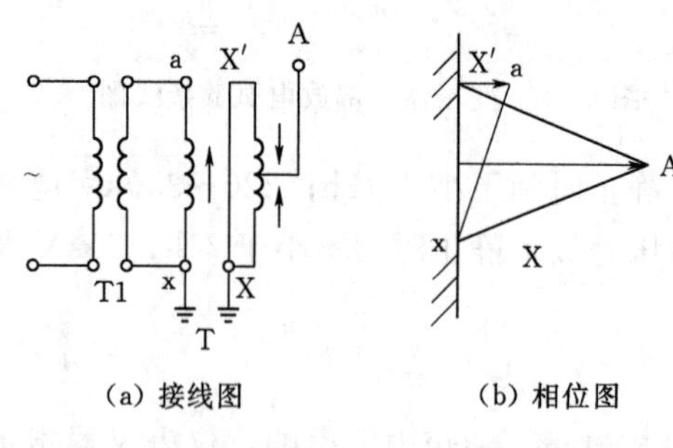

图 6－10　单相双绕组变压器直接励磁法
T1—中间变压器；T—被试变压器

2. 支撑法

当直接励磁法不能达到试验要求时，可采用支撑法。该方法是采用与被试绕组感应电动势相位相同或相反的其他绕组（也可采用辅助变压器）来提高或降低被试绕组对地电压，以达到试验电压的要求。图 6－11 是利用被试品低压绕组 a 端与高压绕组中性点 X 端相连，使高压绕组对地电压提高 U_{ax}，从而将高压绕组线端对地电压提高到 $U_{AX}+U_{ax}$，以满足 A 点对地试验电压的要求。

图 6－12 是采用辅助增压变压器支撑法的接线图和相位图。辅助变压器低压绕组 atxt 与中间变压器低压绕组的同名端相连，使辅助变压器与被试变压器感应电动势相位一致，再将辅助变压器输出 At 接到被试变压器高压绕组中性点，以提高被试变压器高压绕组对地电压，A 端对地电压为 $U_{AX}=U_{AX}+U_{At}$。

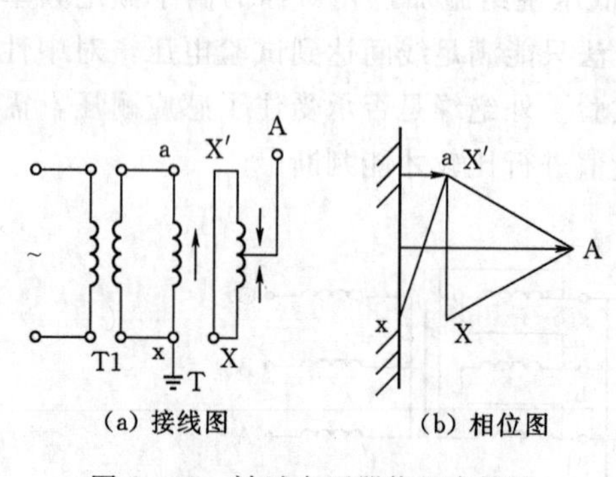

图 6－11　被试变压器绕组支撑法
T1—中间变压器；T—被试变压器

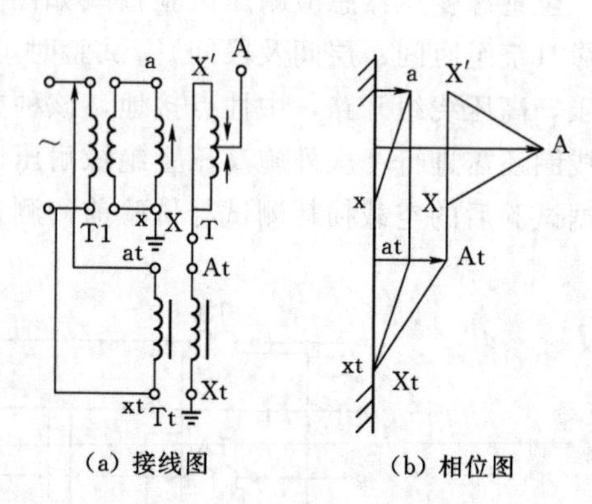

图 6－12　辅助增压变压器支撑法
T1—中间变压器；Tt—辅助变压器；T—被试变压器

（二）三相分级绝缘变压器感应耐压试验

1. 直接励磁法

该方法对被试变压器低压绕组直接励磁，高压绕组感应试验电压。图 6－13 所示为三相五柱式变压器直接励磁法的接线图、磁通分布图和相位图。

被试相的低压绕组 ao 励磁，高压绕组非被试相短路接地。由相位图 6－13（c）可知，A 相线端对地、对低压绕组和相间均达到试验电压。图 6－13 中被试为 A 相，

B相和C相依此类推。

2. 非被试相支撑法

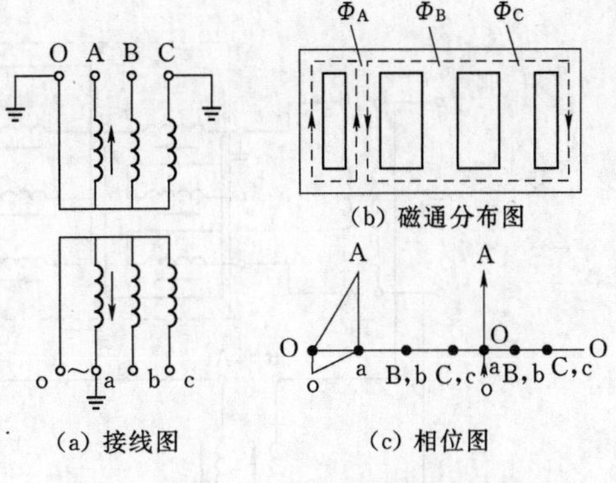

图 6-13 三相五柱式变压器直接励磁法

图 6-14 是一台双绕组变压器非被试相支撑法的接线图、磁通分布图和相位图。

图 6-14 的试验相为 A 相，低压绕组 ac 励磁，在 A 相铁芯中产生磁通 Φ_A，Φ_A经过 B 相、C 相铁芯闭合。流经 B 相、C 相铁芯的磁通分别为 Φ_A、Φ_C。由于 B 相、C 相绕组短接，故 $\Phi_B=\Phi_C=\frac{1}{2}\Phi_A$。

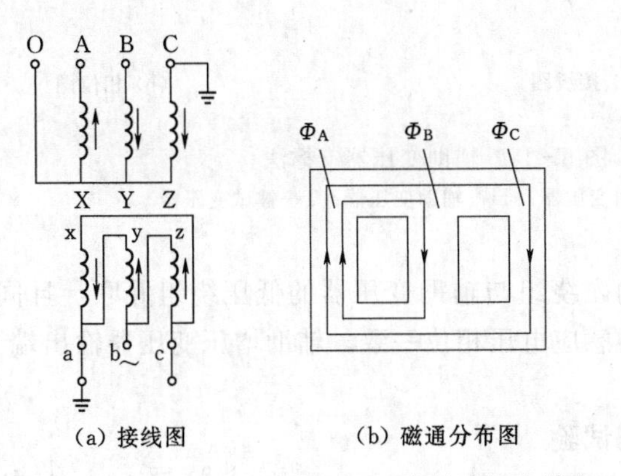

图 6-14 非被试相支撑法

相应的绕组感应电压为

$$U_{BY}=U_{CZ}=\frac{1}{2}U_{AX} \tag{6-29}$$

$$U_{by}=U_{cz}=\frac{1}{2}U_{ax} \tag{6-30}$$

由图 6-14（c）可知，A 端达到试验电压 U 时，对低压绕组 a、高压绕组 B、C 端的电压也达到 U。高压中性点 O 对地电压为$\frac{1}{3}U$，如果达不到试验电压，则还需要外施电压考核。

B 相、C 相试验依次类推。

（三）辅助增压变压器支撑法

有时被试变压器中性点试验电压低于线端试验电压的 1/3 或其他特殊结构的变压器时，上述两种方法达不到试验电压的要求，则应选择辅助变压器支撑法，如图 6-15 所示。

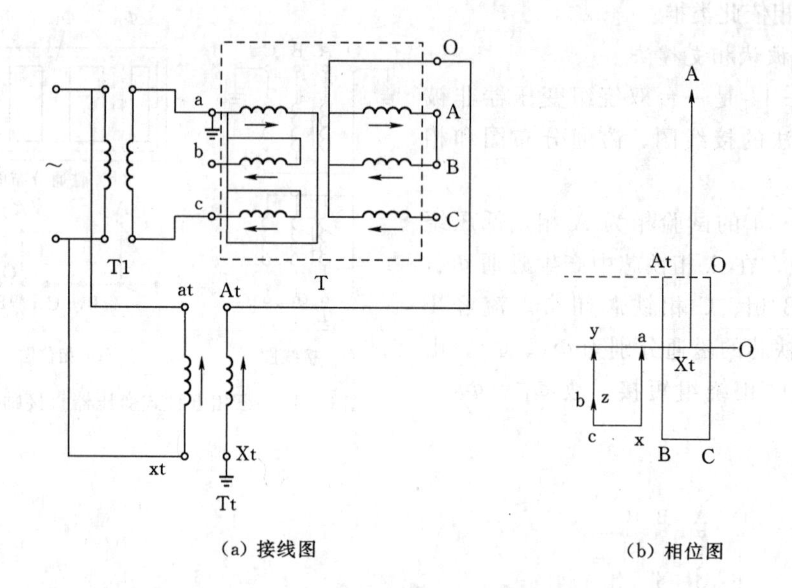

(a) 接线图　　(b) 相位图

图 6-15 辅助变压器支撑法

T1—中间变压器；Tt—辅助变压器；T—被试变压器

该方法将被试相的低压励磁绕组与辅助变压器的低压绕组并联，且同名端相接，使被试相绕组和辅助变压器的感应电压相位一致。辅助增压变压器输出端与被试变压器中性点连接。

三、自耦变压器感应耐压试验

（一）单相自耦变压器感应耐压试验

1. 直接励磁法

单相自耦变压器直接励磁法的接线图和电位图如图 6-16 所示。该方法低压绕组 ax 直接励磁，高压绕组感应试验电压。

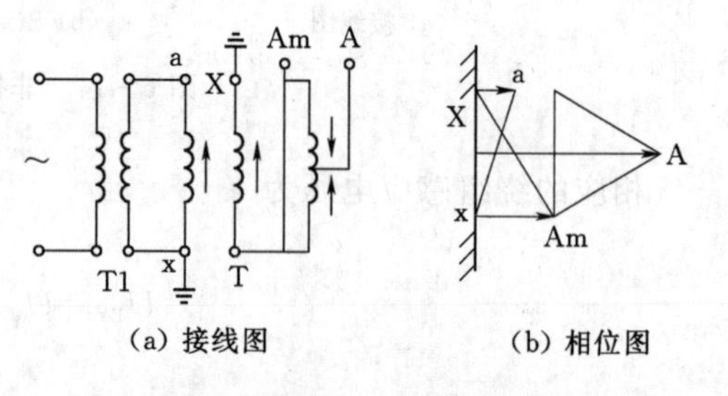

(a) 接线图　　(b) 相位图

图 6-16 单相自耦变压器直接励磁法

T1—中间变压器；T—被试变压器

2. 辅助变压器支撑法

辅助变压器支撑法分正支撑法和反支撑法两种。正支撑法如图 6-17 所示。

正支撑法是将辅助变压器低压绕组与中间变压器低压绕组同名端相连，使感应电动势相位一致，以提高被试绕组线端对地电压，达到试验的目的。

反支撑法是将辅助变压器低压绕组和中间变压器低压绕组异名端相连，使感应电动势相位相反，以降低被试绕组线端对地电压，满足试验要求。

（二）三相自耦变压器感应电压试验

1. 直接励磁法

图 6-18 是一台三相三柱式自耦变压器 A、C 相试验接线图和相位图。该方法将低压绕组 b 相短路，给 a 相和 c 相励磁，使 A、C 相线端达到试验电压。

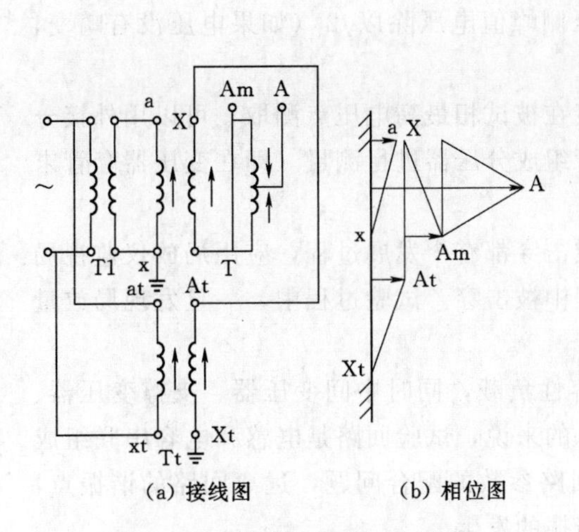

图 6-17　辅助变压器正支撑法

T1—中间变压器；Tt—辅助变压器；T—被试变压器

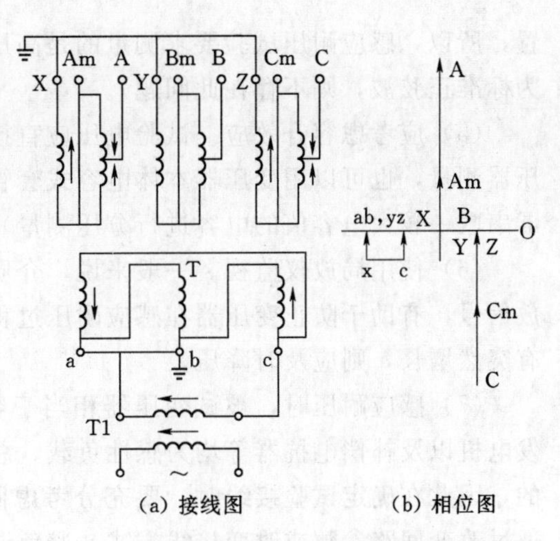

图 6-18　三相三柱式自耦变压器直接励磁法

T1—中间变压器；T—被试变压器

2. 支撑法

利用增压辅助变压器进行支撑法试验，图 6-19 是一台三相三柱式自耦变压器试验的接线图和相位图。

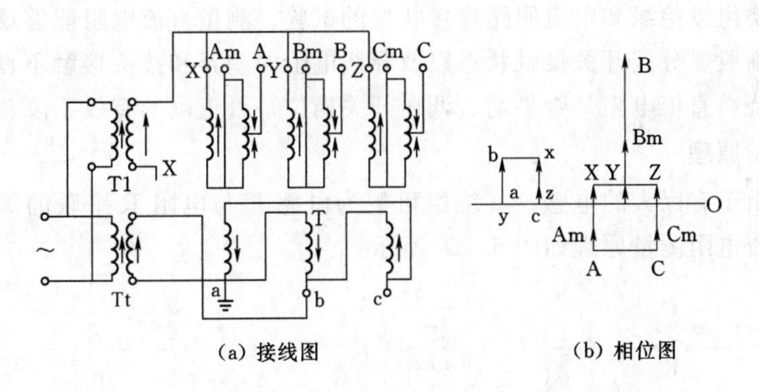

图 6-19　三相三柱式自耦变压器增压变压器支撑法

T1—中间变压器；Tt—辅助变压器；T—试验变压器

四、注意事项

(1) 为防止变压器发生意外，试验回路应设置电压、电流保护。过流一般整定为试验电流的 1.5 倍，过压整定为试验电压的 1.05 倍，如果用球隙保护，则应将保护球隙放电电压调整在 1.15 倍试验电压下放电。

(2) 试验前，所有非破坏性绝缘试验项目（包括绝缘电阻、油的试验、介损等）必须作完并且合格。

(3) 试验前，并确认变压器内部油中无气泡、并把套管表面擦干净及升高座中的空气全部放出后进行。

(4) 不考虑热击穿效应的情况下，介质的击穿都是发生在所施加电压的峰值位置，所以，感应耐压试验要求测量的是高压侧峰值电压除以$\sqrt{2}$（如果电压没有畸变，为标准正弦波，则不存在此问题）。

（5）应考虑容升效应。试验电压应直接在被试相最高电压点测取，可以用外接分压器测量，也可以用变压器本体电容式套管组成分压器进行测量（即在变压器套管末屏串联一较大电容值的电容进行分压测量）。

（6）使用局放仪监视。一般来说，介质击穿都有个发展过程，应用局放仪监视局放信号，有助于防止变压器在感应耐压过程中被击穿。试验过程中，一旦发现局放量有突然增长，则应及时降压。

（7）感应耐压时，被试变压器相当于容性负载，同时中间变压器、支撑变压器、发电机以及补偿电抗器等均为感性负载。总的来说，试验回路是电感和电容串联组成的，因此在确定试验接线时，要充分考虑回路参数的配合问题，远离回路的谐振点，通过改变回路参数或改变接线方式，避免谐振的发生。

第五节　直流电阻试验

变压器绕组的直流电阻试验是变压器在交接、大修、改变分接开关后及预防性试验中必不可少的试验项目，也是故障后的重要检查项目。直流电阻试验是一项方便而有效的考核绕组纵绝缘和电流回路连接状况的试验。测量直流电阻能够反映绕组匝间短路、绕组断股、分接开关接触状态以及导线电阻的差异和接头接触不良等缺陷，也是判断各相绕组直流电阻是否平衡、调压开关档位是否正确的有效手段。

一、试验原理

变压器由于有巨大的电感，其绕组可视为电感 L 与电阻 R 串联的等值电路。变压器绕组直流电阻测量原理如图 6-20 所示。

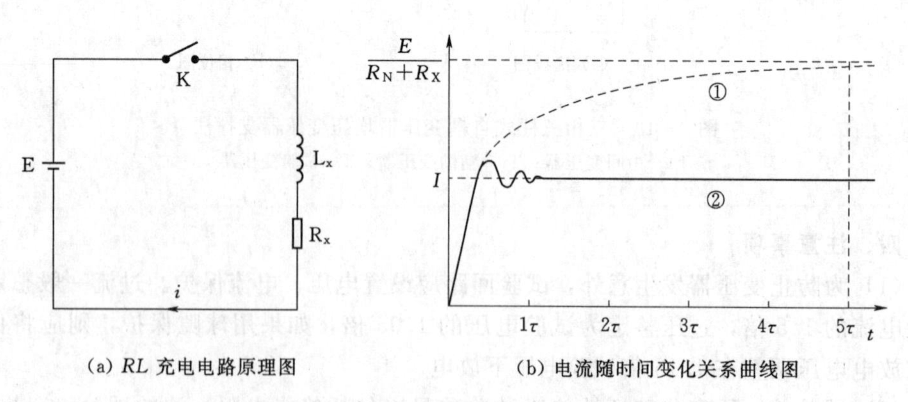

(a) RL 充电电路原理图　　(b) 电流随时间变化关系曲线图

图 6-20　变压器绕组直流电阻测量原理图

R_X—绕组电阻；L_X—绕组电感；E—试验电源

正是由于电感的存在，当合上开关 K 时，由于电感中的电流不能突变，因此变压器绕组直流电阻测量回路的过渡存在如下关系：

$$E=iR_X+L_X\frac{\mathrm{d}i}{\mathrm{d}t} \tag{6-31}$$

$$i=\frac{E}{R_X}(1-\mathrm{e}^{-\frac{t}{\tau}}) \tag{6-32}$$

式中　E——外施直流电压，V；

R_X——绕组的直流电阻，Ω；

L_X——绕组的电感，H；

i——通过绕组的直流电流，A。

$\tau=\frac{L_X}{R_X}$——电路时间常数。

由此可见，i 含有一直流分量和一衰减分量，当衰减分量衰减至零时 i 达到稳定值 $I=\frac{E}{R_X}$，电感不起作用，此时可通过测量 E 和 I 来得到 R_X。由于大型变压器绕组的 L_X 很大、R_X 很小，所以时间常数 τ 很大，需很长一段时间电流才能达到稳定，充电时间为 5τ 时，通过计算可知测得电阻比真实电阻还有 0.67%的误差。

为解决稳压电源给绕组充电的稳定时间过于长的问题，而采用稳压稳流电源充电的方法可使稳定时间大为缩短。稳压稳流电源可根据电源负载的大小，来决定稳压稳流电源是工作于稳压状态还是稳流状态，电源只能工作于其中一种状态，在稳流状态下电源可保持回路电流恒定。

RN 为电流取样电阻，E 为稳压稳流电源的最大稳压电压，I 为仪器设定的稳流电流，开关 K 合上后，稳压稳流电源刚开始工作于稳压状态，回路电流逐步上升，当充电电流达到仪器设定的稳流电流时，稳压稳流电源进入稳流状态，其充电曲线为图 6-20 所示的曲线②。

可见，充电流达到稳定时间的长短，取决于 τ 值，即 L_X 与 R_X 的比值。由于大型变压器的 τ 值比小变压器的大得多，所以大型变压器达到稳定的时间相当长，即 τ 越大，达到稳定的时间越长，反之则时间越短。因此，测量大型变压器的直流电阻必须考虑缩短测量时间的方法。

二、试验方法

测量变压器直流电阻主要有电流电压表法和电桥法，现场实际测量中一般采用电桥法。电流电压表法的测量原理是在被测电阻中通过直流电流，在被测电阻两端产生电压降，测量其两端的电压和通过的电流，然后利用欧姆定律 $R_X=\frac{U}{I}$ 计算出被测的直流电阻值。电桥法是指用直流电桥来测量直流电阻的一种方法。它具有较高的灵敏度和准确性。常用的直流电桥有单臂电桥和双臂电桥两种。

由于电力变压器的绕组电感量大，测量直流电阻时，充电时间很长，电流进入稳定状态需要较长时间。为了克服这一困难，现场实际测量中一般采用数字化直流电阻速测仪，它具有操作简便、测试速度快、量程可选择、结果准确等优点。

6-4

目前，国内生产的直流电阻速测仪型号很多，其技术指标和功能都很接近。图 6-21所示为常见的直流电阻速测仪的外形图。

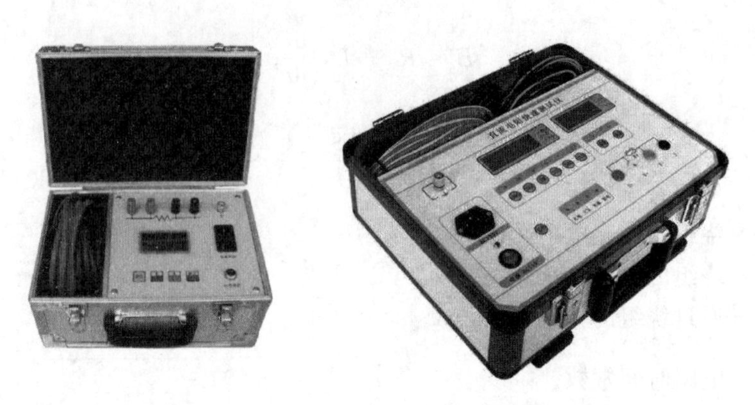

图 6-21 常见直流电阻速测仪的外形图

(一) 直流电阻速测仪的工作原理

直流电阻快速测试仪一般均由恒压恒流源供给直流测试电源，在合上开关后，电路中的电流很快进入恒定状态，从而使充电时间大大缩短。恒流源电流大小分成几种不同规格，例如 0.1A、1A、2A、5A 和 10A，根据具体需要选择使用。一般测量电阻愈大，电流愈小。例如 FK-Ⅲ型直流电阻测试仪在被测电阻为 0.1mΩ～1Ω 范围内，恒流电流为 10A，而测量 2～20Ω 的电阻时，恒流电流采用 1A。

由于变压器的直流电阻一般都不大，在 20Ω 以下，因此恒流电流可以采用 1～10A 的电流。如果被测电阻较大，大于 20Ω，则必须减小电流，例如采用 0.1A，否则，在被测电阻 R_X 上消耗的电功率太大，会引起温度升高，反而使测量准确度达不到预期的要求。

直流电阻快速测试仪的精度一般为 0.2 级，也有 0.1 级的。所使用的测试电源为交流 220V。

(二) 直流电阻速测仪的使用方法

直流电阻速测仪的使用方法由厂家使用说明书作出规定，各个厂家规定的使用方法并不一样，但都不复杂。现以图 6-22 中的 FK-Ⅲ型直流电阻速测仪为例，举例说明。

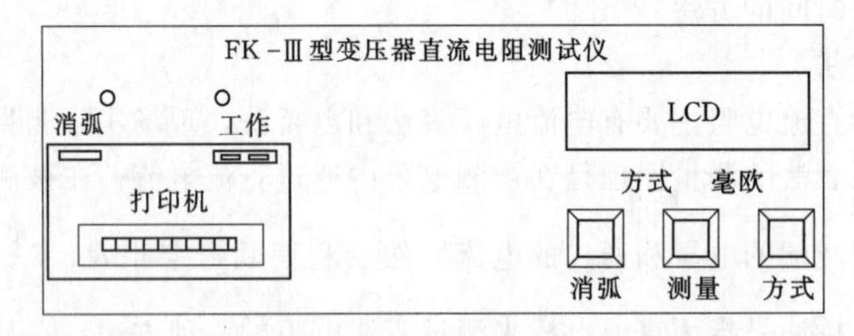

图 6-22 FK-Ⅲ型直流电阻速测仪面板布置图

(1) 接线方法。在仪器的后面面板上有连接试验引线的电缆插座。与双臂电桥相同，试验引线也是四根，两根为电流线，标有 $I+$ 和 $I-$，另外两根是电压线，标有 $U+$ 和 $U-$。

(2) 接好线后，接入交流 220V，合上电源开关，仪器预热 10min。

(3) 选择测量电流。FK-Ⅲ型直流电阻速测仪可提供 1A、5A、10A 三种测试电流供选择，根据被测电阻的阻值大小合理选择测试电流。

(4) 按下面板上的“测量”键，仪器即自动进入测量状态。这时，屏幕数字显示测试电流值，待电流达到规定值后，屏面显示测试电阻值。如果需要再次重复测量，只需在屏幕显示数据后的2min内再按一次“测量”键，即进行重复测量。重复测量可以进行多次。

(5) 测量结束后，仪器自动进入放电状态，将被试品上的残余电荷泄放掉。放电指示灯由亮到熄，只有在放电结束后，才可关机，拆除试验引线。

三、试验结果分析判断

测量绕组连同套管的直流电阻，应符合下列规定：

(1) 1.6MVA以上的变压器，各相绕组直流电阻相互间的差别（又称相间差）不应大于三相平均值的2%；无中性点引出的绕组直流线电阻相互间的差别（又称线间差）不应大于三相平均值的1%。

(2) 1.6MVA及以下的变压器，相间差别一般不大于三相平均值的4%；线间差别一般不大于三相平均值的2%。

(3) 测得的值与出厂或交接时相同部位测得值比较，其变化不应大于2%。

(4) 不同温度下的电阻值应换算到同一温度下进行比较，并按下式换算：

$$R_2=R_1\left(\frac{T+t_2}{T+t_1}\right) \tag{6-33}$$

式中 T——常数，其中铜导线为235，铝导线为225。

线间差或相间差百分数的计算公式为

$$\Delta R_X=\frac{R_{\max}-R_{\min}}{R_{av}}\times 100\% \tag{6-34}$$

对线电阻而言

$$R_{av}=\frac{1}{3}(R_{AB}+R_{BC}+R_{AC}) \tag{6-35}$$

对相电阻而言

$$R_{av}=\frac{1}{3}(R_A+R_B+R_C) \tag{6-36}$$

式中 ΔR_X——线间差或相间差的百分数，%；

$R_{\max}$——三线或三相实测值中的最大电阻值，Ω；

$R_{\min}$——三线或三相实测值中的最小电阻值，Ω；

R_{av}——三线或三相实测值中的平均电阻值，Ω；

R_{AB}、R_{BC}、R_{AC}——线电阻；

R_A、R_B、R_C——相电阻。

第六节　变压器电压比试验

变压器的电压比是指变压器空载时，一次侧电压 U_1 与二次侧电压 U_2 的比值，简称变比，即 $k=U_1/U_2$。变比试验的目的是检查变比是否与铭牌相符，是否存在较大的误差，检查分接开关挡位是否正确，在变压器故障后，通过变比试验来检查绕组是否发生匝间短路、断股、脱焊等缺陷，判断两台变压器是否可以并列运行。变比相差1%的中小型变压器并列运行，会在变压器绕组内产生10%额定电流的循环电流，使变压器损耗大大增大。

一、变比试验概述

变压器一次侧输入按正弦规律变化的电压 U_1，由于电磁感应，交变磁通在绕组的一次、二次侧要感应出电动势 E_1 和 E_2，变压器空载时，$U_1 \approx U_2$，二次电压 $U_2 \approx E_2$，则

$$U_1 \approx E_1 = 4.44 f N_1 \Phi_m \qquad (6-37)$$

$$U_2 \approx E_2 = 4.44 f N_2 \Phi_m \qquad (6-38)$$

式中　f——电源频率，Hz；

U_1、U_2——一次、二次侧的电压，V；

E_1、E_2——一次、二次侧的感应电动势，V；

Φ_m——铁芯柱中主磁通，Wb；

N_1、N_2——一次、二次绕组的匝数。

由此可见，变压器的变比 $K=\frac{U_1}{U_2}\approx\frac{N_1}{N_2}$，即单相变压器的变比近似等于一、二次绕组的匝数比。

三相变压器铭牌上的变比是指不同电压绕组的线电压之比，不同的接线方式其变比与匝数的关系主要有以下四种：

Y，y 接线的电压比 $K=\frac{N_1}{N_2}$；D，d 接线的电压比为 $K=\frac{N_1}{N_2}$；

Y，d 接线的电压比为 $K=\sqrt{3}\frac{N_1}{N_2}$；D，y 接线的电压比为 $K=\frac{N_1}{\sqrt{3}N_2}$。

二、变比试验标准

《规程》规定了变压器绕组所有分接头变比试验的标准：

（1）各相分接头的变比与铭牌值相比，不应有显著差别，且应符合规律。

（2）电压35kV以下，变比小于3的变压器，其变比允许偏差为±1%；其他所有变压器额定分接头变比允许偏差为±0.5%，其他分接头的变比应在变压器阻抗电压百分值的1/10以内，但不得超过±1%。允许偏差公式为

$$\Delta K=\frac{K-K_N}{K_N}\times 100\% \qquad (6-39)$$

式中　ΔK——变比允许偏差或变比误差；

K——实测变比；

K_N——额定变比，即变压器铭牌上各次绕组额定电压的比值。

变压器变比的测量应在各相所有分接位置进行，对于有载调压变压器，应用电动装置调节分接头位置。对于三绕组变压器，只需测两对绕组的变比，一般测量某一带分接开关绕组对其他两侧绕组之间的变比，对于带分接开关的绕组，应测量所有分接头位置时的变比。

三、试验方法

测量变比的常用方法有双电压表法及变比电桥法。

（一）直接双电压表法

双电压表法是在变压器高压侧施加电压，同时，并用两只电压表，在高低压两侧同时进行测量，根据所测得的电压值，计算出电压比。三相变压器的电压比可以用三相或单相电源。用三相电源测量比较简单，但用单相电源比用三相电源更能发现故障。表6-8介绍了用单相电源测量变压器变比的接线及计算公式。

表6-8　单相电源测量变压器变比的接线及计算公式

序号	变压器接线组别	加压端子	短路端子	测量端子	电压比计算公式	试验接线方式
1	单项	AX		ax	$K_1=\frac{U_{AX}}{U_{ax}}$	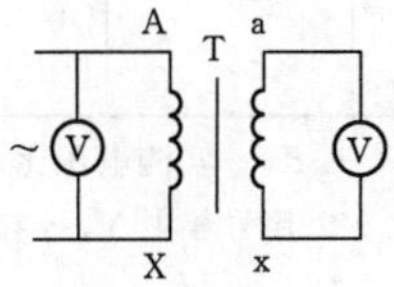
2	Y，d11	ab	bc	AB ab	$K_1=\frac{U_{AB}}{U_{ab}}=\frac{2}{\sqrt{3}}K_L$	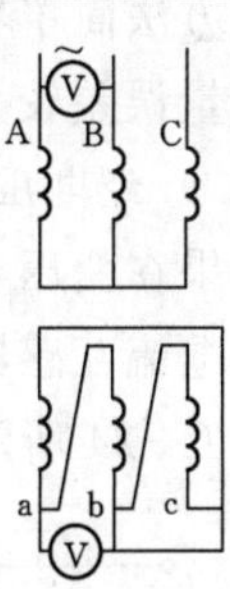
		bc	ca	BC bc		
		ca	ab	CA ca		
3	D，y11	ab	CA	AB ab	$K_1=\frac{U_{AB}}{U_{ab}}=\frac{\sqrt{3}}{2}K_L$ $K_L=\frac{2}{\sqrt{3}}\frac{U_{AB}}{U_{ab}}$	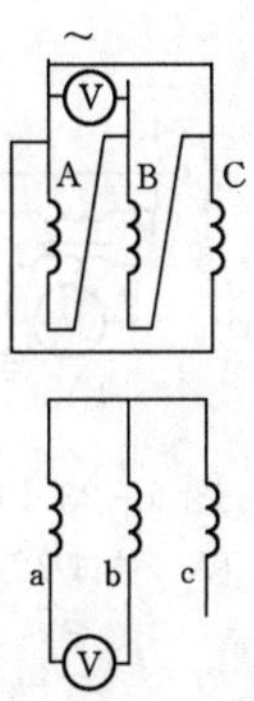
		bc	OAB	BC bc		
		ca	BC	CA ca		

续表

序号	变压器接线组别	加压端子	短路端子	测量端子	电压比计算公式	试验接线方式
4	Y，y0	ab		AB	$K_1=\frac{U_{AB}}{U_{ab}}=K_L$ $K_L=\frac{U_{AB}}{U_{ab}}$	
		bc		BC		
		ca		CA		
5	YN，d11	ab		BN	$K_1=\frac{U_{BO}}{U_{ab}}=\frac{1}{\sqrt{3}}K_L$ $K_1=\sqrt{3}\frac{U_{BO}}{U_{ab}}$	

注　1. K_1—实测电压比；K_L—线电压比。

2. 序号 4 中 Y，y 接线方式的计算公式，同样适用于 D，d 接线方式。

此方法简单易行，在现场应用广泛，但测量中使用的都为准确度较低常用仪表，因而测量误差较大。

（二）经电压互感器的双电压表法

如果在变压器的电压比测试试验中使用的电压较高，常用的电压表就无法做到，必须经电流互感器来测量。单相变压器变比测量如图 6-23 所示。三相变压器变比测量如图 6-24 所示，值得注意的是此时互感器极性必须相同。

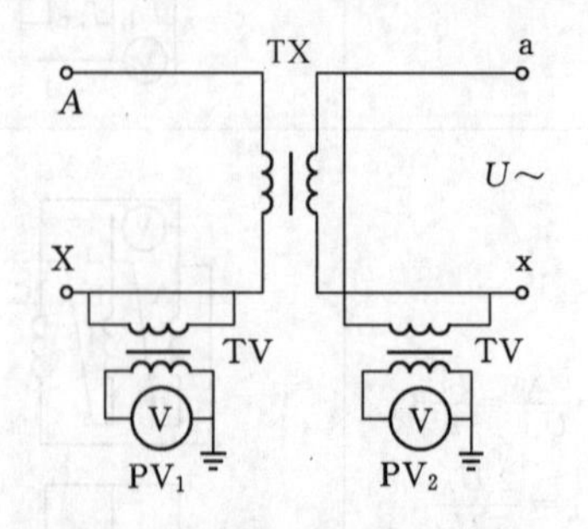

图 6-23　单相变压器变比测量
TX—被试变压器；TV—电压互感器；
PV_1、PV_2—电压表

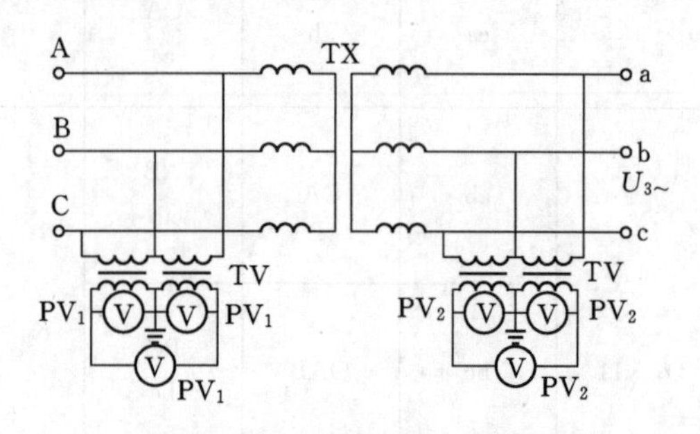

图 6-24　三相变压器变比测量
TX—被试变压器；TV—电压互感器；
PV_1、PV_2—电压表

（三）变比电桥法

1．基本原理

变压器电压比的测定可用变比电桥自动来完成。变比电桥测量原理如图 6－25 所示。在被试变压器的一次侧施加电压 U_1，则在变压器的二次侧感应出电压 U_2，调节电阻 R_1，使检流计为零，然后通过计算求出电压比 K。测量电压比的计算公式为

$$K=\frac{U_1}{U_2}=\frac{R_1+R_2}{R_2}=1+\frac{R_1}{R_2} \qquad (6-40)$$

式中　K——被试变压器变比；

U_1——被试变压器一次侧电压，V；

U_2——被试变压器二次侧电压，V；

R_1——变比调节电阻值，Ω；

R_2——标准电阻，Ω。

图 6－25　变比电桥测量原理图
U_1—被试变压器一次侧电压；U_2—二次侧感应电压；P—检流计；R_1—变比调节电阻；R_2—标准电阻

若在 R_1 和 R_3 之间串入一个滑盘电阻 R_2，则可同时测量电压比误差，测量电压比误差原理如图 6－26 所示，这样在测量电压比的同时还可测量电压比的误差。

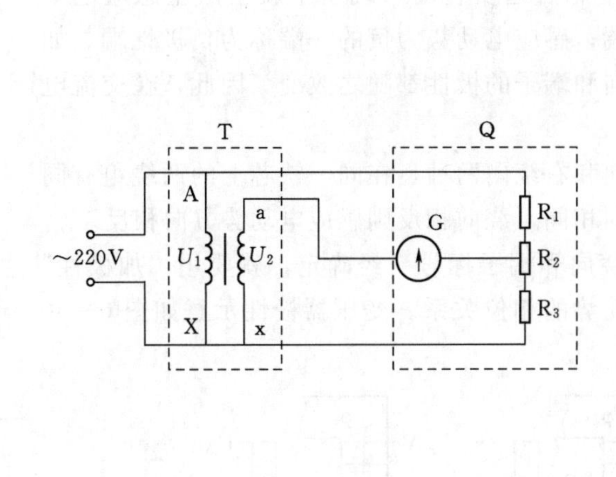

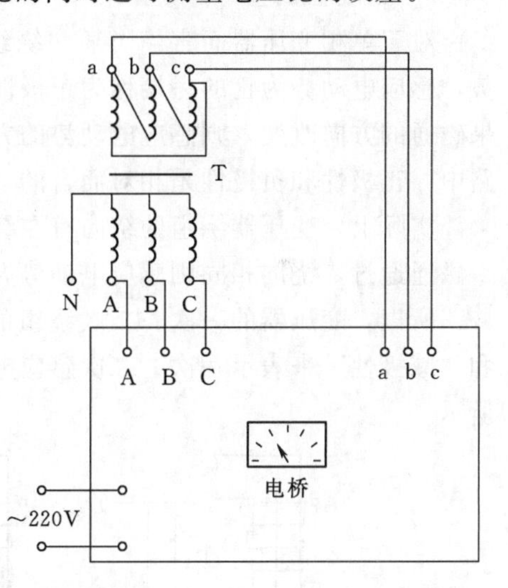

图 6－26　测量电压比误差原理接线图

2．全自动变比测试仪

随着科学技术的发展，国内（外）都推出多种自动化变比测试仪，其工作原理为以双电压表法和电桥法为基础，加入了数字化处理技术，其测试速度有了明显的提高。另外，自动化变比测试仪所测试的结果可存储、打印，比较方便。常见的全自动变比测试仪外形如图 6－27 所示。

全自动变比测试仪的特点：

(1) 在测量过程中，被试变压器一次和二次绕组信号的采样是同步进行的，可以避免电源电压波动的影响。

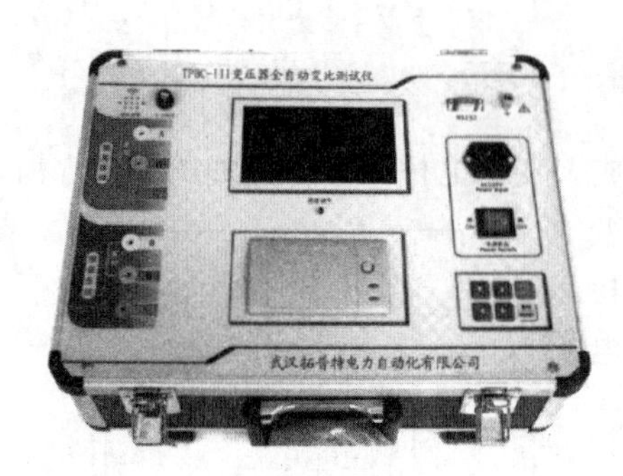

图 6-27 全自动变比测试仪外形图

(2) 自动测量接线组别，自动进行组别变换，可直接测量单、三相变压器变比。

(3) 表计自动校验，测试过程中自动切换量程。

(4) 测试前输入被试设备相关参数，测试过程中能自动计算出相对误差。

(5) 测试过程自动充电，测试完成后自动切断试验电源，安全可靠。

(6) 测试结果自动保存，数据可打印。全自动变比测试仪还可以与电脑连接，实现遥控试和数据交换，可组成多台仪器的测试系统。

第七节 变压器极性和组别试验

一、变压器极性试验

(一) 极性试验的意义

对于单相变压器而言，当某一绕组中有磁通变化时，绕组中就会产生感应电动势，感应电动势为正的一端称为正极性端；感应电动势为负的一端称为负极性端。如果磁通的方向改变，则感应电动势的方向和端子的极性都随之改变。因此，在交流电路中，正极性和负极性是相对而言的。

6-5

实际上，变压器绕组的绕向有左绕向和右绕向两种，在同一铁芯上的两绕组有同一磁通通过，绕向相同则感应电动势方向相同，绕向相反则感应电动势方向相反。

所以，变压器的一次、二次绕组的绕向和端子标号一经确定，就要用“加极性”和“减极性”来表示一次、二次感应电动势的相位关系。变压器极性示意如图 6-30 所示。

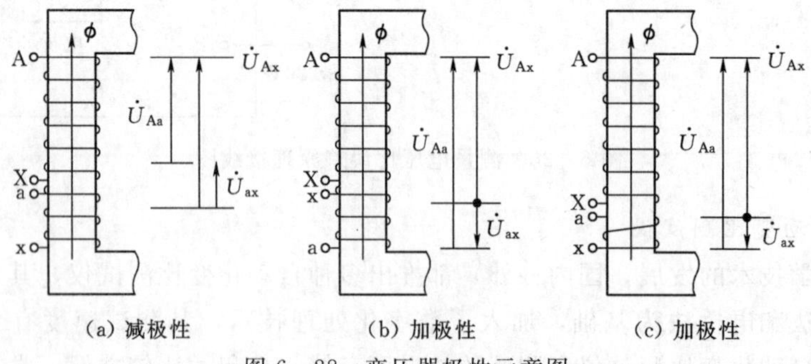

(a) 减极性　(b) 加极性　(c) 加极性

图 6-28 变压器极性示意图

变压器两绕组绕向相同（左绕），如图 6-28 (a) 所示，有同一磁通穿过。因此，两绕组内的感应电动势，在同名端子间任何瞬时都有相同的极性，此时一次、二次电压 U_{AX} 和 U_{ax} 相位相同，如果连接 X 和 x，U_{Aa} 等于两电压的差，则该变压器就称为“减极性”的。如果将二次绕组标号交换，如图 6-28 (b) 所示，显然同名端子间的电动势将变成方向相反，电压相位相差180°；这时连接X和x后，U_{Aa}是U_{AX}和U_{ax}的和，则变压器称为“加极性”的。如果变压器的一次绕组和二次绕组绕向不同，但标号仍和图（a）一致，如图6-28（c）所示。变压器也是“加极性”的。

由于变压器的一次、二次绕组之间存在着极性关系，所以当几个绕组互相连接组合时，必须知道极性才能正确进行。

（二）极性的试验方法

1. 直流法

用1.5～3V干电池，正极接于变压器的A端，负极接于变压器的X端，直流毫伏表（或微安表、万用表）的正极接于低压侧的a端，负极接于变压器的X端，用直流法检查极性如图6-29所示，测量过程中要细心观察表计指针的偏转方向，当合上开关瞬间指向右偏（正方向），而拉开开关瞬间指针向左偏时，则变压器是减极性。若偏转方向与上述方向恰好相反，则变压器是加极性。

试验应反复操作几次，每次拉合开关都要有一定的时间间隔，必须看清楚指针的摆动方向。操作时，应注意不要触及绕组的端部，以防触电。

2. 交流法

将变压器的高压侧和低压侧绕组的一对同名端连接起来，交流法检查变压器的极性接线如图6-30所示，在高压侧加交流电压，同时用两个电压表监视电压U_1和U_2，如果测得$U_1>U_2$，则变压器为减极性，若$U_1<U_2$，则变压器为加极性。试验时应依据所加电压和变压器的变比选择合适量程的电压表。

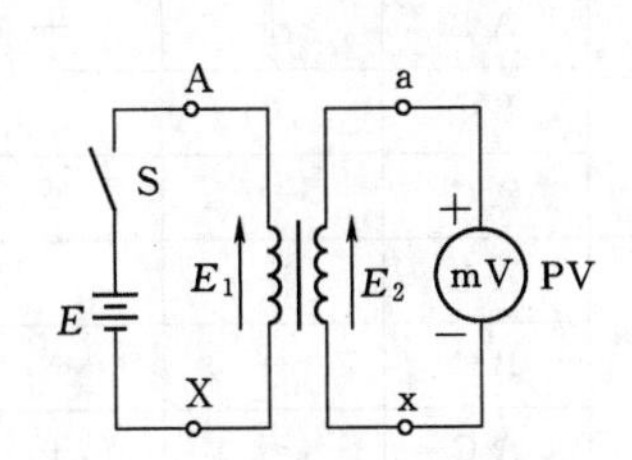

图6-29　直流法检查变压器极性示意图

E_1—一次绕组电动势；E_2—二次绕组电动势

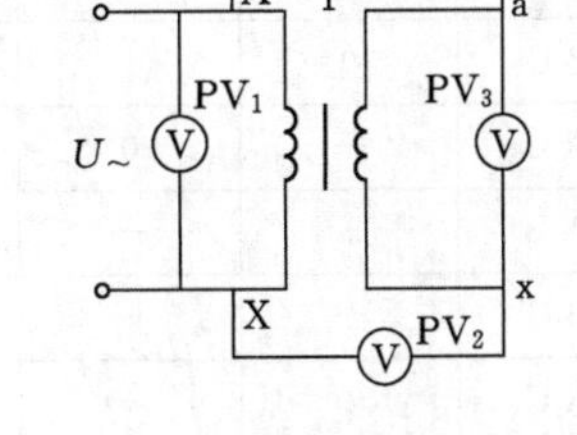

图6-30　交流法检查变压器极性示意图

T—被试变压器；PV_1、PV_2、PV_3—电压表

（三）注意事项

（1）选择合适的电池和表计量程。对于变比较大的变压器，应选用较高电压的电源（如6V）和小量程的毫伏级电压表；对于变比小的变压器，应选用较低电压的电源（如1.5V）和较大量程的毫伏级电压表。其目的是为了使仪表上的指示比较明显，指针偏转在1/3刻度以上。用专门生产的中间指零的微安级电流表、毫安级电流表（俗称极性表）判别变压器极性效果最佳。

（2）操作时，为保证人身和仪表安全，一般应先接好测量回路（接入毫安级电流表、毫伏级电压表、极性表），然后再接通电源，判别清楚电源接通瞬间仪表的指针方向，注意电源接通瞬间的指针方向与断开瞬间的指针方向应相反。

二、变压器组别试验

（一）变压器接线组别试验的意义

变压器接线组别是代表变压器各相绕组的连接方式和电动势向量关系的符号，是变压器的重要特征指标。变压器的接线组别必须相同是变压器并列运行的重要条件之一；同时由于继电保护接线也必须知晓变压器的接线组别，进行保护定值的设定。因此在变压器出厂、交接和绕组大修后都应测量绕组的接线组别。

（二）变压器接线组别测定方法

通常测定变压器绕组接线组别的方法有四种，分别是直流法、变比电桥法、双电压表法、相位法。

1. 直流法

用两节1.5V干电池串联，轮流接于高压侧AB、BC、AC端子，并相应记录下接在低压端子ab、bc、ac上微安表（毫伏表或万用表）指针的指示方向。测量时应注意电池的极性和表计的极性接法一致，即高压侧电池正接A、负接B，低压侧仪表也正接a、负接b。

变压器各接线组别的测量情况见表6－9，将实测结果与表对照便可确定变压器的接线组别。

表6－9　　直流表测量三相变压器组别的判断表

组别	通电相 ＋ －	低压侧表记指示			组别	通电相 ＋ －	低压侧表记指示		
		a＋ b－	b＋ c－	a＋ c－			a＋ b－	b＋ c－	a＋ c－
1	A B	＋	－	0	7	A B	＋	＋	0
	B C	0	＋	＋		B C	0	－	－
	A C	＋	0	＋		A C	－	0	－
2	A B	＋	－	－	8	A B	－	＋	＋
	B C	＋	＋	＋		B C	－	－	－
	A C	＋	－	＋		A C	－	＋	－
3	A B	0	－	－	9	A B	0	＋	＋
	B C	＋	0	＋		B C	－	0	－
	A C	＋	－	0		A C	＋	＋	0
4	A B	－	－	－	10	A B	＋	＋	＋
	B C	＋	－	＋		B C	－	＋	－
	A C	＋	－	－		A C	－	＋	＋
5	A B	－	0	－	11	A B	＋	0	＋
	B C	＋	－	0		B C	－	＋	0
	A C	0	－	－		A C	0	＋	＋
6	A B	－	＋	－	0	A B	＋	－	＋
	B C	＋	－	－		B C	－	＋	＋
	A C	－	－	－		A C	＋	＋	＋

测试过程中还应注意以下两点，在测定大变比变压器时，可用6V或更高直流电源，在低压侧应用小量程表计，使表计指针能保持在半偏以上。操作时应先接通低压表计然后通电，读数完毕，应先断开电源再断开测量回路。

2. 变比电桥法

利用变比电桥在测定变压器变比的同时测定接线组别的方法称之为电桥法。此试验方法为验证性试验。

在用自动变比电桥测试变压器变比前通常要对变比电桥进行参数设置，其中就有供选择的接线组别，如果被试变压器的接线组别与变比电桥上所选定的接线组别一致，则测试时电桥平衡，所测出的变比是正确的；如果变比不正确，则有可能变比电桥中选定的接线组别和变压器铭牌组别不一致，如果确定电桥中输入的接线组别无误，则可判定变压器实际接线组别有误，此时可通过直流法进行重新测定。另外也可用全自动变比电桥的组别自动分析功能测定变压器组别。

3. 双电压表法

连接变压器的高压侧A端与低压侧a端，在变压器的高压侧通入适当的低压电源，用双电压表法检测变压器接线组别如图6-31所示。

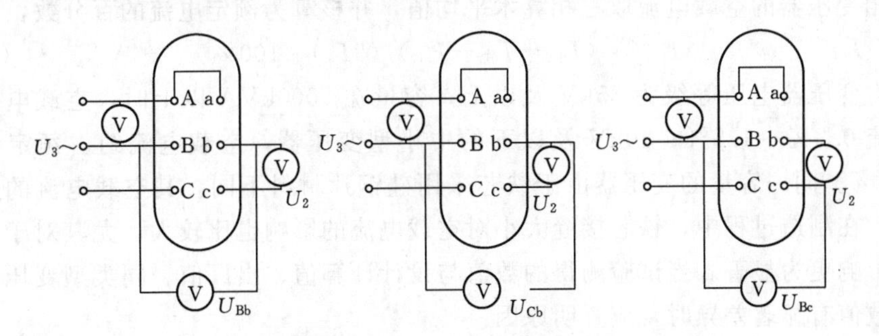

图6-31　用双电压表法检测变压器接线组别示意图

测量电压U_{Bb}、U_{Bc}、U_{Cb}，并测量两侧的线电压U_{AB}、U_{BC}、U_{CA}和U_{ab}、U_{bc}、U_{ca}。根据测得的电压值，来判断组别。

4. 相位表法

相位表法就是利用相位表可直接测量出高压与低压线电压间的相位角，从而来判断组别，所以又叫直接法。用相位表法确定接线组别示意图如图6-32所示。

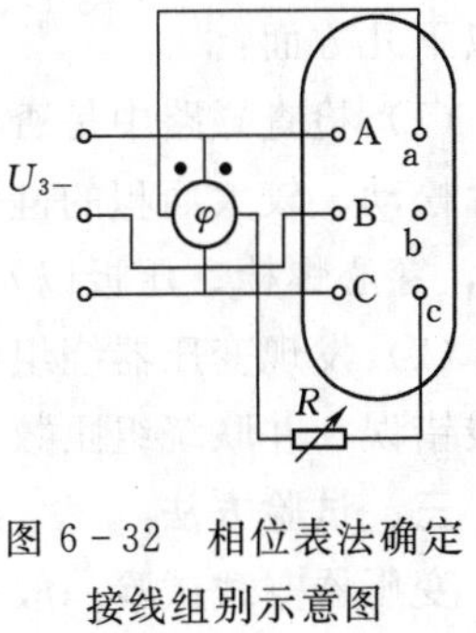

图6-32　相位表法确定接线组别示意图

将相位表的电压线圈接于高压，其电流线圈经可变电阻接入低压的对应端子上。当高压通入三相交流电压时，在低压感应出一定相位的电压，由于接的是电阻性负载，所以低压侧电流与电压同相。因此，测得的高压侧电压对低压侧电流的相位就是高压侧电压对低压侧电压的相位。

第八节　变压器空载试验

变压器的损耗是变压器的重要性能参数，一方面表示变压器在运行过程中的效率，另一方面表明变压器在设计制造的性能是否满足要求。变压器空载损耗和空载电流测量、负载损耗和短路阻抗测量都是变压器的例行试验。变压器空载试验是测量铁芯中的空载电流 I_0 和空载损耗 P_0，可以有效地发现铁磁路中的局部或整体缺陷，同时也能发现绕组匝间短路等缺陷。

一、空载电流和空载损耗的概念

空载损耗是由于铁芯的磁化所引起的磁滞损耗和涡流损耗，同时也包括空载附加损耗和空载电流通过绕组时产生的电阻损耗。计算表明，变压器空载损耗中的附加损耗和电阻损耗不超过总损耗的 3%，可以忽略不计，所以又将空载损耗称为铁芯损耗。

空载电流通常以实测的空载电流占额定电流的百分数表示，表示为 $I_0\%$，即

$$I_0\% = (I_0 / I_n) \times 100\% \tag{6-41}$$

三相变压器的空载电流取三相算术平均值，并核算为额定电流的百分数，即

$$I_0\% = (I_{0A} + I_{0B} + I_{0C}) / (3I_n) \times 100\% \tag{6-42}$$

电力变压器电压等级为 35kV 及以上，容量在 2000kVA 以上时，空载电流约占额定电流 0.3%～1.5%；10kV 及以下的中小型变压器，空载电流约占额定电流的 2%～10%。同一容量的变压器由于铁芯采用硅钢片材料不同，其空载电流的差异也比较大。在制造过程中，铁芯接缝大小对空载电流的影响也比较大，尤其对于中小型变压器影响更为显著。当试验测得的数值与设计计算值、出厂值、同类型变压器或大修前的数值有显著差异时，应查明原因。

二、空载试验的目的

空载损耗主要是铁芯损耗，包括磁滞损耗和涡流损耗。进行空载试验的主要目的有以下几方面：

（1）检查磁路中是否存在局部或整体缺陷，如铁芯硅钢片整体装配质量不良、硅钢片松动、较大面积的硅钢片短路、片间绝缘不良、硅钢片质量低劣（小型配电变压器），穿心螺栓、压板以及夹件绝缘损坏。

（2）发现变压器绕组缺陷，如匝间或层间短路、并联支路短路、绕组与分接开关接线错误、并联绕组匝数不正确等。

三、试验方法

变压器空载试验一般是以正弦波形、额定频率的额定电压加入被试变压器低压绕组上，在其他绕组开路的情况下，测量变压器的空载电流和空载损耗。

根据现场需要，现在常进行低电压下的空载试验，通过与历史数据比较及横向比较，能够灵敏地发现变压器是否发生了绕组变形缺陷。

（一）双功率表法

双功率表法测量三相变压器空载损耗接线图如图 6-33 所示。可根据试验电压、

电流的大小，选择是否使用互感器。

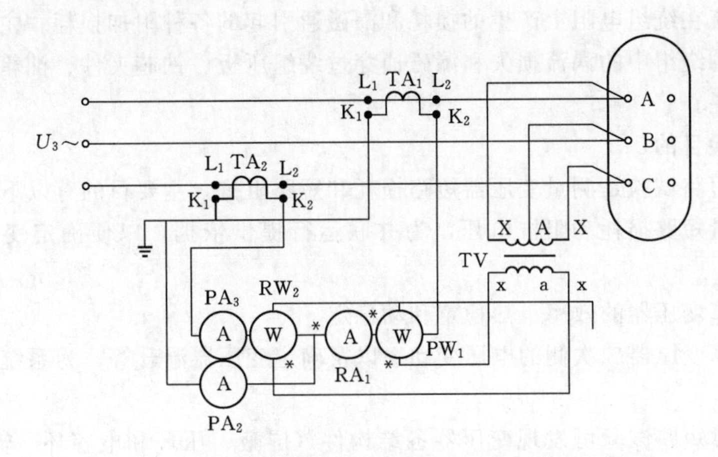

图 6-33　双功率表法测量三相变压器空载损耗的接线图

PA_1、PA_2、PA_3—电流表；PW_1、PW_2—功率表；TV—电压互感器；TA_1、TA_2—电流互感器

空载P_0与空载电流百分数I_0（%）计算式为 TVTAN

$$P_0=(P_1+P_2)k_{TV}k_{TA} \tag{6-43}$$

$$I_0(\%)=\left(\frac{I_{0a}+I_{0b}+I_{0c}}{3I_N}\right)k_{TA}\times 100\% \tag{6-44}$$

式中　P_1、P_2——功率表的测量值；

I_{0a}、I_{0b}、I_{0c}——电流表的实测值；

k_{TV}——测量用电压互感器的变比；

k_{TA}——测量用电流互感器的变比；

I_N——变压器测量侧的额定电流。

（二）变压器损耗参数测试仪法

现场多采用成套的变压器损耗参数测试仪进行，该方法具有接线简单、操作便捷、各种误差自动校正、数据准确等优点。变压器空载试验的微机化系统采用数字采样技术，利用微机进行数字滤波、数据处理、数值计算，减少或排除了各种误差，避免了繁琐的人为读表和计算，提高了测试精度和效率。常见变压器损耗参数测试仪外形如图 6-34 所示，使用变压器损耗参数测试仪，接线及具体操作按说明书即可。

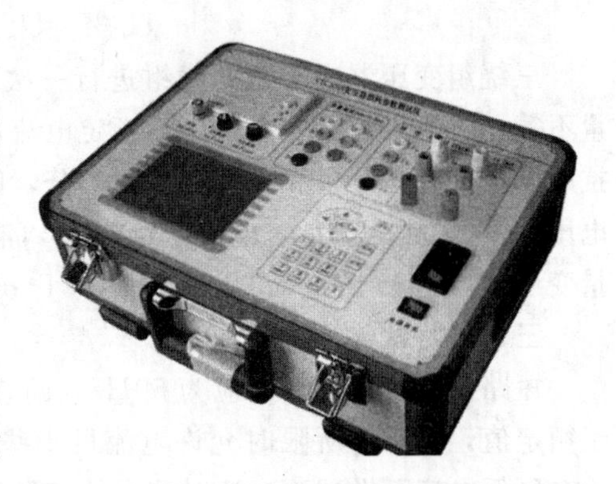

图 6-34　常见变压器损耗参数测试仪外形图

第九节　变压器短路试验

变压器绕组是由铜或铅线绕制而成的，由于导线存在着电阻，通过电流时就要发

热，将有一部分能量消耗掉；且变压器有漏磁通的存在，也将引起损耗。变压器短路损耗包括电流在绕组电阻上产生的损耗和漏磁通引起的各种附加损耗，主要有在交变磁场作用下的绕组中的涡流损失和漏磁通穿过绕组压板、铁芯夹件、油箱等构件所形成的涡流损耗。

一、试验目的

变压器短路试验是测量变压器短路损耗和短路阻抗，主要目的有以下7方面：

（1）测量短路损耗和阻抗电压，为并联运行提供依据，以便确定变压器的并列运行。

（2）计算变压器的效率、热稳定和动稳定。

（3）计算变压器二次侧的电压变动率以及确定变压器温升等，为系统稳定计算提供参数。

（4）通过短路试验可发现变压器各结构件（屏蔽、压环和电容环、轭铁梁板等）或油箱箱壁中由于漏磁通所致的附加损耗过大、局部过热。

（5）油箱箱盖或套管法兰等附件损耗过大并发热。

（6）有载调压变压器中的电抗绕组匝间短路。

（7）大型电力变压器低压绕组中并联导线间短路或换位错误，这些缺陷均可能使附加损耗显著增加。

二、短路试验方法

短路试验将变压器一侧绕组（通常是低压侧）短路，而从另一侧绕组（分接头在额定电压位置上）加入额定频率的交流电压，使变压器绕组内的电流为额定值，测量所加的电压和功率，这一试验就称为变压器的短路试验。

将测得的有功功率换算至额定温度下的数值，称为变压器的短路损耗。所加电压U_K称为阻抗电压，通常以占加压绕组额定电压的百分数表示，即

$$U_K\%=U_K/U_N\times100\% \tag{6-45}$$

三绕组变压器应对每两绕组进行一次短路试验（非被试绕组开路），如两绕组容量不等，应通入容量较小绕组的额定电流，并注明测得的阻抗电压所对应的容量，阻抗电压包括有功分量和无功分量两部分，两分量的比值随容量而变。容量越大，电抗电压U_X（无功分量）对电阻电压$U_r\%$（有功分量）的比值$U_X\%/U_r\%$也越大，大容量变压器可达10～15；中小变压器为1～5。

三、短路试验接线

短路试验的电源频率应为50Hz（偏差不超过±5%），调节电压使绕组中电流等于额定值，受条件所限时允许电流可小些，但一般不应低于$I_n/4$。在现场有时不得不在更低电流下做试验，这时测得的结果误差较大。因短路试验数据与温度有关，试验前应准确测量绕组直流电阻并求出平均温度，短路损耗与直流电阻有关，因此绕组的短路线必须尽可能短，截面应不小于被短路绕组出线的截面，连接处要接触良好。施加三相电源对变压器短路试验接线如图6-35所示。

试验时施加电压，并逐渐升压，使电流达到施加绕组的额定电流，读取功率、电压和电流值。

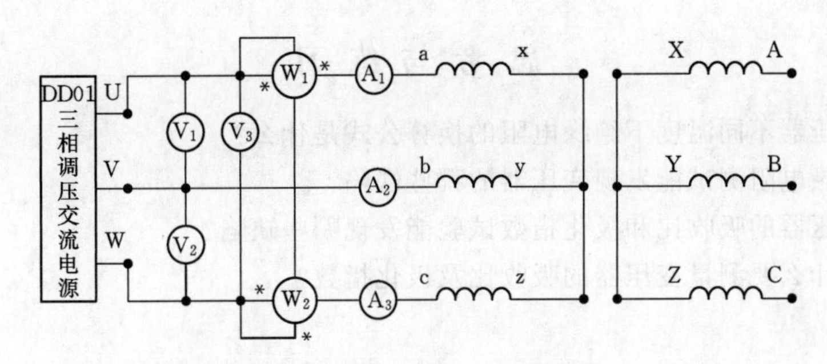

图 6-35　变压器短路试验接线

V_1、V_2、V_3—交流电压表；A_1、A_2、A_3—交流电流表；W_1、W_2—功率表

短路损耗为两个功率表测量的代数和，即 k

$$P_k = P_1 + P_2 \tag{6-46}$$

短路电压是三个电压表测量线电压的平均值，即

$$u_{\mathrm{k}} = \frac{1}{3}(u_{\mathrm{AB}} + u_{\mathrm{BC}} + u_{\mathrm{CA}}) \tag{6-47}$$

读数时应注意仪表倍率和互感器变比。

四、变压器短路试验注意事项

（1）试验持续时间。由于变压器短路试验时绕组流过的电流较大，一般为50%～100%额定电流，绕组发热，使电阻增加，所测损耗也增加，进而使测量结果产生误差。因此，变压器短路试验时，应尽可能缩短测量时间。

（2）短路试验连接线。短路试验时短路连接线要有足够的截面积，否则将使连接线中损耗过大，影响测量结果。

（3）试验电源应有足够的容量，电源容量和电压应满足下面要求

$$S \geqslant S_{\mathrm{N}} U_{\mathrm{k}}\% \tag{6-48}$$

$$U \geqslant U_{\mathrm{N}} \cdot U_{\mathrm{k}}\% \tag{6-49}$$

式中　S、U——电源需要的容量和输出电压；

S_{N}、U_{N}——被试变压器额定容量和额定电压；

$U_{\mathrm{k}}\%$——被试变压器短路电压百分数。

（4）三相变压器的电压和电流以三相算术平均值为准。

（5）试验时被试变压器温度必须测量准确，试验在冷态下进行。刚从运行状态停下来的变压器，必须待绕组温度降到油温时进行。

本 章 小 结

本章介绍了电力变压器的主要试验项目、常用的试验方法、注意事项及试验结果的分析判断。重点介绍了电力变压器绕组绝缘电阻、吸收比和极化指数试验、介质损耗因数 $\tan\delta$ 试验、变压器交流耐压试验、变压器感应耐压试验、直流电阻试验、变压器极性和组别试验、变压器空载试验、变压器短路试验等相关知识。

思考与练习

(1) 变压器不同温度下绝缘电阻的换算公式是什么？

(2) 绝缘电阻测试能发现变压器的哪些缺陷？

(3) 变压器的吸收比和极化指数试验能发现哪些缺陷？

(4) 为什么要测量变压器的吸收比及极化指数？

第七章　互感器试验

电流互感器和电压互感器的结构和原理与电力变压器类似，都是在一个闭合磁路的铁芯上，绕有互相绝缘的一次绕组和二次绕组，利用电磁感应原理将高电压转换成低电压，或将大电流转换成小电流，为测量装置、保护装置、控制装置提供合适的电压或电流信号；互感器一次侧和二次侧没有电的联系，只有磁的联系，使二次设备与高电压部分隔离，且互感器二次侧均接地，从而保证了设备和人身的安全。其工作可靠性对整个电力系统的安全运行具有重要意义。

根据《规程》规定，互感器试验项目如下：

(1) 测量互感器绕组及末屏的绝缘电阻。

(2) 测量铁芯夹紧螺栓（可接触到的）绝缘电阻。

(3) 绕组连同套管一起对外壳的交流耐压试验。

(4) 测量 35kV 及以上电压等级的互感器的介质损耗因数 $\tan\delta$ 及电容量。

(5) 油箱和套管中绝缘油试验及油中溶解气体色谱分析。

(6) 互感器的极性、变比、励磁特性试验。

(7) 局部放电试验。

第一节　电压互感器绝缘试验

目前电力系统中运行的电压互感器按绝缘结构可分为电磁式电压互感器、串级式电压互感器和电容式电压互感器三种。由于电容式电压互感器绝缘结构合理，绝缘强度较高，新投产的 110kV 以上基本以电容式电压互感器为主，而电磁式电压互感器由于其电感是非线性的，因而存在谐振的可能。

一、绝缘电阻测量

测量电压互感器绕组绝缘电阻的主要目的是检查其绝缘是否有整体受潮或老化的缺陷。电磁式电压互感器需拆开一次绕组的高压端子和接地端子，拆开二次绕组，测量电容式电压互感器中间变压器的绝缘电阻时，需将中间变压器一次线圈的末端（通常为 X 端）及 C_2 的低压端（通常为 δ）打开，将二次绕组子上的外接线全部拆开，按图 7-1 接好试验线路。

测量时，一次绕组用 2500V 兆欧表，二次绕组用 1000V 或 2500V 兆欧表，非被测绕组应接地。试验结果应与出厂及历次试验数据比较，进行综合分析判断。一般情况下，一次绕组的绝缘电阻不应低于出厂值或历次测试值的 70%；二次绕组一般不低于 10MΩ。当电压互感器吊芯检查修理时，应用 2500V 兆欧表测量铁芯夹紧螺栓的绝缘电阻，其值一般不应低于 10MΩ。测量绝缘电阻时，还应考虑并排除空气湿度、

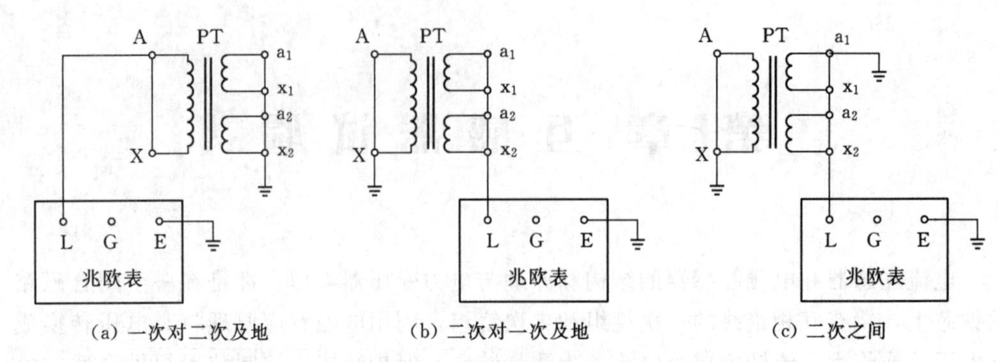

图 7-1 电磁式电压互感器绝缘电阻测量接线

互感器表面脏污、温度等对绝缘电阻的影响。

二、电磁式电压互感器介质损耗因数及电容量测量

（一）试验方法

1. 正接法

接线以介质损耗测试仪为例，正接法接线图如图 7-2 所示，实际接线应按所使用的仪器说明书进行接线。

正接线的测量结果主要反应一次绕组和二次绕组之间和端子板绝缘的电容量和介质损耗因数，但不包括铁芯支架绝缘的电容量和介质损耗因数（PT 底座垫绝缘可以）。测量结果不受端子板的影响，试验电压不应超过 3kV（建议为 2kV）。

2. 反接法

反接法接线图如图 7-3 所示。

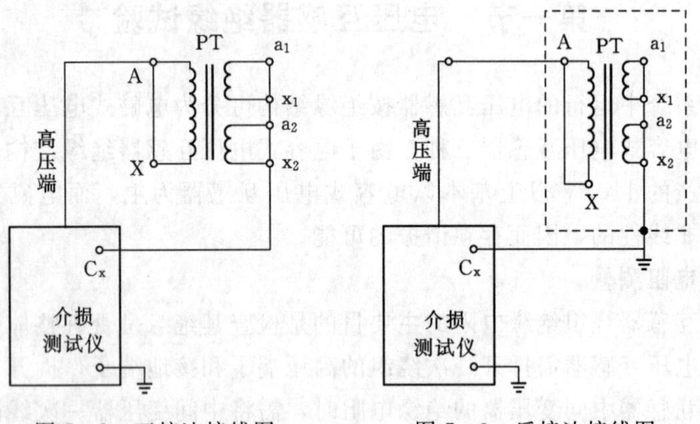

图 7-2 正接法接线图　　图 7-3 反接法接线图

反接法主要测量以下三部分的介损：①一次绕组静电屏对二次绕组的介损；②一次绕组对二次绕组端部的介损；③绝缘支架对地的介损。相对于②、③来说，一次静电屏对二次绕组的电容值要大得多，所以，这种接线方式难以反映②、③两部分的绝缘情况。而且，容易受一次尾端引出端子板、引出线小磁套脏污的影响。试验电压不应超过 3kV（建议为 2kV）。因试验电压较低，而影响精度。

3. 末端屏蔽法

末端屏蔽法接线图如图 7－4 所示。

试验时，一次绕组首端加高压，尾端接地，二次绕组尾端短接（二次绕组不能首尾短接），接电桥的 C_x。末端屏蔽法对于串级式电压互感器，测量结果主要反映铁芯下部和二次线圈端部的绝缘，当互感器进水时该部位绝缘最容易受潮，所以末端屏蔽法对反映互感器受潮较为灵敏，但被测量部位的电容量很小，容易受到外部干扰，试验电压可以是 10kV。

4. 末端加压法

末端加压法接线图如图 7－5 所示。

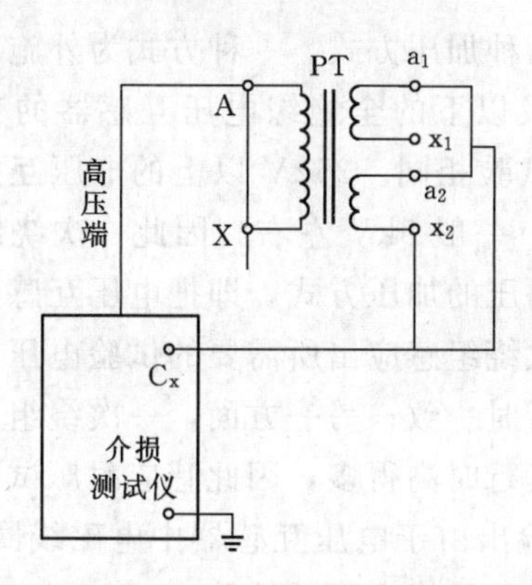

图 7－4　末端屏蔽法接线图

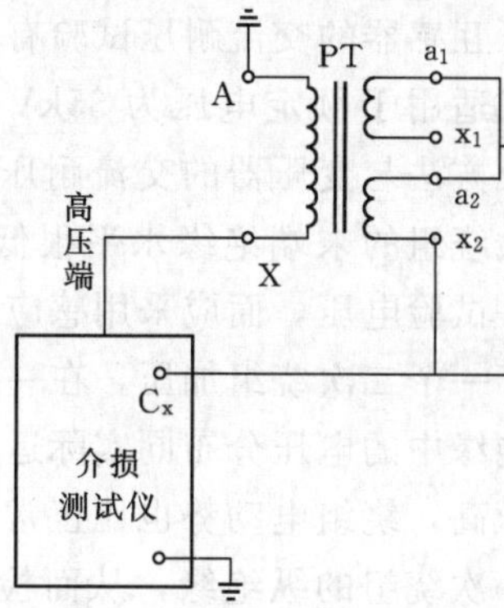

图 7－5　末端加压法接线图

末端加压法不用断开互感器的高压端子，试验中将高压端接地。测量结果主要是反映一、二次线圈间的电容量和介质损耗因数，不包括铁芯支架的电容量和介质损耗因数。由于高压端接地，外部感应电压被屏蔽掉，所以这种方法有较强的抗干扰能力，但测量结果受二次端子板绝缘的影响。试验电压不宜超过 3kV。

5. 末端屏蔽法直接测量支架的 $\tan\delta$

测量接线如图 7－6 所示，互感器放置于绝缘垫上。由于支架的电容量很小，通常只有几十皮法，故试验灵敏度较低，尤其在外界电场干扰大的时候很难准确测量，并要求介损测量仪应有相应的测量范围。

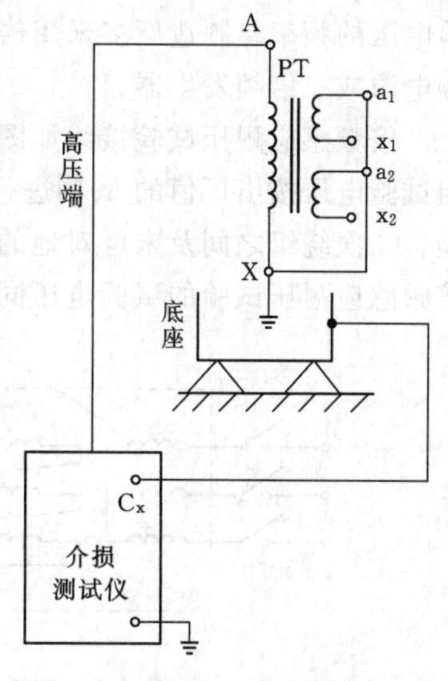

图 7－6　末端屏蔽法测量接线图

（二）试验要求及结果判断

(1) 串级式电压互感器建议采用末端屏蔽法，采用末端屏蔽法和末端加压法时，严禁将二次绕组短接。

(2) 不同的试验方法由于测量的部位不一样，所得出的试验数据一般不具有可比性。故每次试验最好标明试验方法，且尽可能每次都采用同一种试验方法。

(3) 与历次试验结果相比，应无明显变化，绕组 $\tan\delta$ 不应大于规程规定值；支架介损一般不大于6%。

（4）主绝缘 tanδ（%）不应大于表7-1中的数值。

表7-1　　主绝缘 tanδ（%）标准

温度/℃	5	10	20	30	40	温度/℃
35kV 及以下	大修后	1.5	2.5	3.0	5.0	7.0
	运行中	2.0	2.5	3.5	5.5	8.0
35kV 以上	大修后	1.0	1.5	2.0	3.5	5.0
	运行中	1.5	2.0	2.5	4.0	5.5

三、电压互感器的交流耐压试验

电磁式电压互感器的交流耐压试验有两种加压方式。一种方式为外施工频试验电压。该加压方式适用于额定电压为35kV及以下的全绝缘电压互感器的交流耐压试验。试验接线及方法与变压器的交流耐压试验相同。35kV以上的电压互感器多为分级绝缘，其一次绕组的末端绝缘水平很低，一般5kV左右，因此一次绕组末端不能与首端承受同一试验电压，而应采用感应耐压的加压方式，即把电压互感器一次绕组末端接地，从某一个二次绕组加压，在一次绕组感应出所需要的试验电压。这种加压方式一方面使绝缘中的电压分布同实际运行时一致；另一方面，一次绕组首尾两端的电压比额定电压高，绕组电动势也比正常运行时高得多，因此感应耐压试验可同时考核电压互感器一次绕组的纵绝缘，从而检验出由于电压互感器中电磁线圈质量不良，如露铜、油漆脱落和绕线时打结等原因造成的绝缘方面的缺陷。

为了避免工颇试验电压过高引起铁芯饱和损坏被试电压互感器，必须提高工频试验电压的频率。制造厂多采用倍频发电机作为试验电源，而现场试验常采用电子式变频电源或三倍频发生器。

倍频感应耐压试验接线如图7-7所示，在二次绕组ax侧施加倍频电压，一次绕组试验电压按出厂值的80%进行试验，出厂值不明的按表7-2所示试验电压进行试验。二次绕组之间及末屏对地的工频耐压试验电压为2kV，可用2500V兆欧表代替。倍频感应耐压试验的试验电压同工频交流耐压试验的试验电压。

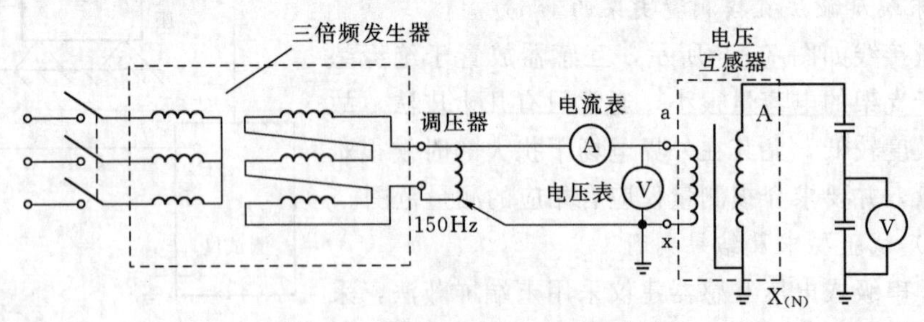

图7-7　倍频感应耐压试验接线图

表7-2　　电压互感器交流耐压试验的试验电压

额定电压/kV	3	6	10	35	66
试验电压/kV	15	21	30	72	120

串级式或分级绝缘式互感器用倍频感应耐压试验，试验中应考虑互感器的容升电压。根据有关资料介绍，三倍频耐压时，各电压等级的电压互感器容升电压见表7-3。

表7-3　　电压互感器容升电压数据

额定电压/kV	35	66	110	220
容升电压百分数/%	3	4	5	8

比如66kV设备应耐压120kV，考虑容升电压4%，则由辅助二次绕组测得试验电压换算到一次绕组为120kV时，一次绕组实际电压已达120＋120×4%＝124.8(kV)。

电压互感器感应耐压前后应做空载试验，以确定互感器一次绕组是否存在匝间短路。

第二节　电流互感器绝缘试验

一、测量绕组的绝缘电阻

测量电流互感器绕组绝缘电阻的目的和方法与电压互感器的相同。对电流互感器而言，除应测量一次绕组对二次绕组及地，及二次绕组对地的绝缘电阻外，对于有末屏端子引出的电流互感器，还应测量末屏对二次绕组及地的绝缘电阻。《规程》要求：①绕组的绝缘电阻与初始值及历次数据比较，不应有显著变化。②电容型电流互感器末屏绝缘电阻不宜小于1000MΩ，否则应测量其$\tan\delta$。测量电流互感器绕组绝缘电阻接线图如图7-8所示。

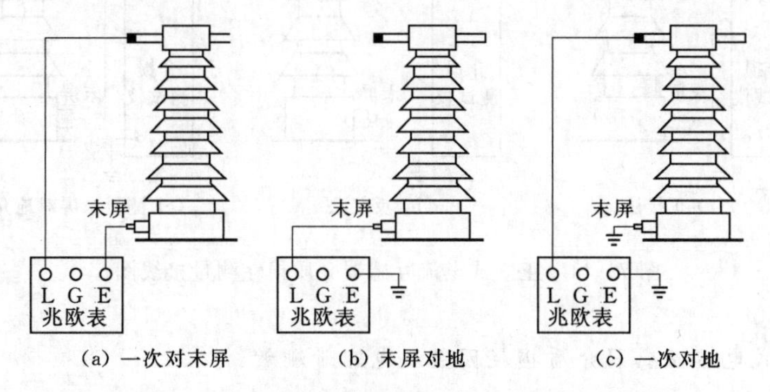

图7-8　测量电流互感器绕组绝缘电阻接线图

二、测量电流互感器的电容 *C* 和 tan*δ* 值

220kV以上电流互感器，一般为油纸电容型结构。其外形及结构示意图如图7-9、图7-10所示。

（一）试验方法

1. 正立式电容型电流互感器介质损耗因数及电容量测量

正立式电容型电流互感器介质损耗因数及电容量测量接线图如图7-11所示。

图 7-9　电流互感器外观示意图

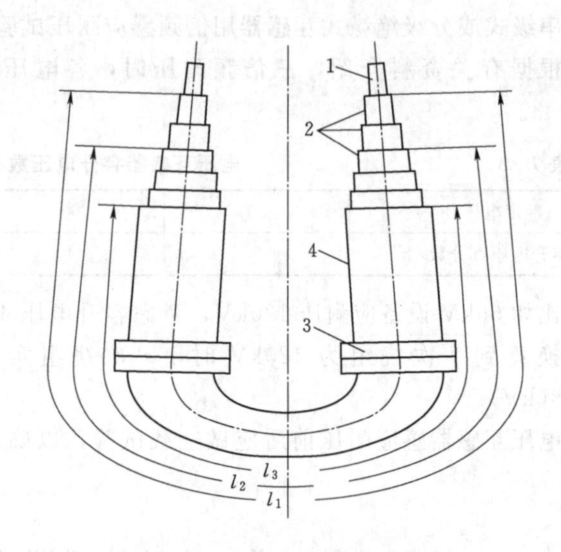

图 7-10　电流互感器结构示意图

1—一次绕组；2—电容屏；3—二次绕组及铁芯；4—末屏

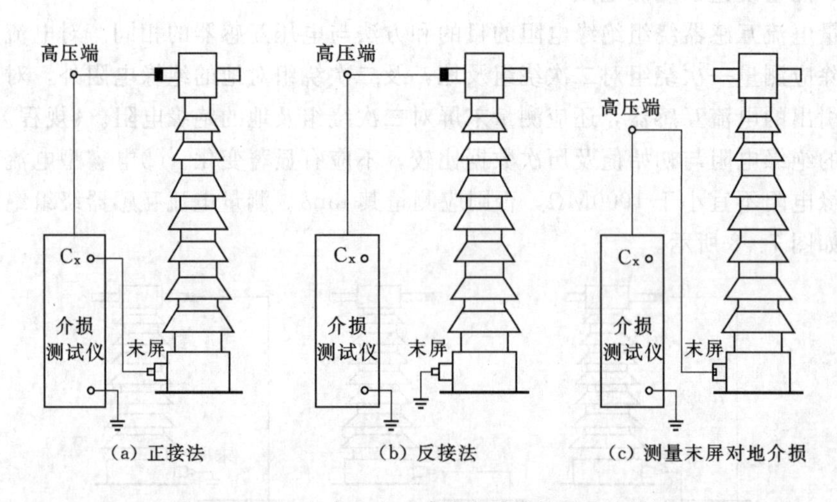

图 7-11　正立式电流互感器介质损耗测量接线图

2. 倒立式电流互感器介质损耗因数及电容量测量

SF_6 绝缘电流互感器不要求测量介质损耗因数。当二次绕组的金属罩和二次引线金属管内部接地而零屏外引接地时只能采用反接法进行测量；当二次绕组的金属罩和二次引线金属管与零屏同时外引接地时优先采用正接法进行测量。如果用正接法测出的电容量比反接法测出的电容量小很多，就说明二次引线金属管已在内部接地。

（二）电流互感器 $\tan\delta$ 和 C_x 的试验标准

《规程》规定了各类电流互感器 $\tan\delta$(%) 和 C_x 的试验标准，见表 7-4。

表 7-4　　电流互感器 tanδ(%) 和 C_x 电容量的标准

电压等级/kV		20～35	66～110	220	330～500
大修后	油纸电容型	—	1.0	0.7	0.6
	充电型胶纸电容型	3.0	2.0	—	—
		2.5	2.0	—	—
运行中	油纸电容型	—	1.0	0.8	0.7
	充电型胶纸电容型	3.5	2.5	—	—
		3.0	2.5	—	—

（三）试验结果分析判断

(1) 主绝缘 tanδ(%) 不应大于表 7-4 所示数值，且与历年数据比较，不应有显著变化。

(2) 电容型电流互感器主绝缘电容量与初始值或出厂值差别超出 ±5% 范围时应查明原因。

(3) 当电容型电流互感器末屏对地绝缘小于 1000MΩ 时，应测量末屏对地 tanδ，其值不大于 2%。

三、交流耐压试验

电流互感器交流耐压试验接线及方法同变压器，进行一次绕组连同套管一起对外壳及地的交流耐压试验时，二次绕组短路接外壳及地一次绕组试验电压按出厂值的 80%。二次绕组之间及末屏对地的工频耐压试验电压为 2kV，可用 2500V 兆欧表代替。

第三节　互感器特性试验

互感器的特性试验方法与电力变压器的基本相同。

一、测量互感器绕组的直流电阻

电压互感器一次绕组线径较细，易发生断线、短路或匝间击穿等故障，二次绕组因导线较粗很少发生这种情况，因而交接、大修时应测量电压互感器一次绕组的直流电阻。各种类型的电压互感器一次绕组的直流电阻均在几百欧至几千欧之间，一般采用单臂电桥进行测量，测量结果应与制造厂或以前测得的数值无明显差异。

对电压互感器的二次绕组以及电流互感器的一次或二次绕组，宜采用双臂电桥进行测量，如果二次绕组直流电阻超过 10Ω，应采用单臂电桥测量；也可采用直流电阻测试仪进行测量，但应注意测试电流不宜超过线圈额定电流的 50%，以免线圈发热直流电阻增加，影响测量的准确度。

换接线时应断开电桥的电源，并对被试绕组短路充分放电后才能拆开测量端子，如果放电不充分而强行断开测量端子，容易造成过电压而损坏线圈的主绝缘，一般数字式直流电阻测试仪都有自动放电和警示功能。测量电容式电压互感器中间变压器一、二次绕组直流电阻时，应拆开一次绕组与分压电容器的连接和二次绕组的外部连接线，当中间变压器一次绕组与分压电容器在内部连接而无法分开时，可不测量一次绕组的直流电阻。直流电阻测量接线图如图 7-12 所示。

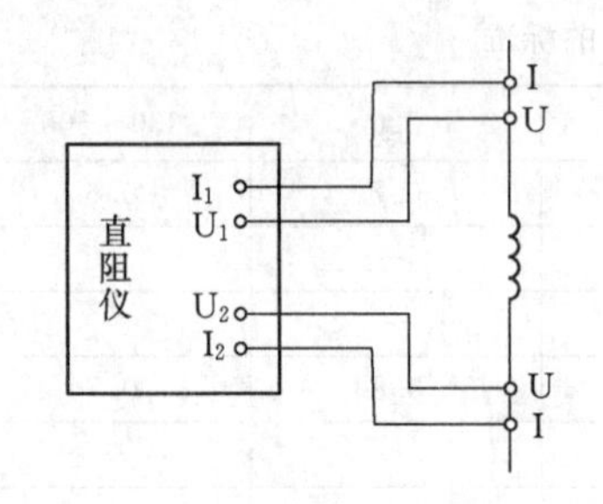

图 7-12 直流电阻测量接线图

绕组直流电阻测量，应符合下列规定：

（1）电压互感器一次绕组直流电阻测量值与换算到同一温度下的出厂值比较，相差不宜大于10%。二次绕组直流电阻测量值与换算到同一温度下的出厂值比较，相差不宜大15%。

（2）电流互感器：同型号、同规格、同批次电流互感器绕组的直电阻和平均值的差异不宜大于10%，一次绕组有串、并联接线方式时，对电流互感器的一次绕组的直流电阻测量应在正常运行方式下测量，或同时测量两种接线方式下的一次绕组的直流电阻，倒立式电流互感器单匝一次绕组的直流电阻之间的差异不宜大于30%。当有怀疑时，应提高施加的测量电流，测量电流（直流值）不宜超过额定电流（方均根值）的50%。

二、极性试验

电流互感器和电压互感器的极性很重要，极性判断错误会使计量仪表发生指示错误，更为严重的是使带有方向的继电保护误动作。互感器一、二次绕组间均为减极性。极性试验方法与变压器的相同，一般采用直流法。试验时注意电源应加在互感器一次侧；测量仪表接在互感器二次侧。

三、变比试验

《规程》规定要检查互感器各分接头的变比，并要求与铭牌相比没有显著差别。

（一）电流互感器变比的检查

1. 电流法

由调压器及升流器等构成升流回路，待检 TA 一次绕组串入升流回路；同时用测量用 TA0 和交流电流表测量加在一次绕组的电流 I_1、用另一块交流电流表测量待检二次绕组的电流 I_2，计算 I_1/I_2 的值，判断是否与铭牌上该绕组的额定电流比 I_{1n}/I_{2n} 相符。电流互感器变比电流法测量接线图如图 7-13 所示。

2. 电压法

待检 CT 一次绕组及非被试二次绕组均开路，将调压器输出接至待检二次绕组端子，缓慢升压，同时用交流电压表测量所加二次绕组的电压 U_2、用交流毫伏表测量一次绕组的开路感应电压 U_1，计算 U_2/U_1 的值，判断是否与铭牌上该绕组的额定电流比 I_{1n}/I_{2n} 相符。电流互感器变比电压法测量接线图如图 7-14 所示。

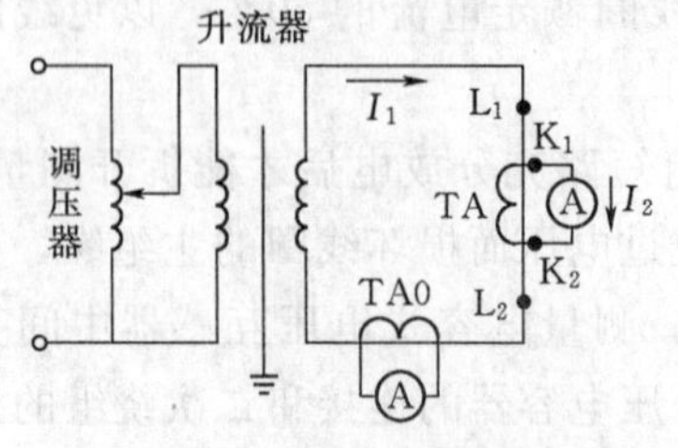

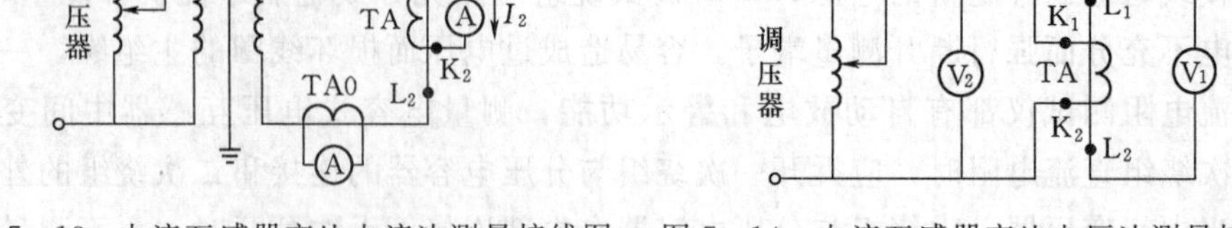

图 7-13 电流互感器变比电流法测量接线图 图 7-14 电流互感器变比电压法测量接线图

3. 注意事项

（1）电流法：测量某个二次绕组时，其余所有二次绕组均应短路、不得开路，根据待检 CT 的额定电流和升流器的升流能力选择量程合适的测量用 CT 和电流表。

（2）电压法：二次绕组所施加的电压不宜过高，防止 CT 铁芯饱和。

（二）电压互感器变比的检查

待检电压互感器一次及所有二次绕组均开路，将调压器输出接至一次绕组端子，缓慢升压，同时用交流电压表测量所加一次绕组的电压 U_1 和待检二次绕组的感应电压 U_2，计算 U_1/U_2 的值，判断是否与铭牌上该绕组的额定电压比 U_{1n}/U_{2n} 相符，电压表法试验接线图如图 7－15 所示。

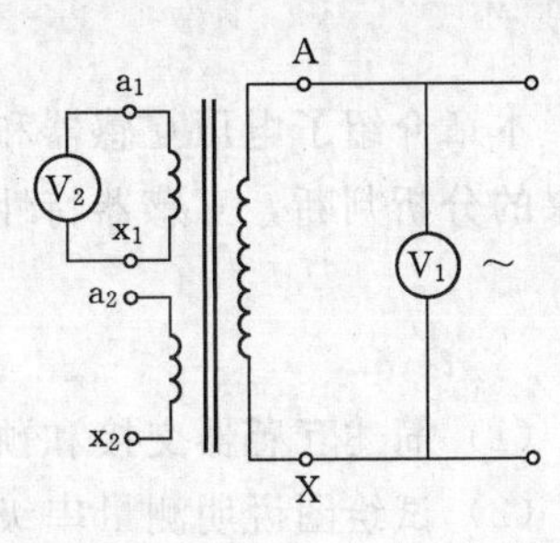

图 7－15　电压表法试验接线图

四、互感器励磁特性试验

互感器的励磁特性是指互感器一次侧开路、二次侧励磁电流与所加电压的关系曲线，实际上就是铁芯的磁化曲线。互感器励磁特性试验的主要目的是检查互感器的铁芯质量，通过鉴别磁化曲线的饱和程度，以判断互感器的绕组有无匝间短路等缺陷。鉴于系统中经常发生铁磁谐振过电压和电压互感器质量不良等情况，所以要求进行电压互感器的空载励磁特性试验。

（一）电流互感器伏安特性试验

1. 试验方法及注意事项

试验前，应将电流互感器一次绕组引线和接地线均拆除，试验时，一次侧开路，从二次侧施加电压，为了读数方便，可预先选取几个电流点，逐点读取相应电压值。通入的电流或电压以不超过制造厂技术条件的规定为准。当电流增大而电压变化不大时，说明铁芯已饱和，应停止试验。试验后，根据试验数据绘出伏安特性曲线。电流互感器伏安特性试验接线图如图 7－16 所示。

7－2

调压器　测量 PT　被试绕组　1S1　1S2　V　A

图 7－16　电流互感器伏安特性试验接线图

2. 试验结果分析判断

电流互感器的伏安特性试验，只对继电保护有要求的二次绕组进行。实测的伏安特性曲线与过去或出厂的伏安特性曲线比较，电压不应有显著降低。若有显著降低，应检查是否存在二次绕组的匝间短路。

（二）电压互感器空载励磁特性试验

电压互感器空载励磁特性试验是高压侧开路，低压侧通以额定电压，读取其空载电流及空载损耗。

实测的励磁特性曲线或额定电压时的空载电流值与过去或同类型电压互感器的特性相比较，应无明显差异。在进行 1.3 倍额定电压下的感应耐压试验时，其耐压前后的空载电流、空载损耗也不应有明显差异，否则应查明原因。《规程》规定：中性点非有效接地系统的电压互感器，在 $1.9U_N/\sqrt{3}$ 电压时的空载电流不应大于最大允许电流；中性点接地系统的电压互感器，在$1.5U_N/\sqrt{3}$电压下的空载电流不应大于最大允许电流。

本章小结

本章介绍了电压互感器和电流互感器绝缘试验常用试验方法的原理、标准及试验结果的分析判断，互感器特性试验项目、方法及注意事项。

思考与练习

（1）简述互感器交接和预防性试验的项目有哪些？

（2）试绘图说明测量串级式电压互感器 $\tan\delta$ 的不同测量方法的试验接线，并说明对应不同测量方法的电桥接线方式、被试品接线方式和被测绝缘部位。

（3）简述用末端屏蔽法测量绝缘支架的 $\tan\delta$ 和 C_x 的方法。

（4）简述电压互感器空载励磁特性试验的试验接线及结果分析判断。

第八章　断路器试验

高压断路器在系统正常运行时，能切断和接通线路以及各种电气设备的空载和负载电流；当系统发生故障时，它和继电保护配合，能迅速切断故障电流，防止扩大事故范围，高压断路器工作的好坏，直接影响到电力系统的安全运行。

目前国内电力系统中常用的高压断路器按绝缘介质和结构的不同分为以下几种：真空断路器，触头密封在高真空的灭弧室内，利用真空的高绝缘性能来灭弧，多用于35kV及以下系统；SF_6断路器，采用惰性气体六氟化硫来灭弧，并利用它所具有的很高的绝缘性能来增强触头间的绝缘，多用于35kV及以上系统；空气断路器，利用高速流动的压缩空气来灭弧，多用于220kV及以下系统。

第一节　绝缘电阻试验

绝缘电阻试验

绝缘电阻可以发现各种沿面贯穿性试验，如引线套管和拉杆受潮及裂纹等。是断路器试验最基本的试验，用兆欧表测量变压器绝缘电阻时使用2500V兆欧表，并记录合闸时导电部分对地和分闸时断口之间的绝缘电阻，若其拉杆为有机物，则绝缘电阻应符合表8－1要求。

表8－1　　断路器绝缘电阻试验项目和要求

试验类型	额定电压/kV		
	＜24	24～40.5	126～252
交接时或大修后/MΩ	＞1200	＞3000	＞6000
运行中/MΩ	＞600	＞1500	＞3000

整体绝缘电阻则参考制造厂规定或按运行经验规定。

第二节　交流耐压试验

真空断路器是由真空灭弧室、电磁或弹簧操作机构、支架组成，灭弧后触头间隙的绝缘介质采用真空灭弧，真空断路器适用于3～10kV，50Hz三相交流系统中的户内配电装置，适用于要求无油化、少检修及频繁操作的使用场所，同时，真空断路器可配置在中置柜、双层柜、固定柜中作为控制和保护高压电气设备用。真空断路器灭弧室结构如图8－1所示。

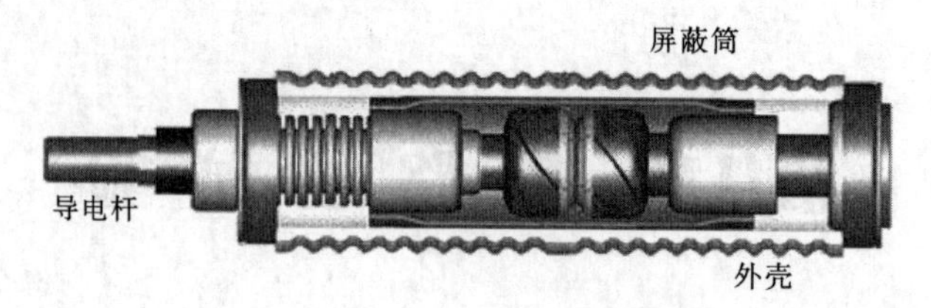

图 8-1　真空断路器灭弧室结构图

一、试验原理

交流耐压试验是鉴定断路器绝缘性能最有效最直接的方法，本试验属破坏性试验，所以应在其他试验完成后进行。真空断路器的交流耐压试验应分别在合闸和分闸状态下进行。合闸状态下的试验为了考验绝缘支柱瓷套管的绝缘；分闸状态下的试验是为了考验断路器断口、灭弧室的绝缘。分闸试验时应在同相断路器动触头和静触头之间施加试验电压。交流耐压试验原理接线图如图 8-2 所示。

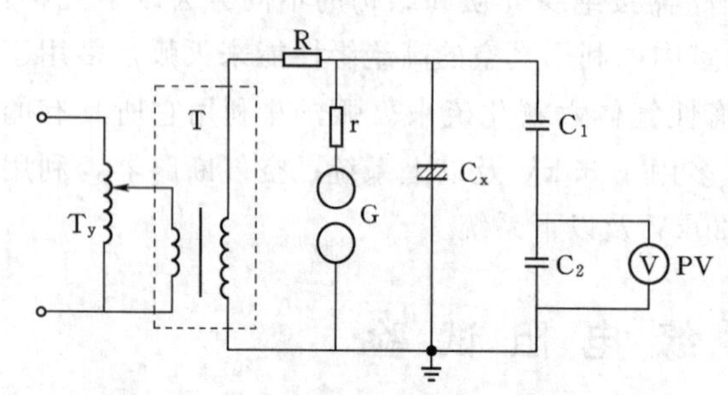

图 8-2　交流耐压试验原理接线图

T_y—调压器；T—试验变压器；R—限流电阻；r—球隙保护电阻；G—球间隙；C_x—被试品；C_1、C_2—电容分压器高、低压臂；PV—电压表

二、试验方法

（1）被试品在耐压试验前，应先进行其他常规试验，合格后再进行耐压试验。被试品试验接线并检查确认接线正确。

（2）接通试验电源，开始升压进行试验，升压过程中应密切监视高压回路，监听被试品有何异响。

（3）升至试验电压，开始计时并读取试验电压。

（4）计时结束，降压然后断开电源。并将被试设备放电并短路接地。

（5）耐压试验结束后，进行被试品绝缘试验检查，判断耐压试验是否对试品绝缘造成破坏。

三、试验结果分析与判断

交流耐压试验前后绝缘电阻下降不超过 30%为合格。试验时若出现沉重击穿声或冒烟则为不合格。试验标准见表 8-2。

表 8-2　　交流耐压试验标准

额定电压/kV	1min 工频耐受电压有效值/kV			
	相对地	相间	断路器断口	隔离断口
3.6	25/18	25/18	25/18	27/20
7.2	30/23	30/23	30/23	34/27
12	42/30	42/30	42/30	48/36

续表

额定电压/kV	1min工频耐受电压有效值/kV			
	相对地	相间	断路器断口	隔离断口
24	65/50	65/50	65/50	79/64
40.5	95/80	95/80	95/80	118/103
72.5	140	140	140	180
	160	160	160	120

第三节　断路器导电回路直流电阻的测量

一、测量导电回路电阻目的

断路器每相导电回路的直流电阻，实际包括套管导电杆电阻、导电杆与触头连接处电阻和动、静触头间的接触电阻。这实际上就是测量动、静触头的接触电阻。运行中的断路器接触电阻增大，将会使触头在正常工作电流下过热，尤其当通过故障短路电流时，可能使触头局部过热，严重时可能烧伤周围的绝缘和造成触头烧熔黏结，从而影响断路器的跳闸时间和开断能力，甚至发生拒动情况。因此，测量导电回路电阻是检验断路器安装、检修质量的重要手段，在断路器安装后、大小修及断开故障电流一定次数以后，都需进行此项试验。

二、试验方法及测试要求

测试断路器导电回路电阻应采用直流压降法，测量原理如图8-3所示。由于导电回路接触电阻值很小，都是微欧数量级，所以电压表内阻远远大于此值，故导电回路电阻值$R_x=U/I$。

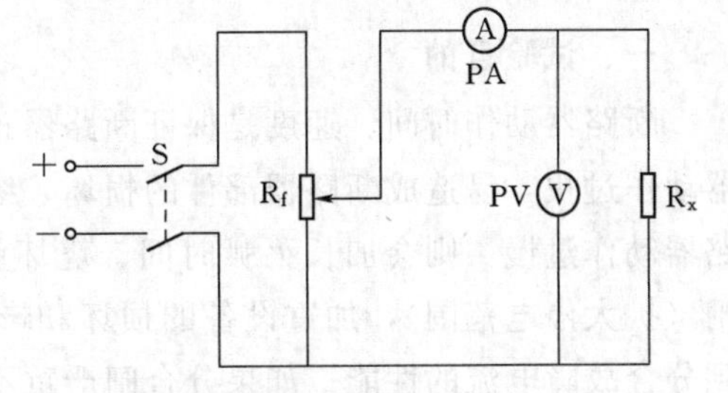

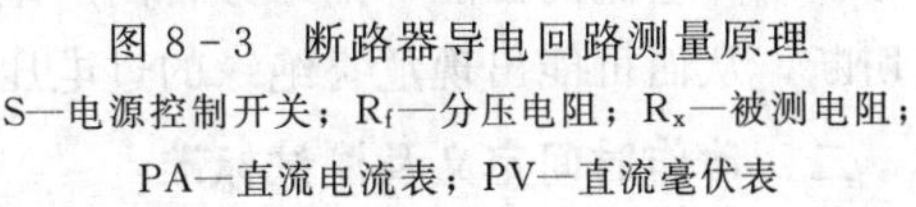
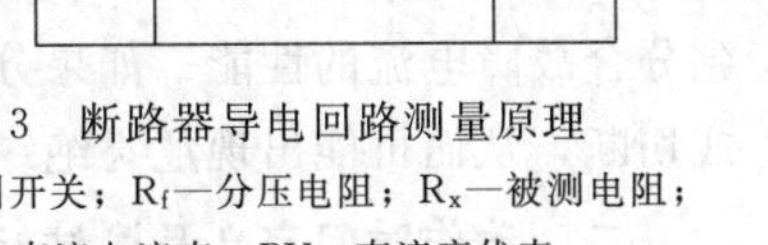
图8-3　断路器导电回路测量原理
S—电源控制开关；R_f—分压电阻；R_x—被测电阻；PA—直流电流表；PV—直流毫伏表

由于动、静触头的接触面上有一层极薄的膜电阻的影响，如果直流电流太小，则所测电阻小于实际电阻。《规程》规定要求直流电流不小于100A，使接触面上的极薄的膜电阻击穿，以使所测电阻值和实际电阻值相符合。

导电回路电阻测量应在断路器合闸状态下进行。现在成套的导电回路电阻测试仪操作简单、测量精度高，已广泛应用于各生产现场。图8-4为导电回路电阻测试仪及接线。另外，许多单位配套使用了高空接线钳，省去了攀爬断路器的麻烦，高空接线钳外形图如图8-5所示。

三、导电回路电阻测量结果判断

(1) 交接时的回路电阻值应符合制造厂规定。

(2) 运行中敞开式断路器的测量值不大于制造厂规定值的120%。

(3) 对GIS中的断路器按制造厂规定。

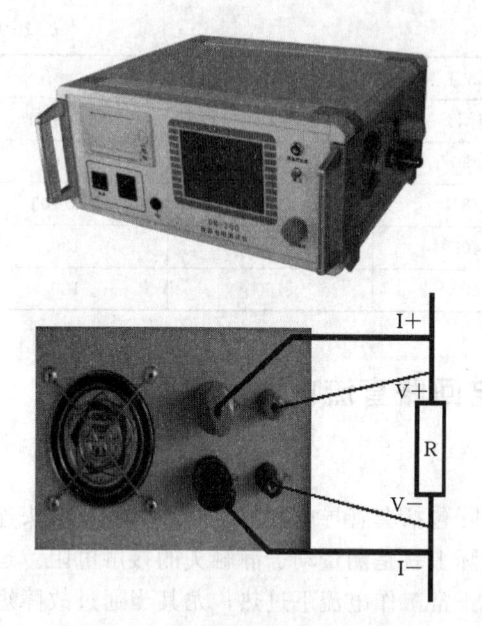

图8-4　导电回路电阻测试仪及接线

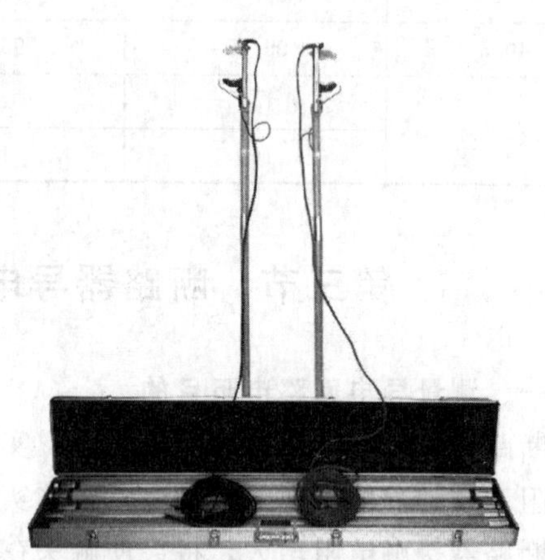

图8-5　高空接线钳

第四节　断路器时间—速度特性试验

一、试验目的

断路器动作时间、速度是保证断路器正常工作和系统安全运行的主要参数，断路器动作过快，易造成断路器部件的损坏，缩短断路器的使用寿命，甚至造成事故；断路器动作过慢，则会加长灭弧时间、烧坏触头（增高内压，引起爆炸）、造成越级跳闸（扩大停电范围），加重设备的损坏和影响电力系统的稳定。动作时间的长短关系到分合故障电流的性能；如果分合闸严重不同期，将造成线路或变压器的非全相接入或切断，从而可能出现危害绝缘的过电压。

二、动作时间定义及测试标准

（1）分闸时间。发布分闸命令（指分闸回路接通）起到所有触头刚分离的一段时间。

（2）合闸时间。发布合闸命令（指合闸回路接通）起到所有触头刚接触的一段时间。

（3）分闸和合闸同期性。分闸和合闸时三相时间之差。

在额定操作电压下测试时间特性，要求合、分指示正确；辅助开关动作正确；合、分闸时间，合、分闸不同期，合-分时间满足技术文件要求且没有明显变化；必要时，测量行程特性曲线做进一步分析。除制造厂有特别要求之外，相间合闸不同期不大于5ms，相间分闸不同期不大于3ms；同相各端口合闸不同期不大于3ms，同相分闸不同期不大于2ms。

三、试验方法

时间特性应在额定操作电压（气压或液压）下进行，测试断路器时间及同期性的方法很多，现在普遍使用的是成套的开关综合测试仪，不但使用方便，而且测量数据准确。控制输出线接线示意图如图 8-6 所示。

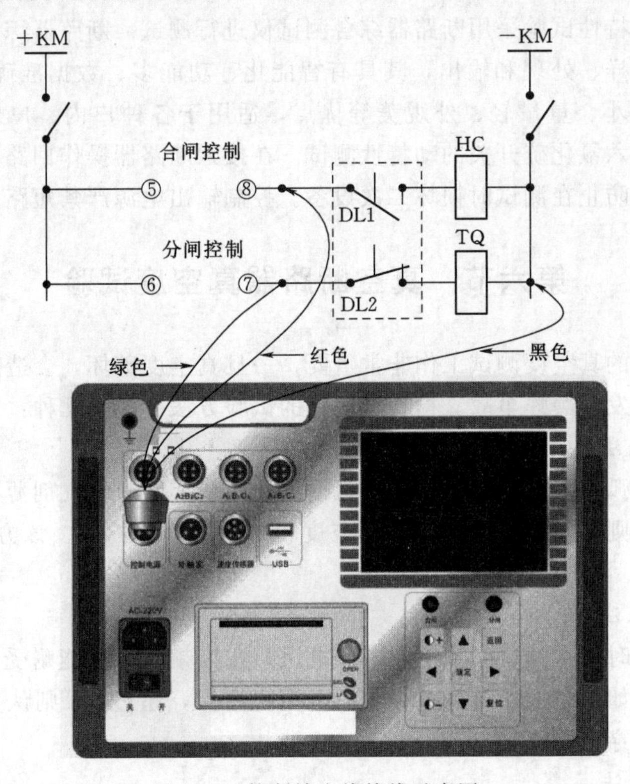

图 8-6　控制输出线接线示意图

第五节　低电压动作特性试验

一、试验目的

该试验目的是检验断路器执行分、合闸操作需要的最低动作电压。断路器的最低动作电压不能太低和太高。动作电压太低：在直流系统绝缘不良，两点高阻接地的情况下，在分闸线圈或接触器线圈两端可能引入一个数值不大的直流电压，当线圈动作电压过低时，会引起断路器误分闸和误合闸。动作电压太高：系统故障时，断路器会因直流母线电压降低而拒绝跳闸。

二、试验标准

（1）合闸电磁铁的最低动作电压应小于其额定电压的 80%，在其额定电压的 80%～110%范围内应可靠动作。

（2）分闸电磁铁的最低动作电压应在其额定电压的 30%～65%范围内，在其额定电压的 65%～120%范围内应可靠动作。当降到其额定电压的 30%或更低时不应引起脱扣。

如果断路器动作电压过高或过低，就会引起断路器误分闸和误合闸，以及断路器发生故障时拒绝分闸，造成事故。

三、试验方法

低电压动作特性试验采用断路器综合测试仪进行测试。断路器综合测试仪以单片机为核心进行采样、处理和输出，其具有智能化、功能多、数据准确、抗干扰性强、操作简单、体积小、重量轻、外观美等优点，适用于各种户内、户外少油、多油开关、真空开关、六氟化硫开关的动特性测试。在接入断路器操作回路时，应断开断路器的操作电源，防止在测试时损坏二次设备。控制输出电源严禁短路。

第六节　真空断路器真空度试验

真空断路器的真空度测试工作非常重要，一旦真空度破坏，会造成断路器不能灭弧，导致断路器发生爆炸事故。检查真空度的试验方法有如下几种：

8-3

1. *外观检查法*

如果真空灭弧室为玻璃外壳，可以根据涂在内壁上的钡吸气剂薄膜颜色判断，如果真空度良好，则薄膜为镜面状态；真空度较差时则为乳白色。该方法不十分准确，可供参考。

2. *工频耐压法*

在分闸状态时，在断口间加工频试验电压，在工频耐压下能耐受10s以上，则说明真空度良好；如果在电压升高过程中，电流也增大，超过5A则认为不合格。当然在耐压过程中击穿也不合格。

3. *磁控放电法*

采用专用测试仪器来测量，在触头之间加一次或数次高压脉冲，脉冲宽度为数十至数百毫秒，磁场线圈中则通以同步脉冲电流，产生与高压同步的脉冲磁场测量真空度。

相关国家标准规定真空度达到0.066Pa为合格，接近或低于0.066Pa时为不合格，应更新。当真空度有大幅度下降不合格时，应缩短测试周期，根据发展情况决定是否更新。

本 章 小 结

本章介绍了断路器各种试验项目、方法、注意事项及试验结果的分析判断。重点介绍了绝缘电阻试验、交流耐压试验、断路器导电回路直流电阻的测量、断路器时间—速度特性试验、低电压动作特性试验及真空断路器真空度试验方法。

思 考 与 练 习

(1) 断路器导电回路电阻有什么测试要求？

(2) 断路器分合闸时间和同期性的定义是什么？有什么测试意义？

(3) 断路器分合闸动作电压的判断依据是什么？

第九章　套　管　试　验

高压套管是供高压导体穿过与其电位不同的隔板（如墙壁和电力设备金属外壳），起绝缘和支持作用，根据这种适用场合，套管可以分为变压器套管、开关或组合电器用套管、穿墙套管。对于这种“插入式”的电极布置，由于套管内的电场分布不均匀，特别是中间法兰边缘电场十分集中容易导致表面滑闪放电。充油式套管中的电缆纸类似于电容式套管中的均压极板。电容式套管中的电容芯子就是一串同轴圆柱形的电容器，而在充油式套管中，绝缘纸的介电常数比油要高，从而可以降低该处的场强。充油式套管又可分为单油隙和多油隙套管，电容式套管又可分为胶纸和油纸套管。

电压等级较高的套管内部绝缘结构比较复杂，往往采用组合绝缘材料，并存在局部放电等问题，因此必须加强套管的试验检查。

套管按结构可分为：纯瓷套管，适用于10kV及以下系统；充油型套管，适用于35kV及以下系统；油纸电容型套管，适用于35kV及以上系统；胶纸电容型套管，适用于35～220kV系统。

套管的试验项目，应包括下列内容：

（1）测量绝缘电阻。

（2）测量20kV及以上非纯瓷套管的介质损耗因数$\tan\delta$和电容值。

（3）交流耐压试验。

（4）绝缘油的试验（有机复合绝缘套管除外）。

（5）SF套管气体试验。

第一节　测量绝缘电阻

测量绝缘电阻可以发现套管瓷套裂纹、本体严重受潮以及测量小套管（末屏）绝缘劣化、接地等缺陷。

对于已安装到变压器本体上的套管，测量其高压导电杆对地的绝缘电阻时应连同变压器本体一起进行，而测量抽压小套管和测量小套管（末屏）对地绝缘电阻可分别单独进行。由于套管受潮一般总是从最外层电容层开始，因此测量小套管对地绝缘电阻具有重要意义。

测量绝缘电阻，应符合下列规定：

（1）套管主绝缘电阻值不应低于10000MΩ。

（2）末屏绝缘电阻值不宜小于1000MΩ。当末屏对地绝缘电阻小于1000MΩ时，应测量其$\tan\delta$值，不应大于2%。

第二节 tanδ 和电容量测量

套管 tanδ 和电容量的测量是判断套管绝缘状况的一项重要手段。由于套管体积较小，电容量较小（几百皮法），因此测量其可以较灵敏地反映套管劣化受潮及某些局部缺陷。测量其电容量也可以发现套管电容芯层局部击穿、严重漏油、测量小套管断线及接触不良等缺陷。现场一般采用全自动抗干扰介质损耗测试仪测量套管的 tanδ 和电容量。

一、单独套管的试验

大多数电气设备中广泛使用着 35kV 及以上的油纸电容型或胶纸电容型套管。该类套管中有一部分带有专供测 tanδ 用的小套管。即测量小套管（末屏），也有部分套管不带测量小套管，其结构如图 9-1 所示。

当套管未安装到设备上或交接大修时，从设备本体拆下来单独试验时，可采用正接线法测量其 tanδ 和电容量，如图 9-2 所示。

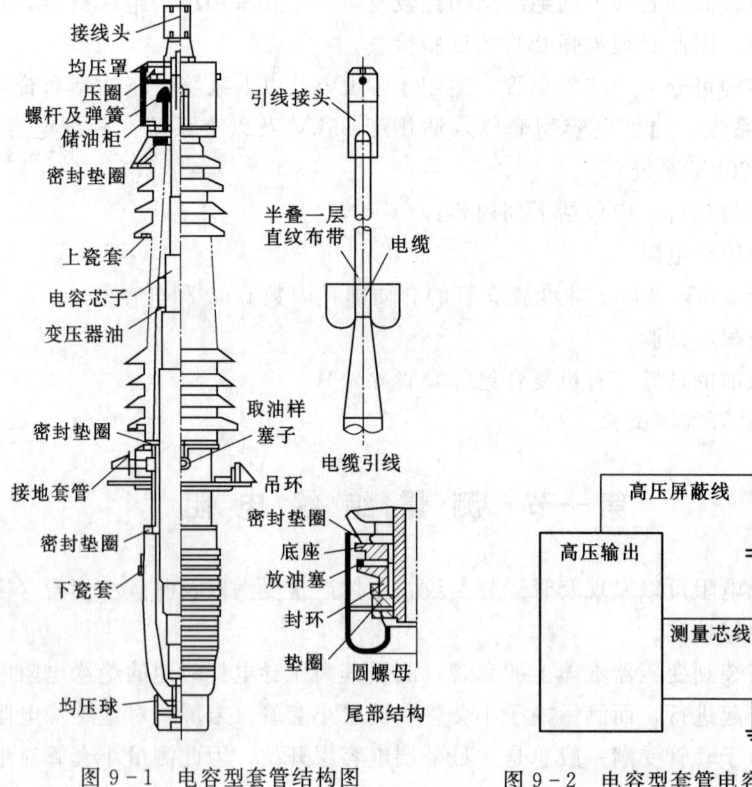

图 9-1 电容型套管结构图

图 9-2 电容型套管电容量测量正接法接线图

实践证明：套管初期受潮，潮气和水分总是先进入最外层的电容层，用反接线测量小套管对地的 tanδ 对反应套管初期进水受潮是很灵敏的，而只测量主电容层的 tanδ 不一定能反映出来，给设备安全运行留下隐患。也就是说，只测量主电容（导电芯对测量小套管或法兰）的 tanδ 和电容量，而不测量小套管对地的 tanδ，是不全面的。所以《规程》规定：电容型套管的电容值与出厂值或上一次试验值的差别超出±5%时，应查明原因；当电容型套管末屏对地绝缘电阻小于 1000MΩ 时，应测量末屏对地 tanδ，其值不大于 2%。部分套管生产厂家出厂时也提供了测量小套管对地 tanδ 的测量值，运行部门可将测量值与出厂值比较，分析判断套管是否有初步受潮现象。

二、现场变压器电容套管试验

现场运行的变压器电容套管已牢固安装于设备箱体、套管内部导电杆下部与变压器绕组相连接。进行预防性试验时，无法将套管与内部绕组连接拆开，因此测量时需采取特殊接线，以避免变压器绕组电感、变压器本体电容对套管 tanδ 和电容量测地的影响。

现场测量接线时，应将测量变压器绕组连同中性点全部短接后接高压引线，C_x 线接被测量套管的测量小套管，分别测量各相套管的 tanδ 和电容量。测量时采用正接线测量，不能采用反接线。同一温度下变压器绕组不同接线时，套管 tanδ 的测量结果见表 9-1。

表 9-1　同一温度下变压器绕组不同接线时套管 tanδ 的测量结果

变压器型号 容量、电压	相别	全部绕组开路		全部绕组短路	
		tanδ/%	C_x/pF	tanδ/%	C_x/pF
240MVA 330kV	A	2.1	310	0.5	308
	B	2.3	304	0.5	304
	C	1.4	301.7	0.4	301
150MVA 220kV	A	1.7	304.5	0.3	304
	B	1.8	295.4	0.4	295
	C	1.3	287.4	0.2	287
SFSL-31500/110	A	1.1	352.8	0.4	352.8
	B	1.2	343.6	0.4	343.6
	C	0.7	332	0.4	332
SFSL-10000/110	A	0.8	340	0.3	341
	B	1.0	336	0.3	336
	C	0.6	341	0.4	341

从表 9-1 所示数据可以看出，测量时若接线不正确（全部绕组开路）会对套管 tanδ 测量造成很大误差。误差大小与变压器的容量、结构等有关。误差是由变压器绕组的电感和空载损耗产生的。从现场测量结果看，测量时将绕组短接能大大减小测量误差。从现场测量的准确性和安全性出发，测量套管 tanδ 时应将加压套管侧绕组连同中性点短接后接高压，其他非被试绕组短接后接地。如测量高压套管时，将高压绕组连同高压绕组中性点短接后接高压、中、低正绕组及其中性点短接后接地。

三、影响套管 tanδ 测量的因素

(一) 试验接线的影响

如上所述，现场测量变压器套管 tanδ 时未将变压器绕组短接，对测量结果有影响。

从表 9-1 可以看出，对于正常良好绝缘的胶纸电容型套管，正接线测得的 tanδ 值比反接线测得值偏小或接近，电容量偏小；对于不良绝缘的，则正、反接线有明显差异。一般情况下，反接线较正接线测得的 tanδ 值偏大。

(二) 温度、湿度的影响

温度对 tanδ 的影响很大，具体的影响程度随绝缘材料结构的不同而不同。一般来说 tanδ 随温度的升高而增加，但对于油纸电容式套管而言，正好相反，一般 tanδ 随温度的升高而减小。变压器油对水分极为敏感，当温度上升时，水在变压器油中的溶解度增大，反之，温度降低时，水在变压器油中的溶解度减小。而套管电容芯子采用的绝缘材料也对水分极为敏感，油纸绝缘与变压器油的水分随温度变化也发生交替变化，同时，当温度到达一定数值时，介质间的极化也会加剧，造成 tanδ 上升，建议将 tanδ 测量值修正到 20℃时的测量值。

湿度对 tanδ 的测量影响很大，当相对湿度较大时，由于瓷套表面泄漏电导较大而产生了分流作用。由于其分流作用，使得正接线 tanδ 测量值出现偏小的测量误差，严重时产生“－tanδ”测量值；反接线测量套管 tanδ；当相对湿度较大时，表面泄漏电导与被试绝缘部件相并联，将造成 tanδ 测量值偏大的误差。

正接线偏小的测量误差往往不会引起注意，可能将一些 tanδ 不合格的套管误认为合格，而投入运行，而且由于每次测量时相对湿度的不同，使实测套管的 tanδ 值分散性较大。反接线偏大的测量误差又可能造成误判断，将一些合格的套管判为不合格，造成十分费时的解体试验，或不必要的套管检修工作。

因此在测量 tanδ 时应注意环境湿度的影响，应以相对湿度不大于 65％下的测量值为准，湿度较大时，应在采取烘干表面瓷裙、涂硅油等措施后再测量。

(三) 表面脏污的影响

表面脏污对 tanδ 测量的影响同湿度对 tanδ 测量的影响机理一样，将造成正接线 tanδ 测量值偏小的误差和反接线测量 tanδ 值偏大的误差。

(四)“T”形干扰网络的影响

同测量小电容量电流互感器一样，由于套管的电容量较小，一般为几百 pF，试验时套管附近的梯子、设备构架、试验人员、引线等对试验结果有一定影响，造成 tanδ 和电容量测最终结果分散性大。因此测量电容套管 tanδ 时应尽量使套管附近无梯子、构架等杂物或使杂物及试验人员远离被试套管，以提高测量准确度。

(五) 电压的影响

一般来说，良好的绝缘在额定电压范围内，其 tanδ 值几乎保持不变，但如果绝缘内部存在空隙或大的气泡且当所加电压尚不足以使气泡电离时，其 tanδ 值与电压的关系和良好绝缘没有太大的差别；当所加电压大到能引起气泡电离或发生局部放电时，tanδ 值即开始随电压升高而迅速增大。当绝缘受潮且电压较低时，tanδ 就已相

当大，此时电压升高会急剧增大。

综上所述，套管 tanδ 测量受各种因素影响较大，现场测量时应认真分析各种影响因素，对异常试验结果（偏大或偏小）应查明原因。电容型套管的实测电容量值与产品铭牌数值或出厂试验值相比，允许偏差应不大于±5%。

四、现场测试安装在变压器上的套管 tanδ 注意事项

图 9-3 为套管安装在变压器上的状态，由于套管在现场时，其测试条件及周围环境与套管出厂试验差别较大，因此，若测试方法不当易造成 tanδ 测试值与真实值出现很大偏差，造成测试值不准确从而造成误判。现场测试时应注意以下事项：

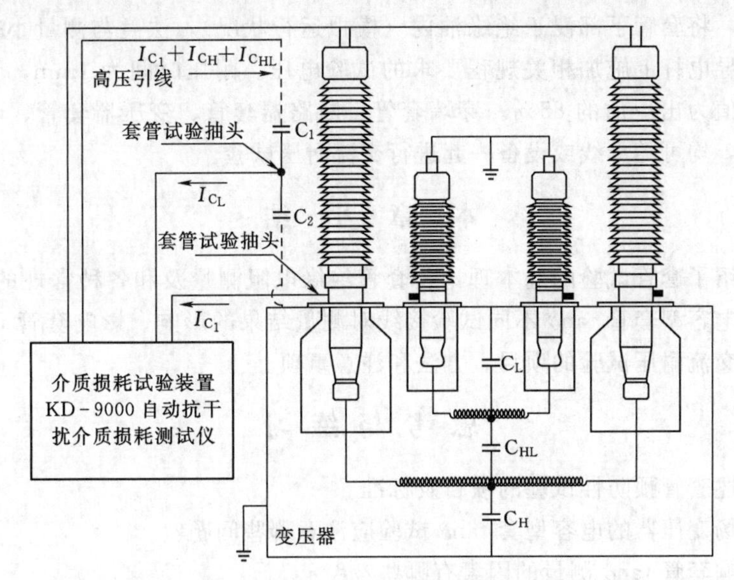

图 9-3　安装在变压器上的套管

C_1—套管主电容；C_2—套管抽头电容（末屏电容）；C_L—低压绕组对地分布电容；C_H—高压绕组对地分布电容；C_{HL}—高低压绕组间分布电容

（1）应尽量采用正接法测试，高压引线接在套管顶部（中心导管），此时套管接线端子应与电站母线脱开，低压测量引线接套管末屏端子，套管安装法兰应可靠接地。若采用反接法测试，对套管末屏端子施加电压，其结果应是套管 C_1 和 C_2 上 tanδ 的综合值，而不是套管主绝缘 tanδ 的真实值。

（2）为减少变压器绕组电感对 tanδ 测试结果的影响，测试前所有连接到被测套管的绕组必须短接，其余套管末屏保持接地状态，另外，不连接到被试套管的绕组应接地。

（3）为减少高压引线对 tanδ 测试结果的影响，高压引线应通过单独的导线连接到套管的顶部，高压引线和接地线一定不能与测量线共用，测量线应尽可能的短且不能碰到接地体，用于拉开间隔的布带或绳子一定要保持清洁和干燥。

（4）为消除表面泄漏对 tanδ 测试结果的影响，测试时尽可能地保证空气侧绝缘表面的清洁与干燥，同时应避开阴雨天测量。另外，测试时高压引线不可沿瓷套表面拖下，这时除出现图示的表面泄漏外，高压引线会与套管本体产生一个寄生电容，影响最终的测试结果。

第三节　交流耐压试验

《规程》要求，交接或大修后的套管应做交流耐压试验，以考验主绝缘的绝缘强度。

通过交流耐压试验曾发现过纯瓷充油套管瓷质裂纹、电容套管电容芯棒局部爬电、胶纸电容套管下部绝缘表面有擦痕等缺陷。交流耐压试验时，应将被试套管瓷套表面擦干净，将套管下部浸于绝缘油内（模拟运行状况），法兰与测量小套管可靠接地后，再在导电杆上施加相关规程要求的试验电压。耐压时间为1min，预防性试验时试验电压值为出厂值的85%。穿墙套管、断路器套管、变压器套管、电抗器及消弧线圈套管，均可随母线或设备一起进行交流耐压试验。

本　章　小　结

本章介绍了套管试验的基本理论、套管绝缘电阻测量及和各种常规的试验方法。重点介绍了电容型套管 $\tan\delta$ 不同试验接线对测量结果的影响、影响套管 $\tan\delta$ 测量的因素、套管交流耐压试验的项目、方法和注意事项。

思　考　与　练　习

（1）简述套管预防性试验的项目及标准。

（2）现场变压器的电容型套 $\tan\delta$ 试验应注意哪些问题？

（3）影响套管 $\tan\delta$ 测量的因素有哪些？

第十章 电容器试验

电力系统中常用的电容器有电力电容器、耦合电容器、断路器均压电容以及电容式电压互感器的电容分压器。电力电容器在系统中一般用作补偿功率因数和用于发电机的过电压保护。耦合电容器主要用于电力系统载波通信及高频保护。均压电容器并联在断路器断口，起均压及增加断路器断流容量的作用，其结构与耦合电容器基本一样。

10-1

耦合电容器与电力电容器均由油浸纸绝缘电容元件组成。电容元件由铝箔极板和电容器纸卷制而成，一台电容器由数个乃至数十个、数百个这样的电容元件串并联组成。电力电容器一般电容量较大（μF 级），额定电压多为 35kV 及以下，其结构特点是将串并联电容元件密封在铁壳中，充以绝缘油，引线由瓷套管引出，供连接之用。耦合电容器一般电容量为 3000～15000pF，额定电压在 35kV 及以上。其结构特点是将串并联电容元件密封在瓷套中，高压端接带阻波器的高压引线，另一端由底部的小套管引出，接结合滤波器。

耦合电容器和电容式电压互感器的电容分压器的试验项目、周期和要求如表 10-1 所示。

表 10-1　耦合电容器和电容式电压互感器的电容分压器的试验项目、周期和要求

序号	项目	周期	要求	说明
1	极间绝缘电阻	1）投运后 1 年内 2）1～3 年	一般不低于 5000MΩ	用 2500V 兆欧表
2	电容值	1）投运后 1 年内 2）1～3 年	1）每节电容值偏差不超出规定值的－5%～＋10%范围 2）电容值大于出厂值的 102%时应缩短试验周期 3）一相中任两节实测电容值相差不超过 5%	用电桥法
3	tanδ	1）投运后 1 年内 2）1～3 年	10kV 下的 tanδ 值不大于下列数值： 油纸绝缘　0.005 膜纸复合绝缘　0.002	1）当 tanδ 值不符合要求时，可在额定电压下复测，复测值如符 10kV 下的要求，可继续投运 2）电容式电压互感器低压电容的试验电压信号自定
4	渗漏油检查	6 个月	渗漏时停止使用	用观察法
5	低压端对地绝缘电阻	1～3 年	一般不低于 100MΩ	采用 1000V 兆欧表

续表

序号	项 目	周 期	要 求	说 明
6	局部放电试验	必要时	预加电压 $0.8\times1.3U_m$，持续时间不小于10s，然后在测量电压 $1.1U_m/\sqrt{3}$ 下保持1min，局部放电量一般不大于10pC	如受试验设备限制预加压可以适当减低
7	交流耐压试验	必要时	试验电压为出厂试验电压的75%	

电力电容器的试验项目、周期和标准《规程》也做了规定，在交接试验时电力电容器一般有以下试验项目：

(1) 测量两级对外壳的绝缘电阻。

(2) 测量极间电容值。

(3) 渗漏油检查。

(4) 交流耐压试验。

(5) 冲击合闸试验。

(6) 并联电阻测量。

第一节 测量绝缘电阻

测量绝缘电阻的目的主要是初步判断耦合电容器的两级及电力电容器两极对外壳之间的绝缘状况。

一、试验方法

测量耦合电容器及电力电容器两极对外壳之间的绝缘时用2500V兆欧表。测耦合电容器小套管对地绝缘电阻时用1000V兆欧表。绝缘电阻测量接线图如图10-1所示。

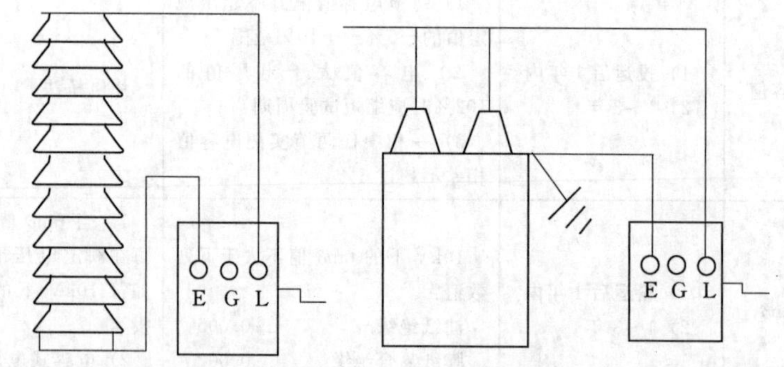

(a) 耦合电容器绝缘电阻测量接线图　(b) 电力电容器绝缘电阻测量接线图

图10-1 电容器绝缘电阻测量接线图

二、试验注意事项

测量结果应与历次测量值及经验值比较，进行分析判断，测量时应注意：

(1) 测量前后对电容器两级之间，两极与地之间，均应充分放电，尤其对电力电容器应直接从两个引出端上直接放电，而不应仅在连接导线板上对地放电。因为大多数电力电容器两极与连接板连接时均串有熔断器，若某电力电容器上熔断器熔断，在连接板上放电不一定能将该电力电容器上所储存电荷放完。

（2）应按大容量试品的绝缘电阻测量方法摇测电容器，在测试过程中，应在未断开兆欧表以前，不停止摇动手柄，防止反充电损坏兆欧表。

（3）不允许长时间摇测电力电容器两极之间的绝缘电阻。因电力电容器电容量较大，储存电荷也多，长时间摇测时若操作不慎易造成人身及设备事故。判断电力电容器两极绝缘状况的间接方法是，先将兆欧表连接电容器一极轻摇几转，一般不超过 5 转，然后通过电容器两极放电的放电声及放电火花来判断绝缘状况。若有清脆的放电声及明显的放电火花，则认为电容器两极绝缘状况良好；若无放电声及火花，则认为电容器内部绝缘受潮老化或者两极与电容之间引线断开。用这种方法应注意，对两极放电的放电引线两端应接在短绝缘棒上，人身不要直接接触放电引线，放电引线应采用裸铜导线。

第二节　tanδ 和电容量测量

对 tanδ 和电容量的测量可以检查电容器是否有受潮老化现象或存在某些局部缺陷，并根据测得的电容量与铭牌值进行比较，可判断电容器内部接线是否正确，是否有断线或击穿现象等。关联电容器一般不要求做 tanδ 试验。

一、耦合电容器的 tanδ 和电容量测量

由于耦合电容器两极可以对地绝缘，所以一般采用 QS1 电桥正接线测量其 tanδ 和电容量。

《规程》规定：tanδ(%) 大于 0.8 为不合格，大于 0.5 应引起注意。所谓引起注意，指应该采取缩短试验周期或进行带电测量等方法跟踪测量 tanδ 的变化趋势。

由所测得的电容量计算出电容变化率 ΔC_x。计算式为

$$\Delta C_x=\frac{C_x-C_N}{C_N}\times 100\% \tag{10-1}$$

式中　C_x——测量的电容值，pF；

C_N——所测电容器铭牌电容值，pF。

电容值的增大，可能是电容器内部某些串联元件击穿所致。电容量的减小，可能是内部元件有断线松脱情况，也可能是电容器因外壳密封不严渗油，造成严重缺油所引起。规程规定耦合电容器的电容变化率 ΔC_x 在运行中应在铭牌电容值的 −5%～+10% 范围。

二、电力电容器的电容量测量

电力电容器的电容量较大，所以其电容量测量一般不用 QS1 电桥而常采用以下办法测量：

1. 用法拉表测量

国内生产的多量程法拉表，可很方便地测量出电容器两极间电容量。具体使用方

法可参照法拉表使用说明书。

2. 交流阻抗计算法（电压、电流表法）

交流阻抗计算法测量电容量接线图如图 10－2 所示。

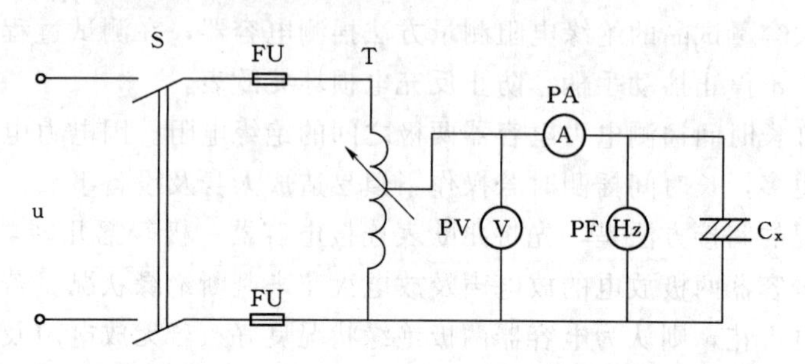

图 10－2　交流阻抗计算法测量电容量接线图

FU—熔断器；T—单相调压器；S—电源开关；C_x—被测电容

按图接好线，合上电源（现场电源一般为 220V 或 380V），用调压器 T 升高电压，选择合适的电压表 PV、电流表 PA、频率表 PF，待表计指示稳定后，同时读取电压、电流和频率指示值。当外加的交流电压为 u，流过被试电容器的电流为 i，频率为 f 时，则 $I=U\times 2\pi fC_x$，故被测电容量 C_x 为

$$C_x=\frac{I}{2\pi fU}\times 10^6 \tag{10-2}$$

式中　I——电流表 PA 所测电流值，A；

U——电压表 PV 所测电压值，V；

f——频率表 PF 所测频率值，Hz；

C_x——被测电容器电容量，μF。

3. 双电压表法

双电压表法测量电容量的接线图及向量图如图 10－3 所示。

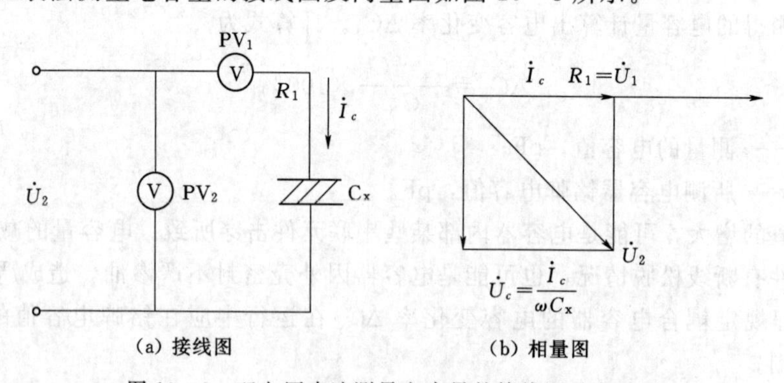

图 10－3　双电压表法测量电容量的接线图及向量图

由图可知

$$U_2^2=U_1^2+U_C^2=U_1^2+\frac{I_C^2}{(\omega C_x)^2}=U_1^2+\left[1+\frac{1}{(R_1\omega C_x)^2}\right]=\frac{U_2^2}{U_1^2}-1=\frac{1}{(R_1\omega C_x)^2} \tag{10-3}$$

$$C_x=\frac{1\times10^6}{\omega R_1\sqrt{\left(\frac{U_2}{U_1}\right)^2-1}},\mu\text{F} \tag{10-4}$$

用以上方法可以很容易地测出单相电容器的电容量。但对于三相电容器，需分三次测量，并根据测量结果还要进行计算，较复杂。三相电容器为三角形接线及星形接线时电容量的测量方法和计算公式见表 10-2、表 10-3。

表 10-2　三角形接线的三相电力电容器电容量测量方法和计算公式

测量次数	接线方式	短路接线端	测量接线端	测量电容量	电容量的计算
1	C_1 C_2 C_3 2 3 1	2,3	1与2,3	$C_A=C_1+C_3$	$C_1=\frac{1}{2}(C_A+C_C-C_B)$
2	C_1 C_2 C_3 2 3 1	1,2	3与1,2	$C_B=C_2+C_3$	$C_2=\frac{1}{2}(C_B+C_C-C_A)$
3	C_1 C_2 C_3 2 3 1	1,3	2与1,3	$C_C=C_1+C_2$	$C_3=\frac{1}{2}(C_A+C_B-C_C)$

表 10-3　星形接线的三相电力电容器电容量测量方法和计算公式

测量次数	接线方式	短路接线端	测量接线端	测量电容量
1	1 2 3 C_1 C_2 C_3	1与2 (C_{12})	$\frac{1}{C_{12}}=\frac{1}{C_1}+\frac{1}{C_2}$	$C_1=\frac{2C_{12}C_{31}C_{23}}{C_{31}C_{23}+C_{12}C_{23}-C_{12}C_{31}}$
2		3与1 (C_{31})	$\frac{1}{C_{31}}=\frac{1}{C_1}+\frac{1}{C_3}$	$C_2=\frac{2C_{12}C_{31}C_{23}}{C_{31}C_{23}+C_{12}C_{31}-C_{12}C_{23}}$
3		2与3 (C_{23})	$\frac{1}{C_{23}}=\frac{1}{C_2}+\frac{1}{C_3}$	$C_3=\frac{2C_{12}C_{31}C_{23}}{C_{31}C_{23}+C_{12}C_{31}-C_{31}C_{23}}$

采用上述方法测得的电容值均需按上面公式（1）进行电容量的误差计算，交接及运行中的实测值与出厂实测值或铭牌值差别应在－5％～＋10％范围内。

三、试验注意事项

（1）不论何种测量方法，测量前后均需对耦合电容器或电力电容器两极充分放电，以保证人身安全及测量准确度。

（2）用交流阻抗法和双电压表法测量电容量时，最好用频率表直接测量试验电源频率值，并用实测频率值计算电容量。采用的电压表、电流表、频率表精度不应低于0.5级。

（3）发现电容器有渗漏油时应视为该电容器不合格，并应立即退出运行并及时更换。

第三节 交 流 耐 压 试 验

对电力电容器进行两极对外壳的交流耐压试验，能比较有效地发现油面下降、内部进入潮气、瓷套管损坏以及机械损伤等缺陷。两极对外壳交流耐压试验时要求试验设备容量不大，试验方法简便。电容器两极对外壳交流耐压试验标准见表10-4。

表10-4 电容器两极对外壳交流耐压试验标准

额定电压/kV	0.5及以下	1.05	3.15	6.3	10.5
出厂试验电压/kV	2.5	5	18	25	36
交流耐压试验电压/kV	2.1	4.2	15	21	30

交流耐压时间为1min。如出厂试验电压与表不同时，交流耐压试验电压值应为出厂试验电压的85％。

第四节 冲 击 合 闸 试 验

新安装的电力电容器组在投入正式运行前需进行冲击合闸试验。试验目的是检查电容器组补偿容量是否合适，电容器所用熔断器是否合适以及三相电流是否平衡。

一、试验方法

电容器组及与之相配套的断路器及控制保护回路电流、电压测量装置等安装好后，在额定电压下，对电容器组进行三次合、拉闸冲击试验。冲击合闸试验后，断开断路器及隔离开关，合上电容器组接地开关，极间充分放电后，检查熔断器有无熔断，如发现熔断，应查明原因，消除故障后才允许电容器正式投入系统运行。

冲击试验时，应监视系统电压的变化及电容器组每相电流的大小，观察三相电流是否平衡以及合闸及拉闸时是否给系统造成较高的过电压和谐振等现象。三相电流不平衡率一般不应超过5％，超过时应查明原因，予以消除。

二、注意事项

（1）冲击合闸试验时，应测量三相电流，试验前应将测量电流互感器TA事先接于测量回路中：如电容器组为星形接线，应将测量电流互感器 TA 串接在电容器中性点侧的回路内；电容器组为三角形接线时测量电流互感器 TA 只能串接在各相高压回路内。

（2）三相电流不平衡时，应检查电容器组熔断器有无熔断，电容量是否合适等。检查前仍应对电容器两极直接放电，防止熔断器熔断使电容器带有电荷。

本 章 小 结

本章介绍了电容器主要试验项目、绝缘电阻、$\tan\delta$ 和电容量测量原理及方法、交流耐压和冲击合闸试验方法、注意事项及结果的分析判断。重点介绍了用交流阻抗计算法（电压、电流表法）和双电压表法测量电容器 $\tan\delta$ 和电容量。

思 考 与 练 习

（1）简述耦合电容器的试验项目及标准。

（2）测量电容器绝缘电阻时应该注意哪些问题？

（3）判断电力电容器两极绝缘状况的间接方法？

（4）三角形、星形接线电力电容器电容量的测量及计算方法？

第十一章　金属氧化物避雷器试验

11-1

11-2

11-3

11-4

11-5

电力系统输变电和配电设备在运行中会受到以下几种电压的作用：长期作用的工作电压；由于接地故障、谐振以及其他原因产生的暂态过电压；雷电过电压；操作过电压。

雷电过电压和操作过电压可能有较高的数值，单纯依靠提高设备绝缘水平来承受这两种过电压，不但在经济上是不合理的，而且在技术上往往也是难以实现。积极的办法是采用专门限制过电压的电气设备，将过电压限制在一个合理的水平上，然后按此选用相应绝缘水平的设备。避雷器是其中最主要的一种限制过电压的电气设备。避雷器的保护特性是被保护设备绝缘配合的基础，改善避雷器的保护特性，可以提高被保护设备运行的安全可靠性，也可以降低设备的绝缘水平，从而降低造价。设备电压等级越高，降低绝缘水平所带来的经济效益越显著。

避雷器安装在被保护设备上，过电压由线路传到避雷器，当其值达到避雷器动作电压时避雷器动作，将过电压限制到某一定水平（称为保护水平），过电压之后，避雷器立即恢复截止状态，电力系统恢复正常状态。避雷器应符合下列基本要求：

（1）能长期承受系统的持续运行电压，并可短时承受可能经常出现的暂态过电压。

（2）在过电压作用下，其保护水平满足绝缘水平的要求。

（3）能承受过电压作用下放电电流产生的能量。

（4）过电压之后能迅速恢复正常工作状态。

第一节　金属氧化物避雷器试验概述

避雷器是电力系统中的重要电力设备之一。它的作用是当电力系统中出现危及设备的各种类型过电压时，限制过电压使之低于一定的幅值，保证电力设备的安全运行。避雷器在运行过程中出现事故时有发生，因此对避雷器定期进行预防性试验很有必要。

一、试验的目的和意义

避雷器预防性试验的目的和意义：

（1）避雷器在制造过程中可能存在缺陷而未被检查出来，如在空气潮湿的时候或季节装配出厂，则会预先带进潮气。

（2）在运输过程中受损，内部瓷碗破裂、并联电阻震断、外部瓷套碰伤。

（3）在运输中受潮、瓷套端部不平、滚压不严、密封橡胶垫圈老化变硬、瓷套裂纹等原因。

(4) 并联电阻和阀片在运行中老化。

(5) 其他劣化。

这些劣化都可以通过预防性试验来发现，从而防止避雷器在运行中的误动作和爆炸等事故。

避雷器的型号多样，金属氧化物避雷器由于具有良好的非线性和较大的通流容量，因此在电力系统中已基本取代了其他类型的避雷器得到广泛运用，本章以金属氧化物避雷器为例介绍其试验方法。

二、金属氧化物避雷器的试验项目、周期和要求

金属氧化物避雷器的试验项目、周期和要求见表 11-1。

表 11-1　金属氧化物避雷器的试验项目、周期和要求

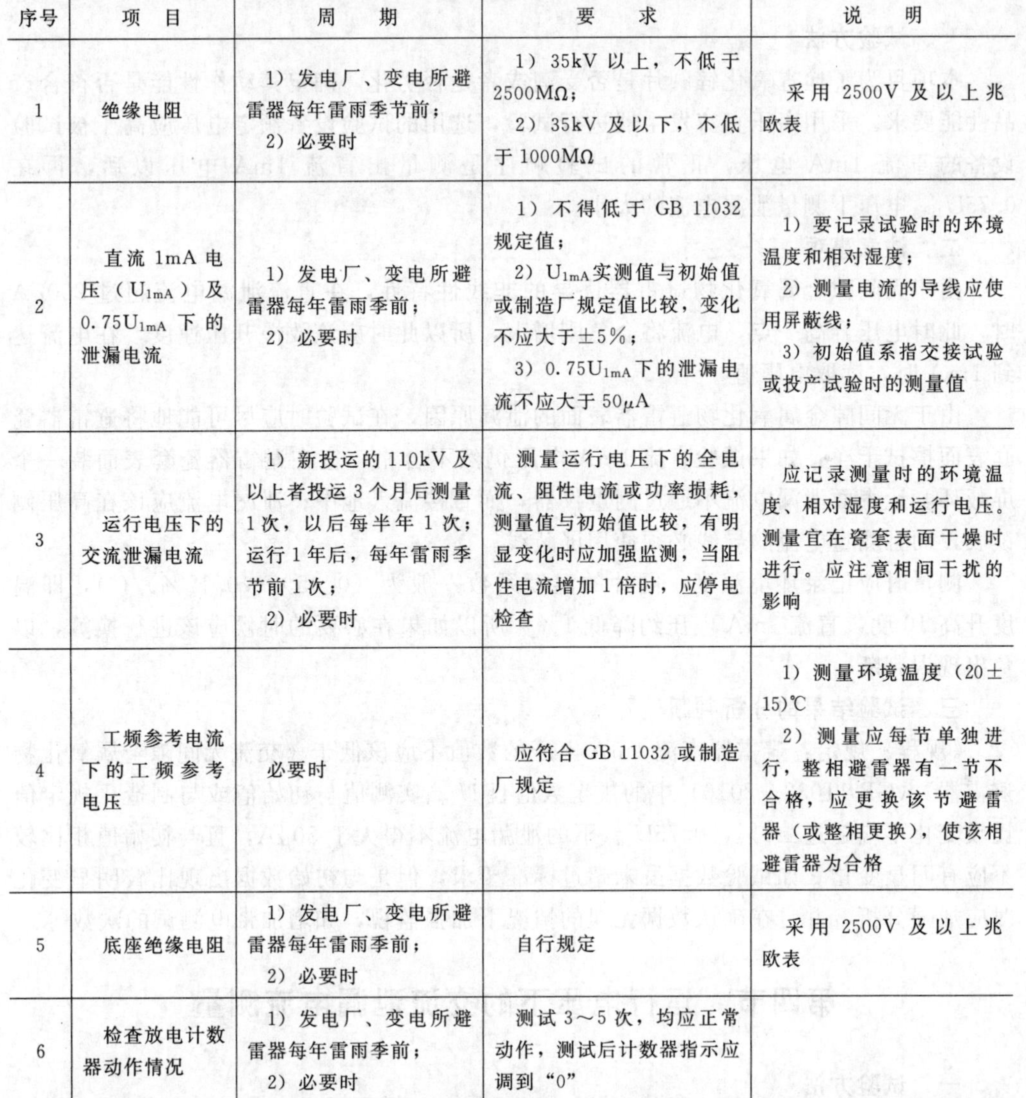

序号	项　目	周　期	要　求	说　明
1	绝缘电阻	1）发电厂、变电所避雷器每年雷雨季节前； 2）必要时	1）35kV 以上，不低于 2500MΩ； 2）35kV 及以下，不低于 1000MΩ	采用 2500V 及以上兆欧表
2	直流 1mA 电压（U_{1mA}）及 $0.75U_{1mA}$ 下的泄漏电流	1）发电厂、变电所避雷器每年雷雨季前； 2）必要时	1）不得低于 GB 11032 规定值； 2）U_{1mA} 实测值与初始值或制造厂规定值比较，变化不应大于±5%； 3）$0.75U_{1mA}$ 下的泄漏电流不应大于 50μA	1）要记录试验时的环境温度和相对湿度； 2）测量电流的导线应使用屏蔽线； 3）初始值系指交接试验或投产试验时的测量值
3	运行电压下的交流泄漏电流	1）新投运的 110kV 及以上者投运 3 个月后测量 1 次，以后每半年 1 次；运行 1 年后，每年雷雨季节前 1 次； 2）必要时	测量运行电压下的全电流、阻性电流或功率损耗，测量值与初始值比较，有明显变化时应加强监测，当阻性电流增加 1 倍时，应停电检查	应记录测量时的环境温度、相对湿度和运行电压。测量宜在瓷套表面干燥时进行。应注意相间干扰的影响
4	工频参考电流下的工频参考电压	必要时	应符合 GB 11032 或制造厂规定	1）测量环境温度（20±15)℃ 2）测量应每节单独进行，整相避雷器有一节不合格，应更换该节避雷器（或整相更换），使该相避雷器为合格
5	底座绝缘电阻	1）发电厂、变电所避雷器每年雷雨季前； 2）必要时	自行规定	采用 2500V 及以上兆欧表
6	检查放电计数器动作情况	1）发电厂、变电所避雷器每年雷雨季前； 2）必要时	测试 3～5 次，均应正常动作，测试后计数器指示应调到“0”	

第二节　测量避雷器及底座绝缘电阻

测量无间隙金属氧化物避雷器的绝缘电阻可以初步判断避雷器内部是否受潮。测量底座绝缘电阻判断底座绝缘是否良好。

《规程》规定：对35kV及以下金属氧化物避雷器用2500V兆欧表测绝缘电阻，应不低于1000MΩ；对于35kV以上金属氧化物避雷器用2500V兆欧表或5000V兆欧表，绝缘电阻不低于2500MΩ；底座绝缘电阻：自行规定，可在带电情况下检查。

第三节　测量直流1mA电压U_{1mA}及0.75U_{1mA}下的泄漏电流

一、试验方法

本项目为了检查氧化锌阀片是否受潮或者是否劣化，确定其动作性能是否符合产品性能要求。采用高压直流发生器进行试验，选用的试验设备额定电压应高于被试验设备的直流1mA电压，正常的试验顺序是测量出直流1mA电压以后，再在0.75U_{1mA}电压下测量泄漏电流的大小。

11-7

二、注意事项

由于无间隙金属氧化物避雷器优异的非线性特性，在直流泄漏电流超过200μA时，此时电压升高一点，电流将会急剧增大，所以此时应该放慢升压速度，在电流达到1mA时，读取电压值。

由于无间隙金属氧化物避雷器表面的泄漏原因，在试验时应尽可能地将避雷器瓷套表面擦拭干净，如果试验直流1mA电压仍然不合格，应在避雷器瓷套表面装一个屏蔽环，让表面泄漏电流不通过测量仪器，而直接流入地中；泄漏电流应该在高压侧读表，而且测量电流的导线必须使用屏蔽线。

测量时应记录环境温度，阀片的温度系数一般为（0.05%～0.17%）/(°)，即温度升高10度，直流1mA电压约降低1%，所以如果在必要的时候应该进行换算，以免出现误判断。

三、试验结果的分析判断

《规程》规定：避雷器直流1mA电压的数值不应该低于《交流无间隙金属氧化物避雷器》（GB 11032—2010）中的规定数值且U_{1mA}实测值与初始值或与制造厂规定值比较变化不应超过±5%，0.75U_{1mA}下的泄漏电流不得大于50μA，且与初始值相比较不应有明显变化。如试验数据虽未超过标准要求，但是与初始数据出现比较明显变化时应加强分析，并且在确认数据无误的情况下加强监视，如增加带电测试的次数等。

第四节　运行电压下的交流泄漏电流测量

一、试验方法

测量运行电压下的交流泄漏电流能够判断无间隙金属氧化物避雷器的状况。避雷器交流试验接线示意图如图 11-1 所示。

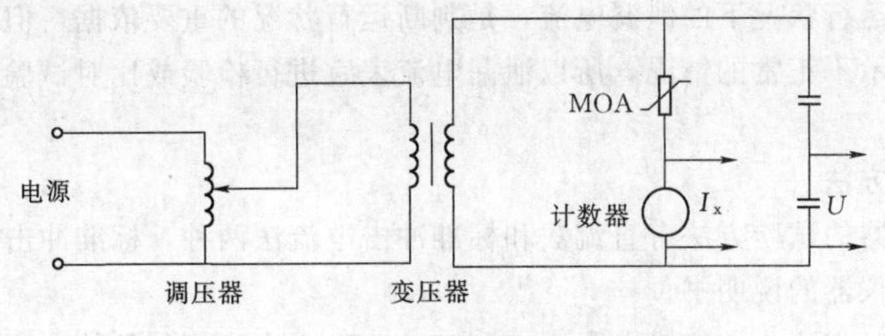

图 11-1　避雷器交流试验接线示意图

二、注意事项

试验时需记录环境温度和相对湿度以及试验施加的电压，并且应该注意瓷套表面的清洁程度；同时要求注意避免相邻避雷器的影响（即相间干扰）。

三、试验结果的分析判断

该试验主要的判断方法是将相邻的避雷器试验数据进行比较，并且与以前试验的数据进行比较来判断设备是否运行正常。

第五节　工频参考电流下的工频参考电压测量

工频参考电压是无间隙金属氧化物避雷器的一个重要参数，它表明阀片的伏安特性曲线饱和点的位置。运行一定时期后，工频参考电压的变化能直接反应避雷器的老化、变质程度。

一、试验方法

试验时逐步升压使测得的工频泄漏电流等于工频参考电流，此时读取输入电压求得避雷器两端所加电压，此电压就为工频参考电压。工频参考电流下的工频参考电压测量接线图如图 11-2 所示。

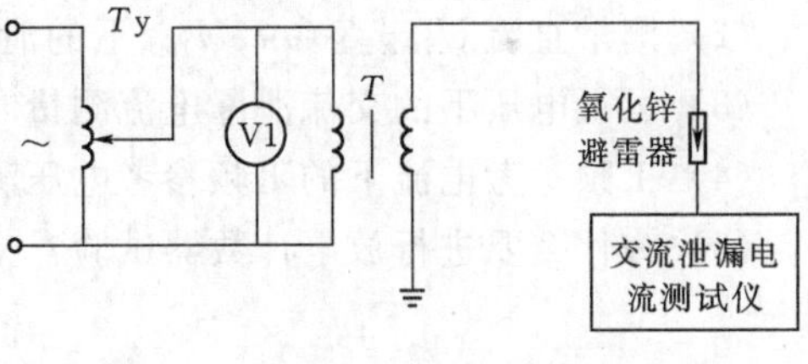

图 11-2　工频参考电流下的工频参考电压测量接线图

Ty—调压器；*T*—工频试验变压器

二、试验结果的分析判断

判断的标准是与初始值和历次测量值比较，当有明显降低时就应对避雷器加强监视，110kV 及以上的避雷器，参考电压降低超过 10%时，应查明原因，若确系老化造成的，宜退出运行。

第六节　放电计数器试验

一、试验目的和意义

由于密封不良，放电计数器在运行中可能进入潮气或水分，使内部元件锈蚀，导致计数器不能正确动作，因此需定期试验以判断计数器是否状态良好、能否正常动作，以便总结运行经验并有助于事故分析。带有泄漏电流表的计数器，其电流表用来测量避雷器在运行状况下的泄漏电流，是判断运行状况的重要依据，但现场运行经常会出现电流指示不正常的情况，所以泄漏电流表宜进行检验或比对试验，保证电流指示的准确性。

二、试验方法

放电计数器的试验方法有直流法和标准冲击电流法两种，标准冲击电流法的试验步骤参考相关仪器的说明书。

直流法试验方法为用绝缘电阻表（2500V）对一只5～10μF的电容器充电，即由一人操作绝缘电阻表，另一人通过绝缘杆将绝缘电阻表“L”端引线接到电容器上对其充电，待充电结束后，将绝缘电阻表与电容器的引线拆开，通过绝缘杆将电容器的放电引线对计数器放电，观察计数器是否动作，也可以采用专门的放电计数器测试仪器进行试验，测试3～5次，均应正常动作。

本 章 小 结

本章介绍了金属氧化物避雷器试验理论基础和各种常用的泄漏电流测量方法，重点介绍了避雷器及底座绝缘电阻的测量、直流1mA电压U_{1mA}及$0.75U_{1mA}$下的泄漏电流的测量、运行电压下的交流泄漏电流的测量、工频参考电流下的工频参考电压的测量、放电计数器试验的项目、方法、注意事项及试验结果的分析判断。

思 考 与 练 习

(1) 避雷器预防性试验的目的和意义？

(2) 测量直流U_{1mA}直$0.75U_{1mA}$下的泄漏电流试验能发现避雷器的哪些缺陷？

(3) 运行电压下的交流泄漏电流测量时的注意事项有哪些？

(4) 工频参考电流下的工频参考电压测量试验能发现避雷器的哪些缺陷？

(5) 为什么要进行放电计数器试验？

第十二章　电力电缆试验及故障探测

第一节　电力电缆的交接与预防性试验

电力电缆种类繁多，早期在 6～35kV 系统中主要使用油浸纸绝缘电缆，110kV 以上系统主要采用高压充油电缆，目前各电压等级广泛使用橡塑电缆。

橡塑绝缘电力电缆类型主要有聚氯乙烯绝缘、交联聚乙烯绝缘（XLPE）、乙丙橡皮绝缘电力电缆 3 种。

交联聚乙烯电缆因其具有良好的电气绝缘性能，击穿强度高、介质损耗小、绝缘电阻高；较高的耐热性和耐老化性能，允许工作温度高、载流量大；重量轻、适宜高落差和垂直敷设等优点，因此在世界范围内得到广泛的应用。我国自 20 世纪 70 年代以来，交联聚乙烯电缆也得到了迅速发展，并逐步取代了油纸和充油绝缘电缆。

电缆线路的薄弱环节是终端和中间接头部位，这主要是由设计缺陷或制作工艺、材料不当造成的。有的缺陷在施工过程和验收试验中检出，更多的是在运行电压下受电场、热、化学的长期作用而逐渐发展，劣化直至暴露。除电缆头外，电缆本身也会发生一些故障，如机械损伤、铅包腐蚀、过热老化及偶尔有制造缺陷等。所以新敷设电缆时，要在敷设过程中配合试验；在制作终端头或中间头之前应进行试验，电缆竣工时应做交接试验，运行中的电缆要按《电力设备交接和预防性试验规程》规定的项目、周期、要求和说明进行试验。本节主要介绍交联电缆的交接与预防性试验。

一、交联电缆五阻值测量

交联电缆五阻值测量指的是：①测量主绝缘电阻；②测量外护套绝缘电阻；③测量内衬层绝缘电阻；④铜屏蔽层电阻；⑤导体电阻比。

（一）测量主绝缘电阻

绝缘介质在直流电压作用下的电流包含充电电流、吸收电流和电导电流。

电缆绝缘受潮时或有贯穿性的缺陷，电导电流较大，则吸收比 K 的比值就小，由于总的电流衰减过程很长，实际上要测出 K 是有困难的，因此现场均采用 R_{60s}/R_{15s}的比值，并称吸收比。应用这一原理，测量电缆绝缘电阻及吸收比，可初步判断电缆绝缘是否受潮、老化、并可检查耐压后的绝缘是否损伤，耐压前后均应测量绝缘电阻。

判断标准：①绝缘电阻与上次相比不应有明显下降，否则应通过其他试验做进一步分析；②耐压前后，绝缘电阻应无明显变化；测量时，额定电压为 1kV 及以上的电缆应使用 2500V 兆欧表进行。

12 - 1

测量电缆绝缘电阻的步骤及注意事项如下：

（1）拆除对外联线，并用清洁干燥的布擦净电缆头，然后将非被试相缆芯与铅皮一同接地，逐相测量。试验前电缆要充分放电并接地，方法是将电缆导体及电缆金属护套接地。

（2）根据被试电缆额定电压选择适当的兆欧表。

（3）若使用手摇式兆欧表，应将兆欧表放置在平稳的地方，不接线空测，在额定转速下指针应指到“∞”；再慢摇兆欧表，将兆欧表L、E端用引线短接，兆欧表指针应指零。这样说明兆欧表工作正常。

（4）兆欧表有三个接线端子：接地端E、线路端子L、屏蔽端子G。为了测得准确，应在缆芯端部绝缘上或套管部装屏蔽环并接于兆欧表的屏蔽端子G，如图12-1所示。应注意线路L端子上引线处于高压状态，应悬空，不可拖放在地上。

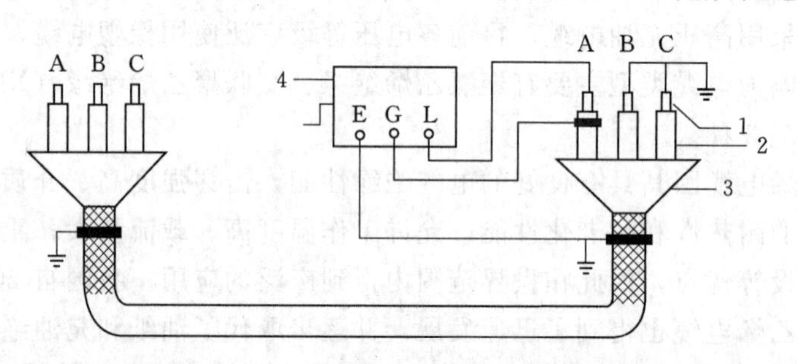

图12-1 测量电缆绝缘电阻接线图

1—导体；2—套管或绕包绝缘；3—电缆终端头；4—兆欧表

运行中的电缆，其绝缘电阻应从各次试验数值的变化规律及相间的相互比较来综合判断，其相间不平衡系数一般不大于2～2.5。电缆绝缘电阻的数值随电缆温度和长度而变化。为便于比较，应换算为20℃时每公里长的数值。如式（12-1）所示。

$$R_{t20℃}=R_tKL \tag{12-1}$$

式中 $R_{t20℃}$——电缆在20℃时，每公里长的绝缘电阻；

R_t——电缆长度为1km，t℃时的绝缘电阻；

L——电缆长度，km；

K——温度换算系数，见表12-1。

表12-1 电缆绝缘的温度换算系数 *K*

温度/℃	0	5	10	15	20	25	30	35	40
K	0.48	0.57	0.70	0.85	1.0	1.13	1.41	1.66	1.92

停运时间较长的地下电缆可用土壤温度为准，运行不久的应测量导体直流电阻计算缆芯温度。良好电缆的绝缘电阻通常很高，其最低数值可按制造厂规定。对0.6/1kV电缆用1000V兆欧表；0.6/1kV以上电缆用2500V兆欧表；其中6/6kV及以上电缆可用5000V兆欧表；对一般电缆试验周期为3年；对重要电缆，其试验周期为1年。

（5）手摇并用清洁干燥的布擦净电缆头，然后将非被试相缆芯与铅皮一同接地，到达额定转速后（120r/min），再搭接到被测相导体上。由于电缆电容很大，操作时兆欧表的摇动速度要均匀，如果转速不衡定，会使兆欧表指针摆动不定，带来测量误差。测量完毕，应先断开火线再停止摇动，以免电容电流对摇表反充电，每次测量都要充分放电，操作均应采用绝缘工具，防止电击。

(6) 当电缆较长充电电流较大时，兆欧表开始时指示数值很小，应继续摇动。一般测量绝缘电阻的同时测定吸收比，故应读取15s和60s时的绝缘电阻值，并逐相测量。

(7) 每次测完绝缘电阻后都要将电缆放电、接地。电缆线路越长，电容越大，则接地时间越长，一般不少于1min。

（二）测量外护套绝缘电阻

本项目只适应于三芯电缆的外护套，进行测试时，采用500V兆欧表，电压加在金属护套与外护层表面的石墨导电层之间。

当每千米的绝缘电阻低于0.5MΩ时，应采用下述方法判断外护套是否进水：直埋橡塑电缆的外护套，特别是聚氯乙烯外护套，受地下水的长期浸泡吸水后，或者受到外力破坏而又未完全破损时，其绝缘电阻均有可能下降至规定值以下，因此不能仅根据绝缘电阻值降低来判断外护套破损进水。为此，提出了根据不同金属在电解质中形成原电池原理进行判断的方法。

橡塑电缆的金属层、铠装层及其涂层用的材料有铜、铅、铁、锌和铝等。这些金属的电极电位见表12-2。

表12-2　电缆绝缘的温度换算系数 *K*

金属种类	铜（Cu）	铅（Pb）	铁（Fe）	锌（Zn）	铝（Al）
电位/V	+0.334	−0.122	−0.44	−0.76	−1.33

当橡塑电缆的外护套破损并进水后，由于地下水是电解质，在铠装层的镀锌钢带上会产生对地−0.76V的电位，如内衬层也破损进水后，在镀锌钢带与铜屏蔽层之间形成原电池，会产生0.334V−(−0.76V)≈1.1V的电位差，当进水很多时，测到的电位差会变小。在原电池中铜为“正”极，镀锌钢带为“负”极。

当外护套或内衬层破损进水后，用兆欧表测量时，每千米绝缘电阻值低于0.5MΩ时，用万用表的“正”“负”表笔轮换测量铠装层对地或铠装层对铜屏蔽层的绝缘电阻，此时在测量回路内由于形成的原电池与万用表内干电池相串联，当极性组合使电压相加时，测得的电阻值较小；反之，测得的电阻值较大。因此上述两次测得的绝缘电阻值相差较大时，表明已形成原电池，就可判断外护套和内衬层已破损进水。

外护套破损不一定要立即修理，但内衬层破损进水后，水分直接与电缆芯接触并可能会腐蚀铜屏蔽层，一般应尽快检修。

对重要电缆，试验周期为1年；一般电缆3.6/6kV及以上者为3年，3.6/6kV以下者为5年。要求值为每千米绝缘电阻值不应低于0.5MΩ。

对单芯电缆，由于其金属层（电缆金属套和金属屏蔽的总称）采用交叉互联接地方法，所以应按交叉互联系统试验方法进行试验。

（三）测量外护套绝缘电阻

电压加在铜屏蔽与金属护套之间，周期及要求值同（二）测量外护套绝缘电阻。

（四）铜屏蔽层电阻和导体电阻比

在电缆投运前、重做终端或接头后、内衬层破损进水后，应在相同温度下测量铜屏蔽电阻和导体电阻比。可用电桥法测量，也可用压降法测量。测量一相电缆导体的直流电阻时，可用其他两相电缆导体作为另一端被试相导体的引线。铜屏蔽电阻试验接线如图 12-2 所示，导体电阻试验接线如图 12-3 所示。

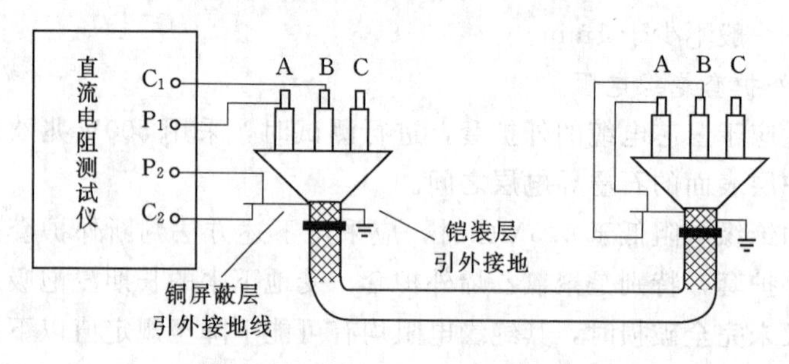

图 12-2　铜屏蔽电阻试验接线图

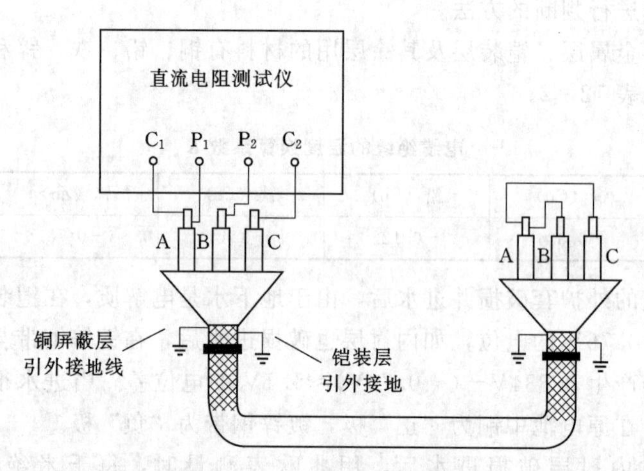

图 12-3　导体电阻试验接线图

当前者与后者之比与投运前相比增加时，表明铜屏蔽层的直流电阻增大，铜屏蔽层有可能被腐蚀；当该比值与投运前相比减小时，表明附件中的导体连接点的接触电阻有增大的可能。

注意事项：

为了实现上述项目的测量，橡塑电缆附件中金属层的接地应按以下方法。

1. 终端

终端的铠装层和铜屏蔽层应分别用带绝缘的绞合导线单独接地。铜屏蔽层接地线的截面不得小于 $25mm^2$；铠装层接地线的截面不应小于 $10mm^2$。

2. 中间接头

中间接头内铜屏蔽层的接地线不得和铠装层连在一起，对接头两侧的铠装层必须用另一根接地线相连，而且还必须与铜屏蔽层绝缘。如接头的原结构中无内衬层时，应在铜屏蔽层外部增加内衬层，而且与电缆本体的内衬层搭接处的密封必须良好，即必须保证电缆的完整性和延续性。连接铠装层的地线外部必须有外护套而且具有与电缆外护套相同的绝缘和密封性能，即必须确保电缆外护套的完整性和延续性。

二、交流耐压试验

电力电缆在运行中，主绝缘要承受长期的额定电压，还要承受大气过电压、操作过电压、谐振过电压、工频过电压。因此电力电缆安装竣工后，投入运行前必需考核耐受电压水平，只有在规定的试验电压和持续时间下，绝缘不放电、不击穿，才能保证投入后的安全运行。

由于电缆线路的电容很大，若采用工频电压试验，必须有大容量的工频试验变压器，现场很难实现；所以传统的耐压试验方法是采用直流耐压试验。因为电缆的绝缘电阻很大（一般在10GΩ以上），所以在作直流耐压时充电电流极小，具备试验设备容量小、重量轻、可移动性好等优点；但直流耐压试验方法对于XLPE交联电缆，无论从理论还是实践上却存在很多缺点。主要体现在以下几方面。

12-2

（一）直流耐压试验存在的主要问题

1. 试验等效性差

高压试验技术的一个通用原则是试品上施加的试验电压场强应模拟高压电器的运行工况。高压试验得出的通过的结论要代表高压电器中薄弱点是否对今后的运行带来危害。这就意味着试验中的故障机理应与电缆运行中的机理应该有相同的物理过程。以武高所、西交大、上海供电局所做的研究数据为例，见表12-3。

表12-3　　击穿电压试验等效性比较结果

试验电压类型/U_X	等效性 $K=U_X/U_{ac}$			
缺陷类型	直流	工频	0.1Hz	振荡波
针尖缺陷	4.3	1	1.5	1.5
切痕缺陷	2.8	1	2.6	1.1
金具尖端缺陷	3.9	1	2.2	1.6
进潮和水树枝缺陷	2.6	1	1.2	1.4

从表12-3可以看出，针对不同缺陷，直流耐压的击穿电压的分散性非常大，从2.6～4.3倍不等，因此无法作为判断电缆绝缘好坏的依据。

2. 直流和交流下的电场分布不同

直流电压下，电缆绝缘的电场分布取决于材料的体积电阻率，而交流电压下的电场分布取决于各介质的介电常数，特别是在电缆终端头、接头盒等电缆附件中的直流电场强度的分布和交流电场强度的分布完全不同，而且直流电压下绝缘老化的机理和交流电压下的老化机理是不相同的。因此，直流耐压试验不能模拟XLPE电缆的运行工况。

3. 放电难以完全

XLPE电缆在直流电压下会产生“记忆”效应，存储积累性残余电荷。一旦有了由于直流耐压试验引起的“记忆性”，需要很长时间才能将这种直流偏压释放。电缆如果在直流残余电荷未完全释放之前投入运行，直流偏压便会叠加在工频电压峰值上，使得电缆上电压值远远超过其额定电压，从而有可能导致电缆绝缘击穿。

4. 会造成击穿的连锁反应

直流耐压时，会有电子注入到聚合物质内部，形成空间电荷，使该处的电场强度降低，从而易于发生击穿，XLPE电缆的半导体凸出处和污秽点等处容易产生空间电荷。但如果在试验时电缆终端头发生表面闪络或电缆附件击穿，会造成电缆芯线上产生波振荡，在已积聚空间电荷的地点，由于振荡电压极性迅速改变为异极性，使该处电场强度显著增大，可能损坏绝缘，造成多点击穿。

5. 对水树枝的发展影响巨大

XLPE电缆致命的一个弱点是绝缘易产生水树枝，一旦产生水树枝，在直流电压下会迅速转变为电树枝，并形成放电，加速了绝缘老化，以至于运行后在工频电压下形成击穿。而单纯的水树枝在交流工作电压下还能保持相当的耐压值，并能保持一段时间。

实践也证明，直流耐压试验不能有效发现交流电压作用下的某些缺陷，如电缆附件内，绝缘若有机械损伤或应力锥放错等缺陷。在交流电压下绝缘最易发生击穿的地点，在直流电压下往往不能击穿。直流电压下绝缘击穿处往往发生在交流工作条件下绝缘平时不发生击穿的地点。

国际大电网会议第21研究委员会CIGRE SC21 WG21-09工作组报告《高压挤包绝缘电缆竣工验收试验建议导则》和IEC SC 20A的新工作项目提案文件《额定电压150kV（U_m=170kV）以上至500kV（U_m=525kV）挤包绝缘电缆及附件试验》不推荐采用直流耐压试验作为交联聚乙烯电缆的竣工试验，而改用交流耐压试验。

（二）交流耐压试验装置

既然直流耐压试验不能模拟XLPE电缆的运行场强状态，不能达到我们所期望的检验效果，自然就应该转向用交流耐压试验来考核交联电缆的敷设和附件的安装质量，但是采用工频或接近工频的交流耐压试验作为挤包绝缘电缆线路竣工试验存在的最大困难是长线路需要很大容量的试验设备，目前主要采用0.1Hz试验电源和变频串联谐振试验电源。

1. 用0.1Hz作为试验电源

理论上可以将试验变压器的容量降低到1/500，试验变压器的重量可大大降低，可以较容易地移动到现场进行试验，目前此种方法主要应用于中低压电缆的试验，试验条件的真实性毕竟不如近工频交流电压（30～300Hz），由于电压等级偏低，还不能用于110kV及以上的高压电缆试验。

2. 变频串联谐振试验电源

主要通过改变试验电源的输出频率，使回路中固定电感量的电抗器L与被试品C_X发生谐振（谐振频率30～300Hz），使被试品承受合适的高电压，还具有以下优点：

调频、调幅电源采用电力电子设备控制，且省去用于调压的调压器，使系统体积小、重量轻，适合于现场使用；产品磁路无须调节、噪声小、结构简单；品质因素高（一般70～150），电源输出为正弦波，谐振时波形失真度极小；试品试验电流受系统谐振条件的制约，因此当试品击穿或发生短路时，系统的谐振条件被破坏，试验电压迅速降低，短路电流很小，因此即使试品被击穿也不会对试验装置和试品造成危害；电抗器为固定电感，不需要调节机构，便于运输到现场安装；电抗器虽为固定电感，但通过串、并联，还是可以改变的，这样大大增加了试品的容量范围。

经过试验方法的对比，普遍采用变频串联谐振交流耐压试验装置。

（三）电力电缆变频串联谐振交流耐压试验接线

变频串联谐振交流耐压试验装置由变频电源、励磁变、避雷器、串联电抗器、调谐电容或电缆自身电容和用于高压测量的电容分压器组成，其交流耐压试验原理接线如图12-4所示。

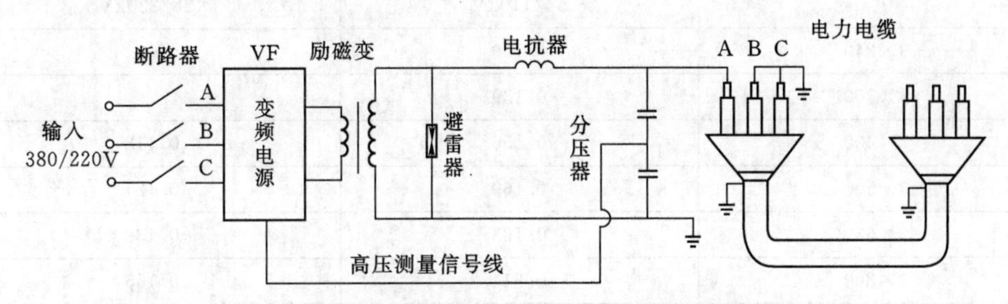

图12-4　电力电缆变频串联谐振交流耐压试验原理接线

（四）变频高压交流耐压装置的选择

变频高压交流电源容量的选择要根据系统最长电缆的型号、试验电压、长度和截面，估算试验电压下的电容电流，计算出变频高压交流电源容量。

1. 电缆的电容参数

电缆不同型号、不同截面在1km长度下的电容可查相关资料，见表12-4、表12-5。

表12-4　电缆不同型号、不同截面在1km长度下的电容

电缆导体截面面积/mm²	电容/(μF/km)				
	YJV、YJLV 6/6kV、6/10kV	YJV、YJLV 8.7/10kV、8.7/15kV	YJV、YJLV 12/35kV	YJV、YJLV 21/35kV	YJV、YJLV 26/35kV
1×35	0.212	0.173	0.152	—	—
1×50	0.237	0.192	0.166	0.118	0.144
1×70	0.270	0.217	0.187	0.131	0.125
1×95	0.301	0.240	0.206	0.143	0.135
1×120	0.327	0.261	0.223	0.153	0.143
1×150	0.358	0.284	0.41	0.164	0.153
1×185	0.388	0.307	0.267	0.180	0.163
1×240	0.430	0.339	0.291	0.194	0.176

续表

电缆导体截面面积/mm²	电容/(μF/km)				
	YJV、YJLV	YJV、YJLV	YJV、YJLV	YJV、YJLV	YJV、YJLV
	6/6kV、6/10kV	8.7/10kV、8.7/15kV	12/35kV	21/35kV	26/35kV
1×300	0.472	0.370	0.319	0.211	0.190
1×400	0.531	0.418	0.352	0.231	0.209
1×500	0.603	0.438	0.388	0.254	0.232
1×600	0.667	0.470	0.416	0.287	0.256

表 12-5　电缆不同型号、不同截面在 1km 长度下的电容

电缆导体截面面积/mm²	电容/(μF/km)	
	YJV、YJLV	YJV、YJLV
	64/110kV	128/220kV
3×240	0.129	—
3×300	0.139	—
3×400	0.156	0.118
3×500	0.169	0.124
3×630	0.188	0.138
3×800	0.214	0.155
3×1000	0.231	0.172
3×1200	0.242	0.179
3×1400	0.259	0.190
3×1600	0.273	0.198
3×1800	0.284	0.297
3×2000	0.296	0.215
3×2200	—	0.221
3×2500	—	0.232

2. 交联电缆的试验电压

根据《电气装置安装工程—电气设备交接试验标准》(GB 50150—2016)，电缆的试验电压，见表 12-6。

表 12-6　交联电缆各电压等级的 30～300Hz 谐振耐压试验电压

额定电压 U_0/U	试验电压	时间/min
18/30kV 及以下	$2U_0$	15（或 60）
21/35kV～64/110kV	$2U_0$	60
127/220kV	$1.7U_0$（或 $1.4U_0$）	60
190/330kV	$1.7U_0$（或 $1.3U_0$）	60
290/500kV	$1.7U_0$（或 $1.1U_0$）	60

3. 变频电源容量选择示例

例：某电业局有 YJV（YJLV）8.7/10kV 型电缆、截面 $240m^2$、最长的有 5km；还有 YJV（YJLV）26/35kV 型电缆、截面 $240m^2$、最长的有 1km，要选择能同时满足这两条电缆的 30～300Hz 谐振耐压试验，需选择多大容量变频试验电源？

(1) 先计算 8.7/10kV 等级。查相关资料电缆参数可知 1km 长的电容量为 $0.339\mu F$，则 5km 长时为 $1.695\mu F$；设谐振频率 32Hz，则容抗为

$$x_c=\frac{1}{wc}=\frac{1}{2\pi fc}=\frac{1}{2\times3.14\times32\times1.695\times10^{-6}}=2936(\Omega) \tag{12-2}$$

因谐振时，$x_c=x_L$ 即感抗 $x_L=2\pi fL=2936\Omega$，可计算出 $L=15.85H$

查表 12-4 可知 YJV（YJLV）8.7/10kV 形电缆的试验电压为 17.4kV，因电抗器的电阻很小，若忽略不计，则谐振时的电流为

$$\begin{aligned}I&=I_L=I_C=\omega CU=2\pi fCU\\&=2\times3.14\times32\times1.695\times10^{-6}\times17.4\times10^3=5.93(A)\end{aligned} \tag{12-3}$$

则所需的电源容量为

$$S=UI=17.4\times5.93=103(kVA)$$

可配置为 108kVA；电抗器可做成 3 台并联，每台的额定电压选 18kV，则 3 台并联时的额定电流为 $I=108/18=6A$，每台的额定电流为 2A。每台 32Hz 时的电抗为 9000Ω，则电感为

$$L=\frac{X_L}{2\pi f}=\frac{9000}{2\times3.14\times32}=44.78(H) \tag{12-4}$$

(2) 验算能否满足 YJV（YJLV）26/35kV 型电缆试验的需要。查表 12-4 可知 YJV（YJLV）26/35kV 型电缆的试验电压为 52kV，必须把 3 台电抗器串联才能满足试验电压，则 3 台电抗器串联后的电感为 $L=134.3H$。

查电缆参数表，可知 1km 长时的电容为：$C=0.176\mu F$

谐振固有频率：

$$\begin{aligned}I&=I_L=I_C=\omega CU=2\pi fCU\\&=2\times3.14\times32.8\times0.176\times10^{-6}\times52\times10^3=1.885(A)\end{aligned} \tag{12-5}$$

不超过电抗器的额定电流，则所需的电源容量为

$$S=UI=52\times1.885=98(kVA) \tag{12-6}$$

配置容量 108kVA，能满足这两个电压等级 30～300Hz 谐振耐压试验的需要。

三、电缆相位检查

新装电力电缆竣工验收时，运行中电力电缆重装接线盒、终端头或拆过接头后，必须检查电缆两端相位一致并应与电网相位相符合，以免造成短路事故。

检查电缆相位的方法比较简单，一般用万用表、兆欧表等检查。

(一) 万用表法

检查时，在电缆一端将芯线接地，在另一端用万用表或兆欧表测量对地的通断，每芯测 3 次，共测 9 次，测后将两端的相位标记一致即可。其原理接线图如图 12-5 所示。

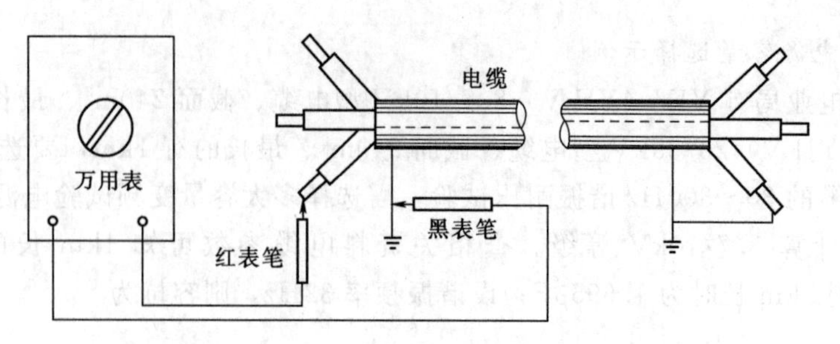

图 12-5　用万用表检查电缆相位原理接线图

（二）电压表指示法

比较简单的方法是在电缆的一端任意两个导电线芯处接入一个用干电池 2～4 节串联的低压直流电，假定接正极的导电线芯为 A 相，接负极的导电线芯为 B 相，在电缆的另一端用直流电压表或万用表的 10V 电压档测量任意两个导电线芯，如图 12-6 所示。

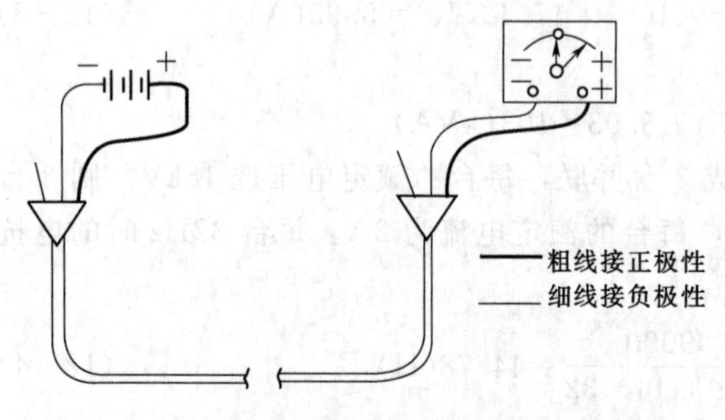

图 12-6　电压表指示法检查电缆相位接线图

如有相应的直流电压指示，则接电压表正极的导电线芯为 A 相，接电压表负极的导电线芯为 B 相，第三芯为 C 相。若电压表没有指示，说明电压表所接的两个导电线芯中，有一个导电线芯为 C 相，此时可任意将一个导电线芯换接到电压表上进行测试，直到电压表有正确的指示为止。

第二节　电缆故障探测基础

一、概述

电力电缆多埋于地下，一旦发生故障，寻找困难，造成长时间停电损失。如何准确、迅速地查寻电缆故障成为供电部门日益关注的问题。

电缆故障情况及埋设环境比较复杂，测试人员应熟悉电缆的埋设走向与环境，准确地判断出电缆故障性质，选择合适的仪器与测量方法，按照一定的程序，才能顺利地测得电缆故障点。

电缆故障探测有其固有的特点，单靠先进的测试仪器是不够的，还应重视测试人员的培训、交流，在实践中不断地积累经验，提高电缆故障探测的水平。

二、电缆故障产生的原因

了解电缆故障原因，有利于尽快地找到故障点。

主要故障原因：

（1）机械损伤（外力破坏）：机械损伤引起的电缆故障占电缆事故很大的比例。

（2）设计和制作工艺不良：特别是中间接头和终端头的制作。

(3) 绝缘受潮：绝缘受潮会引起电缆故障。

(4) 绝缘老化变质：电缆绝缘介质内部若有气隙，在电场作用下会产生游离使绝缘下降，同时引起过热导致绝缘层老化。电缆过负荷是导致电缆过热的主要因素。

(5) 过电压：大气过电压和内部过电压可能导致电缆绝缘层击穿，形成故障。

(6) 材料缺陷：主要表现在电缆制造留下的缺陷、电缆附件制造上的缺陷和绝缘材料的维护管理不善（电缆绝缘受潮、脏污和老化）。

三、故障分类

1. 按电阻性质分类

(1) 开路故障。

(2) 短路（低阻）故障。

(3) 高阻故障（泄漏性高阻故障）。

(4) 闪络性高阻故障：没有形成固定的电阻通道。

2. 按表面现象分类

(1) 开放性故障：外绝缘已损坏（有明显的放电声）。

(2) 封闭性故障：外绝缘未损坏（无明显的放电声，可在粗测距离的电缆表面附近撒播一些干的沙土，当沙土振落最明显处即为故障点）。

3. 按接地现象分类

(1) 接地故障。

(2) 相间故障。

(3) 混合故障。

4. 按故障位置分类

(1) 接头故障。

(2) 电缆本体故障。

电缆故障按行波测量原理分类如图 12-7 所示。

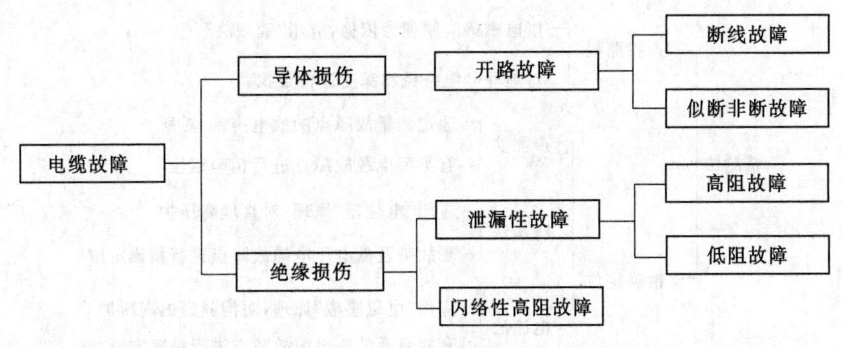

图 12-7 电缆故障分类

四、故障探测的基本步骤

1. 故障诊断

了解故障性质、故障原因、敷设环境、运行情况等。

2. 故障测距

在电缆一端用仪器测定故障点的距离。

3. 故障定点

按照测距结果，在一定范围内精确测定故障点具体位置。

五、电缆故障测距方法（粗测法）

（1）电桥法，包括传统直流电桥、压降比较法、直流电阻法，该方法主要缺点是受接触电阻的影响较大。

（2）脉冲法（行波法），包括低压脉冲法、脉冲电压法、脉冲电流法、二次脉冲法。电缆故障测试方法比较如图12-8所示。

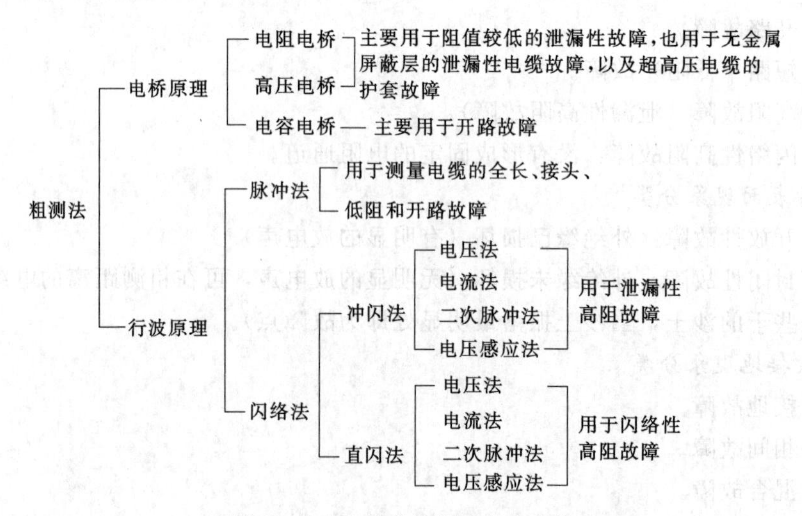

图12-8　电缆故障测试方法比较

六、电缆故障定点方法（精测法）

电缆故障定点方法包括音频信号感应法、声测法、声磁同步接收法、跨步电压法。电缆故障定点方法比较如图12-9所示。

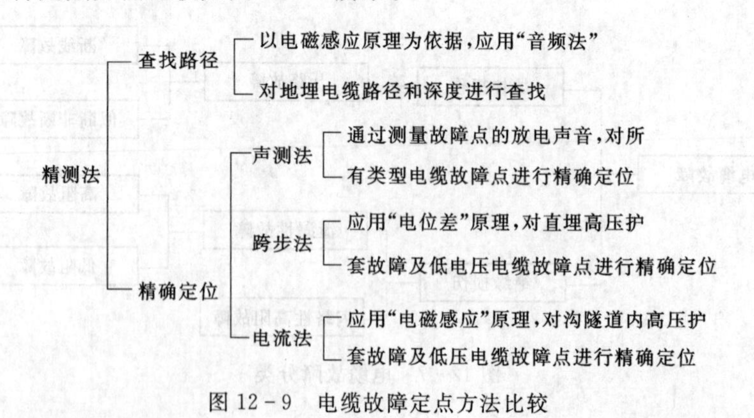

图12-9　电缆故障定点方法比较

七、电缆故障探测过程

电缆故障探测过程包括以下三个步骤。

（一）故障测试前的准备工作

1. 测试设备准备

首先我们要把测试用的各种仪器仪表带全，检查是否拥有足够的电力；把电工工具带全；提前把变电站或接线箱上的钥匙带好；同时带上电源线和可能用到的接地线等。

2. 人员准备

抢修人员要齐整，分工明确，服从指挥。

3. 安全保证

到现场后把电缆两端孤立起来，使电缆各相之间和对其他地方留有足够的距离，测试时两端要留人看守以确保安全。

4. 了解电缆情况

电缆的全长、绝缘性质、接头、耐压等级、路径与何处施过工等。

（二）故障性质诊断与测试方法选择

1. 故障绝缘情况测试

先用500V兆欧摇表，测量故障电缆各相线芯对地、对金属屏蔽层间和对各线芯间的绝缘电阻，如果阻值过小，兆欧表显示基本为零无法读清数值时，要改用万用表进一步测量它的具体阻值，并做好纪录。

2. 电缆连续性测试

在电缆的对侧将故障线芯或护层（钢铠）同完好线芯短路，用万用表的电阻挡测量线芯或护层（钢铠）的连续性，是否出现断线现象；或直接用测距仪中的低压脉冲法测试，看是否有断线波形出现，最好还要用万用表确认一下。

3. 故障性质分类与测试方法选择

了解电缆故障性质，有利于“对症下药”，选择合适的方法探测故障点。对电缆的绝缘情况和电缆的连续性测试的过程，就是故障性质的诊断过程。诊断后我们是按电缆的连续性和故障电阻的大小对故障进行分类的。故障性质分类与测试方法选择见表12-7。

表12-7 故障性质分类与测试方法选择

故障性质		发生概率	测距方法选择	定点方法选择
开路故障		几乎不发生	低压脉冲法/按闪络故障测试	按闪络故障测试
短路（低阻）故障		低压电缆发生较多	低压脉冲法/脉冲电流法	声磁同步法/金属性短路故障用音频信号法定位
高阻故障	50kΩ以下	80%以上	二次脉冲法/脉冲电流法/电桥法	声磁同步法
	50kΩ以上		二次脉冲法/脉冲电流法	声磁同步法
闪络故障		发生概率很小	二次脉冲法/脉冲电流法	声磁同步法

（三）故障测距（预定位）

诊断完故障性质选定测试方法后，接着进行电缆故障查找的第三步：电缆故障的预定位——故障测距。故障测距是粗测从电缆的测试端到故障点的线路长度，这里主要介绍以下几种测距方法——低压脉冲法、脉冲电流法、二次脉冲法。

故障测距时过分强调测量精度无太大意义，主要是电缆有预留及走向误差的原因。

第三节　低压脉冲反射法

一、低压脉冲反射法适用范围

低压脉冲反射法适用于低阻故障（故障电阻小于几百欧的短路故障）、断路故障。据统计这类故障约占电缆故障的10%。

低压脉冲反射法还可用于测量电缆的长度、电磁波在电缆中的传播速度，还可用于区分电缆的中间头、T形接头与终端头等。

二、低压脉冲法反射法工作原理

测试时向电缆注入一低压脉冲，该脉冲沿电缆传播到阻抗不匹配点，如短路点、故障点、中间接头等，脉冲产生反射，返回到测试点被仪器记录下来，如图12-10所示。

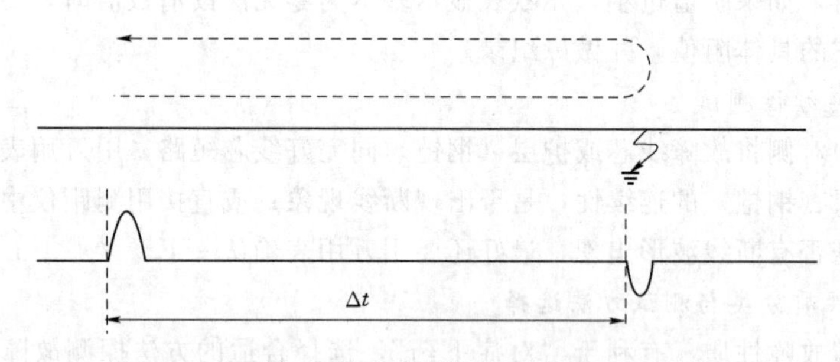

图12-10　低压脉冲反射原理

根据发射脉冲与故障点反射脉冲之间的时间差计算故障点距离，可用下式计算：

$$X=\frac{V\Delta t}{2} \tag{12-7}$$

式中　X——故障点距测试点的距离，m；

V——脉冲在电缆中的传播速度，m/μs；

Δt——发送脉冲在测量点与故障点间往返一趟的时间，μs。

通过识别反射脉冲的极性，可以判定故障的性质。断路故障反射脉冲与发射脉冲极性相同，而短路故障的反射脉冲与发射脉冲极性相反。

三、波速度

波速度是电磁波在电缆中传播的速度，是线路长度与传播时间之比：

$$V=\frac{1}{\sqrt{L_0C_0}}=\frac{S}{\sqrt{\mu\varepsilon}} \tag{12-8}$$

式中　V——波速度，m/μs；

S——光在真空中的传播速度，约为300m/μs；

μ——线路周围介质的相对导磁系数；

ε——线路周围介质的相对介电系数。

理论分析与实践表明波速度与电缆的绝缘介质有关，与电缆芯线的线径及芯线的材料无关，也就是说不管线径是多少线芯是铜芯的还是铝芯的，只要电缆的绝缘介质一样，波速度就一样。

现在大部分电缆都是胶联聚乙烯或油浸纸电缆。纸绝缘电缆波速度约为160m/μs，交联聚乙烯绝缘电缆波速度约为170m/μs。

纵然电缆的绝缘介质相同，不同厂家、不同批次的电缆波速度也不完全相同。如果知道电缆全长，根据式（12-9）就可以推算出电缆的波速度：

$$V=2\frac{L}{\Delta t} \tag{12-9}$$

式中 L——电缆长度，m；

Δt——传播时间，μs。

四、反射波的极性

（一）断路故障

脉冲在断路点产生全反射，反射脉冲与发射脉冲同极性，如图12-11所示。

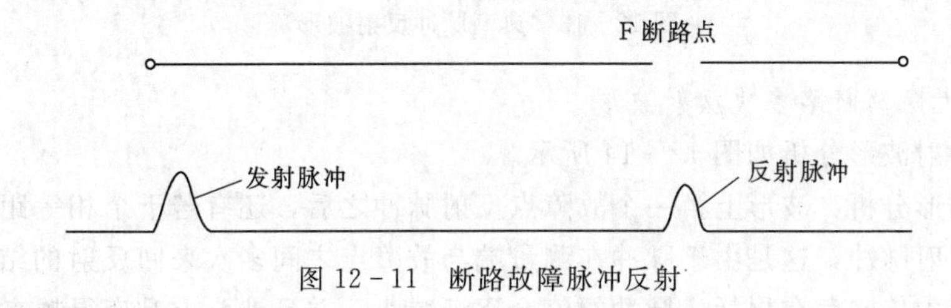

图12-11 断路故障脉冲反射

（二）短路故障

脉冲在短路点产生全反射，反射脉冲与发射脉冲极性相反，如图12-12所示。

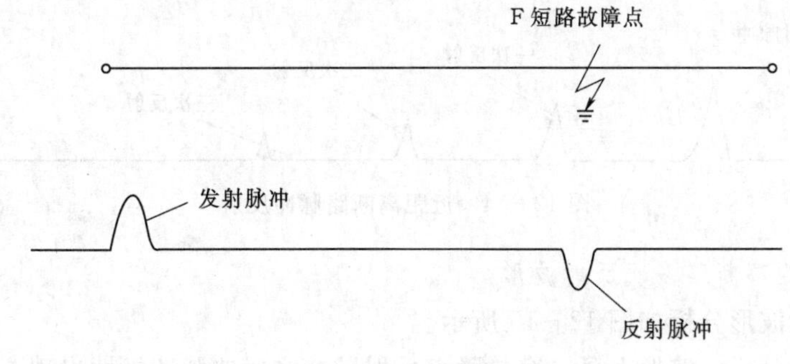

图12-12 短路故障脉冲反射波形

（三）典型脉冲反射波形

反射波形分析如图12-13所示。图中J代表电缆的中间接头、F表示电缆发生低阻故障点、B为电缆开路终端。

测试波形分析如下：

向电缆首端注入一低压脉冲测得的脉冲反射波形如图 12－13（b）所示。由于电缆中间接头的阻抗与电缆阻抗不匹配，产生接头反射波。一般中间接头反射较弱，所以幅值较小些。测得故障点 F 的反射脉冲极性与发射脉冲相反，说明是低阻故障。一般来说低阻故障电阻值越小，反射愈强烈。当发射脉冲到达电缆开路终端时将会产生同极性的反射脉冲（此脉冲较强烈）。

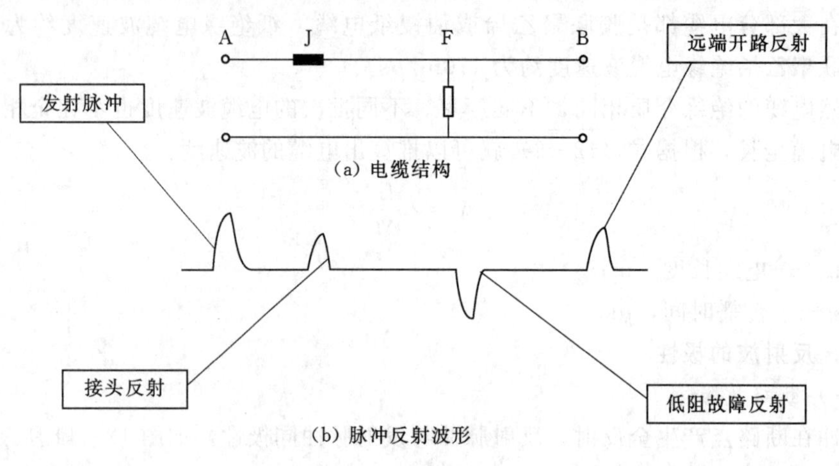

图 12－13 典型脉冲反射波形

（四）近距离断路多次反射波形

多次反射波形分析如图 12－14 所示。

测试波形分析：波形上第一个故障点反射脉冲之后，还有若干个相等距离（故障距离）的反射脉冲，这是由于脉冲在测量端与故障点之间多次来回反射的结果。由于脉冲在电缆中传输存在损耗，脉冲幅值会逐渐减小，并且波头上升变得越来越慢。

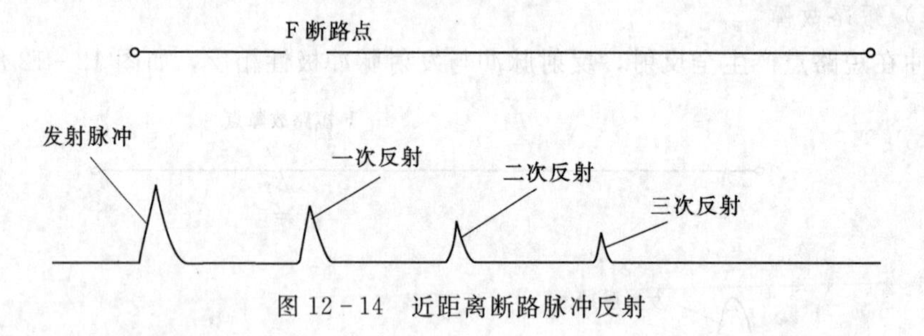

图 12－14 近距离断路脉冲反射

（五）近距离断路多次反射波形

多次反射波形分析如图 12－15 所示。

测试波形分析：波形上第一个故障点反射脉冲之后的脉冲极性出现一正一负的交替变化，这是由于脉冲在故障点（低阻短路）反射系数为－1，而在测量端（开路）反射系数为正的缘故。

五、实际测量的低压脉冲反射波形分析

实际测量的低压脉冲反射波形如图 12－16 所示。

标定反射脉冲的起始点就可得到故障距离，如图 12－16 所示。

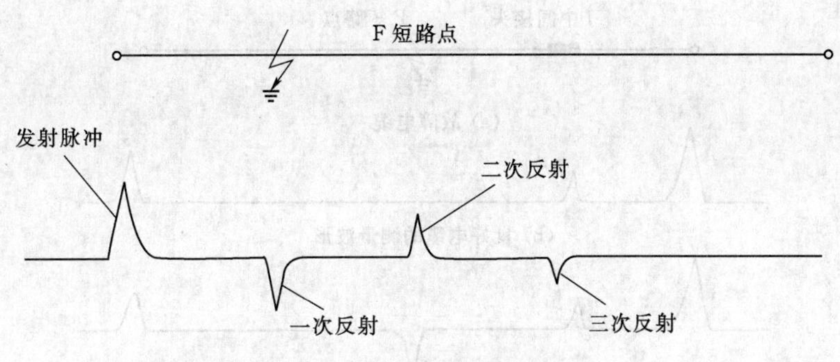

图 12-15 近距离短路脉冲反射

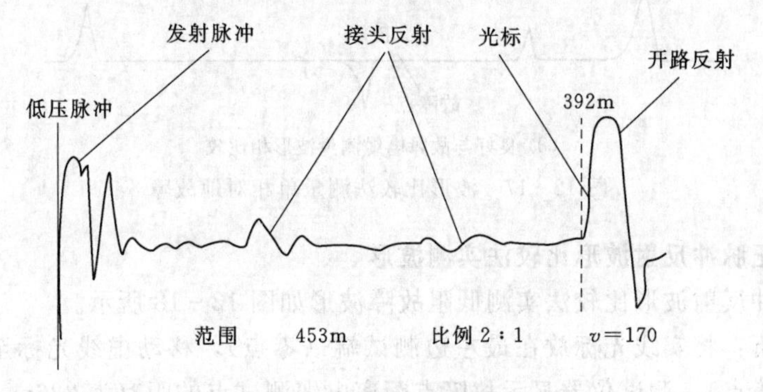

图 12-16 实际测量的低压脉冲反射

测试仪器的屏幕有两个光标：一是实光标，一般把它放在最左边测试端，设定为零点；二是虚光标，把它放在阻抗不匹配点反射脉冲的起始点处，在波速度正确的情况下，就可测量出该阻抗不匹配点到测试端的距离。

注意：

1. 当测试点的距离与中间接头的位置相当时，应先检查中间接头（因它是薄弱点），加压后听放电声即可判断。

2. 实测波形有许多锯齿状纹出现是由测试导线与电缆的绝缘介质不同产生的波形叠加引起的。

六、低压脉冲反射波形比较法

在实际测量时，电缆结构可能比较复杂，存在着接头点、分支点或低阻故障点等；特别是低阻故障点的电阻相对较大时，反射波形相对比较平滑，其大小可能还不如接头反射，使得脉冲反射波形不太容易理解，波形起始点不好标定；对于这种情况，可以用低压脉冲比较测量法测试。

低压脉冲反射波形比较如图 12-17 所示。图中为一带中间接头的电缆发射单相接地故障。首先在良好的芯线上测得一波形，如图 12-17（b）所示，然后在故障芯线上测量波形如图 12-17（c）所示，将二者叠加比较，F点为两波形明显差异处，这是由于故障点反射脉冲造成的，如图 12-17（d）所示，F点所测得的距离即是故障点位置。

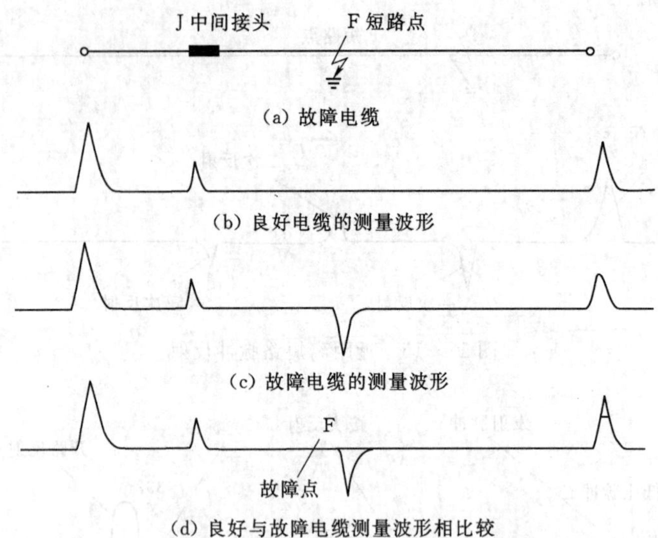

图 12-17　波形比较法测量单相对地故障

七、低压脉冲反射波形比较法实测波形

低压脉冲反射波形比较法实测低阻故障波形如图 12-18 所示。

波形分析：将实线光标放在最左边测试端（零点），移动虚线光标至两波形明显差异处（故障点），测试仪器显示故障点距离电缆测试点的距离为 226m。

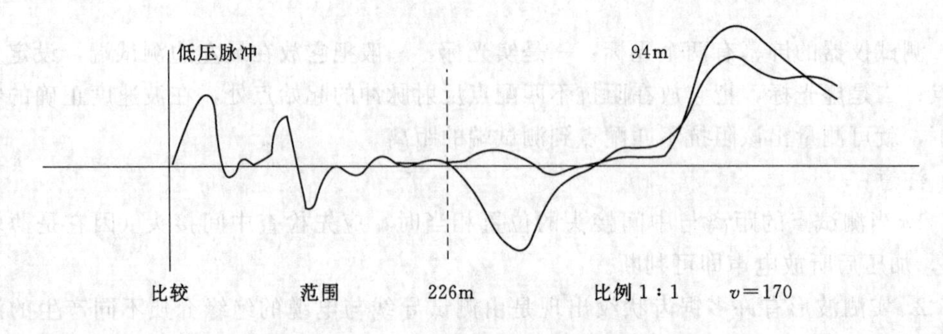

图 12-18　低压脉冲比较法实测低阻故障波形

八、低压脉冲反射波形比较法测波速度

利用波形比较法，还可精确地测定电缆长度或校正波速度。由于脉冲在传播过程中存在损耗，电缆终端的反射脉冲传回到测量点后，波形上升沿比较圆滑，不好精确地标定出反射脉冲到达时间。特别当电缆距离较长时，这一现象更突出。而把端点开路与短路的波形同时显示时，二者的分叉点比较明显，容易识别，如图 12-19 所示。

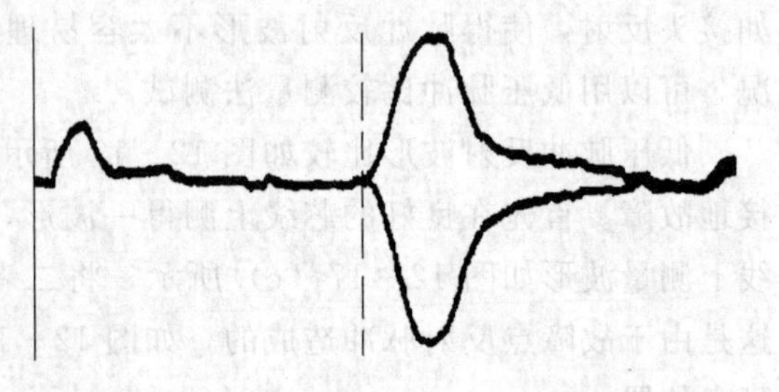

图 12-19　电缆终端开路与短路脉冲反射波形

第四节　脉 冲 电 流 法

一、脉冲电流法的原理

当电缆的故障为高阻故障或闪络性故障时，由于故障点电阻较大，低压脉冲在故障点没有明显的反射，故不能用低压脉冲反射法测距。脉冲电流法是将电缆故障点用高电压击穿，用仪器采集并记录下故障点击穿产生的电流行波信号，通过分析，判断电流行波信号在测量端与故障点往返一趟的时间来计算故障距离。脉冲电流法采用线性电流耦合器采集电缆中的电流行波信号。

（一）直流高压闪络测试法

直流高压闪络测试法（直闪法）适用于闪络性高阻及阻值在百兆欧以上的泄漏性高阻故障的测试。

直闪法可分为：直闪电流法、直闪电压法、直闪电压感应法、二次脉冲法。

（二）直闪电流法（ZAF）

1. 直闪电流法原理接线

直闪电流法原理接线如图 12-20 所示，PT 为高压试验变压器，容量在 0.5～1.0kVA 之间，输出电压为 30～60kV。C 为脉冲储能电容器。LP 为线性电流耦合器。DGS-AV 为闪测仪。

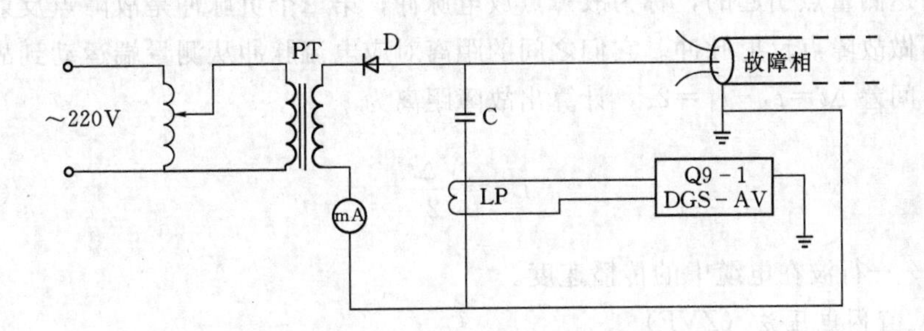

图 12-20　直闪电流法原理接线

2. 直闪电流法所需设备（有三种组合选择）

（1）DGS-AV 系列闪测仪、电流取样器、GZF 系列工频高压试验装置（高压试验变压器和控制保护器）、CC 系列脉冲储能电容、CXZ 成套测试线等。

（2）DGS-AV 系列闪测仪、DGSM 系列高压脉冲发生装置、CXZ 成套测试线等。

（3）DGSY-AV 系列电缆故障一体化测试装置。

3. 直闪电流法电流波形

设时间 $t=0$ 时，电缆故障点在外加电压 $-E$ 作用下击穿，形成短路电弧，从而使故障点电压突变为零。此时，在故障点处产生一个与 $-E$ 相反的正突变电压 E 以及相应的电流 $i_0=-E/Z_0$（规定电流从测量点流向电缆为正，因突变电压 E 产生的电流是从故障点流向测量点的，故为负，Z_0 为电缆波阻抗）向电缆两端传送。在 $t=\tau$ 时，电流波 i_0 到达测量端，而电容对高频行波信号呈短路状态，电流在测量端被全部反射回故障点；而在故障点由于电弧短路又被完全反射回来；在 $t=3\tau$ 的时刻到达测量点，产生第二次反射；这样来回反射，直到整个瞬态过程结束。

测量点的电流是所有电流波形的和，电流初始值为 $2i_0$，即电流入射波 i_0 到达测量点后产生了电流加倍现象，而线性电流耦合器的输出则只反映电流的突变成分，如图 12-21 所示。

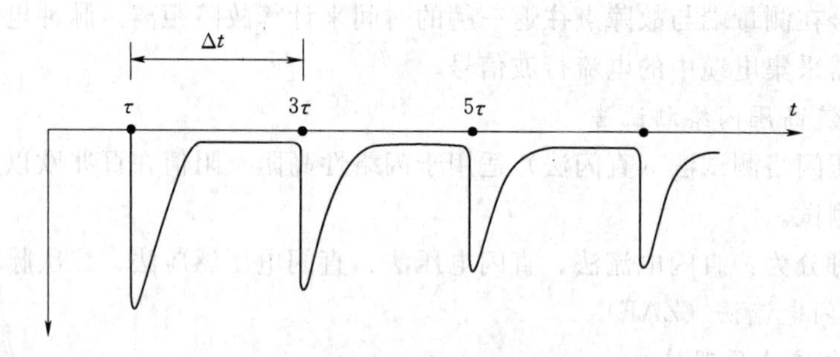

图 12-21 直闪法电流波形
（线性电流耦合器的输出电流波形）

分析：图中 $t_1=\tau$ 与 $t_2=3\tau$ 时刻分别出现两个负脉冲，第一个负脉冲是故障点放电脉冲到达测量点引起的，称为故障点放电脉冲；第二个负脉冲是故障点反射脉冲引起的，叫做故障点反射脉冲。它们之间的距离对应电流脉冲从测量端运动到故障点又返回的时间差 $\Delta t=t_2-t_1=2\tau$，计算出故障距离为

$$L_X=\frac{V\Delta t}{2} \tag{12-10}$$

式中 V——行波在电缆中的传播速度。

（三）直闪电压法（ZVF）

1. 直闪电压法原理接线

直闪电压法原理接线如图 12-22 所示。

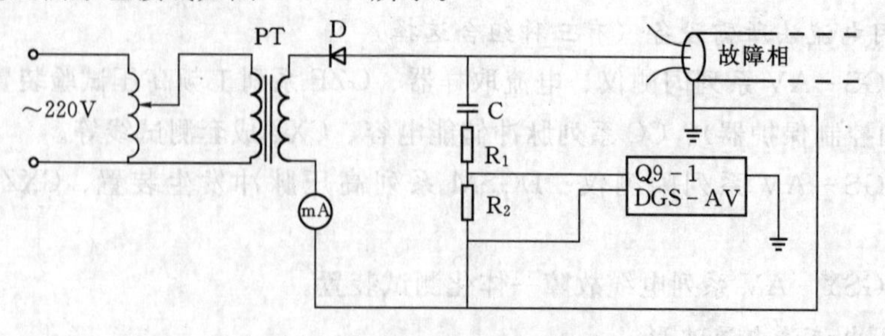

图 12-22 直闪电压法原理接线
R_1—水电阻；R_2—取样电阻；DGS-AV 系列闪测仪；
PT—GZF 系列工频高压试验装置；C—脉冲储能电容

2. 直闪电压法所需设备（有三种选择）

(1) DGS－AV系列闪测仪、FQ－AV系列高压组件箱（放电球隙＋电阻分压取样器）、GZF系列工频高压试验装置（高压试验变压器和控制保护器）、CC系列脉冲储能电容、CXZ成套测试线等。

(2) DGS－AV系列闪测仪、DGSM系列高压脉冲发生装置、CXZ成套测试线等。

(3) DGSY－AV系列电缆故障一体化测试装置。

（四）直闪电压感应法（ZVGF）

直闪电压感应法原理接线如图12－23所示。

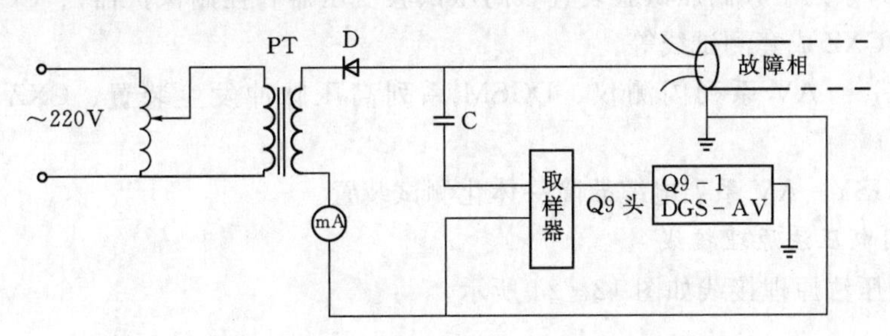

图12－23 直闪电压感应法原理接线

FQ－AV系列高压组件箱（放电球隙＋电阻分压取样器）；DGS－AV系列闪测仪

（五）故障点击穿与否的判断

故障点击穿，除了测量仪器被触发显示出波形外，还可通过以下现象判断：

(1) 电压突然下降（电压表指针向零刻度点摆动）。

(2) 直流泄漏电流突然增大。

(3) 过电流继电器动作。

(4) 与试验设备相接的地线处出现“回火”，听到“啪、啪”的响声。

二、冲击闪络测试法

高阻故障如果使用直闪法测试，电压会大量落到发生器的内阻上，容易损害高压发生器；同时加到电缆上的电压很小，不利于故障点的击穿。对于高阻故障，需要使用冲闪法，在给脉冲电容充电后再加到故障上去，脉冲高电压使故障点击穿放电。

冲击闪络测试法也称高压脉冲法。通常高压脉冲由电缆故障闪测仪（主机）以外的“高压装置”产生。有“DGSM系列高压脉冲发生装置”和分体式高压测试装置两种情况，通称为“高压脉冲产生器”。

由“高压脉冲产生器”产生一高压脉冲加到被测电缆的故障相，故障点在高压的作用下发生瞬间闪络放电，电火花使得故障点变为短路故障，并维持几微秒至几百毫秒时间，在故障点和测量端间同时自动产生来回反射波形。

通过测量相邻两次来回反射波形的时间T，并通过公式

$$S=\frac{1}{2}VT$$

计算出故障点到测量端的距离。

冲击高压闪络测量法可以有效地测试所有类型的电力电缆故障，主要用于测试泄漏性故障，特别是泄漏性高阻故障。

冲击高压闪络测量法分为冲闪电压法（CVF）、冲闪电流法（CAF）和冲闪电压感应法（CVGF）。

（一）冲闪电压法（CVF）

1. 冲闪电压法所需设备（有三种选择）

（1）DGS-AV系列闪测仪、FQ-AV系列高压组件箱（放电球隙＋电阻分压取样器）、GZF系列工频高压试验装置（高压试验变压器和控制保护器）、CC系列脉冲储能电容、CXZ成套测试线等。

（2）DGS-AV系列闪测仪、DGSM系列高压脉冲发生装置、CXZ成套测试线等。

（3）DGSY-AV系列电缆故障一体化测试装置。

2. 冲闪电压法原理接线

冲闪电压法原理接线如图12-24所示。

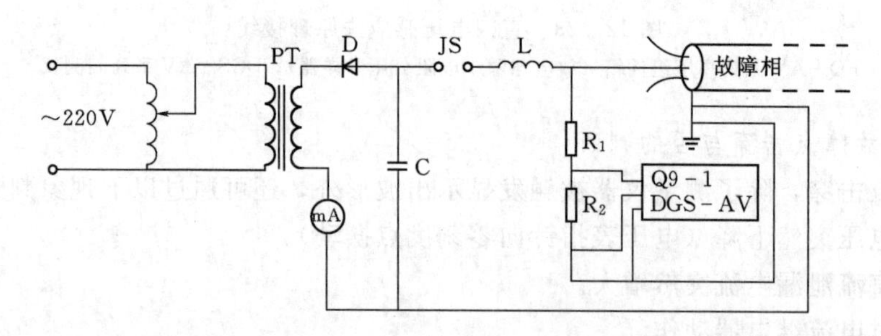

图12-24　冲闪电压法原理接线

R_1—水电阻（功率大于100W，阻值大于40kΩ）；R_2—普通取样电阻（1W，510Ω）

（二）冲闪电流法（CAF）

1. 冲闪电流法所需设备（有三种选择）

（1）DGS-AV系列闪测仪、放电球隙、电流取样器、GZF系列工频高压试验装置（高压试验变压器和控制保护器）、CC系列脉冲储能电容、CXZ成套测试线等。

（2）DGS-AV系列闪测仪、DGSM系列高压脉冲发生装置、CXZ成套测试线等。

（3）DGSY-AV系列电缆故障一体化测试装置。

2. 冲闪电流法原理接线

冲闪电流法原理接线如图12-25所示。

3. 典型的冲闪法脉冲电流波形

（1）直接击穿的脉冲电流冲闪波形如图12-26所示。

第一个反射波测量的时间（1～2点）大于或等于实际电缆故障的长度（放电不

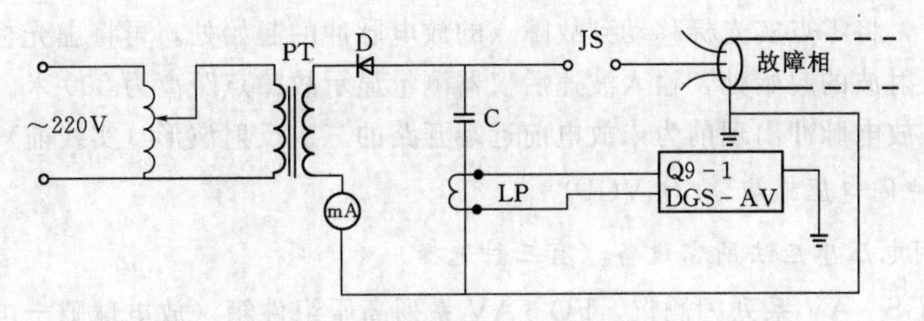

图 12-25 冲闪电流法原理接线

是电压到故障点就击穿，需要放电时延)，所以不采用，应采用第二个周期(3～4 点)。4 点后的尖顶波是由于电感元件作用引起的。

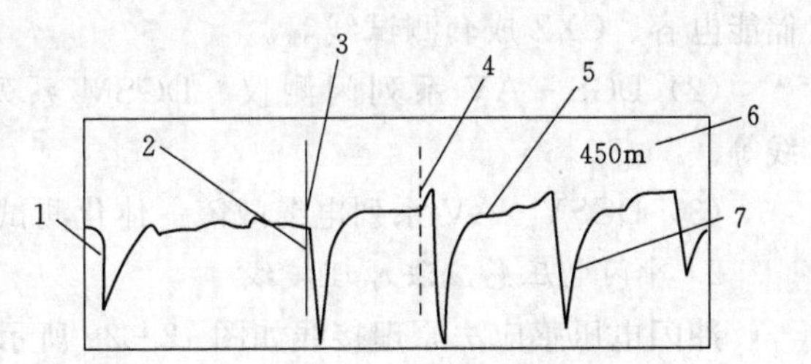

图 12-26 直接击穿的脉冲电流冲闪波形

1—高压发生器的发射脉冲；2—故障点的放电脉冲；3—零点实光标；4—虚光标；5—放电脉冲的一次反射；6—故障距离；7—放电脉冲的二次反射

测试时，将零点实光标 3 移动到故障点的放电脉冲 2 的起始处，再将虚光标 4 移动到放电脉冲的第一次反射波 5 的起始处，输入波速后仪器测量显示故障点距离为 450m。

第一个反射脉冲为远端开路反射波形，测量的距离等于实际电缆的长度。

测试时，将零点实光标移动到故障点的放电脉冲的起始处，再将虚光标移动到放电脉冲的反射波的起始处，输入波速后仪器测量显示故障点距离为 250m（图 12-27)。

注意：放电脉冲出现前为未放电前远端开路的反射波形（实线前)。

(2) 远端反射电压击穿的脉冲电流冲闪波形（长放电时延）如图 12-28 所示。

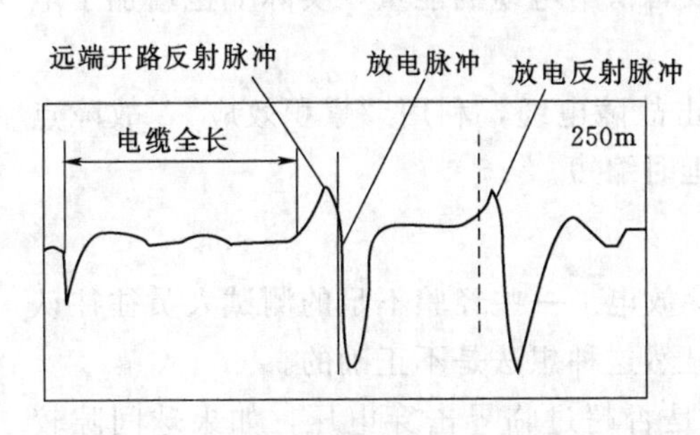

图 12-27 远端反射击穿的脉冲电流冲闪波形

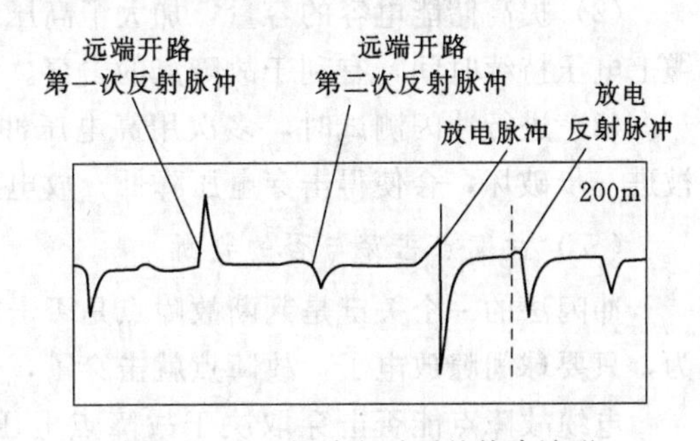

图 12-28 长放电时延的故障波形

第一个脉冲为远端开路的第一次反射波形，测量的距离等于实际电缆的长度。第二个脉冲为远端开路的第二次反射脉冲，第三个脉冲为远端开路的第三次反射脉冲，此时故障点还未发生击穿。经较长时延若故障点击穿将出现放电脉冲及放电反射脉冲如图 12-28 所示。

测试时，将零点实光标移动到故障点的放电脉冲的起始处，再将虚光标移动到放电脉冲的反射波的起始处，输入波速后仪器测量显示故障点距离为200米。

注意：放电脉冲出现前为未放电前远端开路的三次反射波形（实线前）。

（三）冲闪电压感应法（CVGF）

1. 冲闪电压感应法所需设备（有三种选择）

（1）DGS-AV系列闪测仪、FQ-AV系列高压组件箱（放电球隙+电阻分压取样器）、GZF系列工频高压试验装置（高压试验变压器和控制保护器）、CC系列脉冲储能电容、CXZ成套测试线等。

（2）DGS-AV系列闪测仪、DGSM系列高压脉冲发生装置、CXZ成套测试线等。

（3）DGSY-AV系列电缆故障一体化测试装置。

2. 冲闪电压感应法原理接线

冲闪电压感应法原理接线如图12-29所示。

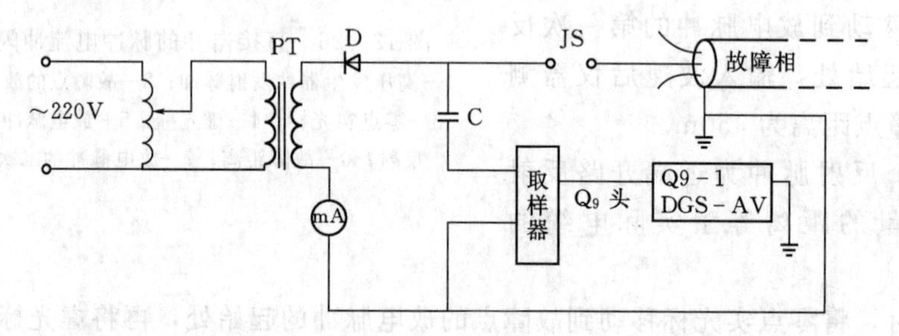

图12-29　冲闪电压感应法原理接线

（四）使故障点充分放电的措施

（1）提高施加到电缆上的电压，可使故障点容易击穿。

（2）提高储能电容的容量，加大了高压设备供给电缆的能量，实际上也增加了电缆上电压持续时间，有利于故障点的击穿。

（3）进行冲闪测试时，多次用高电压冲击故障电缆，利用“累积效应”，故障点被进一步破坏，会使得击穿电压降低，放电延时缩短。

（五）故障点击穿与否的判断

冲闪法的一个关键是判断故障点是否击穿放电。一些经验不足的测试人员往往认为，只要球间隙放电了，故障点就击穿了，显然这种想法是不正确的。

电缆故障点能否击穿取决于故障点电压是否超过临界击穿电压，如果球间隙较小，作用到电缆上的冲击电压小于故障点击穿电压，显然，就不会出现击穿。

故障点击穿与否，除根据仪器记录的波形判断之外，还可通过下列现象来判断：

（1）电缆故障点没击穿时，一般球间隙放电声嘶哑不清脆，而且火花较弱。当故障点击穿时，球间隙放电声清脆响亮，火花较大。

（2）电缆故障未击穿时，电流表摆动较小，而故障点击穿时，电流表指针摆动幅度较大。

（六）二次脉冲法

1. 二次脉冲法的应用范围

二次脉冲测距方法在高压信号发生器和二次脉冲信号耦合器的配合下，可用来测量电力电缆的高阻和闪络性故障的距离，波形更简单，容易识别。

2. 工作原理（如低压脉冲比较法）

二次脉冲法测试原理接线如图 12－30（a）（b）所示。

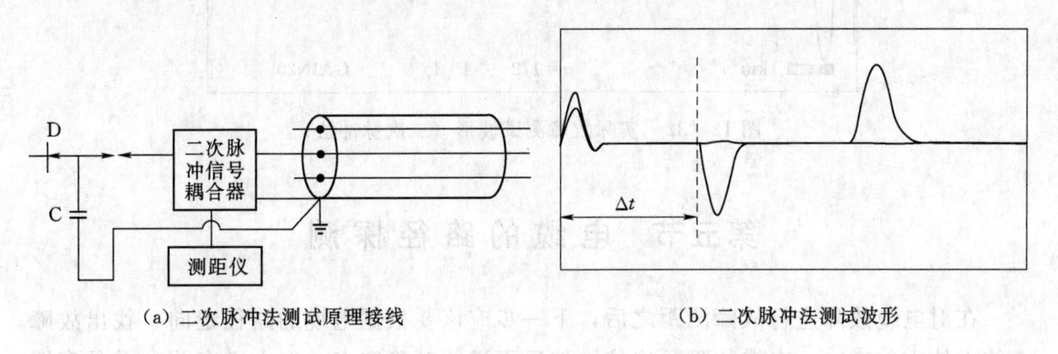

图 12－30　二次脉冲法测试原理及波形

利用低压脉冲法波形简单的优点与脉冲电流法相结合，用高压脉冲击穿故障，并用稳弧器延长故障电弧持续时间，故障电弧持续时间内，向故障点发射低压脉冲，获得脉冲反射波形，称为电弧脉冲反射波形。

将电弧脉冲反射波形与电缆不带电（故障点未击穿波形比较），波形上开始有明显差异的点即故障点。低压测距仪发射二次脉冲，第一次发射脉冲时是高阻故障在放电时（低阻时），为延长电弧时间使用延弧器，产生低阻时的负反射波形；当电弧熄灭时，二次脉冲产生的是高阻性波形（末端电压全放射），两波形比较知道故障长度（此法不适用于高阻不放电的电缆故障）。

二次脉冲法便于故障波形分析，确定拐点位置。

二次脉冲测试设备接线如图 12－31 所示。

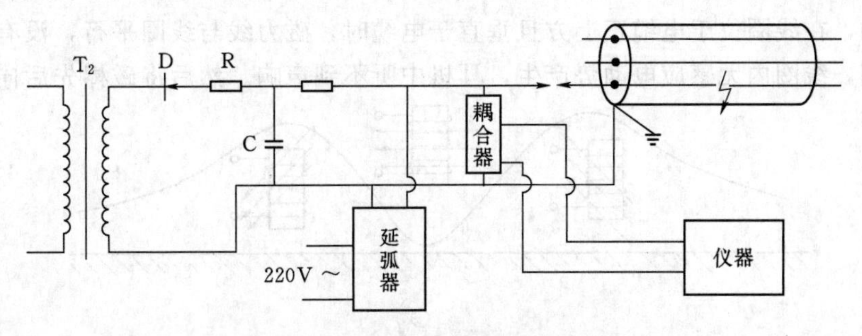

图 12－31　二次脉冲法测试设备接线

二次脉冲法测试实际故障测试波形如图 12-32 所示。

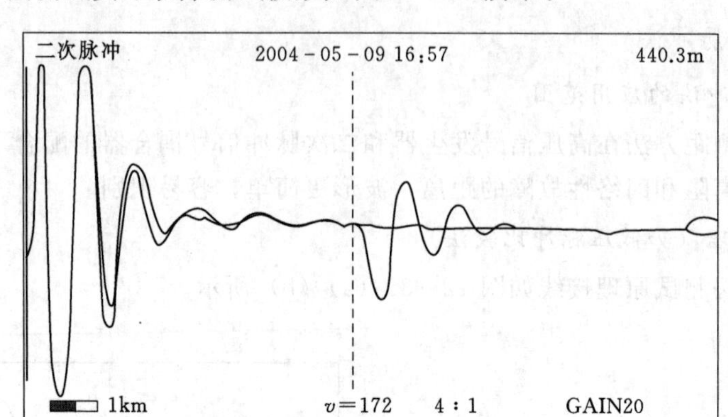

图 12-32　实际故障测试波形（二次脉冲法）

第五节　电缆的路径探测

在对电缆故障进行故障测距之后，下一步应该要根据电缆的路径走向，找出故障点的大体方位来——电缆故障预定位，然后再进行精确定点。但由于有些电缆是直埋的或埋设在电缆沟里的，在图纸资料不齐全的情况下，很难明确判断出电缆路径，从而给精确定点工作带来了很大的困难，于是故障测距后我们还需要测量出电缆的埋设路径。一般有两种测试方法：音频信号感应法、脉冲磁场方向法。

一、音频信号法探测电缆的路径

（一）测量原理

用信号发射器在电缆始端向被测电缆输入音频信号电流，利用接收线圈在地面上接收磁场信号，在线圈中产生出感生电动势，信号放电后，通过耳机、指针或其他方式进行监视。随着接收线圈的移动，信号的大小变化，由此，可判断出电缆路径。

路径探测仪一般使用耳机监听信号幅值，根据探测时音响曲线的不同，探测方法分为音谷法和音峰法。针对相地接线方式分别介绍这两种测试方法。

1. 音谷法

音谷法探测电缆路径原理如图 12-33 所示。图中使磁棒线圈轴线垂直于地面，慢慢移动，在线圈位于电缆正上方且垂直于电缆时，磁力线与线圈平行，没有磁力线穿过线圈，线圈内无感应电动势产生，耳机中听不到声响。然后将磁棒先后向两侧移

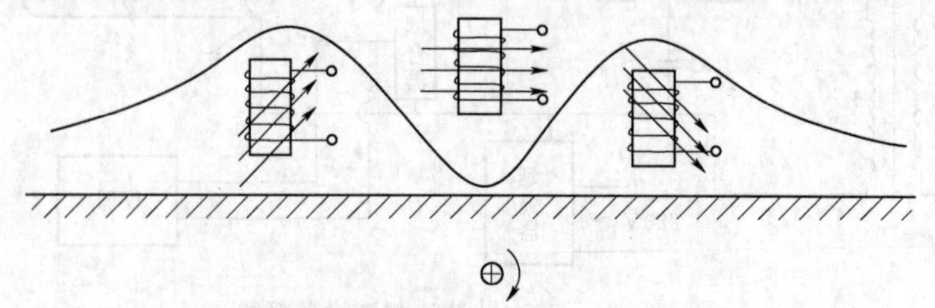

图 12-33　音谷法探测电缆路径原理

动，就有一部分磁力线穿过线圈，产生感应电动势，耳机中开始听到音频响声。随着磁棒缓慢移动，声响逐步变大，当移动到某一距离时，响声最大，再往远处移动，响声又逐渐减弱。在电缆附近，响声与其位置关系形成一马鞍形曲线，曲线谷点所对应的测量位置即电缆所经过的路径。

2. 音峰法

音峰法探测电缆路径原理如图12－34所示。使磁棒线圈轴线平行于地面，慢慢移动，在线圈位于电缆正上方时，耳机中听到的声响最大，此时穿过线圈的磁力线最多。然后将磁棒先后向两侧慢慢移动，穿过线圈的磁力线慢慢减少，响声逐渐减弱。在电缆附近，响声与其位置关系形成一钟形曲线，曲线的峰顶所对应的测试位置即电缆所经过的路径。

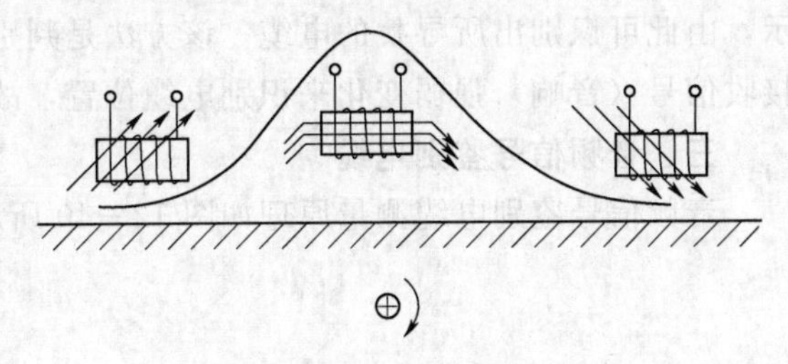

图12－34　音峰法探测电缆路径原理

（二）电缆路径探测的接线方式

1. 相铠接法（铠两端接工作地）

相铠接法探测电缆路径的接线如图12－35所示。

2. 相地接法

相地接法探测电缆路径的接线如图12－36所示。

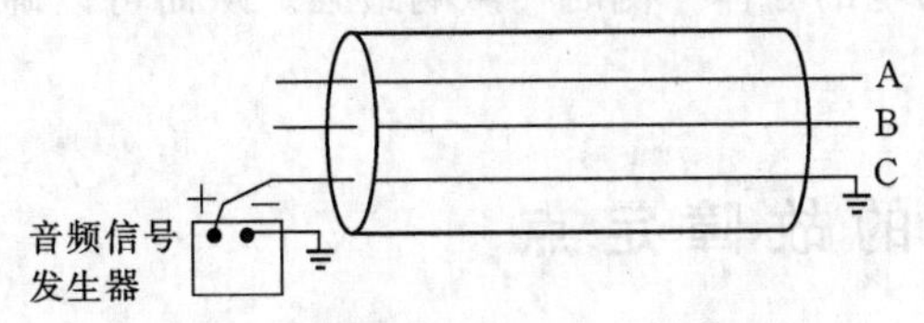

图12－35　相铠接法探测电缆路径的接线

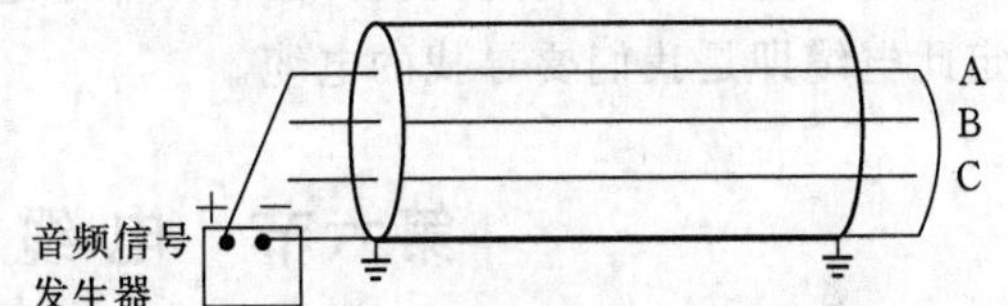

图12－36　相地接法探测电缆路径的接线

3. 铠地接法

铠地接法探测电缆路径的接线如图12－37所示。

4. 相间接法

相间接法探测电缆路径的接线如图12－38所示。

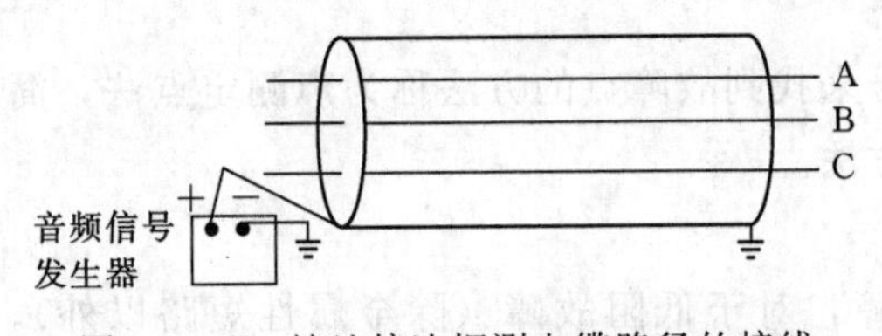

图12－37　铠地接法探测电缆路径的接线

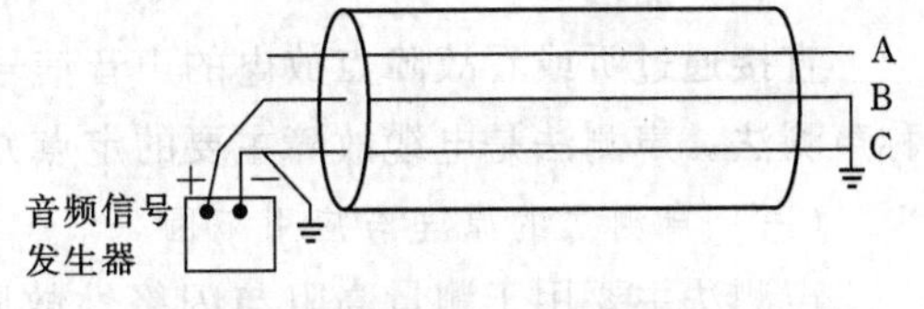

图12－38　相间接法探测电缆路径的接线

二、脉冲磁场方向法探测电缆的路径

音频感应法是一种传统的电缆路径探测方法，而脉冲磁场法则是一种较新的电缆路径探测方法。

测量原理：利用冲闪法测试中的高压试验设备，向电缆的选定导体与地之间施加冲击高压脉冲，在电缆周围产生脉冲磁场，利用接收线圈，垂直于地平面进行测量，当接收线圈由电缆的一侧移到电缆的另一侧时，由于穿过线圈的磁力线方向发生变化，测量到的脉冲磁场与初始极性相反，由正变到负或由负变到正，如图 12-39 所示，由此可识别出所寻找的电缆。该方法是判别接收到的初始脉冲磁场的极性而不是接收信号（音响）强弱变化来识别电缆位置，故简单、方便、判断精确度高。

三、音频信号鉴别电缆

音频信号鉴别电缆测量原理如图 12-40 所示。

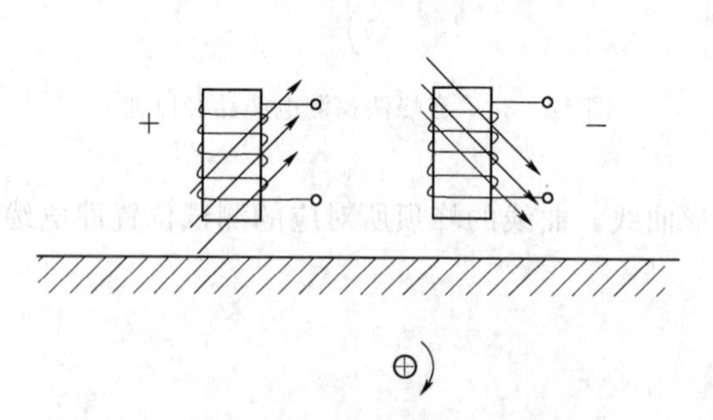

图 12-39　脉冲磁场法探测电缆路径

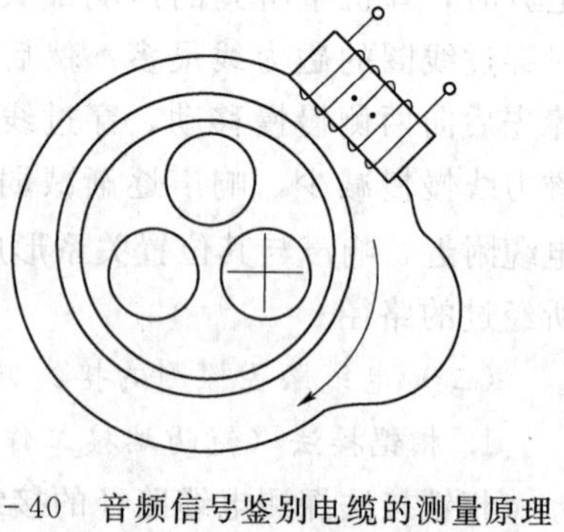

图 12-40　音频信号鉴别电缆的测量原理

在测试现场将探测仪接收线圈围绕电缆转一周（线圈轴线与电缆外皮相切），用耳机可以监测到声响的变化。当线圈靠近通电的导体一侧时，声响最强。从而可以确定此电缆即是我们要寻找的电缆。

第六节　电缆的故障定点

在测量出故障电缆的故障距离和路径后，就可以根据路径和距离找到故障点的大概位置。但由于很难精确知道电缆线路铺设时预留的长度和电缆不可能笔直敷设，使得根据路径和距离找到的故障点位置离实际故障点的位置可能还有一定的偏差，为了精确地找到这个位置，还需要进行下一步工作——故障定点。对于不同性质的故障，故障定点的方式不同，主要有以下几种方法。

一、声测法

直接通过听或看故障点放电的声音信号来找到故障点的方法称为声测定点法，简称声测法。声测法是电缆故障主要的定点方法。

（一）声测法的原理与应用范围

声测法主要用于测量高阻与闪络性故障，对于低阻故障（除金属性短路以外），也可使用该方法。利用故障放电声音定点。

使用与冲闪法测试相同的高压设备，使故障点击穿放电，故障间隙放电时产生的机械振动，传到地面，便可听到“啪、啪”的声音，利用这种现象可以十分准确地对电缆故障进行定点。

对于电缆护层已被烧穿的故障，往往可在地面上用耳机直接听到故障点放电声。对于护层未烧穿的电缆故障或电缆埋设较深时，地面上能听到的声音太小，要应用高灵敏度的声电转换器，将地面微弱的地震波变成电信号，进行放电处理，用耳机还原成声音，或显示出声音的强度。

一般来说电缆故障点放电产生的声音信号波形是一个衰减的余弦信号，频率在200～400Hz之间，信号持续数个毫秒的时间。

（二）声测法的优缺点

（1）优点：这种方法容易理解、便于掌握，可信性较高。

（2）缺点：受外界环境的影响较大，人的经验和测试心态的影响较大。

二、声磁信号同步接收定点法

（一）声磁信号同步接收提高抗干扰能力

实际测量中，往往由于环境噪声的干扰，很难辨认出真正的故障点放电声音。采用声磁同步接收法，可以提高识别能力。

向电缆施加冲击高压信号使故障点放电时，会在电缆的外皮与大地形成的回路中感应出环流来，这一环流在电缆周围产生脉冲磁场。由于一般环境电磁干扰与电缆故障放电的脉冲磁场相比弱得多，仪器能够可靠地监测出磁场信号。如在监听到信号的同时，接收到脉冲磁场信号，即可判断该声音是由故障点放电产生的，故障点就在附近，否则可认为是干扰。

（二）脉冲磁场波形的识别

智能故障定点仪器在记录声音信号的同时，也可以记录下电缆故障点放电产生的脉冲磁场信号，通过识别脉冲磁场的特征，可以更好地排除干扰的影响。比较磁场波形的初始极性，可以在定点的同时确定电缆的埋设路径。图 12-41 为定点仪器接收到故障点的声磁同步波形。

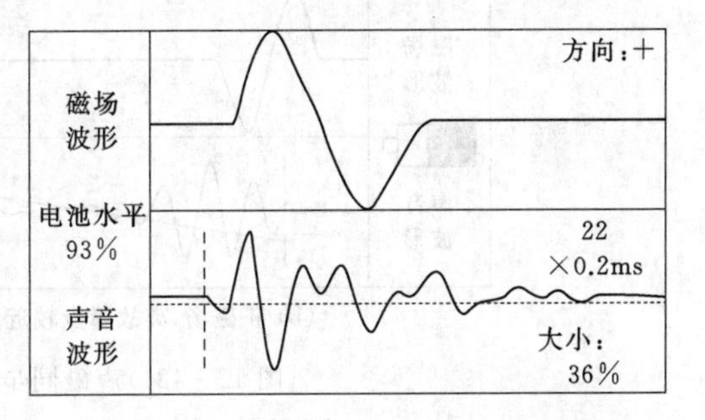

图 12-41　故障点的声磁同步波形

（三）利用磁、声时间差估算故障点的位置

现场测试时，往往能听到故障点放电声音，但仍然不能精确地判定故障点的位置，特别是当电缆敷设在钢管或管道里边时，困难更大。通过监测磁、声信号的时间差，可以解决这一问题。由于磁场信号传播速度快，一般从故障点传播到仪器探头放置处所用的时间是微秒级，可以忽略不计；而声音传播速度慢，传播时间在毫秒级，因此，可根据探头监测出的磁、声信号的时间差，判断故障的远近，测出时间差最小点，即故障点。

由于很难知道声音在电缆周围介质中的传播速度，所以不可能根据磁、声信号的时间差，准确地知道故障点与探头之间的距离。图 12-42 给出了仪器探头在故障点附近两点监测到的故障点放电声音信号，仪器是被脉冲磁场信号触发后开始记录声音信号的。从图上明显看出磁、声信号出现的时间差 Δt_1 与 Δt_2，由于第二点靠近故障

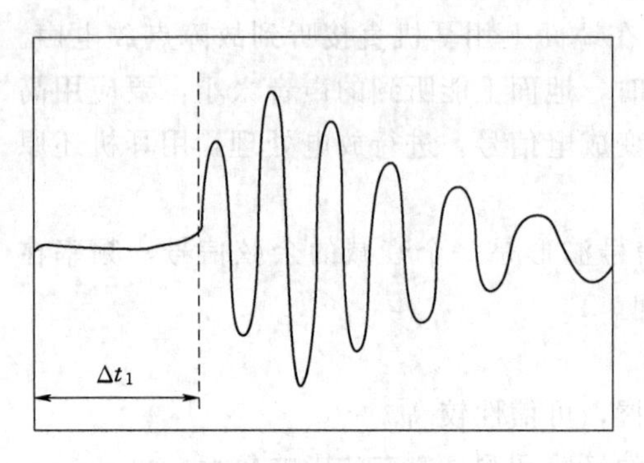

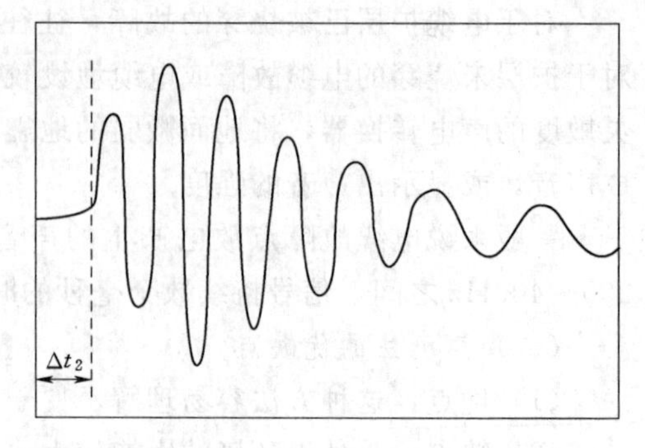

图 12-42　仪器记录下的放电声音波形

点，所以 $\Delta t_2 < \Delta t_1$。

（四）声磁同步定点时磁场正负与声磁时间差的显示

声磁同步定点法实测波形如图 12-43 所示。

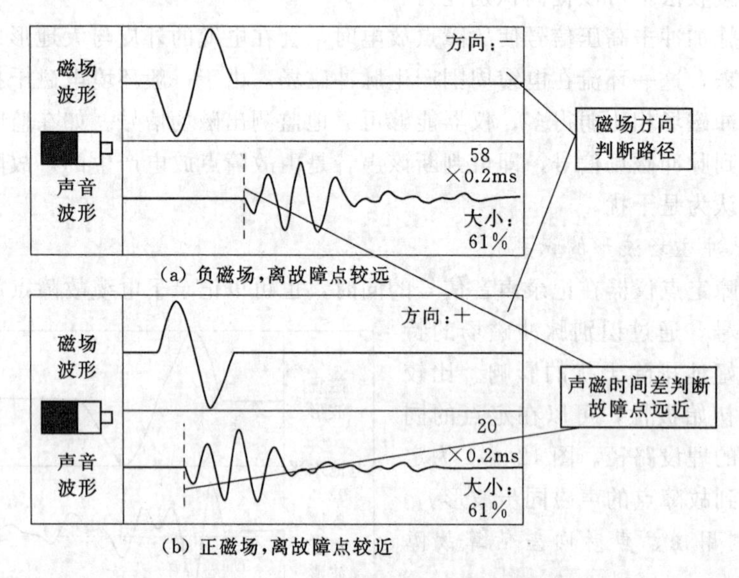

图 12-43　声磁同步定点法实测波形

三、音频电流感应法定点

（一）应用范围

音频感应法一般用于探测故障电阻小于 10Ω 的低阻故障。在电缆接地电阻较低时，故障点放电声音微弱，用声测法进行定点比较困难，特别是金属性接地故障的故障点根本无放电声音而无法定点。这时，便需要用音频感应法进行特殊测量。

用音频感应法对两相短路并接地故障、单相接地以及三相短路或三相短路并接地故障进行测试，都能获得满意的效果，一般测寻所得的故障点位置之绝对误差为 1～2m。

（二）定点的基本原理

音频感应法定点的基本原理，与用音频感应法探测埋地电缆路径的原理一样。探测时，用 1kHz 的音频信号发射器向待测电缆通音频电流，发出电磁波；然后，在地面上用探头沿被测电缆路径接收电磁场信号，并将之送入放电器进行放大；而后，再将放大后的信号送入耳机或指示仪表，根据耳机中声响的强弱或指示仪表指示值的大小而定出故障点的位置。

（三）测寻故障的方法

1. 电缆相间短路（两相或三相短路）故障的测寻

用音频感应法探测相间短路故障的故障点位置时，向短路线芯通以音频电流，在地面上将接收线圈垂直或平行放置接收信号，并将其送入接收机进行放大。

地面上的磁场主要是两个通电导体的电流产生的，并随着电缆的扭矩而变化；因此，当探头在故障点前沿着电缆的路径移动时，会听到声响有规则的变化，当探头位于故障点的上方时，一般会听到声响增强，再继续向前移动时，音频信号即明显变弱甚至中断，如图 12-44 所示。因此，在声响明显变弱或中断的点即是故障点。

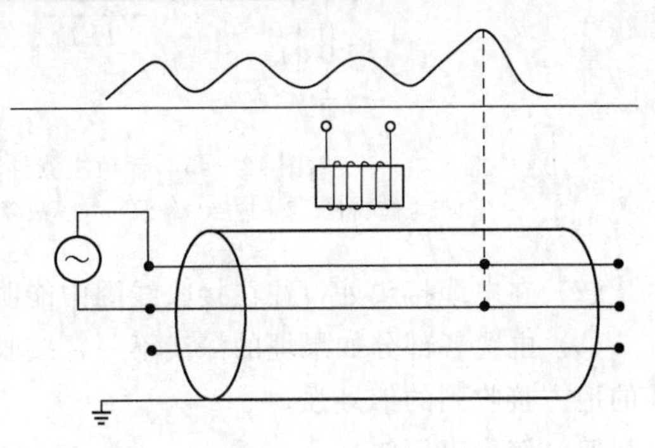

图 12-44　音频感应法探测电缆相间短路故障

相间短路及相间短路并接地故障的故障点位置，用音频感应法测寻比较灵敏。

2. 单相接地故障测寻

测寻单相接地故障点位置时，将音频信号发生器接在故障相导体与地之间。电缆周围的磁场可以看成是由在导体与外皮之间流动的电流 I 产生的磁场，以及金属外皮与大地之间的电流 I' 产生的磁场叠加形成的，回路电流 I' 在地面上产生的磁场远大于回路电流 I 的磁场。这样，若用一般的电感线圈接收信号，则在电缆全长上任一点听测到的信号声响基本上没有变化，从而无法测出故障点。这时，应采用特殊的差动探头，差动探头有两个线圈，两个线圈的信号相减后送入仪器。当使用差动探头沿电缆路径探测时，电流 I' 在两个线圈里产生的感应电压是相同的，因而探头送入到仪器内的信号没有电流 I' 产生的磁场成分，它只反映导体与外皮之间流动的电流 I 产生的磁场。在故障点前，由于导体沿电缆是扭绞前进的，磁场沿电缆是变化的，差动探头在故障点前能接收到一个较弱的沿电缆变化的信号；而在故障点后，由于没有导体电流 I 存在，差动探头接收到的信号为 0；电缆导体的电流是在故障点消失的，因而在紧靠故障点前后的位置上，磁场的分布出现明显的变化，差动探头接收到较强的信号，据此可能测出故障点，如图 12-45 所示。

在使用差动探头时，应将探头的两个磁棒都平行于电缆，并沿电缆路径进行探测，不应偏移或转向。

3. 测寻埋地电缆故障点时应注意以下问题

(1) 在电缆周围存在铁磁体时，接收线圈中收到的信号可能较强，但这并不反映故障点情况。

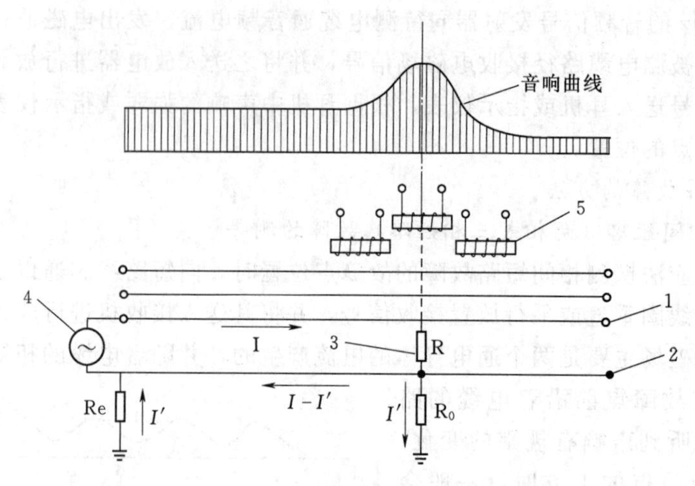

图 12－45　音频法测寻单相接地故障原理

1—电缆线芯；2—护层（铠装）；3—故障点；4—音频信号发生器；5—探头

（2）在电缆接头处，往往接收线圈中能明显地收到强信号。

（3）电缆各部分如果埋的深浅不一，接收线圈中收到的信号强弱也不一样，埋得浅的地方接收到的信号强。

四、跨步电压法

（一）适用范围

对于单相接地故障或两相、三相短路并接地故障，特别是金属性接地故障，只要电缆裸露在外面，都可以采用跨步电压法测寻故障点，如图 12－46 所示。

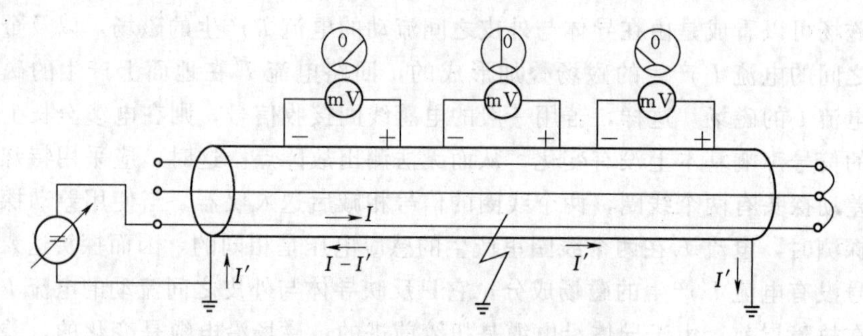

图 12－46　跨步电压法测电缆故障位置

（二）测寻的方法

在故障相与铅皮（铅皮接地）之间，接上可调的直流电源，该电源能使故障点流过一定的电流（一般为 5～10A）；然后，在初测所得的故障点位置附近，选相互间距约 500mm 的两点，轻轻撬破一小块钢带（只要露出一点铅皮即可），擦净露出的两小点铅皮。上述工作完成后，接通直流电源，直流电流 I 由故障芯线流到故障点，再由故障点经电缆铅皮与大地同时向电缆两个终端流去，即流经铅皮的电流从故障点处分开，向两个相反方向流出（如图 12－46 中 I 和 I'）。此时，将检流计测试端两表笔接好，极性记牢（“＋”“－”表笔的方向），然后，用表笔测出铅皮的电位，并使检流计的指针向正（负）向偏转。此后，只要正负表笔不调换，测铅皮跨步电位时，若两表笔均在故障点之前，检流计的指针始终向正（负）向偏转；若两表笔均在故障点之后，检流计的指针始终向负（正）向偏转；若故障点在两表笔之间，则检流计的指针应在零位。据此，便可测出故障点的位置。

直流电源可用一台 5kVA 的单相调压器、一台 5kVA 的单相变压器、一个输出带电容滤波器的单相整流桥组成，如图 12－47 所示，此电源能使故障点处流过 5～10A 的电流。

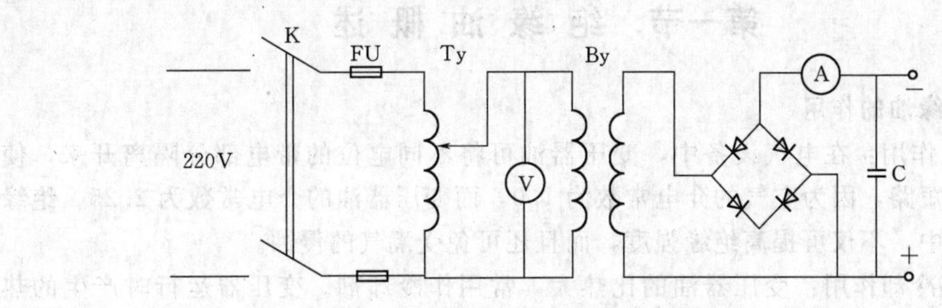

图 12－47　跨步电压法直流电源接线

本 章 小 结

本章介绍了交联电缆五阻值测量、直流耐压试验存在的主要问题、电力电缆变频串联谐振耐压试验方法、电力电缆故障探测基础、电缆故障的分类、电缆故障的各种探测方法。重点介绍了电缆故障诊断、故障测距、路径探测、故障定点的各种方法。

思 考 与 练 习

（1）交联电缆五阻值测量的方法及意义。
（2）直流耐压试验存在的主要问题。
（3）电力电缆变频串联谐振耐压试验接线及变频电源容量的确定。
（4）电力电缆故障有哪些类型？
（5）如何判断电缆故障的性质？
（6）简述测量电缆故障点位置的闪络法的基本原理。
（7）如何选择电缆故障测寻方法？
（8）电力电缆故障定点的方法有哪些？
（9）简述电力电缆路径探测的原理。

第十三章 绝缘油试验

第一节 绝缘油概述

一、绝缘油的作用

1. 绝缘作用：在电气设备中，变压器油可将不同电位的带电部分隔离开来，使不至于形成短路，因为空气的介电常数为1.0，而变压器油的介电常数为2.25。绝缘材料浸在油中，不仅可提高绝缘强度，而且还可免受潮气的侵蚀。

2. 散热冷却作用：变压器油的比热大，常用作冷却剂。变压器运行时产生的热量使靠近铁芯和绕组的油受热膨胀上升，通过油的上下对流，热量通过散热器散出，保证变压器正常运行。

3. 灭弧作用：在油断路器和变压器的有载调压开关上，触头切换时会产生电弧。由于变压器油导热性能好，且在电弧的高温作用下能分解出大量气体，产生较大压力，从而提高了介质的灭弧性能，使电弧很快熄灭。

二、绝缘油的要求

1. 具有较高的介电强度，以适应不同的工作电压。

2. 具有较低的黏度，以满足循环对流和传热需要。

3. 有较高的闪点温度，以满足防火要求。

4. 具有足够的低温性能，以抵御设备可能遇到的低温环境，具有良好的抗氧化能力，以保证油品有较长的使用寿命。

三、绝缘油质量的简单判断

（一）油的颜色

新油一般为浅黄色，氧化后颜色变为深暗红色。运行中油的颜色迅速变暗，表示油质变坏。

（二）油的气味

变压器油应没有气味，或带一点煤油味，如有别的气味，说明油质变坏。如：烧焦味——油干燥时过热；酸味——油严重老化；乙炔味——油内产生过电弧。

（三）油的透明度

新油在玻璃瓶中是透明的，并带有蓝紫色的荧光，如果失去荧光和透明度，说明有水分、机械杂质和游离碳。

第二节 绝缘油的电气性能试验

绝缘油的电气性能试验有两项，即电气强度试验和 $\tan\delta$ 值的测量。影响绝缘油电气强度的主要因素是油中所含的水分和杂质。电气强度不合格的绝缘油不能注入电气设备。油的 tanδ 值是反映油质好坏的重要指标之一。绝缘油老化后，将生成大量的极性基和极性物质，这也使油的电导和松弛极化加剧。因此，测量绝缘油的 tanδ，无论对新油或运行中的油，都是十分必要的。

一、电气强度试验

如果将施加于绝缘油的电压逐渐升高，则当电压达到一定数值时，油的电阻几乎突然下降至零，即电流瞬间突增，并伴随有火花或电弧的形式通过介质（油），此时通常称为油被“击穿”，油被击穿时的临界电压，称为击穿电压，此时的电场强度，称为油的绝缘强度（或称介电强度）。这表明绝缘油抵抗电场的能力。

击穿电压 U_b(kV) 与绝缘强度 E(kV/m)，按下式计算：

$$E=\frac{U_b}{d} \tag{13-1}$$

式中　d——电极间距离，m。

若 d 值一定，其他条件相同时，则 U_b 越大，E 也越高。虽然这两者的含义和单位都不同，但均可用来相对地表示绝缘油的绝缘性能。

（一）绝缘油的击穿理论

1. 电击穿理论

电击穿是油击穿的主要形式，油内总有某些数量的自由离子，加压时由于电离作用，电极表面的离子开始由一电极向另一电极移动。在电离作用达到发生击穿的程度以前，离子的速度随着电压的升高而增加，离子的数目也迅速增多，它们在强电场的作用下，由于移动的速度快，数量多，会使电流剧增，而导致绝缘油被击穿。这种击穿一般需较高的电压，故新油的击穿电压一般较高。

2. 气泡击穿

运行绝缘油中存在的气泡，在高压电场作用下会首先电离，电离时产生的电子能量较大，碰撞时使部分油品分子离解成气体，从而形成更多的气泡，该过程反复进行，使气泡不断增多、变大，最后气泡在两极间堆积成“气体小桥”时，而导致绝缘油的击穿。可采用脱气的方法来提高绝缘油的击穿电压。

13-1

3. 导电小桥理论

绝缘油虽经过精制处理，但在运输和贮存过程中，不可避免地要吸湿、混入灰尘、纤维或劣化产物等杂质，在强电场作用下，这些杂质（特别是极性杂质）会发生极化，并沿着电场方向排列起来，在电极间形成导电的“小桥”，从而导致油被击穿。这就是所谓的击穿“小桥”理论。

从上述油被击穿的机理或实践经验说明，油被击穿主要是外界杂质对油的污染引起的，这和油品本身的化学组成关系不大。故在工业上如油品（特别是新油）的击穿电压不合格时，只需进行过滤等机械净化处理，去掉油内杂质（当然包括水分），一般油的击穿电压就可达到要求。

（二）影响绝缘油击穿电压的因素

影响绝缘油击穿电压的因素比较多，主要有：

（1）电极的形状和大小。

（2）电极之间的距离。

（3）升压速度和方式。

（4）油杯的形状和容量。

（5）水分、纤维、劣化产物等的污染。

（6）温度。

前四种因素可由试验方法，统一规定测试条件加以解决；而后两方面是客观影响，不稳定的因素。

干燥、纯净的新绝缘油，其击穿电压均在45～50kV以上。若油中含有微量的水分（特别是乳状水），其击穿电压U_b便急剧下降；水分含量增大至一定值后，U_b基本稳定，不再显著下降。这是因为过多的水分将沉至油的底部，离开了高压电场区。此外，因油发生击穿后，过多的水分只不过增加了几条击穿的并联桥路，故U_b不再继续下降。另外击穿电压的大小，不仅取决于含水量，也取决于水在油中处于什么状态，同样的含水量，却能够不同程度地降低击穿电压。通常乳化水状态的水对击穿电压影响最大，溶解水次之。

油中的水滴，在强电场力的作用下会变成椭圆形，其介电系数较大（20℃，$\varepsilon_{水}=80.18$），易极化，并会在两极间形成“水桥”，导致油品的击穿。因此在绝缘油贮运、保管或运行中应特别注意防止水、汽的侵入，若运行油中有水时应及时除去。

当油中有水分存在并伴随有纤维、灰尘等杂质时，则更能加剧击穿电压的下降。一般油内如不含杂质，水只能降低击穿电压20%左右；有试验表明，无水时纯净的碳降低击穿电压15%，而有水时则降低30%。空气中的灰尘和水分如同时侵入油中时，能大大降低油的击穿电压约50%左右。

温度对击穿电压的影响，在一定的温度下，油内只能含一定量的水，如果水量增加到超过油溶解水饱和度限度时，则其过多部分即沉落于设备或容器的底部，而对耐压影响不大。

当油中含水量接近或超过饱和限度时，则击穿电压取决于水滴的多少和形态。温度较高时水滴雾化，颗粒较小，击穿电压较高。当水量低于饱和限度时，则不生成水滴，故看不出此规律。

油老化后所生成的酸值等产物，是使水保持乳化状态的不利因素。干燥的油，酸值等老化产物对击穿电压影响不明显，但却能使介质损耗因数急剧增加，这时测定油的击穿电压，不如测定介质损耗因数，更能判断油的老化程度的原因所在。

（三）试验方法

电气强度试验，即测量绝缘油的瞬时击穿电压值。试验接线与交流耐压试验相同，即在绝缘油中放上一定形状的标准试验电极，电极间加上工频电压，并以一定的速率逐渐升压，直至电极间的油隙击穿为止。该电压即绝缘油的击穿电压（kV），或可换算为击穿强度（kV/cm）。

13-2

《规程》规定，试验电极用黄铜或不锈钢制成，直径为25mm，厚4mm，倒角半径R为2mm。安置电极的油杯容量按规定应为200mL，油杯是用瓷或玻璃制成，从电极到杯壁和杯底的距离应不小于15cm；电极至上层油面的距离应不小于电极至杯底的距离；电极面应垂直，两电极必须平行。电气强度试验所用油杯示意图如图13-1所示。

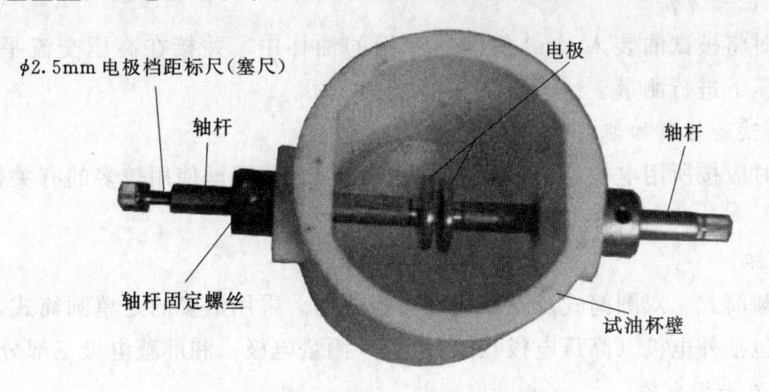

图13-1　电气强度试验所用油杯示意图

（四）试验步骤及注意事项

1. 清洗油杯

试验前电极和油杯应先用汽油、苯或四氯化碳洗净烘干，洗涤时用洁净的丝绢，不可用布和棉纱。电极表面有烧伤痕迹的不可再用，调整好电极间距离，使其保持2.5mm。油杯上要加玻璃盖或玻璃罩。试验在室温15～35℃，湿度不高于75%的条件下进行。

2. 油样处理

试油样送到试验室后，必须在不破坏原有储藏密封的状态下放置相当时间，直至油样接近室温。在油倒出前，应将储油容器颠倒数次，使油均匀混合，并尽可能不产生气泡，然后用被试油杯和电极冲洗两、三次，再将被试油杯壁徐徐注入油杯，盖上玻璃盖或玻璃罩，静置10min。

3. 加压试验

调节调压器使电压从零升起，升压速度约3kV/s，直至油隙击穿，并记录击穿电压值。这样重复试验5次，取平均值。

4. 击穿时的电流限制

为了减少油击穿后产生的碳粒，应将击穿时的电流限制在5mA左右，在每次击穿后要对电极间的油进行充分搅拌，并静置5min后再重复试验。

（五）油质判断标准

油质判断标准见表13-1。

表13-1　　油质判断标准

设备电压等级	质量指标	
	新设备投入运行前的油/kV	运行油/kV
35kV及以下	≥40	≥35
110kV、220kV	≥45	≥40
500kV	≥65	≥55

二、tanδ 值的测量

（一）试验方法

试验时将被试油装入 tanδ 值测量专用的油杯中，并接在高压交流平衡电桥上，在工频电压下进行测量。

（二）试验接线和使用仪器

试验时应按所用电桥说明书要求进行接线。目前我国使用较多的有关仪器有以下几种。

1. 油杯

有单圆筒式、双圆筒式及三接线柱电极式的。采用最多的是单圆筒式，又叫圆柱形电极。包括外电极（高压电极）、内电极（测量电极）和屏蔽电极三部分。

2. 交流平衡电桥

常用的国产电桥有 QS3 型或其他可测量 tanδ 值小于 0.01%灵敏度较高的电桥。

（三）试验步骤

1. 清洗油杯

试验前先用有机溶剂将测量油杯仔细清洗并烘干，以防附着于电极上的杂质及水分潮气等影响试验结果。即保证空杯的 tanδ 值小于 0.01%，才能满足对绝缘油测试准确度的要求。用被试油冲洗测量油杯两、三次，再注入被试油，静置 10min 以上，待油中气泡逸出后再进行测量。

2. 选择适当的试验电压和温度

试验电压由测量油杯电极间隙大小而定，一般应保证间隙上的电场强度为 1kV/mm。在注油试验前，还必须对空杯进行 1.5 倍工作电压的耐压试验。由于绝缘油的 tanδ 值很小，特别是电缆油和电容器油，所以要用精密度较高的西林电桥测量，以保证至少能测出 0.01%的 tanδ 值。由于绝缘油的 tanδ 值随温度的升高而按指数规律剧增，因此除了在常温下测量油的 tanδ 值外，还必须将被测油样升温（变压器油要升温至 90℃，电缆油要升温至 100℃），测量高温下 tanδ 值。因为判断油质的好坏主要是以高温下测得的 tanδ 值为准；而在低温时，有时好油和坏油的 tanδ 值差别不大。又由于好油的 tanδ 值随温度升高，增长较慢；而坏油的 tanδ 值则随温度升高，增长很快。因此高温下二者的 tanδ 值会差别很大，更利于区分油质的好坏。

（四）试验结果的分析判断

按有关标准规定，90℃时所测值：注入电气设备前 tanδ 值应不大于 0.5%，注入设备后 tanδ 值应不大于 0.7%。

第三节 绝缘油物理特性试验

绝缘油物理特性主要是：闪点、酸值、水溶性值等。本节主要介绍闪点试验规范要求。

闪点试验规范要求见表 13-2。

表 13-2　　闪点试验规范要求

定义和质量指标	方法名称及标准号	方法概要	注意事项
试油在规定的条件下加热，直到油蒸汽与空气的混合气体接触火焰发生闪火时的最低温度。 标准： 运行中：≥135℃	闪点测定法闭口杯 GB261	试样在连续搅拌下，用很慢的恒定速度加热。在规定的温度间隔，同时中断搅拌的情况下，将一小火焰引入杯内，试验火焰引起试样上的蒸汽闪火时的最低温度为闭口闪点	(1) 油杯中试样的量要正好到刻线处； (2) 点火用的火焰大小要严格控制； (3) 严格控制加温速度，不能过快或过慢

第四节　绝缘油中溶解气体分析和故障判断方法

一、油中溶解气体分析的理论基础

浸绝缘油的电气设备中如果存在局部过热或局部放电等情况，就会使绝缘油或固体绝缘材料分解，产生各种烃类气体和 H_2、CO_2、CO 等气体。这些气体的一部分会溶解在油中。不同性质的故障，不同的绝缘物质，分解产生的气体成分是不同的。因此，分析油中溶解气体的组成成分、含量及其随时间而增长的规律，就可以鉴别故障的性质、程度及其发展情况。这对于测定发展中的潜伏性故障是很灵敏的，故已列入绝缘试验标准，并制订了相应的试验导则，适用于变压器、电抗器、电流互感器、电压互感器、充油套管、充油电缆等。

设备在正常运行的过程中，绝缘油和有机绝缘材料也会逐渐老化、分解，产生某些气体，主要是 CO 和 CO_2，还有些 H_2 和烃类气体，溶解于油中，但此时一般不会超过经验参考值。而当发生故障时，这些气体量将大大增加（超过经验参考值）。

二、分析方法

油中溶解气体分析采用质谱仪和气相色谱仪。目前国内多采用气相色谱仪。对油中溶解气体分析工作要求较高，主要有以下几点要求。

（一）分析人员要求素质高

分析油中溶解气体和气体继电器中气样，技术要求较高，而且工艺复杂，所以分析人员需经过专门培训和实习，经考核合格后才能担任。

（二）分析人员应严格执行导则

分析人员应认真学习、理解并在工作中严格执行《变压器油中溶解气体分析和判断导则》(GB 7252—2016)（简称《导则》）。

（三）取样

1. 取样方法的重要性

取样是变压器油试验的重要环节。取样方法是试验方法的重要内容之一。有些试验项目受取样方法的影响较小，如密度、运动粘度、界面张力、酸值等，而有些项目受取样方法的影响较大，如介质损耗因数、含水量、含气量、溶解气体色谱分析等。因此，国家专门制定了取样方法的标准，即《电力用油（变压器油、汽轮机油）取样方法》(GB 7597—87)。

2. 取样基本要求

（1）取样容器。对于不同试验项目，要用不同的容器取样。一般来说，含水量、含气量、溶解气体色谱分析用的油样要用注射器取，其他项目用的油样用棕色磨口瓶取。

（2）取样工具。用瓶子取样时，不用取样工具也能顺利取到符合要求的油样。用注射器或其他专用容器取样时，就要用取样工具。由于变压器取油阀不统一，所以取样工具也不统一。

最简单的取样工具就是一根聚乙烯塑料管或耐油橡胶软管。但必须注意，管材绝不能污染油样。将塑料管或橡胶管套到取油阀出油嘴上，拧开封油螺钉即可取样。因为管子一般要比注射器端孔粗，油样要取自一直向外流动的流油中，若借助一段变径管，也可以用三通控制取样。

（3）取样部位。确定取样部位应遵守两个原则：一是样品应能代表总体，二是要从油质可能最劣的部位取样。“代表总体”就是要避免取滞留于某一死角、有受外界污染嫌疑的油。“油质最劣部位”是指当取样阀不止一个时，要使从油中取出的油的质量可能为最差的一个。一般情况下，若取样阀到主体油箱之间有管路的话，则管路中的油被认为死角油。对于上、中、下都设有取样阀的变压器，从底部取样阀取出的油被认为是变劣可能性最大的油，所以一般应在设备下部取样阀取。

（4）取样操作。

1）在取样之前，首先要对取样容器和工具进行处理。对于新的或用过的容器和工具，若黏附灰尘或潮气，都要用自来水、蒸馏水或油醚洗涤多遍，然后放在干燥箱里干燥处理。

2）卸下取油阀防尘罩，用干净滤纸或棉布将出油嘴擦干净。

3）套上取样工具，拧开封油螺钉，让油以适当流速流出管子，放少量油冲洗管路，然后再正式取样。

4）用瓶子取样时，至少要用油洗刷瓶子三次。油样要尽可能取满瓶，以减少残留空气。

5）在用注射器取样的情况下，要先取出注射器芯，用油冲洗管和芯，以确保抽拉自如。取样时一定要避免气泡进入。若有气泡进入，要排掉重取。取够量后，用油洗涤并注满橡胶封帽，排除封帽中空气，然后套上注射器端嘴。

6）取样后要尽快做试验。油中溶解气体分析用油样，从取样到试验，间隔时间不宜超过 4 天；含水量、含气量试验油样不宜超过 7 天；击穿电压油样，在干燥的冬春季节，间隔时间不宜超过 3 天，在湿热的夏天，间隔时间越短越好，不宜从外地取样拿回实验室去做试验。

（四）脱气方法

1. 真空脱气法

由于烃类气体在油中溶解度大而含量低，真空脱气法是不可能将它们全部脱出的。事实上，由于真空脱气是以气—液平衡原理为基础的，无论真空度抽到多么高，它对各种气体的脱气率都不可能达到百分之百。正因为如此，有些真空脱气法，如汞托里拆利真空法和真空泵法中的薄膜法，已被淘汰，真空泵法中的汞法和饱和食盐水法也都增加了搅拌装置，并采用多次脱气措施。操作程序大体相同，包含抽真空、脱气和收集气体。

改进后的真空脱气装置的脱气效果有时候仍不能令人满意，为此还必须求出真空脱气装置对每一组分气体的脱气率。而加氮气振荡法本身就可以当做一种脱气方法，这就是所谓的机械振荡脱气法。

2. 机械振荡脱气法

机械振荡脱气法的脱气装置为振荡仪，简单地说，就是一台装有往复振动机构和卡盘的恒温箱。振荡操作也非常简单：向装有一定量油样（一般为 40mL）的注射器中加注一定量的氮气（一般为 5mL）；然后将注射器卡在 20℃或 50℃的恒温箱中，振荡 20min，静止 10min，使油气两相达到平衡；用小注射器取出平衡后的气体，读准体积，供色谱分析用。

（五）分析和结果表示方法

气相色谱仪要能满足对油中气体最小检知浓度：乙炔不大于 1×10^{-6} 体积百分数；氢不大于 10×10^{-6} 体积百分数。色谱分析结果用体积百分数即每升油中所含各气体组分的微升数表示，即 μL/L。

三、分析结果判断方法

油中溶解气体分析结果的判断，以往采用总可燃气体法，近年来为了和 IEC 统一，采用以下方法。

（一）特征气体法

正常运行时绝缘油老化过程中产生的气体主要是 CO 和 CO_2。在油纸绝缘中存在局部放电时，油裂解产生的气体主要是 H_2 和 CH_4。在故障温度高于正常温度不多时，产生的气体主要是 CH_4。随着故障温度的升高，产生的气体中 C_2H_4 和 C_2H_6 逐渐成为主要特征。当温度高于 1000℃时，如在电弧温度的作用下，油裂解产生的气体含有较多的 C_2H_2。如果进水受潮或油中有气泡，则 H_2 的含量极大。如果故障涉及固体绝缘材料时，会产生较多的 CO 和 CO_2。不同故障类型产生的气体组分如表 13-3 所示。

表 13-3　不同故障类型产生的气体组分

故障类型	主要气体组分	次要气体组分
油过热	CH_4，C_2H_4	H_2，C_2H_6
油和纸过热	CH_4，C_2H_4，CO，CO_2	H_2，C_2H_6
油纸绝缘中局部放电	H_2，CH_4，C_2H_2，CO	C_2H_6，CO_2
油中火花放电	C_2H_2，H_2	
油中电弧	H_2，C_2H_2	CH_4，C_2H_4，C_2H_6
油和纸中电弧	H_2，C_2H_2，CO_2，CO	CH_4，C_2H_4，C_2H_6
进水受潮或油中有气泡	H_2	

（二）依据气体含量和采用产气速率法

故障性质越严重，则油中溶解的气体含量就越高。所以根据油中溶解气体的绝对值含量多少，和《导则》中规定的注意值比较，凡大于注意值者，应跟踪分析，查明原因。注意值不是划分设备有无故障的唯一标准。影响电流互感器和电容型套管油中氢气含量的因素很多，有的氢气含量虽低于表 13-4 中数值，但若增加较快，也应引起注意；有的氢气含量超过表 13-4 中数值，若无明显增加趋势，也可判断为正常。

表 13-4　油中溶解气体含量的注意值

设备名称	气体组分	含量/%
变压器和电抗器	总烃	0.015
	C_2H_2	0.0005
	H_2	0.015
互感器	总烃	0.01
	C_2H_2	0.0003
	H_2	0.015
套管	总烃	0.01
	C_2H_2	0.0005
	H_2	0.02

注　本表数值不适用于从气体继电器放气嘴取出的气样。

仅根据油中溶解气体绝对值含量超过注意值即判断为异常，是很不全面的。实践经验表明，要制定出变压器油中溶解气体的正常值是很困难的，尤其是 C_2H_2 的含量正常值，可低到 0.00005%，也可高达 0.033%。因此，除了看油中气体组分的含量绝对值外，还要看发展趋势，也就是看产气速率。

产气速率与故障消耗能量大小、故障部位和故障点的温度等情况有直接关系。产气率有两种表达方式：

1. 绝对产气速率

绝对产气速率指每运行 1h 产生某种气体的平均值，计算式为

$$r_a=\frac{C_2-C_1}{\Delta t}\frac{G}{\rho}\times 10^{-3} \tag{13-2}$$

式中　r_a——绝对产气速率，mL/h；

C_2——第二次取样测得油中某气体浓度值，10^{-6}（体积比）；

C_1——第一次取样测得油中某气体浓度值，10^{-6}（体积比）；

Δt——两次取样时间间隔，h；

G——总油量，t；

ρ——油密度，t/m^3。

变压器总烃绝对产气速率的注意值如表 13-5 所示。

表 13-5　　总烃绝对产气速率的注意值

变压器型式	开放式	隔膜式
产气速度/(mL/h)	0.25	0.50

注　当产气速率达到注意值时，应进行跟踪分析。

2. 相对产气速率

相对产气速率指运行一个月某种气体含量增加值与原有值之比的百分数的平均值，计算式为

$$r_r=\frac{C_2-C_1}{C_1}\frac{1}{\Delta t}\times 100\% \tag{13-3}$$

式中　r_r——相对产气速率，%/月；

C_2——第二次油样中某气体浓度，10^{-6}（体积比）；

C_1——第一次油样中某气体浓度，10^{-6}（体积比）；

Δt——两次取样时间间隔，月。

总烃的相对产气速率大于10%/月时，应引起注意。但对总烃起始含量很低的设备，不宜采用此法。出厂和新投运设备的油中不应含 C_2H_2 成分，其他组分也应该很低。出厂试验前后两次分析结果不应有明显差别。

（三）三比值法

油的热分解温度不同，烃类气体各组分的相互比例不同。任一特定的气态烃的产气速率随温度而变化，在某一特定温度下，有以最大产气速率，但各气体组分达到它的最大产气率所对应的温度不同。利用产生的各种组分气体浓度的相对比值，作为判断产生油裂变的条件，就是目前使用的"比值法"。三比值指五种气体（C_2H_2、C_2H_4、C_2H_6、H_2、和 CH_4）构成的三个比值（$\frac{C_2H_2}{C_2H_4}$、$\frac{CH_4}{H_2}$和$\frac{C_2H_4}{C_2H_6}$）。三个比值的编码规则见表 13-6。

表 13-6　　三比值法的编码规则

特征气体的比值	比值范围编码			说　明
	$\frac{C_2H_2}{C_2H_4}$	$\frac{CH_4}{H_2}$	$\frac{C_2H_4}{C_2H_6}$	
<0.1	0	1	0	例如：$\frac{C_2H_2}{C_2H_4}=1\sim3$ 时，编码为 1；$\frac{CH_4}{H_2}=1\sim3$ 时，编码为 2；$\frac{C_2H_4}{C_2H_6}=1\sim3$ 时，编码为 1
0.1～1	1	0	0	
1～3	1	2	1	
>3	2	2	2	

判断故障性质的三比值法见表 13-7。

应用三比值法时的注意事项：

（1）只有根据各组分含量的注意值或产气速率的注意值判断可能存在故障时，才能进一步用三比值法判断其故障性质。气体含量正常，三比值法没有意义。

表 13-7　　判断故障性质的三比值法

序号	故障性质	比值范围编码			典 型 例 子
		$\frac{C_2H_2}{C_2H_4}$	$\frac{CH_4}{H_2}$	$\frac{C_2H_4}{C_2H_6}$	
1	无故障	0	0	0	正常老化
2	低能量密度的局部放电	0	1	0	含气空腔中放电。这种空腔是由于不完全浸渍、气体过饱和、空吸作用或高湿度等原因造成的
3	高能量密度的局部放电	1	1	0	含气空腔中放电、已导致固体绝缘有放电痕迹或穿孔
4	低能量的放电	1→2	0	1→2	不同电位的不良接点间或者悬浮电位体的连续火花放电。固体材料之间油的击穿
5	高能量的放电	1	0	2	有工频续流的放电。绕组线饼、线匝之间或绕组对地之间的油的电弧击穿。有载分接开关的选择开关切断电流
6	低于 150℃ 的热故障	0	0	1	通常是包有绝缘的导线过热
7	150～300℃低温范围的热故障	0	2	0	由于磁通集中引起的铁芯局部过热，热点依下述情况为序而增加：铁芯中的小热点，铁芯短路，由于涡流引起的铜过热，接头或接触不良（形成焦炭），铁芯和外壳的环流
8	300～700℃中等温度范围的热故障	0	2	1	
9	高于 700℃高温范围的热故障	0	2	2	

（2）表 13-3 中每一种故障对应于一组比值，多种故障联合作用，可能找不到相应组合。

（3）实际可能出现表 13-3 中没有包括的比值组合。因为某些判断尚在研究中。

（四）无编码比值法

由于三比值法存在一些不足，通过大量变压器故障分析，提出无编码比值法——不在对比值进行编码，直接由两个比值确定一个故障性质，减少先编码后，再由编码查故障的过程，使分析和判断更简单化。无编码判断变压器故障方法如下：

（1）计算$\frac{C_2H_2}{C_2H_4}$的比值，当比值小于 0.1 时，为过热性故障；当比值大于 0.1 时，为放电性故障。

（2）计算$\frac{C_2H_4}{C_2H_6}$的比值，当比值小于 1 时，为低温过热（小于 300℃）；当比值大于 1 而小于 3 时，为中温过热（300～700℃）；当比值大于 3 时，为大于 700℃的高温过热。

（3）计算$\frac{CH_4}{H_2}$的比值，确定纯放电还是放电兼过热故障。当比值小于 1 时，为纯放电；当比值大于 1 时，为放电兼过热。

经过多台次故障变压器分析和判断，并经过验证，无编码比值法准确率要比三比值法高。

（五）TD图判断法

三比值法中，当内部产生高温过热和放电性故障时，绝大多数的$\frac{C_2H_4}{C_2H_6}$大于3。利用三比值法中的前两项，可构成直角坐标的TD图，如图13-2所示。

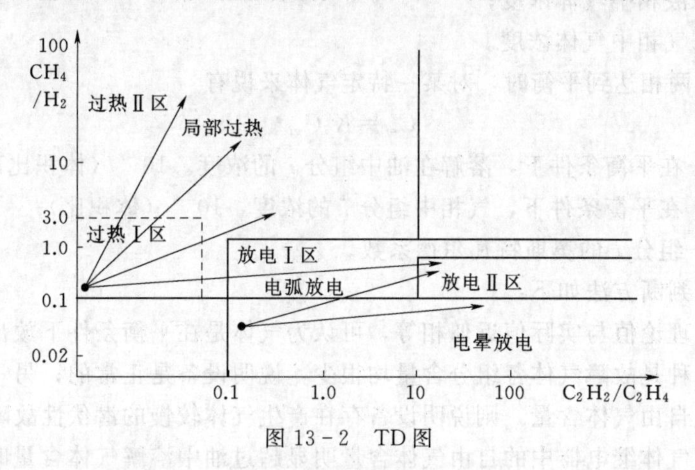

图13-2　TD图

图13-2中以$\frac{CH_4}{H_2}$为纵坐标，以$\frac{C_2H_2}{C_2H_4}$为横坐标。除无激磁分接开关悬浮电位操作杆放电故障外，变压器内部故障均出现过热状态，逐渐发展成严重过热或放电故障，造成设备直接损坏。当故障向过热Ⅱ区方向发展或向放电Ⅱ区方向发展时，是应该严格控制的，并要及早处理，防患于未然。在放电Ⅱ区，变压器应退出运行，查明原因并进行处理。在过热Ⅱ区，变压器已不可继续运行，轻瓦斯保护有可能动作。

经过实际使用验证，TD图收效很好。

（六）平衡判据

当气体继电器发出信号时，可使用平衡判据进行分析判断。对油中溶解气体和继电器中的自由气体的浓度分析比较后，可以判断自由气体与溶解气体是否处于平衡状态，进而可以判断故障的持续时间。

对油中溶解气体和气体继电器气样进行色谱分析，然后进行比较。首先是把自由气体中各组分的浓度值利用各组分的奥斯特瓦尔德系数K_i，计算出油中溶解气体理论值，或从油中溶解气体各组分的浓度值计算出自由气体的各组分的理论值，然后再进行比较。

各种气体在矿物绝缘油中的奥斯特瓦尔德系数K_i见表13-8。

表13-8　各种气体在矿物绝缘油中的奥斯特瓦尔德系数K_i

气　体	K_i		气　体	K_i	
	20℃	50℃		20℃	50℃
氢（H_2）	0.05	0.05	二氧化碳（CO_2）	1.08	1.00
氮（N_2）	0.09	0.09	乙炔（C_2H_2）	1.20	0.9
一氧化碳（CO）	0.12	0.12	乙烯（C_2H_4）	1.70	1.40
氧（O_2）	0.17	0.17	乙烷（C_2H_6）	2.40	1.80
甲烷（CH_4）	0.43	0.40	丙烷（C_3H_8）	10.0	—

奥斯特瓦尔德系数定义为

$$K_i=\frac{C_0}{C_g} \tag{13-4}$$

式中 C_0——液相中气体浓度；

C_g——气相中气体浓度。

当气、液两相达到平衡时，对某一特定气体来说有

$$C_{oi}=K_iC_{gi} \tag{13-5}$$

式中 C_{oi}——在平衡条件下，溶解在油中组分 i 的浓度，10^{-6}（体积比）；

C_{gi}——在平衡条件下，气相中组分 i 的浓度，10^{-6}（体积比）；

K_i——组分 i 的奥斯特瓦尔德系数。

平衡判据判断方法如下：

（1）如果理论值与实际值近似相等，可认为气体是在平衡条件下放出来的。这有两种可能：一种是故障气体各组分含量均很少，说明设备是正常的；另一种是溶解气体含量略高于自由气体含量，则说明设备存在产生气体较慢的潜伏性故障。

（2）如果气体继电器中的自由气体含量明显超过油中溶解气体含量时，说明释放气体较多，设备存在产生气体较快的故障。

（七）总烃安伏曲线法

过热故障产生的原因有两方面，一是导电回路，一是导磁回路。如果导电回路有了热故障，则和电流平方成正比（电阻损耗）；如果导磁回路有了热故障，则和电压平方成正比（磁路损耗）。这样再结合色谱分析数据变化，即可判断故障部位。

根据上述理论，制作总烃安伏曲线，由此曲线判断。其具体做法是：根据色谱分析取样日期运行日志提供的电流、电压值，计算每日的变压器电源电压、电流平均值。以日期为横坐标，以总烃、电流、电压值为纵坐标绘制成总烃、电流、电压曲线，对三条曲线分析即可判断、区分导电回路还是导磁回路过热。

（八）综合判断方法

将运行中的充油设备色谱分析值与《导则》给出的注意值进行比较，如果超出注意值，应进行分析。另外，如果测出有乙炔（C_2H_2），虽色谱分析值未超过注意值，也应认真分析。

（1）首先排除外界影响。如是否油箱电焊过；有载调压开关的油有无渗进本体油箱内的可能；设备运行过程中是否过热等。只有排除外界影响，才能确认分析结果是可靠的，才可进一步分析。

（2）根据上述介绍的方法，如产气率、特征气体、三比值法和 TD 图，进一步确定故障性质。如果气体继电器已有自由气体，还要用平衡判据进行分析。

（3）有了故障性质，还要结合其他检查性试验，如测各绕组的直流电阻、空载特性试验、绝缘试验、局部放电试验和微水测量、油中微量金属分析等，再进一步确定故障性质和部位。

（4）根据分析结果和具体设备情况，采取不同的处理措施。如果性质不严重，而部位又一时确定不下来，则可继续跟踪分析，加强监督。如果暂时停电困难，可以限

制负荷安排近期处理。如果综合分析认为故障严重，随时都有可能发生事故，则应立即停运，进行处理。

总之，色谱分析的结果应重视，但也不要只凭一次分析进行处理，应进行综合分析后，甚至多次跟踪分析后，才能最后确定处理方案。

本 章 小 结

本章介绍了绝缘油中溶解气体分析的理论基础和各种常用的故障判断方法，重点介绍了特征气体法；依据气体含量和采用产气速率法；三比值法；TD图判断法；平衡判据法；总烃安伏曲线法；综合判断方法等故障判断方法。

思 考 与 练 习

(1) 简述绝缘油的作用。

(2) 绝缘油中含少量水分，为什么会使击穿电压急剧下降?

(3) 色谱分析的目的是什么?

(4) 色谱分析的各种特征气体有哪些?

(5) 简述特征气体法的原理。

(6) 简述故障的综合判断方法。

(7) 简述三比值法的原理。

第十四章 接地装置试验

第一节 接地的基本概念

一、接地装置的分类

在由发电厂、变电所和输电线路组成的电力系统中，所有电气设备及杆塔的不带电金属体都需要接地。接地是通过接地引下线及直接埋入地中的接地体两部分组成的接地装置来实现。

接地装置按要求分为工作接地、保护接地、过电压保护接地和防静电接地四种：

（1）工作接地。在电力系统中因正常运行需要的接地，如电力系统中性点接地。

（2）保护接地。为了保护人身安全将电力设备的金属外壳、金属杆塔进行接地。

（3）过电压保护接地。为了消除、限制过电压的威胁而设的接地，如避雷器的接地、避雷针的接地。

（4）防静电接地。为释放静电电荷、防止静电危险而设置的接地。如易燃油、天然气罐和管道的接地等。

二、接地的几个基本概念

1. 接地体

埋在地中与大地良好接触的金属导体或金属导体组称为接地体。可以分为人工接地体和自然接地体，按在地中的埋设方式不同，可分为水平接地体和垂直接地体。

2. 接地线

电气设备的接地部分与接地体连接用的金属导线称为接地线。

3. 接地装置

接地体和接地线的总和称接地装置。

4. 地

电气上的地，其特点是该处土壤中没有电流，即该处电位等于零。距触地点 20m 以外，几乎没有电压降，即电位已降至为零。我们通常所说的电气上的“地”，就是指距触地点 20m 以外的地。

三、接地电阻的要求

各种电力设备接地电阻的要求见表 14－1。

四、接地装置的型式

（一）有避雷线的线路

（1）$\rho \leqslant 100\Omega \cdot m$ 的潮湿地区，可利用铁塔和钢筋混凝土杆的自然接地，不必另设防雷接地。

表 14-1 几种电力设备接地电阻的允许值

序号	设备名称		接地电阻允许值/Ω
1	大接地短路电流系统的电力设备		$R\leqslant\frac{2000}{I}$ $I>4000$A；$R<0.5$
2	小接地短路电流系统的电力设备		$R\leqslant\frac{250}{I}$
3	小接地短路电流系统中无避雷线的配电线路杆塔		30
4	有避雷线的配电线路杆塔	$\rho\leqslant100\Omega\cdot$m	10
		$\rho=100\sim500\Omega\cdot$m	15
		$\rho=500\sim1000\Omega\cdot$m	20
		$\rho=1000\sim2000\Omega\cdot$m	25
		$\rho\geqslant2000\Omega\cdot$m	30
5	配电变压器	100kVA 及以上	4
		100kVA 及以下	10
6	阀型避雷器		10
7	独立避雷针		10
8	装于线路交叉点、绝缘弱点的管型避雷器		10～20
9	装于线路上的火花间隙		10～20
10	变电站的进线段设备装管型避雷器处		10
11	发电厂的进线段设备装管型避雷器处		5
12	发电厂的进线段设备装阀型避雷器处		3
13	人身安全接地设备		4
14	接户线的第一根杆塔		30
15	带电作业的临时接地装置		5～10
16	高土壤电阻率地区	小接地短路电流系统	15
		大接地短路电流系统	5

(2) $100\Omega\cdot$m$<\rho\leqslant300\Omega\cdot$m 的地区，除了利用铁塔和钢筋混凝土杆的自然接地外，还应设人工接地装置，接地体埋深不宜小于 0.6m。

(3) $300\Omega\cdot$m$<\rho\leqslant2000\Omega\cdot$m 的地区，一般采用水平敷设的人工接地装置，接地体埋深不宜小于 0.5m。

(4) $\rho>2000\Omega\cdot$m 的地区，可采用 6～8 根总长度不超过 500m 的放射形接地体，伸长接地体只在 40～60m 有效，不宜太长。

(5) 居民区和水田中的接地装置，包括临时接地装置，宜围绕杆塔基础敷设成闭合环形。

(二) 变电所接地网

变电所接地网应满足工作、安全和防雷保护的接地要求。一般的做法是根据安全和工作接地的要求，敷设一个统一的接地网，然后再在避雷针和避雷器下面加装集中接地体以满足防雷接地的要求。

变电所接地网的接地体一般以水平接地体为主，并采用网格形，以便使地面电位比较均匀。接地网均压带的总根数在 18 根及以下时，用长孔地网较经济；在 19 根及以上时，用方孔地网较经济。

接地网常用 4×40m 扁钢或 ϕ20mm 圆钢敷设，埋地 0.6～0.8m，其面积大体与变电所的面积相同，两水平接地带的间距约为 3～10m，需按接触电压和跨步电压的要求确定。

接地网的总电阻 R(Ω) 可以估算：

$$R=\frac{0.44\rho}{\sqrt{S}}+\frac{\rho}{L}\approx\frac{0.5\rho}{\sqrt{S}} \tag{14-1}$$

式中 L——接地电体的总长度，m；

S——接地网的总面积，m²；

ρ——土壤电阻率，Ω·m。

五、接地电阻的计算

(一) 垂直接地体的接地电阻

垂直接地体的接地电阻的计算公式如下：

$$R_{gc}=\frac{\rho}{2\pi l}\left(\ln\frac{8L}{d}-1\right) \tag{14-2}$$

式中 R_{gc}——单根垂直接地体的接地电阻，Ω；

L——接地体长度，m；

d——接地体用圆钢时的直径 m，若为角钢时，$d=0.84b$（b 为角钢边宽），若用扁钢，$d=0.5b$（b 为扁钢宽度）。

(二) 水平接地体的接地电阻

水平接地体的接地电阻的计算公式如下：

$$R_{gp}=\frac{\rho}{2\pi l}\left(\ln\frac{L^2}{dh}+A\right) \tag{14-3}$$

式中 R_{gp}——水平接地体的接地电阻，Ω；

L——接地体的总长度，m；

d——水平接地体的直径，m；

h——水平接地体的埋设深度直径，m；

A——水平接地体的形状系数。

(三) 冲击接地电阻

冲击系数

$$a=R_{ch}/R_g \tag{14-4}$$

式中 R_{ch}——冲击接地电阻，Ω；

R_g——工频接地电阻，Ω。

a 值可按下述经验公式计算：

$$a=\frac{1}{0.9+K\frac{(I\rho)^{0.8}}{L^{1.2}}} \tag{14-5}$$

式中　K——系数，采用垂直接地体时为0.9，采用水平接地体时为2.2；

I——通过每根接地体的雷电流幅值，kA；

ρ——土壤电阻率，kΩ·m，取雷季中最大可能值；

L——棒或带的长度，或圆环接地体的圆环直径，m。

第二节　接地电阻的测量方法

测量接地电阻的方法最常用的有电压、电流法，比率计法和电桥法。对大型接地装置，如110kV及以上变电所接地网，或地网对角线$D\geqslant 60$m的地网不能采用比率计法和电桥法，而应采用电压、电流表法，且施加的电流要达到一定值，测量导则要求不宜小于30A。

一、电压、电流法

采用电压、电流法测量接地电阻的试验接线如图14-1所示。

这是一种常用的方法，施加电源后，同时读取电流表和电压表值，并按下式计算接地电阻，即

$$R_s=\frac{U}{I} \tag{14-6}$$

式中　R_s——接地电阻，Ω；

U——实测电压，V；

I——实测电流，A。

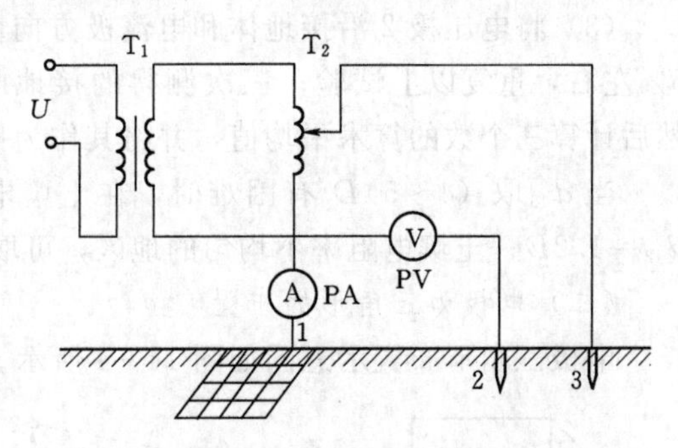

图14-1　电压电流法测接地电阻的试验接线
T_1—隔离变压器；T_2—变压器；
1—接地网；2—电压极；3—电流极

图14-1中，隔离变压器T_1可使用50～200kVA发电厂或变电所的厂用变压器或所用变压器，把二次侧的中性点和接地解开，专作提供试验电源用；调压器T_2可使用50～200kVA的移圈式或其他形式的调压器；电压表PV要求准确级不低于1.0级，电压表的输入阻抗不小于100kΩ，最好用的分辨率不大于1%的数字电压表（满量程约为50V）；电流表PA准确级不低于1.0级。

（一）电极为直线布置

发电厂和变电所接地网接地电阻采用直线布置三极时，其电极布置和电位分布如图14-2所示。

直线三极法是指电流极和电压极沿直线布置，三极是指被测接地体1，测量用的电压极2和测量用的电流极3。三极法的原理接线图如图14-3所示。

一般，$d_{13}=(4\sim5)D$，$d_{12}=(0.5\sim0.6)d_{13}$，$D$为被测接地装置最大对角线的长度，点2可以认为是处在实际的零电位区内。

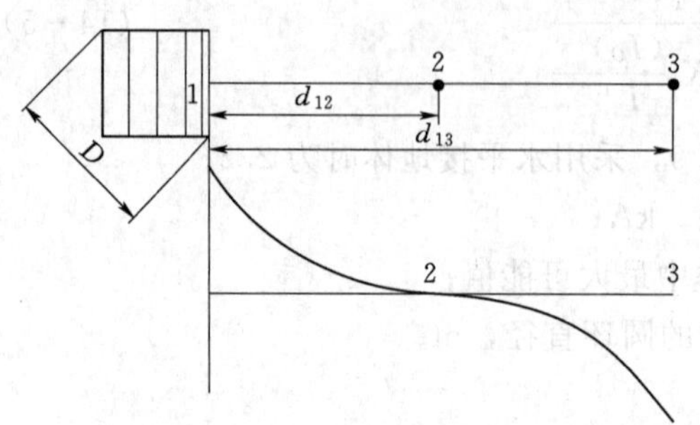

图 14-2　测量工频地装置的直线三极法电极和电位分布示意图

1—被测接地体；2—测量用的电压极；3—测量用的电流极

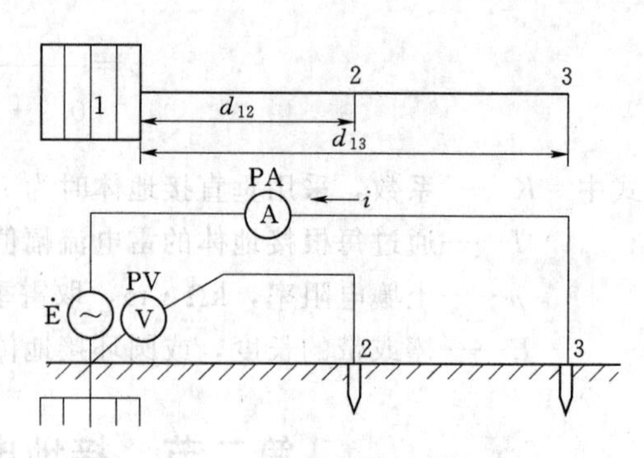

图 14-3　三极法的原理接线

具体试验步骤如下：

(1) 按图 14-2 接好试验接线，并检查无误。

(2) 用调压器升压，并记录相对应的电压和电流值，直至升到预定值，比如60A，并记录对应的电压值。

(3) 将电压极 2 沿接地体和电流极方向前后移动三次，每次移动的距离为 d_{13} 的5%左右，重复以上试验；三次测得的接地电阻值与平均值之比不超过 5%时即可。然后计算三个数的算术平均值，并将其作为接地体的接地电阻。

当 d_{13} 取 $(4\sim5)D$ 有困难时，在土壤电阻率较为均匀的地区，可取 $d_{13}=2D$，$d_{12}=1.2D$；土壤电阻率不均匀的地区，可取 $d_{13}=3D$，$d_{12}=1.7D$。

（二）电极为三角形的布置

电极三角形布置示意图如图 14-4 所示。

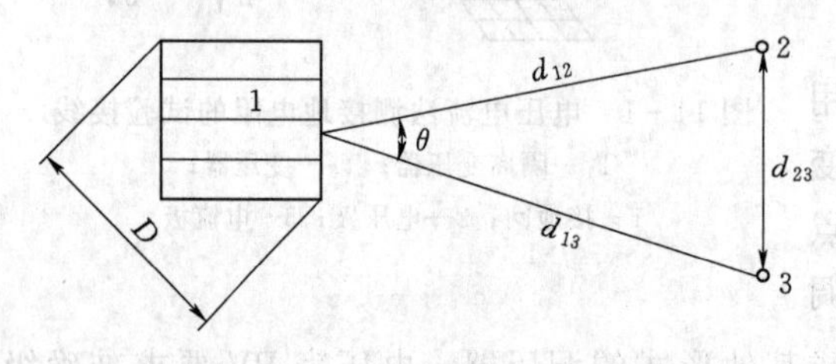

图 14-4　电极三角形布置图

1—接地体；2—电压极；3—电流极

此时，一般取 $d_{12}=d_{13}\geqslant2D$，夹角 $\theta\approx30°$（或 $d_{23}=0.5d_{12}$）。

测量大型接地体的接地电阻时，宜用电压、电流表达、电极采用三角形布置。因为它与直线法比较有下列优点：

(1) 可以减小引线间互感的影响。

(2) 在不均匀土壤中，当 $d_{13}=2D$ 时，用三角形法的测量结果相当于 $3D$ 直线法的测量结果。

(3) 当采用三角形法时，电压极附近的电位变化较缓，从 29°～60°的电位变化相当于直线法从 $(0.5\sim0.618)d_{13}$ 的电位变化。

接地电阻 R_g 为

$$R_g=\frac{U_{12}}{I}\left[1-a\left(\frac{1}{d_{13}}+\frac{1}{d_{12}}\right)-\frac{1}{\sqrt{d_{12}^2+d_{13}^2-2d_{12}d_{13}\cos\theta}}\right] \tag{14-7}$$

式中　U_{12}——电压极与被测接地装置之间的电压，V；

I——通过接地装置流入地中的测试电流，A；

a——被测接地装置的等效球半径，m；

d_{12}——电压极和被测接地装置的等效中心距离，m；

d_{13}——电流极和被测接地装置的等效中心距离，m；

θ——电流极和接地装置等效中心的连线与电流极和接地装置等效中心的连接线之间的夹角，一般取30°。

（三）四极补偿法

当被测接地装置的对角线较长，或在某些地区（山区或城区）按要求布置电流极和电压极有困难时，可以利用变电所的一回输电线的两相导线作为电流线和电压线。由于两相导线即电压线与电流线之间的距离较小，电压线与电流线之间的互感会引起测量误差，这时可用四极补偿法进行测量。图14-5是消除电压线和电流线之间的互感影响的四极法的原理接线图。

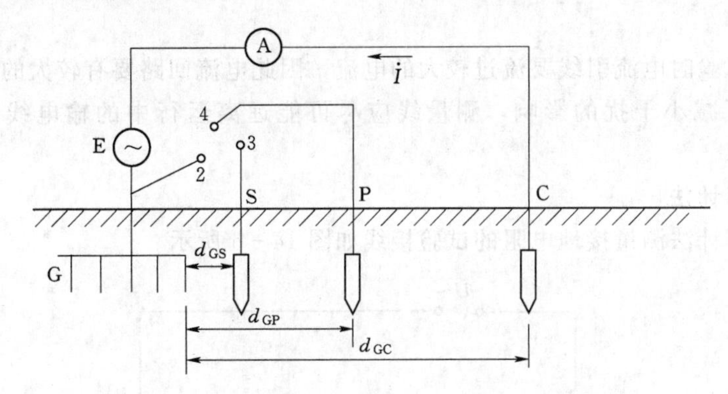

图14-5　四极法测量工频接地电阻的原理接线图

G—被测接地装置；P—测量电压极；C—测量电流极；S—辅助电极

图14-5中的四极是指被测接地装置G、测量用的电压极P、电流极C以及辅助电极S。辅助电极S与被测接地装置边缘的距离$d_{GS}=30\sim100$m，用高输入阻抗电压表测量2点与3点，3点与4点以及点4与点2之间的电压U_{23}、U_{34}和U_{42}，以及用电流表测量通过接地装置流入地中的电流I，则可得到被测接地装置的工频接地电阻R_G，即

$$R_G=\frac{1}{2U_{23}I}(U_{42}^2+U_{23}^2-U_{34}^2) \tag{14-8}$$

同时，为了减少电压线和电流线这间互感的影响，可使用架空线的一相作电流线，另外再从地面放一根电压测试线，两根线沿同一方向布线，但应间距一定的距离，最好能大于10m。

在试验中如遇到升高电流有困难的情况，应检查架空线路的导线接头是否接触好，接触电阻是否过大，电流极和电压极的接地是否可靠，如不可靠处理，在测试电流极和电压极四周加盐水处理。例如，我们对水电厂的接地电阻测试时，调压器调到满量程却升不起电流，最后检查是由于试验时所用的35kV架空线路导线弓子接头长期失修、氧化，使接头处电阻过大所致，经处理后电流才会升到预定值。

测量注意事项：

（1）试验时用交流电源测量接地电阻时，应采用独立电源，通常采用单独的所用变压器，并把中性点和接地点打开，以防分流引出误差，或升不起电流。也可使用1∶1的隔离变压器，其中性点接至被测接地体，相线接至电流极。电压的高低根据电流回路阻抗和所需要升的电流进行估算。在满足测量要求的前提下，应尽量采用较低的电压。

（2）在许多变电所中，输电线路的架空地线是与变电所接地装置连接在一起的，这会影响变电所接地装置接地电阻的测量结果。因此，在测量时，应把架空线路的避雷线与变电所接地装置的电路连接断开。

（3）为了得到较大的测试电流，一般要求电流极的接地电阻不大于10Ω，也可利用杆塔的接地装置作为电流极。

（4）电流极处因要注入较大的电流，会对附近的人畜造成伤害，因此，在测量时要有专人监护。

（5）在试验时电流引线要流过较大的电流，因此电流回路要有较大的导线截面。

（6）为了减小干扰的影响，测量线应尽可能远离运行中的输电线路，或与之垂直。

二、比率计法

采用比率计法测量接地电阻的试验接线如图14－6所示。

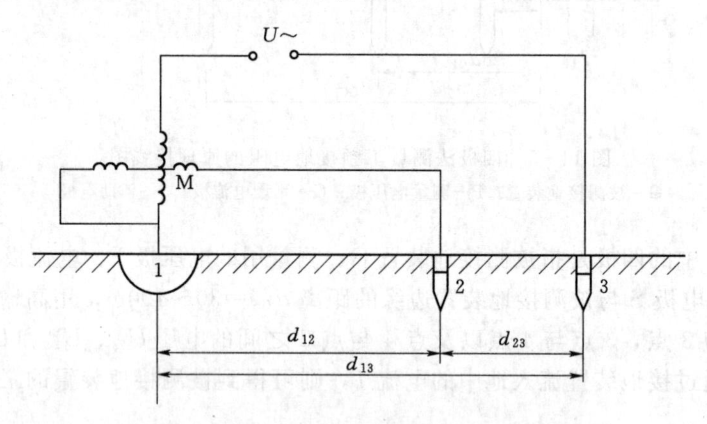

图14－6　采用比率计法测量接地电阻的试验接线

1—接地体；2—电压极；3—电流极；M—比率计

比率计M指针的偏转与两个线圈流过的电流比成比例，事先将比率计的刻度由电阻值校准，测量时可以直接从刻度上读出接地电阻值。如MC－07型、MC－08型和L－8型比率计即是这种接线。

三、电桥法

（一）电桥法的工作原理

电桥法又称电位法，试验原理接线如图14－7所示。

以试验原理接线图14－7（b）为例，分析其工作原理：

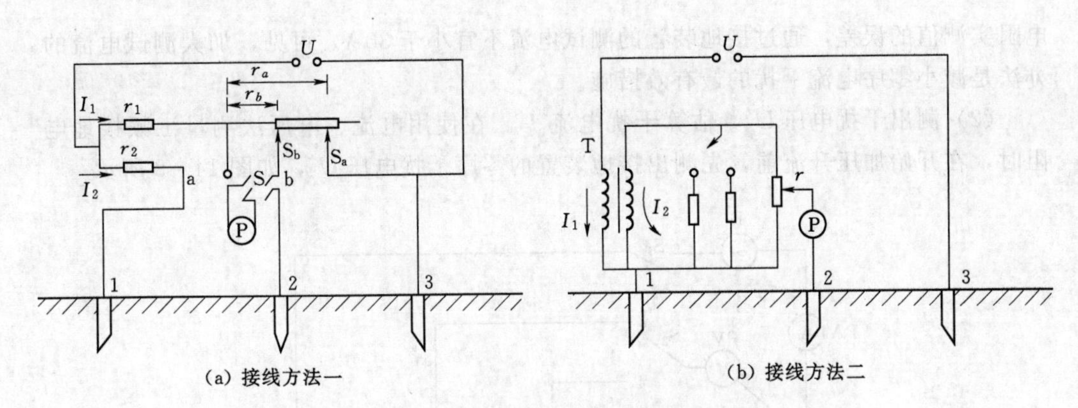

图 14-7 电桥型接地电阻测量仪的原理接线

1—接地体；2—电压极；3—电流极；P—检流计；S—开关；

S_a、S_b—滑动电阻调节手柄；r—滑线电阻；T—试验变压器

调节滑线电阻 r，使检流计（P）指针指零（或接近零）。此时，$I_1R_g=I_2r$，接地电阻为：

$$R_g=\frac{I_2}{I_1}r \tag{14-9}$$

式中 R_g——接地装置的接地电阻。

在实际接地电阻测试中，取 $\frac{I_2}{I_1}\cdot k=n$，k 为倍数率电阻并随系数，n 为电桥倍率，于是得

$$R_g=kr \tag{14-10}$$

使用时，调节滑线电组 r，使检流计中的电流为零（或接近零），从刻度盘上取电阻值，乘以所选择的倍率 n，即为被测的接地电阻值 R_g。

常用的 ZC-8 型、ZC-29 型、JD-1 型、L-9 型、E-1 型等地电阻测试仪，都属于这类接线。

（二）消除干扰的措施

1. 消除接地体上零序电流的干扰

发电厂、变电所的高压出线由于负载不平衡，经接地体部有一些零序电流流过，这些电流经过接地装置时会在接地装置上产生电压降，给测量结果带来误差，常用如下措施进行消除。

(1) 增加测量电流的数值，消除杂散电流对测量结果的影响。我们知道接地电阻 $R_g=U/I$，即接地电阻等于接地装置上的电压降与电流的比值。这个电压主要是试验时施加的测试电流产生的，但是如在地网中的零序电流较大，这个电流也会在接地装置上产生压降影响测试结果。为了提高测试精度，最有效的办法是加大测试电流，以减小零序电流分量所占比例。

因此，相关测量导则规定：通过接地装置的测试电流大，接地装置中零序电流和干扰电压对测量结果的影响下，即工频接地电阻的实测值误差小。为了减小工频接地

电阻实测值的误差，通过接地装置的测试电流不宜小于30A。可见，加大测试电流的办法是减小零序电流干扰的最有效措施。

（2）测出干扰电压U'，估算干扰电流I'。在使用电流、电压法测量工频接地电阻时，在开始加压升流前，先测出接地装置的零序干扰电压U'，如图14-8所示。

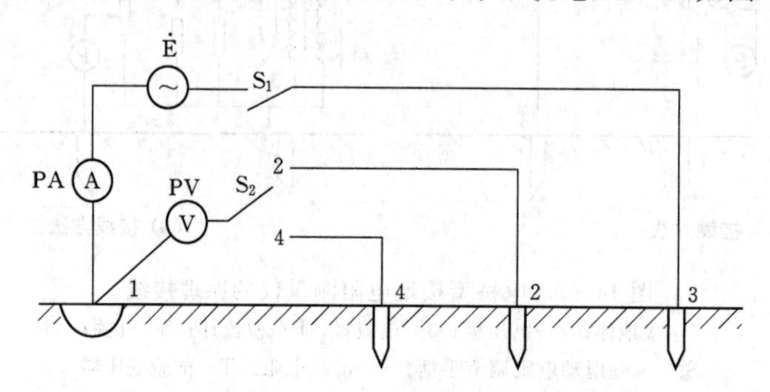

图14-8　消除干扰测量结果影响的原理接线

按图14-8接好线后，升压前先将S_1断开，用电压表先测量零序干扰电压U'_{12}、U'_{14}和U'_{24}，然后按下式估算零序干扰电流I'的值，即

$$I'=\frac{U'_{12}}{R_g} \tag{14-11}$$

式中　I'——零序干扰电流，A；

U'_{12}——零序干扰电压，V；

R_g——接地电阻估算值，Ω。

当估出零序干扰电流后，试验时所升的电流$I=(15\sim20)I'$，可使测量误差不大于5%。

（3）利用两次测量的结果，对数值进行校正，即先用电源正向升流测出U_1，然后将电源反向，测量另一组数据U_2并测出干扰U'，则

$$U=\sqrt{\frac{U_1^2+U_2^2-3U'^2}{2}} \tag{14-12}$$

式中　U——校正后的电压，V；

U_1——电源反向前所测数值，V；

U_2——电源反向后所测数值，V；

U'——电源断开后测得的零序干扰电压，V。

如果外界干扰电流的频率与测量电流的频率不同时，则$U_1=U_2$，此时，

$$U=\sqrt{U_1^2-U'^2} \tag{14-13}$$

（4）对每一个测点用三相电压轮换测量三次，然后按下式计算接地电阻，即

$$R_g=\sqrt{\frac{U_a^2+U_b^2+U_c^2-3U'^2}{I_a^2+I_b^2+I_c^2-3I'^2}} \tag{14-14}$$

式中　R_g——接地电阻，Ω；

U_a、U_b、U_c——分别用A、B、C三相电压时测得的电压值，V；

I_a、I_b、I_c——与U_a、U_b、U_c电压相应的测量电流，A；

U'、I'——干扰电压和电流。

(5) 为了准确的找到"零电位"区，可求$d_{13}=(4\sim5)D$，$d_{12}=(0.5\sim0.6)d_{13}$。如$d_{13}$取$(4\sim5)D$有困难，而接地装置周围的土壤电阻率又比较均匀，测量引线可适当缩短。当采用电极直线法布置，允许测量误差为±5%时，电压极的允许范围见表14-2。

表14-2　电极直线法布置误差±5%时电压极的允许范围

d_{13}		$5D$	$3D$	$2D$
d_{12}/d_{13}	规定值	0.56～0.666	0.585～0.646	0.594～0.634
	近似值	0.62±0.05	0.62±0.03	0.62±0.02

2. 消除引线互感对测量的干扰

当采用电流、电压法测量接地电阻时，因电压线和电流线要一起放很长的线距离，引线的互感就会对测量结果造成影响。为了消除影响，通常采用以下措施：

(1) 采用三角形法布置电极，因三角形布置时，电压线和电流线相距的较远，互感也就小，不会造成大的影响。

(2) 当采用停电的架空线路，直线布置电极时，可用一根架空线作为电流线，而电压线则要沿着地面布置，两者相距5～10m。

(3) 采用四极法可消除引线互感影响，另外还可采用电压、电流表法和功率表法测量。

(三) 对测量仪表和引丝截面的要求

(1) 电压表应采用高内阻的，如数字电压表、静电电压表等。

(2) 测量接地电阻所用的电压表、电流表、电流互感器等的准确的不应低于0.5级。

(3) 测量时，电压极引线的截面不应小于1.0mm^2；电流极引线的截面由电流值的大小而定，选用以5A/mm^2为宜，与被测接地体连接地导线电阻，应不大于接地电阻的2%，并要求接地体的引接处经除锈处理，接触良好，以避免测量误差。

第三节　土壤电阻率的测量

对于小面积接地网，测量其土壤电阻率常用三极法和四极法。

一、三极法测量土壤的电阻率

在需要测土壤电阻率的地方，埋入几何尺寸为已知的接地体，用测量接地电阻的方法测出接地体的接地电阻，然后计算出土壤电阻率。

用三极法测量土壤电阻率的电极布置如图14-9所示。测量采用的接地体为一根长3m、直径50mm的钢管；或长3m、直径25mm的圆钢；或长10～15m、40mm×4mm的扁铁，其理入深度0.7～1.0m。

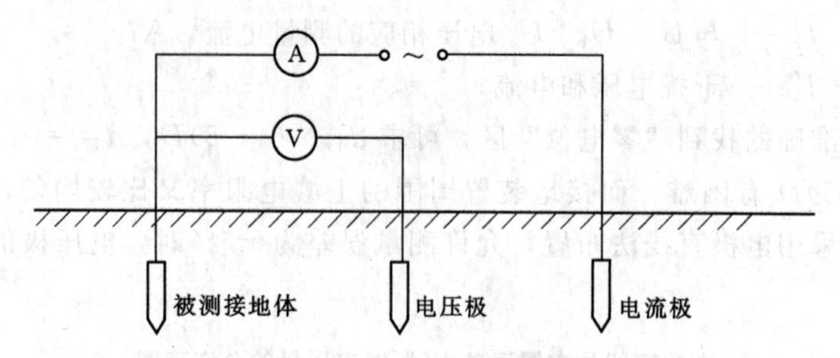

图 14-9 三极法测量土壤电阻率时的电极布置

（一）垂直接地体

采用垂直打入土壤中的圆钢测量接地电阻时，电压极距电流极和被测接地体 20m 远即可。测得接地电阻后，由下式即可算出该处土壤电阻率。即

$$\rho=\frac{2\pi LR_g}{\ln\frac{4L}{d}} \tag{14-15}$$

式中 ρ——土壤电阻率，Ω·m；

L——垂直接地体的长度，m；

d——外径，m；

R_g——垂直接地体的实测电阻，Ω。

（二）水平接地体

采用扁铁作为水平接地体时，测得接地电阻后，其土壤电阻率按下式计算，即

$$\rho=\frac{2\pi LR_g}{\ln\frac{2L^2}{bh}} \tag{14-16}$$

式中 ρ——土壤电阻率，Ω·m；

L——扁铁的长度，cm；

b——扁铁的宽度，cm；

h——扁铁中心线离地面的深度（近似于埋深），cm；

R_g——垂直接地体的实测电阻，Ω。

用三极法测量土壤电阻率时，接地体附近的土壤起着决定性作用，即这种办法测出的土壤电阻率，在很大程度上仅反映了接地体附近的土壤电阻时率。这种方法的最大缺点是：在测量回路中测得的接地电阻 R_g 中，还包括了可能是相当大的接触电阻在内，从而引起较大误差。

此外，由于地的层状或剖面结构，用上述方法换算出来的等值电阻率，只能是对应于被测接地体的尺寸和埋设状况的地的等值电阻率。这个等值电阻率对于不同类型和尺寸的接地体来说，差别是很大的，因而这种方法在工程实际中很少采用。

二、四极法测量土壤的电阻率

用四极法测量土壤电阻率的原理接线如图 14-10 所示。

用四根同样大小尺寸的接地棒在地面上沿一直线以等距离埋设。由外侧电极 C_1、

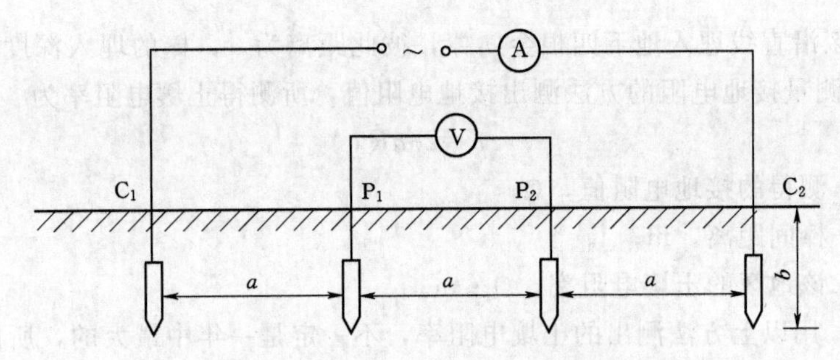

图 14-10　四极法测量土壤电阻率接线图

C_2 通以电流 I，若电极埋深为 b，电极间距离为 $a(a\gg b)$，则 P_1、P_2 两电极上的对地电压为

$$U_{P_1}=\frac{\rho I}{2\pi}\left(\frac{1}{a}-\frac{1}{2a}\right) \tag{14-17}$$

$$U_{P_2}=\frac{\rho I}{2\pi}\left(\frac{1}{2a}-\frac{1}{a}\right) \tag{14-18}$$

两极间的电位差为

$$U_{P_1}-U_{P_2}=\frac{\rho I}{2\pi a} \tag{14-19}$$

即为电压表读数，以 U 表示，则

$$U=\frac{\rho I}{2\pi a} \tag{14-20}$$

式中　I——电流表的读数，A；

a——电极间距离，m；

ρ——土壤电阻率，Ω·m。

所以

$$\rho=2\pi a\ \frac{U}{I} \tag{14-21}$$

测量时可用四根直径不小于 1.5cm、长度为 0.5m 的圆钢作电极，埋深为 0.1～0.15m，并保持电极距离 a 等于电极埋深 b 的 20 倍（即 a 为 2～3m）。

四极法测得的土壤电阻率所反映的范围，与电极间的距离 a 有关。当 a 不大时，所测得土壤电阻率仅为大地表层的电阻率，反映的深度随 a 的增大而增大。

具有四个端子的接地电阻测定仪均可用来进行四极法的土壤电阻率测量。图 14-11 为 ZC-28 型接地电阻测定仪测量土壤电阻率的试验接线图。

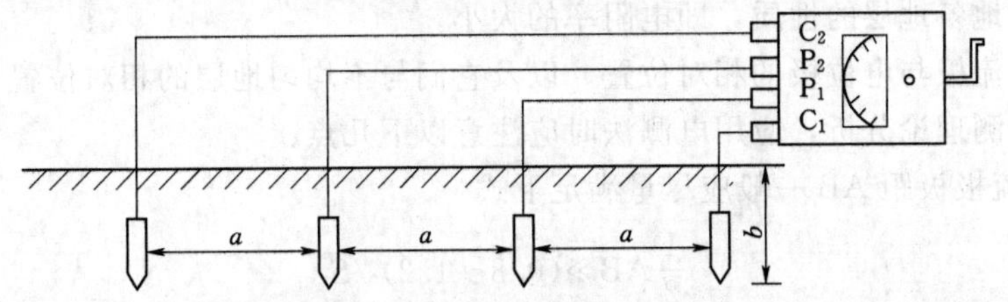

图 14-11　ZC-28 型接地电阻测定仪测量土壤电阻率的试验接线

在被测区沿直线埋入地下四根金属棒，彼此距离为 a，棒的埋入深度不应超过 a 的 1/20，用测量接地电阻的方法测出接地电阻值，所测得土壤电阻率为

$$\rho=2\pi aR \tag{14-22}$$

式中 R——测得的接地电阻值，Ω；

a——棒间距离，m；

ρ——该地区的土壤电阻率，Ω·m。

应注意，用以上方法测出的土壤电阻率，不一定是一年中最大的，所以应当进行校正。

三、大面积接地网

对大面积接地网，《规程》推荐采用电测法中的四极法测量土壤的电阻率。电测法通常使用的装置的基本接线如图 14-12 所示。

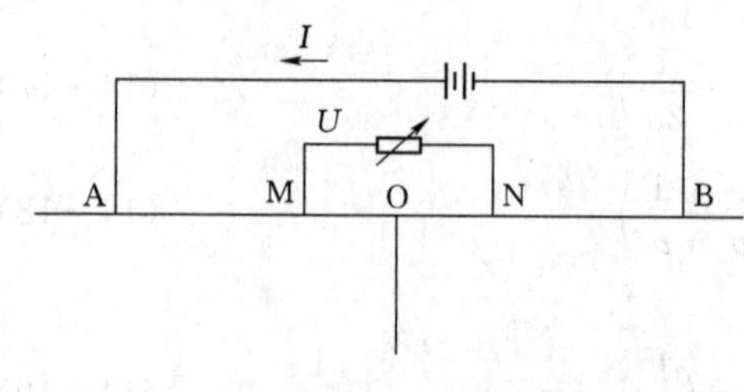

图 14-12 电测法基本接线示意图

A、B——对电流极；M、N——对电位极；AB—电流极极距；MN—电位极极距

假定从 A 点流入的电流 I 为正，从 B 点流出的电流为负。根据点电荷电场的原理，M 点的电位为

$$U_{\mathrm{M}}=\frac{I\rho_{\mathrm{S}}}{2\pi}\left(\frac{1}{\mathrm{AM}}-\frac{1}{\mathrm{BM}}\right) \tag{14-23}$$

N 点的电位为

$$U_{\mathrm{N}}=\frac{I\rho_{\mathrm{S}}}{2\pi}\left(\frac{1}{\mathrm{AN}}-\frac{1}{\mathrm{BN}}\right) \tag{14-24}$$

MN 两点之间的电位差为

$$\Delta U_{\mathrm{MN}}=U_{\mathrm{M}}-U_{\mathrm{N}}=\frac{I\rho_{\mathrm{S}}}{2\pi}\left(\frac{1}{\mathrm{AM}}-\frac{1}{\mathrm{BM}}-\frac{1}{\mathrm{AN}}+\frac{1}{\mathrm{BN}}\right) \tag{14-25}$$

$$\rho_{\mathrm{S}}=\frac{\Delta U_{\mathrm{MN}}}{I}K \tag{14-26}$$

$$K=\frac{2\pi}{\frac{1}{\mathrm{AM}}-\frac{1}{\mathrm{BM}}-\frac{1}{\mathrm{AN}}+\frac{1}{\mathrm{BN}}} \tag{14-27}$$

式中 ρ_{S}——视在土壤电阻率，Ω；

K——电极距离系数或装置系数，由电流极和电位极的相互位置确定。

视在土壤电阻率与下列因素有关：

(1) 大地各地层的形状、大小、厚薄等状况。

(2) 大地各地层的性质，即电阻率的大小。

(3) 电流极与电位极的相对位置，以及它们与不均匀地层的相对位置。

根据电测理论分析，应用电测法时应注意以下几点：

1) 电流极极距 AB 一般应尽量满足下式

$$\frac{1}{2}\mathrm{AB}\gg(0.8\sim1.2)\sqrt{S} \tag{14-28}$$

式中 S——接地网的面积，$\mathrm{m^2}$。

如果 AB 太大，由于受到地形或其他因素的限制，实际操作可能发生困难，有时甚至可能丢失测量线。当上层电阻率小于下层电阻率时，有必要加大 AB；反之，可适当缩小 AB。当 S 过大时，AB 要满足上述条件，实际上可能遇到地形或其他情况的限制，可适当缩小 AB；反之，当 S 较小时，可适当放大 AB。

2）电位极极距 MN 要以便于测量、保证足够的测量精度为条件，一般可取为（1/30～1/3）AB。

3）电测点的分布应大致均匀，地形和地质情况复杂的场合测点要密一些；反之，可稀一些。电测点间的距离一般可取 20～50m。

第四节　接触电压、电位分布和跨步电压的测量

一、接触电压和跨步电压的基本知识

一般将与接地设备水平距离为 0.8m 处，及沿该设备外壳（或构架）垂直于地面的距离为 1.8m 的两点间的电压，称为接触电压。人体接触该两点时就要承受接触电压。测量接触电压，即测量这两点之间的电压如图 14－13 所示。

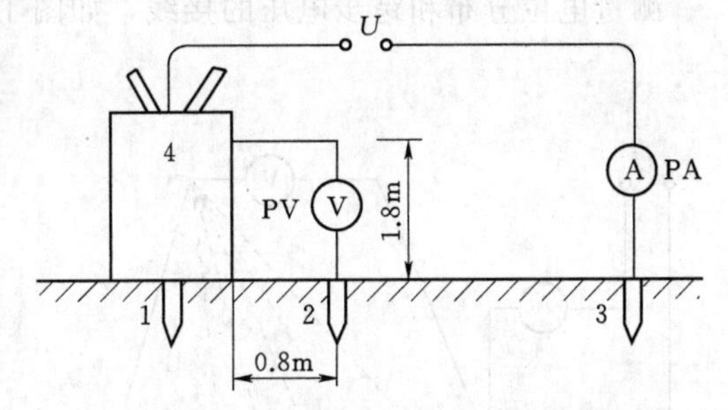

图 14－13　测量设备接触电压的试验接线

1—接地体；2—电压极；3—电流极；4—电气设备

在接地体周围的电流密度大，致使电压降也大。而电流密度的大小与距离接地体距离的平方成反比，因此在一定范围之外，由于电流密度接近于零，该处即可作为大地的零电位点。

当电流经接地装置时，在其周围形成的不同电位分布，可用下式表示，即

$$U_X=\frac{r_g}{x}U_g \tag{14-29}$$

式中　U_X——至接地体距离为 x 处的电压；

r_g——接地体的半径；

x——距接地体距离；

U_g——接地体的电压。

在接地体径向地面上水平距离为 0.8m 两点间的电压，称为跨步电压。人体两脚接触该两点时，就要承受跨步电压。

测量电压分布和跨步电压应该选择经常有人出入的地区进行。距接地体最近处，其测量间约为 0.8m，测量点数可选 5～7 点，以后的间距可增大到 5～10m，一般测到 25～50m 远处即可。

测量用的接地极，可用直径 8～10mm，长约 300mm 的圆钢，埋入地中 50～80mm，若在混凝土或砖块地面测量时，可用 26cm×26cm 的铜板或钢板作接地体。为使铜板或钢板与地接触良好，铜板或钢板上可压重物，板下的地面可用水浇湿。

二、用电流、电压表法测量

（一）测量接触电压

测量设备接触电压的试验接线如图 14-13 所示。

加上电压后读取电流和电压表的指示值，它表示当接地体流过电流为 I 时的接触电压。然后按下式推算出当流过大电流 I_{max}时的实际接触电压：

$$U_j = U\frac{I_{max}}{I} = KU \quad (14-30)$$

式中　U_j——接地体流过电流为 I_{max}时的设备接触电压，V；

U——接地体流过电流 I 时实测的接触电压，V；

K——系数，其值为 I_{max}/I；

I_{max}——发生接地时通过接地体的最大电流，A；

I——测量时的实际电流，A。

（二）测量电位分布和跨步电压

测量电位分布和跨步电压的接线，如图 14-14 所示。

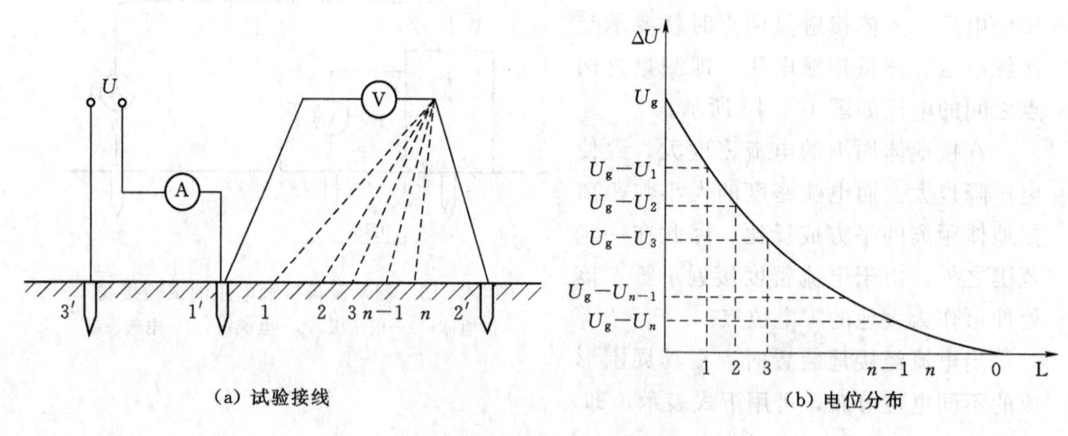

图 14-14　测量电位分布和跨步电压接线

1—接地体；2—电压极；3—电流极

按图 14-14（a）加电压使流入接地体的电流为 I 时，将电压极为 2′插入地的零电位 0 处，即在该点对接地体 1′外延伸时，电位差不再增加。此时，如沿直线方向朝接地体 1′移动，并取等距离逐点测得电压 U_n，U_{n-1}，…，U_3，U_2，U_1。然后，以 U_g 分别减去各点测得的电压值，即得出各点（对零电位点 0）的电位分布，图 14-14（b）所示。接地体流过最大电流 I_{max}时，各点的实际电位，应乘以系数 K 确定。

得出各点的电位，相距 0.8m 两点间的跨步电压为

$$U_K = K(U_n - U_{n-1}) \quad (14-31)$$

式中　U_K——任意相距 0.8m 两点间的实际跨步电压，V；

$U_n - U_{n-1}$——任意相距 0.8m 两点间测量的电位差，V；

K——系数，其值等于接地体流过的大电流 I_{max}与测量时通入的电流之比。

三、用接地电阻测量仪测量

用接地电阻测量仪测量电位分布和跨步电压的接线，如图 14-15 所示。

按测量接地电阻的方法，测得接地体的电阻 R_g，然后将电压极 2′移至 1，2，…，n 各点，依次得 r_1，r_2，…，r_n，由此得

$$U_j = r_1 \frac{U_{max}}{R_g} \quad (14-32)$$

$$U_n = U_{max}\left(1-\frac{r_n}{R_g}\right) \quad (14-33)$$

$$U_k = (r_n - r_{n-1})\frac{U_{max}}{R_g} \quad (14-34)$$

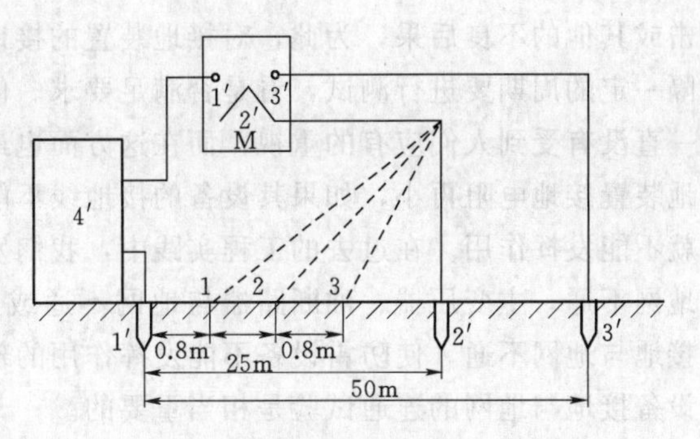

图 14-15　用接地电阻测量仪测量电位分布和跨步电压接线

式中　U_j——接触电压，V；

U_n——任意点 n 的电位，V；

U_k——跨步电压，V；

U_{max}——流经接地体的实际大电流为 I_{max} 时的对地电压，其值等于大电流与接体电阻 R_g 的乘积，V；

R_g——接地电阻，Ω；

r_n、r_{n-1}——电压极分别置于距接地体 n 和 $n-1$ 位置时，所测得的接地电阻；

r_1——电压极置于距接地体 0.8m 位置 1 时所测得的接地电阻。

四、接触电压和跨步电压的要求

《规程》规定，在大接地短路电流系统发生单相接地或同点两相接地时，发电厂、变电所电气设备接地置的接触电压和跨步电压不应超过下列数值，即

$$U_j = \frac{250+0.25\rho}{\sqrt{t}} \quad (14-35)$$

$$U_k = \frac{250+\rho}{\sqrt{t}} \quad (14-36)$$

式中　U_j——接触电压，V；

U_k——跨步电压，V；

ρ——人脚站立处面的土壤电阻率，Ω·m；

t——接地短路（故障）电流的持续时间，s。

在 3～66kV 不接地、经消弧线圈接地和高电阻接地系统发生单相接地故障后，当未迅速切除故障时，此时发电厂、变电所接地装置的接触电压和跨步电压不应超过下列数值。

$$U_j = 50+0.5\rho, U_K = 50+0.2\rho \quad (14-37)$$

在条件特别恶劣的场所，例如水田中，接触电压和跨步电压的允许值宜适当降低。

第五节　连通试验和开挖检查

电气设备的接地装置主要是为了故障时，故障电流能可靠的入地，不至于造成反

击或其他的不良后果，为此，对接地装置的接地电阻等提出了不同的要求，并规定每隔一定的周期要进行测试，看是否满足要求。但是电气设备与接地装置的连接问题却一直没有受到人们应有的重视，而在这方面也最容易出现问题。试想一个变电所的接地装置接地电阻再小，如果其设备的接地线不能与之可靠的连接，那么这个接地装置就不能发挥作用。在过去的工程实践中，我们发现电力系统中存在大量的设备接地与地网不通，主变压器、油断路器与地网不通或连接不可靠，甚至110kV防雷设备的接地与地网不通，使防雷设备不能发挥作用的现象，有的还造成了恶性事故。这说明设备接地与地网的连通试验是相当重要的。

1. 设备接地与地网的连通试验

14-1

这项试验比较简单，就是在发电厂或变电所中先找出一设备的接地为基准，也可以是测接地网接地电阻的连接处。使用一块欧姆表，现在也有专门的接地导通测试仪，依次测量出其他设备接地对该点的直流电阻，去掉引线电阻后两个设备接地引下线之间的电阻不应大于0.5Ω。如果大于0.5Ω，则说明连接有问题，应进一步查找原因，如焊接或螺丝连接处是否连接可靠等。

2. 开挖检查

接地装置长期运行在地下，最容易发生腐蚀。由于腐蚀会使接地体或设备的接地引下线截面逐渐变小，直到不能满足接地短路电流的热稳定，或造成电气上的开路，因此，每过一定的时期（一般3～5年）对接地装置要进行开挖检查，主要检查下列部位。

（1）设备的接地引下线，因设备的接地引下线有一部分在土中，有一部分在空气中，由于氧浓度不同，或者说是腐蚀电位不同，最容易发生吸氧腐蚀（电化学腐蚀）。因此，每过一定的周期要进行开挖检查，看是否受到了腐蚀，验算其截面是否还满足热稳定的要求，并定期进行防腐处理。

（2）检查接地网的焊接头，接地体的焊接处也是腐蚀最严重的地方，对这些部位要定期开外挖检查其腐蚀情况，并采取相应的防腐措施。

本 章 小 结

本章介绍了接地装置的基本概念、接地装置接地电阻常用的测量方法和原理，重点介绍了各种接地电阻测量接线的优缺点及适用场合，对土壤电阻率的测量、接触电压与跨步电压的测量也进行了较详细的分析介绍。

思 考 与 练 习

（1）什么是接地装置？接地按作用分为几类？

（2）简述1kV以上电力设备接地电阻允许值。

（3）简述工频接地电阻测量时的注意事项。

（4）简述土壤电阻率测量的三电极法和四电极法。

（5）电极直线布置、电极三角形布置测量接地电阻时，电压线和电流线的长度如何选择？

(6) 测量接地电阻应用交流还是直流?为什么?

(7) 采用电流电压表法测量接地装置的接地电阻时,为什么要加隔离变压器?

(8) 简述四电极法测量大型接地网接地电阻的原理。

(9) 如何测量变电所四周地面的电位分布及设备接触电压?

(10) 接地网的安全判据是什么?

(11) 测量接在导通电阻的意义及要求是什么?

第十五章　绝缘安全用具试验

绝缘安全工器具分为基本和辅助两种。基本绝缘安全工器具是指能直接操作带电设备、接触或可能接触带电体的工器具，如电容型验电器、绝缘杆、绝缘隔板、绝缘罩、携带型短路接地线、个人保安接地线、核相器等。这类工器具可短时间接触带电体或非接触带电体。

辅助绝缘安全工器具是指绝缘强度不是承受设备或线路的工作电压，只是用于加强基本绝缘安全工器具的保安作用，用以防止接触电压、跨步电压、泄漏电流、电弧对操作人员的伤害，不能用辅助绝缘安全工器具直接接触高压设备带电部分。这一类的安全工器具有：绝缘手套、绝缘靴（鞋）、绝缘胶垫等。

为防止使用中的绝缘安全工器具的性能改变或其缺陷导致在使用中发生人身、设备安全事故，必须定期对其试验、检测和诊断，综合分析合格则继续使用，不合格则及时报废。

第一节　绝 缘 杆 试 验

绝缘杆常用于直接操作高压隔离开关和跌落式熔断器，装设或拆除临时接地线以及进行35kV以上电气设备验电、测量或试验等工作。绝缘杆由三部分组成：工作部分、绝缘部分和握手部分。工作部分由金属制成，装在绝缘棒的顶部，可根据不同工作的需要制成各种不同式样。由工作部分的下部边缘至握手部分的上部边缘，为绝缘部分。绝缘部分以下为握手部分。

一、试验原理

绝缘杆的试验为工频耐压试验，其原理是对试品施加较高的交流高电压（通常达到试品额定工作电压的数倍值），考验试品的耐电强度。它可准确地考验绝缘的裕度，能有效地发现较危险的集中性缺陷。

交流耐压试验的不足之处是：对固体有机绝缘在较高的交流电压作用下会使绝缘中的一些弱点更加发展，这样试验本身就会引起积累效应。因此，必须适当地选择试验电压值的大小。一般考虑到运行中绝缘的变化，耐压试验电压值应比出厂试验电压值低些，而且应不同的设备不同对待，这主要由运行经验确定。

二、试验方法

绝缘杆交流耐压试验接线如图15－1所示。试验时，在工作部分与握手部分之间施加试验电压。合上电源电压从零开始升压，在0.4倍试验电压以下时可迅速升压，以后徐徐升压，并注意试品及引线有无对地闪络现象。一般应在20s内升到试验电压值，此时若引线各部位出现电晕放电声，这是正常现象。升到试验电压值后，进行加压 1min 试验，在 1min 内观察试品有无异常现象。

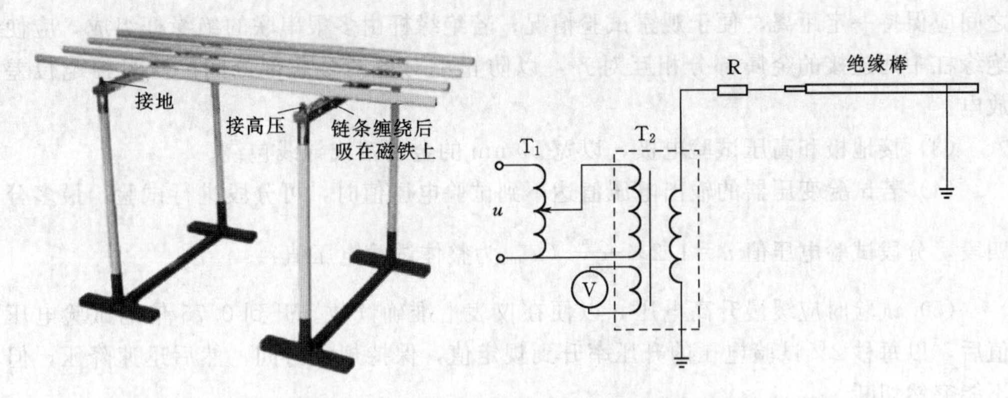

图 15-1　绝缘杆交流耐压试验接线示意图

三、试验标准

1. 外观检查

(1) 杆的接头连接应紧密牢固，无松动、锈蚀和断裂等现象。

(2) 杆体应光滑，绝缘部分应无气泡、皱纹、裂纹、绝缘层脱落、严重的机械或电灼伤痕，玻璃纤维布与树脂间黏接应完好不得开胶。

(3) 握手的手持部分护套与操作杆连接应紧密、无破损，不产生相对滑动或转动。

2. 绝缘杆试验的项目、周期和要求

绝缘杆试验的项目、周期和要求见表 15-1。

表 15-1　　绝缘杆试验的项目、周期和要求

项目	周期	要求			
		额定电压/kV	试验长度/m	工频耐压	
				1min	5min
工频耐压试验	1年	10	0.7	45	—
		35	0.9	95	—
		63	1.0	175	—
		110	1.3	220	—
		220	2.1	440	—
		330	3.2	—	380
		500	4.1	—	580

四、试验注意事项

(1) 高压试验电极和接地极间的长度为试验长度。试验长度由表 15-1 中规定的两电极之间的距离。如果绝缘杆间有金属连接头，两试验电极间的距离还应在此值上再加上金属部分的长度。

(2) 可以同时对多根相同额定电压的绝缘杆进行交流耐压试验。若其中一根发生闪络或放电等，应立即停止试验，去除异常绝缘杆，对其余的继续重新试验；绝缘杆之间应保持一定距离，便于观察试验情况；若绝缘杆由多根串联的绝缘杆组成，应使绝缘杠中间连接的金属部分相互对齐，以防止不对齐两金属部分间产生悬浮电位差放电。

（3）接地极和高压试验电极，以宽50mm的金属箔或导线包绕。

（4）若试验变压器的输出电压值达不到试验电压值时，可分段进行试验，最多分四段，分段试验电压值 $u=1.2\times\frac{u_{sum}}{4}$（$u_{sum}$为整体试验电压值）。

（5）试验时应缓慢升高电压，以便在仪表上准确读数。升到0.75倍的试验电压值后，以每秒2%试验电压的升压率升到规定值，保持规定时间，然后迅速降压，但不能突然切断。

五、试验结果的分析判断

（1）外观检查如发现零件不全，棒体缺损或棒面内外脏污、有裂纹等缺陷时，应进行修复且经试验合格后方可使用。

（2）耐压试验时，以不发生击穿、无闪络或过热为合格。试验后应用手抚摸绝缘棒看是否有过热现象。如试验时发生击穿、闪络或有过热现象，应根据原因确定能否修复，能修复处理的修复处理后应再进行耐压试验，试验合格后方可使用。

第二节　高压验电器试验

高压验电器有时也称电压指示器、验电笔，主要用于判断设备是否带电。验电器型式有多种多样，如电容式、蜂鸣式等。在6～35kV系统，最常用的是电容式高压验电器，这种高压验电器的工作原理是在接触或靠近带电体时，电容（感应）电流流经与电容器串联的机灯管而使之发光，借以指示设备有电压。目前常用的电容型高压验电器如图15-2所示。使用验电器时，一般接地端子不需接地，仅在人体对地绝缘良好，接地端子不接地不能明显指示时才予接地。验电时一般不需直接触及带电部分，仅需将触头逐渐靠近带电部分至氖灯管发光为止。

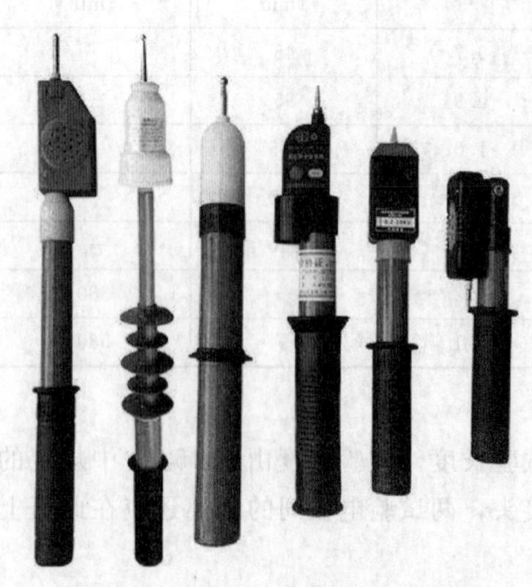

图15-2　常用高压验电器外观示意图

一、试验方法

验电器分带接触电极延长和不带接触电极延长2种，两种验电器的试验方法也不相同。

（一）起动电压的测量接线

1. 试验接线

带接触电极延长和不带接触电极延长起动电压的测量接线如图15-3、图15-4所示。

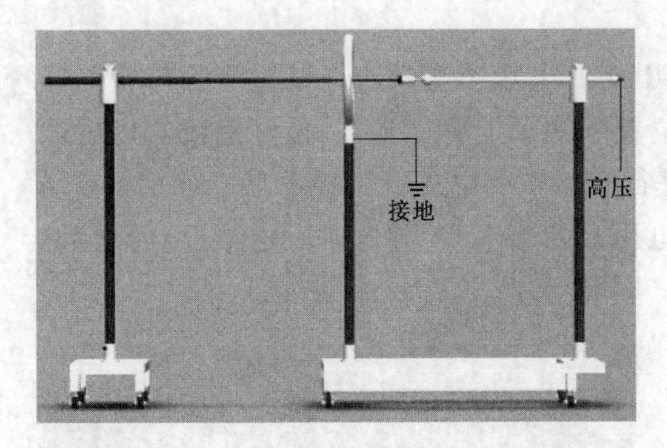

图 15-3 带接触电极延长的验电器

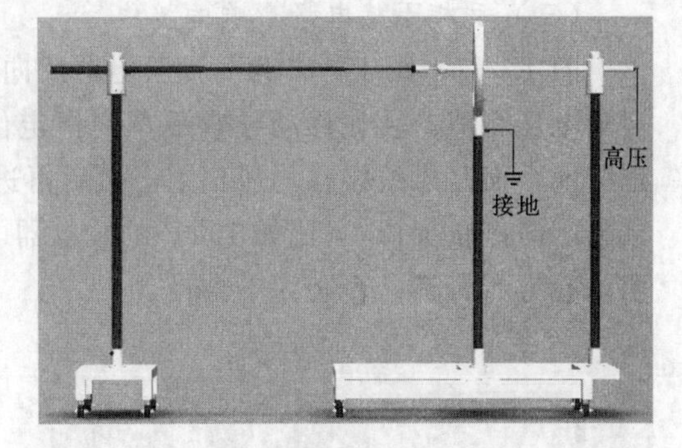

图 15-4 不带接触电极延长的验电器

2. 试验步骤

这里以 35kV 带接触电极延长的验电器为例。

(1) 将带导轨的试验平车上中间平车（安装有均压环）移动标有 a_1 430mm（红色带箭头）位置，平车上的标尺与平台上的标尺对齐。

(2) 接好地线包括：平车底座、均压环及升压设备，将验电器固定在小平车上。

(3) 移动小平车使得验电器穿过均压环，且验电器的金属头与均压球接触保持即可。

(4) 将升压设备的高压导线接到均压球延长杆上，再接升压设备的其他导线，试验人员撤离到安全区后合上电压。

(5) 将升压设备均匀加压直到验电器发出报警，马上停止加压，此时记录下高压电压数值，且比对数值是否落在 35kV 的 10%～45%内（3.5～15.75kV），是表明验电器起动电压报警合格，否则此验电器不合格。

(6) 其他规格的验电器启动电压也是如此，通过移动均压环平车到指定位置即可。

（二）同向干扰的电场影响的接线

图 15-5、图 15-6 为 2 种验电器同向干扰的电场影响试验，试验步骤与验电器起动电压相似，首先移动导轨平车到指定位置（平车上有标记），接好地线，将均压球及均压环都接上高压，然后再进行升压，将电压升到验电器标称值的 0.4 倍或 0.45 倍的电压后停止加压，（比如 10kV 的验电器电压升到 4.5kV），如此时验电器有报警说明此验电器合格，否则为不合格。

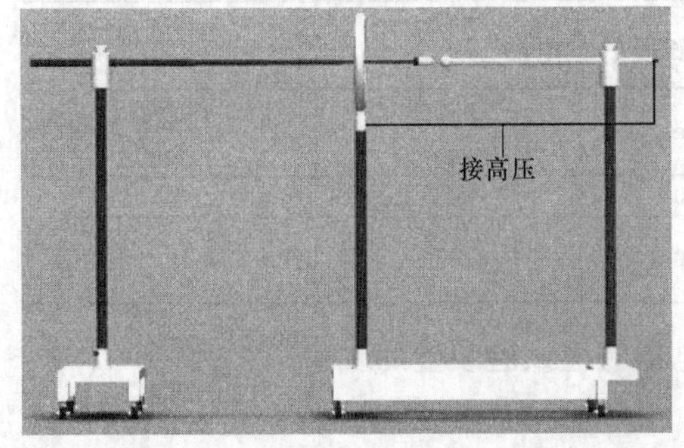

图 15-5 带接触电极延长的验电器

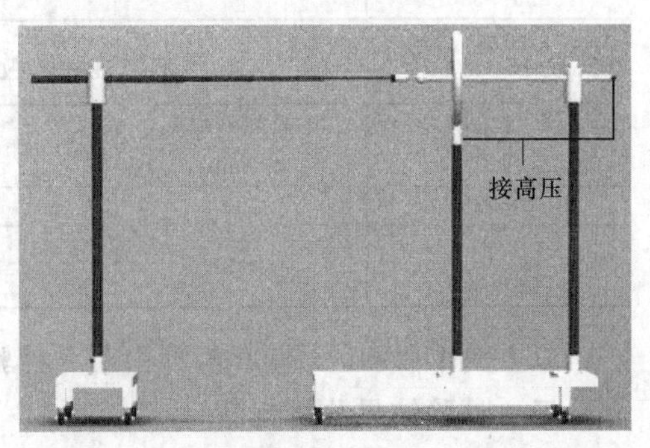

图 15-6 不带接触电极延长的验电器

（三）反相干扰电场影响的接线

图15-7、图15-8为2种验电器反向干扰的电场影响试验，试验步骤与验电器启动电压相似，首先移动导轨平车到指定位置（平车上有标记），接好地线，均压球也接地，而高压线接在均压环上，然后再进行升压，将电压升到验电器标称值的0.6倍电压时停止加压，（比如10kV的验电器电压升到6kV），如此时验电器没有报警说明此验电器合格，否则为不合格。

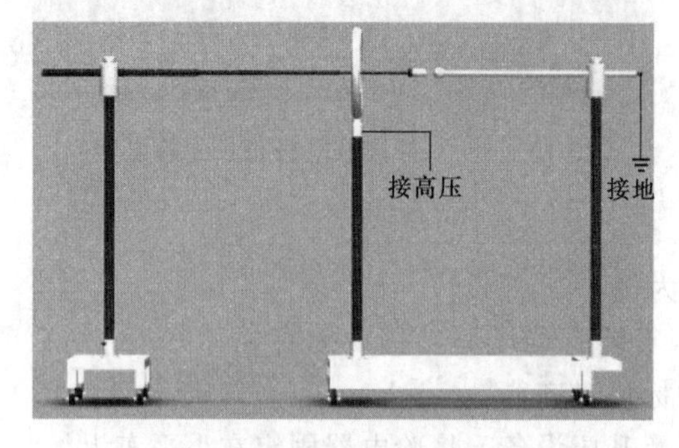

图15-7　带接触电极延长的验电器

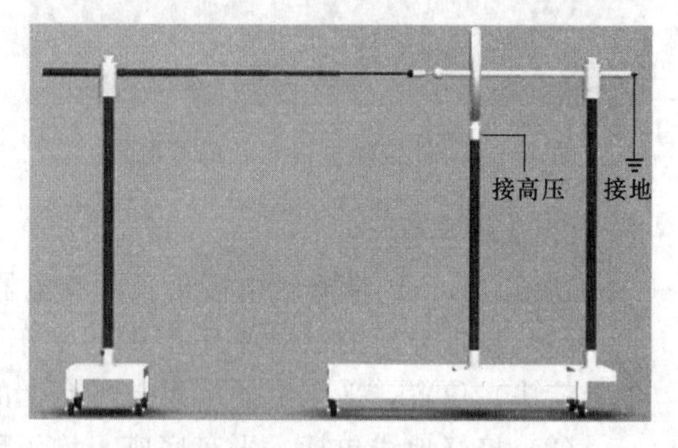

图15-8　不带接触电极延长的验电器

二、试验标准

1. 外观检查

绝缘杆应无气泡、皱纹、裂纹、划痕、硬伤、绝缘层脱落、严重的机械或电灼伤痕。伸缩型绝缘杆各节配合应合理，拉伸后不应自动回缩；指示器应密封完好，表面应光滑、平整；手柄与绝缘杆、绝缘杆与指示器的连接应紧密牢固；自检三次，指示器应有视觉和听觉信号出现。

2. 高压验电器试验的项目和要求

高压验电器试验的项目和要求见表15-2、表15-3。

表15-2　带接触电极延长段的验电器

额定电压/kV	电极间隔距离 a_1/mm		H_1/mm	环直径/mm	球直径/mm
10～35	100	430	>1500	550	60
66～110 220～330	650	850	>2500	1050	100

表15-3　不带接触电极延长段的验电器

额定电压/kV	电极间隔距离 a_2/mm	H_1/mm	环直径/mm	球直径/mm
10～35	300	>1500	550	60
66～110 220～330	1000	>2500	1050	100

以上为DL 740—2000标准中对2种验电器对应试验装置的要求。

三、试验结果分析判断

验电器的试验周期为1年，起动电压值在额定电压的10%～45%为合格。

第三节　携带型短路接地线试验

该装置是用于电力行业断电后使用的一种临时性高压接地线，预防突然来电时对维修人员的伤害，消除感应电压，释放剩余电荷。

一、试验方法

1. 成组直流电阻试验

15-1

成组直流电阻试验用于考核携带型短路接地线线鼻和汇流夹与多股铜质软导线之间的接触是否良好。同时，也可考核多职钢质软导线的截面积是否符合要求，以组合式接地线为例，其测量接线如图15-9所示。成组直流电阻试验采用直流电压降法测量，常用的测量方式为电流—电压表法，试验电流宜≥30A。

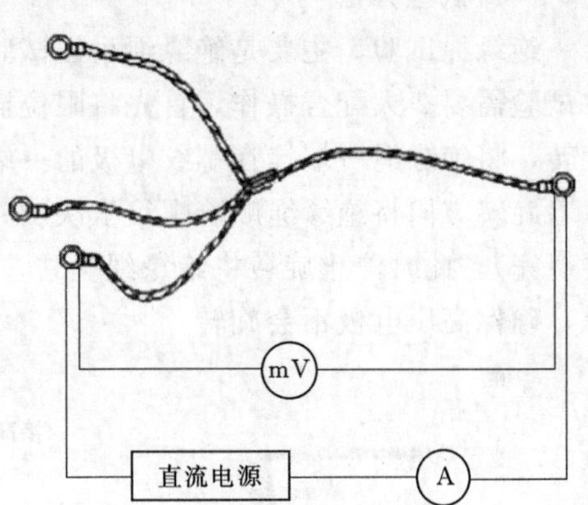

图15-9　携带型短路接地线成组直流电阻试验

进行接地线的成组直流电阻试验时，应先测量各接线鼻间两两的长度，根据测得的直流电阻值，算出每米的电阻值，其值如符合表15-4的规定，则为合格。

2. 工频耐压试验

试验电压加在操作棒的护环与紧固头之间，其余参考本节绝缘杆试验。

二、试验标准

携带型短路接地线的试验项目、周期和要求见表15-4。

表15-4　携带型短路接地线的试验项目、周期和要求

<table>
<tr><th>序号</th><th>项目</th><th>周期</th><th colspan="3">要　求</th><th>说　明</th></tr>
<tr><td>1</td><td>成组直流电阻试验</td><td>不超过5年</td><td colspan="3">在各接地线鼻之间测量直流电阻，对于25mm²、35mm²、50mm²、70mm²、95mm²、120mm²的各种截面，平均每米的电阻值应分别小于0.79MΩ、0.56MΩ、0.40MΩ、0.28MΩ、0.21MΩ、0.16MΩ</td><td>同一批次抽测，不少于2条，接线鼻与软导线压接的应做该试验</td></tr>
<tr><td rowspan="9">2</td><td rowspan="9">操作棒的工频耐压试验</td><td rowspan="9">1年</td><td rowspan="2">额定电压/kV</td><td colspan="2">工频耐压/kV</td><td rowspan="9">试验电压加护环与紧固头之间</td></tr>
<tr><td>1min</td><td>5min</td></tr>
<tr><td>10</td><td>45</td><td>—</td></tr>
<tr><td>35</td><td>95</td><td>—</td></tr>
<tr><td>63</td><td>175</td><td>—</td></tr>
<tr><td>110</td><td>220</td><td>—</td></tr>
<tr><td>220</td><td>440</td><td>—</td></tr>
<tr><td>330</td><td>—</td><td>380</td></tr>
<tr><td>500</td><td>—</td><td>580</td></tr>
</table>

三、试验结果分析判断

根据测得的直流电阻值，算出每米的电阻值，其值如符合表 15-4 的规定，则合格。

第四节　绝缘绳试验

绝缘绳是指用于交直流各电压等级的电气设备上进行带电作业的绝缘绳索。

一、试验方法

绝缘绳试验，主要是绝缘绳耐压试验。绝缘绳耐压试验接线图如图 15-10 所示，本试验需要 2 人配合操作，首先将限位插销拿出，保证摇臂旋转时试验电极能够跟着旋转，将绝缘绳一端拴在螺纹电极的一端（顶端），一人旋转摇臂，一人拿住绝缘绳，跟着旋转方向将绝缘绳顺着螺纹依次从一端缠绕在装置，直到绕满整个装置（或绝缘绳绕完），此时停止旋转将绝缘绳拴住，确保松开手时绝缘绳不会掉落，后将插销扣上，确保高压电极不会旋转。

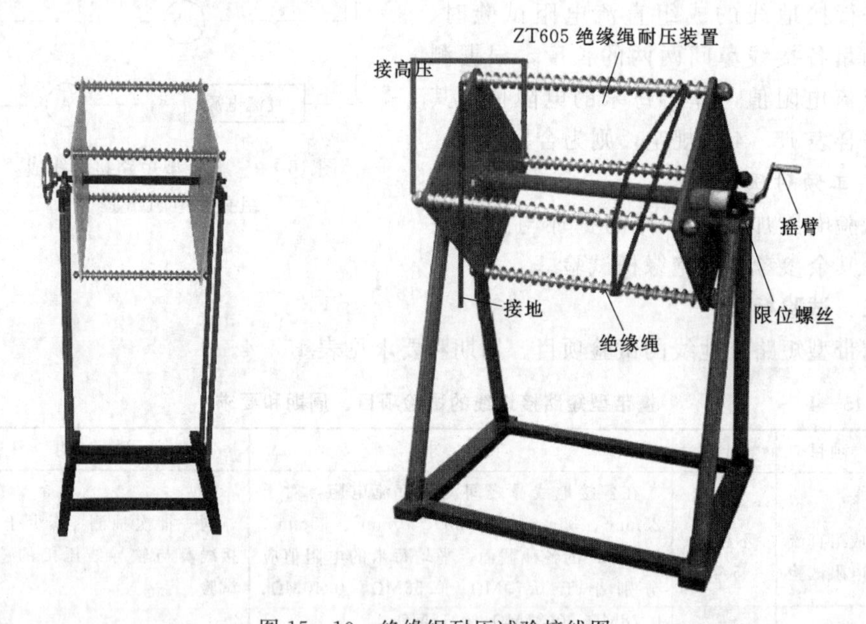

图 15-10　绝缘绳耐压试验接线图

本装置是正方形结构，每段绝缘绳的距离为 50cm，根据电力安全工器具预防性试验规程要求，绝缘绳每 50cm 耐压 100kV。根据要求将地线接在正方形装置对角的接线端子上（黑色），将高压线接在另一组对角上，这样高压对地耐压的距离为 50cm，即对绝缘绳每 50cm 耐压。以上为绝缘绳耐压装置的接线，关于升压装置的接线请参考试验变压器说明，这里不再阐述。

二、试验注意事项

（1）升压之前必须检查接地线是否牢靠。

（2）每次试验时，注意保持安全距离，相应电压等级对应安全距离。

三、试验结果分析判断

绝缘绳应光滑、干燥、无霉变、断股、磨损、灼伤、缺口。试验周期为 6 个月；试验长度 50cm；工频耐压 100kV；持续时间 5min。

第五节　个人保护接地线试验

个人保护接地线（俗称“小地线”）主要用于防止感应电压的危害。

一、试验方法

个人保护接地线试验为成组直流电阻试验，其试验方法同携带型短路接地线试验方法一致。

二、试验标准

个人保护接地线的试验项目、周期和要求见表 15-5。

表 15-5　　个人保护接地线的试验项目、周期和要求

项　目	周　期	要　　求	说　明
成组直流电阻试验	不超过5年	在各接地线鼻之间测量直流电阻，对于 $10mm^2$、$16mm^2$、$25mm^2$ 的截面，平均每米的电阻值应分别小于 1.98MΩ、1.24MΩ、0.79MΩ	同一批次抽测，不少于两条

三、试验结果分析判断

试验测得的直流电阻值符合表 15-5 的规定则合格。

第六节　核 相 器 试 验

核相器是电力系统核对相位使用的一种仪器，可检测是否有电压的存在。核相器使高压定相这项危险性较大的而又必不可少的工作安全可靠，指针显示一目了然，重量只有互感器的 1/10～1/20、携带方便。

一、试验方法

1. 连接导线绝缘强度试验

连接导线绝缘强度试验时，导线应拉直，放在电阻率小于 100Ω·m 的水中浸泡，也可直接浸泡在自来水中，两端应有 350mm 长度露出水面，试验电路接线如图 15-10 所示。

在金属盆与连接导线之间施加表 15-6 规定的电压，以 1000V/s 的恒定速度逐渐加压，到达规定电压后，保持 5min。

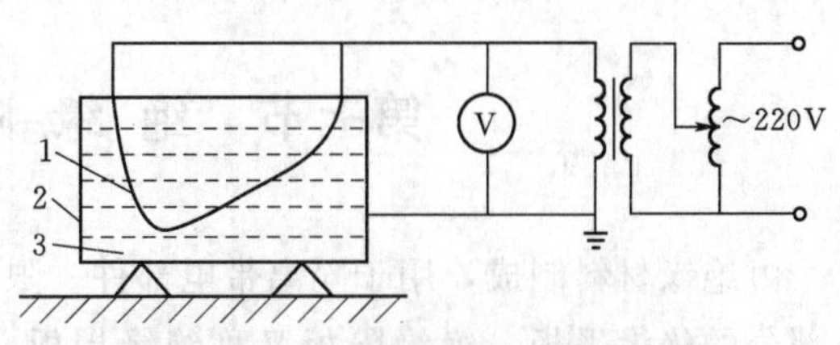

图 15-11　连接导线绝缘强度试验

1—连接导线；2—金属盆；3—水

2. 绝缘部分工频耐压试验

试验电压加在核相棒的有效绝缘部分，试验方法同绝缘杆（棒）工频耐压试验。

3. 电阻管泄漏电流试验

依此对两核相棒进行试验，将待试核相棒的试验电极接至交流电压的一极上，其连接导线的出口与交流电压的接地极相连接，施加表 15-6 规定的电压。在规定电压下坚持 1min。

4. 动作电压试验

将核相器的接触电极与一极接地的交流电压的两极相接触。试验时逐渐升高交流电压，测量核相器的动作电压。

二、试验标准

核相器的试验项目、周期和要求见表 15-6。

表 15-6　　核相器的试验项目、周期和要求

序号	项目	周期	要求				说明
1	连接导线绝缘强度试验	必要时	额定电压/kV	工频耐压/kV	持续时间/min		浸在电阻率小于 100Ω·m 水中
			10	8	5		
			35	28	5		
2	绝缘部分工频耐压试验	1年	额定电压/kV	试验长度/m	工频耐压/kV	持续时间/min	—
			10	0.7	45	1	
			35	0.9	95	1	
3	电阻管泄漏电流试验	半年	额定电压/kV	工频耐压/kV	持续时间/min	泄漏电流/mA	—
			10	10	1	≤2	
			35	35	1	≤2	
4	动作电压试验	1年	最低动作电压应达 0.25 倍额定电压				—

三、试验结果分析判断

（1）连接导线绝缘强度试验。在规定的试验电压下，坚持 5min 没有出现击穿，则试验合格。

（2）绝缘部分工频耐压试验参考本章绝缘杆（棒）试验。

（3）电阻管泄漏电流试验。在规定的试验电压下，坚持 1min 泄漏电流不大于 2mA，则试验合格。

（4）动作电压试验。动作电压最低达到 0.25 倍额定电压，则试验合格。

第七节　绝缘隔板试验

由绝缘材料制成，用于隔离带电部件、限制工作人员活动范围、防止接近高压带电部分的绝缘平板。绝缘隔板又称绝缘挡板，一般应具有很高的绝缘性能，它可与 35kV 及以下的带电部分直接接触，起临时遮拦作用。

一、试验方法

1. 表面工频耐压试验

用金属板作为电极，金属板的长为 70mm，宽为 30mm，两电极之间相距 300mm。在两电极间施加工频电压 60kV，持续时间 1min。

2. 体积工频耐压试验

试验时，先待试验的绝缘隔板上下铺上湿布或金属箔，除上下四周边缘各留出 200mm 左右的距离以免沿面放电之外，应覆盖试品的所有区域，并在其上下安好金属极板，然后按表 15－7 中的规定加压试验。

二、试验标准

绝缘隔板的试验项目、周期和要求见表 15－7。

表 15－7　　绝缘隔板的试验项目、周期和要求

序号	项目	周　期	要　求			说　明
1	表面工频耐压试验	1 年	额定电压/kV	工频耐压/kV	持续时间/min	电极间距离 300mm
			6～10	60	1	
2	工频耐压试验	1 年	额定电压/kV	工频耐压/kV	持续时间/min	
			6～10	30	1	
			35	80	1	

三、试验结果分析判断

表面和体积工频耐压试验过程中不应出现闪络或击穿，试验后，试样各部分应无炸伤，无发热现象，则试验合格。

第八节　绝 缘 罩 试 验

绝缘罩由天然用硅橡胶、热缩材料和抗老化的高分子绝缘材料制成，能有效地防止各类裸露接头，防止相间短路或接地所造成的停电。

一、试验方法

绝缘罩的试验，主要是工频耐压试验。对于功能类型不同的绝缘罩，使用不同型式的电极，通常遮蔽罩内部的电极用金属管，根据不同规格型号的遮蔽罩，选用相应的不锈钢管，后将不锈钢管穿过遮蔽罩内部，再将试品架到试验架子上。遮蔽罩外部电极为接地电极，由导电材料制成，将缝有铜网的布电极（试验前可适当喷洒些水，增加导电性，洒水时不宜出现滴水现象）包裹在遮蔽罩外面，接上地。根据要求，在试验架上高压进行试验。试验电极布置接线如图 15－12 所示。

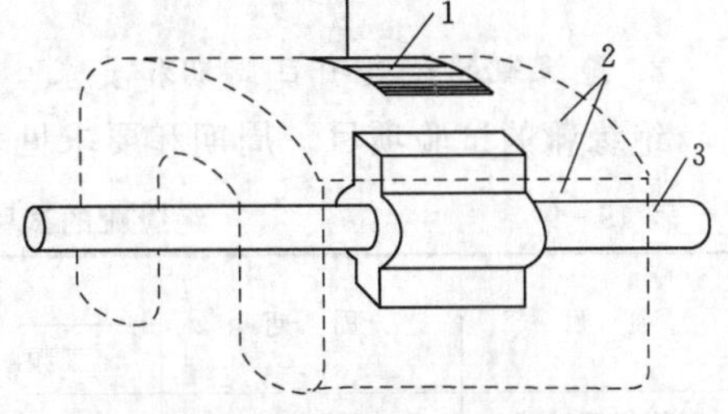

图 15－12　试验电极布置
1—接地电极；2—金属箔或导电漆；3—高压电极

二、试验标准

1. 外观检查

罩内外表面不应存在破坏其均匀性、损坏表面光滑轮廓的缺陷，如小孔、裂缝、局

部隆起、切口、夹杂导电异物、折缝、空隙及凹凸波纹等。

2. 高压验电器试验项目和要求

绝缘罩的试验项目、周期和要求见表15-8。

表15-8　　绝缘罩的试验项目、周期和要求

项目	周期	要求			说明
		额定电压/kV	工频耐压/kV	持续时间/min	
工频耐压试验	1年	6~10	30	1	使用于带电设备区域
		35	80	1	

三、试验结果分析判断

施加工频电压，持续时间1min，试验中，试品不出现闪络或击穿，试样各部位无灼伤、发热现象，则试验合格。

第九节　绝缘靴试验

用于加强人体与地面绝缘的靴子，适用于高压电力设备方面电工作业时作为辅助安全用具，在1kV以下可作为基本安全用具。

一、试验方法

绝缘靴试验为工频耐压试验，试验电路示意图如图15-13所示。

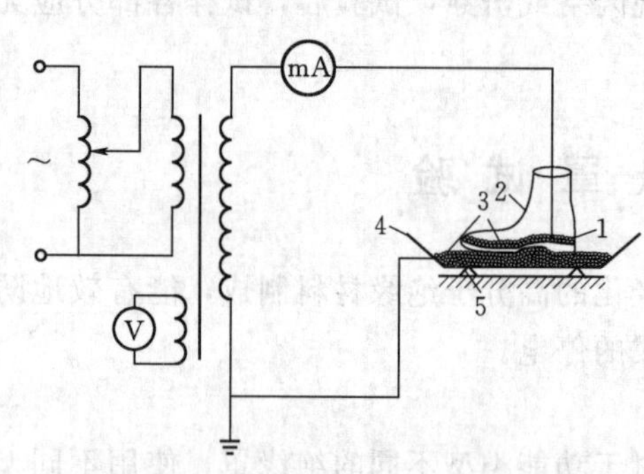

图15-13　绝缘靴交流耐压试验示意图

1—电极；2—绝缘靴；3—钢珠；4—金属盘；5—绝缘支架

大的不锈钢矮盘放在地上，用自来水（使其导电）放在不锈钢矮盘上，将绝缘靴浸在水上，绝缘靴内铺满直径大于4mm的钢珠，其高度不小于15mm，把铁链放入鞋内并接触到钢珠。以1kV/s的速度升压，从零升为规定的试验电压值的75%，然后以100V/s的速度直到规定的试验电压值，保持1min，记录电流值。

二、试验标准

1. 外观检查

鞋底不应出现防滑齿磨平、外底磨露出绝缘层等现象。

2. 绝缘靴的试验项目周期和要求

绝缘靴的试验项目、周期和要求见表15-9。

表15-9　　绝缘靴的试验项目、周期和要求

项　目	周　期	要　求		
		工频耐压/kV	持续时间/min	泄漏电流/mA
工频耐压试验	半年	25	1	≤10

三、试验结果分析判断

试验时，在规定的试验电压下保持 1min，泄漏电流不大于 10mA，则试验合格。

第十节　绝 缘 手 套 试 验

用橡胶制成的五指手套，是电力运行维护和检修试验中常用的安全工器具和重要的绝缘防护装备。绝缘手套分为高压（用于对地电压大于 250V），低压（用于对地电压在 250V 及以下）。

一、试验方法

绝缘手套试验为工频耐压试验，试验电路示意图如图 15－14 所示。

将不锈钢桶放在托盘上，桶内装入约半桶电阻率不大于 100Ω·m 的水（一般用自然水即可），在被试手套内注入相同的水，然后将手套浸入不锈钢桶中，使手套内外水平面呈相同高度，手套应有 90mm 的露出水面部分，这一部分应该擦干，把铁链放入手套中，使其浸入手套内的水中。试验时以恒定速度从零升到规定的试验电压，保持 1min。

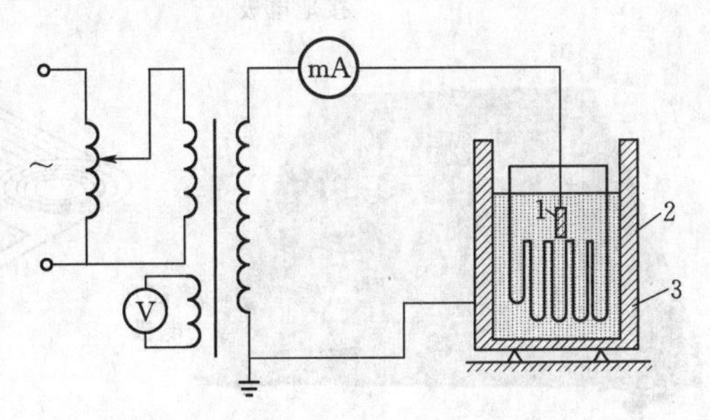

图 15－14　绝缘手套交流耐压试验示意图
1—电极；2—绝缘手套试品；3—盛水金属容器

二、试验标准

1. 外观检查

手套应质地柔软良好，内外表面均应平滑、完好无损，无划痕、裂缝、折缝和孔洞。

2. 绝缘手套的试验项目周期和要求

绝缘手套的试验项目、周期和要求见表 15－10。

表 15－10　　绝缘手套的试验项目、周期和要求

项目	周期	要求			
		电压等级	工频耐压/kV	持续时间/min	泄漏电流/mA
工频耐压试验	半年	高压	8	1	≤9
		低压	2.5	1	≤2.5

三、试验结果分析判断

试验过程中不击穿，高压型绝缘手套预防性试验的电压是 8kV，保持 1min，泄漏电流不大于 9mA，低压型绝缘手套预防性试验的电压是 2.5kV，保持 1min，泄漏电流不大于 2.5mA，则试验合格。

第十一节　绝缘胶垫试验

由特殊橡胶制作，具有较大体积电阻率和耐电击穿的胶垫。用于配电等工作场合的台面或铺地绝缘材料。

一、试验方法

15－4

绝缘胶垫试验为耐压试验，其耐压试验电极接线如图15－15所示。将绝缘胶垫水平放置在接地电极底板上，高压电极水平压在绝缘胶垫上，尺寸应比绝缘胶垫四周小200mm。电压从零开始升压，在0.4倍试验电压以下时可迅速升压，以后徐徐升压，升到规定电压值，保持1min。如果是分段试验时，两段试验边缘应重合。

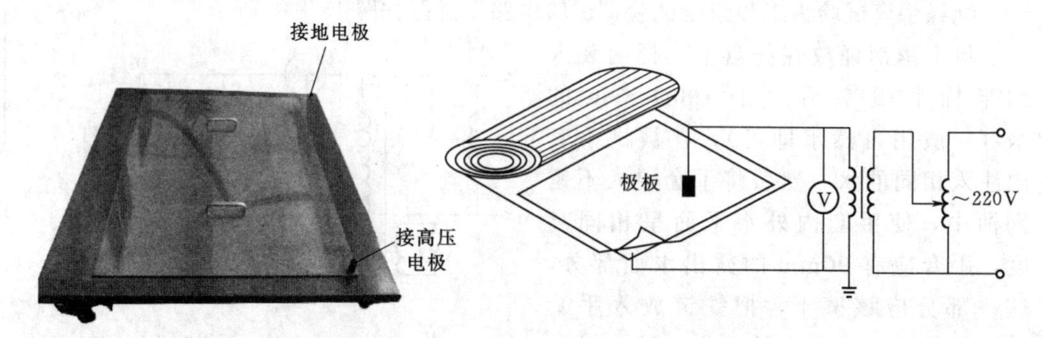

图15－15　绝缘胶垫耐压试验电极接线图

二、试验标准

1. 外观检查

上下表面应不存在均匀性、损坏表面光滑轮廓的缺陷，如小孔、裂缝、切口、夹杂导电异物、折缝、空隙、凹凸波纹及铸造标志等。

2. 绝缘胶垫的试验项目周期和要求

绝缘胶垫的试验项目、周期和要求见表15－11。

表15－11　绝缘胶垫的试验项目、周期和要求

项　目	周期	要　求			说　明
		额定电压/kV	工频耐压/kV	持续时间/min	
工频耐压试验	1年	高压	15	1	使用于带电设备区域
		低压	3.5	1	

三、试验结果分析判断

试验无击穿，则试验合格。

第十二节　导电鞋试验

由特殊导电性能的橡胶制成，具有良好的导电性能，可在短时间内消除人体静电

积聚，只能用于没有电击危险场所的防护鞋。

一、试验方法

以 100V 直流作为试验电源，导电鞋电阻值测量试验电路示意图如图 15-16 所示。内电极由直径 4mm 的钢球组成，外电极为铜板，外接导线焊一片直径大于 4mm 的铜片埋入钢球中。在试验鞋内装满钢球，钢球总质量应达到 4kg，如果鞋帮高度不够，装不下全部钢球，可用绝缘材料加高鞋帮高度。加电压时间为 1min。测量电压值和电流值，并根据欧姆定律算出电阻。

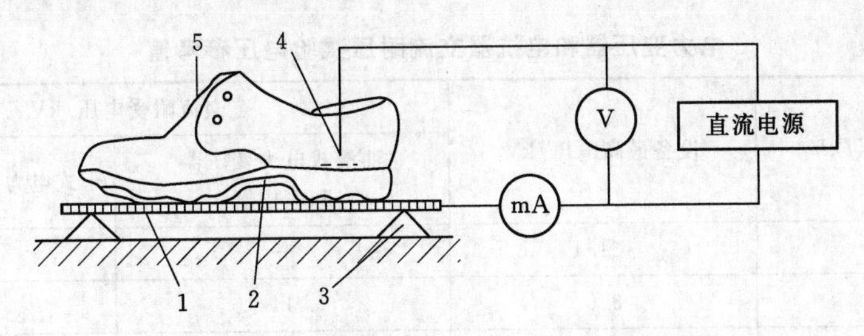

图 15-16 导电鞋电阻值测量试验电路示意图

1—铜板；2—导电图层；3—绝缘支架；4—内电极；5—试样

二、试验标准

绝缘隔板的试验项目、周期和要求见表 15-12。

表 15-12 绝缘隔板的试验项目、周期和要求

项目	周 期	要 求	说 明
直流电阻试验	穿用累计不超过 200h	电阻值小于 100kΩ	

三、试验结果分析判断

根据试验结果算出的电阻值小于 100kΩ，则试验合格。

本 章 小 结

本章介绍了各种绝缘安全工器具功能、使用场合，常用绝缘安全工器及预防性试验的项目、方法、标准及试验结果分析判断。

思 考 与 练 习

(1) 常用电气绝缘安全工器具电气试验项目是什么?

(2) 常用电气绝缘安全工器具电气试验周期及标准是什么?

附录A 电力变压器和电抗器交流耐压试验电压

电力变压器和电抗器交流耐压试验电压参考值见表A-1。

表A-1 电力变压器和电抗器交流耐压试验电压参考值

系统标称电压/kV	设备最高电压/kV	交流耐受电压/kV	
		油浸式电力变压器和电抗器	干式电力变压器和电抗器
<1	<1.1	—	2
3	3.6	14	8
6	7.2	20	16
10	12	28	28
15	17.5	36	30
20	24	44	40
35	40.5	68	56
66	72.5	112	—
110	126	160	—

额定电压110（66）kV及以上的电力变压器中性点交流耐压试验电压值/kV参考值见表A-2。

表A-2 额定电压110(66)kV及以上的电力变压器中性点交流耐压试验电压值

系统标称电压/kV	设备最高电压/kV	中性点接地方式	出厂交流耐受电压/kV	交接交流耐受电压/kV
66	—	—	—	—
110	126	不直接接地	95	76
220	252	直接接地	85	68
		不直接接地	200	160
330	363	直接接地	85	68
		不直接接地	230	184
500	550	直接接地	85	68
		经小阻抗接地	140	112
750	800	直接接地	150	120

附录B　高压电气设备绝缘的工频耐压试验电压

高压电气设备绝缘的工频耐压试验电压参考值见表B-1。

表B-1　　　　高压电气设备绝缘的工频耐压试验电压

额定电压/kV	最高工作电压/kV	1min工频耐受电压（kV）有效值（湿试/干试）									
		电压互感器		电流互感器		穿墙套管		支柱绝缘子			
								湿试		干试	
		出厂	交接	出厂	交接	出厂	交接	出厂	交接	出厂	交接
3	3.6	18/25	14/20	18/25	14/20	18/25	15/20	18	14	25	20
6	7.2	23/30	18/24	23/30	18/24	23/30	18/26	23	18	32	26
10	12	30/42	24/33	30/42	24/33	30/42	26/36	30	24	42	34
15	17.5	40/55	32/44	40/55	32/44	40/55	34/47	40	32	57	46
20	24.0	50/65	40/52	50/65	40/52	50/65	43/55	50	40	68	54
35	40.5	80/95	64/76	80/95	64/76	80/95	68/81	80	64	100	80
66	72.5	140 160	112 120	140 160	112 120	140 160	119 136	140 160	112 128	165 185	132 148
110	126	185/200	148/160	185/200	148/160	185/200	160/184	185	148	265	212
220	252	360	288	360	288	360	306	360	288	450	360
		395	316	395	316	395	336	395	316	495	396
330	363	460	368	460	368	460	391	570	456		
		510	408	510	408	510	434				
500	550	630	504	630	504	630	536				
		680	544	680	544	680	578	680	544		
		740	592	740	592	740	592				
750		900	720			900	765	900	720		
		960	768			960	816				

注　栏中斜线下的数值为该类设备的外绝缘干耐受电压。

附录C 套管主绝缘介质损耗因数 $\tan\delta$(%)

套管主绝缘介质损耗因数 $\tan\delta$(%)参考值见表C-1。

表C-1 套管主绝缘介质损耗因数 $\tan\delta$(%)

套管主绝缘类型	$\tan\delta$(%)最大值
油浸纸	0.7(当电压 U_m>500kV 时为 0.5)
胶浸纸	0.7
胶粘纸	1.0(当电压 35kV 及以下时为 1.5)
气体浸渍膜	0.5
气体绝缘电容式	0.5
浇铸或模塑树脂	1.5(当电压 EJ_m=750kV 时为 0.8)
油脂覆膜	0.5
胶浸纤维	0.5
组合	由供需双方商定

附录D　电力电缆线路试验标准

纸绝缘电缆直流耐压试验电压参考值见表D-1。

表D-1　　纸绝缘电缆直流耐压试验电压　　单位：kV

电缆额定电压 U_0/U	1.8/3	3/3	3.6/6	6/6	6/10	8.7/10	21/35	26/35
直流试验电压	12	14	24	30	40	47	105	130

充油绝缘电缆直流耐压试验电压参考值见表D-2。

表D-2　　充油绝缘电缆直流耐压试验电压　　单位：kV

电缆额定电压 U_0/U	48/66	64/110	127/220	190/330	290/500
直流试验电压	162	275	510	650	840

橡塑电缆20～300Hz交流耐压试验电压和时间参考值见表D-3。

表D-3　　橡塑电缆20～300Hz交流耐压试验电压和时间

额定电压%/U	试验电压	时间/min
18/30kV及以下	$2U_0$	15（或60）
21/35kV～64/110kV	$2U_0$	60
127/220kV	$1.7U_0$（或$1.4U_0$）	60
190/330kV	$1.7U_0$（或$1.3U_0$）	60
290/500kV	$1.7U_0$（或$1.1U_0$）	60

充油电缆的绝缘油试验项目和要求见表D-4。

表D-4　　充油电缆的绝缘油试验项目和要求

项目		要　求	试验方法
击穿电压	电缆及附件内	对于64/110～190/330kV，不低于50kV；对于290/500kV，不低于60kV	按现行国家标准《绝缘油击穿电压测定法》（GB/T 507—2002）
	压力箱中	不低于50kV	
介质损耗因数	电缆及附件内	对于64/110kV～127/220kV的不大于0.005；对于190/330kV～290/500kV的不大于0.003	按《电力设备预防性试验规程》（DL/T 596—1996）中第11.4.5.2条
	压力箱中	不大于0.003	

参考文献

[1] 陈天翔，王寅仲，温定筠，等. 电气试验 [M]. 3版. 北京：中国电力出版社，2016.
[2] 黄永驹. 高压试验 [M]. 郑州：黄河水利出版社，2012.
[3] 华北电网有限公司. 高压试验作业指导书 [M]. 北京：中国电力出版社，2004.
[4] 国家电网公司人力资源部. 电气试验 [M]. 北京：中国电力出版社，2010.
[5] 中华人民共和国建设部，中华人民共和国国家质量监督检验检疫总局. 电气装置安装工程 电气设备交接试验标准（GB 50150—2006）[S]. 北京：中国计划出版社，2006.
[6] 华北电网有限公司. 华北电网有限公司电力设备交接和预防性试验规程 [M]. 北京：中国电力出版社，2008.
[7] 李建明，朱康. 高压电气设备试验方法 [M]. 2版. 北京：中国电力出版社，2001.
[8] 李一星. 电气试验基础 [M]. 北京：中国电力出版社，2000.
[9] 国家电网公司. 国家电网公司电力安全工作规程（变电部分）[M]. 北京：中国电力出版社，2009.
[10] 徐丙垠，李胜祥，陈宗军. 电力电缆故障探测技术 [M]. 北京：机械工业出版社，1999.
[11] 严璋，朱德恒. 高电压绝缘技术 [M]. 3版. 北京：中国电力出版社，2015.